航空

U0161468

航空发动机实验气动声学

乔渭阳　王良锋　著

科 学 出 版 社

北 京

内 容 简 介

"超安静"飞机设计是当代"绿色航空技术"的主要研究内容之一,实验气动声学则是实现飞机/航空发动机超安静低噪声设计的重要基础学科。本书以传声器阵列信号处理的基本理论为基础,以精确测量航空发动机气动噪声源声学特性为主要内容,系统研究并分析了声学阵列信号"波束成型"理论、管道声模态辨识理论、发动机气动噪声源模拟实验、发动机部件气动声学实验相似律分析、发动机整机气动声学实验测试技术等。本书内容紧密结合实验气动声学学科的发展,反映了航空发动机实验气动声学学科的最新研究进展。

本书可供从事航空宇航科学与技术、动力工程及工程热物理、空气动力学和气动声学等专业的科研人员及工程设计人员参考,也可作为相关专业的教师、研究生和本科生的参考书。

图书在版编目(CIP)数据

航空发动机实验气动声学/乔渭阳,王良锋著. —
北京:科学出版社,2022.4
 (航空发动机基础与教学丛书)
 ISBN 978-7-03-071976-8

Ⅰ. ①航… Ⅱ. ①乔… ②王… Ⅲ. ①航空发动机-
空气动力学-声学-实验 Ⅳ. ①V231.3-33

中国版本图书馆 CIP 数据核字(2022)第 048366 号

责任编辑:胡文治 / 责任校对:谭宏宇
责任印制:黄晓鸣 / 封面设计:殷 靓

科学出版社 出版
北京东黄城根北街 16 号
邮政编码:100717
http://www.sciencep.com

南京展望文化发展有限公司排版
苏州市越洋印刷有限公司印刷
科学出版社发行 各地新华书店经销

*

2022 年 4 月第 一 版 开本:B5(720×1000)
2022 年 4 月第一次印刷 印张:29 1/2
字数:575 000

定价:180.00 元
(如有印装质量问题,我社负责调换)

丛书序

　　航空发动机是"飞机的心脏",被誉为现代工业"皇冠上的明珠"。航空发动机技术涉及现代科技和工程的许多专业领域,集流体力学、固体力学、热力学、燃烧学、材料学、控制理论、电子技术、计算机技术等学科最新成果的应用为一体,对促进一国装备制造业发展和提升综合国力起着引领作用。

　　喷气式航空发动机诞生以来的 80 多年时间里,航空发动机技术经历了多次更新换代,航空发动机的技术指标实现了很大幅度的提高。随着航空发动机各种参数趋于当前所掌握技术的能力极限,为满足推力或功率更大、体积更小、质量更轻、寿命更长、排放更低、经济性更好等诸多严酷的要求,对现代航空发动机发展所需的基础理论及新兴技术又提出了更高的要求。

　　目前,航空发动机技术正在从传统的依赖经验较多、试后修改较多、学科分离较明显向仿真试验互补、多学科综合优化、智能化引领"三化融合"的方向转变,我们应当敢于面对由此带来的挑战,充分利用这一创新超越的机遇。航空发动机领域的学生、工程师及研究人员都必须具备更坚实的理论基础,并将其与航空发动机的工程实践紧密结合。

　　西北工业大学动力与能源学院设有"航空宇航科学与技术"(一级学科)和"航空宇航推进理论与工程"(二级学科)国家级重点学科,长期致力于我国航空发动机专业人才培养工作,以及航空发动机基础理论和工程技术的研究工作。这些年来,通过国家自然科学基金重点项目、国家重大研究计划项目和国家航空发动机领域重大专项等相关基础研究计划支持,并与国内外研究机构开展深入广泛合作研究,在航空发动机的基础理论和工程技术等方面取得了一系列重要研究成果。

　　正是在这种背景下,学院整合师资力量、凝练航空发动机教学经验和科学研究成果,组织编写了这套"航空发动机基础与教学丛书"。丛书的组织和撰写是一项具有挑战性的系统工程,需要创新和传承的辩证统一,研究与教学的有机结合,发展趋势同科研进展的协调论述。按此原则,该丛书围绕现代高性能航空发动机所涉及的空气动力学、固体力学、热力学、传热学、燃烧学、控制理论等诸多学科,系统介绍航空发动机基础理论、专业知识和前沿技术,以期更好地服务于航空发动机领域的关键技术攻关和创新超越。

　　丛书包括专著和教材两部分,前者主要面向航空发动机领域的科技工作者,后者则面向研究生和本科生,将两者结合在一个系列中,既是对航空发动机科研成果的及时总结,也是面向新工科建设的迫切需要。

　　丛书主事者嘱我作序,西北工业大学是我的母校,敢不从命。希望这套丛书的出版,能为推动我国航空发动机基础研究提供助力,为实现我国航空发动机领域的创新超越贡献力量。

2020 年 7 月

前　言

  气动声学是气动力学和声学交叉产生的一门新兴的航空科学技术领域分支学科,航空发动机的气动噪声则是气动声学的主要研究对象。航空发动机气动噪声主要来自其内部非定常湍流流动过程,由于湍流存在的普遍性和其物理机制的复杂性,特别是由于航空发动机内部的湍流脉动与声波辐射等物理过程相互交织、互相影响,使得航空发动机气动声学成为当代流体力学最具挑战的研究领域,吸引了全球流体力学领域的众多大学、研究机构和发动机企业的研究人员的关注和研究。

  也正是由于气动声学问题的复杂性,使得实验研究在气动声学研究中占有相当重要的地位,发挥着重要作用。特别是,由于气动噪声源物理机制复杂性、声源的分散性、声源之间的相干性以及发动机管道声波传播的特殊性,使得气动声学实验具有与传统声学实验明显不同的特点,实验气动声学已经成为一门独立的分支学科而得到迅速发展。自从 1974 年英国科学家 Billingsley 针对"协和号"超声速民用运输机的 Olympus 发动机喷流噪声实验,首次建立现代传声器阵列声学实验理论和方法以来,以当代传声器阵列信号处理技术、"反卷积"声源成像技术、管道声模态解耦技术等为主要方法的气动声学实验技术得到迅速发展,基于大规模传声器阵列声学实验方法,已经能够实现对非定常湍流场气动噪声源精确定位与定量测试,能够对发动机进/排气管道内声模态结构进行精确辨识,"传声器阵列"声学实验已经成为当代实验气动声学最具活跃的研究方向之一,并为解决飞机与航空发动机噪声问题提供了坚实的理论和技术基础。

  当前,以"绿色航空"为特征的当代航空工业正处于蓬勃发展时期,"超安静"设计已经成为未来航空发动机发展的主要研究方向,西方发达国家最新推出的民用飞机无不是以"超安静"设计作为主要技术创新。2016 年我国启动的"航空发动机和燃气轮机"国家重大科技专项,其中航空发动机气动噪声问题就被列为我国民用高涵道比涡扇发动机发展中的重大基础问题之一。从我国航空工业发展现状来看,气动声学研究是关系到我国航空工业发展的关键瓶颈技术,该方向的研究工作对我国航空技术发展具有重要意义。

  本书作者及其课题组近年来先后承担了国家自然科学基金项目、装备发展预先研究计划项目、国家民机预研项目、"航空发动机和燃气轮机"国家重大科技专项首批基础研究项目等航空发动机气动声学的科研项目,对航空发动机气动声学实验技术进行了系统研究,取得了一定的技术积累,在对作者及其课题组重要科研成果系统总结的基础上,并结合本学科国内外最新理论和技术发展情况,最终完成撰写《航空发动机实验气动声学》。本书的写作特点是紧密结合目前本学科学术发展的前沿,强调新知识和新理论的传播,反映实验气动声学领域的最新学术研究成果,并紧密结合本课题组前沿基础科研项目的研究工作进展。本书内容也是本课题组近年来在实验气动声学领域基础研究成果的总汇。

《航空发动机实验气动声学》,以阵列信号处理的基本理论为基础,以精确识别航空发动机气动噪声源声学特性为主要目标,系统研究并分析了自由声场声源识别技术——声学阵列信号"波束成型"理论、管道声场重构技术——管道声模态辨识理论、发动机气动噪声源模拟实验和管道声模态实验方法、发动机部件气动声学实验相似律分析、发动机整机气动声学实验测试与基于阵列测量的发动机噪声源分离技术等。全书共分 8 章,分别是第 1 章,绪论;第 2 章,声学信号的检测和统计分析方法;第 3 章,自由声场声源识别技术——传声器阵列信号"波束成型"理论与方法;第 4 章,管道声场重构技术——管道声模态辨识理论与方法;第 5 章,航空发动机气动噪声源模拟实验技术;第 6 章,航空发动机进/排气管道声模态辨识实验技术;第 7 章,航空发动机部件声学实验相似律分析技术;第 8 章,航空发动机整机气动声学实验技术。其中第 1、2、3、5、7、8 章由乔渭阳撰写,第 4、6 章由王良锋撰写,王良锋负责全书图片、表格以及相关文字编写工作。西北工业大学发动机气动声学课题组培养的多位博士、硕士,包括纪良博士、仝帆博士、陈伟杰博士、徐坤波博士、卯鲁秦硕士、黎霖硕士等,也对本书研究成果做出了重要贡献,在此表示感谢。

本书可供从事航空宇航科学与技术、动力工程及工程热物理、流体力学等专业的科研及工程设计人员参考,也可作为相关专业的教师、研究生和本科生的参考书。书中各章末尾都附有详尽的参考文献,可为对进一步研究感兴趣的读者检索文献资料提供方便。

特别感谢德国宇航院推进技术研究所发动机声学部 U. Michel 教授、H. Siller 博士给予作者很多有益的建议,并为作者提供了相关研究资料。

本专著出版及相关研究工作得到"航空发动机和燃气轮机"国家重大科技专项基础研究项目(2017 - Ⅱ - 0008 - 0022)、国家自然科学基金项目(51936010、51776174)的资助。

尽管作者努力按照能够全面反映当前航空发动机实验气动声学内容的要求组织撰写本书,但是限于作者水平,本书不妥甚至错误之处在所难免,诚请读者批评指正。

乔渭阳

2021 年 3 月 20 日于西安

目　录

第 3 章　自由声场声源识别技术——传声器阵列信号"波束成型"理论与方法

第4章　管道声场重构技术——管道声模态辨识的理论与方法

第6章　航空发动机进/排气管道声模态辨识实验技术

第7章　航空发动机部件声学实验相似律分析技术

第 8 章　航空发动机整机气动声学实验技术

第 1 章
绪　论

1.1　飞机及发动机的噪声问题

众所周知,20 世纪 40～50 年代专为飞机而发明的航空燃气涡轮喷气发动机是人类航空技术发展的里程碑,由于喷气发动机巨大的推力性能和良好的高速高空性能,它的使用使得飞机的性能发生了质的变化,涡轮喷气发动机一经问世,就不断创造飞机飞行速度和飞行高度的新纪录。后来,在涡轮喷气发动机基础上很快发展成功的涡轮风扇发动机,由于其安全可靠性、结构完整性的显著改善和推进效率明显提高、耗油率的明显降低,进一步使飞机的性能发生了质的变化,促使了所谓"空中优势战斗机"等具有显著优越性能的航空器诞生。特别是在 20 世纪 60 年代末出现的高涵道比涡扇发动机,由于其在高亚声速条件下推力性能显著提高和耗油率大幅降低,在民用客机中得到了广泛应用,促使人类民用航空运输发生了根本性的变化。20 世纪 70 年代以来,大涵道比涡扇发动机技术不断进步,以大涵道比涡扇发动机为推进装置的民用航空取得了突飞猛进的发展,喷气式航空运输改变了整个人类的生活方式,促进了人类社会进入"全球化"时代,也促进了人类文明的发展。

但是,航空燃气涡轮喷气发动机在为飞机提供强大动力源的同时,其工作过程中产生的强烈噪声辐射是突出的缺点,喷气式发动机产生的巨大噪声污染也使其成为人类发明的最"吵闹"的机器之一。航空发动机产生的巨大噪声辐射,不仅对机场周围的生活环境产生严重破坏,还影响到飞机内部乘员之间的交流以及乘坐舒适性,并对飞机乘员造成健康危害,甚至影响机载设备的正常工作、产生机体结构的声疲劳破坏等。因此,航空燃气涡轮喷气发动机一出现,其严重的噪声污染问题就引起了人类社会的广泛关注,也使敏锐的科学家们意识到了解决航空燃气涡轮喷气发动机噪声问题的重要性。到了 20 世纪 70 年代,得益于世界经济的快速发展,国际民用航空运输市场迅速发展,巨型喷气式民用飞机逐渐普及,使得飞机噪声问题日趋严重,引起的社会反响也越来越强烈。例如,波音 707 飞机在其服役早期曾引起严重的环境问题和政治争论,由美国普惠公司生产的 JT3 和 JT4

发动机以及英国罗·罗公司生产的康威(Conway)发动机辐射的噪声大,迫使伦敦希思罗机场和纽约肯尼迪机场制定了严格的噪声限制,并在机场安装监测系统,以监督进港飞机遵守机场规定的噪声限制,不能满足这些限制的远程飞机被迫轻载起飞,以便快速爬高和迅速远离居民区,然后在中间机场装满燃油继续完成远程飞行[1]。

对于军用飞机,航空发动机的噪声辐射也会影响到飞机的隐身以及结构声疲劳,远程轰炸机、空中预警机等特种军用飞机高强噪声工作环境则会对人员战斗效能产生不利影响,而舰载机在起飞和降落过程中产生非常高的发动机噪声对航母上的工作人员造成严重的健康危害。美国海军统计,其尼米兹级航空母舰正常训练状态下,在一个执勤周期内4个弹射器轮流弹射起飞80架战机,甲板工作人员要平均承受200次、每次30 s的发动机高强度噪声。特别是,在发动机大功率工作状态而保持姿态平稳降落的舰载机降落过程,将使不带保护装置的工作人员承受超过150 dB的高强噪声,即使采取世界最先进听力保护装置,工作人员还会承受110 dB以上高强噪声,超过了对人类造成永久性听力损失短时暴露100 dB的噪声级[2-5]。

由于飞机噪声问题的严重性以及人类对环境保护的日益重视,国际航空界不得不开始面对和重视飞机和航空发动机噪声问题。首先在民用航空领域,开始制定相关法案和标准来控制飞机的噪声污染。1969年,美国国会率先颁布了联邦航空管理局(FAA)制定的关于飞机噪声管理的新条例——FAR Part36[6]。1971年,国际民用航空组织(ICAO)制定了民用飞机的国际噪声标准,并以此为基础,于1981年将飞机噪声问题纳入了《国际民用航空公约》的范围,并制定了相关国际标准和建议措施文件——ICAO Annex16[7]。随后,世界各国和地区也都制定了类似的法案来控制民用航空噪声,例如日本、澳大利亚、欧盟和中国等[8-11]。自此,噪声已经成为民用飞机适航取证的强制性指标,必须得到遵守。

如前所述,自20世纪70年代以来,随着全球经济的快速发展,也得益于航空发动机技术的不断进步,世界范围内的航空工业取得了长足进步,航空运输业蓬勃发展,空中运输迅速膨胀,由于巨型喷气式飞机大推力涡扇发动机所带来的噪声污染日趋严重。虽然目前投入使用的飞机与20世纪60年代相比,其噪声水平已经下降了75%以上[12],但是世界范围内人口密度的迅速增加、城市化进程的加快和繁忙的空中运输却反而加剧了航空噪声污染问题,飞机的噪声污染在机场周围可以延伸到很远,飞机噪声问题明显影响世界主要城市人们的生活[13, 14]。

考虑到航空运输迅速发展所带来日渐严重的航空噪声污染趋势,国际民航组织对飞机噪声强制性指标的要求也在逐步提高[15, 16]。如图1-1所示,ICAO航空噪声标准的第四阶段规定,2006年之后进入民用航空市场的飞机,其适航噪声有效感觉噪声级(EPNL)必须比此前(第3阶段)投入使用的飞机EPNL低10 dB以上,而更进一步,2018年之后投入使用的民用客机,其噪声级在此基础上必须再降低 7 dB 以上(比图 1－1 中 2020 年提前 2 年,即第 14 阶段)。目前最新一代更换了新型发动机的大多数客机在运营中都满足 ICAO 第四阶段的噪声要求。如何进一步降低飞机噪声,使其能够符合 ICAO 未来第五阶段乃至第六、第七阶段的噪声规定势必成为未来民用航空界不得不面对的问题。

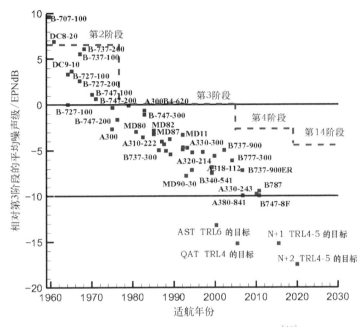

图 1－1　亚声速飞机噪声水平及研究目标[16]

当前,随着航空科学技术的迅速发展和人类现代化进程的加快,"绿色航空"已成为现代航空业发展的方向,"从源头上减少噪声排放,加快'静音'技术在飞机和航空发动机上的应用"也成为目前世界范围内"绿色航空"技术发展的主要目标之一。以空客公司、波音公司等企业为主要推动,以美国国家航空航天局(NASA)、法国国家航空航天研究院(ONERA)和德国宇航中心(DLR)等国际主要航空研究机构以及相关大学为主体,加速开展新一轮低噪声、低排放的飞机和航空发动机研究计划,积极探索以极低噪声为特征的新概念飞机/航空发动机设计理论和方法。其中,NASA 根据美国 NextGen 计划,进一步将亚声速固定翼民用飞机发展计划分为 N+1、N+2、N+3 代,并分别制定了它们的相应评价指标,其目标是相比于国际民航组织第 4 阶段适航噪声级,分别降低飞机累计有效感觉噪声级 32 EPNdB、42 EPNdB 和 71 EPNdB;而欧盟在著名的地平线(Horizon)计划基础上,进一步启动"清洁天空"联合技术创新计划,欧盟航空研究组织顾问委员会 ACARE 提出了到 2050 年飞机降噪 65%的目标。如表 1－1 所示的欧盟、美国在 21 世纪民用飞机研究发展计划中的主要技术指标的目标值[17]。

表 1 − 1　欧盟、美国 21 世纪民用飞机研究发展计划主要技术指标的目标值[17]

	欧盟(ACARE)		美国(NASA)	
	2020 年	2050 年	2025 年	2030~2035 年
燃油	相比 2000 年飞机水平		相比 2005 年最优飞机水平	
	50%	75%	50%	60%
排放	相比 2000 年飞机水平		相比 CAEP6 标准	
	80%	90%	75%	80%
噪声	相比 2000 年飞机水平		相比 ICAO 第 4 阶段标准	
	50%	65%	42 EPNdB	71 EPNdB

俄罗斯民用飞机被挤出国际航空市场,就是忽略航空发动机气动噪声问题重要性的一个最好反面示例。如图 1 − 2 所示为俄罗斯民用客机噪声(图中"图"系列及"伊尔"系列飞机)与同时期西方波音(Boeing)和空客(Airbus)等典型飞机型号噪声(图中"A"系列和"B"系列飞机)的对比,可以看出,俄罗斯民用客机噪声比西方国家同时期客机的噪声都要高一个量级,且很多客机处于国际民航组织规定的适航噪声指标的红线上方,而在图中阴影线条区域及其下方的大部分飞机,都是Boeing 和 Airbus 等在国际航空市场取得巨大商业成功的典型飞机型号。正是由于对航空发动机噪声问题重视不够,使得俄罗斯的民用飞机被挤出全球航空运输市场,造成了俄罗斯巨大经济损失和民用航空技术的损害。

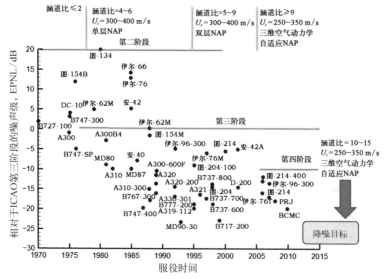

图 1 − 2　俄罗斯民用飞机与西方同时代民用飞机噪声级比较[18]

为了再次进入民用航空市场,俄罗斯不得不开始重视飞机的噪声问题,进入21 世纪后,俄罗斯制定了民用飞机降噪计划[18],图 1 − 2 中表示了俄罗斯规划的飞机噪声目标(图中 2005 年之后"图"系列及"伊尔"系列飞机),当然,到了这个时期,Boeing 和 Airbus 的具有"超安静"美誉的 A380、Boeing787、A350 等最新一代宽体民用客机均已成功进入了国际市场。

1.2 航空发动机噪声产生和传播的基本特征

1.2.1 发动机噪声源

航空燃气涡轮喷气发动机工作原理决定了发动机内部及其喷流流场存在强烈的气流和燃气流的压力波动,这种压力波动经过气体的弹性和惯性作用,通过发动机进/排气管道或直接通过大气传播出去,就形成了强烈的发动机气动噪声。由于航空发动机内部非定常湍流流动存在的普遍性和无法避免性,航空燃气涡轮喷气发动机在为飞机提供强有力的动力源同时,其工作过程总是伴随着巨大的噪声辐射。

为了实现将热能转换为推动飞机前进的推力,如图 1-3 所示,喷气式航空发动机需要将吸入并压缩气流的压气机(含低压风扇、低压压气机、高压压气机)、燃油热能释放的燃烧室、热能转换为机械能的涡轮(含高压涡轮、低压涡轮)、排放高温高压燃气的喷管等部件有机地组成在一起,构成飞机动力系统(也称为推进系统),压气机、燃烧室、涡轮以及尾喷管等部件在对气流的作用过程中,同时产生了强烈噪声辐射,压气机、燃烧室、涡轮和喷流等都可以看作是具有其特定噪声辐射特征的独立噪声源,因此,航空发动机噪声源通常就按照其部件分为风扇/压气机噪声源、燃烧噪声源、涡轮噪声源和喷流噪声源。

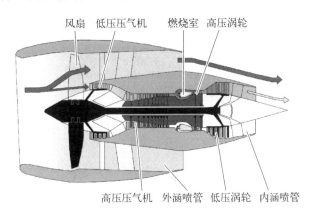

图 1-3 民用大涵道比涡扇发动机构成形式

如图 1-3 所示的典型民用大涵道比涡扇发动机结构形式,高压压气机处于风扇和低压压气机(低压压气机也称为增压机)后面,又处于燃烧室、涡轮等部件前面,其产生的噪声向前传播需要通过低压压气机和风扇,向后传播则需要经过燃烧室、高低压涡轮等,因此高压压气机噪声在向外界大气辐射前被遮挡屏蔽并大幅衰减;而航空发动机高压压气机中个别级采用超临界设计,存在超声速喉道,因此,航空发动机燃烧室噪声无法向前方传播,只能向下游通过喷管传播出去;航空发动机高压涡轮的喉道普遍采用超声速设计,因此高压涡轮和低压涡轮噪声也是向后传播,通过发动机喷口辐射出去;高压涡轮噪声在经过多级低压涡轮向下游传播过程中被屏蔽遮挡而大幅度衰减。燃烧噪声在向下游传播过程中也存在屏蔽衰减,但是由于燃烧噪声特殊的低频特征,燃烧噪声仍然会经过涡轮传播出去;此外燃烧室不均匀高温燃气与涡轮部件的干涉还会产生特殊的间接燃烧噪声而从发动机喷口辐射出去。因此,如图1-4所示,航空发动机主要噪声源包括向前传播通过发动机进口辐射的风扇噪声、向后传播通过发动机外涵出口辐射的风扇噪声、向前传播通过发动机进口辐射的低压压气机噪声、向后传播通过内涵喷口辐射的燃烧噪声、向后传播通过发动机内涵喷口辐射的低压涡轮噪声,以及内外涵喷口的喷流噪声等。

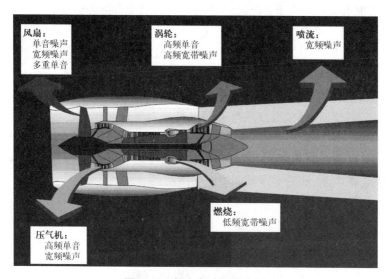

图1-4　航空发动机噪声源

1.2.2　喷流噪声基本特征

高速喷流产生的噪声很早就引起人们的注意,但是,喷流噪声作为潜在的公害真正为人类所关注,则是从航空燃气涡轮喷气发动机在飞机中使用开始。针对喷气式发动机强烈的喷流噪声问题,英国著名科学家 Lighthill 教授,以喷流噪声为研究对象,在1949~1952年从理论上完成了对喷流发声机理和理论预测研究,并建立了后来以其名字命名的气动声学基本方程——Lighthill 声类比方程[19, 20]。

Lighthill 气动声学理论成功地解说了喷流噪声产生的物理机制,并成功地对国际著名航空发动机公司罗尔斯·罗伊斯(RR)公司发动机喷流噪声实验结果进行了预测,基于声类比理论,Lighthill 得出了著名的喷流噪声总声功率关于喷流速度

8 次方的比例关系。Lighthill 指出,当燃气涡轮喷气发动机高压高温气体高速流入静止的或流速较慢的空气中时,高速喷流与周围相对静止的介质就会急剧剪切混合,从而使得喷流剪切层中形成强烈的湍流脉动,如图 1-5(a)中湍流混合区。由于气体中动量的变化要由作用力来平衡,在无固体边界的大气环境中,该作用力的变化是由压力变化实现的,而流动区域内压力起伏又会引起气体密度的脉动起伏,这种压力和密度脉动经过气体的弹性和惯性作用,传播到流动区域之外的介质,就产生了喷流混合噪声[21, 22]。

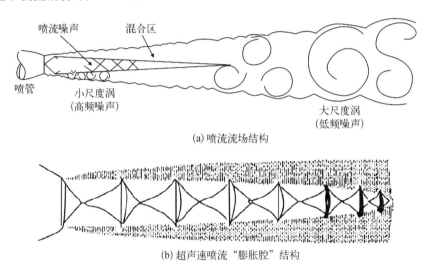

(a) 喷流流场结构

(b) 超声速喷流"膨胀腔"结构

图 1-5　喷流流场结构及喷流噪声源[22]

　　对于超声速喷流,通常完全膨胀的喷流马赫数并不都等于喷管的设计马赫数,喷管出口的压力就不等于环境大气压力,这时喷流的平均流动几乎是由如图 1-5(b)所示的周期性"膨胀腔"(expansion cell)结构所支配[即图 1-5(a)中喷流核心区激波结构]。由于喷流剪切层是不稳定的,喷流中的"膨胀腔"(激波)就处于不稳定脉动状态,此外,激波与喷流中的湍流场之间相互作用也产生气流不稳定脉动过程,这些不稳定脉动流动就形成了喷流流场中的压力脉动,这种由于激波震荡产生的声压脉动传播到流动区域之外的介质,也形成了喷流重要噪声辐射,通常称为喷流激波噪声[21, 22]。

　　从图 1-5 所示航空发动机喷流噪声源可以看出,喷流噪声源分布在发动机喷口下游一定空间范围之内,是一种典型的分布噪声源。

　　喷流混合噪声和喷流激波噪声的频谱特征如图 1-6 所示。对于亚临界工作状态,喷流噪声仅包括混合噪声,这种喷流噪声谱形状实质上反映了构成湍流混合过程湍流旋涡的变化。在靠近喷口的喷流剪切层中,小尺度的湍流涡运动产生了较高频率的混合噪声,随着喷流场向下游对流运动,喷流剪切层和喷流混合区域中

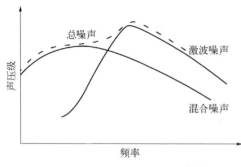

图 1-6　喷流噪声频谱特征[21]

的湍流旋涡尺寸沿喷流方向逐渐增大，旋涡强度逐渐减小，大尺寸的湍流涡运动产生了低频率的混合噪声。对于超临界喷流，激波噪声将作为喷流噪声的第二个噪声源而迭加到宽频噪声谱中，如图 1-6 所示，相比于喷流混合噪声源中的湍流脉动，超声速喷流激波振荡频率更高，因此会产生相对较高频率的噪声源。

　　当代民用大涵道比涡轮风扇发动机喷口形式有内外涵混合排气和分开排气两种不同形式，无论哪种喷气方式，内外涵喷口的气流总会发生混合剪切，因此实际航空发动机喷流噪声源的流场结构更为复杂。通常大涵道比涡扇发动机内外涵喷口气流速度往往相差 1 倍左右、温度则相差 2~3 倍左右，因此内外涵喷流之间以及它们与外界大气之间发生相互干涉剪切之后，就会形成复杂的喷流噪声源。图 1-7 分别给出分开排气、混合排气两种情况下内外涵喷流之间复杂的剪切干涉现象。对于分开排气发动机又进一步分为短外涵喷管与长外涵喷管两种形式（图 1-7 上图中发动机轴线上、下喷管图）；而混合排气发动机又进一步分为常规混合和强迫混合两种形式。图中也说明了不同喷管声源流场掺混结构形式。

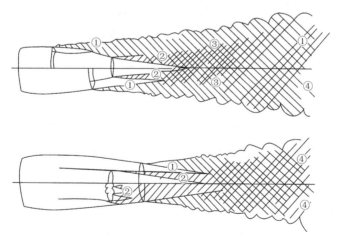

图 1-7　涡扇发动机分开排气和混合排气喷管及其气流掺混过程[23]
① 外涵喷流与大气掺混；② 内涵喷流与外涵喷流掺混；
③ 内涵喷流与①的掺混；④ 内外涵喷流与大气掺混

1.2.3　航空叶轮机（风扇、压气机、涡轮）噪声基本特征

通常将航空发动机中风扇、压气机和涡轮统称为航空叶轮机，它们均是由在圆

形管道中相互靠近的转子和静子叶片排构成的旋转式流体机械,气流在静子叶片排和旋转的转子叶片排内流动过程表现为复杂的非定常湍流流动过程,从而产生叶轮机械的流动噪声。航空叶轮机都是典型的周期性旋转的流体机械,因此叶轮机噪声频谱表现为以转子叶片周期及其谐波的单音噪声与随机宽频噪声组合为特征的噪声频谱。以大涵道比涡扇发动机风扇为例,图1-8给出不同工作状态下风扇噪声频谱特征。在亚声速叶尖速度下,噪声谱的特征是叶片通过频率单音及其谐波迭加在宽频噪声谱中[如图1-8(a)所示];而在超声速叶尖速度下,出现了所有轴频率噪声,这种轴频率噪声称为多重单音噪声或"锯齿噪声"[如图1-8(b)所示],主要是由风扇转子旋转激波所产生。

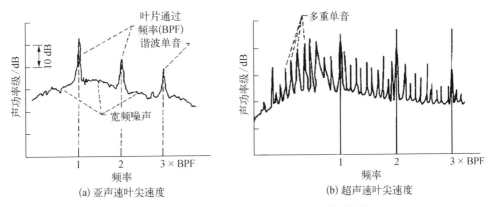

图1-8　大涵道比涡扇发动机风扇噪声典型频谱

　　根据 Lighthill 气动声学基本理论可知,叶轮机内部的气动噪声源包括气体质量脉动的单极子气动噪声源、叶轮机叶片表面非定常压力脉动的偶极子噪声源、围绕叶轮机转子和静子叶片排强烈的湍流脉动的四极子噪声源等[23]。

　　单极子噪声源,通常也称为叶片厚度噪声,它是由转子叶片旋转在气流管道内形成流体质量周期性脉动所产生的声源,由于航空叶轮机叶片普遍采用小而薄的叶片构型,因此叶轮机单极子声源并不是叶轮机主要噪声源,其噪声辐射量级不大,一般可以不予考虑。

　　叶轮机四极子噪声源则是由于叶轮机内部非定常湍流脉动形成的噪声源,由 Lighthill 应力张量的体积积分所描述,著名气动声学专家 Ffowcs Williams 教授等[24, 25]对流体声源的量纲分析表明,偶极子的脉动力辐射噪声的声强度与流体速度的 6 次方呈比例,而四极子的脉动应力辐射噪声的声强度与流体速度的 8 次方呈比例,实验测量表明,叶轮机随机噪声与流动速度 6 次方呈比例,因此,对于叶轮机械,与偶极子的脉动压力产生的声辐射相比,可以忽略四极子脉动应力产生的随机声辐射。Ffowcs Williams 等同时指出,在高速叶轮机械中(叶片的叶尖马赫数大于 0.8),在转子叶片表面由于四极子脉动应力产生的离散单音噪声也会成为叶轮机重要的离散单音噪声源。

叶轮机偶极子噪声源又可进一步分为定常叶片力噪声源和非定常叶片力噪声源。对于亚声速叶轮机,由于管道声模态传播的截止效应,转子叶片定常力形成的偶极子噪声在管道内会沿轴向方向呈指数形式的衰减,因此其不是航空发动机主要噪声,而叶片非定常气动力形成的偶极子噪声源则会以传播模态形式通过发动机进排气管道向外辐射。下面简要介绍叶轮机主要噪声源的产生机理。

1. 叶轮机转静叶片排干涉单音噪声源

在叶轮机械中,通常采用转子与静子叶片排连续排列的特殊构型(转子+静子构成压气机级,静子+转子构成涡轮级),叶轮机在工作过程中,由于叶轮机相邻叶片排之间相互运动所产生的流动干涉,从而在转子叶片和静子叶片中产生非定常力的偶极子噪声源。如图1-9所示,转子、静子之间的干涉包括势流场干涉和黏性尾迹干涉等,转子叶片排周期性旋转与静子叶片排之间的相互干涉,就会在叶片上产生周期性变化的非定常气动力,进一步研究发现叶片转静干涉非定常叶片力产生的管道声模态旋转相速度远高于叶片旋转速度,往往会达到超声速,因此,转静干涉非定常叶片气动力是非常强烈的叶轮机噪声源。

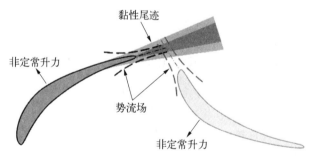

图1-9 转子-静子之间的干涉机制

叶轮机转子与静子叶片排之间的距离是影响非定常干涉和噪声大小的重要参数,当这一距离很小时,势流干涉和尾迹切割都会产生严重非定常气动干涉效应,随转、静叶片排之间的间距增加,势流干涉非定常效应将快速衰减,而尾迹切割非定常效应衰减缓慢。另外,叶片也有可能作为声屏障而影响邻近叶片排上压力脉动产生的声辐射,而这个影响取决于与压力脉动有关的声波波长和作为屏障的叶片尺寸大小。当动、静叶之间的距离增加时,叶片作为声障作用也会减小。

2. 叶轮机随机宽频噪声源

叶轮机随机宽频噪声频谱的特征是夹杂有丘峰或者尖峰的连续噪声谱,根据气动声学基本理论的分析发现,在包含有固体边界的流动噪声中,主流是亚声速情况下的宽带噪声主要是偶极子型,因此,可以确定叶轮机随机宽频噪声主要是由具有随机特性的叶片脉动力所产生。叶轮机内部有多种随机湍流脉动力产生机制,如图 1-10 所示绕流叶片的随机湍流流动的情况,在叶片表面产生湍流脉动作用力的流动过程包括:① 沿叶片表面发展的湍流边界层;② 叶片表面边界层湍流从叶片尾缘脱落;③ 叶片与来流湍流的相互干涉,其中来流湍流包括发动机吸入的进气湍流、上游叶片尾迹湍流、叶轮机通道端壁边界层湍流等。

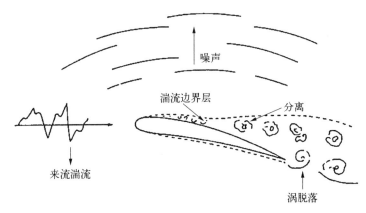

图 1-10　二维叶片宽频噪声源

　　在真实的航空叶轮机三维环形通道内,由于沿叶片径向气流的变化,叶片端区边界层湍流以及转子叶尖间隙湍流脉动等三维非定常流动效应非常明显,它们与叶轮机转子和静子叶片排干涉,产生重要的湍流宽频噪声源。如图 1-11 是典型的风扇湍流宽频噪声源[26],主要包括发动机进口来流湍流与转子叶尖/叶根的干涉,转子尾迹湍流与静子叶片的干涉,端壁湍流与静子叶尖/叶根的干涉,转子叶片湍流边界层尾缘脱落形成的尾缘噪声等。大量的理论和实验研究表明,远离叶片前缘、尾缘的湍流脉动四极子声源并不能有效地辐射噪声,反之,因为叶片的前缘

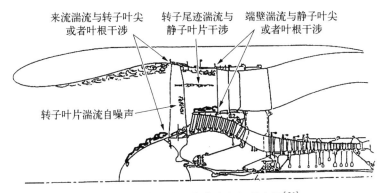

图 1-11　典型的风扇湍流宽频噪声源[26]

与尾缘等边缘形成了空间不均匀的边界,将原本不能有效辐射的湍流脉动压力散射成可以传播的声场。因此,湍流与叶片前缘、尾缘的相互干涉产生的偶极子声源是叶轮机湍流宽频噪声的主要声源。

3. 超声速转子激波噪声

对于超声速转子,会产生一种噪声谱特征为"多重单音"的强烈噪声,由于这种"多重单音噪声"实质是由于超声速转子叶片前缘激波旋转引起的,所以也称"激波噪声"。图1-12说明了这种激波噪声产生的物理机制。对于理想结构的二维叶栅,假定各叶片完全相同,叶片间距相等,来流也完全均匀,当超声速转子旋转时,在每个叶片前缘产生一道外伸激波,外伸激波沿来流马赫数方向向前传播形成声压场,图1-12(a)右上侧的曲线表示在叶片前部感受到的激波压力场的时间历程。但是,对于实际的风扇/压气机,由于叶片之间和叶片间距离之间的差异以及来流的随机脉动,就会引起各叶片前缘外伸激波强度和方向的差异,这些有差异的激波在传播过程中就会出现激波的追赶、相交和归并现象,激波数逐渐减少,导致了激波压力场频谱图与压力时间历程的改变,如图1-12(b)所示。进一步的分析发现,上述的声压在转子每一次转动时都重复出现,因此是有序的,但声压主频分布存在随机性,通常发生在轴通过频率及其倍频处。因此这种噪声是以轴通过频率的特征出现,通常称为多重单音噪声(multiple pure tone noise)、组合单音噪声(combination tone noise)或蜂鸣噪声(buzz noise)。

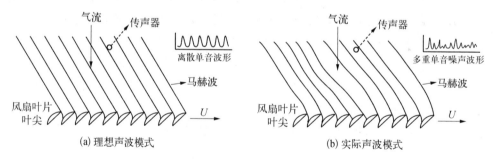

图1-12　多重单音噪声产生机理

4. 风扇/压气机噪声频谱特征

随着民用航空发动机涵道比的不断提高,相应的发动机排气速度在逐渐减小,发动机的喷流噪声逐渐减小,而由于风扇流量和功率的不断增大,风扇叶尖速度和级载荷也不断增大等,风扇噪声逐渐成为大涵道比涡扇发动机主要噪声源。

通常,在飞机进场着陆过程,航空发动机处于慢车等低功率工作状态,风扇转子叶尖气流相对速度是亚声速,这时风扇噪声表现叶片通过频率单音及其谐波迭加在宽频噪声谱中的形式,如图1-8(a)、图1-13(a)所示(图1-8和图1-13分别给出不同频率范围风扇噪声频谱形状),风扇单音噪声和宽频噪声分别从风扇进口和外涵道出口向外传播,而单音噪声在从风扇进口传播过程中,可能与风扇转子叶片发生干涉而产生和、差频率噪声。在飞机起飞过程,发动机处于大功率工作状态,风扇转子叶片叶尖气流相对马赫数是超声速,这时除叶片通过频率单音及其谐波和宽频噪声外,在风扇噪声频谱中就出现轴频率激波噪声,如图 1-8(a)、图 1-13(b)所示。激波噪声从发动机风扇进口向外辐射。

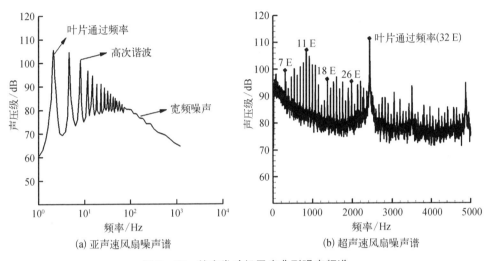

(a) 亚声速风扇噪声谱

(b) 超声速风扇噪声谱

图 1-13 航空发动机风扇典型噪声频谱

5. 涡轮噪声频谱特征

与亚声速的风扇/压气机噪声相似,涡轮噪声频谱是由叶片通过频率单音及其谐波与随机宽频噪声所组成,如图 1-14 所示。由于涡轮叶片排之间的间距比风扇叶片排间距要小得多,因此,由涡轮转子与静子之间势流场干涉产生的单音在涡轮噪声中占据重要地位。

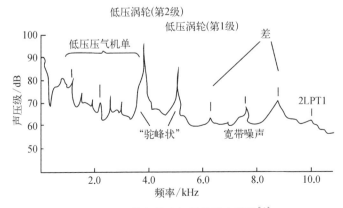

图 1-14 航空发动机涡轮噪声频谱[1]

研究表明,涡轮噪声同风扇/压气机噪声相比其主要特点[1]是:① 由于涡轮噪声辐射要通过喷流混合区的剪切层,因此,涡轮噪声要被折射,折射使涡轮噪声的辐射主要集中在相对于发动机进口轴线 110°~130°方位角范围;② 由于要通过湍流剪切层,使得涡轮离散单音谱的形状发生变化,单一的尖峰单音被加宽,变为"驼峰状"的频谱形式,如图 1-14 所示,这种"驼峰"形状的频谱早期被错误地当成宽带噪声,喷流剪切层厚度与声波波长的比值,是影响"驼峰状"频谱形状的主要参数;③ 喷口结构对涡轮单音的"锐度"也有明显的影响,这主要是取决于风扇外涵气流与发动机内涵气流的混合程度以及混合方式;④ 因为涡轮级与级之间非常相似,涡轮级产生的噪声在传播过程中与其他涡轮级干涉,就会产生"和音"和"差音"噪声,如图 1-14 所示。

1.2.4　燃烧噪声基本特征

对航空发动机燃烧噪声的研究要晚于并少于对其他部件噪声的研究。随着民用航空发动机涵道比的逐渐增大,发动机喷流速度逐渐减小,因此喷流噪声在逐渐降低,这时,同样也是从喷管出口向外辐射的燃烧噪声才逐渐被注意。

图 1-15 给出了燃气涡轮发动机远场低频声功率实验测量结果与发动机喷流速度的函数关系[27],该实验结果证实了燃烧噪声在发动机噪声中的重要性。图中带三角形符号的实线表示辐射到远场的总声功率,虚线则表示喷流噪声,喷流噪声功率近似与喷流速度呈 8 次方关系。这两条曲线随着喷流速度的增大汇合到一起,这说明在高喷流速度下,发动机总辐射功率是由喷流噪声所支配。但是,在相对低的喷流速度情况下,实验测量的发动机排气总噪声远远大于基于喷流噪声理

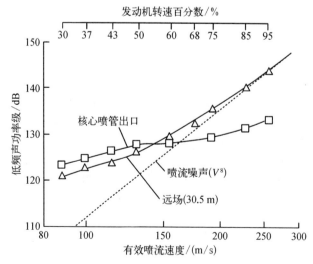

图 1-15　远场和喷管出口声功率比较[27]

论所预测的喷流噪声声功率。这时人们才认识到发动机的排气噪声中含有其他内部噪声源产生的噪声分量,在排除了由于涡轮部件产生的高频噪声成分之后,这种"超出喷流噪声的噪声"才被发现来自直接燃烧噪声、燃烧室出口非均匀燃气流与涡轮作用的间接燃烧噪声等,通常称这种"超出喷流噪声的噪声"为航空发动机的"核心噪声"。在图 1-15 中,带有方形标志的实线就是在发动机排气喷管出口处所测量的核心噪声。可以看出,在高喷流速度时,喷流噪声占支配地位,但当喷流速度较低时,核心噪声就凸显了出来。

在发现了核心噪声在发动机总噪声中的重要性后,许多研究者对核心噪声进行了实验和理论研究。研究发现,发动机核心噪声主要来自燃烧噪声[28],而且研究还发现,航空发动机的核心噪声频谱非常接近喷流噪声频谱,如图 1-16(a)所示为典型的涡扇发动机核心噪声谱[2, 29],图中纵坐标表示噪声声压级 SPL 与总声压级 OASPL 的差,横坐标是与频谱峰值频率相比的无因次频率。由于核心噪声辐射要通过喷流混合区的剪切层,核心噪声辐射会被折射,使得最大的噪声值出现在相对于发动机进口轴线 110°~120° 的角度范围,图 1-16(b)表示典型涡扇发动机核心噪声总声压级 OASPL 的指向特性,可以看出,从峰值噪声点开始,噪声级随指向角减小迅速衰减,而随着指向角的增大,噪声级变化并不明显[30]。

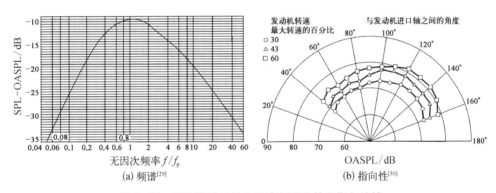

(a) 频谱[29]   (b) 指向性[30]

图 1-16　涡扇发动机核心噪声频谱特性和指向特性

通常,航空发动机典型环形燃烧室的燃气燃烧过程分为主燃区和掺混区,在主燃区燃油喷入并点火燃烧,燃气温度可高达 2 000 K 以上,混合区冷空气与热燃气掺混降低燃气温度。为了促进主燃区内燃油与空气混合和掺混区内燃气与空气的掺混,整个燃烧过程必须保持强烈的湍流,因此燃烧噪声表现为随机湍流脉动噪声的频谱特征。根据燃烧噪声产生过程的不同,燃气涡轮发动机的燃烧噪声可分为直接燃烧噪声和间接燃烧噪声[31]。直接燃烧噪声就是由燃烧过程直接产生的噪声,而间接燃烧噪声则是由燃烧产物(燃气)通过涡轮或者通过排气喷管时产生的噪声。基于气动声学基本理论,目前对于这两种燃烧噪声源,均发展了相应的理论预测模型,揭示了燃烧噪声源中单极子、偶极子和四极子噪声源的基本规律[32]。

1.2.5 发动机进/排气管道声传播的基本特征

如前所述,航空燃气涡轮发动机是由进气压缩系统(含进气道、风扇、低压压气机、高压压气机)、燃烧室、高温高压燃气膨胀热能转换的涡轮系统(含高压涡轮、低压涡轮)、排放高温高压燃气的喷管等部件所组成。航空发动机各部件所产生的噪声,除了喷流噪声源暴露在大气自由空间,按照球面波在空间传播,发动机其他部件噪声总是首先通过发动机进/排气的圆形管道或环形管道传播到发动机进口和喷管出口,再经过发动机进口、出口向外辐射。根据管道声学基本理论可知[33, 34],在圆形(环形)气流管道内,由于管道壁面边界条件的影响,在管道内只有一部分特定类型的声波才能沿着管道传播出去,通常将这种特定类型的声波结构称为声模态,在圆形(环形)管道中,管道声模态是由围绕管道轴线旋转的旋转运动(周向模态)和由贝塞尔函数描述的径向幅值剖面(径向模态)所刻画,如图 1 - 17 所示[22](图中所示为周向 3 阶模态、径向 0 阶模态),管道声模态的传播特性则是由管道的具体几何形状、尺寸大小以及管道内的流场特性所决定的。

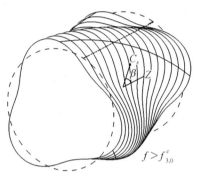

图 1 - 17 (3, 0)模态波沿环形管道的传播[22]

与平面波不同的是,管道内的"旋转声模态"有"截止"特性,在均匀流动管道内,特定模态只有在高于特定频率时才会传播,这个频率就是该模态的"截止"频率(或者"截通"频率),记为 $f_{c, mn}$。当频率低于模态的截止频率时,模态波在轴向方向将呈现出指数衰减。管道内模态波的截止频率与管道直径、轮毂比、气流速度等相关。当模态频率高于其截止频率时,该模态波就会沿着管道向声源的两侧传播,图 1 - 18 展示的是在管道内气流马赫数 $Ma = 0.1$、频率 $f = 10 \text{ kHz}$ 的周向模态阶数是 6、径向模态阶数是 2 的声模态(6, 2)在管道内传播的波形图,图中 $x = 0$ 位置标识的是声源位置。沿着管道顺流传播的模态波振幅为 A_{mn}^+,逆流传播的模态波振幅为 A_{mn}^-,模态波的传播角则与管道内的气流马赫数 Ma、管道声模态传播特

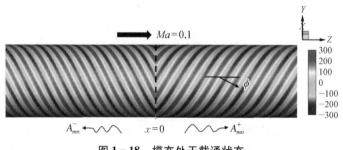

图 1 - 18 模态处于截通状态

征值 κ_{mn} 以及声频率等相关[33]。从图 1-18 可以看出,管道内顺流和逆流传播的模态波的传播角是不同的,这是管道内的气流运动产生的声波多普勒效应所造成,由于管道气流流动,使得逆流传播的波形比顺流传播的波形显得更"密集"。

综上所述,在航空发动机噪声源中,除了喷流噪声是在大气自由空间以球面波形式向外传播辐射外,其他发动机部件噪声源都是通过发动机进/排气管道以模态波的形式向发动机进口和喷口传播,发动机向外辐射的声能量分布在各个传播("截通")的模态上,最后经过发动机进口与喷口向大气自由空间辐射。因此,通过对航空发动机进/排气管道内声模态结构等的研究和认识,进行航空发动机噪声源降噪设计和声传播控制,实现对发动机部件噪声的优化控制、预测以及测量等,就构成了航空发动机气动声学领域特有的研究内容。

1.3 实验气动声学(EAA)的重要性和研究内容

气动声学是研究有关气流运动过程产生声音的学科,航空发动机气动噪声则是气动声学主要研究对象,通过本章前面对航空发动机气动噪声源产生物理机制和传播过程的简要分析,我们可以看出,由于航空发动机内部非定常湍流流动过程与发动机部件相互干涉、发动机管道内声波传播与交错排列的发动机转子静子叶片排相互干涉、发动机内部非定常湍流流动过程与声波产生和传播过程相互交织、互相影响等,使得航空发动机气动噪声产生和传播的物理机制极其复杂,航空发动机气动声学的理论和数值计算分析研究面临极大的挑战,为此,借助于先进的实验测试技术,开展对航空发动机气动噪声问题的实验研究,就成为航空发动机气动声学研究的重要内容和重要途径。

航空发动机实验气动声学(Experimental Aero-Acoustics, EAA)正是以实验揭示航空发动机气动噪声源流动物理机制、认识航空发动机气动噪声源声波产生和传播的基本规律、实验评估航空发动机气动噪声源控制方法,以及基于实验结果而发展航空发动机气动噪声的精确数值模拟方法等为主要目的,其研究内容包括发动机气动噪声源识别、管道声模态的辨识、模型实验的方法、发动机部件声学相似律实验分析技术、基于发动机整机实验的发动机部件噪声实验技术等。由于航空发动机气动噪声源空间分布的复杂性(发动机内部非定常湍流流场三维空间分布、发动机部件之间相互干涉影响等)、发动机部件复杂三维构型影响发声过程的复杂性(例如具有特定弦长叶片前缘与尾缘对声波产生和散射过程的影响)和发动机管道内声波传播的特殊性(管道声模态传播等)等,使得航空发动机气动声学实验具有与传统声学实验所不同的特殊性和复杂性,如果以 1974 年英国科学家 Billingsley[35]针对航空发动机喷流噪声实验首次建立的现代传声器阵列声学实验测试理论和方法为标志,实验气动声学已发展成为一门独立的实验技术学科[36-40]。

由于航空发动机的气动噪声问题极度复杂,特别是针对未来"绿色航空"对"超安静"航空发动机发展的技术需求,当代航空发动机气动声学问题的根本解决,依赖于实验气动声学技术的不断发展和完善。过去几十年来,以传声器阵列信号的"反卷积方法"数据处理技术和高速计算机数据分析与成像技术等为主要方法的气动声学实验测试技术得到了迅速发展,先进的实验气动声学方法已经成为解决飞机与航空发动机噪声问题的重要基础和工作基石。基于实验气动声学(EAA)理论和方法,实现对航空发动机各个声源部件气动声学特性的实验测量与分析,认识发动机内部流动和声辐射的基本规律,分离和识别出不同气动噪声源的噪声辐射特征,研究不同发动机部件流动噪声辐射的物理机制,分析发动机内部流场结构和发动机设计参数与噪声辐射的基本关系,为航空发动机气动声学理论模型和数值计算方法验证提供依据等,已经成为"超安静"航空发动机气动声学设计中的重要内容。

本书以实验研究航空发动机气动噪声源物理机制和声学特性为目标,系统研究并分析了航空发动机实验气动声学的基本理论和方法。本书的内容由两部分组成:第一部分介绍实验气动声学的基本理论和方法,包括声学信号提取及气动噪声信号的统计分析理论和方法、自由声场声源识别技术——声学阵列信号"波束成型"理论和方法、管道声场重构技术——管道声模态辨识理论和方法三部分内容,这部分内容构成了航空发动机实验气动声学的理论基础;第二部分介绍航空发动机气动声学实验技术和方法,包括航空发动机气动噪声源的模拟实验技术、航空发动机进/排气管道声模态辨识实验技术、航空发动机部件声学实验的相似律分析技术、基于航空发动机整机实验的声学实验技术四部分内容。

本书的写作特点体现在以下两点:① 紧密结合本学科发展的前沿,强调新知识和新理论的研究和传播,本书内容反映了实验气动声学领域的最新学术研究进展,特别是在传声器阵列"反卷积"信号处理技术、发动机管道湍流宽频噪声模态辨识技术等方面,包含了当前最新的研究成果;② 紧密联系本课题组基础科研项目的研究工作进展,书中许多内容都是课题组近年来取得的研究成果,特别是本书以大量的航空发动机模型、部件和整机噪声实验的具体实验内容和结果,展示了基于实验技术的发动机气动声学研究的最新成就。

本书的内容具有很强的针对性,通过对航空发动机实验气动声学理论和方法的研究,将为航空发动机气动声学设计和噪声控制提供强有力的理论和技术支撑。

参考文献

[1]　SMITH M J T. Aircraft noise[M]. Cambridge: Cambridge University Press, 1989.

[2]　HUFF D L. NASA Glenn's contributions to aircraft engine noise research: NASA/TP - 2013 - 217818 [R]. Cleveland: Glenn Research Center, 2013.

[3] JOSEPH D. Jet engine noise reduction, department of NAVY jet noise reduction (JNR) project[R]. Naval Research Advisory Committee, 2009.

[4] BJORN V S, ALBERY C B, SHILLING R, et al. U. S. Navy flight deck hearing protection use trends: survey results[C]. Neuilly-sur-Seine: In New Directions for Improving Audio Effectiveness, 2005.

[5] MCKINLEY R L, BJORN V S, HALL J A. Improved hearing protection for aviation personnel: RTO－MP－HFM－123 [R]. Dayton: Air Force Research Lab, 2005.

[6] Federal Aviation Administration. Part 36 noise standards: aircraft type and airworthiness certificateon[S], 2004.

[7] International Civil Aviation Organization. Annex 16: Environmental protection volume I: aircraft noise, 5th ed: ICAO－ANNEX 16 VOL. 1 [S], 2008.

[8] 国家环境保护局. 机场周围飞机噪声环境标准: GB9660, 9661－88 [S], 1988.

[9] Government of Japan. Law No. 98 of 1968, latest amendment by law No. 91 of 2000[Z], 2000.

[10] European Parliament. Directive 2002/30/EC of the European Parliament and of the council of 26 March 2002 on the establishment of rules and procedures with regard to the introduction of noise elated operating restrictions at community airports[J]. Official Journal of the European Communities, 2002(85): 40－46.

[11] Attorney-General's Department. Air navigation (Aircraft noise) regulations 1984[S], 2010.

[12] UK Civil Aviation Authority. Aircraft noise and emissions Environment information sheet (no. 10) [S], 2014.

[13] HE Q X. Development of an income-based hedonic monetization model for the assessment of aviation-related noise impacts [D]. Boston: Massachusetts Institute of Technology, 2010: 104－105.

[14] LORD W K. Aircraft noise source reduction technology[C]. Palm Springs: Airport Noise Symposium, 2004.

[15] LOUISE B. Aviation: noise pollution[R]. London: House of common library, 2017.

[16] ELLIOTT D. Aircraft engine noise research and testing at the NASA Glenn research center: GRC－E－DAA－TN27736 [R]. Cleveland: NASA Glenn Research Center, 2015.

[17] GRAHAM W R, HALL C A, MORALES M V. The potential of future aircraft technology for noise and pollutant emissions reduction[J]. Transport Policy, 2014, 34: 36－51.

[18] SKIBIN V A. Priorities in scientific research at the development of aviation engines[R]. Zhuhai: Forum of Academicians, 2006.

[19] LIGHTHILL M J. On sound generated aerodynamically, I. General theory[J]. Proceedings of the Royal Society of London A, 1952, 211A: 564－587.

[20] LIGHTHILL M J. On sound generated aerodynamically, II. Turbulence as a source of sound [J]. Proceedings of the Royal Society of London A, 1954, 222A: 1－32.

[21] MICHEL U. Sound generation by aircraft[R]. DLR－I B 92517－95/B5, 1995.

[22] 乔渭阳. 航空发动机气动声学[M]. 北京: 北京航空航天大学出版社, 2010.

[23] 唐狄毅, 李文兰, 乔渭阳. 飞机噪声基础[M]. 西安: 西北工业大学出版社, 1995.

[24] FFOWCS WILLIAMS J E, HAWKINGS D L. Sound generation by turbulence and surfaces in

arbitrary motion[J]. Philosophical Transactions of the Royal Society of London Series A, 1969, 264(1151): 321 – 342.

[25] FFOWCS WILLIAMS J E, HAWKINGS D L. Theory relating to the noise of rotating machinery [J]. Journal of Sound and Vibration, 1969, 10(1): 10 – 21.

[26] MORIN B L. Broadband fan noise prediction system for turbofan engines, Volume 1: setup BFaNS user's manual and developer's guide[R]. NASA/CR – 2010 – 216898, 2010.

[27] MEYER R, ALLEN K. Core noise measurements from a small, general aviation turbofan engine[R]. NASA TM – 81610, 1980.

[28] KARCHMER A M. Core noise source diagnostics on a turbofan engine using correlation and coherence techniques[J]. The Journal of the Acoustical Society of America, 1976, 60(S1): 112 – 113.

[29] HO P Y, DOYLE V L. Combustion noise prediction update[C]. Seattle: 5th Aeroacoustics Conference, 1979.

[30] KARCHMER A M, RESHOTKO M, MONTEGANI F J. Measurement of far field combustion noise from a turbofan engine using coherence functions [C]. Atlanta: 4th Aeroacoustics Conference, 1977.

[31] MAHAN J R, KARCHMER A. Combustion and core noise[R]. NASA RP – 1258, 1991.

[32] IHME M, PITSCH H, BODONY D. Radiation of noise in turbulent Non-premixed flames[J]. Proceedings of the Combustion Institute, 2009, 32(1): 1545 – 1553.

[33] NEISE W, MICHEL U. Aerodynamic noise of turbomachines: 22314 – 94/B5 [R]. DLR Internal Report, 1995.

[34] MUNJAL M L. Acoustics of ducts and mufflers[M]. New York: John Wiley & Sons, 2014.

[35] BILLINGSLEY J. An acoustic telescope: ARC 35/364[R]. Aeronautical Research Council, 1974.

[36] MUELLER T J. Aeroacoustic measurements, experimental fluid mechanics [M]. Berlin: Springer, 2002.

[37] JOHNSON D H, DUDGEON D E. Array signal processing: concepts and techniques[M]. New Jersey: PTR Prentice Hall, 1993.

[38] NEISE W, ARNOLD W. On sound power measurement in flow ducts[J]. Journal of Sound and Vibration, 2001, 244(3), 481 – 503.

[39] JOSEPH P, MORFEY C L, LOWIS C R. Multi-mode sound transmission in ducts with flow [J]. Journal of Sound and Vibration, 2003, 264(3), 523 – 544.

[40] SUTLIFF D L. Rotating rake turbofan duct mode measurement system[R]. Cleveland: Glenn Research Center, 2005.

第 2 章
声学信号的检测和统计分析方法

实验气动声学研究的目的就是通过对气动噪声源声辐射信号的检测、记录、处理等实现对气动噪声源物理机制、传播规律、控制方法等的认识。气动声学实验中记录下来的声波信号，都是关于时空变化的随机信号（即使是有规律变化的周期性单音信号，其中也会夹杂着随机干扰的脉动信号），这些信号包含着反映被测对象状态及特性的有关气动噪声发声与传播物理过程的大量有用信息，是研究气动噪声源物理规律、认识噪声与声源物理量之间相互关系、预测气动噪声级等的重要依据。但是，人们能直接从记录仪器记录的随时间变化的时域信号中获得的信息是相当有限的，只有在对其进行深入的加工处理和分析运算后，才能最大限度地揭示出信号中所包含的各种信息，找到研究者所关心的规律性结果。声学信号统计分析的目的，一是排除测试过程中混杂在有用信号中的干扰信号，提高信噪比；二是变换信号的表达方式，使其能最明显地反映气动噪声的状态和特征，例如在幅值域、时延域、频域等分别来描述动态信号的特征。

本章从声学信号的基本特征出发，简要介绍气动噪声信号检测和统计分析的一般方法，分别讨论了噪声信号的检测技术、信号的频谱分析方法、气动噪声信号统计分析方法等。有关声学信号的检测技术本身具有丰富的内涵，但是，本书关心的是航空发动机实验气动声学理论和方法，而非噪声测量技术，因此本章内容仅简要介绍为实验气动声学提供声学测量信号的方法，如何根据声学测量信号实现对气动声源的认识和研究则是本书所关心和重点研究的内容，将在本书后续章节进行详细分析。

2.1 声学信号的基本特征

声学最早是研究人耳能够听到的空气中的微小压力波动，而当代声学的研究范畴已经扩展到非常高频率的"超声波"(ultrasound)和非常低频率的"次声波"(infrasound)，结构振动现在也经常包括在声学理论研究中。由于本书的研究对象是航空发动机气动噪声问题，因此，本书将仅限于有关空气中声的基本定义和传播等内容，主要讨论有关气动噪声的产生过程，包括热传递和湍流脉动过程中声的产生,在这个范畴内,声学是作为空气动力学的一个分支。

2.1.1　声学变量基本特征分析

众所周知,空气具有弹性和惯性,弹性使得空气具有抵抗压缩的能力,而惯性使得流体在发生位移时会产生"过平衡"或者"过冲击",由于这两个特性使得空气中任意位置的压力波动都会与周围介质相关联并向远处传播。当压力波动在空气中传播并到达人耳,它就会使得人耳鼓膜发生振动,从而产生声音。航空发动机气动噪声就是其内部强烈的气流和燃气流的压力波动通过气体的弹性和惯性作用,经过发动机进/排气管道传播出去,并通过大气向远离飞机/发动机的空间区域传播而形成的声波信号。

声波就是气流的压力脉动,因此声波运动应该遵循流动守恒方程和本构方程。由于流体运动基本方程的复杂性,通过对流动过程中各种物理量的量级分析,就可以从流体运动控制方程获得更简化的声波运动方程。

在 20℃ 的干燥空气中,声波传播速度是 344 m/s,在水中声波传播速度是 1 500 m/s。对于谐波压力脉动,人耳能够感觉到的频率范围是

$$20 \text{ Hz} \leqslant f \leqslant 20 \text{ kHz} \tag{2-1}$$

人耳最敏感的声音频率是 3 kHz(通常是警察的哨音频率),声功率的范围很宽,人类的耳语声功率大约是 10^{-10} W,人类的喊叫声功率大约是 10^{-5} W,喷气飞机起飞时产生的噪声功率大约是 10^5 W。

考虑到声功率具有很宽广的范围,并且由于人耳对声音的敏感程度与声功率的量级大致是对数关系,因此一般应用分贝来度量声级大小。声功率级(sound power level, PWL)的定义是

$$\text{PWL} = 10\log_{10}(Power/10^{-12}) \tag{2-2}$$

声压级(sound pressure level, SPL)的定义是

$$\text{SPL} = 20\log_{10}(p'_{\text{rms}}/p_{\text{ref}}) \tag{2-3}$$

其中,p' 表示以波动形式传播的被感觉的压力脉动,而 p'_{rms} 则是声压脉动的均方根值,在空气中参考声压 $p_{\text{ref}} = 2 \times 10^{-5}$ Pa,在其他介质中参考声压 $p_{\text{ref}} = 10^{-6}$ Pa。另外,采用声强表示声音的强大,定义为声传播过程中的声能量通量(即单位面积声功率),声强级(intensity level, IL)的定义是

$$\text{IL} = 10\log_{10}(I/10^{-12}) \tag{2-4}$$

空气中的参考声压 $p_{\text{ref}} = 2 \times 10^{-5}$ Pa 对应的是人耳对 1 kHz 声音听觉的阈值,参考声强级是 $I_{\text{ref}} = 10^{-12}$ W/m²,它与参考声压值 $p_{\text{ref}} = 2 \times 10^{-5}$ Pa 相关联,针对平面波,有效的声压与声强关联式为

$$I = p'^2_{\text{rms}}/\rho_0 c_0 \qquad\qquad (2-5)$$

其中,对于标准大气,$\rho_0 c_0 = 4 \times 10^2 \text{ kg}/(\text{m}^2 \cdot \text{s})$。

人耳能够忍受的空气中的最大声压阈值 $p'_{\text{rms}} = 200 \text{ Pa}$（140 dB）（最大阈值是指人耳能够短时间忍耐,并且对人耳不会造成永久伤害的声压值）,对于大气压力 $p_0 = 10^5 \text{Pa}$ 情况,最大阈值对应的大气中密度的相对波动为

$$\rho'/\rho_0 = p'/\gamma p_0 \leqslant 10^{-3} \qquad\qquad (2-6)$$

其中,$\gamma = c_p/c_V$ 是比定压热容与比定容热容的比值。一般情况下,声速 $c^2 \equiv \dfrac{1}{\left(\dfrac{\partial \rho}{\partial p}\right)_s} = \left(\dfrac{\partial p}{\partial \rho}\right)_s$,则可以给出密度的相对波动量为

$$\frac{\rho'}{\rho_0} = \frac{1}{\rho_0 c_0^2} p' = \frac{1}{\rho_0}\left(\frac{\partial \rho}{\partial p}\right)_s p' \qquad\qquad (2-7)$$

因子 $1/\rho_0 c_0^2$ 是介质的绝热压缩模数（adiabatic bulk compressibility modulus）,在水中,$\rho_0 = 10^3 \text{ kg/m}^3$,$c_0 = 1.5 \times 10^3 \text{ m/s}$,因此 $\rho_0 c_0^2 \cong 2.2 \times 10^9 \text{ Pa}$,10 bar[①] 的压缩波对应的相对密度波动量为 10^{-3},因此对于这样的压缩波可以应用线化假设。但是,当在水中产生大的膨胀波,例如当压力降低到液体的饱和压力而出现气穴泡时,就会导致很强的非线性现象。另一方面,因为在水中形成气穴泡是一个缓慢的过程,强的膨胀波（负压量级到 10^3 bar）可以维持到气穴的出现之前。

对于滞止介质（静止）中的声波,前进平面波运动包括以速度 u' 位移的流体粒子运动,其速度计算式为

$$u' = p'/\rho_0 c_0 \qquad\qquad (2-8)$$

其中,因子 $\rho_0 c_0$ 称为流体的特征阻抗,对式（2-8）两边同除以 c_0,并应用式 $p' = c_0^2 \rho'$ 可以看出声马赫数 u'/c_0 是对相对密度波动的度量,在没有平均流动（$u_0 = 0$）情况下,这就表示在动量守恒方程中对流项 $\rho(v \cdot \nabla)v$ 是二阶量,在线化近似中可以忽略。

对于角频率是 $\omega = 2\pi f$ 的谐波传播,流体粒子的位移幅度为

$$\delta = |u'|/\omega \qquad\qquad (2-9)$$

因此,对于空气中频率为 $f = 1 \text{ kHz}$ 的声波,有

$\text{SPL} = 140 \text{ dB}$,$p'_{\text{rms}} = 2 \times 10^2 \text{ Pa}$,$u' = 5 \times 10^{-1} \text{ m/s}$,$\delta = 8 \times 10^{-5} \text{ m}$,

$\text{SPL} = 0 \text{ dB}$,$p'_{\text{rms}} = 2 \times 10^{-5} \text{ Pa}$,$u' = 5 \times 10^{-8} \text{ m/s}$,$\delta = 1 \times 10^{-11} \text{ m}$

---

① 1 bar $= 10^5 \text{ Pa}$。

以上声学变量的量级分析说明,对于声波传播运动的描述采用线化假设是合理的。特别需要说明,从上面的数据分析可以看出,粒子的位移 δ 很可能比大气压力条件下空气中的分子平均自由行程(大约是 5×10^{-8} m)还要小,尽管如此,前面介绍的连续性假设对于声学问题依然适用,这是因为对于声学问题,粒子的位移 δ 并不是相关尺度,一般我们可以以用尺寸小于感受装置(例如耳膜直径 $D = 5$ mm)或者小于声波波长 λ,但又远大于分子平均自由行程 $\bar{l} = 5 \times 10^{-8}$ m 的尺度定义粒子的特征尺寸,这样即使对于频率是 $f = 20$ kHz 的声波,连续性假设的条件依然能够满足,根据波长计算公式:

$$\lambda = c_0/f \tag{2-10}$$

如此高频率的声波波长依然达到 $\lambda \cong 1.7$ cm,这比分子平均自由行程还要大得多。而对于我们的耳膜来说,虽然不能感受到单个分子的位移 $\bar{l} = 10^{-11}$ m,但是在耳膜直径 $D = 5$ mm 范围内,我们能听到大量分子的平均运动产生的声音。

对于 $f = 1$ kHz 的谐波信号,听觉的阈值 $p'_{\text{ref}} = 2 \times 10^{-5}$ Pa 对应的就是大气压力 p_0 的脉动 p'_{th},而这个结果是通过计算由大量分子数(N 个)在半个周期内对耳膜的碰撞得到,$N \sim n D^2 c_0/2f$,其中 n 为空气中分子的密度,N 值大约是 $N \cong 10^{20}$,$p'_{\text{th}} \cong p_0/\sqrt{N}$,因此可以得出 $p'_{\text{th}} = 10^{-2}$ Pa。

在气体介质中,连续性假设与波的无黏等熵假设等相关联,气体的运动黏性系数 $\nu = u/\rho$ 和热扩散率 $a = K/\rho c_p$ 具有典型的 $c\bar{l}$ 量级,即声速 c 与分子平均自由行程 $\bar{l}$ 的乘积。这是因为对于气体,声速是分子随机热运动速度的度量,宏观上讲就是热和动量扩散,因此气体中无黏性就意味着等熵。但是必须注意,这样的分析对于液体是不适用的,在液体中,对于正常频率的波传播是等温过程而非等熵过程。

根据运动黏性系数的量级关系 $\nu \sim c\bar{l}$,则声学克努森数(Knudsen 数),即声波波长 λ 与分子平均自由行程 $\bar{l}$ 的比值,也就可以用声学傅里叶数来说明,即

$$\frac{\lambda}{\bar{l}} = \frac{\lambda c}{\nu} = \frac{\lambda^2 f}{\nu} \tag{2-11}$$

这个关系将黏性效应的扩散长度 $(\nu/f)^{1/2}$ 与声波波长关联起来,而且这个比值可以看作是非定常 Reynolds 数,即

$$Re_t = \frac{\left| \rho \dfrac{\partial u'}{\partial t} \right|}{\left| u \dfrac{\partial^2 u'}{\partial x^2} \right|} \sim \frac{\lambda^2 f}{\nu} \tag{2-12}$$

对于平面波,非定常 Reynolds 数表示的是动量守恒定律中惯性力与黏性力的比值,对于空气来说 $\nu = 1.5 \times 10^{-5}$ m^2/s,对于频率 $f = 1$ kHz 的波,非定常 Reynolds 数

$Re_t = 4 \times 10^7$，因此，只有当声波传播的距离超过 10^7 波长（对于频率 $f = 1$ kHz 的声波，长度达 3×10^3 km）时黏性才会起重要作用。在工程实践中，对于自由空间波的衰减来说，运动黏性系数是不重要的影响因素，而由于内部自由度（旋转、振动）所确定的相对较长的分子运动松弛时间，使得声波耗散的主要机理为热平衡的偏离，这个效应与气体体积黏性参数相关联。

一般情况下，随着频率的增高，声波的吸收增大，这就解释了为什么飞机从近处飞向远处时，我们听到的飞机的低频噪声越来越加重。

当存在固体壁面时，黏性耗散和热传导将导致声波在很短距离内明显地被吸收而衰减，沿着横截面积为 A、周长为 L_p 的管道传播的平面波的幅值将以指数因子 $e^{-\alpha x}$ 沿管道 x 轴向传播而衰减，其中对于一定频率（$A/L_p \geqslant \sqrt{\nu/\omega}$，$\omega\sqrt{A}/c_0 < 1$）的声波，衰减因子 α 的计算关系式为

$$\alpha = \frac{L_p}{2Ac}\sqrt{\pi f \nu}\left(1 + \frac{\gamma - 1}{\sqrt{\nu/a}}\right) \tag{2-13}$$

对于空气而言，$\gamma = c_p/c_V = 1.4$，$\nu/a = 0.72$，对于 400 Hz 的音乐管，例如单簧管，$\alpha = 0.05$ m^{-1}，因此，尽管无黏假设不是很严格但仍然是相当合理的一阶近似。

2.1.2　声学信号的分类及时变特征

显然，声音信号是一种典型的随时间发展而变化的非定常变量，在实验测试技术领域这类被测量物理量称为"动态信号"。对于动态信号，根据信号随时间变化的特征可以分为不同类型，如图 2-1 所示，通常动态测量信号可以分为如下的类型[1]。

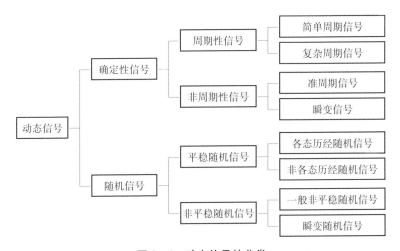

图 2-1　动态信号的分类

2.1.2.1　周期性声学信号的特点

声学信号随时间变化的规律能用明确的数学关系式描述时,称为确定性信号。确定性信号又进一步分为周期性信号和非周期性信号。

周期性信号是一种经过一定时间重复本身的信号,而非周期性信号则不会重复。周期性信号细分又可以分为简单周期性信号和复杂周期性信号,其中简单周期性信号指的是以简谐波形式出现的信号,其他周期性信号称为复杂周期性信号。航空发动机的旋转机械(风扇/压气机、涡轮等)周期性旋转会产生典型的周期性单音声学信号,发动机单音噪声是典型复杂周期信号。

通常区别周期信号和非周期信号的方法包括:① 周期信号的频谱是离散的,非周期信号的频谱是连续的;② 周期信号可以用一组整数倍频率的三角函数表示,其频率是在频域离散的频率点。非周期信号做傅里叶变换的时候,周期间隔 T 趋向于无穷,所以在频谱上就变成连续变化的信号(频谱间隔趋于无限小)。

要注意一类特殊的非周期信号,这类信号的频率也具有离散频谱的特征,但是在时域则不会出现周期性重复,把这类动态信号称为准周期信号。在航空发动机多级压气机和多级涡轮的噪声中,当不同转子的叶片通过频率之比不是有理数时,由于不同转子叶片排产生的不同周期噪声的合成会产生"和音"与"差音"就是典型的准周期信号。如图2-2所示航空发动机喷口噪声频谱中出现的叶片通过频率及其谐波的单音噪声、随机宽频噪声以及不同高压涡轮与低压涡轮单音噪声的"差音"等噪声信号[1]。

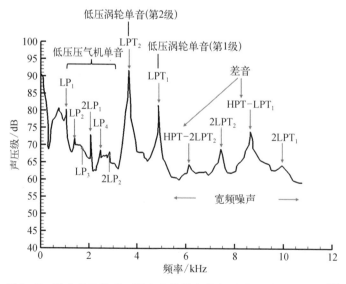

图2-2　航空发动机喷口噪声中的单音噪声、宽频噪声与"差音"[2]

2.1.2.2　随机声学信号的特点

不能够明确地用数学关系式描述、无法预测未来时刻精确值的动态信号,称为随机信号[1]。对任意随时间而变的物理现象,如果每次观测、记录的结果都不相同,则可看成是一种随机的时间过程。对随机的时间过程作长时间的观测、记录,可以获得一个时间历程,称为样本函数(若仅在有限的时间内观测、记录,则获得的时间历程称为样本记录),记样本函数为 $x_i(t)$,在相同条件下进行观测、记录可能获得若干样本函数 $(x_1(t),x_2(t),x_3(t),\cdots)$,所有可能获得的样本函数的集合(总体)称为随机过程,表示为 $\{x_i(t)\}=\{x_1(t),x_2(t),\cdots,x_i(t),\cdots\}$。式中 $x_i(t)$ 表示序号是 i 的样本函数,如图 2-3 所示。作为随机过程,在某一时刻 t_i 的值 $x(t_i)$ 是一个随机变量,随机变量在未来时刻的精确值不能预知,但取值范围在测试前是可知的,而且每一个随机变量的出现都具有一定的概率,或者说根据已经测定的信号数据可以估算出任意给定取值区间的概率,这是随机信号具有的客观规律。

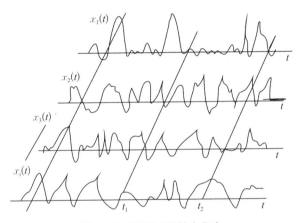

图 2-3　随机过程样本集合

对于随机信号,任何一次观测只代表其在变动范围中可能产生的结果之一,其值的变动服从统计规律。它不是时间的确定函数,其在定义域内的任意时刻没有确定的函数值。由于随机变量是定义在可能样本空间上的,所以其统计参数也应建立在可能样本的集合之上,例如要求随机过程 $x(t)$ 在时刻 t_1 的均值 $\mu_x(t_1)$,应等于在 t_1 时刻所有可能样本的取值之和除以样本总数 N,即

$$\mu_x(t_1)=\lim_{N\to\infty}\frac{1}{N}\sum_{i=1}^{N}\left[x_i(t_1)\right] \qquad (2-14)$$

对于任意两个时刻 $(t_1,t_1+\tau)$(图 2-3),随机变量取值的相互关系的统计平均往往被人们重视,这种相互关系可以用统计相关函数表示,记为 $R_x(t_1,t_1+\tau)$,称为随机信号的自相关函数,定义为

$$R_x(t_1, t_1 + \tau) = \lim_{N \to \infty} \frac{1}{N} \sum_{i=1}^{N} x_i(t_1) x_i(t_1 + \tau) \qquad (2-15)$$

此外还有统计参数的均方值和方差：

均方值：
$$\psi_x^2 = \lim_{N \to \infty} \frac{1}{N} x_i^2(t) \qquad (2-16)$$

方差：
$$\sigma_x^2 = \lim_{N \to \infty} \frac{1}{N} \sum_{i=1}^{N} [x_i(t) - \mu_x]^2 \qquad (2-17)$$

一般来说，在不同时刻 $(t_1 \neq t_2)$，随机过程 $\{x_i(t)\}$ 的统计参数是不相同的，即这样的随机信号的特征本身也是随时间变化而变化，那么这种随机信号属于非平稳随机过程。显然对于非平稳的随机过程，很难进行量化计算分析。反之，若随机过程 $\{x_i(t)\}$ 的所有统计参数都不随时间的推移而变，则这样的随机过程称为强平稳随机过程。若随机过程仅满足均值 $\mu_x(t)$ 和自相关函数 R_x 两个统计参数不随时间的推移而变化，则称这个随机过程为弱平稳随机过程。

即使对于平稳随机过程，其统计特征也要在所有可能的样本集合中求取，这就要求获得所有可能的样本函数(或足够多的样本函数)，显然，这在实际工作中是做不到的，能否用一个样本沿时间轴的统计特征代替样本集合的统计特征，这就引出了各态历经随机的概念。在平稳随机过程中，若任一单个样本函数沿时间轴的平均统计特征等于该过程的集合平均统计特征，这样的平稳过程就称为各态历经平稳随机过程。各态历经过程的物理含意就是，任一样本函数在足够长的时间区间内，包含了各个样本函数所有可能出现的一切状态。

由于人类研究、使用的大部分工程机械的对象都总是能够保证长期稳定的工作运转，也就是说无论什么时候运行，这种对象的运行状态总能保持特定的稳定状态，因此，在工程领域的大部分研究对象的测量信号都属于各态历经平稳随机过程。例如，对于一台航空发动机，不论任何时刻运行，在相同的发动机工作状态下其产生的噪声信号都是稳定的(环境等因素的影响除外)。在实际工作中，即使并不十分平稳的随机过程，如果分段考虑也是可以满足平稳信号特征(在一定的测试范围内)。因此，对于工程机械研究对象的测量信号，大部分都可以按照各态历经平稳随机信号进行分析处理。

对于各态历经平稳随机过程，由于其统计特征不随时间变化，而且可以采用其中一个样本沿时间轴的统计特征描述其统计特征，即采用样本函数统计量代替随机过程的总体统计量。因此，对于工程上遇到的随机信号(包括航空发动机气动噪声信号)，就可以采用许多研究非随机过程的分析方法进行。如图 2-2 所示为典型的航空发动机喷口中气动噪声频谱，就是一种夹杂有周期性单音信号的各态历经平稳随机信号，在每一次航空发动机实验中，相同的发动机工作状况下测量的信号都是如图 2 - 2 所示相同的噪声频谱。

2.2　声学信号的检测方法

　　实验气动声学的所有研究工作都是围绕实验测量到的声学信号展开,因此,实验气动声学研究工作的第一步就是声学信号检测。20 世纪 60 年代微电子技术和电子计算机技术的快速发展和普及,使得以传感器技术为核心的声学信号检测技术取得了根本性的发展和变化,目前,传感器技术作为一门独立学科得到广泛的研究和应用。本书的内容是实验气动声学——采用测量的声学信号研究航空发动机气动噪声源物理机制和控制方法等,声学信号检测只是作为本书大部分研究内容的基本输入参变量,声学信号检测本身并不是本书的关注内容。因此,本节只是简要介绍有关声学信号检测使用的传声器、传声器的性能指标、传声器的选择、传声器的校准和使用等基础知识。关于声学信号检测技术更为全面系统的知识,读者可以进一步参阅有关声学测量的著作[3, 4]。

2.2.1　信号测量与检测的一般方法

　　实验测量的目的是将某一物理量转换成等效的量化的数值信号,以便人们了解该物理量的大小和变化规律。实验测试系统则是由各种仪器与被测对象以一定关系组合成的整体,它按测量程序的指令,检测被测对象的物理量,完成实验测量任务。尽管有各种不同的测试系统,也不论被测物理量是多么复杂,任何一个测试系统按功能都可以分成以下几个组成部分,如图 2 - 4 所示。

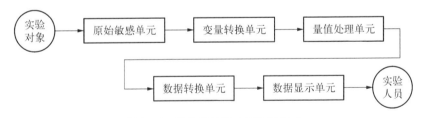

图 2 - 4　测量系统的功能单元组成

　　把测试系统分解成不同的功能单元,就可以根据测试的目的,并按照测试系统中各个仪器之间的信号传递方式,方便地进行测试系统的设计和性能分析。

　　第一个功能单元在测试系统中的作用就是从被测介质中获得能量,并且产生一个与被测量成一定关系的输出量。实现这种功能的单元称为原始敏感单元。由于仪器始终要从介质中吸取一些能量,所以从原理上就不可能做到理想测量,测量值总是要受测量方法的影响。一个好的测量系统应能把此影响降到最低限度。

　　原始敏感单元的输出信号一般是某种物理量,如位移或转角等。对一台特定功能的仪器,在保存原始信号内容的同时,有时还需要把一种形式的变量转换成其他更适合传输的变量,如电压或电流等。完成这种功能的单元称为变量转换单元。当然并非每台仪器都包含变量转换单元。

测量系统常需要把信号进行适当的调节,例如进行电压放大。变量的调节指的是对变量量值的改变,而不改变变量的特征,这就是量值处理单元。量值处理单元并不一定按图 2 - 4 所示放在变量转换单元之后,也可以放在其之前,或放在其他位置。

对有些测量系统,需要把数据从一个位置传输到另一个位置,完成这项功能的单元称为数据传输单元。这个单元可以简单的是一个连杆、轴、一根管子和一条导线,也可以复杂到是一个把信号从卫星传到地面的无线电遥感系统。

进行实验测量的目的就是让人们掌握相关被测量的物理信息,这种信息有时还会作为监视、控制和分析用的变量,因此测试系统的最后环节需要一个能被实验人员所能观察记录的测试单元,即数据显示单元。它可以是简单的游标指针、笔式记录仪,也可以是记录数据的电传打字机。另外,某些记录方式所提供的数据,不一定能被人的感觉直接接受,磁带记录仪就是一个明显的例子。因此,需要有一种能在任何时刻将所储存的数据提取出来,并把它转换成易懂信息形式的仪器。

最后需要指出,上述讨论的测量系统的组成仅说明测量系统功能单元的概念,并不是一般仪器的实际结构原理图。这里的目的是启发读者把具体仪器确切地分解成具有图中所示的功能单元,但不要理解成仪器应按该图的功能单元的顺序组成。各种不同用途的仪器应该有自己所需的功能单元和排列顺序。

通常把一个测量系统中被测物理量称为测量系统的输入,测量系统的显示数据或记录数据称为测量系统的输出。如果测量系统的输入量是固定不变或随时间变化非常缓慢的,这样的输入量称为稳态量(也常称为静态参数),对这样的物理量的测量称为稳态参数(静态参数)测量,相应的测量系统称为稳态(静态)测量系统;如果测量系统的输入量是随时间快速变化的,这样的物理量称为动态参数,对这样的物理量的测量称为动态参数测量,相应的测量系统称为动态测量系统。

随着计算机数据采集处理系统的迅速发展和普及,计算机数据采集处理系统已经广泛地应用于当代实验科学的研究工作中,由测试传感器测量的电信号最后都是由计算机数据采集处理系统完成数据的记录,并最终由计算机系统进行数据分析。

气动噪声实验测量的声波信号,是一种典型的动态信号,因此声学实验测试属于动态实验测试的内容。

2.2.2 声学测量传声器工作原理

传声器,俗称麦克风,由 microphone 翻译而来。传声器是将声音信号转换为电信号的能量转换器件,一个传声器包含了图 2-4 中由原始敏感单元到数据转换单元的各个测试功能单元。

　　传声器的历史可以追溯到 19 世纪末,贝尔(Alexander Graham Bell)等科学家致力于寻找更好的拾取声音的办法,以用于改进当时的最新发明——电话。期间他们发明了液体传声器和碳粒传声器,这些传声器的效果并不理想,只是勉强能够使用。1949 年,威尼伯斯特实验室(森海塞尔的前身)研制出 MD4 型传声器,它能够在嘈杂环境中有效抑制声音回授,降低背景噪声。这就是世界上第一款抑制反馈的降噪型传声器。1961 年,德国汉诺威的工业博览会上,森海塞尔推出了 MK102 型和 MK103 型传声器。这两款传声器诠释了一个全新的传声器制造理念——RF 射频电容式概念,即采用小而薄的振动膜,具有体积小、重量轻的特点,同时能够保证出色的音质。MK 型传声器设计思想是现代传声器的重要基础。

　　电容式传声器有两块金属极板,其中一块表面涂有驻极体薄膜(多数为聚全氟乙丙烯)并将其接地,另一极板接在场效应晶体管的栅极上,栅极与源极之间接有一个二极管。当驻极体膜片本身带有电荷,表面电荷的电量为 Q,板极间的电容量为 C,则在极头上产生的电压为 $U = Q/C$,当受到振动或受到气流摩擦时,由于振动使两极板间的距离改变,即电容 C 改变,而电量 Q 不变,就会引起电压的变化,电压变化的大小反映了外界声压的强弱,这种电压变化频率反映了外界声音的频率,这就是驻极体传声器的工作原理。

　　电容传声器的结构及类比电路如图 2-5 所示。电容传声器的振动系统可以近似地认为是位于弹性控制区的振动系统,在该控制区,当外力激励频率远小于振动系统的固有频率时,系统振动的位移与外力振幅呈正比,与系统的弹性系数呈反比,与激励频率无关。

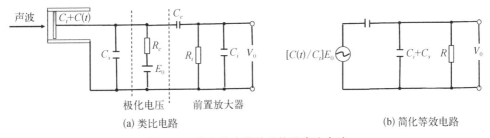

(a) 类比电路　　　　　　　　　　　　　　(b) 简化等效电路

图 2-5　电容传声器的结构及类比电路

　　为提高传声器的灵敏度,应该减少杂散电容。因此,传声器极头常和第一级前置放大器靠得很近。由于电容传声器的电容量很小,故需要一个高阻抗负载以保证具有低的下限截止频率。电容传声器极头的电容量大约为 60 pF,所以灵敏度降低 3 dB 的下限截止频率为 50 Hz 时的负载电阻通常大约为 50 MΩ,前置放大器采用阻抗变换电路来保证低的输出阻抗,以使用电缆把电信号传输给声学测量系统。

如果采用驻极体作为传声器的膜片,就不需要极化电压。如在 12 μm 聚酯膜上,表面电荷大于 10^{-8} C/cm,就相当于非驻极体外加偏压大于 45 V。目前大多数传声器都是驻极体电容器传声器(ECM)。

电容传声器的类比简化等效电路如图 2-5(b)所示。由简化等效电路可知,传声器的输出电压为

$$V_0(t) = \frac{C(t)}{C}E_0 \frac{j\omega RC}{1 + j\omega RC} \qquad (2-18)$$

式中,j 为虚数单位;E_0 为极化电压;$C(t)$ 为由声压引起的电容量变化;$C = C_t + C_s + C_i$,C_t 为传声器的电容,C_s 为杂散电容,C_i 为前置放大器的输入电容;图 2-5(a)中 C_c 为前置放大器的耦合电容;$R = R_i R_c/(R_i + R_c)$,其中 R_c 为充电电路电阻,R 为前置放大器的输入电阻。因此,传声器的灵敏度为

$$S = \frac{V_0(t)}{C \cdot p(t)} = \frac{C(t)}{C \cdot p(t)}E_0 \frac{j\omega RC}{1 + j\omega RC} \qquad (2-19)$$

式中,$p(t)$ 是随时间变化的声压。因为 $p(t)$ 和 $C(t)$ 呈正比,所以

$$S \propto \frac{E_0}{C} \cdot \frac{j\omega RC}{1 + j\omega RC} \qquad (2-20)$$

对于高频率,当 $\omega RC \geq 1$ 时,$S \propto E_0/C$,传声器的灵敏度正比于极化电压,反比于总电容。因此,任何附加电容都会降低传声器高频率的灵敏度。

对于低频率,当 $\omega RC \leq 1$ 时,$S \propto (E_0/C)j\omega RC$,这时传声器的灵敏度与频率有关。通常截止频率定义为灵敏度下降 3 dB 的点,即

$$f_c = \frac{1}{2\pi RC} \qquad (2-21)$$

因此,要降低下限截止频率,前置放大器的输入电阻必须非常大,目前测量用电容传声器的低限频率可以做到 2 Hz。

电容式传声器的膜片普遍采用聚全氟乙丙烯,其湿度性能好,产生的表面电荷多,受湿度影响小。由于这种传声器也是电容式结构,信号内阻很大,为了将声音产生的电压信号引出来并加以放大,其输出端也必须使用场效应晶体管。

2.2.3　测量传声器的特性与指标

2.2.3.1　测量传声器的灵敏度

为了保证实验测量精度,科学实验测量传声器对性能指标的要求比普通传声器要更严格,在科学实验测量中,测量传声器的灵敏度必须符合测量精度要求。

传声器的灵敏度是传声器输出端电压和有效声压的比值。已知测量传声器的

灵敏度就可以根据测得的输出电压求出该点的声压或声压级。灵敏度有多种分类方法。按照测量声压的方法可以分为声压灵敏度和声场灵敏度;按照负载可以分为空载灵敏度和有载灵敏度(测量传声器的负载就是前置放大器的输入阻抗)。

用传声器进行声学测量时,相当于入射声波作用于弹性物体上,该弹性体由于受到力激励而产生声辐射,这就是所谓的声散射。由散射理论可知,物体表面任意一点的声压 p_d 在数值上等于入射声压 p_j 和它本身激起的散射波声压之和。有物体存在时的声压 p_d 与自由声场的声压 p_j 之比称为声场的畸变系数。畸变系数与 ka 有关,其中 k 为波数,a 为刚性球的半径。一般情况下,畸变系数大于1,也就是 $p_j < p_d$。对于同一传声器,由于开路输出电压不会改变,所以

$$\frac{e_0}{p_j} > \frac{e_0}{p_d} \tag{2-22}$$

传声器输出电压和实际作用到传声器的有效声压之比称为声压灵敏度;而传声器输出电压与传声器放入声场前该点的有效声压之比称为声场灵敏度。如果声场为自由场,则称为自由场灵敏度;如果声场为扩散场,则称为无规声场灵敏度,自由场灵敏度通常是对正向入射条件下自由场中的平面行波而言,对于其他情况则应在测量结果中加以说明。

式(2-22)说明,由于声波的散射作用,声场灵敏度大于声压灵敏度。或者说,传声器自由场灵敏度等于声压灵敏度加上散射引起的增压。因此,若已知声压响应,根据压力增量校正曲线就可以求得自由场灵敏度。在足够低的频率时,传声器放入声场中引起的干扰可以忽略,这时,自由场灵敏度就趋近于声压灵敏度。压力增量与入射角有关,图2-6给出了1/2英寸(1.27 cm,在声学测量领域通常写为1/2 in,本书后面也采用这样的描述)电容传声器的压力增量与入射角的关系,图中

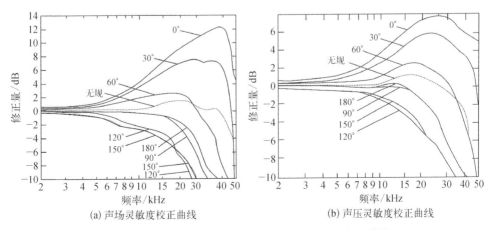

(a) 声场灵敏度校正曲线　　　　(b) 声压灵敏度校正曲线

图 2-6　1/2 英寸(1/2 in)电容传声器的自由场校正曲线

还给出了无规入射时的校正曲线。

当测量传声器是以前置放大器的输入电容为负载时,其有载灵敏度为

$$M_L = M_0 \cdot G \cdot \frac{C_t}{C_t + C_i} \qquad (2-23)$$

式中,M_L 为传声器和放大器总的有载灵敏度;M_0 为传声器的空载灵敏度;G 为前置放大器的电压增益;C_t 为传声器电容;C_i 为前置放大器的输入电容。

传声器灵敏度的单位用伏/帕(V/Pa);以前曾普遍采用伏/微巴(V/μbar),1 μbar=0.1 Pa。用分贝表示灵敏度的数值称为传声器的灵敏度级,由下式定义:

$$S \approx 20\lg \frac{M}{M_{\text{ref}}} \qquad (2-24)$$

式中,S 为灵敏度级(dB);M 为灵敏度(V/Pa);M_{ref} 为基准灵敏度,通常取 1 V/Pa。传声器的灵敏度可以为有载灵敏度 M_L 或空载灵敏度 M_0,这时相应的灵敏度级为有载灵敏度级 S_L 或空载灵敏度级 S_0。

电容传声器灵敏度级的典型值如下: 1 in 为 0 dB, 1/2 in 为 -14 dB, 1/4 in 为 -34 dB。驻极体传声器的灵敏度级大约为: 1 in 为 0 dB, 1/2 in 为 -6 dB, 1/4 in 为 -21 dB。

丹麦 B&K 公司在生产传声器时曾以灵敏度等于 5 mV/μbar 作为设计目标,在传声器所连接的测试放大器上用红线标志作为标称刻度,这一做法作为惯例也被其他厂家采用。5 mV/μbar 用分贝数表示就是 $20\lg \dfrac{5 \times 10^{-3}\text{V}/0.1\,\text{Pa}}{1\,\text{V/Pa}} = -26\,\text{dB}$。

由于每个具体的传声器都不同程度地偏离这一设计值,因此各传声器的出厂灵敏度与 -26 dB 有一定出入,于是需要进行修正。例如,有一个传声器,其实际灵敏度为 5.5 mV/Pa,按分贝计算,其灵敏度为 $20\lg \dfrac{5.5 \times 10^{-3}\,\text{V}/0.1\,\text{Pa}}{1\,\text{V/Pa}} = -25.2\,\text{dB}$。这表示该传声器的灵敏度比设计值 -26 dB 高 0.8 dB,因此,用该传声器测得的噪声结果中,应考虑由此引起的影响,也就是传声器的灵敏度修正值 $K_0 = -0.8$ dB。 负值即表示灵敏度过高,应在使用时将实际测量结果减去 K_0。

传声器置于指定条件并在恒压声场和给定入射角的声波作用下,其灵敏度和频率的关系称为灵敏度频率响应。按照声场特性可以分为声压灵敏度频率响应、自由场灵敏度频率响应等。图 2-7 给出的是电容传声器的声压灵敏度频率响应和自由场灵敏度频率响应。对于电容传声器,其灵敏度频率响应大约为: 1 in 达到 18 kHz, 1/4 in 达到 100 kHz。对于驻极体传声器的灵敏度频率响应大约为: 1 in 达到 12 kHz, 1/2 in 达到 15~20 kHz, 1/4 in 达到 30 kHz。

传声器灵敏度随声波入射方向变化的特性称为灵敏度指向特性。声波以角 θ 入

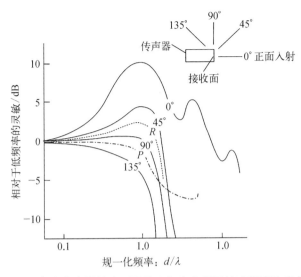

图 2 - 7　电容传声器的声压灵敏度与自由场灵敏度频率响应曲线

····· R ····· . 无规入射；----- P -----. 声压响应；d. 传声器尺寸；λ. 声波波长

射时传声器灵敏度和轴向入射（$\theta = 0°$）时灵敏度的比值称为灵敏度指向性函数，即

$$R(\theta) = \frac{E_\theta}{E_0} \qquad (2-25)$$

通常用指向性图来描述测量传声器的灵敏度指向特性，图 2 - 8 和图 2 - 9 分别给出 1 in 和 1/2 in 测量传声器的灵敏度指向性图。

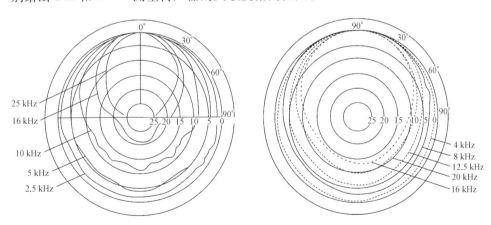

图 2 - 8　1 in 测量传声器的灵敏度指向特性　　**图 2 - 9　1/2 in 测量传声器的灵敏度指向特性**

2.2.3.2　传声器其他主要性能指标

1）输出阻抗

测量传声器极头和前置放大器的输出阻抗是从放大器输出端测得的交流阻

抗,一般以 1 kHz 的阻抗值作为标准值,通常不大于 50 Ω。

2) 等效噪声级

声波的声压作用在传声器上所产生的输出电压同传声器本身的固有噪声产生的输出电压相等,该声波声压就等于传声器的等效噪声级。

在没有声波作用到传声器时,由于周围空气压力的起伏和传声器电路的热噪声,在传声器前置放大器输出端引起一定的噪声电压,称为固有噪声。固有噪声决定传声器所能测量的最低声压级,通常用等效噪声级来描述。设想一声波作用于测量传声器,它所产生的输出电压和传声器固有噪声电压相等,那么这一声波的声压级就等于传声器的等效噪声级,通常用 A 声级表示。电容传声器的等效噪声级不大于 20 dBA。

3) 最高声压级和动态范围

传声器接收到不同频率的声音时,输出信号会随着频率的变化而发生放大或衰减。最理想的频率响应曲线为一条水平线,代表输出信号能真实呈现原始声音的特性,但这种理想情况不容易实现。一般来说,电容式传声器的频率响应曲线会比动圈式的来得平坦。常见的传声器频率响应曲线大多为低频衰减,而中高频略为放大;低频衰减可以减少测量环境遭低频噪声的干扰。频率响应曲线图中,横轴为频率,单位为赫兹,大部分情况取对数来表示;纵轴则为灵敏度,单位为分贝。

在强声波的作用下,传声器的输出会产生非线性畸变,当非线性畸变达到 3% 时的声压级,习惯上规定为传声器能测量的最高声压级。测量传声器能够测量的声压大小,上限受非线性畸变限制,下限受固有噪声限制。因此,最高声压级减去等效噪声级就是测量传声器的动态测量范围。一般说来,电容传声器的最高声压级大约分别为: 1 in 为 150 dB, 1/2 in 为 160 dB, 1/4 in 为 175 dB, 1/8 in 为 180 dB。若允许超过 3% 的谐波畸变,则尚可提高 10~15 dB,接近于传声器膜片破裂的情况。对于驻极体传声器的最高声压级大约为: 1 in 为 140 dB, 1/2 in 为 145 dB, 1/4 in 为 150 dB,若再提高 20 dB,驻极体就会破裂。动态范围小,会引起声音失真,音质变差,因此要求足够大的动态范围。

4) 测量传声器的稳定度

温度、湿度、气压等气象条件的变化会影响传声器的灵敏度,可以用稳定度来描述这种变化的影响。其中温度的影响比较严重,通常电容传声器可以在 −50~150℃ 的环境条件下使用,其温度稳定性较好。在 35℃ 时,稳定度大约为: 短期稳定性,每年 0.1 dB;长期稳定性,每年小于 0.5 dB。在 −50~150℃ 时,温度变化 1℃ 引起的灵敏度变化大约为 0.008 dB。在相对湿度为 0~90% 的环境条件下,灵敏度的变化小于 0.5 dB;大气压力的影响大约为 −0.003 dB/mmHg[①]。对于驻极体传声

---

① 1 mmHg ≈ 0.133 kPa。

器,稳定度较差,在 0~55℃环境条件下,温度系数大约为每度 0.03 dB,驻极体传声器在室温条件下放置 15 个月,其灵敏度变化大约为±1 dB。

5)信号噪声比

信噪比用传声器的输出信号电压与传声器内在噪声电压比值的对数值来衡量。一般优质电容式传声器的信噪比(S/N 值)为 55~57 dB[5]。

6)指向性

指向性也叫传声器的极性(polar pattern),它指传声器拾取来自不同方向的声音的能力。一般分全向型、心型、超心型、8 字型。全向型(omnidirectional)也叫无方向型,它对各个方向的声音有相同的灵敏度。心型(cardioid)属指向型话筒,前端灵敏度最强,后端灵敏度最弱。超心型(supercardioid)的拾音区域比心型话筒更窄,但后端也会拾取声音。8 字型分别从前方和后方拾取声音,但不从侧面(90°角)拾音。

2.2.4 测量传声器的选择

选择测量传声器时常常需要折中考虑众多因素,不可能用一个电容传声器来达到各种测量目的,实际上,必须根据要求来选择合适的测量传声器,通常小直径电容传声器可以扩展灵敏度频率范围和动态范围。

测量传声器可分为声压响应、自由场响应和无规响应三种。在消声室内测量时,若使用自由场响应传声器则应该直接对着声源,而使用声压响应传声器则应与声波传播方向呈 90°,使声波掠入射;在混响室内测量时应使用无规响应传声器,如果使用自由场响应传声器,则应加上无规入射校正器或鼻锥等附件,以使传声器灵敏度响应与声波入射方向无关。表 2-1 给出的是国产 CH 系列电容传声器的参考特性。表 2-2 给出的是丹麦 B&K 公司测量传声器系列的灵敏度。这两类测量传声器系列具有类似的特性。

表 2-1 国产 CH 系列电容传声器参考特性

型号	CH-11	CH-12	CH-13	CH-14	CH-16	CH-18
类型	声场型	声压型	声场型	声压型	声场型	声压型
直径/mm	24	24	12	12	6	3
频率响应/Hz	20~18 000	20~7 000	20~40 000	20~20 000	30~80 000	30~140 000
灵敏度/(V/Pa)	50	46	10	10	1	0.3
极化电压/V	200	200	200	200	200	200
传声器极头电容/pF	67~75	67~75	20~30	20~30	<10	<6
等效体积/cm³	<0.2	<0.2	<0.02	<0.02	<0.002	<0.001

续　表

共振频率/kHz	>8	>8	>15	>15	>50	>100
温度系数/(dB/℃)	0.02	0.02	0.02	0.02	0.02	0.02
动态范围/dB	15~146	15~146	30~160	30~160	60~180	70~180
机械稳定性①/dB	90	90	90	90	90	90

表 2-2　丹麦 B&K 公司电容传声器的空载灵敏度

	灵敏度/(mV/Pa)	灵敏度级/dB	允许偏差/dB
1 in	50	−26	±1.5
1/2 in	50	−26	±1
1/2 in	12.5	−38	±2
1/4 in	4	−48	±3
1/4 in	1.6	−56	±3
1/8 in	1.0	−60	±3

通常,测量传声器序列中的尾数若为偶数,测量传声器为声压型;若为奇数,则为声场型。表 2-3 以国内使用较多的丹麦 B&K 公司的测量传声器为例,列出不同测试条件下建议使用的传声器型号。

表 2-3　丹麦 B&K 公司电容传声器的选用

使 用 条 件	型　　号
自由场	4145, 4161, 4133, 4163, 4149, 4135
扩散场	4134, 4136, 4138
声压型	4144, 4146, 4134, 4136, 4138
低于 1 000 Hz 时	4146, 4147(用 2631 型前置放大器)
大于 140 dB 时	4135, 4136, 4138(用 2618 型前置放大器)
低声级时	4145, 4161, 4144, 4146
高湿度时	4149, 4163
需复现脉冲声压时	4135, 4136, 4138

声学测量中除了电容传声器和驻极体静电传声器外,在特殊环境下还可以使用压电陶瓷传声器和探管传声器。压电陶瓷传声器是用压电陶瓷作压电元件,膜片紧绷着把声压转换为相应的交变力,从而使压电元件作弯曲振动。这种传声器

---

① 1g 加速度产生的声压。

性能稳定,具有平直的频率响应,传声器坚固可靠,可以在高温、高湿度环境条件下使用,最常用的是 1 in 压电陶瓷传声器,它的灵敏度、频率响应和指向特性都比较适合声学测量。1/2 in 压电陶瓷传声器虽然具有更好的高频响应并且没有指向性,但其灵敏度较低。探管传声器是用来探测声场而又不对声场产生显著干扰的一种传声器,它可能是一个小型传声器,也可能是由普通电容传声器附加一根管子组成的。

2.2.5　测量传声器的校准与使用

要保证传声器测量结果的准确,首先必须对传声器的灵敏度加以严格校准。校准传声器灵敏度的常用方法有:耦合腔互易法、自由场互易法、活塞发声器法和标准声源法等。耦合腔互易法用来校正传声器的声压灵敏度,自由场互易法则用来校准传声器的声场灵敏度。由于进行了大量研究工作,耦合腔互易法达到了较高的准确度,国际标准组织已建议其为传声器绝对校准的标准方法。此外尚有用于现场校准的标准声源法,但其校准准确度较低。

2.2.5.1　传声器声压灵敏度校准

耦合腔互易法是传声器绝对校准的国际标准。在耦合腔互易校准中,可以用三个传声器,其中两个传声器必须是可逆的。或者用一个辅助声源和两个传声器,其中一个传声器也必须是可逆的。

耦合腔互易校准法有两种方法。第一种方法是将两个传声器耦合到耦合空腔,其中一个用作发射器,另一个用作接收器。由接收器的开路输出电压和发射器的输入电流的比值可以导出计算两个传声器的声压灵敏度乘积的公式。如果互换传声器,进行三组测量并比较测量结果就可以求出每一个传声器的声压灵敏度。第二种方法是用辅助声源在耦合腔内建立一个恒稳的声压,这时两个传声器输出电压的比值等于在声压相同情况下,两个传声器声压灵敏度的比值。

图 2 - 10 给出了耦合腔互易校准的主要过程,其中的三个换能器:1 为可逆传声器,2 为待校传声器,3 为辅助换能器。上述两种方法的校准步骤如下。

(1)将传声器 1、2 放入耦合空腔。将传声器 1 用作声波发射器,传声器 2 用作接收器。测量出传声器 1 的驱动电流 i_1 和传声器 2 的开路电压 e_2。

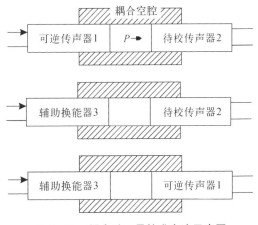

图 2 - 10　耦合腔互易校准方法示意图

（2）将换能器 3、传声器 2 放入耦合空腔。换能器 3 用作声波发射器，传声器 2 用作接收器。测量出换能器 3 的驱动电流 i 和传声器 2 的开路电压 e_2'。

（3）将换能器 3、传声器 1 放入耦合空腔。换能器 3 用作发射器，并保证驱动电流与前一步骤中的驱动电流相同，传声器 1 用作接收器。测量出传声器 1 的开路电压 e_1'。这时，待校传声器的声压灵敏度为

$$M = \sqrt{\frac{e_2 e_2'}{i_1 e_1'} \cdot \frac{\mathrm{j}\omega V_0}{\gamma P}} \qquad (2-26)$$

其中，V_0 为耦合腔容积和传声器的等效容积之和；$\gamma = 1.41$；P 为大气压。

应该注意，由于电容传声器的输出阻抗很大，即使采用阴极输出器作其负载，仍有一定的衰减。同一个传声器，若用不同的阴极输出器，其读数不同。因此，通常采用替代法（插入电压法）来测量传声器头的开路电压以计算开路灵敏度，从而与阴极输出器无关。

作精密校准时，应该对耦合空腔容积、高频效应、热传导和毛细管等效应作修正。国际电工委员会（IEC）标准 IEC-R327(1971) 对 1 in 电容传声器的绝对校准规定了耦合腔的尺寸和各项修正值。校准的准确度和测量系统的准确度有关。如果对各项因素保证给定的准确度，则总的校准准确度在低频和中频时大约可达 0.05 dB，随着频率增大，校准准确度降低，到 10 kHz 时大约下降为 0.1 dB。

为了扩大校准的频率范围，耦合空腔应该做得小些，并可充入氢气。由于氢气中的声速较大，故可扩展校准的频率范围。例如，对于 0.3 cm³ 的耦合空腔允许进行校准的频率范围为 20 Hz~20 kHz，如耦合空腔内充入氢气则可以将高频范围扩展到 60 kHz。对于 20 cm³ 的耦合空腔充入氢气后校准，则允许进行校准的频率上限就可以提高到 15 kHz。

注意，以上描述的耦合腔互易校准法的具体内容在国际电工委员会（IEC）制定的 IEC1094-1《声压校准》和 IEC1094-3《自由场校准》两项标准中已详细给出。

2.2.5.2　传声器自由场灵敏度校准

传声器的自由场灵敏度校准通常用自由场互易法，在消声室内进行，与耦合腔法类似，待校准的传声器不必是可逆的，但需要使用一个辅助的可逆换能器，其校准过程示于图 2-11，校准步骤如下。

（1）以辅助的可逆换能器用作声源，输入电流 i_T，测量放在距离 d 处作接收用的校准传声器 2 的开路电压 e_2。

（2）用一个恒定输出的辅助声源 3 作发射器，将传声器 1、2 放在该声源产生的声场中相同的点，其距离 d' 应该足够大，以保证通过该点的声波是一平面波，测量出两个传声器的开路电压 e_1' 和 e_2'。

于是，得到待校准传声器的自由场灵敏度为

$$M = \sqrt{\frac{e_2}{i_T} \times \frac{e_2'}{e_1'} \times \frac{2d\lambda}{\rho_0 c} e^{\alpha d}} \quad (2-27)$$

其中，α 为空气衰减系数。

因此，由测量比值 e_2/i_T、e_2'/e_1' 和距离 d 可以准确地校准传声器。国际电工委员会（IEC）标准 IEC - R486(1974) 给出了空气衰减随频率、温度和相对湿度变化的关系。

自由场互易校准的准确度与测量系统的准确度有关。如果能保证电容传声器极化电压的准确度为 0.05%，空气密度数值的准确度为 0.1%，频率的准确度为 0.1%，距离的

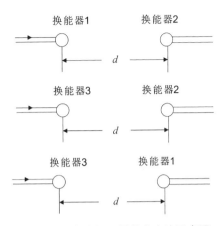

图 2 - 11　自由场互易校准方法示意图

准确度为 0.5%，空气衰减的准确度为 0.02 dB，则总的校准准确度在中频时大约为 0.1 dB；随着频率增大，准确度就下降，到 20 kHz 时，准确度大约为 0.2 dB。在上述自由场互易校准参量推导中，忽略了传声器对声波散射的影响。这种影响对高精度的校准，特别是在高频校准时是不能忽略的。也就是说，当两个传声器相对放于自由场中时，传声器 2 接收到的除传声器 1 直接辐射的自由场声压外，还有通过传声器 2 和传声器 1 之间往返散射所引起的声压。如果声场中稍有反射，准确度将大为降低，若将两传声器膜片稍微偏离平行位置则可避免声波在两传声器之间来回反射。

2.2.5.3　活塞发声器校准

实际常用的标准声源有两类：活塞发声器和声级校准器。活塞发声器包括一个刚性壁空腔，空腔内的一端用来装待校传声器，另一端则装有圆柱形活塞。活塞用凸轮或弯曲轴推动作正弦运动，测定活塞运动的振幅就可以求出腔内声压的有效值。活塞发声器运动的频率上限被机械振动的允许速度控制，故仅适用于低频校准，典型的参量为：频率为 250 Hz，声压级为 124 dB，其准确度大约可达±0.2 dB。

用活塞发声器校准传声器灵敏度的方法很简单，先使待测传声器与活塞发声器耦合，接通活塞发声器的电源，使它在传声器的膜片前产生一个恒定的声压。这时传声器的输出经放大器放大后，可以用电压表来测量给定声压级的输出电压。然后断开活塞发声器，将和活塞发声器产生的声压频率相同的电压串接入传声器极头的输出端，调节电压大小以获得相同的输出电压，这时传声器在该频率的灵敏度就是串接的电压和所加声压的比值。校准应该在标准大气压下进行，如果大气压不同，应该进行修正。图 2 - 12 给出的是使用活塞发声器时气压的修正曲线。

用已校准的测量传声器来测量声压都是通过测量传声器开路电压换算而得的，仪表的设计常常使灵敏度为 50 mV/Pa 的传声器读数与实际测得的声压一致。对于灵敏度不是 50 mV/Pa 的传声器用 K 值来修正。这样，已知传声器的 K 值，读

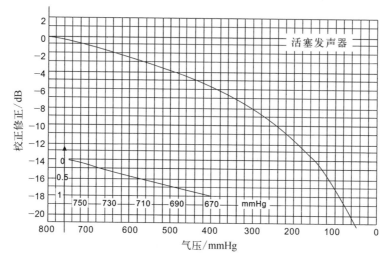

图 2 - 12　使用活塞发声器时气压的修正曲线

出声压级就很方便。当传声器置于声场中,测得的声压级=仪表量程范围读数(dB)+量程倍程数(dB)+表头读数(dB)+传声器的 K 值(dB)。

传声器的 K 值可以用活塞发声器测量,如果腔内产生的信号频率为 250 Hz,声压级为 124 dB,那么传声器的 K 值就等于 124 dB 减去传声器放大器的电表读数(dB)。

2.2.5.4　其他校准方法

1)声级校准器校准

声级校准器包括一个性能稳定的频率为 1 000 Hz 的振荡器和压电元件。使用时,振荡器的输出反馈给压电元件,带动膜片振动并在耦合腔内产生 1 Pa 声压(94 dB)。上述系统工作在共振频率,其等效耦合体积约为 200 cm³,所以产生的声压与传声器等效容积无关。在现场用它来校准传声器,其准确度可达±0.3 dB。

2)高声强传声器校准器

高声强传声器校准器用电动激振器推动活塞,它的空腔较小,允许在 164 dB 声压级条件下校准 1/2 in、1/4 in、1/8 in 三种电容传声器。如果使用脉冲信号源,则校准声压级可以提高到 172 dB。在使用不同容积的耦合腔时,其校准频率范围为 $10^{-2} \sim 1\,000$ Hz,校准的准确度大约为±1.5 dB,不受空腔体积和大气压的影响。

3)声压灵敏度频率响应测量

声压灵敏度频率响应可以用静电激励器测量,静电激励器包括一块开槽板,它安装在传声器膜片的前方,在开槽板和膜片之间加上极化电压并串接入信号电压,当输入电压为 800 V、交流信号电压为 30 V、传声器膜片上的有效声压大约为 1 Pa(94 dB),静电激励器产生的力和频率无关,所以能测量电容传声器的声压频率响应,测量频率范围可高达 200 kHz。在高频率时,辐射阻抗会影响测量的准确度,通常在板的后面加四分之一波长的空腔可以降低它的影响。

若不加极化电压,直接输入交流信号电压,则产生频率为信号频率两倍的电压,如 $e = 120\text{ V}$, 可以获得声压级为 $0.1 \sim 0.4\text{ Pa}(74 \sim 86\text{ dB})$。近年来有人提出用静电激励器作绝对校准,实验表明,其准确度不大于 1 dB。

4) 各种传声器校准方法的比较

表 2－4 列出几种常用传声器校准方法的准确度,以供比较与选择。

表 2－4　各种测量传声器校准方法的准确度

校 准 方 法	校 准 准 确 度
耦合腔互易法	低频和中频为 0.05 dB, 高频为 0.1 dB
自由场互易法	中频为 0.1 dB, 20 kHz 时为 0.2 dB
活塞发声器法	250 Hz, 124 dB, +0.15 dB
静电激励器法	±0.5 dB
声级校准器法	1 kHz, 94 dB, ±0.3 dB
高声强传声器校准器法	<1 kHz, 164 dB, ±1.5 dB

2.2.5.5　测量传声器的附件

在室外特殊条件(如有风、雨等环境)下使用传声器时,应该有相应的防护措施,如防风罩、防雨罩、鼻锥等。防风罩用来减小风的空气动力噪声。在室外测量时应该使用多孔聚氨酯海绵制成的专用防风罩,它还可以使传声器遮挡住灰尘、污物和雨滴。防风罩装于传声器上大约有 10 dB 的降噪效果。下雨时也可以用防风罩,即使防风罩淋湿了,测量也还准确。但是在非常潮湿的环境中连续测量时,应该采用专用的室外传声器或加防雨罩。防雨罩允许长期用于室外,它与 1/2 in 传声器组装在一起,可以给出等效声压级精度为 90±1 dB。无规入射校正器可以替代防护栅装在声场型测量传声器头,使测量传声器在 10 kHz 以下具有无指向性,以便用作无规响应测量传声器。湍流罩用来降低湍流噪声,它主要用在管道内测量,抑制湍流噪声的效果比鼻锥要好。

在大于 40 km/h 的高速气流中,风罩就不太适用了,而必须使用鼻锥来减小这种高速气流对测量的影响。传声器放在高速气流中,在传声器的膜片上就会产生湍流,而这种湍流会产生很强的干扰,如在风洞、排气孔、行驶的火车或飞机外面测量噪声就属于上述情况,鼻锥是为降低有固定方向的高速气流所产生的强干扰而设计的。鼻锥的前端做成流线型,使用时用它代替一般的防护罩,这样就可以使风阻最小,从而消除湍流。此时,传声器膜片四周的金属网纱仍允许声音传到传声器的膜片上进行正常的声测量。鼻锥使用时除了会降低高速气流的影响外,还能改善传声器的全方向性。

2.3　测量信号分析方法

气动声学实验测量传感器测量的是声压的时间历程,这个时间历程信号作为一定声学物理现象的表示,包含着丰富的信息,但是声压波动的时间历程并不能直接反映出相应的信息。例如,根据人类对声音敏感性的分析需要,声学信号中大量的有用信息要用信号的频谱描述,即以频率作为独立变量,因此,声学信号分析就需要提取出噪声信号各频率成分的幅值、相位与频率的对应关系,或者是声能量沿频率域的分布规律。除此之外,发动机气动噪声信号也包含了发动机内部非定常湍流流动与气流发声过程的丰富信息,为了从中提取某种有用信息,就需要根据测量的声压信号与气动噪声源的湍流脉动信号的互相关分析,才能帮助人们弄清对声辐射具有重要影响的声源物理现象等,进而揭示气动噪声源的物理机理、确定声源流场的空间分布等。

本节简要介绍信号分析的一般方法,下节介绍气动噪声信号的统计分析方法。

2.3.1　信号分析一般方法

所谓信号分析就是采用各种物理的或数学的方法提取有用信息的过程。从数学角度讲,需要对原始信号进行各种不同变量域的数学变换或特征参数的估算。所以讨论信号的描述方法,在一定程度上就是讨论与"信号分析"有关的数学模型及其图像。值得指出的是,这一过程在今天已基本上由相应的测试手段来完成。换句话说,一些测试仪器的功能正是围绕上述某种"信号分析"的要求而设计、制造成的。

通常主要从如下的变量域来描述和分析信号,即幅值域(简称幅域)、频率域(简称频域)、时间域(简称时域)和空间域,如图 2 - 13 所示。

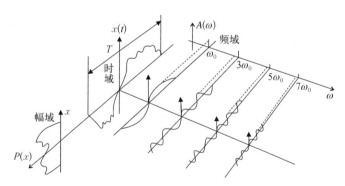

图 2 - 13　信号的幅域、时域、频域描述

直接观测或记录的信号一般是随时间变化的物理量,即以时间为独立变量,这种信号的描述称为信号的时域描述。时域描述是信号最直接的描述方法,它反映信号的幅值随时间变化的特征。在声学实验中,由声学传感器(传声器)测量的噪声信号就是典型的时域信号。

在动态信号研究中,大量的有用信息与频率有关,所以在信号分析中广泛应用信号的频域描述,即以频率作为独立变量,揭示信号各频率成分的幅值、相位与频率的对应关系,或者是声能量沿频率域的分布规律。对噪声信号的频谱描述是声学研究的重要方法。

信号的幅域描述,则是反映信号中某一范围内的幅值出现的概率。

由同一个声源发出的声学信号在空间的传递过程中总是遵从一定的物理规律,这就使得声波信号在不同的空间位置之间存在确定的关联关系,有关声波信号在不同空间位置之间的描述就是典型的空间域描述。在航空发动机管道声波传播中,声波遵从模态波的传播方式,同一个声模态波在管道不同位置之间存在强烈的关联关系。

信号的各种描述方法仅是从不同的角度去认识同一事物,它们相互间可以通过一定的数学运算进行转换。图 2-13 形象地表示出了时域-频域-幅值域三个域之间的关系。

通常由传感器测量的各类信号都是随时间变化的电量,传感器输出信号的幅值和时间都是连续变量,一般称这类信号为模拟信号。若是直接将这种信号输入模拟运算处理设备对信号作处理与分析,其输出量也是模拟量,称这种信号分析处理方法为模拟信号分析法。模拟信号分析是早期信号处理常用的方法,现在除一些专用分析设备采用此种分析方法外,一般的通用分析仪器已不再采用这种方法,这种分析方法精度较低,分析所需时间较长。随着计算机技术的迅速发展和普及(数值计算机技术是当代人类最重大的技术发明),现代实验测试系统普遍采用基于计算机平台的自动信号测试、传输与采集,记录的测量信号都是经过模数转换器(A/D 转换器)对传感器输出的模拟信号进行离散化后转换成数字信号记录在计算机中,在计算机中记录的测量信号幅值与时间都是以离散的数据序列表示,通常把这类实验测试信号称为数字信号。对这类信号应用数字计算机进行信号的处理和分析,其输出结果也是数字信号,称这种信号分析处理方法为数字信号分析法。数字信号分析具有计算速度快捷、计算功能多、表示参数丰富、分辨能力强及精度高等优点,已经在当代人类科学实践的各个领域得到普及和应用。

模/数转换器(A/D 转换器)将一个随时间连续变化的物理量离散成为计算机记录的数字量,就是采用一个共同的单位量对每一个采样值进行数字量化,数字量化的精度随着 A/D 转换器的位数增大而提高,现代数字分析仪中 A/D 转换器的位数通常是 12~16 位甚至更高,量化过程产生的信号误差和实验测试系统其他环节产生的误差相比都已经可以忽略不计。此外,为了提高数字量化的精度,在分析信号时可适当对信号做调整,使得分析信号段上的最大峰值接近转换器的最高输入电平,并使连续数据的范围尽可能占满 A/D 转换器可用的量化范围,这样可以进一步提高信号分析的信噪比。

采用数字信号技术进行实验和实验结果的分析处理,必须清楚有关信号的采样与混淆、信号的截断与泄漏等关键问题,并掌握快速傅里叶变换(FFT)技术,这些都是获得动态信号处理与分析的重要基础,本书不再介绍,有兴趣的读者可以阅读其他文献[5-7]。本节仅简要介绍与声学信号处理密切相关的基于 FFT 的噪声信号数据分析计算方法。

2.3.2　基于 FFT 的声功率谱密度函数计算方法

频谱分析是动态信号分析最重要的数据处理任务,这里简要介绍如何应用离散傅里叶变换进行声功率谱密度函数的计算和分析。

设有实测的连续随机信号 $x(t)$,为了确定其频谱密度函数,取其傅里叶变换。

$$X(f) = \int_0^\infty x(t) \mathrm{e}^{-\mathrm{j}2\pi ft} \mathrm{d}t \qquad (2-28)$$

为了进行数字计算,对 $x(t)$ 按 $\Delta t = T/N$ 时间间隔进行采样,从而获得 N(通常 $N = 2^r$,r 为正整数)个离散序列数据 $[x(i)]$,$i = 0, 1, 2, \cdots, N-1$。该离散序列的傅里叶变换为

$$x(k) = \sum_{i=0}^{N-1} x(i) \mathrm{e}^{-\mathrm{j}2\pi(k/T) \cdot iT/N} T/N = \sum_{i=0}^{N-1} x(i) \mathrm{e}^{-\mathrm{j}2\pi ik/N} \cdot T/N, \ k = 0, 1, 2, \cdots, N/2 \qquad (2-29)$$

式中,$f = k \cdot \Delta f = k/T$; $t = i\Delta t = iT/N$。

在最高分析频率 f_m 小于奈奎斯特频率条件下,一般 k 值只能取 $|k| \leqslant N/2$,就是说用 FFT 法进行傅里叶变换只能是总数据数的一半。

在计算上首先将式(2-29)等号右边前项复数按欧拉关系展开,并令

$$A_k = \frac{1}{N} \sum_{i=1}^{N-1} x(i) \cos 2\pi \frac{ik}{N}, \ k = 0, 1, 2, \cdots, N/2 \qquad (2-30)$$

$$B_k = \frac{2}{N} \sum_{i=1}^{N-1} x(i) \sin 2\pi \frac{ik}{N}, \ k = 0, 1, 2, \cdots, N/2 \qquad (2-31)$$

由于 $x(k) = x_r(f) + \mathrm{j}x_i(f)$,即 $x(k)$ 值是由实部与虚部两部组成,因此对计算出的 A_k 与 B_k 需分别乘以 T/N 及 $(-T/N)$,于是有

$$\begin{aligned} x_r &= A_k T/N \\ x_i &= B_k t/N \end{aligned} \qquad (2-32)$$

则信号 $x(t)$ 的功率谱密度函数估计值为

$$\hat{s}(k/T) = (1/T)E[x(k) \cdot x^r(k)] = (1/T)E[|x(k)|^2] \qquad (2-33)$$

或
$$\hat{s}(k/T) = (T/N^2)E[A_k^2 + B_k^2] = (\Delta t/T)E[A_k^2 + B_k^2] \qquad (2-34)$$

在用 FFT 直接计算功率谱时,应注意以下几个问题。

(1) 当采用数据窗函数对截断信号进行平滑处理时,由于功率谱能量的损失,需将计算结果加以修正。

(2) 数据数目的确定需要满足 N 是 2 的阶乘数,即 $N=2^r$, r 为正整数。

FFT 对任意数量的数据都可以计算,但是一般 FFT 运算程序均是按 2^r 编程的。为了使分析数据与此一致,可以将被处理数据去掉一部分或加零补充使之达到 2^r 个数据。当加零后,原数据的和由 T 增大到 T',于是分析的频率间隔(分辨率)变为 $\Delta f' = 1/T'$,即分析得更细,但由于非零区数据长度未变,因此,加零后的傅里叶变换同前一样。

(3) 原始功率谱函数的平滑处理。

按上述方法所得原始功率谱函数的分辨率为 $\Delta f = 1/T$,由于随机信号的影响,一次 FFT 处理计算结果的误差较大,图形波动也较大,为了获得稳定的分散较小的估计值,一般可以采用多次平滑处理,从而可以减小随机误差的估计值。平滑方法可以按总体统计平均、分段平均或按频率平滑处理,下节将进一步介绍信号的平滑处理。

2.3.3　基于 FFT 的自相关函数计算方法

信号的功率谱密度函数与信号的自相关函数互为傅里叶变换,因此用 FFT 方法求得信号功率谱密度函数后,再进行傅里叶逆变换即可得到信号的自相关函数。考虑到自相关函数为实偶函数,故信号的自相关函数可以写为

$$R_x(\tau) = 2\int_0^\infty S(f)\cos(2\pi f\tau)\,\mathrm{d}f \qquad (2-35)$$

式中, $S(f)$ 为双边谱,故在 $(0 \sim -\infty)$ 定义时需乘以 2。将上式进行离散化,离散后的序列 $[S(i)]$, $i = 0, 1, 2, \cdots, N'-1$,共 N 个数据。由前已知,经 FFT 所得的频率个数是 $N/2$,因此,此处 $N' = N/2$, f 以 $f_{\max} = 1/2\Delta t$ 代入,则有

$$R(k'\Delta\tau') = 2\sum_{i=0}^{N'-1} S(i)\cos\left(2\pi\frac{if_{\max}}{N'} \cdot \frac{k'}{f_{\max}}\right)\Delta f \qquad (2-36)$$

式中, $f = i\Delta f = \dfrac{if_{\max}}{N'}$, $t = k'\Delta t = \dfrac{k'}{f_{\max}}$, $\tau = k'\Delta\tau' = \dfrac{k'}{f_{\max}} = k'(2\Delta\tau)$, $\Delta\tau' = 2\Delta\tau$,于是用 FFT 方法获得所谓相关函数为

$$R(2k'\Delta\tau) = 2\Delta f \cdot Ak' = (2/T)A_k', \quad k' = 0, 1, 2, \cdots, N'/2 \qquad (2-37)$$

式中，A_k' 为 $\hat{S}(f)$ 傅里叶变换的实部。

2.3.4　基于 FFT 的互功率谱函数计算方法

根据互功率谱定义可知，信号 $x(t)$ 和 $y(t)$ 的互功率谱函数为

$$S_{xy}(f) = (1/T)E[x^*(f) \cdot Y(f)] = (1/T)E[(A_x(k) + iB_x(k)) \cdot (A_y(k) - iB_y(k))]$$
$$(2-38)$$

式中，$A_x(k)$、$B_x(k)$ 是经总体平均及谱窗平滑后的 $x(t)$ 的 FFT 的实部与虚部；$A_y(k)$、$B_y(k)$ 是相应处理后的 $y(t)$ 的 FFT 的实部和虚部。

在计算互功率谱密度函数时，往往需要计算两个信号的相关性，通常采用相干函数描述，其计算式为

$$\gamma_{xy}^2(f) = \frac{\hat{S}_{xy}^2(f)}{\hat{S}_x(f) \cdot \hat{S}_y(f)} \qquad (2-39)$$

如果 $x(t)$ 和 $y(t)$ 两信号的相关性越强，则 $\gamma_{xy}(f)$ 越接近于 1。一般在作互功率谱密度函数计算时，总要验证两信号之间的相关性 $\gamma_{xy}'(f)$。同样，为计算更准确，需要对 $X(f)$ 与 $Y(f)$ 进行平滑处理，以减小误差。

2.3.5　基于 FFT 的互相关函数计算方法

同自相关函数一样，信号 $x(t)$ 与 $y(t)$ 的互相关函数是由其互功率谱函数的傅里叶逆变换而得，即

$$R_{xy}(\tau) = \int_{-\infty}^{\infty} S_{xy}(f) \, e^{j2\pi f\tau} df$$
$$= \int_{-\infty}^{\infty} [S_r(f) + iS_i(f)][\cos 2\pi f\tau + i\sin 2\pi f\tau] df \qquad (2-40)$$

考虑到 S_r 为偶函数，而 S_i 为奇函数，则

$$R_{xy}(\tau) = \begin{cases} (2/T)[A(\tau) - B(\tau)], & \tau \geqslant 0 \\ (2/T)[A(\tau) + B(\tau)], & \tau < 0 \end{cases} \qquad (2-41)$$

式中，$A(\tau) = \int_0^{\infty} S_r(f)\cos 2\pi f\tau df$ 是 $S_{xy}(f)$ 的 FFT 的实部；$B(\tau) = \int_0^{\infty} S_i(f)\sin 2\pi f\tau df$ 是 $S_{xy}(f)$ 的 FFT 的虚部。

2.4　气动声学信号统计分析方法

航空发动机实验气动声学(EAA)的宗旨就是通过实验测量发动机的噪声信号

和对发动机声学信号的分析,揭示航空发动机气动噪声源流动的物理机制、认识航空发动机气动噪声源声波产生和传播的基本规律、评估航空发动机气动噪声源控制方法等,因此对航空发动机声学实验测量的声信号进行分析是实验气动声学最重要的内容。本节介绍声学测量传感器记录信号的一般分析方法,包括对传声器记录信号的统计平均、均方声压与声压级计算、气动噪声信号的自相关分析、气动噪声信号的功率谱密度函数计算等基础知识。如何根据传感器信号以及上述基本参数进一步研究航空发动机气动噪声等,则在本书以后各章进一步讨论。为了方便读者了解气动声学有关基础理论及通用的实验分析方法,本章最后列出了一些有关气动声学与噪声分析的文献[8-19],供读者参考阅读。

2.4.1　气动噪声信号的统计平均及分析信号的自由度

如前所述,航空发动机气动噪声信号是典型的夹杂有周期性单音信号的随机宽频信号,如图 2-2 所示,发动机气动噪声源产生的噪声信号,不论在时间发展还是在空间分布上都具有随机变化的特征,它在无限长时间内都不会趋于稳定,对这种信号的每次观测结果都不相同,对于这样的噪声信号的基本特性不可能简单用短时间内的实验检测结果进行描述,短时间内的测量信号及其分析结果是一种不稳定的测量信号,直接对短时间内的气动噪声测量信号进行傅里叶变换分析,得出的结果往往并不能真实反映声学信号的频谱特征,其分析结果仍然具有随机性(即信号是不稳定的)。即使对于随时间变化规律明确的周期性噪声信号(叶轮机叶片通过频率的离散单音噪声),在实验测量时,由于其受到随机噪声信号的影响,短时间内测量的声学信号往往也不能反映单音噪声信号的基本特征。

因此,为了获得稳定的发动机气动噪声的基本特性,在进行声学信号分析时,需要按照随机信号对样本函数分析的方法,通过统计平均方法(即 2.2.3 节指出的信号"平滑处理")来描述和分析声学信号的特征,以获得稳定的声学信号特征。

2.4.1.1　统计样本次数及分析信号自由度

本节以西北工业大学单级风扇实验台声学实验记录的气动噪声信号为例,说明随机气动噪声信号统计样本次数对噪声信号统计特性的影响。

该单级风扇实验台模拟航空发动机低压风扇进口级,风扇直径为 0.5 m,风扇级的轮毂比是 0.57,包括 19 个转子叶片和 18 个静子叶片,设计转速是 2 973 r/min,设计流量为 6.3 kg/s。在设计工作状态下,该风扇转静干涉产生的单音噪声基频 BPF 为 941.45 Hz。图 2-14 是在半消声室内测量记录的距离该单级风扇进口中心 5 m(远场噪声信号)、在风扇轴线 45°方位角的声压信号的原始参数。实验测量采用高精度的测量传感器,信号采样频率为 16 384 Hz,实验中采集信号的时间长度为 12.7 s。根据采样定理,分析噪声信号的频率范围为 0~8 192 Hz。

如图 2-14 所示,直接记录的气动噪声信号是典型的随机信号,从测量传声器

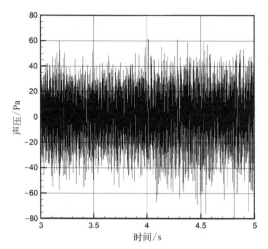

图 2 - 14　单级风扇噪声辐射声压记录原始信号

直接读取的声压数据直观来看,就是杂乱无章的随机数据,很难从这个记录信号中获得对风扇噪声基本特征的认识。

采用傅里叶变换对上述单级风扇噪声声压时间历程进行数学变换,就可以得到风扇噪声的频谱密度函数。需要指出,对于随机噪声信号,具有实际物理意义的频谱密度函数的严格定义是功率谱密度函数,其定义为声压均方的频谱分布,计算方法参见本章 2.3.2 节的详细说明,在本书以后的论述中,在不引起歧义的情

况下,随机信号的功率谱密度函数与频谱密度函数不再特别区分。

针对图 2 - 14 中气动噪声信号时间历程均方声压的傅里叶变换得到的频谱密度函数(功率谱密度函数)如图 2 - 15 所示。图 2 - 15(a)和图 2 - 15(b)分别是两个不同样本函数傅里叶变换后的结果。需要说明的是,由于气动噪声信号是各态历经平稳随机信号,因此可以通过对噪声信号长时间的一次样本测量,然后分不同时间段构成多次样本函数。在对图 2 - 14 信号频谱分析时,采用 2 048 点离散傅里叶变换,图 2 - 15(a)和图 2 - 15(b)分别是采用从 1 s 开始和从 3 s 开始的测量信号作为样本函数。由图 2 - 15 可以看出,采用一次样本函数得到的风扇气动噪声信号的功率谱密度函数本身仍然表现为随机脉动的特点,根据对单级风扇气动噪声理论

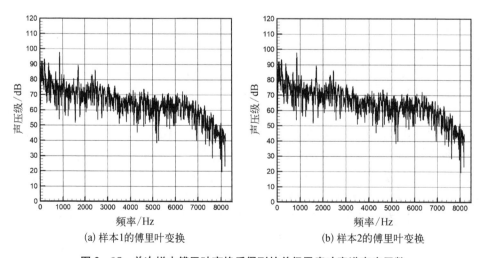

(a) 样本1的傅里叶变换　　　　　　　(b) 样本2的傅里叶变换

图 2 - 15　单次样本傅里叶变换后得到的单级风扇功率谱密度函数

分析和经验知识,其气动噪声频谱应该是以转子叶片通过频率 BPF 为基频的单音噪声谱为主要特征,并包含宽频噪声的声学信号[类似图 1 - 8(a)中表示迭加了单音的宽频噪声频谱]。但是,从图 2 - 15 可以看出,仅仅采用一个样本函数,得到的单级风扇噪声频谱是非常不稳定的信号,风扇的单音噪声及其谐波信号的功率谱密度函数的值是不稳定的,即采用一个样本函数获得的频谱密度函数稳定性很差。

信号处理结果的统计稳定性通常是用自由度数来描述,其定义就是采样信号数据点数除以傅里叶变换后信号频谱点数,对于上述单次噪声信号分析,其得到的噪声功率谱的自由度数仅是 2 048 ÷ 1 024 = 2。

为了提高分析结果的稳定性,增大噪声信号频谱分析结果的自由度数,需要采用多次平均。图 2 - 16 给出了样本数分别为 11、21、31、51 次时,通过对多次样本信号傅里叶变换结果的平均(即平滑处理)获得的单级风扇噪声功率谱密度函数。

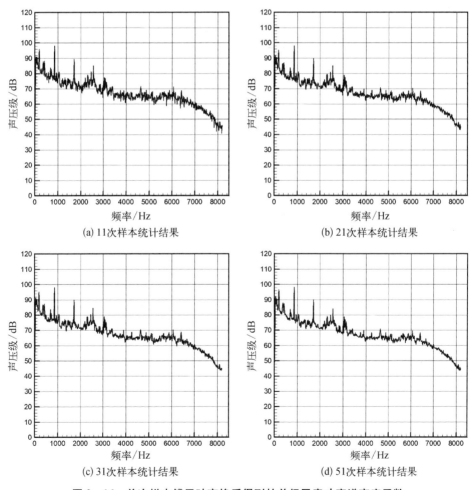

图 2 - 16　单次样本傅里叶变换后得到的单级风扇功率谱密度函数

由图 2-16 可以看出,随着统计样本数的增加,单级风扇噪声频谱密度函数统计分析结果逐渐趋于稳定,当样本数达到 31 次以后,风扇噪声的频谱密度基本达到稳定,这时风扇单音噪声及其谐波信号和宽频噪声的声压级趋于稳定。

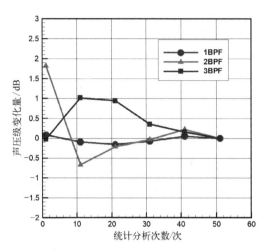

图 2-17　不同统计样本次数得到的风扇
单音噪声声压级的比较

为了定量比较,图 2-17 进一步给出了不同统计样本次数计算的风扇单音噪声基频 1 BPF 及其 2 阶谐波、3 阶谐波声压级的变化情况,图中的结果是以 51 次统计平均作为最终声压级计算结果,不同平均次数计算的声压级与 51 次统计平均计算结果的差值。可以看出,在样本统计次数少于 21 次(包括 21 次)时,计算的风扇单音噪声前三次谐波的声压级数据明显是不稳定的,当样本统计次数达到 31 次,计算的风扇单音噪声前三次谐波的声压级的误差可以在 0.5 dB 之内。这个结果说明,对气动噪声信号进行分析,获得足够统计样本数是最终获得高精度实验测试结果的重要基础。采用 21 次信号平均分析,噪声功率谱分析处理结果的自由度数为 $2\,048 \times 21 \div 1\,024 = 42$,而采用 31 次信号平均分析,噪声功率谱分析处理结果的自由度数为 $2\,048 \times 31 \div 1\,024 = 62$。

2.4.1.2　有效增加统计样本次数的方法——重叠采样(overlap sampling)

如上所述,为了提高噪声信号统计分析结果的稳定性,往往需要增大信号采样的样本数,这对于实验测量也就意味着信号测量时间的增加。而在实际实验工作中,由于实验条件、实验成本以及记录仪器容量等的限制,特别是对飞机的飞行实验测量,由于飞机飞行过顶时间所限,使得飞机/发动机气动噪声实验声学信号记录的时长有限,即每次实验可能记录的噪声信号总时长有限。对于有限时长的噪声记录信号,当进行多次样本的统计分析时,可能对信号分析结果稳定性需求的样本数要求远远大于实际实验测量信号的时长。

针对有限时长噪声信号样本数不能满足信号分析结果稳定性要求的情况,在声学信号分析中人们提出了重叠采样技术以提高信号分析结果的稳定性。根据随机信号的基本特征,我们知道从任意起始时刻的各态历经平稳随机信号都是具有相同特性的平稳随机信号,也就是从一个长时间测量的随机信号中任意时刻开始构造的样本函数都是有效的测量信号。根据这个基本认识,人们提出了"重叠采样"的数据处理方法,就是在有限时长的测量信号中构造多个信号样本时,不同信号样本在时间上可以部分重叠。例如样本 1 的采样时间是 0~2 s,样本 2 的采样时间是 1~3 s,样本 3 的采样时间是 2~4 s,如此类推,也就是一个样本采样时长是 2 s,但是连续的样本可以有 1 s 时长的重叠,即所有采样的样本时间上有 50% 的样本重叠。另外还可以采用 20%、30%、40%、60%、70% 等样本重叠的重叠采样。

采用重叠采样可以用有限时长的测量信号构造更多次的样本函数,从而提高信号分析结果的稳定性。

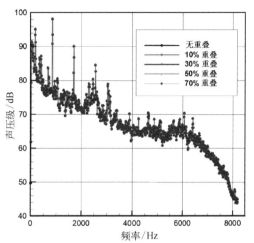

图 2 - 18 给出了对于上述单级风扇噪声测量信号,在采样频率、采样长度不变的情况下(采样频率是 16 384 Hz,采样点数 2 048),样本数都选取为 31 次,分别采用重叠度 10%、30%、50%、70% 等的重叠采样,计算得到的单级风扇频谱密度函数。由图 2 - 18 可以看出,采用重叠采样技术,并不影响对单级风扇噪声信号频谱密度函数的计算结果。这就说明,在有限实验测量时长的条件下,可以采用重叠采样技术显著提高信号分析结果的稳定性。

图 2 - 18　不同重叠度得到的单级风扇功率谱密度的比较

根据分析信号自由度数的定义,采用重叠采样会减小信号的自由度数,例如同样采用 21 次信号平均分析,但是应用 50% 重叠采样时,分析信号的自由度数是 $[(2\,048+1\,024\times20)\div1\,024=22]$。

2.4.2　噪声信号的均方声压与声压级

2.4.2.1　声压级

对于随机信号,其均值(平均值) μ_x 为

$$\mu_x = \lim_{T \to \infty} \frac{1}{T}\int_0^T x(t)\,\mathrm{d}t \tag{2-42}$$

式中,T 为样本长度;t 是观测时间;$x(t)$ 为样本函数。工程实际中 T 不可能无限长,在有限时间内求平均统计特征只能得到一个估计值,用符号"Λ"冠于特征参数之上表示估计值,均值的估计值为

$$\hat{\mu}_x = \frac{1}{T}\int_0^T x(t)\,\mathrm{d}t \tag{2-43}$$

信号的均方值及其估计值为

$$\psi_x^2 = \lim_{T \to \infty} \frac{1}{T} \int_0^T x^2(t) \, dt \tag{2-44}$$

$$\hat{\psi}_x^2 = \frac{1}{T} \int_0^T x^2(t) \, dt \tag{2-45}$$

信号的均方根值则为均方值正的平方根,即

$$x_{rms} = \sqrt{\psi_x^2} \tag{2-46}$$

信号的方差及其估计值为

$$\sigma_x^2 = \lim_{T \to \infty} \frac{1}{T} \int_0^T [x(t) - \mu_x]^2 dt = \psi_x^2 - \mu_x^2 \tag{2-47}$$

$$\hat{\sigma}_x^2 = \frac{1}{T} \int_0^T [x(t) - \mu_x]^2 dt \tag{2-48}$$

方差的正平方根称为标准差 σ_x,表示随机信号的波动分量,即

$$\sigma_x = \sqrt{\sigma_x^2} = \sqrt{\psi_x^2 - \mu_x^2} \tag{2-49}$$

根据上述随机信号特征参数的定义,噪声信号声压脉动的均方值为

$$\overline{p'^2(x_i)} = \frac{1}{t_2 - t_1} \int_{t_1}^{t_2} p'(x_i, t) p'(x_i, t) \, dt \tag{2-50}$$

式中,p' 表示在空间位置实验测量的随时间变化的声压信号,上式的积分时间在 $t_1 \sim t_2$ 之间,对于具有平稳各态历经的声压信号,声压脉动的均方值就与积分的时间边界无关,噪声的声压级 SPL 定义为与声压脉动的均方值参考声压的比值取对数(如 2.1 节所述,参考声压 $p'_{ref} = 2 \times 10^{-5}$ Pa),即

$$L_p = 10 \lg \frac{\overline{p'^2(x_i)}}{p'^2_{ref}} \tag{2-51}$$

当进一步要区分某一个频率成分的声压级 SPL 与某个频率范围的总声压级 OASPL 时,式(2-51)给出的是在一定时间范围内声源辐射噪声所有频率范围(严格地讲是声压信号有效采样频率范围内)的总声压级。

2.4.2.2　概率密度函数

随机数据的概率密度函数,表示瞬时值落在某指定范围内的概率(即随机信号的幅值域函数)。如图 2-19 所示的测量样本中,$x(t)$ 取值在 $(x, x + \Delta x)$ 区间中的总时间为 $T_x = \sum_{i=1}^K \Delta t_i$,当观察时间 T 趋于无穷大时,比例 T_x/T 是事件 [$x <$

$x(t) \leqslant x + \Delta x]$ 的概率,记为

$$P[x < x(t) \leqslant x + \Delta x] = \lim_{T \to \infty} T_x / T \qquad (2-52)$$

定义概率密度函数为

$$P(x) = \lim_{\Delta x \to 0} \frac{P[x < x(t) \leqslant x + \Delta x]}{\Delta x} \qquad (2-53)$$

$$= \lim_{\Delta x \to 0} \frac{1}{\Delta x} \Big[\lim_{\substack{\Delta x \to 0 \\ T \to \infty}} T_x / T \Big] = \lim_{\substack{\Delta x \to 0 \\ T \to \infty}} \frac{1}{T \Delta x} \sum_{i=1}^{K} \Delta t_i$$

概率密度函数 $p(x)$ 恒为实值非负函数。

信号的均值、均方根值与概率密度函数的关系为

$$\mu_x = \int_{-\infty}^{\infty} x p(x) \, \mathrm{d}x \qquad (2-54)$$

$$x_{\mathrm{rms}} = \sqrt{\int_{-\infty}^{\infty} x^2 p(x) \, \mathrm{d}x} \qquad (2-55)$$

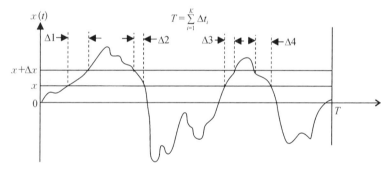

图 2 - 19　概率密度函数定义

2.4.3　气动噪声信号的自相关分析方法

在气动噪声源的分析研究中,基于声波信号时域与频域统计相关特性分析,对于认识气动噪声源的时域相关特性具有特别重要的意义。根据气动声学基本理论可知,发动机的气动噪声源主要是空间四极子、空间偶极子和表面偶极子声源等[8,9],通过对发动机不同气动噪声源与声辐射之间的关联关系的统计分析,弄清发动机气动噪声物理机制及传播规律,是气动噪声信号分析的重要内容。

2.4.3.1　噪声信号自相关函数

如前所述,各态历经平稳随机信号的自相关函数定义为

$$R_x(\tau) = \lim_{T \to \infty} \frac{1}{T} \int_0^T x(t) x(t + \tau) \, \mathrm{d}t \qquad (2-56)$$

随机信号的自相关函数描述一个时刻的数据值与另一时刻数据值之间的关联关系。对于各态历经平稳随机信号,自相关函数的积分结果就与初始时间 t_1 无关。而且自相关函数 $R_x(\tau)$ 为实偶函数,在 $\tau=0$ 时自相关函数 $R_x(\tau)$ 就是信号的均方值,即 $R_x(0)=\psi_x^2$,也是自相关函数的最大峰值。自相关函数随时间自变量 τ 的增加而衰减,随机信号频率越高衰减越快,最终衰减到其均值的平方 μ_x^2,即 $R_x(\infty)=\mu_x^2$。

对于气动噪声信号,声压力脉动的自相关函数可以描述为如下形式:

$$R_{pp}(x_i,\ \tau) = \overline{p'(x_i,\ t)p'(x_i,\ t+\tau)} = \frac{1}{t_2-t_1}\int_{t_1}^{t_2} p'(x_i,\ t)p'(x_i,\ t+\tau)\,\mathrm{d}t$$

$$(2-57)$$

式中,p' 表示在空间位置实验测量的随时间变化的声压信号,上式的积分时间在 $t_1 \sim t_2$ 之间,如前所述,当 $\tau=0$ 时,这个函数就是压力脉动的均方值,即

$$\overline{p'^2} = R_{pp}(x_i,\ 0) \tag{2-58}$$

假定发动机的气动噪声源是由空间分布的偶极子、四极子声源以及表面分布的偶极子三个声源构成(这是航空发动机部件噪声源的典型构成形式),则其产生的噪声可表示为

$$p'(x_i,\ t) = p_q'(x_i,\ t) + p_d'(x_i,\ t) + p_f'(x_i,\ t) \tag{2-59}$$

其中,$p_q'(x_i,\ t)$ 为对四极子源项 Q_q 的空间积分;$p_d'(x_i,\ t)$ 为对偶极子源项 Q_d 的空间积分;$p_f'(x_i,\ t)$ 为对偶极子源项 Q_f 的表面积分。将式(2-59)代入方程(2-57),就可以得

$$R_{pp}(x_i,\ \tau) = R_{ppqq}(x_i,\ \tau) + R_{ppdd}(x_i,\ \tau) + R_{ppff}(x_i,\ \tau) \tag{2-60}$$

式(2-60)是假定三个声源项相互之间不相关。如果声源之间相互相关的话,自相关函数中就要考虑由不同声源之间产生的六个互相关函数(产生二次影响项)。

利用上述随机信号的自相关函数,可以进一步分析气动噪声源与辐射噪声信号之间的关联关系。

2.4.3.2　空间四极子气动噪声源自相关分析方法

根据空间四极子气动噪声源的基本特点,采用"远场"假设(实验中,传声器测量往往放置在声源的声学远场),可以得到空间四极子声源辐射噪声信号的自相关函数为(基于对 FW-H 方程的求解)[8, 9]

$$R_{ppqq}(x_i, \tau) = \frac{1}{16\pi^2 r_0^2 c_0^4 D_f^6} \frac{1}{t_2 - t_1} \int_{t_1}^{t_2} \left[\int_V Q_q(y_{i1}, \theta_0, t) \mathrm{d}y_{i1} \int_V Q_q(y_{i2}, \theta_0, t + \Delta t_r + \tau) \mathrm{d}y_{i2} \right] \mathrm{d}t$$

$$(2-61)$$

其中，Q_q 是四极子源的函数式，可用下式表示：

$$Q_q(y_i, \theta_0, t) = \frac{\partial^2 q_q(y_i, \theta_0, t)}{\partial t^2} = \frac{\partial^2}{\partial t^2} \left[\rho_0 u_{r_0}^2 \left(1 + \frac{p'}{\rho_0 c_0^2} \right) - \left(1 - \frac{\rho_0}{\rho} \right) p' \right]$$

$$(2-62)$$

式中，θ_0 表示声源到测量点的声辐射角度；r_0 表示声辐射距离矢量（方向）；Δt_r 表示在位置 y_{i2} 和 y_{i1} 之间延迟时间的差值，其定义为

$$\Delta t_r = \frac{y_{i2} - y_{i1}}{c_0 D_f} = \frac{\eta_{r_0}}{c_0 D_f}$$

$$(2-63)$$

上式中 D_f 表示运动声源的多普勒因子（Doppler 因子），对于静止声源其值取 1。

如果声源是平稳随机过程，则方程（2-61）中积分结果就与初始时间 t_1 无关，令 $y_{1i} = y_i$、$y_{2i} = y_i + \eta_i$，则通过交换积分次序就可以得

$$R_{ppqq}(x_i, \tau) = \frac{1}{16\pi^2 r_0^2 c_0^4 D_f^6} \iint_{VV} \frac{1}{t_2 - t_1} \int_{t_1}^{t_2} [Q_q(y_i, \theta_0, t) Q_q(y_i + \eta_i, x_i, t + \Delta t_r + \tau)] \mathrm{d}t \mathrm{d}\eta_i \mathrm{d}y_i$$

$$(2-64)$$

双重空间积分中的时间积分可以应用在不同空间位置 y_i、$y_i + \eta_i$，用公式（2-62）表示的四极子声源函数 Q_q 的互相关函数来描述，即

$$R_{qq}(y_i, \eta_i, \theta_0, \tau) = \frac{1}{t_2 - t_1} \int_{t_1}^{t_2} [Q_q(y_i, \theta_0, t) Q_q(y_i + \eta_i, \theta_0, t + \tau)] \mathrm{d}t$$

$$= \overline{Q_q(y_i, \theta_0, t) Q_q(y_i + \eta_i, \theta_0, t + \tau)}$$

$$(2-65)$$

这个函数的计算要考虑在两个声源位置的延迟时间差 Δt_r，公式中保留参数 θ_0 是为了提示函数 R_{qq} 和 Q_q 的值取决于辐射角的大小。这样方程（2-64）就可以简化为

$$R_{ppqq}(x_i, \tau) = \frac{1}{16\pi^2 r_0^2 c_0^4 D_f^6} \iint_{VV_c} R_{qq}(y_i, \eta_i, \theta_0, \tau + \Delta\tau_r) \mathrm{d}V_c(\eta_i) \mathrm{d}V(y_i)$$

$$(2-66)$$

由此可以得出一个重要结论：声学远场的自相关函数可以应用在声源区域的

声源函数 Q_q 的互相关函数计算,这是气动声学分析的重要方法[8, 9]。

2.4.3.3　空间偶极子气动噪声源自相关分析方法

对空间偶极子声源项的自相关函数可以采用类似的方法处理[8, 9],可以得到

$$R_{ppdd}(x_i,\ \tau) = \frac{1}{16\pi^2 r_0^2 c_0^2 D_f^4} \iint\limits_{V\,V_c} R_{dd}(y_i,\ \eta_i,\ \theta_0,\ \tau + \Delta t_r)\,\mathrm{d}V_c(\eta_i)\,\mathrm{d}V(y_i)$$

$$(2-67)$$

其中,R_{dd} 为在不同空间位置 y_i、$y_i + \eta_i$ 处偶极子声源的互相关函数,即

$$R_{dd}(y_i,\ \eta_i,\ \theta_0,\ \tau) = \frac{1}{t_2 - t_1} \int_{t_1}^{t_2} \left[Q_d(y_i,\ \theta_0,\ t) Q_d(y_i + \eta_i,\ \theta_0,\ t + \tau) \right] \mathrm{d}t$$

$$= \overline{Q_d(y_i,\ \theta_0,\ t) Q_d(y_i + \eta_i,\ \theta_0,\ t + \tau)}$$

$$(2-68)$$

空间分布的偶极子源函数是

$$Q_d(y_i,\ \theta_0,\ t) = \frac{\partial q_d(y_i,\ \theta_0,\ t)}{\partial t} = \frac{\partial}{\partial t}\left[p'\,\frac{\partial}{\partial y_{r_0}}\left(\frac{\rho_0}{\rho} \right) \right] \qquad (2-69)$$

需要注意的是,与空间四极子声源计算公式(2-66)中多普勒因子六次方不同的是,空间偶极子声源声场的声压自相关函数中多普勒因子的指数是四次方。

2.4.3.4　表面偶极子气动噪声源自相关分析方法

因为表面偶极子中的积分是面积分,因此表面偶极子声源项的自相关函数与空间偶极子有一些差异[8, 9],具体表达式为

$$R_{ppff}(x_i,\ \tau) = \frac{1}{16\pi^2 r_0^2 c_0^2 D_f^4} \iint\limits_{S\,S_c} R_{ff}(y_i,\ \eta_i,\ \theta_0,\ \tau + \Delta t_r)\,\mathrm{d}S_c(\eta_i)\,\mathrm{d}S(y_i)$$

$$(2-70)$$

其中,R_{ff} 是在不同空间位置 y_i、$y_i + \eta_i$ 处表面偶极子声源的互相关函数,即

$$R_{ff}(y_i,\ \eta_i,\ \theta_0,\ \tau) = \frac{1}{t_2 - t_1} \int_{t_1}^{t_2} \left[Q_f(y_i,\ \theta_0,\ t) Q_f(y_i + \eta_i,\ \theta_0,\ t + \tau) \right] \mathrm{d}t$$

$$= \overline{Q_f(y_i,\ \theta_0,\ t) Q_f(y_i + \eta_i,\ \theta_0,\ t + \tau)}$$

$$(2-71)$$

表面分布的偶极子源函数为

$$Q_f(y_i,\ \theta_0,\ t) = \frac{\partial f_{r_0}(y_i,\ \theta_0,\ t)}{\partial t} \qquad (2-72)$$

2.4.3.5　气动噪声源有效声源体积

根据气动噪声源的相关分析技术,可以对气动噪声源的基本特征进行分析。为了初步估算远场声压的均方根值,对公式(2-66)中的内积分有时可以采用空间位置 y_i 处四极子声源的自相关函数与相关体积 V_{cq} 的乘积计算得到:

$$\int_{V_c} R_{qq}(y_i, \eta_i, \theta_0, \tau)\mathrm{d}V_c(\eta_i) = V_{cq}R_{qq}(y_i, 0, \theta_0, \tau) \tag{2-73}$$

注意在这个简化计算过程中忽略了滞后时间差的影响,因此这个简化适用于声源相关体积较小的情况(声源相关体积尺寸远小于声波波长)和低马赫数的情况。

同样,公式(2-69)中的外积分可以应用于参考位置 $y_{i,\text{ref}}$ 的声源值和有效声源体积 V_{sq} 计算得到:

$$\int_V V_{cq}R_{qq}(y_i, 0, \theta_0, \tau)\mathrm{d}V(y_i) = V_{sq}V_{cq}R_{qq}(y_{i,\text{ref}}, 0, \theta_0, \tau) \tag{2-74}$$

则方程(2-66)就可以简化成:

$$R_{ppqq}(x_i, \tau) = \frac{1}{16\pi^2 r_0^2 c_0^4 D_f^6}V_{sq}V_{cq}R_{qq}(y_{i,\text{ref}}, 0, \theta_0, \tau) \tag{2-75}$$

这个结果说明,四极子源产生的远场均方声压 $\overline{p'^2_q(x_i)} = R_{ppqq}(x_i, \tau)$ 正比于声源区参考位置声源函数的均方值、相关体积和有效声源体积,在自相关函数 $R_{qq}(y_{i,\text{ref}}, 0, \theta_0, 0)$ 中的变量 θ_0 表明声源函数的均方值也具有指向性,但是必须注意,应用上述简化过程以后,滞后时间差对声辐射的影响就忽略掉了,因此使用上述简化计算公式时必须谨慎。

采用类似的简化假设,可以得到空间偶极子和表面偶极子声源辐射声场的自相关函数计算式为

$$R_{ppdd}(x_i, \tau) = \frac{1}{16\pi^2 r_0^2 c_0^2 D_f^4}V_{sc}V_{cd}R_{dd}(y_{i,\text{ref}}, 0, \theta_0, \tau) \tag{2-76}$$

$$R_{ppff}(x_i, \tau) = \frac{1}{16\pi^2 r_0^2 c_0^2 D_f^4}S_{sf}S_{cf}R_{ff}(y_{i,\text{ref}}, 0, \theta_0, \tau) \tag{2-77}$$

以上对气动噪声信号的自相关分析,为气动噪声实验数据处理奠定了重要理论分析基础,基于以上相关分析理论,根据测量的气动噪声信号,就可以实现对气动噪声源基本属性(四极子、体积偶极子、表面偶极子)和传播物理规律(多普勒效应、有效尺寸、传播方向等)的分析和认识。

2.4.4　气动噪声信号的功率谱密度函数

2.4.4.1　功率谱密度函数

如前所述,随机信号在时间上是无始无终的,即它的能量是无限的,因此随机数据的频域特征不可能像瞬变信号那样,用傅里叶变换直接得到频谱密度函数的描述,需要采用统计平均值的谱密度函数来表示,即用功率谱密度函数来描述,功率谱密度函数表示声压脉动均方值在频率域的分布特征。此外,功率谱密度函数也特别适用于对声波干涉问题的分析。

一个随机样本的时间历程记录在 f 到 $f + \Delta f$ 频谱范围之内的均值的平均值记为

$$\psi_x^2(f,\ \Delta f) = \lim_{T \to \infty} \frac{1}{T} \int_0^T x^2(t,\ f,\ \Delta f)\,\mathrm{d}t \qquad (2-78)$$

对于小的 Δf,功率谱密度函数 $G_x(f)$ 可定义为

$$\psi_x^2(f,\ \Delta f) \approx G_x(f)\Delta f \qquad (2-79)$$

功率谱密度函数精确的描述则为

$$G_x(f) = \lim_{\Delta f \to 0} \frac{\psi_x^2(f,\ \Delta f)}{\Delta f} = \lim_{\Delta f \to 0} \frac{1}{\Delta f}\left[\lim_{\Delta f \to 0} \frac{1}{T} \int_0^T x^2(t,\ f,\ \Delta f)\,\mathrm{d}t\right] \qquad (2-80)$$

如前所述,功率谱密度函数的一个重要性质表现在它与自相关函数的关系上,它可由自相关函数经傅里叶变换得到,即

$$S_x(\omega) = \int_{-\infty}^{\infty} R_x(\tau)\mathrm{e}^{-\mathrm{j}\omega z}\,\mathrm{d}z \qquad (2-81)$$

其中, $G_x(\omega) = 2S_x(\omega)$。

$$R_x(\tau) = \frac{1}{2\pi} \int_{-\infty}^{\infty} S_x(\omega)\mathrm{e}^{\mathrm{j}\omega t}\,\mathrm{d}t \qquad (2-82)$$

由于 $R_x(\tau)$ 和 $S_x(\omega)$ 都是实偶函数,式(2-81)、式(2-82)可以写成以下几种形式:

$$S_x(\omega) = 2\int_0^{\infty} R_x(\tau)\cos \omega\tau\mathrm{d}\tau,\ -\infty < \omega < \infty \qquad (2-83)$$

$$S_x(f) = 2\int_0^{\infty} R_x(\tau)\cos 2\pi f\tau\mathrm{d}\tau,\ -\infty < f < \infty \qquad (2-84)$$

$$R_x(\tau) = \frac{2}{\pi} \int_0^{\infty} S_x(\omega)\cos \omega\tau\mathrm{d}\omega \qquad (2-85)$$

$$R_x(\tau) = 2\int_0^\infty S_x(f)\cos 2\pi f\tau \mathrm{d}f \qquad (2-86)$$

一般情况下，ω、f 分别是角频率和频率，仅考虑在 $(0, \infty)$ 中变化，则采用单边谱密度 $G_x(\omega)$ 和 $G_x(f)$ 来表示，单边谱密度函数与 $S_x(f)$、$S_x(\omega)$ 的关系为

$$\begin{cases} G_x(\omega) = 2S_x(\omega) \\ G_x(f) = 2S_x(f) \end{cases} \qquad (2-87)$$

图 2－20 表示单边谱密度函数 $G_x(\omega)$ 与 $S_x(\omega)$ 之间的关系曲线。

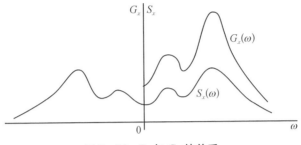

图 2－20　S_x 与 G_x 的关系

2.4.4.2　气动噪声源的功率谱密度函数

在远场点 x_i 的声压脉动的功率谱密度函数可以通过对公式（2－57）表示的自相关函数进行傅里叶变换得到，即

$$W_{pp}(x_i, f) = \int_{-\infty}^\infty R_{pp}(x_i, \tau)\mathrm{e}^{\mathrm{i}2\pi f\tau}\mathrm{d}\tau \qquad (2-88)$$

类似自相关函数分析，对于发动机的气动噪声，其典型的噪声源包括空间偶极子、空间四极子声源以及表面偶极子三种声源[8,9]，功率谱密度函数 $W_{pp}(x_i, f)$ 包含三种分布声源的贡献，当假设三种声源之间互不相关的情况下，对发动机气动噪声源可以得到类似公式（2－60）形式的功率谱密度函数：

$$W_{pp}(x_i, f) = w_{ppqq}(x_i, f) + w_{ppdd}(x_i, f) + w_{ppff}(x_i, f) \qquad (2-89)$$

由四极子声源在远场点 x_i 产生的声压脉动的功率谱密度函数 $W_{ppqq}(x_i, f)$ 可用下列的双重积分表示：

$$W_{ppqq}(x_i, f) = \frac{1}{(4\pi r_0 c_0^2 D_f^3)^2}\iint_{V V_c} W_{qq}(y_i, \eta_i, f)\mathrm{e}^{\mathrm{i}\psi_r}\mathrm{d}V_c(\eta_i)\mathrm{d}V(y_i) \quad (2-90)$$

其中，W_{qq} 是两个声源点 y_i 和 $y_i + \eta_i$ 的互功率谱密度函数，即

$$W_{qq}(y_i,\ \eta_i,\ f) = \int_{-\infty}^{\infty} \overline{Q_q(y_i,\ t)\,Q_q(y_i+\eta_i,\ t+\tau)}\,\mathrm{e}^{\mathrm{i}2\pi f\tau}\mathrm{d}\tau \qquad (2-91)$$

其中，Q_q 的表达式如式(2-62)所示；f 为固定在声源坐标系下的频率参数。

公式(2-90)中的相位差 ψ_r 是由在两个声源点 y_i 和 $y_i+\eta_i$ 的滞后时间差决定的，即

$$\psi_r = 2\pi f\Delta t_r = 2\pi f\frac{\eta_{r_0}}{c_0 D_f} \qquad (2-92)$$

其中，η_{r_0} 为声源间距矢量 η_i 在声传播法线方向 θ_0 的分量。

W_{qq} 是一个复数，可以应用它的模和相位表示：

$$W_{qq} = |\,W_{qq}(y_i,\ y_i+\eta_i)\,|\,\mathrm{e}^{\mathrm{i}\psi_q} \qquad (2-93)$$

可以看到，除了与声源位置 y_i 和 $y_i+\eta_i$ 有关外，W_{qq} 还与频率 f、辐射角 θ_0 以及其他所有影响湍流的参数有关。

通过引入在两个声源位置 y_i 和 $y_i+\eta_i$ 的相干函数 $\gamma_{q12}(y_i,\ y_i+\eta_i)$，公式(2-90)就可以表示成为

$$W_{ppqq}(x_i,\ f) = \frac{1}{(4\pi r_0 c_0^2 D_f^3)^2}\iint_{V V_c}\sqrt{W_{qq1}W_{qq2}}\,\gamma_{q12}\mathrm{e}^{\mathrm{i}(\psi_q+\psi_r)}\,\mathrm{d}V_c(\eta_i)\,\mathrm{d}V(y_i)$$

$$(2-94)$$

其中，$W_{qq1} = W_{qq}(y_i,\ y_i)$ 是四极子声源 Q_q 在声源位置 y_i 的功率谱密度；$W_{qq2} = W_{qq}(y_i+\eta_i,\ y_i+\eta_i)$ 是四极子声源 Q_q 在声源位置 $y_i+\eta_i$ 的功率谱密度。这两个量描述了作为频率函数的声源 Q_q 的强度。

公式(2-94)中的相干函数 γ_{q12} 表明只有在两个位置压力脉动的相干部分才对远场声压辐射有贡献，如图2-21所示，湍流场中的相干函数随着声源距离的增加而衰减，对于给定的声源频率，衰减率与湍流尺度密切相关，公式(2-94)中对坐标 η_i 的积分只需要在相干函数 $\gamma_{q12} > 0$ 的区域进行，这个区域也称为相干体积。

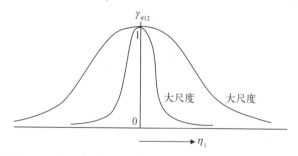

图2-21 在两个声源间的相干函数随声源间距增大的衰减

公式(2-94)中的声源干涉项 $\mathrm{e}^{\mathrm{i}(\psi_q+\psi_r)}$ 描述的是不同声源位置的相位关系,相位 ψ_q 考虑的是流动中脉动传播效应的影响,描述这些脉动的控制方程是流体运动方程,控制方程也同时描述了流动中不稳定波的运动。轴向位置相差 η_1 的两个声源的相位差可以近似地由不稳定波的传播推导出,即

$$\psi_q = 2\pi f \frac{\eta_1}{U_p(f,\ y_i,\ \eta_i)} \tag{2-95}$$

其中,$U_p(f,\ y_i,\ \eta_i)$ 为在位置 y_i 和 $y_i + \eta_i$ 之间相关频率声源在 η_1 方向的平均相速度。

公式(2-94)中的相位 ψ_r 表示的是在两个声源位置滞后时间差的影响,由公式(2-92)计算。

与互相关函数式相比较可以看出,互功率谱密度函数式(2-94)中显式的包含了声源区域重要声源的干涉项,这是用互功率谱密度函数描述声场的优点。

相干函数和干涉函数的乘积对声辐射具有非常大的影响,在航空发动机的喷流噪声研究中,发现喷流混合噪声的指向性就是由这种影响所决定的。

相应地可以得到公式(2-89)中其他两项的功率谱密度函数,空间偶极子源项的声场功率谱密度函数为

$$W_{ppdd}(x_i,f) = \frac{1}{(4\pi r_0 c_0 D_f^2)^2} \iint\limits_{V\,V_c} \sqrt{W_{dd1}W_{dd2}}\,\gamma_{d12}\,\mathrm{e}^{\mathrm{i}(\psi_d+\psi_r)}\,\mathrm{d}V_c(\eta_i)\,\mathrm{d}V(y_i)$$

$$\tag{2-96}$$

其中,W_{dd} 为空间偶极子源函数 Q_d 的功率谱密度,计算式是式(2-69)。

表面偶极子源项的声场功率谱密度函数为

$$W_{ppff}(x_i,f) = \frac{1}{(4\pi r_0 c_0 D_f^2)^2} \iint\limits_{S\,S_c} \sqrt{W_{ff1}W_{ff2}}\,\gamma_{f12}\,\mathrm{e}^{\mathrm{i}(\psi_f+\psi_r)}\,\mathrm{d}S_c(\eta_i)\,\mathrm{d}S(y_i) \tag{2-97}$$

其中,W_{ff} 为表面偶极子源函数 Q_f 的功率谱密度,计算式是式(2-72)。

2.4.4.3 互相关函数和互谱密度函数

对于空间不同位置测量的声学信号,特别是声源位置测量的声学信号与远场测量的声学信号,它们之间的相互关系可以采用互相关函数和互谱密度函数进行分析。两个各态历经平稳随机信号 $x(t)$ 和 $y(t)$ 的互相关函数 $R_{xy}(t)$ 定义为

$$R_{xy}(\tau) = \lim_{T\to\infty} \frac{1}{T}\int_0^T x(t)y(t+\tau)\,\mathrm{d}t \tag{2-98}$$

不同于自相关函数,互相关函数 $R_{xy}(\tau)$ 是一个可正可负的实函数,不是偶函数,在 $\tau = 0$ 处,不一定有最大值。互相关函数 $R_{xy}(\tau)$ 具有下列性质:

$$R_{xy}(\tau) = R_{yx}(-\tau) \tag{2-99}$$

$$|R_{xy}(\tau)|^2 \leqslant R_x(0)R_y(0) \tag{2-100}$$

$$|R_{xy}(\tau)| \leqslant \frac{1}{2}[R_x(0) + R_y(0)] \tag{2-101}$$

类似自功率谱密度函数的计算,对互相关函数 $R_{xy}(\tau)$ 进行傅里叶变换,可以得到两个随机信号的互功率谱密度函数,记为

$$S_{xy}(\omega) = \int_\infty^\infty R_{xy}(\tau) e^{-j\omega\tau} d\tau \tag{2-102}$$

进一步可以定义两平稳随机信号的相干函数 $r_{xy}^2(\omega)$ 为

$$r_{xy}^2(\omega) = \frac{|S_{xy}(\omega)|^2}{S_x(\omega)S_y(\omega)} \tag{2-103}$$

$r_{xy}^2(\omega)$ 是一个不大于 1 的实函数。若 $r_{xy}^2 = 0$,表示 $x(t)$ 和 $y(t)$ 互不相干,若 $r_{xy}^2 = 1$,表示 $x(t)$ 和 $y(t)$ 完全相干。

互相关函数与互功率谱密度函数是研究不同位置的信号之间,以及声源与远场噪声信号之间相互关联关系的重要工具,也是航空发动机气动声学实验中经常应用的分析方法。

2.5　本　章　小　结

本章从气动声学变量的物理特征以及声波信号的时变特征分析出发,围绕声波信号的检测,简要介绍了声学测量传声器的工作原理、测量传声器的特性与指标,以及测量传声器的选择、校准和使用。随着微电子技术和计算机技术的迅速发展,声学传感器技术已经发展的相当成熟,市场上具有很多优秀的产品可以供实验使用,而且有关声学测量传感器以及相关型号类别等知识,目前有很多参考书作了介绍,读者可以根据自己需要参考阅读。

本书的读者对象是航空发动机气动声学的实验工作者,因此,围绕气动噪声实验测量信号的分析技术,本章重点介绍了数字信号的分析方法和气动噪声源的统计分析方法。在数字信号分析技术中,本章分别介绍了在工程实践中经常使用的基于 FFT 的频谱函数计算方法、基于 FFT 的自相关函数计算方法、基于 FFT 的互功率谱函数计算方法、基于 FFT 的互相关函数计算方法等。在气动声学信号统计分析方法中,针对航空发动机气动噪声源中典型的空间分布偶极子声源、空间分布四极子声源以及表面分布偶极子声源三个典型航空发动机的气动噪声源,本章分别介绍了气动噪声信号的统计平均及分析信号的自由度、噪声信号的均方声压与

声压级计算方法、气动噪声信号的自相关分析方法、气动噪声信号的功率谱密度函数分析方法等。

本章内容既是声学实验测试技术的基础,也是开展气动声学实验研究的重要方法,本书以后各章有关航空发动机实验气动声学的研究内容都会用到本章的基本知识。

参考文献

［1］ BENDAT J S, PIERSOL A G. Random data: analysis and measurement procedures［M］. New York: John Wiley & Sons, 1971.

［2］ SMITH M J T. Aircraft noise［M］. Cambridge: Cambridge University Press, 1989.

［3］ 沈壕. 声学测量［M］.北京:科学出版社,1986.

［4］ 陈克安, 曾向阳, 杨有粮. 声学测量［M］.北京:机械工业出版社,2015.

［5］ 李世义. 动态测试技术基础［M］.北京:国防工业出版社,1989.

［6］ BENDAT J S, PIERSOL A G. 随机数据分析方法［M］.凌福根,译.北京:国防工业出版社,1976.

［7］ 乔渭阳. 叶轮机动态参数测试技术［M］.北京:国防工业出版社,2004.

［8］ MICHEL U. Sound generation by aircraft［R］. DLR － I B 92517 － 95/B5, 1995.

［9］ 乔渭阳. 航空发动机气动声学［M］.北京:北京航空航天大学出版社,2010.

［10］ BLEVINS R D. Flow-induced vibration［M］. 2nd ed. New York: Van Nostrand Reinhold, 1990.

［11］ CRIGHTON D G, DOWLING A P, FFOWCS WILLIAMS J E, et al. Modern methods in analytical acoustics lecture notes［M］. London: Springer-Verlag, 1992.

［12］ CRIGHTON D G. Basic principles of aerodynamic noise generation［J］. Progress in Aerospace Sciences, 1975, 16(1): 31 － 96.

［13］ DOWLING A P, FFOWCS WILLIAMS J E. Sound and sources of sound［M］. Chichester: Ellis Horwood Publishers, 1983.

［14］ GOLDSTEIN M E. Aeroacoustics［M］. New York: McGraw-Hill Book Company, 1976.

［15］ INGARD K U. Fundamentals of waves and oscillations［M］. Cambridge: Cambridge University Press, 1988.

［16］ MORSE P M, INGARD K U. Theoretical acoustics［M］. Princeton: Princeton University Press, 1986.

［17］ NORTON M P. Fundamentals of noise and vibration analysis for engineers［M］. Cambridge: Cambridge University Press, 1989.

［18］ RIENSTRA S W, HIRSCHBERG A. An introduction to acoustics［R］. IWDE Report, 2003.

［19］ BERANEK L L. Noise and virbration control［M］. New York: McGraw-Hill Book Company, 1971.

第 3 章

自由声场声源识别技术——
传声器阵列信号"波束成型"理论与方法

3.1 引 言

3.1.1 声波信号的空间滤波

1738 年,巴黎科学院用停表和人耳,以炮声测量的方法首次测量出了空气中的声速为 332 m/s,这可以被认为是最早的声学实验测量。20 世纪初,以瑞利命名的用来测定平面行波中声质点速度的瑞利盘问世,以此建立了声压的测量技术[1]。随后,以电声换能器为基础的各种传声器以及互易校准法的发明,辅以电子线路放大和控制电信号,使得声的产生和接收几乎不受频率和强度的限制,声学测量仪器也达到了高度准确的程度(见第 2 章内容)。到 20 世纪 60 年代,人们基本掌握了各种声学量的测量技术,并建立了空气中和水中的声压基准及有关的标准测量方法。之后,电子计算机的高速发展进一步促进了声学测量技术的发展。如今,以高性能电子计算机、高精度电容式传声器和多路信号数据采集器为整体的声学测试平台可以高效、高精度地完成多种声学测试任务,20 世纪 60 年代需要几天才能完成的测试分析工作,用现代设备可能只要几分钟就可以完成。

目前,声学测量方法作为经典物理学中的传统实验方法在工程技术许多领域得到了广泛应用,并进入到人类生活的方方面面。但是,这种经典传统的声学测量方法一般只是获得空间任意点上的声音特征,记录的是在特定测量点上声压时间历程,描述的是在传声器位置处空气压力脉动的大小。也就是说,传声器测量的声压时间历程也仅仅度量了在传声器位置处大气压力脉动,从这个时间历程我们再也不能得到其他更多的"声源"信息,例如,该声波是从哪里传播过来的,声源的位置在何方,声源的空间大小是多少,等等,是无法从这个测量信号判断出来。

众所周知,在空间传播的声波信号包含有产生其声源的重要信息,每一个声信号的波形(waveform)不仅描述了声源的性质,而且它的时域和空间域特性与声波传播物理原理的结合可以为我们提供声源位置等重要信息。但是,如果仅仅通过测量的声压波动信号来构建一个声源的声场是不现实的,因为影响空间中的声波特征除了声源,还夹杂有其他声源的信号及其"噪声污染"信号。为了对特定声源的声学特性进行分析,就需要借助于特殊的声学信号测试与分析技术,通过将测量得到的一个或者多个传声器信号进行合理的数学分析,以获得对特定声源特征的认识。例如,最常用的频域线性滤波技术,就是通过对信号的频域分析获得特定频域信号的一种经典信号分析方法。在本书第 2 章我们介绍了有关声波信号的时域-频域-幅值域信号分析的理论和方法。

但是,如第 1 章所述,气动噪声源(包括航空发动机气动噪声源)是具有分布特点的场声源,产生气动噪声的声源都是伴随有复杂旋涡运动的三维非定常流场,因此,气动噪声源具有空间分散性、声信号相互干涉影响等特点。在气动声学实验研究中,首先面临的就是如何通过实验测量,准确地辨识出流场中气动噪声源的位置和声级强度,并将流场中不同的噪声源分离开来,找到主要噪声源位置,并得到其辐射声场的主要特征。因此,对于气动声学实验测量来说,除信号时域-频率-幅值域的分析外,还需要根据声波传播方向、传播时间、频率特征等进行声波信号空间滤波(spatiotemporal filtering),这就是传声器阵列的波束成型技术。

3.1.2　传声器阵列声学测量与波束成型

传声器阵列声学测量技术是当代声学实验测试技术的重大技术进步[2]。所谓传声器阵列就是由多个在空间确定的位置上排列的一组传声器,例如线性传声器阵列、平面传声器阵列和空间传声器阵列等,类似相控阵电子雷达技术(其实传声器阵列技术出现要早于相控阵雷达技术),传声器阵列也称为"传声器相控阵"和"传声器天线"。

传声器阵列实验测试过程就是通过对阵列中传声器信号的特殊分析和处理,把无用的噪声信号从有用的声源信号中分离出去,实现对声场信号的空间滤波(spatiotemporal filtering)和声源的识别等,因此,传声器阵列测量技术总是与适当的数据处理算法相结合才能完成最终的测量任务,传声器阵列信号分析处理通常也称为传声器阵列波束成型(beamforming)。

在当代实验气动声学领域,传声器阵列波束成型技术已经成为复杂环境中气动噪声源的实验测量标准方法[2],是研究气动声学问题必不可少的实验手段。特别是对于运动物体上的声源测试与识别,波束成型方法已经成为必不可少测试手段,由于传声器阵列波束成型具有对声源的跟踪能力,波束成型方法能够实现对飞行的飞机、高速列车或运动的汽车上的声源测试。对于静止的声源,特别是当背景噪声的声压级较大时,传声器阵列波束成型技术可以抑制背景噪声,这使得在混响或噪声环境中,如在风洞或在航空发动机试车台架中,能够准确分离出背景噪声和目标噪声。

　　由于传声器阵列测量技术需要用大量的传声器构成阵列,同时需要对传声器海量信号进行同步分析处理,这就对声信号采集的硬件、数据计算分析的软硬件、信号处理的软件等提出了较高的要求。自从 20 世纪 60 年代以来,微电子和传感器技术的进步使得传声器设计在向微小型化方向不断发展,而数据采集技术特别是电子计算机技术的迅速发展和普及,这些都使得在传声器阵列实验测试中不断增加传声器的数量、增大数据采样频率和信号分析的动态范围等成为可能。此外,由于计算机储存能力和计算速度飞速发展,能够显著提高传声器阵列波束成型精度的各种高精度波束成型新方法不断涌现,传声器阵列声学测量技术正在迅速推广与普及。

　　当前,基于传声器阵列的声源识别测量技术已经被广泛应用于工业噪声、高速列车噪声、飞机噪声和航空发动机噪声等领域的研究工作中,特别是在航空声学领域,应用大规模的传声器阵列声源识别测量技术,进行飞机/发动机气动噪声源实验测量,已经成为最近十几年来国际航空界"超安静"飞行器设计研制工作中的重点研究内容,在波音(Boeing)、空客(Airbus)等飞机公司,罗尔斯-罗伊斯(RR)、通用电气(GE)、普惠(PW)等著名航空发动机公司,美国 NASA、法国 ONERA 和德国 DLR 等著名的航空研究机构,以及许多大学的气动声学研究团队里,都在广泛应用传声器阵列声学测量技术开展对飞机/发动机气动声学的研究工作。

　　本章将系统地介绍用于气动噪声实验测量中的传声器阵列波束成型理论和方法。

3.2　传声器阵列声学实验测量技术发展回顾

　　传声器阵列声学实验测量技术的发展大致经历了如下三个时期。

　　(1)传声器阵列技术的雏形时期:在 19 世纪末到第二次世界大战这一阶段,是传声器阵列声学测量发展的雏形时期,特别是由于两次世界大战的需要,德国、英国、法国等相继发展了用于敌机识别的非常精密复杂的"听音器",通过将传声器阵列信号连接到"侦查"人员耳朵,靠人工识别敌机方位。但是,由于声波传播速度无法与电磁波传播速度相比,因此,在电子雷达技术的出现和迅速发展之后,传声器阵列声学检测系统很快被淘汰,再无人问津。

　　(2)现代传声器阵列技术迅速发展时期:20 世纪 70 年代初期到 21 世纪初期,是现代传声器阵列快速发展时期,由于 20 世纪 70 年代初期国际民航组织 ICAO 将飞机噪声指标作为强制性适航指标纳入飞机适航认证,飞机和航空发动机气动声学问题成为航空领域不得不面对的重要问题,而气动噪声源所特有的分布场声源特点,使得声源识别成为研究航空声学问题的重要急需,促使现代传声器阵列测试技术迅速发展,到 21 世纪初,西方航空发达国家的飞机和航空发动机研发机构以及许多大学的气动声学研究团队里广泛应用这项技术开展对飞机/发动机噪声源的研究工作。

（3）传声器阵列信号高级处理方法迅速发展时期：进入 21 世纪以来，随着电子计算机计算能力的快速发展，围绕提高传声器阵列声源识别空间分辨率、动态范围和精确性等的各种反卷积传声器阵列信号处理技术开始迅速发展，这个时期传声器阵列技术发展的重点是各种先进的传声器阵列信号处理方法的发展和应用。

3.2.1　传声器阵列技术的雏形时期

传声器阵列（也称为相控阵技术，声学望远镜等）最早可追溯到 1880 年美国 Mayer 教授提出的拟用于船上的声源方向定位测试专利技术[3]，Mayer 提出用两个传声器接收信号并与人耳相连确定声源方向。在第一次世界大战期间，法国诺贝尔奖得主 Jean Perrin 发明了用来侦查敌方飞机的远程声学侦查系统[4]，该阵列由两个子阵列和六个位于六边形上的倒喇叭形式的声波传感器组成，每个子阵的传感器被送入一个声波导管中，然后两个长度相等的声波管道被连接到一个倾听人的耳朵。到达耳朵的信号是六个传感器的平均值，相当于带有六个传声器的现代环形阵列。两个子阵之间相隔约 2 m，使听者的自然定向定位能力提高了约 10 倍。通过改变监听设备轴线的两个角度，可以确定传入声音的方向。第一次世界大战中，德国、法国等国军队普遍采用了这种传声器阵列技术确定敌方炮兵的位置，如图 3 - 1 所示[3,4]。

图 3 - 1　第一次世界大战中使用的传声器阵列[3,4]

另外一种声源方向定位技术则是声学反射镜技术，它类似电子雷达天线对电子信号方向定位技术，这种方法通常是把一个传声器放在椭圆型反射镜的一个焦点,让要测量的声源点聚在反射镜的另外一个焦点,从而实现对特定位置声源的测量。直到第二次世界大战中,英国、德国等还在使用定位敌机的声反射镜等技术,如图 3-2 所示德国的环锥定向听音器(ring cone directional listener)定位敌机的声学反射镜装置[3, 4],作为高度锥的监听器位于垂直方向的声波轮拱的前面用于观察声波高度,同时使用垂直方向的声波轮引导设备方向。

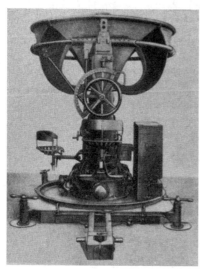

图 3-2　第二次世界大战中使用的声反射镜[3, 4]

传声器阵列和声学反射镜两种技术相比较,使用反射镜测量需要通过移动测量装置来扫描被测声源的空间范围,对于气动噪声源问题,由于声源分布的宽广性和连续性等,要用反射镜扫描一个复杂流场声源分布具有很大的使用困难,特别是对于快速飞行的运动声源(高速飞行过程中的飞机噪声源),就很难使用声学反射镜技术进行跟踪定位声源。因此,声学反射镜技术后来没有得到进一步的发展,反之由于使用的方便性,传声器阵列测试技术在后来得到发展和普及。

3.2.2　现代传声器阵列技术迅速发展时期

众所周知,声波传播速度无法与电磁波传播速度相比,与电子雷达相比较,传声器阵列识别敌机的反应速度太过缓慢,因此,随着电子雷达技术出现和迅速发展,在第一次和第二次世界大战期间使用的声学望远镜等技术很快被淘汰。在第二次世界大战结束之后很长一段时间,传声器阵列技术都再未得到关注和研究。

直到 1974 年,针对航空发动机气动噪声研究工作的需要,英国科学家、剑桥大学的 John Billingsley 首次提出了"现代声学望远镜"的设想[5],并与 Kinns 于 1976 年成功发展了一套传声器阵列声学测量系统[6],该系统采用 14 个传声器布成的线阵列,阵列信号被在线处理,结果用彩色编码显示在彩色电视屏幕上。Billingsley 和 Kinns 成功地应用这个技术对 Rolls‐Royce 公司和 SNECMA 公司联合研制的 Olympus 发动机(著名的"协和号"超声速民用运输机的发动机)排气噪声源位置进行了研究,将噪声源位置和强度在显示器上实时地显示出来。他们从理论上分析了等距传声器线性阵列的系统性能,并基于声源信号的不相关性,研究了喷气发动机占主导地位的喷气混合噪声源特性。之后,Kinns 在 Viper 发动机声学实验中又进一步考虑了声源源相关性[7]。

在 Billingsley 开创性研究工作之后,传声器阵列测量技术开始在气动噪声实验研究中得到重视和发展。特别是,由于从 20 世纪 70 年代开始,国际民航组织首次将民用飞机噪声作为强制性指标纳入民用飞机适航审定过程,飞机/发动机气动噪声的研究逐渐成为航空科学技术领域热点和重点,这又进一步促进了传声器阵列声学实验测试技术的快速发展。因此可以说,当代传声器阵列声学测量技术正是在民用飞机气动声学实验强烈的技术需求的情况下迅速发展和普及起来。

对于呈线性分布的噪声源,通常采用线性阵列;对于平面分布的噪声源,需要采用平面阵列;而对于更为复杂的空间分布噪声源测量,则需要采用三维空间分布的传声器阵列。线性阵列(一维阵列)和平面阵列(二维阵列)是应用最多的两种阵列形式。对传声器阵列形式的选择与传声器的数目密切相关,通常,传声器阵列对声源识别能力的大小与阵列的尺寸大小呈正相关,尺寸越大的阵列需要的传声器数目也越多,否则会使传声器之间的间距过大,造成过高的旁瓣(sidelobes)和假声(aliases)干扰,影响声源识别的结果[2]。

从 Billingsley 开创性研究工作到 21 世纪初的二十多年的时间里,现代传声器阵列被广泛应用于飞机/发动机气动噪声研究中,并被进一步扩展到高速列车噪声、现代汽车噪声等的研究工作中。到 20 世纪末,在国际著名的航空研究机构和航空发动机研究机构及其研发公司,以及一些大学的气动声学研究团队,普遍采用传声器阵列进行气动声学的实验研究,已经发展到传声器个数超过 100 个的大型传声器阵列。

与 Billingsley 首次提出"声学望远镜"思想同时,1974 年,Soderman 和 Noble[8] 第一次把线性传声器阵列测量技术应用在风洞内的声学研究之中,他们应用传声器阵列技术的目的是要抑制由于风洞壁面等引起的不需要的噪声反射等信号,为此他们采用时间延迟技术,较好地实现了对低频噪声信号的抑制。1977 年,Fisher 等[9]应用一个圆弧型排列的传声器阵列对发动机的噪声源进行了实验,他们让传声器阵列圆弧的中心位于发动机喷管的出口位置。这种形式的传声器阵列目前仍然在 Rolls‐Royce 公司全尺寸发动机实验台架上使用。1989 年,法国 ONERA 的 Blacodon、Caplot 和 Elias[10]成功地应用线性传声器阵列在开式喷流消声风洞中研究了直升机叶片‐旋涡干涉噪声源的位置,他们采用了两种不同的时间域信号处理技术,一种是时域的信号延迟和求和处理方法,另一种是时域的信号延迟和乘积处理方法。他们的研究结果表明声源是在叶片-旋涡干涉面的某一确定的位置。在此之后,Elias、Dine 和 Gely 等应用这种线性传声器阵列对喷流噪声以及数据处理的方法等作了进一步的研究。

对于二维平面分布的噪声源,就需要一个二维的传声器阵列(即平面传声器阵列)。1987 年,NASA 的 Brooks 等[11]第一次使用平面传声器阵列研究气动噪声源分布,他们在 DNW 的开式喷流消声风洞段测量了一个直升机模型的噪声源,采用的是频域信号处理方法,通过对传声器信号的傅里叶分量的相位延迟与求和确定出声源的分布。由于平面传声器阵列设计上的不足,造成平面传声器阵列输出信号(也称为波束成型)的旁瓣信号在许多频率上都非常强烈,为了得到较好的实验结果,他们不得不进一步依赖于对旁瓣处声源的消除。

Boeing 公司的 Mosher 等[12, 13]应用平面传声器阵列对多个飞机气动噪声源进行了测量,他们发展了配套的软硬件工作环境,专门针对固定的噪声源分布,采用频域波束成型数据处理方法。1997 年,法国 ONERA 的 Piet 和 Elias 等[14]则发展了应用仅包括 39 个传声器的十字型传声器阵列测量飞机机体噪声源的技术,他们在法国的 CEPRA - 19 消声风洞对 Airbus 的飞机模型进行了实验。之后,ONERA 的 Davy 和 Remy[15]应用这种传声器阵列对一架 1∶11 缩尺的 Airbus 飞机机体噪声进行了测量分析。而美国 NASA 的 Hayes 等[16]则应用了平面传声器阵列在 NASA Ames 的 40 ft①×80 ft 的风洞中对 McDonnel - Douglas 4.7% 缩尺的 DC - 10 飞机模型的机体噪声进行了测量分析。以上飞机模型实验研究表明,平面传声器技术能够对飞机机体表面的噪声源进行辨别和评定。

传声器阵列测量另外一个优点就是它还能够用于对运动声源的辨别和测量,传声器阵列的输出波束可以聚焦在运动声源的某个确定的位置,并随声源的运动一起运动。当然,对运动声源的数据处理要比对固定的声源的数据处理更复杂些。1979 年,德国宇航院 DLR 的 King 和 Bechert[17]第一次使用传声器阵列测量技术研究运动声源的分布问题,他们应用一个由 14 个传声器组成的线性阵列测量了高速列车上的噪声分布。在此之后,DLR 的科学家长期对高速列车噪声问题进行了研究,积累了非常丰富的应用传声器阵列测量技术研究运动声源的经验[18-20]。

1996 年,德国宇航院 DLR 的 Michel 等[21]第一次成功地应用一个由 29 个传声器组成的线性阵列对德国 Tornado 战斗机在高速飞行中的机体噪声和发动机噪声进行了测量,他们让飞机在 35 m 的高度上以 220 m/s 到 275 m/s 的速度飞过传声器阵列,通过线性阵列实现了对飞机及发动机喷流噪声源的识别,这项研究工作使对战斗机的噪声特征有了深入的认识。随后,Michel 等[22-27]继续发展了由 96 个、

---

① 1 ft=3.048×10^{-1} m。

111 个以及 256 个传声器组成的平面传声器阵列,实现了对大型民用客机飞行过程中飞机表面重要噪声源和发动机进出口噪声源的识别和测量。从这个时期开始,传声器阵列声学实验技术作为航空声学领域主要实验测量技术,在航空发动机气动噪声实验、飞机机体气动噪声实验中得到广泛应用和发展。

3.2.3 传声器阵列信号高级处理方法迅速发展时期

最常用也是经典的传声器阵列信号处理方法就是延迟与求和的波束成型技术,这种传统波束成型算法具有直观、计算快、鲁棒性好的优点,其不足之处是空间分辨率受限制、旁瓣水平高,尤其是在高频区域。不论是线性阵列、平面阵列还是三维空间阵列,采用传声器阵列信号"波束成型"技术,都可以对不同频率下在特定空间上分布的不同强度的噪声源识别出来。但是,传声器阵列波束成型的精度,包括对声源识别的空间分辨率、对声源识别的动态范围、声源强度的幅值等,与传声器阵列形式的选择、传声器的数目等密切相关,传声器阵列对声源识别能力的大小与阵列的尺寸大小呈正相关,阵列尺寸越大声源识别的空间精度越高,但是,在一定传声器个数情况下,尺寸越大的阵列也就意味着传声器之间的间距越大,这又会造成波束成型结果中旁瓣过大和假声出现,从而严重干扰和影响声源识别的精确度(动态范围降低等)。因此,为了提高声源识别精度,传声器阵列就需要不断增大阵列的尺寸和传声器数目。

此外,传统传声器阵列波束成型结果(声源分布图)是采用点扩散函数针对点声源卷积的计算结果,如果测量的声源之间具有足够大的间隔,则点声源的波束成型结果中的声压级结果就是准确可靠的。但是,对于分布声源,无论是线性分布、平面分布或者体积分布的声源,波束成型产生的结果是取决于点扩散函数波束宽度,波束宽度不同,声源识别的结果也会不同。因此,实际上是很难从波束成型结果中精确确定出分布声源的幅值大小,往往需要使用者的个人经验[2,3]。有人也试图通过积分波束成型结果中特定区域声级来获得声源幅值的定量结果,但是,这种结果仍然不是精确的声源识别结果。

众所周知,在许多成像领域,例如光学天文学、射电天文学、光学显微镜等领域,反卷积方法被广泛应用于提高空间成像分辨率。在 20 世纪 70 年代,发展了许多新反卷积算法,其中经典的算法包括,由 Högbom[28] 于 1974 年提出并发展的 Clean 算法,Lawson 和 Hanson[29] 于 1974 年提出的最大熵法(maximum entropy method, MEM)和非负最小二乘法(non-negative least squares approach, NNLS),Richardson[30] 于 1972 年、Lucy[31] 于 1974 年提出并发展的最大似然算法(maximum likelihood algorithm),现在也称为 Richardson-Lucy 算法等。

同样,对于传声器阵列声学测量,采用反卷积运算,波束成型就能定量确定点声源的幅值,反卷积的结果将是一组点源的分布。当然,为了实现对一组分布点声源定量识别,就必须针对每一个可能的声源位置和每个感兴趣的窄带频谱进行阵列点扩散函数计算,然后,在只允许声源是正幅值条件下,用最小二乘拟合法确定声源的定量幅值。尽管这种反卷积计算理论上可行,但是在实际应用中会产生巨大且病态的矩阵,往往需要特殊的迭代过程进行求解[2, 3]。

1998 年,Dougherty 和 Stoker[32] 首次将 Clean 算法应用于传声器阵列数据处理,他们在数据处理中,只是计算最强源的点扩展函数,并从波束成型图中连续减去峰值位置的次声源,从而实现清除与主瓣相连的所有旁瓣。这种方法只适用于声源数目少,且分隔明确的情况。2000 年,Brühl 和 Röder[33] 第一次尝试采用求解完全反问题的方法识别德国高速列车 ICE 的声源分布。尽管这种反卷积算法的阵列结果精度得到了明显改进,但是,这时反卷积方法还并未在声学领域得到重视和证实,其最主要的原因还是由于这些方法相较传统波束成型方法,计算资源消耗过高。

由 Brooks 和 Humphreys[34-36] 于 2004 年首先提出并发展的 DAMAS 算法是最重要的传声器阵列信号处理反卷积算法之一,其提高阵列识别精度、摆脱不必要的旁瓣影响的超强能力很快吸引了大家对反卷积方法的广泛重视。当然,DAMAS 原始算法也具有计算耗时的缺点,但是,很快由 Dougherty[37] 于 2005 年进一步发展成功了 DAMAS2 和 DAMAS3 两种快速算法,这是反卷积方法在传声器阵列声学测量领域的真正突破。当声源范围仅限于小角度范围内时,Dougherty 方法得到了预期的结果。类似 Richardson – Lucy 算法,DAMAS2 和 DAMAS3 快速算法也是一种迭代傅里叶算法,其中点扩散函数被认为是平移不变的。而与在天文学中的应用相反,在天文学领域,相比观察目标或者阵列尺寸,从观察目标到阵列的距离是一个"超大量",而在气动声学阵列测量中,在声源的范围内,点扩散函数则是可以显著变化。

在 Brooks、Humphreys、Dougherty 重要的研究工作之后,反卷积算法在传声器阵列声学测量领域得到广泛重视和发展,许多成功的、快速的反卷积算法迅速发展,相继出现了 Clean – SC(CLEAN based on spatial source coherence)方法[38]、线性规划反卷积(linear programming deconvolution, LPD)方法[39]、鲁棒自适应波束成型(robust adaptive beamforming, RAB)[40]、谱估计法(spectral estimation method, SEM)或称为协方差矩阵拟合(covariance matrix fitting, CMF)方法[41-44]、基于互谱矩阵模拟的声源指向性识别(source directivity modeling in the cross-spectral matrix, SODIX)方法[45-47]、压缩感应波束成型(compressive-sensing beamforming)、广义逆波束成型(generalized inverse beamforming, GIBF)[48]、迭代贝叶斯逆方法(Iterative Bayesian inverse approach, IBIA)[49, 50]、全局优化方法(global optimization methods)[51] 等众多新的传声器阵列声源识别算法。对于运动声源,由于点扩散函数的旁瓣具有不同的频率,运动源波束成型图的反卷积比较困难,为此,Guérin 等[52] 提出了一种新方法,它通过假定相邻频带中声源的幅值是相同的条件下,计算移动声源宽带噪声的平均点扩散函数。

　　2019 年,在欧洲航空航天学会理事会主办的 *Aeronautical Journal* 期刊的飞机噪声产生与评估专刊中,欧盟从事传声器阵列气动噪声实验测量的主要科学家 Sijtsma 等 25 人[53]联合发表了"A Review of Acoustic Imaging Methods Using Phased Microphone Arrays"一文,对气动声学领域的传声器阵列算法及其应用做了详细的综述,有兴趣的读者可以参考,这里不再详细叙述。

　　在上述的反卷积方法中,CLEAN‐SC 反卷积方法[37] 和 DAMAS 反卷积方法[36]已经在航空气动声学中得到了广泛应用,成为标准的反卷积算法。

　　本章将重点介绍传统波束成型(conventional beamforming, CB)方法和标准的反卷积算法 CLEAN‐SC 和 DAMAS 方法,以及针对航空发动机气动噪声源指向性实验测量的反卷积算法 SODIX 方法等,后面各章节则是分析研究这些方法在航空发动机气动噪声实验中的应用。

3.3　传统波束成型方法

3.3.1　波束成型基本概念

3.3.1.1　波束成型的概念

　　波束成型(beamforming)的概念最先来自雷达天线技术,它是源于自适应天线的一个概念,是天线技术与数字信号处理技术的结合,目的用于定向信号传输或接收。通过对多天线阵元接收到的各路信号进行加权合成,形成所需的理想信号。从天线方向图(波束模式)视角来看,这样做相当于形成了规定指向上的波束,与手电筒的功能进行类比,通常将阵列方向图的主瓣称为波束(beam)。早在 20 世纪 60 年代就有采用天线分集接收的阵列信号处理技术,其在电子对抗、相控阵雷达、声呐等通信设备中得到了广泛重视和研究应用。

　　广义地讲,波束成型是各种各样阵列信号处理算法的总称,它可以通过某种方式将阵列的信号捕获能力集中在一个特定的方向上。正如人们对望远镜或雷达天线的认识,波束成型算法能将阵列的空间滤波器的波束"指向"所需的方向,当然这仅仅是算法意义上的"指向",而不是物理上的"指向"。波束成型在对传感器的输出信号进行分析处理时,并不考虑源的数量或波场中存在的噪声。传统的波束成型利用现代数字信号处理算法(如 FFT),形成了许多有效快捷的阵列处理算法。

　　波束成型同样适用于声学实验测量,为了认识特定声源的声学特性,可以通过对测量得到的传声器阵列信号波束成型,在不改变物理特性的情况下,实现对特定方向声源的测量。因此,除第 2 章所介绍的声波信号的时域–频域的分析(即时间滤波)外,对特定空间内传声器信号还可以进行空间滤波,阵列信号波束成型技术则是有效的空间滤波方法。如前所述,20 世纪 70 年代开始出现现代传声器阵列技术,在声学实验中,通过对传声器阵列使用波束成型,对信号进行处理,确定信号的方向,从而可对声源进行精确定向[4],这也就有了声学波束成型的概念和方法。

如图3-3所示,一个传声器阵列记录了空间的一个声场信号$f(\boldsymbol{x}, t)$,这个声场信号可能包含了要测定的某个声源信号$s(\boldsymbol{x}, t)$和不需要的噪声信号$n(\boldsymbol{x}, t)$(信号噪声),即$f(\boldsymbol{x}, t) = s(\boldsymbol{x}, t) + n(\boldsymbol{x}, t)$,通过对传声器阵列中每个传声器记录的信号$y_m(t)$进行适当的数据处理,就可以从声场信号$f(\boldsymbol{x}, t)$中分离出希望得到的信号场$s(\boldsymbol{x}, t)$的有关信息,包括这个信号场的声源位置、声压级大小、频谱特性等重要信息。传声器阵列的信号处理过程就是把无用的噪声信号从有用的信号中分离出去,因此,传声器阵列测量技术必须与适当的数据处理算法相结合才能完成最终的测量任务。

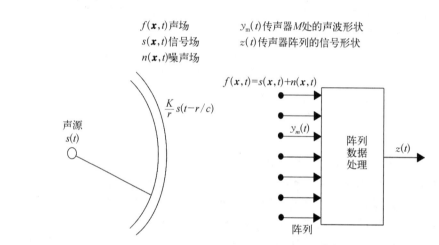

图3-3　传声器阵列信号处理原理[4]

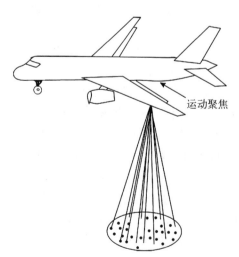

图3-4　平面传声器阵列测量飞机过顶噪声原理图

如图3-4所示为应用平面传声器阵列测量飞机过顶噪声的原理图。由于声信号传播的速度是确定数值,在平面传声器阵列中的各个空间位置上的传声器感受到的声场信号的波前将各不相同,对于某个确定位置处声源所发出的声信号,各传声器测量的信号的相位关系将是确定的,通过对所有传声器信号的相位处理,平面传声器阵列的输出信号就可以聚焦到飞机表面某个确定的声源,并随着这个声源一起运动,从而可以得到这个声源的各种声场特性数值。

3.3.1.2　阵列远场与近场的概念

波束成型与声源到阵列的距离或者说

声源处于阵列的远场还是近场密切相关。这里定义远场的含义是,相对每一个传声器,声波传播方向是相同或者近似相同的,那么就定义这种声源是位于传声器阵列的远场;反之,近场的含义是声源靠近传声器阵列,相对于阵列尺度,传播声波的波前是具有明显弯曲特征的球面波,那么这种声源就是位于阵列的近场。

如图 3-5 所示,如果声源位于阵列远场,那么,在阵列孔径范围内传播声场就可以看作是一个平面波。在这种情况下,确定远场声源的位置就相当困难,我们仅仅能够确定声波传播的方向但不能确定其距离;而如果声源位于阵列的近场,对于每一个传声器来说,声波传播的方向矢量是从一个共同的地方辐射出来,声波的传播方向、传播距离就与每一个传声器的位置相关,这时就从传声器阵列信号分析中不仅可以获得到声源的方向,还可以确定声源的具体位置。在实验气动声学研究中,采用的传声器阵列实验技术都可以看作是近场阵列问题,而在电子雷达领域,阵列探测更关心远场目标源问题。

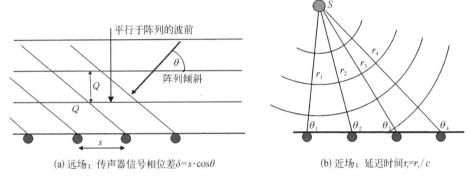

(a) 远场:传声器信号相位差 $\delta = s \cdot \cos\theta$　　　(b) 近场:延迟时间 $\tau_i = r_i/c$

图 3-5　声源处于阵列的远场和近场

3.3.2　延迟与求和波束成型

延迟与求和(Delay-and-Sum, DAS)波束成型算法是传统波束成型(conventional beamforming, CB)算法,也是最古老、最简单的阵列信号处理算法,直到今天这种算法仍然是一种强有力的阵列信号处理方法。延迟与求和算法的基本思想非常简单,即当在空间传播的信号被传声器阵列所接收,那么阵列中所有传声器信号之间的关联峰值就是把每个传声器信号用对应的声传播时间延迟后的迭加值,这样的迭加实际上就是让所有的传声器在延迟时间感受到指定声源的同一个瞬时波前。相对于信号噪声或其他位置的声源信号,延迟与求和波束成型算法得到的阵列输出信号聚焦到了指定声源,并加强了指定声源点的信号(即产生了一个聚焦方向或称主波瓣)。

为了具体化,如图 3-5(b)所示,假定针对声源 S 及其向外辐射的声场,空间布置 M 个传声器,阵列中每一个传声器测量声压波动时间历程记为 p_1, p_2, p_3, $\cdots$, p_M,每个传声器到声源 S 的距离分别记为 r_1, r_2, r_3, $\cdots$, r_M,假设声波传播

速度是 c，则声波从声源 S 传播到每一个传声器的时间（对于传声器来说就是相对声源发声的延迟时间）为

$$\tau_i = r_i/c \qquad (3-1)$$

这时如果对每一个传声器记录的信号进行如下的求和：

$$p_s(t) = \sum_{m=1}^{M} p_i(t - \tau_i) \qquad (3-2)$$

则对于来自声源 S 的声波，上述求和就是建设性迭加（adds constructively），而对于来自远离声源 S 位置的声源的声波，由于不同传声器信号之间的相位的不同步（即异相），上述的求和就是破坏性迭加（adds destructively）。

为了更加直观地说明延迟与求和的物理含义，用图 3-6 说明建设性迭加和破坏性迭加过程。如图 3-6 所示，根据目标声源，按照该声源到不同位置的传声器

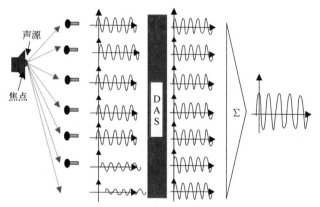

(a) 聚焦到目标声源的延迟求和(建设性迭加)

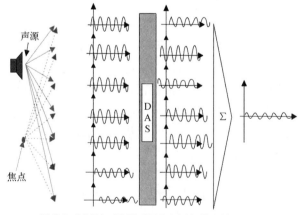

(b) 聚焦到非目标声源的延迟求和(破坏性迭加)

图 3-6　DAS 波束成型

声传播的距离,可以确定声源发出的声波传播到每个传声器的时间,相应的各个传声器感受到的声波波形的相位 φ_i 和声波波形幅值 a_i 也就可以确定,即 $p_i = a_i e^{i\varphi_i}$,其中 φ_i 是由延迟时间带来的信号相位, $\varphi_i = 2\pi f \tau_i$,按照延迟与求和公式(3-1),对每个传声器接收的声波进行求和。

对于来自目标声源 S 的声波,经过公式(3-2)延迟使得达到各传声器位置的声波相位同步,上述求和就是建设性迭加,如图 3-6(a)所示。反之,对于离开目标声源位置的声源,经过公式(3-2)延迟使得达到各传声器位置的声波相位不同步,上述的求和就是破坏性迭加,如图 3-6(b)所示。

3.3.3 时域波束成型及阵列信号信噪比

传统波束成型方法有时域算法和频域算法之分,通常频域算法的速度要比时域算法的速度快,因此频域算法较为常用,但是对于特定问题,例如运动声源识别,必须采用时域方法。本节针对声源识别测量,介绍传声器阵列的波束成型时域传统波束成型方法(时域 CB)。如前所述,时域的延迟与求和波束成型算法是最古老也是最简单的阵列信号处理算法,在声学实验中得到广泛使用。

3.3.3.1 坐标系

如图 3-7 所示,考虑在自由场中有一点声源 S 位于 x_S 处,假定该点声源辐射的声波信号是 $p(t)$,其在大气中遵从声波传播基本方程——波动方程,并按照球面波的形式向外传播,假定 c 是声波传播速度。同时空间还存在其他声源,这些声源的声辐射的总和构成了空间的声场 $p(x, t)$ 并被传声器阵列所测量,假定由 M 个传声器组成的阵列位于 $\{x_m\}$, $m = 1, 2, \cdots, M$

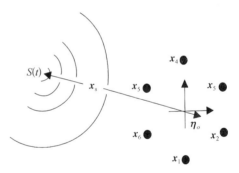

图 3-7 阵列与点声源几何关系及坐标系

(图 3-7 中示例是 6 个传声器),传声器阵列的相位中心定义为空间矢量 $\sum x_m$。 $\boldsymbol{\eta}_o$ 表示声源到坐标原点辐射方向单位矢量。 在传声器阵列波束成型中,为了讨论方便,通常将坐标系的原点就取阵列中心点(如图 3-7 所示),即

$$\sum_{m=1}^{M} \boldsymbol{x}_m = 0 \qquad (3-3)$$

因为波束成型关键的空间参数是每一个传声器到声源的相对距离,因此阵列的相位中心可能没有传感器,但并不排除将其用作坐标原点,并且用与中心的相对位置定义所有传声器的位置。一旦确定了坐标系的原点,在不失一般性的前提下,坐标轴就可以任意的选定。

3.3.3.2　时域波束成型标准算法

上述公式(3-2)是根据传声器阵列记录信号的时序,将每个传声器记录声波信号按照相应的声波传播时间(延迟时间)进行求和,因此得到的是按照传声器记录时间的声源信号,在固定声源的情况下,这种延迟与求和的计算结果并不会对声源声场带来任何物理意义的问题,但是,对于运动声源,其波束成型的结果存在着运动声源的多普勒频移问题(将在3.3.4节专门介绍)。

在传声器阵列实际应用中,我们更感兴趣的是"反问题",即根据传声器阵列信号,分析确定信号源位置,探寻从特定位置辐射的球面波,就像调谐带通滤波器那样在特定频带内搜索能量,波束成型就是一种空间滤波搜索特定位置声源,并通过系统地调整波束成型器的延迟来完成这一搜索,从而将阵列聚焦到空间特定点上,就像相机或望远镜功能一样。

因此,波束成型标准的时域算法,总是按照声源发声的时间序列进行波束成型。在进行传声器阵列波束成型时,根据上述公式(3-2),采用声源 S 到阵列中每一个传声器的距离计算延迟时间后直接进行求和,并选取声源(波束成型聚焦点)到阵列中心的球面波扩展距离作为归一化传播距离 r_{ref} 对波束成型结果归一化处理,表示声源声压级是相对传声器阵列中心经过传播距离 r_{ref} 之后的声压级。

通常假定声源 S 的声波发射时间用 t_f 表示,对应在发射声波时刻 t_f 时声源 S 的位置是 (x_f, y_f, z_f)(对于固定声源,这个位置就是固定的),这个声波到达传声器阵列中第 m 个传声器的时间是 $t_f + t_{fm}$,其中 t_{fm} 是声波从声源传播到传声器 m 位置 (x_m, y_m, z_m) 所需的时间。则传声器接收到声波的时间与声源发声时间的关系是

$$t = t_f + t_{fm} \qquad (3-4)$$

对于声速是 c 的均匀介质,传播时间 t_{fm} 可由下式得到:

$$t_{fm} = r_m/c \qquad (3-5)$$

其中,r_m 是传声器阵列聚焦的声源点与第 m 个传声器在声发射时刻 t_f 时的空间距离:

$$r_m = \sqrt{(x_f - x_m)^2 + (y_f - y_m)^2 + (z_f - z_m)^2} \qquad (3-6)$$

传声器阵列中第 m 个传声器记录的声压信号 $p_m(t)$ 是接收时间的函数,传声器阵列聚焦的声源点在发声时间 t_f 的声辐射由平面传声器阵列的输出 $p(t_f)$ 确定,则传声器阵列延迟与求和波束成型结果 $p(t_f)$ 计算式是

$$p(t_f) = \frac{\sum\limits_{m=1}^{M} p_m(t_f + t_{fm}) w_m \dfrac{r_m}{r_{\text{ref}}}}{\sum\limits_{m=1}^{M} w_m} = \frac{1}{M} \sum\limits_{m=1}^{M} p_m(t_f + t_{fm}) w_m \frac{r_m}{r_{\text{ref}}} \qquad (3-7)$$

其中，$p_m(t_f + t_{pm})$ 是在接受时间 $t_f + t_{pm}$ 时刻第 m 个传声器的信号；w_m 是第 m 个传声器信号的加权因子，$M = \sum w_m$；归一化传播距离 r_{ref} 取声源到传声器阵列中心距离，即 $r_{ref} = \sqrt{(x_f)^2 + (y_f)^2 + (z_f)^2}$。因子 r_{ref}/r_m 是针对特定声波传播距离 r_{ref} 与实际的声辐射距离 r_m 的比值。对每一个传声器和每一个聚焦的声源点，传播时间 t_{pm} 都是不相同的。

公式（3-7）计算得到的声压 $p(t_f)$ 就是声源点 (x_f, y_f, z_f) 在每个瞬时 t_f 产生的声信号在传播距离 r_{ref} 的声压值。声源点 S 的功率谱可以通过对等间隔的声辐射输出信号 $p(t_f)$ 进行傅里叶变换来计算。

如前所述，在传声器阵列实际应用中，我们更感兴趣的是"反问题"，即根据传声器阵列信号，分析确定信号源位置，因此，为了识别点声源 S（位于 $\boldsymbol{x}_S$ 处），就需要对包含 S 在内的每个感兴趣的空间位置 F（位于 $\boldsymbol{x}_f$ 处）进行式（3-7）的计算（即"扫描"），在整个计算过程中，对于阵列中的每个传声器 m、每个声辐射时间 t_f、每个扫描点 F，都需要按照声源发射时间等间隔对传声器接收的信号按照式（3-7）进行计算，因此时域算法比较耗时。

如公式（3-7）所示，传声器阵列时域延迟与求和波束成型的基本关系可以表示为如下的计算式：

$$p(t_f) = \frac{1}{M} \sum_{m=1}^{M} p_m(t_f + t_{fm}) w_m \frac{r_m}{r_{ref}}$$

在上式中，假定传声器信号的采样间隔为 $t_S = 1/f_S$，阵列识别的声源信号是按照等声发射时间 t_f 进行计算，阵列信号的时间间隔 t_f 可以与传声器采样信号的时间间隔 t_S 不相同，但是根据 Nyquist 采样理论，必须保证 $t_f < t_S$，通常可以通过选择阵列信号的采样频率 $f_f = 1/t_f$ 来调整阵列信号分析结果的频率精度，因为频域信号的分析精度是 $\Delta f = f_f/N$，其中 N 是信号采样长度。例如，假定阵列信号的采样频率是 $f_S = 200\,kHz$，记录采样长度是 $N = 1\,024$，而阵列分析信号的采样频率是 $f_f = 256\,kHz$，则阵列分析信号的精度就是 $\Delta f = 250\,Hz$。

显然，在延迟与求和波束成型的计算过程中，延迟的信号值 $p_m(t_f + t_{fm})$ 需要通过对传声器记录信号 $p_m(t_S)$ 插值获得，而插值的时间序列信号 $p_m(t_f + t_{fm})$ 需要按照采样频率 f_f 经过再次的采样。如图 3-8 所示，对于实际信号频率 $f = 10\,000\,Hz$ 的信号，分别利用采样频率是 $f_S = 25\,000\,Hz$ 和采样频率是 $f_S = 41\,667\,Hz$ 的采样率进行采样的结果。

显然这样的插值过程带来了对信号幅值的影响从而对系统带来不必要的噪声（误差），对于波束成型，最低要求在每个信号周期内采用 4 个采样点，这是满足采样定理所需数量的 2 倍。如图 3-9 给出了信号采样带来的信号噪声，显然，在每个信号周期内的采样点数越多，信号处理结果的精度越高。

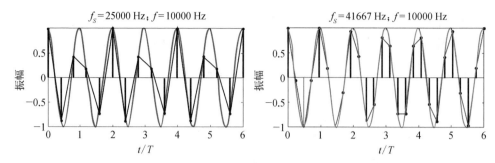

图 3 - 8   不同采样率对频率 10 000 Hz 信号的采样结果

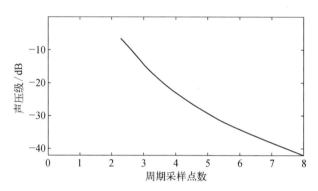

图 3 - 9   信号采样带来的信号噪声

3.3.4   运动声源时域波束成型及多普勒频移消除方法

在传声器阵列实验测量中,传声器记录的信号都是以每个传声器接收时间等间隔记录的,对于固定声源,每个传声器与声源的距离都是固定不变的,因此传声器记录的等时间间隔声信号,减去一个固定的时间滞后,也就是等时间间隔声源发声时序信号。但是,对于运动声源(例如飞行的飞机),由于在每一个时刻声源与传声器的相对位置都在变化,这时,以传声器接收声波等间隔时间记录的信号,对应的声源信号的时间序列并不是等间隔,在地面上静止不动的传声器测得的噪声信号的频谱并不是声源的真实频谱,存在运动声源的多普勒(Doppler)频移效应。例如,如果一架飞机从左向右飞行,当传声器阵列位于飞机的右方时,飞机发射的噪声波信号是趋近传声器,即追赶它发射的声波,这时传声器测量的信号波前相邻波峰之间的时间间隔就会比声源静止不动时传声器接收到的信号相邻波峰之间的时间间隔小,因此,传声器记录的信号存在时域压缩效应。反之,当传声器位于飞机的左方时,飞机发射的噪声波信号远离传声器,传声器测量的信号波前相邻波峰之间的时间间隔被加大,即传声器记录信号存在时域拉伸效应。对于运动的点声源和静止的测量点,Doppler 频移的数学描述是

$$f = f_s / (1 - M_s \cos \theta) \tag{3-8}$$

其中,f 是传声器测量的信号频率;M_s 是声源运动的马赫数;f_s 是实际声源发声信号的频率。

由于运动声源 Doppler 频移现象的存在,因此用传声器接收信号进行傅里叶变换得到的声音频谱,与阵列要识别的声源的频谱并不相同,而传声器阵列实验测量属于"反问题",需要对声源进行识别,获得声源发声的位置和频谱特性。针对运动声源波束成型中多普勒频移问题,Barsikow 等[19]、Howell 等[54]和 Piet 等[55]根据声波在声源与传声器之间的传播时间(延迟时间),巧妙地通过对传声器记录信号时间序列的线性插值,即应用声波传播时间对记录的传声器信号进行插值运算,得到一组以发射时间等间隔排列的声波信号,这个修正的时间序列信号消除了由于声源运动造成的声波压缩和拉伸,即消除了 Doppler 频移现象。

这里以飞机飞行过程中地面传声器阵列测量为例,说明运动声源波束成型声源识别的方法和波束成型算法。如图 3 – 10 所示,采用地面传声器阵列(孔径为 D)测量飞行中飞机(图中声源点 S)声源分布。

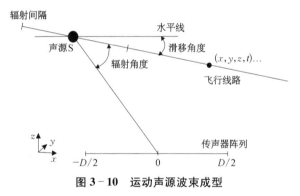

图 3 – 10　运动声源波束成型

对于运动声源,在公式(3 – 4)到公式(3 – 7)中,传声器阵列聚焦的声源点 F,声辐射距离 r_m 是对应的声发射时刻 t_f 的函数,传声器阵列聚焦的声源点位置 (x_f, y_f, z_f) 也是随时间变化的函数。传声器阵列中第 m 个传声器记录的声压信号 $p_m(t)$ 是接收时间的函数,为了消除 Doppler 频移的影响,传声器信号以传声器阵列聚焦的声源点的发声时间 t_f 为函数进行数据处理,基于时域延迟与求和波束成型原理,传声器阵列聚焦的声源点在发声时间 t_f 的声辐射由传声器阵列的输出 $p(t_f)$ 确定,$p(t_f)$ 计算式仍然是公式(3 – 7)。要消除 Doppler 频移现象,就必须知道声波从声源传播到传声器所需的时间,也就必须知道声源在每个时刻的准确位置。由于对运动声源,需要信号的时域插值消除 Doppler 频移现象,因此,无法采用频域波束成型技术。

当采用发声时间波束成型公式(3 – 7)对移动声源点 k(即传声器阵列的聚焦

点)在声辐射时刻 t_f 的时域传声器信号完成求和计算,再对随时间变化的阵列输出信号进行傅里叶变换,就可以得到消除了多普勒频移的声源频谱。如果对于传声器阵列扫描的声源点 k,采样的信号时间范围是 $t_2 - t_1$,对应的采样点数是 N_1 个,用于傅里叶变换的采样点数假定是 N(N 个采样点是从总的采样点数 N_1 个中截取的,$N < N_1$),N 个采样点的信号经 FFT 后就会得到 $N/2$ 个复值频谱的矢量,把这个复值矢量与它的共轭矢量相乘,就得到了噪声信号的功率谱。在总的采样样本 N_1 个点内连续 L 次的截取 N 个采样点(信号平滑处理,可以是部分重叠的连续截取),重复地进行这样的计算,则声源点 k 的噪声功率谱就可由 L 次结果的平均值得到,即

$$W_k(f_s) = \frac{1}{L} \sum_{l=1}^{L} W_{lk}(f_s) \tag{3-9}$$

其中,$W_{lk}(f_s)$ 是由第 l 次的 N 个采样点计算的功率谱。

如前所述,根据公式(3-7)计算阵列的输出值 $p(t_f)$ 时,M 个传声器信号值必须经过适当的时间偏移 t_{pkmn} 进行迭加,这个时间偏移值 t_{pkmn} 是指针对声源点 k、传声器 m 以及每一个时间步 n 的值,为了计算功率谱 $W_k(f_s)$,离散的傅里叶变换需要在声发射时间等间隔的时间点上进行计算。声发射时间的计算是

$$t_{fn} = t_{fo} + \Delta t \cdot n, \ n = -N_2, \cdots, N_2 \tag{3-10}$$

其中,t_{fo} 是在信号的采样间隔上的中心位置处的时间,则总的采样点数为 $N_1 = 2N_2 + 1$ 满足 $N_2 = (t_2 - t_1)/(2\Delta t) = d/(2U\Delta t)$,其中 d 是声源在时间区间 $t_2 - t_1$ 内移动的距离。

作为声发射时间的声源点的位置坐标可以应用一个参考位置坐标 (x_{fn}, y_{fn}, z_{fn}) 计算如下:

$$\begin{cases} x_{fn} = x_{fo}(t_{fo}) + u \cdot \Delta t \cdot n \\ y_{fn} = y_{fo}(t_{fo}) + v \cdot \Delta t \cdot n, \qquad n = -N_2, \cdots, N_2 \\ z_{fn} = z_{fo}(t_{fo}) + w \cdot \Delta t \cdot n \end{cases} \tag{3-11}$$

其中,(x_{fo}, y_{fo}, z_{fo}) 是在参考时间 t_{fo} 时声源点的位置坐标;u、v、w 是声源点的运动速度(例如飞机飞行速度)在三个坐标方向上的分量;声源点 k 在不同时间的坐标位置 (x_{fkn}, y_{fkn}, z_{fkn}) 可以由参考点的位置坐标计算得到:

$$\begin{cases} x_{fkn} = x_{fn} + x_k \\ y_{fkn} = y_{fn} + y_k, \qquad k = 1, 2, \cdots, K \\ z_{fkn} = z_{fn} + z_k \end{cases} \tag{3-12}$$

声传播时间 t_{pkmn}(针对声源点 k,在发射时间点 n 传播到第 m 个传声器的声传

播时间)可以由公式(3-5)和公式(3-6)计算,为了得到在时间 $t_{kmn} = t_{fn} + t_{pkmn}$ 处的传声器信号,需要在采样的时间点上进行插值计算。

对于整个时间段 N_1 和所有的声源点,在时间域的 M 个传声器信号都需要进行平均计算以便得到阵列的输出信号,这是一个非常耗时的计算过程,包括辐射距离 r_{kmn} 的计算、传播时间 $t_{pkmn} = r_{kmn}/c$ 的计算、在指定时间 $t + t_{pkmn}$ 上的声压信号的插值计算等,然后通过对每个子时间段上 N 个时间点信号的 FFT 运算得到一个复值谱,这样的计算过程必须在 L 个子时间段上重复进行,才能得到一个声源点的功率谱。

在进行声信号傅里叶变换计算频谱时,需要对声压信号在时间区间 $t_2 - t_1$ 内进行数值积分,从理论上讲这个积分长度应不受限制。对于静止的噪声源,信号采样时间不受限制,而且对于稳态随机声源信号,数据处理的结果与采样的初始时间 t_1 也不相关。但是,对于运动的噪声源,相对于传声器阵列,声源的位置是移动的,声源的声压信号不再是稳态随机信号,相对于声源运动方向的声波辐射方向角度 θ 也是随时间变化的,为了分析运动声源在每个瞬时声源位置的声辐射特征、研究声源声辐射场的指向特征,就必须限制在数据分析时间内的声波辐射方向角度的变化范围 $\Delta\theta$ (图 3-10),因而在数据分析时间内的声源的移动距离也就必须受到限制。因为声源的移动距离是 $d = U \cdot (t_2 - t_1)$,其中,U 是声源运动的速度,因此对运动声源声波信号分析的时间长度由下式决定:

$$t_2 - t_1 = \frac{d}{U} = \frac{r}{U} \frac{\Delta\theta}{\sin\theta} \tag{3-13}$$

其中,r 是声源到传声器阵列之间的声辐射距离。

由式(3-13)可见,在相同的辐射角度变化的条件下,$\theta = 90°$ 的位置声信号的分析时间最短。对于当代大型喷气式民用客机,飞机进场着陆过程中典型的飞行速度是 70 m/s,如果飞行高度是 40 m,采样信号的时间长度是 0.1 s,则飞机飞行的距离是 7 m,在 $\theta = 90°$ 位置,声源在此时间间隔内的辐射角变化范围就是 $\Delta\theta = (180/\pi)\arctan(3.5/40) = 5°$。 如果信号的采样频率是 $f_{samp} = 35\,840$ Hz,则在此采样时间间隔内采样得到的用于 FFT 计算的时间序列点数为 $N_1 = 3\,072$,如果在此采样序列中应用标准的 1 024 点的 FFT 计算,并应用 90% 的重叠 FFT 计算方案,则可以进行 21 个子区间上的 FFT,得到的频谱的频率步长是 $\Delta f = 35$ Hz,最大的频率值是 $f_{max} = 17\,920$ Hz。

如第 2 章所述,信号处理结果的统计稳定性通常是用自由度数来描述,由上述的数据分析方法得到的功率谱的自由度数仅是 $3\,072 \div 512 = 6$,这是运动声源数据分析的缺点之一。为了增大数据统计分析的自由度数目,可以进一步在频域进行数据的平滑,例如通过平均 10 个相邻频谱值,数据的自由度数可增加到 60,但是数据的频带宽度也将增加到 $\Delta f = 350$ Hz。

3.3.5　频域波束成型及阵列信号互谱矩阵

如前所述,波束成型本质上就是对传声器阵列信号的时空滤波,从而实现对特定方向和位置声源信号识别。时空滤波在时域就是通过延迟与求和实现计算,这种时域的波束成型方法在频域具有明确的对应计算方法,即时域延迟对应于频域的线性相移。因此,通过对传声器信号的傅里叶变换、应用时空滤波,最后再进行反傅里叶变换等就能实现频域波束成型。频域波束成型与简单直观的时域延迟与求和相比看似是更为复杂,但是,频域波束成型在计算效率等方面有明显的优势,且信号的频域结果在实际工作中更加有用。

需要指出,频域波束成型仅仅适用于噪声源和传声器具有固定几何关系,传声器信号仅在相位和振幅上相对于声源发生偏移,频率保持不变,即谐波(正弦波)保持谐波,而且声源信号是平稳随机函数。如前所述,由于多普勒频移的存在,运动声源不适合采用频域波束成型。

通过对经典延迟与求和波束成型公式(3-7)两边进行傅里叶变换,就可以得到:

$$p(\boldsymbol{x}_f, \omega) = \frac{1}{M} \sum_{m=1}^{M} p_m(\omega) e^{-i\omega t_{fm}} w_m \frac{r_m}{r_{\text{ref}}} \qquad (3-14)$$

式中,$p_m(\omega)$ 是第 m 个传声器信号的傅里叶变换,ω 是噪声信号角频率。与时域算法相同,这里频域算法的结果归一化至声源距离 r_{ref} 处的结果,式(3-14)中也引用公式(3-7)中的参考距离 r_{ref}。可以看出,频域波束成型的结果就是每一个传声器信号按照延迟量的线化相移之后的傅里叶变换的求和,在整个频率范围内对 $p(\boldsymbol{x}_f, \omega)$ 进行积分,就可以得到近似的时域波束成型结果 $p(t_f)$。滤波与求和波束成型具有时域滤波的特性,传感器权重 w_n 可以是频率的函数。

在噪声研究中,更为关心的是噪声的功率谱函数计算,阵列波束成型聚焦声源的功率谱就是

$$S_{pp}(\boldsymbol{x}_f, \omega) = p(\boldsymbol{x}_f, \omega) p^*(\boldsymbol{x}_f, \omega) \qquad (3-15)$$

其中,$p^*(\boldsymbol{x}_f, \omega)$ 是 $p(\boldsymbol{x}_f, \omega)$ 的复共轭。根据公式(3-14),波束成型聚焦信号的功率谱密度就是

$$S_{pp}(\boldsymbol{x}_f, \omega) = \frac{1}{M^2} \sum_{m=1}^{M} \sum_{n=1}^{M} w_m w_n \frac{r_m r_n}{r_{\text{ref}}^2} C_{fmn}(\boldsymbol{x}_f, \omega) \qquad (3-16)$$

由公式(3-16)可以看出,为计算阵列波束成型结果的功率谱密度,就需要针对每一个阵列的聚焦点计算互谱矩阵 $C_{fmn}(\boldsymbol{x}_f, \omega)$,这个矩阵的计算工作量非常大。为此,引入传声器阵列信号互谱矩阵(cross-spectral matrix, CSM)概念,采用传声器阵列信号的互谱矩阵 $C_{mn}(\omega)$ 替换针对所有聚焦点的互谱矩阵 $C_{fmn}(\boldsymbol{x}_f, \omega)$,即

$$C_{fmn}(\boldsymbol{x}_f, \omega) = \mathrm{e}^{\mathrm{i}k(r_n-r_m)\omega} C_{mn}(\omega) \tag{3-17}$$

式中，$C_{mn}(\omega)$ 就是传声器阵列信号的互谱矩阵 CSM；k 是波数，$k \cdot r_m = \omega \cdot t_{fm}$，则在 $\boldsymbol{x}_f$ 处传声器阵列波束成型的结果就是

$$S_{pp}(\boldsymbol{x}_f, \omega) = \frac{1}{M^2} \sum_{m=1}^{M} \sum_{n=1}^{M} w_m w_n \frac{r_m r_n}{r_{\mathrm{ref}}^2} \mathrm{e}^{\mathrm{i}k(r_n-r_m)} C_{mn}(\omega) \tag{3-18}$$

阵列信号的互谱矩阵（cross-spectral matrix，CSM）是在频域波束成型中引入的一个对波束成型具有重要作用的基本量，CSM 不仅是传统波束成型算法的基础，也是后面讨论的现代反卷积算法的重要基础。

根据式（3-18），定义传声器阵列波束成型的导向矢量（steering vector）$\boldsymbol{g}$ 为

$$\boldsymbol{g}_m(\boldsymbol{x}_f) = \mathrm{col}[g_1, g_2, \cdots, g_M] \tag{3-19}$$

$$g_m = = w_m(r_m/r_{\mathrm{ref}})\mathrm{e}^{\mathrm{i}kr_m} = w_m(r_m/r_{\mathrm{ref}}) \cdot \mathrm{e}^{\mathrm{i}\omega t_m} \tag{3-20}$$

则频域波束成型可以写成：

$$S_{pp}(\boldsymbol{x}_f, \omega) = \frac{1}{M^2} \sum_{m=1}^{M} \sum_{n=1}^{M} \boldsymbol{g}_n(\boldsymbol{x}_f) C_{mn}(\omega) \boldsymbol{g}_m^*(\boldsymbol{x}_f) \tag{3-21}$$

这就是对于固定声源频域波束成型标准算法，其中 $\boldsymbol{g}^*$ 是导向矢量 $\boldsymbol{g}$ 的共轭转置量。由式（3-21）可以看出，频域波束成型计算中，没有了耗时的数值插值计算过程，因此频域波束成型比时域波束成型公式（3-7）的计算速度快。

众所周知，傅里叶变换需要在无限长时间区域才能完成，即需要有足够的时间、采集足够长时间的信号，但是这也必须保证研究对象在足够长时间内信号的稳定性，其实在许多工程实践中这是无法实现的，因此，大部分工程实际中，都是采用短时傅里叶变换（short-time Fourier transform）进行频域信号分析，即所谓的有限时长范围内的频域分析，这样的傅里叶变换本质上就是对信号在一个时长 T 的窗口期进行变换分析，其傅里叶变换表示为

$$P_m(t, \omega) = \int_t^{t+T} w(\tau - t) p_m(\tau) \mathrm{e}^{-\mathrm{i}\omega\tau} \mathrm{d}\tau \tag{3-22}$$

式中，$w(t)$ 表示的是定义在时间区间 $[0, T]$ 的有限时长窗函数，通过如下简单运算就可以得到信号的短时傅里叶变换：

$$P_m(t, \omega) = \int_0^T w(\tau) p_m(t+\tau) \mathrm{e}^{-\mathrm{i}\omega\tau} \mathrm{d}\tau \tag{3-23}$$

这种表示意味着 $P_m(t, \omega)$ 是一个复值低通信号，它近似于传感器在时间 t 和频率 ω 处输出的局部频谱。

根据上述有限时长范围内的傅里叶变换概念,传声器阵列的互谱矩阵计算可以用如下公式:

$$C_{mn}(\omega) = \frac{2}{Kw_sT} \sum_{k=1}^{K} \left[P_{mk}^*(\omega, T) P_{nk}(\omega, T) \right] \qquad (3-24)$$

$$\hat{C} = \begin{bmatrix} C_{11} & C_{12} & \cdots & C_{1M} \\ \vdots & C_{22} & & \vdots \\ \vdots & & \ddots & \vdots \\ C_{M1} & C_{M2} & \cdots & C_{MM} \end{bmatrix} \qquad (3-25)$$

式中,K 是传声器信号进行离散傅里叶变换时总平均次数;T 是进行一次傅里叶变换信号时长,因此传声器记录信号总时长为 $K \cdot T$;w_s 是数据窗函数(如 Hamming 窗函数)的权重常数。

3.4   传声器阵列波束成型性能评估

传声器阵列波束成型是一种特殊的实验测试方法,其目的是对声源进行定量测量和认识。因此,作为一种实验测试方法,使用者在使用前必须清楚其作为测量方法的基本性能,即波束成型的基本特性。而对动态信号的实验测试系统和测量方法,通常采用频率响应特性评估其性能。所谓频率响应特性就是指测量系统对不同频率简谐信号输入的响应输出,也就是当测量系统的输入信号为 $x(t) = X_0 \sin \omega t$ 时其系统的响应。

同样,对于采用波束成型算法的传声器阵列的性能也可以根据其频率响应结果进行性能评估。通常分为两步进行,第一,使用波束成型计算公式,并在所需测量的声源区域内和频率范围内,将不同频率单位声源强度简谐信号作为阵列的输入,由传声器阵列波束成型生成阵列输出图像。第二,根据传声器阵列对输入声源的阵列图像,确定阵列分辨率和阵列动态范围等基本性能参数。需要注意的是,传声器阵列性能评估区域可能需要延伸到被测试声源周围的区域之外,因为要关注在被测声源区域之外是否存在阵列必须能够抑制的潜在外来噪声源。

通常将传声器阵列对于单频率、单极子点声源的响应(波束成型结果)称为传声器阵列的阵列模式(array pattern)。借用光学领域广泛使用的点扩散函数的概念,把传声器阵列对于单频率、单位强度的单极子点声源的响应称为传声器阵列的点扩散函数(point spread function, PSF)。

点扩散函数(PSF)是一个重要的数学物理概念,最早在光学领域应用,对光学系统来讲,点扩散函数就是输入物为一点光源时其输出成像的光场分布,称为点扩散函数,也称点扩展函数。点扩散函数(PSF)描述了一个成像系统对一个点光源

(物体)的响应。在大多情况下,PSF 可以认为是一个能够表现未解析物体的图像中的一个扩展区块。从数学上讲,PSF 是成像系统传递函数的空间域表达。在当代的傅里叶光学、天文成像、医学影像、电子显微学和其他成像技术(比如三维显微成像和荧光显微成像)都有其身影。现代传声器阵列声学实验技术出现以后,PSF 就成为描述阵列波束成型性能,以及进行阵列优化设计的一个重要函数,根据传声器阵列的阵列模式和点扩散函数,可以确定传声器阵列的空间分辨率、动态范围等重要性能参数。

3.4.1　传声器阵列波束成型点扩散函数

传声器阵列波束成型计算公式是评估阵列性能的基础[时域公式(3-7)和频域公式(3-21)],针对空间点声源 $S(x_f, \omega)$,如果定义传声器信号傅里叶变换结果向量 $\boldsymbol{p} = \mathrm{row}[P_1, \cdots, P_m, \cdots, P_M]$,则根据传声器阵列波束成型聚焦至声源点的导向矢量 $\boldsymbol{g}$,经过波束成型后,传声器阵列波束成型的输出结果由下式计算:

$$S_{pp}(\boldsymbol{x}, \omega) = \frac{1}{M^2} \sum_{m=1}^{M} \sum_{n=1}^{M} \boldsymbol{g}_n(\boldsymbol{x}) C_{mn}(\omega) \boldsymbol{g}_m^*(\boldsymbol{x}) \tag{3-26}$$

上式即是传声器阵列波束成型的声源成像图 $S(\boldsymbol{x}, \omega)$,它就是对声源 $S(\boldsymbol{x}_f, \omega)$ 声场时-空滤波的输出,这个滤波结果与特定的声源信号频率、阵列的聚焦点 $\boldsymbol{x}$ 以及实际声源的位置 $\boldsymbol{x}_f$ 等参数相关。例如,对于点声源,当阵列正确聚焦时,即 $\boldsymbol{x} = \boldsymbol{x}_f$ 时,传声器阵列波束成型结果反映在阵列成像图中是具有一定空间尺度分布声源(通常称为主波瓣),而非点声源,产生了将声源空间位置扩散的问题,这就引出了传声器阵列波束成型空间分辨率性能评价指标;当 $\boldsymbol{x} \neq \boldsymbol{x}_f$ 时,严格地讲没有声源的存在,但是,传声器阵列波束成型结果反映在阵列成像图中存在 $s_{pp}(\boldsymbol{x}, \omega) < s_{pp}(\boldsymbol{x}_f, \omega)$ 的声源,产生了阵列模式成像图中的旁瓣信号问题,这就引出了传声器阵列波束成型动态范围性能评价指标。此外,对于多个声源同时存在,类似时域信号的时间欠采样导致无法区分高频分量一样,当传声器阵列对空间声波信号欠采样时(不能满足空间采样率),也就导致无法区分空间中多个声源,这样传声器阵列波束成型结果就会产生空间混叠形成的假声问题。

如前所述,为了分析传声器阵列空间分辨率、动态范围、空间混叠等,在阵列信号处理领域,普遍使用传声器阵列对单位强度单极子点声源的响应特性——波束成型点扩散函数(PSF),实际上,PSF 也就是传声器阵列波束成型的阵列模式的显式表达式。

假定在空间位置 $\boldsymbol{x}_f$ 存在点声源 $q(\boldsymbol{x}_f, t_f)$,该点声源声压傅里叶变换为 $Q(\omega)$,进一步定义点声源声传播向量 $\boldsymbol{v}$ 为

$$\boldsymbol{v} = \mathrm{row}[v_1, v_2, \cdots, v_M] \tag{3-27}$$

其中,

$$v_m = \frac{r_{\text{ref}}}{r_m} \mathrm{e}^{-\mathrm{i}\omega t_m}, \; m = 1, 2, \cdots, M \qquad (3-28)$$

则可以得到由点声源 $q(\boldsymbol{x}_f, t_f)$ 在传声器阵列中任一传声器中信号的傅里叶变换的关系:

$$P_m(\omega) = Q(\omega) \cdot v_m \qquad (3-29)$$

根据传声器阵列波束成型,该点声源的波束成型结果就是 $S_{pp}(\boldsymbol{x}, \omega) = \frac{1}{M^2} \sum_{m=1}^{M} \sum_{n=1}^{M} \boldsymbol{g}_n(\boldsymbol{x}) C_{mn}(\omega) \boldsymbol{g}_m^*(\boldsymbol{x})$,其中 C_{mn} 是由 $P_m(\omega)$ 产生的传声器阵列的互谱矩阵,计算如下:

$$\begin{aligned} C_{mn}(\omega) &= \frac{2}{K w_s T} \sum_{k=1}^{K} \left[P_{mk}^*(\omega, T) P_{nk}(\omega, T) \right] \\ &= \frac{2}{K w_s T} \sum_{k=1}^{K} \left[(Q_{mk}^*(\omega) v^*) \cdot (Q_{nk}(\omega) v) \right] \end{aligned} \qquad (3-30)$$

当传声器阵列对包含点声源 $q(\boldsymbol{x}_f, t_f)$ (位于 $\boldsymbol{x}_f$ 处)在内指定空间区域进行扫描(波束成型)时,传声器阵列波束成型结果就可以写为

$$S_{pp}(\boldsymbol{x}, \omega) = \sum_{m=1}^{M} \sum_{n=1}^{M} \left[\left(\frac{\boldsymbol{g}^* \cdot \boldsymbol{v}^*}{M} \right) \left(\frac{\boldsymbol{v} \cdot \boldsymbol{g}}{M} \right) (Q^* Q) \right] \qquad (3-31)$$

当 $| Q(\boldsymbol{x}_f)^* Q(\boldsymbol{x}_f) | = 1$,即声源为单位强度的声源时,式(3-31)的结果就定义为传声器阵列的点扩散函数:

$$psf(\boldsymbol{x}, \boldsymbol{x}_f) = \sum_{m=1}^{M} \sum_{n=1}^{M} \left(\frac{\boldsymbol{g}(\boldsymbol{x})^* \cdot \boldsymbol{v}(\boldsymbol{x}_f)^*}{M} \right)^2 \qquad (3-32)$$

则针对点声源传声器阵列波束成型声源成像图 $S_{pp}(\boldsymbol{x}, \omega)$ 可由下式表示:

$$S_{pp}(\boldsymbol{x}) = (\boldsymbol{x}, psf(\boldsymbol{x}, \boldsymbol{x}') | Q(\boldsymbol{x}')^* Q(\boldsymbol{x}') |) \qquad (3-33)$$

式(3-33)是以假设声源为单一点声源为前提的波束成型结果,而当声源为分布声源且能量强度为 $Q(\boldsymbol{x}')$ 时,式(3-33)应写成如下形式:

$$S_{pp}(\boldsymbol{x}) = \left(\boldsymbol{x}, \int psf(\boldsymbol{x}, \boldsymbol{x}_f) Q(\boldsymbol{x}_f) \mathrm{d}\boldsymbol{x}' \right) \qquad (3-34)$$

psf 具有平移不变性,即只与扫描点 $\boldsymbol{x}$ 与声源 $\boldsymbol{x}_f$ 之间的相对距离 $\boldsymbol{x} - \boldsymbol{x}_f$ 有关,而不会仅仅因声源与阵列组成的系统在时间和空间的位置改变而改变,因此,点扩散函数可以写成如下形式:

$$psf(\boldsymbol{x}, \boldsymbol{x}_f) = psf(\boldsymbol{x} - \boldsymbol{x}_f) \tag{3-35}$$

这样,式(3-34)可以写成卷积形式:

$$S_{pp}(\boldsymbol{x}) = \left(\boldsymbol{x}, \int psf(\boldsymbol{x} - \boldsymbol{x}_f) Q(\boldsymbol{x}_f) \mathrm{d}\boldsymbol{x}_f\right) \tag{3-36}$$

线性传声器阵列的点扩散函数通常具有如图 3-11 所示的波束模式,它包含识别的声源主瓣、数个旁瓣以及假声等。

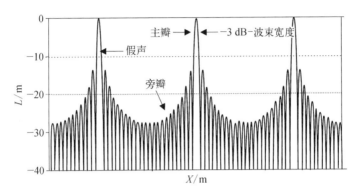

图 3-11　线性传声器阵列的点扩散函数

3.4.2　传统波束成型传声器阵列性能评估

传声器阵列波束成型空间分辨率和动态范围等特性参数,类似光学中透镜的分辨率等。由于声音的波动性,传声器阵列波束成型在波束模式上得到的是一个以声源点为中心的衍斑,如果另一个声源也经过这个传声器阵列成像,则在像平面上产生另一个衍斑。当两个声源相距较远时,两个像斑也相距较远,此时声源是可以分辨的,若两个声源相距很近,以致两个"像斑"重叠而混为一体,此时两个声源就不能再分辨了。

为了清晰地识别空间分布的声源,传声器阵列的传声器空间布局必须首先满足 Nyquist 空间采样定律,以防止波束成型结果出现空间混叠和假声。

3.4.2.1　空间混叠与空间采样率

空间混叠是由于阵列空间欠采样产生的,类似时域信号的时间欠采样导致无法区分高频信号,阵列空间欠采样导致无法识别空间多声源位置。在时域,可以使用滤波技术对将混叠的频率分量进行滤波。然而,在空间采样域中,没有类似的滤波技术。因此传声器阵列设计时,必须确保在实验测量的声源频率范围内,波束成型结果中不会产生空间混叠而无法确定声源具体位置。

在时域信号处理中,根据 Nyquist 采样定律,为了防止混频,对时域信号要以至少两倍于最高频率的采样率进行信号的采样。同样,对于传声器阵列波束成型的空间信号识别,在阵列孔径范围的空间采样也需要满足类似的 Nyquist 采样率定律,即传声器阵列空间采样(阵列中传声器间隔)要以不超过声源最高频率的半个波长的间隔进行采样。

需要指出的是,由于阵列中每一个传声器接收声波都有一定角度,这样相邻传声器接收声波的相位差可能小于相邻传声器间距,因此,空间采样的 Nyquist 条件还与声源到传声器的距离、空间扫描范围大小(声源分布范围大小)、声源与传声器阵列相对角度等有关系,一般情况下声波空间采样的 Nyquist 条件 $\Delta x/\lambda \approx 0.5$ 可以放宽。以线阵列为例,假如在空间 $x < x_{fx}$ 的扫描范围以外再没有其他声源存在, 则距离声源为 r_s 的线性阵列的空间采样 Nyquist 条件可以转换为如下形式[2]:

$$\Delta x/\lambda \approx 0.5 \cdot \mid r_s/x_{fx} \mid$$

为了说明传声器阵列波束成型空间混叠产生的声源识别问题,这里以 Mueller[56] 给出的矩形阵列对点声源识别的波束模式为例,说明空间采样对传声器阵列波束成型结果的影响。如图 3-12(a)所示,假定声源是位于阵列中心(0, 0)的正上方,k_x/k 与 k_y/k 分别表示在 x、y 方向偏离声源距离与声源到阵列中心距离的比值。当采用个数是 6×6 矩形传声器阵列时,相邻传声器间隔是 20.3 cm,由于不满足 Nyquist 采样定律,因此,传声器阵列波束成型的结果中,存在多个假声结果,无法从阵列波束成型分辨出实际噪声源位置。如图 3-12(b)所示,而当采用个数是 10×10 矩形传声器阵列时,相邻传声器间距是 12.7 cm,此时传声器阵列能够拟制假声出现,精确识别点声源位置。

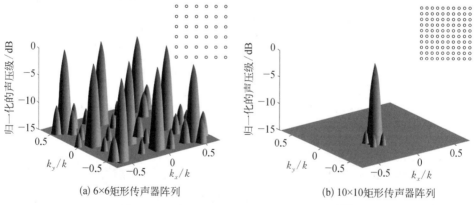

(a) 6×6矩形传声器阵列　　　　　　　(b) 10×10矩形传声器阵列

图 3-12　空间采样率对阵列识别结果影响[56]

为了应用方便,有时还采用频率范围描述传声器阵列的声源识别能力,传声器阵列频率范围是指在适当的空间分辨精度和动态范围内测量的声源的频率范围。传声器阵列识别声源的最大频率与传声器之间最小距离呈反比,而最小测量频率与传声器之间最大距离呈反比(主要影响空间分辨率)。

当然,需要注意的是,为满足 Nyquist 采样率标准,对于高频噪声源识别,传声器阵列可能需要的传感器数目太多。例如即使是在一个孔径相对较小的 20 cm×20 cm 正方形阵列,针对频率高达 80 kHz 声源识别,为了防止波束成型出现混叠,传声器阵列中相邻传声器之间的间距就必须小于半个声波波长即 0.214 cm,这时就需要安装 8 700 个传感器,显然部署如此之多传声器的阵列是不太现实的,实际工作中需要对传声器阵列中传声器进行优化布局设计,特别是采样非等间距传声器阵列布局方式。

3.4.2.2　空间分辨率与动态范围

空间分辨精度也就是阵列模式的主瓣宽度,空间分辨精度越高,即主瓣宽度越小,传声器阵列性能就越好。空间分辨率通常以主瓣 3 dB 下降点来指定,即由阵列波束成型结果的主瓣从峰值向下,在 3 dB 下降点的宽度(也称为波束宽度)定义阵列分辨率,如图 3-11 所示。传声器阵列的空间分辨率与光学测量中的瑞利判据近似,对于固定尺寸孔径传声器阵列,分辨率随声波波长(频率)线性变化,因此,阵列分辨率可以表达成为传声器阵列的主瓣宽度与测量声波波长 λ、传声器阵列到声源距离 h 以及传声器阵列孔径大小 d(即传声器阵列最大范围)等关系,其近似的数学关系是 $b \propto \lambda \cdot h/d$。

动态范围反映的是阵列识别声源的能力,传声器阵列波束成型的动态范围表示阵列模式的主瓣声级与最大旁瓣声级的差值,动态范围越大,传声器阵列的性能也越好,传声器阵列动态范围与传声器的个数和分布方式都密切有关。

对于线性传声器阵列,可以采用图 3-11 所示随空间变化的波束模式结果描述空间分辨率、动态范围等性能。而对于复杂的传声器阵列(平面阵列、空间阵列),常用波束成型结果的三维立体图来直观描述它的阵列模式和性能,如图 3-13 所示。

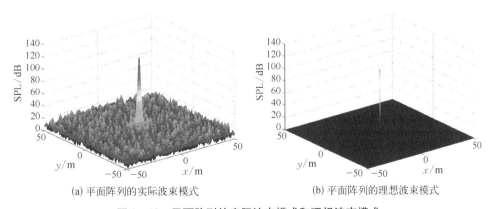

(a) 平面阵列的实际波束模式　　　　(b) 平面阵列的理想波束模式

图 3-13　平面阵列的实际波束模式和理想波束模式

3.4.2.3　典型阵列的波束模式分析

传声器阵列的点扩散函数和性能与阵列中的传声器数目、传声器之间的空间距离、阵列孔径、各传声器信号的加权因子等因素有关,与被测量信号的频率、位置、运动速度以及声音传播速度等因素也有关。

传统的传声器阵列设计常常是用等间隔的传声器排列方式,这种传声器阵列往往会产生较大的信号混淆(即传声器阵列的波束成型会存在较大的旁瓣信号),特别是当声波的波长比相邻传声器之间的距离还小的时候混淆会更严重。为了减小混淆往往需要增大传声器数目和非规则地排列传声器位置。

作为例子,图 3-14 至图 3-19 分别给出几种特殊平面传声器阵列及其阵列模式的数值模拟结果,其中阵列模式是用平面等值云图描述,图中给出了传声器阵列的传声器布置方式,并用不同颜色表示主瓣、旁瓣等。

图 3-14 表示圆形传声器阵列的阵列模式,传声器阵列共用了 32 个传声器,它们均匀布置在直径 1 m 的圆圈上,声源在传声器上方 5 m 位置,图中给出在 10 m 方形测量范围内、声源频率分别是 1 000 Hz、2 000 Hz、4 000 Hz 时传声器阵列的阵列模式。

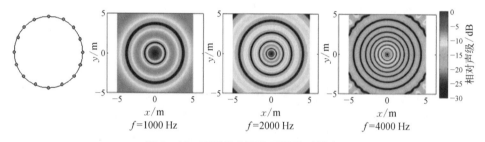

图 3-14　圆形传声器阵列的阵列模式

图 3-15 表示正方形传声器阵列的阵列模式,传声器阵列共用了 64 个传声器,它们均匀布置在边长为 1 m 的正方形上,声源在传声器上方 5 m 位置,图中给出在 10 m 方形测量范围内、声源频率分别是 1 000 Hz、2 000 Hz、4 000 Hz 时传声器阵列的阵列模式。

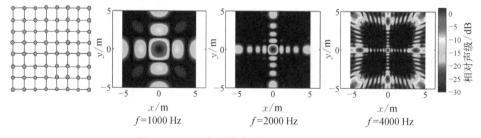

图 3-15　正方形传声器阵列的阵列模式

图 3-16 表示十字形传声器阵列的阵列模式,传声器阵列共用了 17 个传声器,它们均匀布置在长度是 1 m 的十字上,声源在传声器上方 5 m 位置,图中给出

在 10 m 方形测量范围内、声源频率分别是 1 000 Hz、2 000 Hz、4 000 Hz 时传声器阵列的阵列模式。

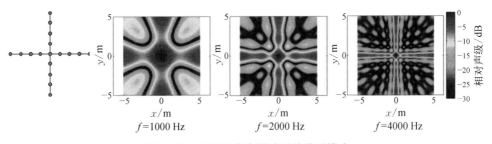

图 3 - 16　十字形传声器阵列的阵列模式

图 3 - 17 表示星形传声器阵列的阵列模式,传声器阵列共用了 49 个传声器,它们均匀布置在长度为 2 m 的星形边上,声源在传声器上方 30 m 位置,图中给出在 6 m 方形测量范围内、声源频率分别是 315~1 000 Hz 范围内三分之一倍频程中心频率处传声器阵列的阵列模式。

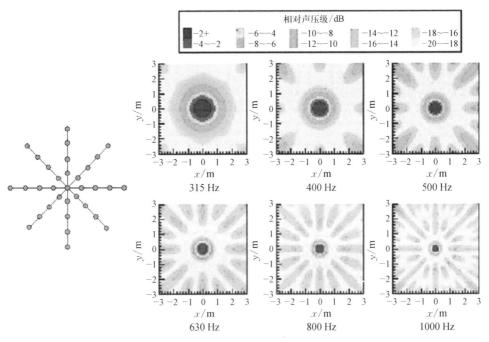

图 3 - 17　星状传声器阵列的阵列模式

图 3 - 18 表示特殊的螺旋线传声器阵列的阵列模式,传声器阵列共用了 90 个传声器,它们按照螺旋线的方式布置在 5 条螺旋线上,这 5 条螺旋线分布在边长为 4 m 的矩形范围内。声源在传声器上方 5 m 位置,图中给出在 6 m 方形测量范围

内、声源频率分别是 250~3 150 Hz 范围内三分之一倍频程中心频率处传声器阵列的阵列模式。

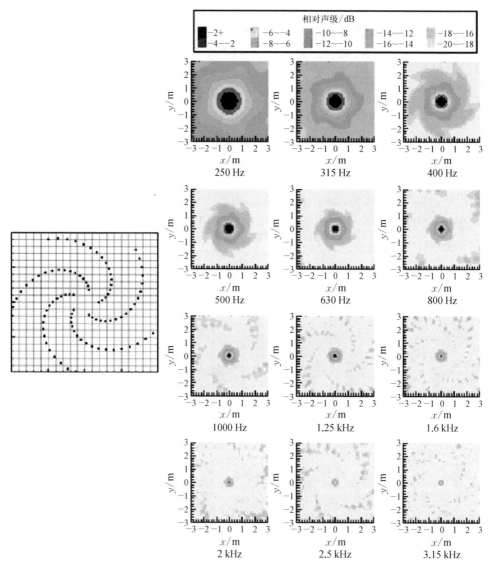

图 3-18 螺旋形传声器阵列的阵列模式

图 3-19 表示特殊的雪花形传声器阵列的阵列模式,传声器阵列共用了 124 个传声器,它们按照雪花形状、距离随机分配的方式布置在边长为 4 m 的矩形范围内。为了获得最佳的传声器阵列模式,在进行该传声器阵列设计时,将主瓣与旁瓣的差作为目标函数,测量信号的频率范围作为约束条件,保证目标函数在约束范围内最大的条件下,利用随机优化的方法设计在 4 m 正方形平面上 124 个传声器的

位置。图中给出了传声器阵列中的 124 个传声器在平面中的位置分布。同时给出对于在传声器上方 30 m 位置的声源、在 6 m 方形测量范围内、声源频率分别是 250~4 000 Hz 范围内三分之一倍频程中心频率处传声器阵列的阵列模式。可以看到,以主波瓣峰值下降 10 dB 为标准,对 1 000 Hz 频率的声源该平面传声器阵列主波瓣的宽度约是 1 m(空间分别精度),对于 2 000 Hz 频率的声源约是 0.3 m,该传声器阵列的动态范围(主波瓣与最大旁瓣的差值)在频率从 250 Hz 到 4 000 Hz 范围内大于 10 dB。

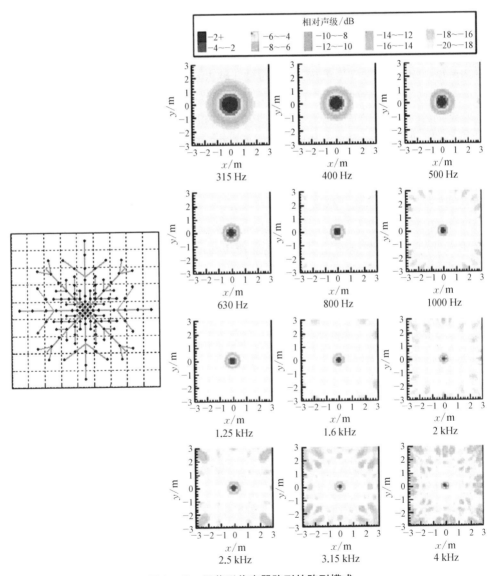

图 3-19　雪花形传声器阵列的阵列模式

3.5   传声器阵列数据反卷积处理方法

3.5.1   反卷积算法的基本思想

传统波束成型算法具有直观、计算快、鲁棒性好的优点,其不足之处是空间分辨率受限制、旁瓣幅值高。传声器阵列传统波束成型的精度,包括对声源识别的空间分辨率、对声源识别的动态范围、声源强度的幅值等,与传声器阵列形式的选择、传声器的数目等密切相关。根据传声器阵列设计情况、传声器阵列尺寸大小、传声器个数、传声器之间的间隔等的不同,声源成像图中就会出现不同程度影响声源成像图的清晰度的旁瓣、假声以及主瓣的扩散。通常传声器阵列对声源识别能力的大小与阵列的尺寸大小呈正相关,阵列尺寸越大声源识别的空间精度越高,但是,在一定传声器个数情况下,尺寸越大的阵列也就意味着传声器之间的间距越大,这又会造成波束成型结果中旁瓣(sidelobes)过大和假声(aliases)干扰严重(动态范围降低等),影响声源识别的精确度。因此,为了提高声源识别精度,传声器阵列就需要增大阵列的尺寸和传声器数目。为了解决传统波束成型算法空间分辨率受限、旁瓣影响严重等问题,近年来,人们发展了各种传声器阵列数据处理的反卷积算法,以降低旁瓣、改善声源成像图的质量。

由式(3-36)可知,当点扩散函数 PSF 是狄拉克函数 $\delta(x-x')$ 时,通过波束成型得到的声源成像图能够完全准确地反映声源的信息,然而这仅仅是理想情况。传统波束成型结果的点扩散函数 PSF 并不是狄拉克函数,因此就在声源成像图中出现了主瓣扩散、旁瓣信号甚至假声等。传声器阵列信号反卷积算法的思想是,如果将传声器阵列波束成型点扩散函数公式中 $S_{pp}(x)$ 和 $psf(x-x')$ 分别当作已知的传声器阵列波束成型的输出信号和系统特性,那么就可以通过反卷积计算来重构未知的观测对象 $Q(x')$。

因此采用反卷积运算,就能定量确定点声源的幅值,反卷积的结果将是一组点源的分布 $Q(x')$。当然,为了实现对一组分布点声源定量识别,就必须针对每一个可能的声源位置和每个感兴趣的窄带频谱进行阵列点扩散函数重构计算,然后,在只允许声源是正幅值条件下,用最小二乘拟合法确定声源的定量幅值,显然,反卷积算法在实际应用中必然会产生巨大且病态矩阵求解的问题,往往需要特殊的迭代过程进行求解。

可以根据传声器阵列的互谱矩阵 **CSM** 和阵列的导向矢量,通过式(3-26)求得传声器阵列波束成型的输出 $S_{pp}(x, w)$,记为 $Y(x)$,再根据传声器阵列的导向矢量 g 和点声源的声传播向量 v,通过式(3-32)求得传声器阵列的点扩散函数 $psf(x-x')$,记为 A。则式(3-36)的反卷积问题可以用线性代数问题来求解:

$$Y = AQ \tag{3-37}$$

根据求解式(3-37)思路的不同,就出现了许多不同的反卷积算法(如本章第 3.2 节所述),其中 CLEAN 算法和 DAMAS 算法已经成为标准的传声器阵列反卷积计算方法,而 SODIX 方法则是专门针对具有强烈指向性的航空发动机进出口噪声源测量的反卷积方法。

3.5.2　CLEAN 反卷积算法

CLEAN - PSF 算法最早是天文学家为移除光成像图中闪亮星星的旁瓣而发展的一种算法[28],1998 年,Dougherty 和 Stoker[32] 首次将 CLEAN 算法应用于传声器阵列数据处理,2007 年荷兰宇航院的 Sijtsma[38] 在 CLEAN - PSF 算法的基础上,进一步成功发展了考虑气动声源空间相干的 CLEAN - SC 算法,CLEAN - SC 算法能够极大抑制阵列波束成型结果中的旁瓣,大大提高声源成像图质量,目前在气动噪声测试中得到了广泛应用。

3.5.2.1　CLEAN - PSF 算法

CLEAN - PSF 反卷积方法采用如下的计算步骤实现对点扩散函数中旁瓣的消除:

(1) 应用传统波束成型算法得到不洁净的声源成像图(dirty map);

(2) 在不洁净的声源成像图中寻找峰值声源所在的位置;

(3) 对声源成像图中的峰值声源进行阵列点扩散函数重构计算,然后从不洁净的声源成像图中减去峰值声源产生的点扩散函数结果,即减去峰值声源对声源成像图的贡献;

(4) 减去了峰值声源的点扩散函数之后,就剩下了一个洁净(clean)的波束模式,这个洁净的波束模式的旁瓣和假声被抑制;

(5) 在洁净后的成像图中,进一步寻找峰值声源,将以上步骤(1)~(4)过程重复进行,即可得到包含多个声源的洁净的声源成像图。

CLEAN - PSF 算法可以用图 3 - 20 描述,其数学运算过程如下所述。

设传统波束成型算法得到的不洁净的声源成像图为 $Y^{(0)}$,并定义退化的互谱矩阵(degraded CSM)为 D,传声器阵列的导向矢量是 g,迭代过程从 $i = 0$ 开始:

$$D^{(0)} = \text{CSM} \tag{3-38}$$

$$Y^{(0)} = \frac{g^* \cdot D^{(0)} \cdot g}{M^2} = \xi^* \cdot D^{(0)} \cdot \xi \tag{3-39}$$

式中,$\xi = \dfrac{g}{M}$。需要注意的是针对每一个扫描点,传声器阵列的聚焦矢量 ξ 是不

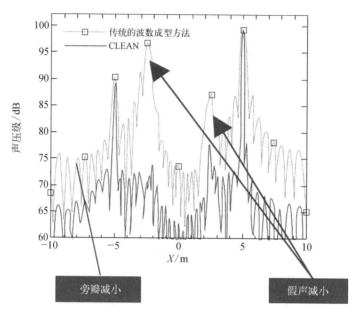

图 3－20　CLEAN 算法说明简图

同的。

从 $Y^{(0)}$ 成像图中找出峰值声源点 $Y_{\max}^{(0)}$，类似公式（3－27），定义声传播矢量 $\boldsymbol{C}$（行向量）为

$$\boldsymbol{C} = \text{row}[\, C_1,\ C_2,\ \cdots,\ C_m,\ \cdots C_M\,] \tag{3-40}$$

$$C_m = \frac{\mathrm{e}^{-\mathrm{i}2\pi f\tau_m}}{r_m} \tag{3-41}$$

显然，计算声源成像图 $Y^{(0)}$ 时，$Y_{\max}^{(0)}$ 对互谱矩阵 $\boldsymbol{D}^{(0)}$ 的贡献 $\boldsymbol{G}^{(0)}$ 为

$$\boldsymbol{G}^{(0)} = Y_{\max}^{(0)} \cdot \boldsymbol{C}_{\max}^{(0)\,*} \cdot \boldsymbol{C}_{\max}^{(0)} \tag{3-42}$$

相应地，$Y_{\max}^{(0)}$ 对声源成像图 $Y^{(0)}$ 的贡献 $R^{(0)}$ 为

$$R^{(0)} = \boldsymbol{\xi}^{*} \cdot \boldsymbol{G}^{(0)} \cdot \boldsymbol{\xi} \tag{3-43}$$

对应 CLEAN－PSF 算法计算步骤的第（3）步，在新的声源成像图 $Y^{(1)}$ 中减去 $Y_{\max}^{(0)}$ 的贡献 $R^{(0)}$：

$$Y^{(1)} = Y^{(0)} - R^{(0)} = \boldsymbol{\xi}^{*} \cdot (\boldsymbol{D}^{(0)} - \boldsymbol{G}^{(0)}) \cdot \boldsymbol{\xi} \tag{3-44}$$

即退化的互谱矩阵：

$$\boldsymbol{D}^{(1)} = \boldsymbol{D}^{(0)} - \boldsymbol{G}^{(0)} = \boldsymbol{D}^{(0)} - Y_{\max}^{(0)} \cdot \boldsymbol{C}_{\max}^{(0)\,*} \cdot \boldsymbol{C}_{\max}^{(0)} \tag{3-45}$$

写为一般形式：

$$D^{(i)} = D^{(i-1)} - G^{(i-1)} = D^{(i-1)} - Y_{max}^{(i-1)} \cdot C_{max}^{(i-1)*} \cdot C_{max}^{(i-1)} \qquad (3-46)$$

将上述过程不断进行迭代，就可以从声源成像图中将每次寻找到的最大的声源的贡献减掉，声源成像图中最大声源的量级将越来越小，成像图中剩余的真实物理信息将越来越少。实际迭代过程中，判断迭代收敛的准则为

$$\| D^{(I+1)} \| \geqslant \| D^{(I)} \| \qquad (3-47)$$

式中，$\| D \| = \left(\sum_{i=1}^{m} \sum_{j=1}^{m} | d_{ij} |^2 \right)^{0.5}$。这意味着迭代过程中，当互谱矩阵中包含的信息不再比上次迭代结果包含的信息多时，可以认为真实的主要物理声源已全部找到，可以停止迭代过程。

I 次迭代过程结束后，将得到声源分布图 $Y^{(I)}$，$Y^{(I)}$ 中不再包含主要的物理声源及其导致的旁瓣，已经变得明显洁净了。由于原始的 $psf_{max}^{(i)}$ 并不是洁净的，因此，为了得到洁净的波束，这时再将历次迭代过程中找到的最大声源用洁净的波束来代替，并添加到 $Y^{(I)}$ 中就可以得到 CLEAN - PSF 的最终结果。对于找出的各个最大声源，构建其洁净波束 $O^{(i)}$ 的方法如下：

$$O^{(i)} = Y_{max}^{(i-1)} \Phi(X - X_{max}^{(i-1)}) \qquad (3-48)$$

$$\Phi(X - X_{max}^{(i-1)}) = 10^{(-\alpha| X - X_{max}^{(i-1)} |^2)} \qquad (3-49)$$

式中，Φ 是指定宽度的规范化后的洁净波束函数，其最大值 $\Phi(0) = 1$；α 则是宽度调整因子，控制洁净波束的宽度。最终，CLEAN - PSF 得到的声源分布图为

$$Z = \sum_{i=1}^{I} O^{(i)} + Y^{(I)} \qquad (3-50)$$

在迭代过程中，为保证收敛性，通常可以设置一个松弛因子 $\varphi(0 < \varphi < 1)$，式（3-46）和式（3-48）变为

$$D^{(i)} = D^{(i-1)} - \varphi Y_{max}^{(i-1)} \cdot C_{max}^{(i-1)*} \cdot C_{max}^{(i-1)} \qquad (3-51)$$

$$O^{(i)} = \varphi Y_{max}^{(i-1)} \Phi(x - x_{max}^{(i-1)}) \qquad (3-52)$$

3.5.2.2　CLEAN - SC 算法

上述 CLEAN 算法依据的成像图是根据互不相关单极子点声源的点扩散函数（PSF）所建立，因此被称为 CLEAN - PSF 算法。在射电天文学成像应用中，可以假定光源是互不相关单极子点源，但是，对于气动噪声源来说，这种假设并不合理。因为真实的气动噪声源往往都是分布在一定的空间范围，气动噪声源之间具有一

定的空间相干性,且气动噪声源总是具有特殊的指向性,例如偶极子和四极子气动噪声源,并非都是均匀指向性的单极子。Horne 等[57]采用传声器阵列对不同相关性的单极子源进行研究,发现声源相位和相干尺度对成像结果有着十分显著的影响,Oerlemans 等[58]通过数值模拟和实验测量研究指出,为了确定相干声源在空间上的分布和量级大小,必须引入以相干尺度为参考的阵列修正函数。如果不考虑声源的空间相干性,会过高或过低的估计旁瓣的大小与范围,从而影响对成像图进行洁净之后的迭代结果。因而在气动噪声测试的传声器阵列算法中,要考虑噪声源相干性的影响。在以上研究工作基础上,2007 年,荷兰宇航院 Sijtsma[38]成功地发展了基于声源空间相干性的 CLEAN 算法(CLEAN based on spatial source coherence),简称"CLEAN - SC"算法。

Sijtsma 指出,声源成像图中旁瓣与主瓣是相干的,并定义了声源互功率谱:

$$B_{jk} = g_j^* \cdot \mathbf{CSM} \cdot g_k \qquad (3-53)$$

与 CLEAN - PSF 算法类似,退化的声源 $Y^{(i)}$ 的算法仍为

$$Y^{(i)} = Y^{(i-1)} - R^{(i-1)} = \boldsymbol{\xi}^* \cdot (\boldsymbol{D}^{(i-1)} - \boldsymbol{G}^{(i-1)}) \cdot \boldsymbol{\xi} \qquad (3-54)$$

但是,在 CLEAN - SC 算法中,对 $\boldsymbol{G}^{(i-1)}$ 的选择与 CLEAN - PSF 算法中的选择是不同的,CLEAN - SC 算法要求任何扫描点 $\boldsymbol{x}_j$ 与噪声峰值点 $\boldsymbol{x}_{\max}^{i-1}$ 的互功率谱完全由 $\boldsymbol{G}^{(i-1)}$ 决定:

$$\boldsymbol{\xi}_j^* \cdot \boldsymbol{D}^{(i-1)} \cdot \boldsymbol{\xi}_{\max}^{(i-1)} = \boldsymbol{\xi}_j^* \cdot \boldsymbol{G}^{(i-1)} \cdot \boldsymbol{\xi}_{\max}^{(i-1)} \qquad (3-55)$$

当下式成立时则式(3-55)显然成立:

$$\boldsymbol{D}^{(i-1)} \cdot \boldsymbol{\xi}_{\max}^{(i-1)} = \boldsymbol{G}^{(i-1)} \cdot \boldsymbol{\xi}_{\max}^{(i-1)} \qquad (3-56)$$

式(3-56)对于 $\boldsymbol{G}^{(i-1)}$ 并非只有一个解,Sijtsma 假设 $\boldsymbol{G}^{(i-1)}$ 与单个相干声源分量 $\boldsymbol{h}^{(i-1)}$ 相关,可以构造出 $\boldsymbol{G}^{(i-1)}$ 的一个解:

$$\boldsymbol{G}^{(i-1)} = Y_{\max}^{(i-1)} \boldsymbol{h}^{*(i-1)} \boldsymbol{h}^{(i-1)} \qquad (3-57)$$

式中,$\boldsymbol{h} = \text{row}[h_1, h_2, \cdots, h_m, \cdots, h_M]$,$\boldsymbol{h}$ 为行向量。

将式(3-57)代入式(3-56),并两端乘以 $\boldsymbol{\xi}_{\max}^{*(i-1)}$:

$$\boldsymbol{\xi}_{\max}^{*(i-1)} \cdot \boldsymbol{D}^{(i-1)} \cdot \boldsymbol{\xi}_{\max}^{(i-1)} = \boldsymbol{\xi}_{\max}^{*(i-1)} \cdot Y_{\max}^{(i-1)} \boldsymbol{h}^{*(i-1)} \boldsymbol{h}^{(i-1)} \cdot \boldsymbol{\xi}_{\max}^{(i-1)} = Y_{\max}^{(i-1)}$$
$$(3-58)$$

即可得

$$\boldsymbol{\xi}_{\max}^{*(i-1)} \cdot \boldsymbol{h}^{*(i-1)} \cdot \boldsymbol{h}^{(i-1)} \cdot \boldsymbol{\xi}_{\max}^{(i-1)} = 1 \qquad (3-59)$$

$$\boldsymbol{\xi}_{\max}^{*(i-1)} \cdot \boldsymbol{h}^{*(i-1)} = 1 \qquad (3-60)$$

并考虑到：

$$\frac{\boldsymbol{\xi}_{\max}^{*(i-1)} \cdot \boldsymbol{D}^{(i-1)} \cdot \boldsymbol{\xi}_{\max}^{(i-1)}}{Y_{\max}^{(i-1)}} = 1 \qquad (3-61)$$

因而，$\boldsymbol{h}^{*(i-1)}$ 的一个解可用如下方式构造：

$$\boldsymbol{h}^{*(i-1)} = \frac{\boldsymbol{D}^{(i-1)} \cdot \boldsymbol{\xi}_{\max}^{(i-1)}}{Y_{\max}^{(i-1)}} \qquad (3-62)$$

将式(3-62)、式(3-57)代入式(3-54)可得

$$Y^{(i)} = Y^{(i-1)} \left[1 - \frac{|\boldsymbol{\xi}^* \cdot \boldsymbol{D}^{(i-1)} \cdot \boldsymbol{\xi}_{\max}^{(i-1)}|^2}{Y^{(i-1)} Y_{\max}^{(i-1)}} \right] \qquad (3-63)$$

由以上公式分析可见，CLEAN-SC 算法与 CLEAN-PSF 算法相比较，除了 $\boldsymbol{G}^{(i-1)}$ 的构造方法不同外，其余步骤均相同。最终，CLEAN-SC 算法可以归结为以下公式：

$$\begin{cases} O^{(i)} = \varphi Y_{\max}^{(i-1)} \Phi(\boldsymbol{X} - \boldsymbol{X}_{\max}^{(i-1)}) \\ Y^{(i)} = \boldsymbol{\xi}^* \cdot \boldsymbol{D}^{(i)} \cdot \boldsymbol{\xi} \\ \boldsymbol{D}^{(i)} = \boldsymbol{D}^{(i-1)} - \varphi Y_{\max}^{(i-1)} (\boldsymbol{h}^{*(i-1)} \boldsymbol{h}^{(i-1)}) \end{cases} \qquad (3-64)$$

$$Z = \sum_{i=1}^{I} O^{(i)} + Y^{(I)} \qquad (3-65)$$

3.5.3　DAMAS 反卷积算法

声源成像反卷积(deconvolution approach for the mapping of acoustic sources, DAMAS)方法是由美国 NASA 兰利研究中心的 Brooks 和 Humphreys[34-36] 首先提出并发展的标准反卷积算法，为了提高 DAMAS 方法的计算速度，Dougherty[37] 于 2005 年进一步发展成功了 DAMAS2 和 DAMAS3 两种快速算法。

3.5.3.1　波束成型

DAMAS 方法的第一步与传统频域波束成型的计算方法类似，为了方便讨论 DAMAS 方法，这里将前述的频域波束成型有关公式再次列出。Brooks 和 Humphreys 在推导 DAMAS 方法时，还考虑了气动噪声源中气流对流及其剪切层存在等对声波的影响，这里为了方便，不考虑剪切层等的存在。

将传声器采集的信号 $p_m(t)$，通过短时傅里叶变换，得到频域信号 p_m，再经过 K 个时间段的平均化处理后，获得传声器阵列的互谱矩阵。如公式(3-24)和公式(3-25)所示。

另外，根据式(3-18)，定义传声器阵列波束成型的导向矢量(steering vector) $\boldsymbol{g}$ 为

$$g_m(x_f) = \text{col}[g_1, g_2, \cdots, g_M]$$

$$g_m = = w_m(r_m/r_{\text{ref}})e^{ikr_m} = w_m(r_m/r_{\text{ref}}) \cdot e^{i\omega t_m}$$

导向矢量是一个长度与传声器数量相等的一维向量,它通过改变传声器记录信号的相位,将其还原至扫描点,通过对所有导向后的传声器信号进行求和,就得到了扫描点声源的大小,即频域波束成型可以写成:

$$S_{pp}(x_f, \omega) = \frac{1}{M^2}\sum_{m=1}^{M}\sum_{n=1}^{M}g_n(x_f)C_{mn}(\omega)g_m^*(x_f)$$

为了简化,上述标准波束成型结果可以简写为

$$Y(x) = \frac{g^* C_{mn} g}{M^2} \tag{3-66}$$

3.5.3.2　DAMAS 反卷积问题定义

如点扩散函数分析中所指出,对于一个位于空间位置 (x_f) 的点声源 $s(x_f)$,根据声传播向量 v[公式(3-27)],可以写出传声器阵列中第 m 个传声器测量该声源信号的傅里叶变换 $P_{m, x_f}(\omega)$ 就是

$$P_m(x_f, \omega) = S(x_f, \omega) \cdot v_m \tag{3-67}$$

其中声传播向量 $v = \text{row}[v_1, v_2, \cdots, v_M]$ 的元素是

$$v_m = \frac{r_{\text{ref}}}{r_m}e^{-i\omega t_m}, \ m = 1, 2, \cdots, M$$

其中,r_m 是声源 $s(x_f)$ 到第 m 个传声器的距离;r_{ref} 是参考距离(通常定义声源到传声器阵列中心距离),那么有

$$P_m^* P_{m'} = S^*(x_f, \omega)S(x_f, \omega)v_m^*(x_f)v_{m'}(x_f) \tag{3-68}$$

把式(3-67)代入传声器阵列互谱矩阵计算公式(3-24),就可以得到点声源 $s(x_f)$ 的传声器阵列模拟互谱矩阵为

$$C_n^{\text{mod}} = Q_n(x_f)\begin{bmatrix} v_1^* v_1 & v_1^* v_2 & \cdots & v_1^* v_M \\ \vdots & v_2^* v_2 & & \vdots \\ \vdots & & \ddots & \vdots \\ v_M^* v_1 & \cdots & \cdots & v_M^* v_M \end{bmatrix}_n \tag{3-69}$$

式中,$Q(x')$ 是声源 $s(x_f)$ 归一化至 r_{ref} 处的均方声压;n 表示在空间位置 x_f 的声源编号是第 n 个声源。为了方便,进一步写出:

$$V_n^{\text{mod}} = \begin{bmatrix} v_1^* v_1 & v_1^* v_2 & \cdots & v_1^* v_M \\ \vdots & v_2^* v_2 & & \vdots \\ \vdots & & \ddots & \vdots \\ v_M^* v_1 & \cdots & \cdots & v_M^* v_M \end{bmatrix}_n \tag{3-70}$$

假设声源区域分布有 N 个各自独立的点声源,每个声源位于不同的空间位置,对每个独立声源(可能的声源位置)都计算其模拟互谱矩阵(3-69),则所有声源产生的总的互谱矩阵为

$$C^{\text{mod}} = \sum_n C_n^{\text{mod}} = \sum_n Q_n V_n^{\text{mod}} \tag{3-71}$$

式中,n 是声源位置 $\boldsymbol{x}_f$ 的编号,假定总声源数目 N,则 $n = 1, 2, \cdots, N$。

则根据标准波束成型式(3-66),针对声源 n,可以得到:

$$\begin{aligned} Y_n^{\text{mod}}(\boldsymbol{x}, \omega) &= \frac{\boldsymbol{v}_n^* \cdot C^{\text{mod}} \cdot \boldsymbol{v}_n}{M^2} \\ &= \frac{\boldsymbol{v}_n^* \left(\sum_{n'=1}^N Q_{n'} V_{n'}^{\text{mod}} \right) \boldsymbol{v}_n}{M^2} \\ &= \sum_{n'=1}^N \frac{\boldsymbol{v}_n^* C_{n'}^{\text{mod}} \boldsymbol{v}_n}{M^2} Q_{n'} \end{aligned} \tag{3-72}$$

式(3-72)可以进一步简写为

$$Y_n^{\text{mod}}(\boldsymbol{x}, \omega) = \sum_{n'=1}^N A_{nn'} Q_{n'} \tag{3-73}$$

式中,

$$A_{nn'} = \frac{\boldsymbol{v}_n^* C_{n'}^{\text{mod}} \boldsymbol{v}_n}{M^2} \tag{3-74}$$

公式(3-73)即是 Brooks 和 Humphreys 提出的 DAMAS 反卷积计算公式[即前述的公式(3-37)的详细表达形式],这是一组关于被测噪声源 $Q(\boldsymbol{x}')$ 强度的线性方程组,该线性方程组与扫描点的空间位置相关。如果根据实际传声器阵列波束成型结果(3-66)代替公式(3-73)中的左端项,则就可以得到类似式(3-37)的反卷积计算公式:

$$\boldsymbol{A}\boldsymbol{Q} = \boldsymbol{Y} \tag{3-75}$$

通过传统波束成型法的结果 $\boldsymbol{Y}$ 和合适的系数矩阵 $\boldsymbol{A}$ 就可以对相同位置处的声

源分布 Q 进行重构,即通过求解线性方程组得到声源分布信息 Q。

3.5.3.3 DAMAS 反卷积求解过程

由式(3-74)可知,A 是一个 $N×N$ 维的矩阵,若矩阵 A 非奇异,那么式(3-75)的解为

$$Q = A^{-1}Y \qquad (3-76)$$

然而,对于气动声学问题的研究发现,只有在严格控制阵列分辨率(n 个声源点之间的距离)或严格控制声源区域大小(n 个声源点的空间扩展)时,矩阵 A 才是非奇异的。Brooks 通过奇异值分解(singular value decomposition, SVD)法对矩阵 A 的条件数分析发现,对于气动声学测试中噪声源映射问题中所关心的分辨率和区域大小,A 的秩可以非常低——通常在 0.25 和 0.25 以下的量级[这里矩阵的秩定义为与式(3-75)中的方程数量相比的线性独立方程的数量],这意味着上述方程组具有多个解。有关线性方程组(3-75)的求解难度是数学理论早已认识的难题,无论采用正则化奇异值分解求解法[59]还是类似共轭梯度法[60]的特殊迭代求解方法都不能获得令人满意的结果,往往会得到"负"的声压级的错误结果。针对这个问题,Brooks 等提出了一种平滑而且效率较高的迭代求解方法。

将方程式(3-75)写成如下形式:

$$A_{n1}Q_1 + A_{n2}Q_2 + \cdots + A_{nn}Q_n + \cdots + A_{nN}Q_N = Y_n \qquad (3-77)$$

由式(3-69)和式(3-74)可知,$A_{nn} = 1$,那么对式(3-77)重写可以得到:

$$Q_n = Y_n - \left[\sum_{n'=1}^{n-1} A_{nn'}Q_{n'} + \sum_{n'=n+1}^{N} A_{nn'}Q_{n'} \right] \qquad (3-78)$$

由式(3-78)可以形成如下的迭代算法:

$$Q_1^{(i)} = Y_1 - \left[0 + \sum_{n'=1+1}^{N} A_{1n'}Q_{n'}^{(i-1)} \right] \qquad (3-79)$$

$$Q_n^{(i)} = Y_n - \left[\sum_{n'=1}^{n-1} A_{nn'}Q_{n'}^{(i)} + \sum_{n'=n+1}^{N} A_{nn'}Q_{n'}^{(i-1)} \right] \qquad (3-80)$$

$$Q_N^{(i)} = Y_N - \left[\sum_{n'=1}^{N-1} A_{Nn'}Q_{n'}^{(i)} + 0 \right] \qquad (3-81)$$

迭代开始($i = 1$)时,Q_n 的初值可以取 0 或者 Y_n(区别体现在迭代收敛速度上,对迭代结果没有影响)。迭代过程中,对于每一次迭代,都要对 Q_n 的正负进行判断,若 Q_n 为负值,那么需要强制令 $Q_n = 0$。每一次迭代都需要从 $n = 1$ 计算至 $n = N$,到下一次迭代,n 值返回为 1 然后重复。通过主动控制使 $Q_n \geq 0$,该迭代过程能够保证最终的收敛性。由于该线性方程组与扫描点的空间位置相关,因此,求

解过程中需要对成像图的扫描范围 F 以及扫描间距（ $\Delta x_n = x_n - x_{n-1}$ ）进行限制。

　　DAMAS 反卷积算法是传声器阵列气动噪声源成像技术的重要突破，采用 DAMAS 方法就可以将传统波束成型成像图中的旁瓣消除，显著提高波束成型的空间分辨率和适用性。但是，DAMAS 的缺点就是其算法速度太慢，需要进行非负迭代的最小二乘计算，也缺乏防止气动噪声源噪声放大的显式限制器。因此，为了提高 DAMAS 方法计算效率，Dougherty[37] 进一步发展了改进的 DAMAS 计算方法——DAMAS2 和 DAMAS3。在 DAMAS2 方法中，通过使用正、反 FFT 技术显著减少了每次迭代所需的时间，DAMAS3 则通过减少所需的迭代次数进一步提高了波束成像计算速度。DAMAS2 和 DAMAS3 都将波束成型的点扩散函数限制为平移不变的卷积形式，扩大了卷积模型的适用范围，结合适当的阵列设计，使得进行气动声学三维波束成型成为可能。

3.5.4　SODIX 反卷积算法

　　如第 1 章所述，由于喷气式航空发动机工作的特点，使得航空发动机噪声总是从发动机进、出口向外辐射，例如风扇噪声是通过发动机进口和外涵出口向外辐射，燃烧室、涡轮噪声通过发动机内涵喷口向外辐射，而发动机内外涵喷管的高速喷流与周围相对静止的大气掺混则在内外涵喷口形成了发动机喷流噪声源。航空发动机这种噪声辐射特点决定了航空发动机每一个噪声源都具有强烈的指向性。但是，如前所述，传声器阵列通常是无法识别声源的指向性，传声器阵列测量仅仅能够识别声源到传声器阵列中心指向方位的一个平均噪声级。对于具有明显指向性的噪声源，简单的传声器阵列波束成型是无法准确获得噪声源的指向性和噪声强度。

　　1999 年，德国宇航院 Michel 等[23] 第一次试图采用传声器阵列实现对声源的指向性测量，他们针对飞机过顶飞行时的移动飞机噪声源，提出根据声源与阵列相对指向角度变化进行飞机噪声源指向性测量。2001 年，德国宇航院 Siller 和 Michel 等[61] 进一步将这种思想扩展到地面静止声源（航空发动机噪声源）指向性实验，他们提出了采用移动子阵列测量方法，测量发动机进出口噪声源指向性。对于运动声源，这种方法不失为一种有效测量方法，但是对于地面静止发动机噪声实验，显然这种方法（移动阵列）是一种应用受到限制且耗时费工的测量方法。

　　针对上述航空发动机噪声源指向性识别的技术难题，2008 年，Michel 等[45-47] 首次提出了一种特殊的进行航空发动机噪声源指向性实验的新的阵列数据处理反卷积方法——基于传声器阵列互谱矩阵的声源指向性模拟技术（Source directivity modelling in cross-spectral matrix, SODIX），SODIX 方法本质就是基于不同声源指向性拟合的数据处理方法，将 Blacodon 和 Elias 提出的频谱估计方法（spectral estimation method, SEM）[41] 推广到包含源的方向性，为了提高 SODIX 方法计算效率，2010 年以来，德国宇航院进一步发展完善了这种方法[62-64]。

3.5.4.1　声源分布评估技术

Blacodon 和 Elias[41] 提出可以将传声器阵列的测量互谱矩阵（cross spectral matrix）与由所有可能存在的点声源所生成的模型互谱矩阵进行拟合，从而实现对声源的识别，他们称这种方法为频谱估计法（spectral estimation method, SEM）。特定空间所有声源在传声器阵列形成的模拟互谱矩阵是

$$C_{mn}^{\text{mod}} = \sum_{j=1}^{J} g_{jm} S_j g_{jn}^*, \ m, \ n = 1, \cdots, M \tag{3-82}$$

$$g_{jm} = \mathrm{e}^{\mathrm{i} k r_{jm}} / r_{jm} \tag{3-83}$$

其中，g_{jm} 是声源位置 j 与传声器位置 m 之间的方向控制矢量，$j = 1, \cdots, J$, $m = 1, \cdots, M$。

$$r_{jm} = | \ \xi_j - x_m \ | \tag{3-84}$$

公式（3-82）中假定声源指向性函数是均匀的（所有声源指向性为球面扩散的均匀指向性），方向控制矢量就决定了互谱矩阵的相位关系。

频谱估计法 SEM 的目标就是，确定 J 个声源强度 S_j 以保证模拟互谱矩阵与测量互谱矩阵之间的均方误差 $F(S)$ 最小：

$$F(S) = \sum_{m, \ n=1}^{M} \left| C_{mn} - \sum_{j=1}^{J} g_{jm} S_j g_{jn}^* \right|^2 \tag{3-85}$$

根据最小二乘原理，均方误差 $F(S)$ 最小的条件是

$$\frac{\partial F(S)}{\partial S_j} = 0, \ 1 \leqslant j \leqslant J \tag{3-86}$$

根据这个条件可以获得求解 S 的 J 阶线性方程组：

$$\sum_{j=1}^{J} V_{ij} S_j = U_i, \ 1 \leqslant i \leqslant J \tag{3-87}$$

U_i 和 V_{ij} 分别是

$$U_i = \sum_{m, \ n=1}^{M} g_{im} C_{mn} g_{in}^* \tag{3-88}$$

$$V_{ij} = \left| \sum_{m=1}^{M} g_{im} g_{jm}^* \right|^2 \tag{3-89}$$

准确求解方程（3-87）往往会产生部分声源强度为负的计算结果，为了保证所有声源强度为正，Michel 等在方程（3-85）中用 α_j^2 代替 S_j，即求解如下方程：

$$F(\alpha) = \sum_{m, \ n}^{M} \left| C_{mn} - \sum_{j=1}^{J} g_{jm} \alpha_j^2 g_{jn}^* \right|^2 \tag{3-90}$$

上述数学方程求解就是一个非线性优化问题,可以用成熟的计算机程序来求解。

Michel 等[45]指出也不必非得需要去求解上述非线性问题,他们提出采用 S_j 必须是实的和非负约束条件,可以通过迭代求解即通过修改的 Gauss - Seidel 方法,获得线性方程组(3 - 85)最终解,该计算方法与 Brooks 和 Humphreys 提出 DAMAS 方法的思想类似。

3.5.4.2　SODIX 反卷积方法

针对具有强烈指向性的航空发动机气动噪声源,Michel 等[45-47]提出在模拟互谱矩阵中用各个声源的指向性代替声源 S_j,从而构建以下定义的模拟互谱矩阵:

$$C_{mn}^{\mathrm{mod}} = \sum_{j=1}^{J} \underbrace{g_{jm} g_{jn}^*}_{\text{complex}} \underbrace{D_{jm} D_{jn}}_{\text{real}} \tag{3-91}$$

其中,D_{jm} 是声源 $j(j = 1, \cdots, J)$ 到传声器 $m\ (m = 1, \cdots, M)$ 的指向性函数,Michel 等还对方程(3 - 83)中的方向控制矢量 g_{jm} 进行了扩展,以便考虑运动气流(马赫数 M_f)对实验测量结果的影响。

$$g_{jm} = \mathrm{e}^{\mathrm{i}k r_{e,jm}} / r_{e,jm} \tag{3-92}$$

在声源 ξ_j 和传声器 x_m 之间的声波法向距离:

$$r_{e,jm} = \frac{r_{jm}}{\sqrt{1 - M_f^2 \sin^2 \theta_{jm}} - M_f \cos \theta_{jm}} \tag{3-93}$$

θ_{jm} 和 r_{jm} 分别是声源 ξ_j 和传声器 x_m 之间的几何角(相对于发动机前进方向)和几何距离,这个定义假定每个声源的声场相位仅取决于声源和传声器之间的声波法向距离 $r_{e,jm}$。对于单极子来说这种假设是精确的,对于偶极子和四极源的单波瓣声场,这种假设仍然具有很好的近似性。

SODIX 的目标就是确定 J 个声源强度 D_{jm} 以保证模拟互谱矩阵与测量互谱矩阵之间的均方误差 $F(D)$ 最小:

$$F(D) = \sum_{m,n=1}^{M} | C_{mn} - C_{mn}^{\mathrm{mod}} |^2 \tag{3-94}$$

根据最小二乘原理,均方误差 $F(D)$ 最小的条件是

$$\frac{\partial F(D)}{\partial D_{jl}} = 4 \sum_{m=1}^{M} D_{jl} \mathfrak{R} \left[g_{s,jl}^* g_{,jm} (C_{mn} - C_{mn}^{\mathrm{mod}}) \right] = 0, \ (j = 1, \cdots, J, l = 1, \cdots, M)$$

$$\tag{3-95}$$

方程(3-95)产生了一组 MJ 阶非线性方程组,$\Re$ 表示的是实部,求解过程必须保证所有的 D_{jm} 是正值。如果传声器阵列传声器数目是 126,并且分布 100 个声源,那么就有 12 600 个未知数。在互谱矩阵中独立的实数个数是 M^2,从原理上讲可以求解的声源数 $J < M$ 个。但是,需要注意这个方程组是欠稳定的,此外,对于高频噪声源,可能出现声源个数大于传声器个数,即 $J > M$,从而导致方程组的无解。此外,对于高频声源,距离较大的传声器之间的互谱分析也有疑问。为此,Michel 等提出了在最小二乘拟合过程中引入罚函数,当未知声源数目超过测量互谱矩阵中独立项的数目时,可以在最小二乘拟合过程中引入罚函数来稳定不适定问题的求解。误差函数 F 和罚函数 G_d 是

$$F(D) = \sum_{m,n=1}^{M} | C_{mn} - C_{mn}^{\mathrm{mod}} |^2 + \sigma_d G_d \tag{3-96}$$

其中 σ_d 是罚系数,它根据罚函数 G_d 对源定位进行加权。该误差函数的形式提出了未知源方向性 D_{jm} 的优化问题,需要针对传声器阵列测量结果互谱矩阵的每个窄带频率迭代求解。

在迭代求解中,可以进一步引入以下两个函数:

$$G_1(D) = \sum_{j=1}^{J} \sum_{m=2}^{M-1} \left[D_{j,m} - 0.5(D_{j,m-1} + D_{j,m+1}) \right]^2 \tag{3-97}$$

$$G_2(D) = \sum_{m=1}^{M} \sum_{j=2}^{J-1} \left[D_{j,m} - 0.5(D_{j-1,m} + D_{j+1,m}) \right]^2 \tag{3-98}$$

这时将求解 $F(D)$ 最小二乘拟合问题转换为求解如下函数最小值问题:

$$G(D) = F(D) + \sigma_1 G_1(D) + \sigma_2 G_2(D) \tag{3-99}$$

其中松弛变量 σ_1 和 σ_2 必须通过实验优化决定。较大的 σ_1 值将强制更均匀的方向性,较大的 σ_2 值可平滑源强度沿发动机轴的变化。对于喷流区域的气动噪声源,可能会选择比其他区域中的噪声源更大的松弛因子 σ_1 和 σ_2。

从上述对 SODIX 方法的分析可以看出,类似其他反卷积波束成型技术(例如 DAMAS 方法和 CLEAN-SC 方法等),作为一种反卷积计算方法,SODIX 需要使用全阵列传声器信号的互谱矩阵拟合,从而形成了复杂庞大的非线性代数方程组求解,因此 SODIX 方法也具有其他反卷积方法类似的计算速度慢等缺点,特别是,由于采用全阵列传声器信号的互谱矩阵,在 SODIX 中包含分开距离大且相关性很差的传声器信号互谱,这进一步带来数学方程求解稳定性问题,为了提高系统稳定性,SODIX 不得不引入每个声源在相邻传声器信号的指向性是连续光滑变化、同一个传声器信号相邻声源的指向性是光滑变化的,这样两个可能与发动机声源指向性不相符的假设,因而也失去了对单音噪声指向性分析的可能。

3.6　传声器阵列波束成型方法的考核校准

传声器阵列已经广泛应用于气动噪声源的测试分析,如前所述,传声器阵列数据的处理方法多种多样,包括不同的波束形成算法、反卷积阵列数据处理方法等。那么,对于相同的实验数据,这些不同传声器阵列的计算方法处理的结果就会有差异。为了确保传声器阵列数据处理计算程序对波束成型算法的正确理解、编程实现及应用,就需要采用一组标准的公共实验数据,对不同的方法进行测试和校核,为此,2017 年德国柏林工业大学 Sarradj 等[65]采用数据模拟技术给出了两个传声器阵列的标准合成数据集,其中一个数据集针对平面分布四个点源,另一个数据集则是针对一个线性分布源。他们邀请了包括 NASA 兰利研究中心、德国勃兰登堡工业大学(BTU)、荷兰 PSA3 公司(Pieter Sijtsma Advanced AeroAcoustics, PSA3)、荷兰代尔夫特理工大学(TUD)、澳大利亚阿德莱德大学与新南威尔士大学(UNSW)6 家研究机构,应用各自的传声器阵列数据处理程序对相同的标准合成数据进行分析并互相对比。在这些研究机构的传声器阵列数据处理程序中,均是采用频域信号处理技术,应用阵列导向矢量对标准合成阵列互谱矩阵进行运算、在相同的空间网格上对声源进行空间滤波。这些机构共采用了 7 种波束成型方法,其中 BTU 和 NASA 应用了 DAMAS3 方法,PSA3、BTU 和 UNSW 应用了 CLEAN - SC 方法,BTU 还应用了正交波束成型(orthogonal beamforming, OB)方法和协方差矩阵拟合(covariance matrix fitting, CMF)方法,TUD 应用了函数波束成型(functional beamforming, FB)方法、声源功率集成(source power integration, SPI)方法和全局优化(global optimization, GO)方法。波束成型的定量结果通过对成像图中特定扇区的积分来计算,扇区的范围则是另一个评估波束成型结果的参数。

Sarradj 等[65]基于合成输入数据的传声器阵列方法测试结果表明,不同的传声器阵列波束成型方法还是存在一定的差异。对于没有其他外部噪声影响的标准四个单极子源情况,上述 7 种波束成型方法的分析结果都在 1 dB 的误差范围内,但是个别方法存在特定偏差,特别是对于较弱声源会表现出特定错误。研究发现,某一波束成型方法的误差与实现这种方法本身所引起的误差密切相关(同一方法其实现过程不同,产生的误差也会不同),特别是对于具有强背景噪声的线性分布声源,不同实现方法会明显影响特定波束成型方法的精度。研究发现,对于具有较强背景噪声的基准线性分布声源情况,具有低信噪比特征的无积分阈值 SPI 方法波束成型结果最为精确。Sarradj 等指出,针对传声器阵列波束成型技术,还需要进一步研究不同方法的功能,并且进一步校准同一方法的不同实现方式。

近年来,西北工业大学发动机气动声学课题组成功地发展了包括传统波束成型 CB 以及 CLEAN - SC、DAMAS、SODIX 反卷积波束成型等多种传声器阵列波束成型计算程序,为了进一步说明波束成型方法校准的必要性和西北工业大学波束成型计算程序的有效性,本节以线性传声器阵列为例,说明影响传声器阵列波束成型结果的关键因素,然后以 Sarradj 等[65,66]基于平面分布的四个离散声源的合成输入数据为基础,分别采用单独声源和四个分布声源的标准合成阵列数据,对西北工业大学的 CB 和 CLEAN – SC 波束成型算法进行了校核,并与 Sarradj 等给出的其他机构校准结果进行了对比分析[67]。

3.6.1 影响传声器阵列分辨率因素分析

本节以线性阵列为例,说明影响传声器阵列分辨率的主要因素。如图 3 – 21 所示线性传声器阵列对声源的聚焦与扫描,图中给出了与线性分布声源直线平行的传声器阵列,其中点声源位置在 x_S,传声器阵列中各传声器位置 $(x_1, x_2, \cdots, x_M)$,传声器阵列中心正对声源位置 x_S,采用波束成型将传声器阵列聚焦于与声源 x_S 在同一条直线(与传声器阵列平行的直线)位置 x_f。根据图 3 – 21 线性传声器阵列对位于空间 x_S 的单独声源进行波束成型,则就会得到图 3 – 22 所示的波束模式。

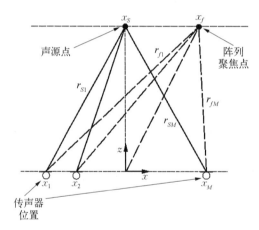

图 3 – 21　线性传声器阵列对声源的聚焦与扫描

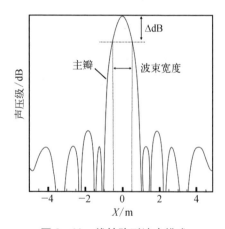

图 3 – 22　线性阵列波束模式

如前所述,传声器阵列对声源的识别能力可以通过阵列波束模式中主瓣的宽度(beamwidth)来衡量,即阵列的分辨率。通常将阵列分辨率定义为:比峰值声压级低 ΔSPL dB 处的主瓣宽度,如图 3 – 22 所示线性阵列波束模型及空间分辨率的定义。由声能量对数迭加原理可知,能量相差一倍,声压级相差 3 dB,因此通常取 ΔSPL = 3 dB。

对于给定的传声器阵列,其分辨率 b 可以通过下式进行估算[61]:

$$b \approx C \frac{\lambda h}{D \sin^2 \theta} \tag{3-100}$$

式中,C 是由几何布局决定的常数系数,$0.5 \leqslant C \leqslant 1$;$h$ 是声源所在平面与阵列平面之间的距离(m);λ 是声波波长(m);D 是阵列直径(m);θ 是声波辐射角度,阵列位于声源正下方时 $\theta = 90°$。

本节以孔径 $D = 1.72$ m 的线性传声器阵列对单个或多个声源的识别为例,分析影响传声器阵列分辨率的主要因素。本节采用西北工业大学课题组发展的传统波束成型 CB 方法的传声器阵列数据处理程序进行模拟分析[67-69]。

3.6.1.1　传统波束成型 CB 时域与频域计算方法比较

图 3-23 为不同频率下,通过模拟计算得到的线性传声器阵列(阵列直径 $D=1.72$ m)对单个或多个(两个)声源的波束模式,模拟声源在 X 方向的位置与主波瓣峰值相对应,声压级为 50 dB。图 3-23 中 TDomain 曲线表示采用时域计算方法得到的波束模式,图 3-23 中 FDomain 曲线表示采用频域计算方法得到的波束模

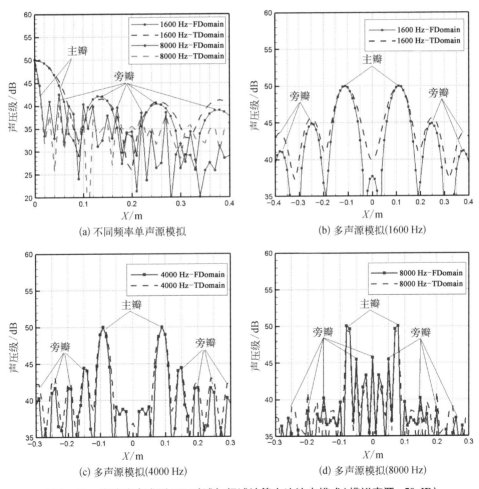

(a) 不同频率单声源模拟　　　　(b) 多声源模拟(1600 Hz)

(c) 多声源模拟(4000 Hz)　　　　(d) 多声源模拟(8000 Hz)

图 3-23　传统波束成型 CB 时域与频域计算方法波束模式(模拟声源:50 dB)

式。从图3-23可以看出,阵列的波束模式由主瓣和旁瓣构成。其中,主瓣包含了声源所在的位置信息和强度信息,旁瓣则是虚假的声源信息。旁瓣是由于方向矢量 v'_m 的周期性而产生的。频率越低,声波的周期越长, v'_m 的周期性随空间的变化就越慢,主瓣和旁瓣就越宽;反之,频率越高,声波的周期越短, v'_m 的周期性随空间的变化就越快,主瓣和旁瓣就越窄。此外,从图中还可以看出,频域(FDomain)波束成型算法的结果要比时域(TDomain)波束成型算法的结果更清晰,频率越低,这种优势就越明显。

3.6.1.2 指向角与阵列距离的影响

图3-24(a)为 $h/D=1.0$ 时,不同频率下阵列分辨率随辐射角 θ 的变化。从图中可以看出, $\theta=90°$ 时阵列分辨率最高(b 最小)。θ 偏离 $90°$ 时,波束宽度增加,分辨率减小。低频条件下,阵列分辨率对辐射角 θ 的变化比较敏感,随着频率的增加,辐射角对阵列分辨率的影响逐渐减小。频率越高,阵列的分辨率越高。

图3-24(b)为 $f=1\,000$ Hz 时,不同 h/D 条件下阵列分辨率随辐射角 θ 的变化。从图中可以看出,h/D 越大,阵列分辨率对辐射角 θ 的变化越敏感,反之,h/D 越小,辐射角对阵列分辨影响越小。h/D 越小,阵列的分辨率越高。

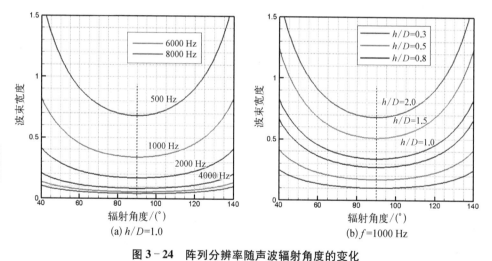

(a) $h/D=1.0$ (b) $f=1000$ Hz

图3-24 阵列分辨率随声波辐射角度的变化

3.6.1.3 传声器个数与布置方式的影响

对于给定 h、λ、D 和 θ 的传声器阵列布局,影响阵列波束模式的因素还包括:① 传声器的个数;② 传声器的布置方式。以间隔为 Δd 的均匀布置的线性阵列为例,图3-25为不同传声器个数 N 对阵列波束模式的影响。模拟声源位于 $X=0$ 处,声压级为 50 dB。从图中可以看出,传声器个数的增加对阵列分辨率(主瓣宽度)的影响较小,但是却能显著影响阵列模式中的旁瓣大小。

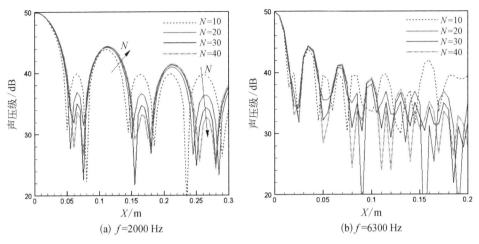

(a) f=2000 Hz　　　　　　　(b) f=6300 Hz

图 3 – 25　传声器个数对阵列波束模式的影响($h/D=0.25,D=2$ m)

图 3 – 26 表示均匀间距布置与非均匀间距布置方式对阵列波束模式的影响,模拟声源位于 $X=0$ 处,声压级为 50 dB,两个阵列均采用 31 个传声器,孔径相等($D=1.72$ m),阵列到声源距离也相同($h/D=0.25$),非均匀分布阵列采用中间传声器间距密集两边稀疏的排列方式。从图 3 – 26 可以看出,布置方式对阵列分辨率的影响并不大,却对阵列旁瓣有很大的影响。均匀布置阵列主瓣附近的旁瓣要高于非均匀布置的阵列,但是随着距离主瓣越来越远,均匀布置阵列旁瓣峰值声压级衰减的速度要大于非均匀布置阵列。这意味着对于多个声源彼此之间距离较远的情况,采用均匀布置阵列得到的声源成像图会比非均匀布置阵列更清晰。而对于相距较近的声源,由于在声源附近区域,均匀布置阵列的旁瓣较高,此时采用非均匀布置阵列会更好。

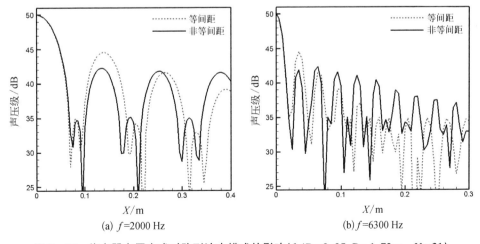

(a) f=2000 Hz　　　　　　　(b) f=6300 Hz

图 3 – 26　传声器布置方式对阵列波束模式的影响($h/D=0.25,D=1.72$ m, $N=31$)

3.6.2 标准合成阵列数据

3.6.2.1 单个声源的合成阵列数据

Sijtsma[66]采用在 2 m×2 m 正方形阵列上方布置单极子声源的方法构造传声器阵列数据。声源位于平面传声器阵列正上方 1 m 的位置,声源相对阵列

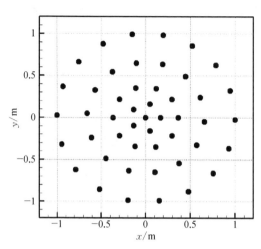

中心的位置坐标为(0.3 m, 0.4 m, 1.0 m),该传声器阵列是 48 个传声器组成的环形平面阵列,阵列孔径约为 2 m,如图 3-27 所示。

该单独声源发出一系列间隔为 500 Hz 的离散频率噪声,即

$$f_j = j \times \Delta f, \ j = 1, \ 2, \ \cdots, \ 12,$$
$$\Delta f = 500 \ \text{Hz} \quad (3-101)$$

在合成传声器信号时,源信号首先按照声波传播规律进行时间延迟,然后对每个频率信号进行迭加,即位置 $\boldsymbol{x} = (x, y, z)$ 处感受到的声压为

图 3-27 **Sijtsma** 给出检验波束成型
算法的环形传声器阵列[66]

$$p(\boldsymbol{x}, \ t) = \sum_{j=1}^{12} \frac{a_j}{4\pi \mid \boldsymbol{x} - \boldsymbol{\xi}_0 \mid} \cos[2\pi f_j(t - \mid \boldsymbol{x} - \boldsymbol{\xi}_0 \mid /c_0)] \quad (3-102)$$

式中, a_j 噪声源幅值, $a_j = 1 \ \text{Pa} \cdot \text{m}$; c_0 是声速。声级换算到距离声源 1 m 处产生的声压级大小是 68.985 dB。

最后,在以 51.2 kHz 的采样频率对传声器信号进行采样。根据传声器信号,使用 999 段 1 024 个样本计算阵列互谱矩阵 **CSM**,每个样本都应用汉宁窗函数,样本的重叠率为 50%。因此,互谱矩阵 **CSM** 频谱包含了 513 个频率值(频谱间隔是 50 Hz 的倍数)。

3.6.2.2 四个分布点声源的合成阵列数据

Sarradj 等[65]采用在 1.5 m×1.5 m 正方形的阵列上方布置四个单极子声源的方法构造传声器阵列数据。声源位于距离平面传声器阵列上方 0.75 m 的位置,四个声源相对阵列中心的位置坐标分别为(0.1 m, -0.1 m, 0.75 m)、(-0.1 m, -0.1 m, 0.75 m)、(-0.1 m, 0.1 m, 0.75 m)、(0.1 m, 0.1 m, 0.75 m),该传声器阵列是 64 个传声器组成的七臂螺旋阵列,阵列孔径约为 1.5 m,如图 3-28 所示。

Sarradj 等采用如下两种声源方式产生了两种合成阵列数据。

(1)等声源强度:四个单极子声源噪声强度相等。

（2）不等声源强度：四个声源噪声强度不同，其中最强声源强度分别比其他三个声源强度高 6 dB、12 dB 和 18 dB。这个测试算例的目的是测试传声器阵列数据处理算法在强声源存在的情况下能否依然准确分辨出较弱的声源，这个测试算例相比第一个测试算例难度明显要大。

合成的阵列数据包括每个传声器时域噪声信号和阵列互谱矩阵。噪声源信号在时域中模拟为振幅概率为正态分布的白噪声，持续时间为 10 s。对于每个噪声源都使用具有正态分布的独立随机数发生器产生，因此，每一个

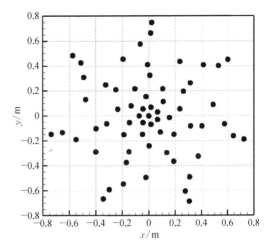

图 3 - 28　Sarradj 等给出检验波束成型算法的七臂螺旋传声器阵列[67]

独立声源对每一个传声器记录噪声数据都是互不相关的，当然，在合成传声器信号时，源信号首先按照声波传播规律进行时间延迟，然后对每个传声器信号进行迭加。最后，在以 51.2 kHz 的采样频率对传声器信号进行采样。根据传声器信号，使用 999 段 1 024 个样本计算阵列互谱矩阵 **CSM**，每个样本都应用汉宁窗函数，样本的重叠率为 50%。因此，互谱矩阵 **CSM** 频谱包含了 513 个频率值（频谱间隔是 50 Hz 的倍数）。

为了对比不同波束成型方法，Sarradj 等建议声源强度都统一使用 0.1 m× 0.1 m 的正方形范围内波束成型的面积积分值。声源位置边长为 0.1 m 的正方形上的空间积分获得。由于白噪声信号持续时间有限，功率谱并非完全平坦，因此，不同波束形成的对比，都是采用阵列中心单独测量的每个声源的自功率谱结果进行比较，波束成型的误差估计采用声源噪声级与上述测量值的差进行度量。

3.6.3　传声器阵列波束成型校核结果分析

应用上述两个传声器阵列的标准合成数据，对西北工业大学传统波束成型 CB 计算程序和 CLEAN - SC 波束成型计算程序进行了校核，并与 Sarradj 等[67] 给出的其他研究机构波束成型计算程序的校核结果进行了对比。

3.6.3.1　单个声源合成数据对波束成型校核结果

图 3 - 29 是 Sijtsma 提供的声源成像图结果，图 3 - 30 是采用西北工业大学传统波束成型计算程序 CB 得到的声源成像图结果，对比两图可以看出，西北工业大学传统波束成型计算程序 CB 计算出的声源成像结果和 Sijtsma 给出的结果吻合非常好，波束成型准确识别和测量单点声源及其声压级大小，即 68.985 dB，验证了 CB 算法准确性。

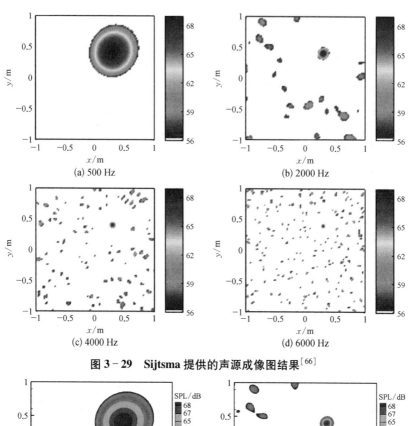

图 3-29　Sijtsma 提供的声源成像图结果[66]

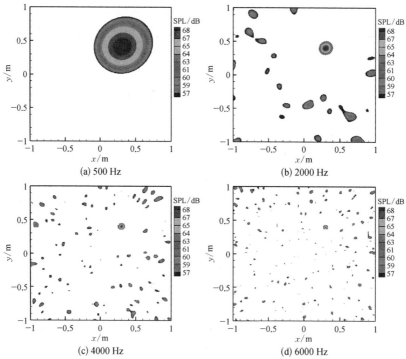

图 3-30　西北工业大学计算程序声源成像图结果

3.6.3.2　四个声源合成数据对波束成型校核结果

应用四个等声级声源和四个不等声级声源的传声器阵列合成数据,采用西北工业大学 CLEAN-SC 算法计算程序进行波束成型,并与 Sarradj 等给出的结果进行了对比。图 3-31 是针对四个等声级声源得到的不同频率下的声源分布图,为了直观地对比 CLEAN-SC 算法与 CB 算法,同时在图 3-32 中也给出了 CB 算法的成像结果。对比图 3-31 和图 3-32,可以看出,CB 算法和 CLEAN-SC 算法都能够识别出噪声源的位置,但 CB 算法的旁瓣高、在较低频率下对声源的识别精度较低,而 CLEAN-SC 算法不仅能够准确捕捉到声源位置,并且得到的声源成像图明显要洁净很多。

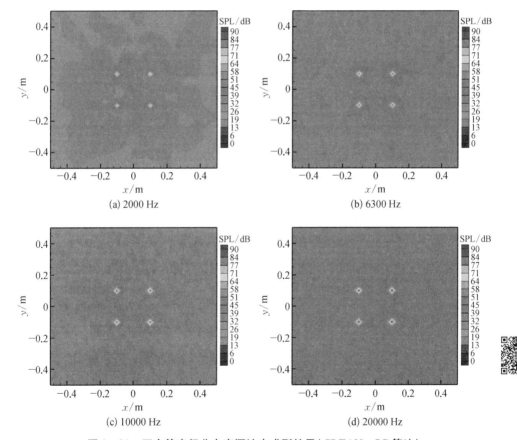

图 3-31　四个等声级分布声源波束成型结果(CLEAN-SC 算法)

为了进一步定量考核 CLEAN-SC 算法计算程序的精度,图 3-33 给出了四个等声级声源的识别结果与标准数据的对比,从图中可以看出,西北工业大学发展的 CLEAN-SC 算法计算程序能够准确识别出四个声源的声级大小。此外,为了更加准确地考核 CLEAN-SC 算法的精度,图 3-34 中给出了 CLEAN-SC 算法声级识

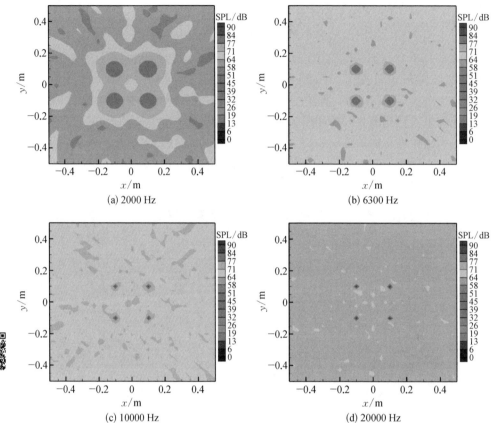

(a) 2000 Hz

(b) 6300 Hz

(c) 10000 Hz

(d) 20000 Hz

图 3 - 32　四个等声级分布声源波束成型结果(CB 算法)

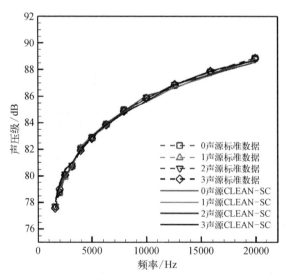

图 3 - 33　四个等声级声源识别结果与标准数据的对比(CLEAN - SC 算法)

别结果和标准数据的差值(图中用 Present CLEAN-SC 表示,后文同),图中同时给出了其他研究机构不同算法的声级识别结果,如阿德莱德大学(UniA)的 CLEAN-SC、DAMAS 算法,勃兰登堡工业大学(BTU)的正交波束成型(ORTH)方法,荷兰PSA3 公司的 CLEAN-SC 算法、代尔夫特理工大学(TUD)的全局优化(GO)算法等。从图 3-34 可以看出,西北工业大学发展的 CLEAN-SC 算法在宽广的频率范围内具有良好的精度,误差小于 0.5 dB, 在频率高于 3 000 Hz 的范围,计算误差小于 0.2 dB。

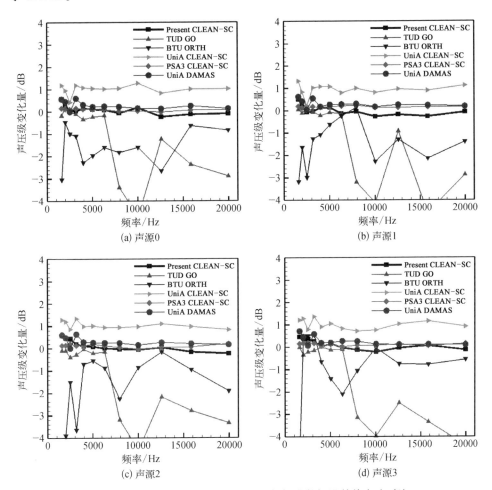

图 3-34 四个等声级声源识别结果与标准数据及其他方法对比

图 3-35 是针对四个不等声级声源得到的不同频率下的声源分布图,为了对比 CLEAN-SC 算法与 CB 算法,同时在图 3-36 中也给出了 CB 算法的结果。对比图 3-35 和图 3-36 可以看出,对于四个不等声级这种复杂的分布声源,CLEAN-SC 算法依然能够准确识别出噪声源的位置,而 CB 算法仅能识别出较强的声源,而

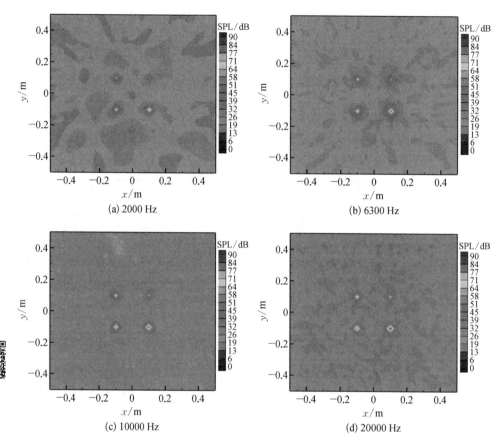

图 3 - 35　四个不等声级分布声源波束成型结果(CLEAN - SC 算法)

较强声源的旁瓣完全掩盖了最弱的声源。可见,反卷积的 CLEAN - SC 算法相比传统 CB 算法在复杂声源情况下更能显示出其重要性和使用价值。

　　为了定量考核 CLEAN - SC 算法计算程序的精度,图 3 - 37 给出了四个不等声级声源的识别结果与标准数据的对比,从图中可以看出,尽管四个声源强度相差最多达 18 dB(这意味着能量相差 63 倍),西北工业大学发展的 CLEAN - SC 算法计算程序能够准确识别出四个不同声源的声级大小。为了准确地考核 CLEAN - SC 算法的精度,图 3 - 38 中给出了 CLEAN - SC 算法结果和标准数据的差值,图中同时给出了其他研究机构不同算法的结果。对比图 3 - 34 和图 3 - 38 可以看出,相比于简单的四个等强度声源的识别,四个非等强度的复杂声源的准确识别对算法的要求更高,尤其是对最弱声源[声源 3(-18 dB)]的准确识别具有很大的挑战性。从图 3 - 38(d)中可以看出,对于强度最弱的声源 3,对比的几种算法中,仅有 PSA3 公司的 CLEAN - SC 算法计算程序和西北工业大学的 CLEAN - SC 算法计算程序能达到较高的声源识别精度,这说明反卷积 CLEAN - SC 算法具有很好的鲁棒性,在

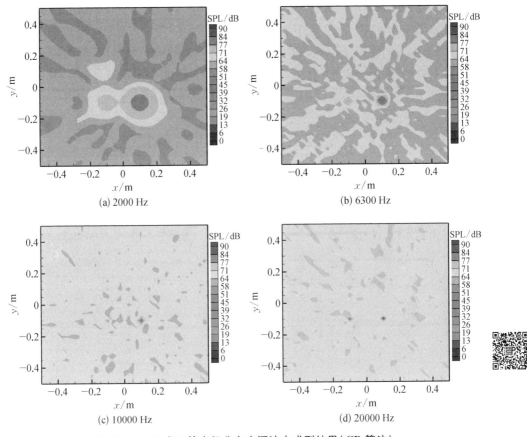

图 3-36　四个不等声级分布声源波束成型结果(CB 算法)

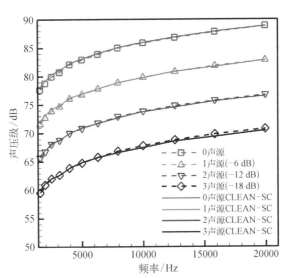

图 3-37　四个不等声级声源识别结果与标准数据的对比(CLEAN-SC 算法)

3 000 Hz 以上频率误差小于 0.2 dB。阿德莱德大学的 CLEAN - SC 算法尽管在四个等强度声源识别中误差均在 1 dB 以内,但在更加复杂的四个不等强度声源识别中,其计算误差明显增大,对于最弱的声源 3,其误差可达 3 dB。这也说明,尽管 CLEAN - SC 算法发展成熟,但是,正确应用这种方法并合理编制计算流程和程序仍需特别关注,这也进一步说明了 Sarradj 教授等提出采用标准传声器阵列数据对波束成型计算程序考核验证工作的重要性。

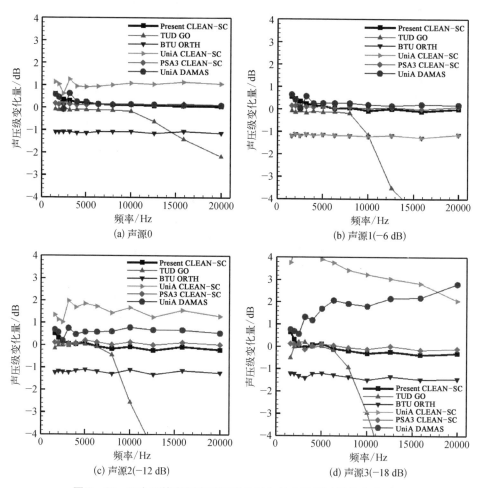

图 3 - 38   四个不等声级声源识别结果与标准数据及其他方法对比

3.7 本 章 小 结

传声器阵列声学实验测试技术是现代声学实验测量的重要创新发展,已经成为当代气动声学领域的标准测量手段,在航空声学领域得到了普遍应用。由于航空发动机气动噪声源的分散性、气动噪声源之间的相关性等特点,采用传声器阵列对发动机气动噪声源进行识别测量具有非常重要的基础意义。

　　本章从早期最原始的传声器阵列测量技术的发明和起源开始,系统地论述了传声器阵列测量技术的发展历程以及当代传声器阵列测量技术的发展水平和发展现状,介绍了传声器阵列波束成型、传声器阵列点扩散函数、传声器阵列波束模式、传声器阵列时域信号处理与频域信号处理等基本概念,并重点介绍了当代传声器阵列的延迟与求和以及反卷积阵列信号处理方法。最后,本章以标准合成阵列数据为基础,以西北工业大学气动声学课题组发展的传声器阵列数据处理方法为对象,分析研究了传声器阵列波束成型方法的考核与校准。本章内容构成现代传声器阵列噪声信号实验分析的系统理论和方法。

参考文献

[1]　马大猷,沈嚎. 声学手册[M]. 北京:科学出版社,2004.

[2]　MICHEL U. History of acoustic beamforming[C]. Berlin:Proceedings on CD of the 1st Berlin Beamforming Conference, 2006.

[3]　SILLER H, MICHEL U. Sound source localization with microphone arrays[R]. Xian:Lecture in Northwestern Polytechnical University, 2011.

[4]　JOHNSON D H, DUDGEON D E. Array signal processing:concepts and techniques[M]. New Jersey:PTR Prentice Hall, 1993.

[5]　BILLINGSLEY J. An acoustic telescope:ARC 35/364[R]. Aeronautical Research Council, 1974.

[6]　BILLINGSLEY J, KINNS R. The acoustic telescope[J]. Journal of Sound and Vibration, 1976, 48(4):485 – 510.

[7]　KINNS R. Binaural source location[J]. Journal of Sound and Vibration, 1976, 44(2):275 – 289.

[8]　SODERMAN P T, NOBLE S C. A directional microphone array for acoustic studies of wind tunnel models[C]. Bethesda:8th Aerodynamic Testing Conference, 1974.

[9]　FISHER M J, HARPER-BOURNE M M, GLEGG S A L. Jet engine noise source location:the polar correlation technique[J]. Journal of Sound and Vibration, 1977, 51(1):23 – 54.

[10]　BLACODON D, CAPLOT M, ELIAS G. Source localization Techniques for impulsive multiple sources[J]. Journal of Aircraft, 2015, 26(2):154 – 156.

[11]　BROOKS T F, MARCOLINI M A, POPE D S. A directional array approach for the measurement of rotor noise source distributions with controlled spatial resolution[J]. Journal Sound and Vibration, 1987, 112(1):192 – 197.

[12]　MOSHER M. Phased array for aeroacoustic testing:theoretical development[C]. State College:2nd AIAA/CEAS Aeroacoustics Conference, 1996.

[13]　WATTS M E, MOSHER M, BARNES M J. The microphone array phased processing system (MAPPS)[C]. State College:2nd AIAA/CEAS Aeroacoustics Conference, 1996.

[14]　PIET J-F, ELIAS G. Airframe noise source localization using a microphone array[C].

Atlanta: 3rd AIAA/CEAS Aeroacoustics Conference, 1997.

[15]　DAVY R, REMY H. Airframe noise characteristics of a 1/11 scale Airbus model[C]. Toulouse: 4th AIAA/CEAS Aeroacoustics Conference, 1998.

[16]　HAYES J A, HORNE W C, SODERMAN P T, et al. Airframe noise characteristics of a 4.7% scale DC‑10 model[C]. Atlanta: 3rd AIAA/CEAS Aeroacoustics Conference, 1997.

[17]　KING W F, BECHERT D. On the source of wayside noise generated by high-speed trains[J]. Journal of Sound and Vibration, 1979, 66(3): 311–332.

[18]　BARSIKOW B, KING W F, PFIZENMAIER E. Wheel/rail noise generated by a high-speed train investigated with a line array of microphones[J]. Journal of Sound and Vibration, 1987, 118(1): 99–122.

[19]　BARSIKOW B, KING W F. On removing the Doppler frequency shift from array measurements of railway noise[J]. Journal of Sound and Vibration, 1988, 120(1): 190–196.

[20]　BARSIKOW B. Experiences with various configurations of microphone arrays used to locate sound sources on railway trains operated by the DB AG[J]. Journal of Sound and Vibration, 1996, 193(1): 283–293.

[21]　MICHEL U, BARSIKOW B, HAVERICH B, et al. Investigation of airframe and jet noise in high-speed flight with a microphone array[C]. Atlanta: 3rd AIAA/CEAS Aeroacoustics Conference, 1997.

[22]　MICHEL U, BARSIKOW B, HELBIG J, et al. Fly-over noise measurements on landing aircraft with a microphone array[C]. Toulouse: 4th AIAA/CEAS Aeroacoustics Conference, 1998.

[23]　MICHEL U, QIAO W Y. Directivity of landing-gear noise based on flyover measurements[C]. Bellevue: 5th AIAA/CEAS Aeroacoustics Conference, 1999.

[24]　QIAO W Y, MICHEL U. Study on flap side-edge noise based on the fly-over measurements with a planar microphone array[J]. Chinese Journal of Aeronautics, 2000, 13(3): 146–151.

[25]　乔渭阳,MICHEL U. 二维传声器阵列测量技术及其对飞机进场着陆过程噪声的实验研究[J]. 声学学报,2001,26(2): 161–188.

[26]　QIAO W Y, MICHEL U. Landing noise of aircraft based on the fly-over measurements with a planar microphone array[J]. Chinese Journal of Acoustics, 2002, 21(1): 9–22.

[27]　SILLER H A, MICHEL U. Buzz-saw noise spectra and directivity from flyover tests[C]. Breckenridge: 8th AIAA/CEAS Aeroacoustics Conference, 2002.

[28]　HÖGBOM J. Aperture syntheses with a non-regular distribution of interferometer baselines[J]. Astronomy and Astrophysics Supplement, 1974(15): 417–426.

[29]　LAWSON C L, HANSON R J. Solving least squares problems[M]. New Jersey: Englewood Cliffs, 1974.

[30]　RICHARDSON W H. Bayesian-based iterative method of image restoration[J]. Journal of the Optical Society of America, 1972, 62(1): 55–59.

[31]　LUCY L B. An iterative technique for the rectification of observed distribution[J]. The Astronomical Journal, 1974, 79(6): 745.

[32]　DOUGHERTY R P, STOKER R W. Sidelobe suppression for phased array aeroacoustic

measurements[C]. Toulouse: 4th AIAA/CEAS Aeroacoustics Conference, 1998

[33] BRÜHL S, RÖDER A. Acoustic noise source modelling based on microphone array measurements[J]. Journal of Sound and Vibration, 2000, 231(3): 611－617.

[34] BROOKS T F, HUMPHREYS W M. A deconvolution approach for the mapping of acoustic sources (DAMAS) determined from phased microphone arrays[C]. Manchester: 10th AIAA/CEAS Aeroacoustics Conference, 2004.

[35] BROOKS T F, HUMPHREYS W M. Three-dimensional application of DAMAS methodology for aeroacoustic noise source definition [C]. Monterey: 11th AIAA/CEAS Aeroacoustics Conference, 2005.

[36] BROOKS T F, HUMPHREYS W M. A deconvolution approach for the mapping of acoustic sources (DAMAS) determined from phased microphone arrays [J]. Journal of Sound and Vibration, 2006(294): 856－879.

[37] DOUGHERTY R P. Extensions of DAMAS and benefits and limitations of deconvolution in beamforming[C]. Monterey: 11th AIAA/CEAS Aeroacoustics Conference, 2005.

[38] SIJTSMA P. CLEAN based on spatial source coherence [J]. International Journal of Aeroacoustics, 2007, 6(4): 357－374.

[39] DOUGHERTY R P, RAMACHANDRAN R C, RAMAN G. Deconvolution of sources in aeroacoustic images from phased microphone arrays using linear programming[C]. Berlin: 19th AIAA/CEAS Aeroacoustics Conference, 2013.

[40] COX H, ZESKIND R, OWEN M. Robust adaptive beamforming[J]. IEEE Transactions on Acoustics Speech and Signal Processing, 1987, 35(10): 1365－1376.

[41] BLACODON D, ELIAS G. Level estimation of extended acoustic sources using a parametric method[J]. Journal of Aircraft, 2004, 41(6): 1360－1369.

[42] YARDIBI T, LI J, STOICA P, et al. A covariance fitting approach for correlated acoustic source mapping[J]. Journal of the Acoustical Society of America, 2010, 127(5): 2920－2931.

[43] YARDIBI T, ZAWODNY N S, BAHR C J, et al. Comparison of microphone array processing techniques for aeroacoustic measurements[J]. International Journal of Aeroacoustics, 2010, 9(6): 733－762.

[44] HEROLD G, SARRADJ E, GEYER T. Covariance matrix fitting for aeroacoustic application [J]. Fortschritte der Akustik AIA－DAGA Merano, 2013: 325－326.

[45] MICHEL U, FUNKE S. Noise source analysis of an aeroengine with a new inverse method SODIX[C]. Vancouver: 14th AIAA/CEAS Aeroacoustics Conference, 2008.

[46] FUNKE S, SKORPEL A, MICHEL U. An extended formulation of the SODIX method with application to aeroengine broadband noise [C]. Colorado Springs: 18th AIAA/CEAS Aeroacoustics Conference, 2012.

[47] MICHEL U, FUNKE S. Inverse method for the acoustic source analysis of an aeroengine[C]. Berlin: Proceedings on CD of the 2nd Berlin Beamforming Conference, 2008.

[48] SUZUKI T. L_1 generalized inverse beam-forming algorithm resolving coherent/incoherent, distributed and multipole sources[J]. Journal of Sound and Vibration, 2011, 330(24): 5835－5851.

[49] ANTONI J. A Bayesian approach to sound source reconstruction: optimal basis, regularization, and focusing[J]. Journal of the Acoustical Society of America, 2012, 131(4): 2873 – 2890.

[50] PEREIRA A, ANTONI J, LECLÈRE Q. Empirical Bayesian regularization of the inverse acoustic problem[J]. Applied Acoustics, 2015, 97: 11 – 29.

[51] MALGOEZAR A M N, SNELLEN M, MERINO – MARTINEZ R, et al. On the use of global optimization methods for acoustic source mapping[J]. The Journal of the Acoustical Society of America, 2017, 141(1): 453 – 465.

[52] GUÉRIN S, WECKMÜLLER C, MICHEL U. Beamforming and deconvolution for aerodynamic sound sources in motion[C]. Berlin: 1st Berlin Beamforming Conference, 2006.

[53] MERINO-MARTÍNEZ R, SIJTSMA P, SNELLEN M, et al. A review of acoustic imaging methods using phased microphone arrays[J]. Ceas Aeronautical Journal, 2019(1): 197 – 230.

[54] HOWELL G P, BRADLEY A J, MCCORMICK M A, et al. De-Dopplerization and acoustic imaging of aircraft flyover noise measurements[J]. Journal of Sound and Vibration, 1984, 105(1): 151 – 167.

[55] PIET J, MICHEL U, BOHNING P. Localization of the acoustic sources of the A340 with a large microphone array during flight tests[C]. Breckenridge: 8th AIAA/CEAS Aeroacoustics Conference and Exhibit, 2002.

[56] MUELLER T J. Aeroacoustic measurements, experimental fluid mechanics [M]. Berlin: Springer, 2002.

[57] HORNE C, HAYES J, AJAEGER S M, et al. Effects of distributed source coherence on the response of phased arrays [C]. Lahaina: 6th Aeroacoustics Conference and Exhibit, 2000.

[58] OERLEMANS S, SIJTSMA P. Determination of absolute levels from phased array measurements using spatial coherence[C]. Breckenridge: 8th AIAA/CEAS Aeroacoustics Conference & Exhibit, 2002.

[59] VOGEL C R. Computational methods for inverse problems [M]. Philadelphia: Society for Industrial and Applied Mathematics, 2002.

[60] PRESS W H, TEUKOLSKY S A, VETTERLING W T, et al. Numerical recipes in FORTRAN: the art of scientific computing [M]. Cambridge: Press Syndicate of the University of Cambridge, 1992.

[61] SILLER H A, ARNOLD F, MICHEL U. Investigation of aero-engine core-noise using a phased microphone array[C]. Maastricht: 7th AIAA/CEAS Aeroacoustics Conference and Exhibit, 2001.

[62] OERTWIG S, FUNKE S, SILLER A H. Improving source localisation with SODIX for a sparse microphone array[C]. Berlin: 7th Berlin Beamforming Conference, 2018.

[63] FUNKE S, DOUGHERTY R P, MICHEL U. SODIX in comparison with various deconvolution methods[C]. Berlin: 5th Berlin Beamforming Conference, 2014.

[64] OERTWIG S, SILLER H A, FUNKE S. Advancements in the source localization method SODIX and application to short cowl engine data[C]. Delft: 25th AIAA/CEAS Aeroacoustics Conference, 2019.

[65] SARRADJ E, HEROLD G, SIJTSMA P, et al. A microphone array method benchmarking

exercise using synthesized input data [C]. Denver: 23rd AIAA/CEAS Aeroacoustics Conference, 2017.

[66]　SIJTSMA P. Experimental techniques for identification and characterisation of noise source [R]. National Aerospace Laboratory, 2004.

[67]　CHEN W, MAO L, XIANG K, et al. The application of a linear microphone array in the quantitative evaluation of the blade trailing - edge noise reduction [J]. Applied Sciences, 2021, 11(2): 572.

[68]　纪良. 叶轮机宽频噪声产生机理和抑制方法的实验及数值研究[D]. 西安: 西北工业大学, 2016.

[69]　仝帆. 航空叶轮机仿生学降噪的流动和声学机理研究[D]. 西安: 西北工业大学, 2018.

第 4 章
管道声场重构技术——
管道声模态辨识的理论与方法

4.1 引　言

如第 1 章所述,航空发动机主要部件的噪声总是通过发动机进/排气管道以模态波的形式向外传播和辐射,因此,无论是进行发动机低噪声部件设计,还是进行发动机管道吸声结构设计,都需要对发动机管道声模态详细结构进行识别和测量。为了发展创新型的发动机降噪设计理论和方法,就更加需要精细化地辨识发动机管道声模态结构及其分布特征。

航空发动机进/排气管道内声场是由有限个截通(传播)声模态线性迭加构成,而每一个声模态又是由周向模态和径向模态所构成,周向声模态和径向声模态构成了管道内声波特有的空间分布形式。由于不同模态波的轴向波数不同,相互迭加而成的声场结构在管道内具有强烈的三维特性,单个位置的声压信号并不能完整地反映出管道内声场的分布特性。因此,必须利用在空间分布布置的传声器阵列测量得到的声压信号,通过反向解耦的方式进行管道声模态辨识和分析。

作为一种典型的旋转式流体机械,航空发动机气动噪声包括单音噪声和宽频噪声。其中发动机内部旋转的叶轮机与气流(燃气)周期性干涉产生了典型的单音噪声,而由于黏性的作用和强烈的燃烧过程等,在发动机内部气流表现为强烈的湍流流动,这种湍流随机脉动过程产生了发动机的随机宽频噪声。由于单音噪声特殊的产生机制,使得其不同模态之间是完全相关的,单个模态在不同测点间的相位差是恒定的,测量信号具有很好的稳定性,可以直接利用管道声波传播方程实现单音噪声管道声模态的识别测量。对于宽频噪声,其声场结构不论在时间还是在空间上都是随机的,空间点与点之间信号相关函数的稳定性差,用短时间内测量信号所构成的空间傅里叶变换仍是具有随机性,需要采用统计分析方法,通过对管道声模态时空相关函数以及平均值等的信号分析实现宽频噪声管道声模态的识别测量。

本章在梳理总结国内外航空发动机管道声模态识别技术研究进展的基础上,重点介绍单音噪声和宽频噪声管道声模态辨识的理论和方法,并且针对宽频噪声识别测量的难点,发展基于组合传声器阵列的管道声模态识别测量技术。

4.2　管道声模态解耦的基本思想

对于圆形/环形硬壁管道内的声场而言,声波方程的解是由不同模态波线性迭加而成的[1],即

$$p(x, r, \theta) = \sum_{m=-\infty}^{\infty} \sum_{n=0}^{\infty} (P_{mn}^{+} \mathrm{e}^{-\mathrm{i}\gamma_{mn}^{+}x} + P_{mn}^{-} \mathrm{e}^{-\mathrm{i}\gamma_{mn}^{-}x}) \Psi_m(\kappa_{mn}r) \mathrm{e}^{\mathrm{i}m\theta} \qquad (4-1)$$

其中,

$$\Psi_m(\kappa_{mn}r) = A \cdot J_m(\kappa_{mn}r) + B \cdot Y_m(\kappa_{mn}r) \qquad (4-2)$$

$$\gamma_{mn}^{\pm} = \frac{1}{1 - Ma^2} \left(\frac{Ma \cdot \omega}{c_0} \mp k_{mn} \right) \qquad (4-3)$$

$$k_{mn} = \sqrt{\left(\frac{\omega}{c_0}\right)^2 - (1 - Ma^2)\kappa_{mn}^2} = \frac{\omega}{c_0}\alpha_{mn} \qquad (4-4)$$

在式(4-1)~式(4-4)中, x 是主流方向坐标; $\gamma_{mn}^{\pm}$ 是轴向波数,"+"号表示顺流传播方向,"-"号表示逆流传播方向; Ma 是主流马赫数; m 和 n 分别是周向模态阶数和径向模态阶数; J_m 和 Y_m 分别是 m 阶第一类和第二类 Bessel 函数; κ_{mn} 是管道声模态特征值。

管道声模态辨识本质上就是对管道声场的空间解耦,即通过对管道内空间分布声场参数的测量并配合相应数据处理方法,将声场分解成各周向模态和径向模态。最直接的管道声场解耦就是对管道声场的空间傅里叶变换。根据信号分析的 Nyquist 原理可知,为了避免声波分解时出现空间混淆,进行声波信号空间分解时,空间分布的测量传感器的个数必须大于被测声场最高模态阶数的两倍;为了提高模态识别精度,有时还需要进一步增多测量点数以提高信号稳定性。因此,当管道内传播声模态数量增多时,就要求增大测量传感器的个数,对于高速旋转的航空叶轮机,其测量频率范围很宽(需要测量频率范围达 10 kHz 的高频噪声),从而使得需要测量的管道声模态数多,对于高频宽频噪声,传播的模态数往往可以达到数百,从而使得模态识别非常困难。

假设某频率下处于截通状态的模态个数为 N 个(假设 N 是所有周向模态与径向模态总和,即 $N = m \times n$),则根据式(4-1)可知,只需测量管道内 N 个独立位置的声压信息即可得到由 N 个方程组成的线性方程组,其中未知数为 N 个模态的振幅(包括幅值和相位)。理论上来说,通过求解该线性方程组就可以得到各个模态的振幅信息。但是在实际实验测量中,这种方法往往会遇到方程组无法求解的情况,这是因为模态振幅是被强制拟合得到测量点上的声压信息,测量中的任何误差

或者方程中没有包含的其他模态波的影响都会导致方程组不稳定,最终产生严重的错误。当然,也可以通过增加测量点的个数来形成超定线性方程组,然后使用最小二乘拟合法求解得到各个模态的振幅信息,但是当处于截通状态的模态个数较多时这种方法也会产生较大的误差。

由于管道特征函数在不同方向上是相互独立的,而且在管道截面上是正交的,因此,在实际的实验测量中,通常将周向模态和径向模态的解耦过程分开进行。周向模态解耦使用的是空间离散傅里叶变换,测点布置在指定的轴向或者半径位置,沿周向均匀布置;而径向模态则是通过最小二乘拟合法拟合不同轴向或者不同半径位置的周向模态振幅进行解耦,相应地用于径向模态解耦的传声器阵列分为径向传声器阵列和轴向传声器阵列,如图4-1所示。周向模态识别是通过频域测量信号空间上的离散傅里叶变换来实现,测点沿着整个圆周均匀分布(或者非均匀分布),通过对不同径向位置[图4-1(a)]或不同轴向[图4-1(b)]处的圆形阵列测量的声压进行空间离散傅里叶运算,得到不同径向或轴向位置处的复数的周向模态幅值。径向模态辨识则是在周向模态识别的基础上,基于不同径向或轴向位置处的周向模态复数幅值,建立由周向模态幅值与径向模态幅值构造的管道声场的线性方程组,并采用最小二乘拟合等方法求解线性方程组实现对径向模态识别。不管是在径向还是轴向布置圆形阵列,目的都是为了得到不同位置(径向或轴向)处的周向模态复数振幅。

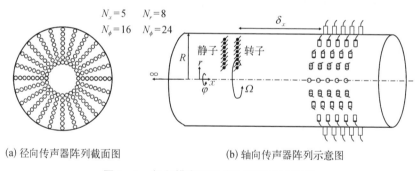

(a) 径向传声器阵列截面图   (b) 轴向传声器阵列示意图

图4-1   径向模态识别传声器阵列示意图

4.3   单音噪声管道声模态辨识原理与方法

4.3.1   单音噪声管道声模态辨识技术的发展

Hartig 和 Swanson[2]最早在理论上和实验上对管道声模态进行了研究,但是他们的研究成果显然没有得到任何实际应用。直到1962年,Tyler 和 Sofrin[3]首次利用理论分析和实验测量方法系统揭示了轴流风扇/压气机管道内噪声的产生、传播和辐射过程,通过将圆形或者环形管道内的声场分解成不同的周向模态和径向模态,并给出了管道声模态沿轴向传播的截止判据,他们的研究成果成为目前发动机管道声学研究的通用理论基础。

　　早期对管道声模态识别测量方法的研究主要集中在风扇单音噪声,现在能够看到的最早进行发动机管道声模态识别测量研究工作是 Mugridge[4] 的实验研究工作,他利用热线风速仪测量声波速度的轴向分量,然后利用互相关技术对叶片通过频率下的周向声模态进行了分离识别,并且还对反射声波的影响进行了简单的分析。Mugridge 在实验中仅使用了两个热线探针,在给定的管道轴向位置和半径位置沿周向旋转,并通过在不同半径位置重复这一过程,最后再对两个探针的信号进行互相关处理,从而实现管道声模态的识别测量。Harel 和 Perulli[5] 进一步发展了 Mugridge 提出的模态识别测量方法,但是他们是利用传声器代替热线风速仪,并通过在轴向方向移动其中一个传声器,最终实现了对径向模态的识别测量。

　　Moore[6] 系统分析了单音噪声各种径向模态分解方法,其中介绍了积分法、求逆矩阵法和最小二乘拟合法三种径向模态分解方法,通过对这三种方法的优缺点进行对比,Moore 指出,最小二乘拟合法不论在精度还是在鲁棒性上都比其他两种方法更具有优势。Moore 对一台轴流风扇的管道声模态进行了识别测量,为了降低当地湍流噪声对传声器信号的影响,他采用了在时域上的多次平均处理方法,但是他忽略了平均气流和管道端壁反射的影响。通常情况下,要实现对径向声模态的识别测量,需要在多个半径位置进行周向声模态测量,而 Yardley[7] 提出利用不同轴向位置的实验测量数据实现径向模态的分离识别,并考虑了平均流动以及端壁反射波的影响。Yardley 利用其发展的模态分解方法实现了对多达一百多个传播的模态进行分离识别。Pickett 等[8] 基于多个相互独立位置的传声器信号发展了新的管道声模态识别测量方法,而且还详细给出了优化传声器位置的算法,该算法可以根据给定的频率和给定的传播模态个数确定最优的传声器阵列设计方案,用以降低模态分解方法对测量误差的敏感性。此外,Pickett 等还分析了多种误差对模态分解结果的影响。

　　Sijtsma 等[9] 利用模态生成器研究了管道内和自由场内周向模态的识别测量方法。研究发现,传统的均方根法和与参考信号互相关法适用于管道内的周向模态测量,而且由于引入了参考传声器信号,可以降低管道壁面湍流脉动对模态分解结果的影响;而对角线移除法(diagonal removal)和主要元素分析法(principal component analysis)适用于在自由场内对周向模态的识别测量。

　　在早期的实验测量中,为了能够对管道周向声模态和径向声模态进行识别测量,通常采用管道内同心面上的多个探针耙结构(如图 4 - 2 所示)[10]。这种测量方法缺点是在发动机管道中的探针耙尾迹与下游转子干涉会产生新的噪声源,而且当需要测量的模态阶数很高时,探针耙数量以及传声器个数会急剧增加,堵塞管道流动,因此探针耙通常多用于管道出口噪声模态的识别测量。为了减小探针耙及传声器个数,通常可以使用可移动的径向探针耙[6]进行管道声模态的识别测量(如图 4-3 所示),但是,这种方法所需的测量时间较长,测量期间风扇工况可能会发生变化,影响模态识别测量的准确性。

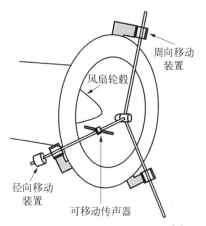

图 4-2 多个径向探针耙的结构[10]   图 4-3 可移动探针耙的结构[6]

美国 NASA Glenn 研究中心设计并制造了用于风扇单音噪声管道声模态识别测量的连续旋转探针耙结构,如图 4-4 所示,并开发了配套的数据处理软件[11]。Heidelberg 等[12, 13]利用连续旋转探针耙,研究了风扇静子叶片数选择以及风扇进口长度对风扇进口单音噪声各个模态幅值的影响,研究发现通过选择合适的静子叶片数使得风扇单音噪声的主模态处于截止状态可以有效降低风扇单音噪声,而风扇进口管道长度对风扇单音噪声的影响复杂。Sutliff 等[14]利用连续旋转探针耙结构对 TFE731-60 全尺寸发动机的进、出口的单音噪声管道声模态进行了识别测量,尽管没能准确识别出风扇叶尖超声速时的转子锁定模态(locked mode),但是仍然测量到了风扇激波噪声的频谱特性。NASA 基于该结构对风扇单音噪声和航空

图 4-4 连续旋转探针耙的结构[11]

发动机单音噪声进行了大量的研究[15-17]。

连续旋转探针靶的结构不仅可以显著降低管道声模态识别测量所需的传声器个数,而且由于是连续旋转测量,可以有效地缩短测量所需的时间。但是当测量风扇进口管道声模态时,连续旋转探针靶结构的尾迹与风扇转子干涉会产生新的噪声模态,这会对测量结果的精确性带来一定的影响。为此,德国宇航院的 Enghardt 等[18]提出了采用壁面等轴向间距的传声器阵列代替径向探针靶来对风扇单音噪声管道声模态进行识别测量,并且将测量结果与传统的径向探针靶测量结果进行了对比分析,研究发现,当模态振幅较高时两者相差很小,但是当模态幅值较低且接近宽频噪声强度时,两种方法测量结果相差可以达到 4 dB。在实验中,为了减少传声器个数,Enghardt 采用了旋转壁面传声器阵列,即在测量管道壁面若干个等间隔分布的周向位置沿轴向等间距布置传声器阵列,如图 4-5 所示。测量过程中,旋转传声器阵列由电机带动,待采集完一个周向位置的信号后,按照特定的角度间隔旋转到下一个周向位置,直到完成整个圆周面上的信号采集。信号采集过程中,通过锁相装置来降低不同初始采集时刻对信号相位的影响。Tapken 等[19]利用管道声传播解析模型详细分析了不同传声器阵列对径向模态分解结果的影响,分析了壁面传声器阵列和径向传声器阵列在径向模态分解上的差异,研究发现,当模态波轴向传播角较小时,径向传声器阵列的模态分解结果较好,而当模态波轴向传播角较大时,壁面传声器阵列的模态分解结果较好;对于轮毂比较小的管道,如果要分析高频噪声包含的所有传播模态,使用径向传声器阵列更有优势;但是如果管道轮毂比较大,或者不需要分析阶数低的周向模态和径向模态时,则使用壁面轴向传声器阵列更有优势。基于壁面轴向传声器阵列,DLR 开展了一系列叶轮机单音噪声管道声模态的辨识研究[20-22]。

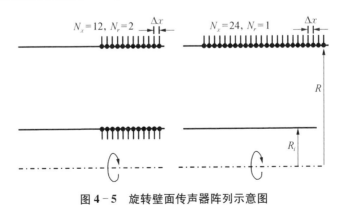

图 4-5　旋转壁面传声器阵列示意图

4.3.2　周向声模态解耦方法

目前周向模态解耦常用的求解方法包括均方根(root mean square, RMS)法、对角线移除（diagonal removal，DR）法、参考信号互相关（cross-correlation with a reference channel，CC）法以及主元素分析（principal component analysis，PC）法四种方法，荷兰宇航院的 Sijtsma 等[9]系统总结分析了上述四种方法的优缺点，他指出，均方根法和参考信号互相关法适用于管道内的周向模态测量；而对角线移除法和主要元素分析法适用于在自由场内对周向模态的识别测量。径向模态分解则广泛采用最小二乘拟合法，该方法不论在精度上还是在鲁棒性上都能满足实验测量要求。本节重点讨论管道周向声模态的辨识方法——均方根法和与参考信号互相关法。

4.3.2.1　均方根法

由式（4-1）可知，管道声场是由无数个模态波线性迭加而成，其中包括周向声模态和径向声模态。当只分析周向声模态时，式（4-1）可以写成：

$$p(x, r, \theta) = \sum_{m=-\infty}^{\infty} P_m(x, r) e^{im\theta} \tag{4-5}$$

其中，

$$P_m = \sum_{n=0}^{\infty} (P_{mn}^+ e^{-i\gamma_{mn}^+ x} + P_{mn}^- e^{-i\gamma_{mn}^- x}) \Psi_m(\kappa_{mn} r) \tag{4-6}$$

由式（4-5）可以得到：

$$P_m(x, r) = \frac{1}{K} \sum_{k=1}^{K} p(x, r, \theta_k) e^{-im\theta_k} \tag{4-7}$$

由式（4-7）可知，想要获得各个周向模态对应的振幅，需要测量获得管道内不同周向角度位置上的声学信息。根据 Nyquist 采样定理可知：要想分解得到正确的周向模态振幅，用来测量周向声场信息的传声器个数要大于所要分解周向模态阶数的 2 倍。

需要说明的是，周向模态复数振幅 P_m 是轴向位置坐标 x 和径向位置坐标 r 的函数；根据式（4-7）可知，要想得到 (x, r) 位置处的周向模态幅值，就需要测量 (x, r) 位置不同周向角度下的声学信息。为了简化表达式，在下面介绍中，省略表达式中的 (x, r)。

假设周向均匀分布的传声器阵列包含 K 个传声器，标记为 $k = 1, \cdots, K$，用于采集参考信号的传声器标记为 $k = 0$。用 θ_k 表示第 k 个传声器的周向角度位置。假定第 k 个传声器测得的压力脉动信号为 $\chi_k(t)$，可以写成：

$$\chi_k(t) = \chi_k(s\Delta t), \quad s = 1, 2, \cdots, S \tag{4-8}$$

其中，S 为选取的采集数据的个数。对其进行快速傅里叶变换（FFT）可以得到其复数形式的压力脉动振幅 $p_{f_j}(\theta_k)$，其中：

$$f_j = j/(S\Delta t)，j = 1，2，\cdots，S/2 - 1 \qquad (4-9)$$

周向模态分解是在某一固定频率上进行的，为了便于表达，以下表达式中不再使用频率的下标 j，并且省略 f。

由测量获得的 K 个传声器压力脉动频谱，可以得到复数形式的模态振幅 $P_m(f)$：

$$P_m = \frac{1}{K}\sum_{k=1}^{K} p(\theta_k)\,\mathrm{e}^{-im\theta_k} \qquad (4-10)$$

为了减小数据处理误差，在对采集信号进行傅里叶变换时，需要进行多次平均，进而得到平均模态能量 A_m 的表达式为

$$
\begin{aligned}
A_m &= \frac{1}{2}<|P_m|^2> = \frac{1}{2K^2}<\sum_{k=1}^{K}\sum_{l=1}^{K} p(\theta_k)\mathrm{e}^{-im\theta_k}p(\theta_l)^*\,\mathrm{e}^{im\theta_l}> \\
&= \frac{1}{K^2}\sum_{k=1}^{K}\sum_{l=1}^{K}\mathrm{e}^{-im\theta_k}\frac{1}{2}<p(\theta_k)p(\theta_l)^*>\mathrm{e}^{im\theta_l} \\
&= \frac{1}{K^2}\sum_{k=1}^{K}\sum_{l=1}^{K}\mathrm{e}^{-im\theta_k}C_{kl}\mathrm{e}^{im\theta_l}
\end{aligned}
\qquad (4-11)
$$

其中，C_{kl} 表示互相关函数，可以写成：$C_{kl} = \dfrac{<p(\theta_k)p(\theta_l)^*>}{2}$，"$*$"表示复数的共轭，$<>$表示取若干时间段上信号的平均值。

当传声器信号 $p(\theta_k)$ 被随机噪声信号 ε_k 干扰时，则获得的模态能量 $\tilde{A}_m$ 就会与真实值 A_m 之间存在偏差。背景噪声本身会引起模态振幅误差：

$$Error_m = \frac{1}{K^2}\sum_{k=1}^{K}\sum_{l=1}^{K}\mathrm{e}^{im\theta_k}\frac{1}{2}<\varepsilon_k\varepsilon_l^*>\mathrm{e}^{-im\theta_l} \qquad (4-12)$$

经过多次平均，可以得到：

$$
\begin{aligned}
\tilde{A}_m &= \frac{1}{K^2}\sum_{k=1}^{K}\sum_{l=1}^{K}\mathrm{e}^{-im\theta_k}\frac{1}{2}<[p(\theta_k)+\varepsilon_k][p(\theta_l)+\varepsilon_l]^*>\mathrm{e}^{im\theta_l} \\
&= A_m + Error_m
\end{aligned}
\qquad (4-13)
$$

在管道内部，不同传声器对应的（边界层）干扰噪声是互不相关的，式（4-12）可以写成：

$$Error_m = \frac{1}{K^2}\sum_{k=1}^{K}\frac{1}{2}<|\varepsilon_k|^2> \qquad (4-14)$$

假设各个传声器的干扰信号强度相同，令 $<|\varepsilon_k|^2>/2 = Q$，式（4-14）可以简写为

$$Error_m = \frac{Q}{K} \qquad (4-15)$$

所以,为了减小干扰信号对模态分解结果的影响,需要增加周向传声器的个数,这就增加了实验成本。为了在传声器个数有限的条件下进一步减小干扰信号对模态分解的影响,下面介绍一种改进的模态分解方法——参考信号互相关法。

4.3.2.2 参考信号互相关法

使用与参考位置(即 $k=0$)传声器信号互相关也可以获得复数形式的周向模态振幅,其计算公式为

$$P_m = \frac{1}{K} \sum_{k=1}^{K} p(\theta_k) p(\theta_0)^* \mathrm{e}^{-\mathrm{i}m\theta_k} / [p(\theta_0) p(\theta_0)^*]^{1/2} \qquad (4-16)$$

为抑制误差,提高信号分析的稳定性,采用对信号多次 FFT 的平均计算,则得

$$<P_m> = \frac{1}{K} \sum_{k=1}^{K} \mathrm{e}^{-\mathrm{i}m\theta_k} <p(\theta_k) p(\theta_0)^* / [p(\theta_0) p(\theta_0)^*]^{1/2}> \qquad (4-17)$$

假定上式中的分母是常数,可以得到:

$$\begin{aligned}
\tilde{A}_m &= \frac{1}{2} | <a_m>|^2 = \frac{1}{K^2 C_{00}} \Big| \sum_{k=1}^{K} \mathrm{e}^{-\mathrm{i}m\theta_k} C_{k0} \Big|^2 \\
&\approx A_m + \frac{1}{N} Error_m
\end{aligned} \qquad (4-18)$$

其中, N 表示对信号进行 FFT 时平均的次数,这样,经过多次平均之后就可以减小干扰信号对模态分解结果的影响。由式(4-13)和式(4-18)可知,对于相同的干扰信号强度而言,使用与参考信号互相关模态分解方法经过多次平均之后可以有效降低干扰噪声对模态分解结果的影响。

4.3.3 径向声模态解耦方法

由式(4-6)可知,一个周向声模态是由无数个径向模态波线性迭加而成的。因此,管道径向声模态分解是针对某个周向声模态进行的。从数学分析上看,径向声模态分解的目标就是得到式(4-6)中的入射模态波和反射模态波的复数振幅 $P_{mn}^{\pm}$ 。

当只有有限个径向模态阶数处于截通状态时,式(4-6)可以写成:

$$P_m(x, r) = \sum_{n=0}^{N} (P_{mn}^+ \mathrm{e}^{-\mathrm{i}\gamma_{mn}^+ x} + P_{mn}^- \mathrm{e}^{-\mathrm{i}\gamma_{mn}^- x}) \Psi_m(\kappa_{mn} r) \qquad (4-19)$$

其中, N 是处于截通状态的最大径向模态阶数。

由式(4-19)可知,通过测量不同半径位置 r 或者不同轴向位置 x 的周向模态

信息,结合式(4-19)就可以计算得到径向模态振幅 P_{mn}^{+} 和 P_{mn}^{-} 。 因此,从传声器阵列设计上看,用于管道径向声模态测量的传声器阵列主要包括两种:径向传声器阵列和轴向传声器阵列,如图 4-6 所示。下面将分别针对径向传声器阵列和轴向传声器阵列介绍用于径向模态分解的方法。

(a) 径向传声器阵列[11]　　　　　　　　　　(b) 轴向传声器阵列

图 4-6　管道声模态测量所用的传声器阵列

4.3.3.1　径向传声器阵列数据处理方法

由式(4-10)或式(4-16)可以得到任意半径位置上周向模态幅值,而每个半径位置的周向模态幅值都由若干个径向模态线性迭加而成,因此,在获得不同半径位置上的周向模态幅值之后,就可以构成如下的线性方程组:

$$\begin{cases} P_m(x,\,r_1) = \sum_{n=0}^{N} P_{mn} \Psi_m(\kappa_{mn} r_1) \\ P_m(x,\,r_2) = \sum_{n=0}^{N} P_{mn} \Psi_m(\kappa_{mn} r_2) \\ \vdots \\ P_m(x,\,r_D) = \sum_{n=0}^{N} P_{mn} \Psi_m(\kappa_{mn} r_2) \end{cases} \tag{4-20}$$

其中, D 为沿半径方向的测量点个数。

从数学计算上说,当 $D \geq N+1$ 时,就可以通过求解上述方程组,得到相应的模态幅值 P_{mn} 。 但是,由于 $P_m(x,\,r)$ 是通过实验测量得到的,存在测量误差,而模态幅值是强制拟合到测量点上的,如果要求每个半径位置都有: $P_m(x,\,r) = \sum_{n=0}^{N} P_{mn} \Psi_m(\kappa_{mn} r)$,测量中的任何小的偏差都会导致方程组不稳定。而最小二乘拟

合法是有效抑制测量误差、提高求解稳定性的数学手段。假定某个半径位置周向模态的误差 δ_i 可以写成:

$$\delta_i = \sum_{n=0}^{N} P_{mn} \Psi_m(\kappa_{mn} r_i) - P_m(x, r_i) \tag{4-21}$$

通过调整 P_{mn} 来使得误差的平方值最小。将式(4-21)对 P_{mn} 求导使其等于零就可以获得所求的 P_{mn} 值。对每一个测量点每一个模态进行这样的处理就可以得到一个矩阵方程。误差平方的总和为

$$\delta^2 = \sum_{i=1}^{D} \left[\sum_{n=0}^{N} W_i P_{mn} \Psi_m(\kappa_{mn} r_i) - P_m(x, r_i) \right]^2 \tag{4-22}$$

其中, W_i 是加权因子,它有两种分配方法。第一种是按照测量点所占的环形面积比例取值,另一种全部取 $W_i = 1$,研究结果表明,两种取法对模态分解结果没有很大的影响。将式(4-22)对每个径向模态振幅进行求导,可以得到 $N+1$ 个方程:

$$\frac{\partial \delta^2}{\partial P_{m0}} = 2 \sum_{i=1}^{D} \Psi_m(\kappa_{m0} r_i) \left[\sum_{n=0}^{N} P_{mn} \Psi_m(\kappa_{mn} r_i) - P_m(x, r_i) \right]$$

$$\frac{\partial \delta^2}{\partial P_{m1}} = 2 \sum_{i=1}^{D} \Psi_m(\kappa_{m1} r_i) \left[\sum_{n=0}^{N} P_{mn} \Psi_m(\kappa_{mn} r_i) - P_m(x, r_i) \right] \tag{4-23}$$

$$\vdots$$

$$\frac{\partial \delta^2}{\partial P_{mN}} = 2 \sum_{i=1}^{D} \Psi_m(\kappa_{mN} r_i) \left[\sum_{n=0}^{N} P_{mn} \Psi_m(\kappa_{mn} r_i) - P_m(x, r_i) \right]$$

当这些方程都为零时,求解方程组(4-23)就可以得到误差最小时对应的模态振幅。将 $\dfrac{\partial \delta^2}{\partial P_{mn}}$ 对 P_{mn} 再次求导,可以检验所得到的 P_{mn} 对应的是最小误差,而不是最大误差。 $\dfrac{\partial \delta^2}{\partial P_{mn}}$ 对 P_{mn} 再次求导的结果是

$$\frac{\partial^2 \delta^2}{(\partial P_{mn})^2} = 2 \sum_{i=1}^{NP} \Psi_{mn}^2(\kappa_{mn} r_i) \tag{4-24}$$

这个值总是正值,这就意味着得到了模态振幅 P_{mn} 是误差最小的值。令式(4-23)的右边等于零,整理可得

$$\sum_{n=0}^{N} P_{mn} \sum_{i=1}^{D} \Psi_m(\kappa_{mv} r_i) \Psi_m(\kappa_{mn} r_i) = \sum_{i=1}^{D} \Psi_m(\kappa_{mv} r_i) P_m(x, r_i) \tag{4-25}$$

将式(4-25)写成矩阵形式,可以得到:$\boldsymbol{F}_{vn}\boldsymbol{P}_n = \boldsymbol{\Psi}_{vr}\boldsymbol{P}_r$。其中 $\boldsymbol{P}_n$ 表示所要计算的径向模态振幅向量;$\boldsymbol{P}_r$ 表示不同半径位置测量得到的周向模态振幅向量;$\boldsymbol{F}_{vn}$、$\boldsymbol{\Psi}_{vr}$ 是系数矩阵,其表达式为

$$\boldsymbol{F}_{vn} = \begin{bmatrix} \sum_{i=1}^{D} \Psi_m(\kappa_{m0}r_i)\Psi_m(\kappa_{m0}r_i) & \cdots & \sum_{i=1}^{D} \Psi_m(\kappa_{m0}r_i)\Psi_m(\kappa_{mN}r_i) \\ \vdots & \ddots & \vdots \\ \sum_{i=1}^{D} \Psi_m(\kappa_{mN}r_i)\Psi_m(\kappa_{m0}r_i) & \cdots & \sum_{i=1}^{D} \Psi_m(\kappa_{mN}r_i)\Psi_m(\kappa_{mN}r_i) \end{bmatrix} \tag{4-26}$$

$$\boldsymbol{\Psi}_{vr} = \begin{bmatrix} \Psi_m(k_{m0}r_1) & \cdots & \Psi_m(k_{m0}r_D) \\ \vdots & \ddots & \vdots \\ \Psi_m(k_{mN}r_1) & \cdots & \Psi_m(k_{mN}r_D) \end{bmatrix} \tag{4-27}$$

令 $\boldsymbol{E}_v = \boldsymbol{\Psi}_{vr}\boldsymbol{P}_r$,则有

$$\boldsymbol{P}_n = \boldsymbol{F}_{vn}^{-1}\boldsymbol{E}_v \tag{4-28}$$

需要指出的是,从数学上讲,只要满足 $D > N+1$ 就可以通过式(4-28)计算获得径向模态振幅,但是径向测量位置数越多,径向模态分解的精度越高。大量研究表明,当测量位置的个数约为需要分解最大径向模态阶数的 2 倍时才可以获得较为准确的模态分解结果。

由式(4-19)可知,通过式(4-28)计算获得的径向模态振幅包括入射波和反射波两部分,即

$$P_{mn}(x) = P_{mn}^+ e^{-i\gamma_{mn}^+ x} + P_{mn}^- e^{-i\gamma_{mn}^- x} \tag{4-29}$$

式(4-29)是一个简单的线性方程,如果要计算获得 P_{mn}^+ 和 P_{mn}^-,就需要两个轴向位置上的模态振幅 P_{mn}。因此,实验测量中,至少要在管道两个轴向位置布置径向传声器阵列才能够得到入射波和反射波的模态振幅。

从图 4-6 可以看出,径向传声器阵列通常需要在管道内部设置传声器支撑结构,其尾迹会与下游转子干涉产生新的模态结构,会影响叶轮机械管道声模态结构的分析。而壁面传声器阵列可以将传声器布置在机匣壁面,对管道内的流场影响很小,因此,更适用于进口管道声模态的实验测量。下面介绍使用壁面轴向传声器阵列测量径向模态所需的数据处理方法。

4.3.3.2 轴向传声器阵列数据处理方法

由于使用轴向分布壁面传声器阵列,传声器通常安置在管道壁面上,即声场测量的半径位置是确定的,为了简化起见,令 $\Psi_{mn} = \Psi_m(\kappa_{mn}R)$,其中 R 是管道半径。

假设实验中在 D 个轴向位置安置了壁面周向传声器阵列,则由式(4-19)可以得到一个线性方程组:

$$P_m(x_1) = \sum_{n=0}^{N} (P_{mn}^+ \mathrm{e}^{-\mathrm{i}\gamma_{mn}^+ x_1} + P_{mn}^- \mathrm{e}^{-\mathrm{i}\gamma_{mn}^- x_1}) \Psi_{mn}$$

$$P_m(x_2) = \sum_{n=0}^{N} (P_{mn}^+ \mathrm{e}^{-\mathrm{i}\gamma_{mn}^+ x_2} + P_{mn}^- \mathrm{e}^{-\mathrm{i}\gamma_{mn}^- x_2}) \Psi_{mn} \qquad (4-30)$$

$$\vdots$$

$$P_m(x_D) = \sum_{n=0}^{N} (P_{mn}^+ \mathrm{e}^{-\mathrm{i}\gamma_{mn}^+ x_D} + P_{mn}^- \mathrm{e}^{-\mathrm{i}\gamma_{mn}^- x_D}) \Psi_{mn}$$

与径向传声器阵列数据处理方法类似,为了得到使误差最小的径向模态振幅,模态振幅需要满足下面的表达式:

$$\sum_{n=0}^{N} P_{mn}^+ \sum_{l=1}^{D} \Psi_{mv}\Psi_{mn} \mathrm{e}^{-\mathrm{i}\gamma_{mv}^+ x_l} \mathrm{e}^{-\mathrm{i}\gamma_{mn}^+ x_l} + \sum_{n=0}^{N} P_{mn}^- \sum_{l=1}^{D} \Psi_{mv}\Psi_{mn} \mathrm{e}^{-\mathrm{i}\gamma_{mv}^+ x_l} \mathrm{e}^{-\mathrm{i}\gamma_{mn}^- x_l} = \sum_{l=1}^{D} \Psi_{mv} \mathrm{e}^{-\mathrm{i}\gamma_{mv}^+ x_l} P_m(x_l)$$

$$\sum_{n=0}^{N} P_{mn}^+ \sum_{l=1}^{D} \Psi_{mv}\Psi_{mn} \mathrm{e}^{-\mathrm{i}\gamma_{mv}^- x_l} \mathrm{e}^{-\mathrm{i}\gamma_{mn}^+ x_l} + \sum_{n=0}^{N} P_{mn}^- \sum_{l=1}^{D} \Psi_{mv}\Psi_{mn} \mathrm{e}^{-\mathrm{i}\gamma_{mv}^- x_l} \mathrm{e}^{-\mathrm{i}\gamma_{mn}^- x_l} = \sum_{l=1}^{D} \Psi_{mv} \mathrm{e}^{-\mathrm{i}\gamma_{mv}^- x_l} P_m(x_l)$$

$$(4-31)$$

将式(4-31)写成矩阵形式,可以得到: $\boldsymbol{X}_{vn}\boldsymbol{P}_n = \boldsymbol{\Psi}_{vx}\boldsymbol{P}_x$。其中 $\boldsymbol{P}_n$ 表示所要计算的径向模态振幅向量(包括入射波和反射波两部分),$\boldsymbol{P}_x$ 表示轴向位置测量得到的周向模态振幅向量,$\boldsymbol{P}_n$、$\boldsymbol{X}_{vn}$、$\boldsymbol{\Psi}_{vr}$ 的表达式为

$$\boldsymbol{P}_n = \begin{bmatrix} P_{m0}^+ & P_{m0}^- & \cdots & P_{mN}^+ & P_{mN}^- \end{bmatrix}^{\mathrm{T}} \qquad (4-32)$$

$$\boldsymbol{X}_{vn} = \begin{bmatrix}
\sum_{l=1}^{D} \Psi_{m0}\Psi_{m0}\mathrm{e}^{-\mathrm{i}(\gamma_{m0}^+ + \gamma_{m0}^+)x_l} & \sum_{l=1}^{D} \Psi_{m0}\Psi_{m0}\mathrm{e}^{-\mathrm{i}(\gamma_{m0}^+ + \gamma_{m0}^-)x_l} & \cdots & \sum_{l=1}^{D} \Psi_{mN}\Psi_{m0}\mathrm{e}^{-\mathrm{i}(\gamma_{mN}^+ + \gamma_{m0}^+)x_l} & \sum_{l=1}^{D} \Psi_{mN}\Psi_{m0}\mathrm{e}^{-\mathrm{i}(\gamma_{mN}^- + \gamma_{m0}^+)x_l} \\
\sum_{l=1}^{D} \Psi_{m0}\Psi_{m0}\mathrm{e}^{-\mathrm{i}(\gamma_{m0}^+ + \gamma_{m0}^-)x_l} & \sum_{l=1}^{D} \Psi_{m0}\Psi_{m0}\mathrm{e}^{-\mathrm{i}(\gamma_{m0}^- + \gamma_{m0}^-)x_l} & \cdots & \sum_{l=1}^{D} \Psi_{mN}\Psi_{m0}\mathrm{e}^{-\mathrm{i}(\gamma_{mN}^+ + \gamma_{m0}^-)x_l} & \sum_{l=1}^{D} \Psi_{mN}\Psi_{m0}\mathrm{e}^{-\mathrm{i}(\gamma_{mN}^- + \gamma_{m0}^-)x_l} \\
\vdots & \vdots & \ddots & \vdots & \vdots \\
\sum_{l=1}^{D} \Psi_{m0}\Psi_{mN}\mathrm{e}^{-\mathrm{i}(\gamma_{m0}^+ + \gamma_{mN}^+)x_l} & \sum_{l=1}^{D} \Psi_{m0}\Psi_{mN}\mathrm{e}^{-\mathrm{i}(\gamma_{m0}^- + \gamma_{mN}^+)x_l} & \cdots & \sum_{l=1}^{D} \Psi_{mN}\Psi_{mN}\mathrm{e}^{-\mathrm{i}(\gamma_{mN}^+ + \gamma_{mN}^+)x_l} & \sum_{l=1}^{D} \Psi_{mN}\Psi_{mN}\mathrm{e}^{-\mathrm{i}(\gamma_{mN}^- + \gamma_{mN}^+)x_l} \\
\sum_{l=1}^{D} \Psi_{m0}\Psi_{mN}\mathrm{e}^{-\mathrm{i}(\gamma_{m0}^+ + \gamma_{mN}^-)x_l} & \sum_{l=1}^{D} \Psi_{m0}\Psi_{mN}\mathrm{e}^{-\mathrm{i}(\gamma_{m0}^- + \gamma_{mN}^-)x_l} & \cdots & \sum_{l=1}^{D} \Psi_{mN}\Psi_{mN}\mathrm{e}^{-\mathrm{i}(\gamma_{mN}^+ + \gamma_{mN}^-)x_l} & \sum_{l=1}^{D} \Psi_{mN}\Psi_{mN}\mathrm{e}^{-\mathrm{i}(\gamma_{mN}^- + \gamma_{mN}^-)x_l}
\end{bmatrix}$$

$$(4-33)$$

$$\boldsymbol{\Psi}_{vx} = \begin{bmatrix} \boldsymbol{\Psi}_{m0} \mathrm{e}^{-\mathrm{i}\gamma_{m0}^{+}x_1} & \cdots & \boldsymbol{\Psi}_{m0} \mathrm{e}^{-\mathrm{i}\gamma_{m0}^{+}x_D} \\ \boldsymbol{\Psi}_{m0} \mathrm{e}^{-\mathrm{i}\gamma_{m0}^{-}x_1} & \cdots & \boldsymbol{\Psi}_{m0} \mathrm{e}^{-\mathrm{i}\gamma_{m0}^{-}x_D} \\ \vdots & \ddots & \vdots \\ \boldsymbol{\Psi}_{mN} \mathrm{e}^{-\mathrm{i}\gamma_{mN}^{+}x_1} & \cdots & \boldsymbol{\Psi}_{mN} \mathrm{e}^{-\mathrm{i}\gamma_{mN}^{+}x_D} \\ \boldsymbol{\Psi}_{mN} \mathrm{e}^{-\mathrm{i}\gamma_{mN}^{-}x_1} & \cdots & \boldsymbol{\Psi}_{mN} \mathrm{e}^{-\mathrm{i}\gamma_{mN}^{-}x_D} \end{bmatrix} \tag{4-34}$$

令 $\boldsymbol{K}_v = \boldsymbol{\Psi}_{vx}\boldsymbol{P}_x$，则有

$$\boldsymbol{P}_n = \boldsymbol{X}_{vn}^{-1}\boldsymbol{K}_v \tag{4-35}$$

通过式(4-35)就可以计算获得径向模态振幅,通常情况下,如果不需要分离入射波和反射波时,要获得准确的模态分解结果,轴向测量位置的个数至少要为需要分解的最大径向模态阶数的 2 倍,而当需要分离入射波和反射波时,轴向测量位置的个数需要加倍。

4.3.4　单音噪声管道声模态辨识数据处理流程

根据单音噪声管道周向模态和径向模态分解方法可知,要实现对单音噪声管道声模态的识别测量,需要设计相应的传声器阵列,并且根据具体的传声器阵列设计方案开发对应的数据处理软件。周向声模态识别测量是通过测量管道内不同周向位置上的声场信息进行的;而径向声模态识别测量是在周向声模态识别测量的基础上进行的,主要有两种测量方法:径向传声器阵列和壁面轴向传声器阵列。其中,径向传声器阵列通过拟合管道内不同半径位置上的周向声模态幅值解耦径向声模态,而壁面轴向传声器阵列通过拟合周向声模态沿轴向的幅值和相位变化解耦径向声模态。图 4-7 给出了单音噪声管道声模态识别测量的流程图。可以看出,单音噪声管道声模态识别测量主要包括以下四个步骤。

第一步:用于单音噪声管道声模态识别测量的传声器阵列设计。

传声器阵列设计与所要识别测量的模态阶数密切相关,对于航空叶轮机典型的转静干涉单音,要根据 Tyler & Sofrin 声模态理论确定需要识别测量的最大周向模态阶数 M 和最大径向模态阶数 N。根据前面的分析可知,为了实现对管道声模态的准确识别测量,传声器阵列中大约需要 $2N$ 圈周向传声器阵列,每圈周向传声器阵列至少包含 $2M+1$ 个传声器。$2N$ 圈周向传声器阵列可以放置在管道内不同的半径位置或者不同的轴向位置,用于测量不同半径位置或者不同轴向位置上的周向模态信息。另外,如果要分离入射波和反射波,周向传声器阵列圈数要加倍

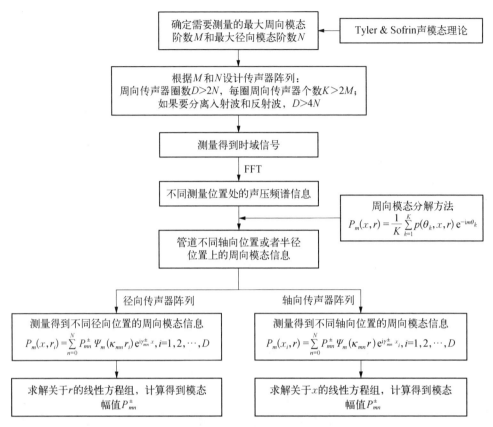

图 4‐7　单音噪声管道声模态识别测量的流程

（即需要约 $4N$ 圈周向传声器阵列），而且要将其布置在与原来周向传声器阵列不同的轴向位置处。

第二步：获取管道内不同测量位置处的声压频谱信息。

同时采集管道内所有测量位置上的声学时域信号，对其进行傅里叶变换，得到对应的声压频谱信息（包括幅值和相位两部分信息）。

第三步：周向声模态分解。

基于不同的周向模态分解方法，使用周向传声器阵列测量得到的声压频谱信息，得到不同半径位置或者不同轴向位置处的周向模态信息。

第四步：径向模态分解。

周向模态是由有限个处于截通状态的径向模态线性迭加而成。每个周向传声器阵列都可以得到某个周向模态的振幅信息，D 圈周向传声器阵列可以得到 D 个位置上的周向模态信息，这样就可以得到由 D 个方程组成的线性方程组［如式（4‐20）和式（4‐30）］，由于 $D \geqslant 4N$，得到的线性方程组中方程个数大于未知数个数，使用最小二乘拟合法就可以得到径向模态幅值 $P_{mn}^{\pm}$。

4.4 宽频噪声管道声模态辨识原理与方法

4.4.1 宽频噪声管道声模态辨识技术的发展

早在 1972 年,Harel 和 Perulli[5] 提出了采用互相关频谱方法(cross spectral approach)的思想进行宽频噪声管道声模态识别测量,并在声压测量中首次用传声器替代了热线风速仪。Bolleter 等[23] 利用互谱密度方法(cross spectral density approach)开展对风扇宽频噪声管道声模态的研究,该方法通过分析不同传感器信号之间的互相关函数,将宽频噪声功率分解到管道声模态上,但是在研究过程中,他们假设管道端壁无反射,并且忽略了管道中气流的影响。Jacobsen 等指出,当存在较强反射波时,如果忽略气流流动的影响,即使是在很小的马赫数下也会导致宽频噪声声功率测量产生很大的误差[24]。

Kerschen 等[25] 发展了第一种实用的既可用于单音噪声也可用于宽频噪声的模态解耦方法——瞬时法(instantaneous approach),并且分析了模态分解对流动噪声的抑制特性。这种方法首先在多个半径位置测量获得周向模态信息,然后利用最小二乘拟合法实现径向模态的识别。Kerschen 等指出,当管道声模态之间互不相关时,这种方法可以得到很大的简化,他们也给出了用于管道声模态之间相关性分析的判据。

为了研究均匀流动对宽频噪声模态识别的影响,Michalke 等[26, 27] 在 Doak[28, 29] 的管道声场基本理论的基础上,推导了流动管道内声模态传播控制方程,并指出可以利用两个不同测点的声压互功率谱密度和互相关函数来获得流动管道内的噪声功率频谱。在此基础上,NASA 于 1990 年开发了管道宽频噪声标准化测试方法 ISO 5136:1990[30],并于 1999 年对管道噪声测量程序 ISO/DIS 5136:1999 进行了改进[31]。但是 Neise 等[32] 指出该方法对测试装置以及实验台要求较高,在管道宽频噪声特性研究中并不能得到广泛推广。

Abom[33] 基于对不同传声器之间的传递函数分析,提出了另一种模态分解方法,即传递函数法,该方法对单音噪声和宽频噪声都是有效的。Abom 指出,要实现对管道内入射波和反射波的分离,至少需要在两个不同轴向位置处进行管道声模态的识别测量,另外,Abom 还分析了传声器阵列的轴向间距对宽频噪声模态识别测量结果的影响。为了实现对数量较多的模态进行分离识别,Abom 基于 Yardley[7] 提出的模态分解方法,提出将周向模态和径向模态识别分开进行,首先利用周向方向的空间傅里叶变换对周向模态进行分解识别,在多个轴向位置或者半径位置重复这一过程,得到多个轴向位置或者半径位置的周向模态信息,然后通过建立并求解超定线性方程组得到各个径向模态的振幅。

针对管道内宽频噪声声功率测量,Chung[34]、Michalke 等[27]、Chun 等[35] 和 Enghardt 等[36]进一步提出了基于管道声模态识别的风扇宽频噪声功率测量方法——参考传声器法。该方法不仅能够计算出管道内主导单音的声功率,也能得到较宽广频率范围的宽频噪声声功率,并且可以分辨出管道内顺流和逆流传播的声模态信息。他们假设宽频噪声不同模态之间是互不相关的,在求解模态幅值时利用了最小二乘拟合法。参考传声器法并不需要对所有声压测点进行同步采集,但其测试结果的精度和传声器阵列测点的位置分布、声波频率以及气流参数密切相关。另外,由于这种参考传声器方法假设宽频噪声不同模态之间是统计不相干的,该假设的准确性并未进行实验验证。该方法在德国宇航院 DLR 的低速风扇实验台得到了实验验证,测试结果与管道噪声标准化测量方法 ISO 5136[30]的计算结果吻合得很好。

基于所有传声器测量的声压信号之间的互功率谱函数和波束成型方法,Enghardt 等[37]进一步提出利用互相关法进行管道内宽频噪声模态的测量,他们在无气流管道内利用扬声器构造宽频噪声,利用固定壁面传声器阵列进行了管道声模态的识别测量,结果表明,宽频噪声不同声模态之间存在一定的相关性,测量得到的宽频噪声声功率比参考传声器法更符合预期结果。而且该方法在应用中不受管道声源内部模态相干特性的限制。

Jürgens 等[38]进一步利用管道声场模拟装置对互相关方法进行了实验考核,测量结果也表明,宽频噪声不同声模态之间存在一定的相关性,因此,假设宽频噪声不同模态之间不相关是不合理的。以上这些研究表明,认识并掌握管道声场的统计相关性以及管道声模态之间的统计相干特性,对风扇管道噪声测试尤其是宽频噪声模态的辨识至关重要。

4.4.2   宽频噪声管道声模态统计相关性分析方法

Dyer[39]首次研究了管道内周向声模态的相关性,他们假定,当两个不同周向位置处的声压信号的互相关函数与周向位置的关系满足狄拉克函数 $\delta(\theta_2 - \theta_1)$ 时,不同周向模态是互不相关的。研究发现,空间位置随机的单极子质量源其产生的管道声模态是统计不相关的,而且各模态之间的互谱结果等于零;需要注意的是,Dyer 在进行管道随机噪声相关性分析的时候,使用的是完全随机的两个噪声信号,用这样的模拟方法来判断不同周向模态之间相关性的结论是没有普遍意义的,这是因为对于发动机管道内的湍流随机噪声源,声源流场和声源之间总是存在一定的相关性。Kerschen 和 Johnston[25]在发展管道声模态辨识方法过程中,认识到管道内噪声信号自相关函数与周向位置的重要关联特点,并基于管道声场结构的这一特点,提出了用于分析宽频噪声管道声模态相关性的方法。考虑到实际发动机管内复杂湍流流动及其噪声传播过程,Michalke 等[29]在研究环形管道内的湍流

噪声时,为了尽量降低当地湍流压力脉动对声压信号的影响,建议使用三个不同空
间位置处的传声器声压信号的互相关函数来判定管道内声场相关性的方法,
Michalke 这种三个传声器测量信号的互谱分析方法在随后的研究中得到了许多实
验结果的证实。

德国宇航院 Tapken 等[19]使用无气流管道,通过由壁面布置的两圈扬声器人
工构造随机宽频噪声源,并在模态分解之后,利用不同模态之间的互相关分析,研
究了宽频噪声模态之间的相关性,结果表明不同模态组合之间的相干函数结果截
然不同,有些模态之间是完全不相干的,而有些特定模态组合则完全相干,而不同
模态间相关性差异主要依赖于模态阶数之差。Enghardt 等还发现,当进一步增加
扬声器声源的个数,模拟更为复杂随机噪声源情况时,管道内统计平均的模态相干
系数会趋近于零,也就是说当扬声器个数足够多时(也就是管道内噪声源分布足够
多时),其产生的管道声场内部模态之间是统计不相干的。这个结论说明,管道内
随机宽频噪声源的分布特征对于管道声模态相干性具有明显影响。Tapken 等[19]
进一步对这个问题进行了研究,通过在管道壁面布置数圈单极子声源来构造管道
内的宽频噪声源,分析了不同单级子声源个数情况下管道内声模态之间的相关性,
研究发现,当在管道壁面布置 20 圈单级子噪声源(每圈 16 个单极子声源),管道内
声模态之间就是完全不相干的,这一结果说明,随机宽频噪声管道内的声模态相关
性与声源分布特征密切相关。受这个结论的启发,Jürgens 等[38]、Jeong 等[40]提出
根据管道内宽频噪声模态之间的相干函数,研究宽频噪声源的特性(特别是声源的
个数、分布规律、各个声源的特征)以及两个声源之间的轴向间距等。同时这个结
论也提醒我们,在进行发动机管道声模态辨识分解的时候,要谨慎使用模态完全不
相关这个结论,因为真实发动机管道内的声模态相干特性还未有统一结论,对于具
体的研究对象,必须在明确认识其管道内随机噪声模态相关性的前提下,再确定模
态辨识方法。

4.4.2.1　宽频噪声管道声场统计相关性分析方法

根据管道声模态表达式,可以得到两个不同周向位置声压信号的互相关函
数为

$$C(\omega;\theta_1,\theta_2)=\sum_{m=-M}^{M}\sum_{l=-M}^{M}(P_m\cdot P_l^*)e^{im\theta_1-il\theta_2}$$
$$=\sum_{m=-M}^{M}\sum_{l=-M}^{M}(P_m\cdot P_l^*)e^{i(m-l)\theta_2+im\alpha} \tag{4-36}$$

式中,$\alpha=\theta_1-\theta_2$。

从式(4-36)可以看出,如果不同周向声模态之间是互不相关的,则对于不同
的周向模态 $m\neq l$, $P_m\cdot P_l^*=0$。在这种情况下,不同周向位置声压信号的互相关

函数就只与 α 有关。这与前述的 Michalke 提出的相关性分析相符。

取 $\alpha = 0$，式(4-36)就成为某个周向位置处声压信号的自相关函数或者功率谱密度，即

$$C(\omega;\theta) = \sum_{m=-M}^{M} \sum_{l=-M}^{M} (P_m \cdot P_l^*) e^{i(m-l)\theta} \qquad (4-37)$$

从式(4-37)可以看出，自相关函数与周向位置 θ 有关。如果不同周向模态是互不相关的，则对于不同的周向模态 $m \ne l$，$P_m \cdot P_l^* = 0$。在这种情况下，周向位置声压信号的自相关函数就与周向位置 θ 无关。基于管道内声场结构的这一特点，Kerschen 提出了用于分析宽频噪声管道声模态相关性的方法：如果管道壁面的声压功率谱密度与周向位置无关，则不同周向声模态之间是互不相关的。Kerschen 指出这种方法是评估管道内不同周向声模态之间相关性的最简单也是最有普遍意义的方法。我们将这种方法称为 Kerschen 管道声模态相关性分析方法。但在实际情况中，传声器测量得到的信号通常会受到当地湍流压力脉动的影响，Kerschen 提出的相关性判断方法不能将这一影响因素排除。为了尽量降低当地湍流压力脉动对声压信号的影响，Michalke 建议使用三个不同空间位置处的(用1、2、3表示三个位置)传声器声压信号的互相关函数来判定管道内声场的相关性。假设三个传声器位置距离足够远，三个位置处的湍流压力脉动仅仅影响对应位置的传声器信号，对其他两个位置的传声器信号没有影响。使用 C_{12}、C_{23} 和 C_{13} 分别表示三个不同位置处传声器信号的互相关函数，ψ_{12}、ψ_{23} 和 ψ_{13} 分别表示对应互相关函数的相位，定义：

$$C_{123} = C_{12} \cdot C_{23} / C_{13} = \frac{|C_{12}||C_{23}|}{|C_{13}|} e^{i\Delta\psi} \qquad (4-38)$$

其中，$\Delta\psi = \psi_{12} + \psi_{23} - \psi_{13}$。

如果管道内声模态之间是完全相关的，根据式(4-36)可以得到 $C_{123} = C_{22}$，其中 C_{22} 是位置 2 处的声压信号的自相关函数，此时 $\Delta\psi = 0$，C_{123} 是实数。这种情况下，使用式(4-38)可以得到不同位置处声压的自相关函数或者功率谱密度，而且其中去除了当地湍流压力脉动的影响；反之，如果管道内的声模态之间是互不相关的，则 $\Delta\psi \ne 0$，C_{123} 是复数。通常将这种方法称为 Michalke 管道声模态相关性分析方法。

基于 Kerschen 提出的周向声模态相关性分析方法，结合管道声学基本理论，还可以用类似的方法来分析径向模态的相关性。由管道声模态理论可以得到特定轴向位置上的周向模态自相关函数：

$$
\begin{aligned}
P_m(x) \cdot P_m^*(x) = & \sum_{n=0}^{N} \sum_{s=0}^{N} \Psi_{mn} \Psi_{ms} \left[P_{mn}^+ (P_{ms}^+)^* e^{i(-\gamma_{mn}^+ + \gamma_{ms}^+)x} \right] + \\
& \sum_{n=0}^{N} \sum_{s=0}^{N} \Psi_{mn} \Psi_{ms} \left[P_{mn}^+ (P_{ms}^-)^* e^{i(-\gamma_{mn}^+ + \gamma_{ms}^-)x} \right] + \\
& \sum_{n=0}^{N} \sum_{s=0}^{N} \Psi_{mn} \Psi_{ms} \left[P_{mn}^- (P_{ms}^+)^* e^{i(-\gamma_{mn}^- + \gamma_{ms}^+)x} \right] + \\
& \sum_{n=0}^{N} \sum_{s=0}^{N} \Psi_{mn} \Psi_{ms} \left[P_{mn}^- (P_{ms}^-)^* e^{i(-\gamma_{mn}^- + \gamma_{ms}^-)x} \right]
\end{aligned} \tag{4-39}
$$

如果不同径向模态之间互不相关,则式中的互相关项为零,$P_m(x) \cdot P_m^*(x)$ 与轴向位置无关,反之,$P_m(x) \cdot P_m^*(x)$ 沿轴向方向是变化的。使用这种方法可以迅速判断管道内径向模态的相关性。

4.4.2.2　宽频噪声管道声模态统计相干性分析方法

这里进一步介绍管道声模态相干系数的计算分析方法。实验测试中,假设管道内有 K 个测点用于同步采集声压数据,测点处的声压可以写成:

$$
\boldsymbol{p}_k = \boldsymbol{\Phi}_{kl} \boldsymbol{P}_l, \ k = 1, 2, \cdots, K, \ l = 1, 2, \cdots, L \tag{4-40}
$$

其中,$\boldsymbol{p}_k$ 是在第 k 个测量位置得到的频率 ω 处的复数声压向量;$\boldsymbol{P}_l$ 表示第 l 个模态的复数振幅,模态阶数可以用 (m, n) 表示;L 表示处于“截通”状态的模态总数;$\boldsymbol{\Phi}$ 是系数矩阵,其值由传声器阵列的测点位置 k 以及模态阶数 (m, n) 决定。两个测点处的声压信号互谱矩阵可定义为 $C_{ks} = <p_k p_s^*>$,根据式(4-40),C_{ks} 可以写成:

$$
C_{ks} = \sum_{l=1}^{L} \sum_{h}^{L} \Phi_{kl} \Phi_{sh}^* P_l P_h^* \tag{4-41}
$$

理论上来说,当 $K > L$ 时,方程(4-41)可以形成一个超定线性方程组,采用最小二乘拟合法即可得到模态振幅及其之间的交叉项 $P_l P_h^*$,l 和 h 分别表示模态 (m, n) 和模态 (μ, ν),定义:

$$
C_{mn}^{\mu\nu} = \frac{| <P_{mn} P_{\mu\nu}^*> |^2}{<|P_{mn}|^2> <|P_{\mu\nu}|^2>} \tag{4-42}
$$

为声模态之间的相干系数,利用相干系数可以认识管道内各截通模态之间的相干特性。

4.4.3　宽频噪声管道声模态解耦方法

与单音噪声管道声模态解耦方法类似,宽频噪声管道声模态的解耦也是首先进行周向模态分解,然后再进行径向模态分解等两个步骤完成,通过对周向传声器阵列测量得到的声场信息进行互相关处理得到周向模态的互相关函数,然后使用最小二乘拟合法拟合不同半径或者不同轴向位置上的周向模态获得各个径向模态的互相关函数。

4.4.3.1 宽频噪声管道声模态解耦的瞬时法

根据傅里叶变换基本公式,可以写出管道声场在时域表达式为

$$p(t; x, r, \theta) = \int p(\omega; x, r, \theta) e^{-i\omega t} dt = \int \left[\sum_{m=-\infty}^{\infty} P_m(\omega; x, r) e^{im\theta} \right] e^{-i\omega t} dt$$

$$= \sum_{m=-\infty}^{\infty} \left[\int P_m(\omega; x, r) e^{-i\omega t} dt \right] e^{im\theta} = \sum_{m=-\infty}^{\infty} P_m(t; x, r) e^{im\theta}$$

$$(4-43)$$

由式(4-43)可以得到管道内周向声模态振幅在时域上的计算公式为

$$P_m(t; x, r) = \frac{1}{K} \sum_{k=1}^{K} p(t; x, r, \theta_k) e^{-im\theta_k} \qquad (4-44)$$

其中,K 是管道周向传声器的个数。根据前面周向管道声模态实验测量方法的分析可知,周向传声器个数 $K > 2|M|$,其中 M 是处于截通状态的最大周向模态阶数。

由式(4-44)就可以得到不同时刻周向模态为 m 的复数振幅,对其进行傅里叶变换就可以得到不同频率下周向模态 m 对应的复数振幅 $P_m(\omega; x, r)$。需要指出的是,通常情况下 $P_m(t; x, r)$ 是复数,它并不是关于频率的对称函数。在这种情况下,计算 $P_m(\omega; x, r)$ 的常用方法就是将 $P_m(t; x, r)$ 分成实部和虚部两部分,即

$$P_m(t; x, r) = P_m^R(t; x, r) + iP_m^I(t; x, r) \qquad (4-45)$$

根据傅里叶变换特性,可以得到:

$$P_m(\omega; x, r) = P_m^R(\omega; x, r) + iP_m^I(\omega; x, r) \qquad (4-46)$$

其中:

$$P_m^R(\omega; x, r) = P_m^{RA}(\omega; x, r) + iP_m^{RB}(\omega; x, r)$$
$$P_m^I(\omega; x, r) = P_m^{IA}(\omega; x, r) + iP_m^{IB}(\omega; x, r) \qquad (4-47)$$

由此可以得到不同空间位置上周向模态振幅的互相关函数 $P_m(\omega; x_p, r_p) \cdot P_m^*(\omega; x_q, r_q)$。

由式(4-1)可知,$P_m(\omega; x, r)$ 中包括 m 阶周向模态对应的所有截通的径向模态。因此,不同空间位置上周向模态的互相关函数可以写成:

$$
< P_m(\omega; x_p, r_p) \cdot P_m^*(\omega; x_q, r_q) >
$$

$$
= < \Big[\sum_{n=0}^{N} (P_{mn}^+ e^{-i\gamma_{mn}^+ x_p} + P_{mn}^- e^{-i\gamma_{mn}^- x_p}) \Psi_m(\kappa_{mn} r_p) \Big] \cdot
$$

$$
\Big[\sum_{n=0}^{N} (P_{mn}^+ e^{-i\gamma_{mn}^+ x_q} + P_{mn}^- e^{-i\gamma_{mn}^- x_q}) \Psi_m(\kappa_{mn} r_q) \Big]^* >
$$

$$
= < \Big[\sum_{n=0}^{N} P_{mn}^+ e^{-i\gamma_{mn}^+ x_p} \Psi_m(\kappa_{mn} r_p) \Big] \cdot \Big[\sum_{n=0}^{N} P_{mn}^+ e^{-i\gamma_{mn}^+ x_q} \Psi_m(\kappa_{mn} r_q) \Big]^* + \quad (4-48)
$$

$$
\Big[\sum_{n=0}^{N} P_{mn}^+ e^{-i\gamma_{mn}^+ x_p} \Psi_m(\kappa_{mn} r_p) \Big] \cdot \Big[\sum_{n=0}^{N} P_{mn}^- e^{-i\gamma_{mn}^- x_q} \Psi_m(\kappa_{mn} r_q) \Big]^* +
$$

$$
\Big[\sum_{n=0}^{N} P_{mn}^- e^{-i\gamma_{mn}^- x_p} \Psi_m(\kappa_{mn} r_p) \Big] \cdot \Big[\sum_{n=0}^{N} P_{mn}^+ e^{-i\gamma_{mn}^+ x_q} \Psi_m(\kappa_{mn} r_q) \Big]^* +
$$

$$
\Big[\sum_{n=0}^{N} P_{mn}^- e^{-i\gamma_{mn}^- x_p} \Psi_m(\kappa_{mn} r_p) \Big] \cdot \Big[\sum_{n=0}^{N} P_{mn}^- e^{-i\gamma_{mn}^- x_q} \Psi_m(\kappa_{mn} r_q) \Big]^* >
$$

从式(4-48)可以看到,方程中的未知数不仅包括不同模态幅值的平方 $|P_{mn}^+|^2$ 和 $|P_{mn}^-|^2$,即模态幅值的自相关函数;还包括不同模态振幅之间的互相关项 $P_{mn}^+(P_{mn}^-)^*$、$P_{mn}^-(P_{mn}^+)^*$、$P_{mn1}^+(P_{mn2}^+)^*$、$P_{mn1}^+(P_{mn2}^-)^*$,共有 $4(N+1)^2$ 个未知数。为了能够求解得到这些未知数,需要沿不同轴向位置(即不同 x 值)或者不同半径位置(即不同 r 值)布置周向传声器阵列。对最大阶数为 N 的径向模态进行分解,至少需要 $2N$ 圈周向传声器阵列,如果要想对反射模态波和入射模态波进行分离,周向传声器阵列在轴向上的圈数加倍,即至少需要 $4N$ 圈传声器阵列。

在进行发动机进气道声模态识别测量时,为了减小传声器对发动机流场的影响,需要采用管道壁面传声器阵列,传声器阵列所处的径向位置都是机匣位置,针对某个频率下的径向模态分解,式(4-48)中可以省略径向位置 r 和频率 ω 这两个变量,最后可以简化为

$$
< P_m(x_p) \cdot P_m^*(x_q) >
$$

$$
= < \Big[\sum_{n=0}^{N} (P_{mn}^+ e^{-i\gamma_{mn}^+ x_p} + P_{mn}^- e^{-i\gamma_{mn}^- x_p}) \Psi_{mn} \Big] \cdot \Big[\sum_{n=0}^{N} (P_{mn}^+ e^{-i\gamma_{mn}^+ x_q} + P_{mn}^- e^{-i\gamma_{mn}^- x_q}) \Psi_{mn} \Big]^* >
$$

$$
= < \Big(\sum_{n=0}^{N} P_{mn}^+ e^{-i\gamma_{mn}^+ x_p} \Psi_{mn} \Big) \cdot \Big(\sum_{n=0}^{N} P_{mn}^+ e^{-i\gamma_{mn}^+ x_q} \Psi_{mn} \Big)^* + \Big(\sum_{n=0}^{N} P_{mn}^+ e^{-i\gamma_{mn}^+ x_p} \Psi_{mn} \Big) \cdot
$$

$$
\Big(\sum_{n=0}^{N} P_{mn}^- e^{-i\gamma_{mn}^- x_q} \Psi_{mn} \Big)^* + \Big(\sum_{n=0}^{N} P_{mn}^- e^{-i\gamma_{mn}^- x_p} \Psi_{mn} \Big) \cdot \Big(\sum_{n=0}^{N} P_{mn}^+ e^{-i\gamma_{mn}^+ x_q} \Psi_{mn} \Big)^* +
$$

$$
\Big(\sum_{n=0}^{N} P_{mn}^- e^{-i\gamma_{mn}^- x_p} \Psi_{mn} \Big) \cdot \Big(\sum_{n=0}^{N} P_{mn}^- e^{-i\gamma_{mn}^- x_q} \Psi_{mn} \Big)^* >
$$

$$
(4-49)
$$

$4N$ 个不同轴向位置的周向传声器阵列可以得到 $4N$ 个 $P_m(x_p)$,$p = 1, 2, \cdots,$

$4N$，对不同轴向位置得到的周向模态振幅之间取互相关，即 $P_m(x_p) \cdot P_m^*(x_q)$（其中 $p = 1, 2, \cdots, 4N$，$q = 1, 2, \cdots, 4N$），利用式(4-49)可以分别得到这些互相关函数的表达式，最后可以得到由 $16N^2$ 个方程组成的方程组，写成矩阵形式为

$$AX = B \tag{4-50}$$

式中，A 是系数矩阵；X 是需要求解得到的模态相关函数；B 是不同轴向位置周向模态幅值之间的互相关函数。其具体的表达式为

$$A = \begin{bmatrix} \Psi_{m0}\Psi_{m0}\mathrm{e}^{-\mathrm{i}\gamma_{m0}^+ x_1 + \mathrm{i}\gamma_{m0}^+ x_1} & \cdots & \Psi_{ms}\Psi_{ml}\mathrm{e}^{-\mathrm{i}\gamma_{ms}^+ x_1 + \mathrm{i}\gamma_{ml}^- x_1} & \cdots & \Psi_{mN}\Psi_{mN}\mathrm{e}^{-\mathrm{i}\gamma_{mN}^- x_1 + \mathrm{i}\gamma_{mN}^- x_1} \\ \Psi_{m0}\Psi_{m0}\mathrm{e}^{-\mathrm{i}\gamma_{m0}^+ x_1 + \mathrm{i}\gamma_{m0}^+ x_2} & \cdots & \Psi_{ms}\Psi_{ml}\mathrm{e}^{-\mathrm{i}\gamma_{ms}^+ x_1 + \mathrm{i}\gamma_{ml}^- x_2} & \cdots & \Psi_{mN}\Psi_{mN}\mathrm{e}^{-\mathrm{i}\gamma_{mN}^- x_1 + \mathrm{i}\gamma_{mN}^- x_2} \\ \vdots & \ddots & \vdots & \ddots & \vdots \\ \Psi_{m0}\Psi_{m0}\mathrm{e}^{-\mathrm{i}\gamma_{m0}^+ x_p + \mathrm{i}\gamma_{m0}^+ x_1} & \cdots & \Psi_{ms}\Psi_{ml}\mathrm{e}^{-\mathrm{i}\gamma_{ms}^+ x_p + \mathrm{i}\gamma_{ml}^- x_1} & \cdots & \Psi_{mN}\Psi_{mN}\mathrm{e}^{-\mathrm{i}\gamma_{mN}^- x_p + \mathrm{i}\gamma_{mN}^- x_1} \\ \Psi_{m0}\Psi_{m0}\mathrm{e}^{-\mathrm{i}\gamma_{m0}^+ x_p + \mathrm{i}\gamma_{m0}^+ x_2} & \cdots & \Psi_{ms}\Psi_{ml}\mathrm{e}^{-\mathrm{i}\gamma_{ms}^+ x_p + \mathrm{i}\gamma_{ml}^- x_2} & \cdots & \Psi_{mN}\Psi_{mN}\mathrm{e}^{-\mathrm{i}\gamma_{mN}^- x_p + \mathrm{i}\gamma_{mN}^- x_2} \\ \vdots & \ddots & \vdots & \ddots & \vdots \\ \Psi_{m0}\Psi_{m0}\mathrm{e}^{-\mathrm{i}\gamma_{m0}^+ x_{4N} + \mathrm{i}\gamma_{m0}^+ x_{4N-1}} & \cdots & \Psi_{ms}\Psi_{ml}\mathrm{e}^{-\mathrm{i}\gamma_{ms}^+ x_{4N} + \mathrm{i}\gamma_{ml}^- x_{4N-1}} & \cdots & \Psi_{mN}\Psi_{mN}\mathrm{e}^{-\mathrm{i}\gamma_{mN}^- x_{4N} + \mathrm{i}\gamma_{mN}^- x_{4N-1}} \\ \Psi_{m0}\Psi_{m0}\mathrm{e}^{-\mathrm{i}\gamma_{m0}^+ x_{4N} + \mathrm{i}\gamma_{m0}^+ x_{4N}} & \cdots & \Psi_{ms}\Psi_{ml}\mathrm{e}^{-\mathrm{i}\gamma_{ms}^+ x_{4N} + \mathrm{i}\gamma_{ml}^- x_{4N}} & \cdots & \Psi_{mN}\Psi_{mN}\mathrm{e}^{-\mathrm{i}\gamma_{mN}^- x_{4N} + \mathrm{i}\gamma_{mN}^- x_{4N}} \end{bmatrix}$$

$$X = \begin{pmatrix} P_{m0}^+ \cdot (P_{m0}^+)^* \\ P_{m0}^+ \cdot (P_{m0}^-)^* \\ \vdots \\ P_{ms}^+ \cdot (P_{ml}^+)^* \\ P_{ms}^+ \cdot (P_{ml}^-)^* \\ \vdots \\ P_{mN}^- \cdot (P_{mN}^+)^* \\ P_{mN}^- \cdot (P_{mN}^-)^* \end{pmatrix}, \quad B = \begin{pmatrix} P_m(x_1) \cdot P_m^*(x_1) \\ P_m(x_1) \cdot P_m^*(x_2) \\ \vdots \\ P_m(x_p) \cdot P_m^*(x_1) \\ P_m(x_p) \cdot P_m^*(x_2) \\ \vdots \\ P_m(x_N) \cdot P_m^*(x_{N-1}) \\ P_m(x_N) \cdot P_m^*(x_N) \end{pmatrix}$$

通过求解矩阵方程(4-50)，就可以计算得到 $P_{mn}^+ \cdot (P_{mn}^+)^*$ 和 $P_{mn}^- \cdot (P_{mn}^-)^*$，即所要得到的模态振幅的平方。通常情况下，矩阵方程(4-50)中的方程个数大于未知数个数，在求解矩阵方程时通常使用最小二乘拟合法，这种求解方法可避免奇异矩阵求解困难的问题，也会提高求解精度。

4.4.3.2 宽频噪声管道声模态解耦的互相关法

互相关法对管道声模态分解仍然分为周向模态分解与径向模态分解两个步骤，其对于径向模态的分解方法与上述瞬时法相同，因此，本小节只介绍周向声模态分解的原理。这里仍然以管道壁面轴向传声器阵列为对象进行分析，径向传声器阵列的公式推导类似，这里不再做详细介绍。

假设需要分解的最大周向模态阶数为 M，需要分解的最大径向模态阶数为 N，则根据前面所述，如果要将入射模态波和反射入射波都分离开，至少需要在 $4N$ 个轴向位置布置周向传声器阵列，每个周向传声器阵列至少需要 $2M+1$ 个传声器。

根据式（4-1），可以得到不同位置传声器信号的互相关函数为

$$
\begin{aligned}
C_{p,q}(\omega, \theta_{pu}, \theta_{qv}, x_p, x_q, r_p = r_q) &= p(\omega, \theta_{pu}, x_p) \cdot p^*(\omega, \theta_{qv}, x_q) \\
&= \Big[\sum_{m=-M}^{M} P_m(\omega, x_p) \mathrm{e}^{\mathrm{i}m\theta_{pu}} \Big] \cdot \Big[\sum_{m=-M}^{M} P_m(\omega, x_q) \mathrm{e}^{\mathrm{i}m\theta_{qv}} \Big]^* \\
&= \sum_{m=-M}^{M} \sum_{l=-M}^{M} \big[P_m(\omega, x_p) \cdot P_l^*(\omega, x_q) \big] \mathrm{e}^{\mathrm{i}m\theta_{pu} - \mathrm{i}l\theta_{qv}}
\end{aligned}
$$
$$(4-51)$$

其中，$u, v = 0, 1, \cdots, K-1$。由于声模态分解是在固定频率下进行的，因此，可以省略式（4-51）中的频率变量 ω，最终简化为

$$
p(\theta_{pu}, x_p) \cdot p^*(\theta_{qv}, x_q) = \sum_{m=-M}^{M} \sum_{l=-M}^{M} \big[P_m(x_p) \cdot P_l^*(x_q) \big] \mathrm{e}^{\mathrm{i}m\theta_{pu} - \mathrm{i}l\theta_{qv}} \quad (4-52)
$$

由式（4-52）中可以看出，其中不仅包括各个周向模态的自相关函数 $P_m(x_p) \cdot P_m^*(x_q)$，还包括不同周向声模态之间的互相关函数 $P_m(x_p) \cdot P_l^*(x_q)$。为了消除这些互相关项，设定 $\theta_{qv} = \theta_{pu} - \alpha$，在保证 α 恒定的情况下将式（4-52）在整个 θ_{pu} 取值范围内积分并进行平均，可以得到：

$$
\begin{aligned}
&< p(\theta_{pu}, x_p) \cdot p^*(\theta_{pu} - \alpha, x_q) > \\
&= \frac{1}{2\pi} \int_0^{2\pi} \big[p(\theta_{pu}, x_p) \cdot p^*(\theta_{pu} - \alpha, x_q) \big] \mathrm{d}\theta_{pu} \\
&= \frac{1}{2\pi} \int_0^{2\pi} \Big\{ \sum_{m=-M}^{M} \sum_{l=-M}^{M} \big[P_m(x_p) \cdot P_l^*(x_q) \big] \mathrm{e}^{\mathrm{i}m\theta_{pu} - \mathrm{i}l(\theta_{pu} - \alpha)} \Big\} \mathrm{d}\theta_{pu} \\
&= \sum_{m=-M}^{M} \big[P_m(x_p) \cdot P_m^*(x_q) \big] \mathrm{e}^{\mathrm{i}m\alpha}
\end{aligned}
$$
$$(4-53)$$

使用轴向传声器阵列，假设周向传声器阵列包括 K 个传声器（$K > 2M$），轴向包括 D 圈传声器（$D > 4N$），则 $\theta_{pu} = \dfrac{2u\pi}{K}$（其中 $u = 0, 1, \cdots, K-1$）。在这种情况下，由式（4-53）可以得到：

$$
\sum_{m=-M}^{M} \big[P_m(x_p) \cdot P_m^*(x_q) \big] \mathrm{e}^{\mathrm{i}m\alpha} = \frac{1}{K} \sum_{u=0}^{K-1} \Big[p\Big(\frac{2u\pi}{K}, x_p \Big) \cdot p^*\Big(\frac{2u\pi}{K} - \alpha, x_q \Big) \Big]
$$
$$(4-54)$$

为了能够计算获得 $P_m(x_p) \cdot P_m^*(x_q)$，需要选择一系列不同的 α 值，组成方程

个数大于 $2M+1$ 的方程组。使用实验所用的管道壁面传声器阵列,可以取 $\alpha = \dfrac{2k\pi}{K}$(其中 $k = 0, 1, \cdots, K-1$),这样就可以计算得到 $P_m(x_p) \cdot P_m^*(x_q)$。

得到不同轴向位置周向模态的互相关函数后,就可以使用径向模态分解方法得到不同径向模态的振幅。

4.4.3.3 宽频噪声管道声模态解耦的参考传声器法

由瞬时法和互相关法可以看出,由于宽频噪声的声模态之间的相关性,声模态分解过程会出现许多不同声模态之间的互相关项。当管道内声模态数量较多时,这些互相关项会大大增加未知数个数,导致系数矩阵过大,最终使得方程组求解非常困难。而对由不相关的声源产生的声场而言,不同声模态之间是互不相关的,这种情况下就可以忽略不同模态之间的互相关项,从而大大简化声模态解耦过程,这就是参考传声器解耦方法的基本思想。

参考传声器模态解耦方法的前提,就是假设宽频噪声不同声模态之间是完全不相关的,并通过引入参考传声器信号来降低干扰信号对声模态分解结果的影响。假设参考传声器的信号为 $p(\theta_0, x_0)$,则由式(4-52)可以得到参考传声器声压信号与传声器阵列中各个传声器声压信号的互相关函数为

$$p(\theta_{pk}, x_p) \cdot p^*(\theta_0, x_0) = \sum_{m=-M}^{M} \sum_{l=-M}^{M} \left[P_m(x_p) \cdot P_l^*(x_0) \right] \mathrm{e}^{im\theta_{pk} - il\theta_0} \quad (4-55)$$

假设不同声模态之间是互不相关,因此,式(4-55)中不同周向模态的相关项为零,去除这些交叉项,式(4-55)可以写成:

$$p(\theta_{pk}, x_p) \cdot p^*(\theta_0, x_0) = \sum_{m=-M}^{M} \left[P_m(x_p) \cdot P_m^*(x_0) \right] \mathrm{e}^{im(\theta_{pk} - \theta_0)} \quad (4-56)$$

假设周向传声器阵列包括 K 个传声器($K > 2M$),轴向包括 D 圈传声器($D \geqslant 4N$),则 $\theta_{pk} = \dfrac{2k\pi}{K}$(其中 $k = 0, 1, \cdots, K-1$),根据式(4-56)就可以得到如下方程组:

$$\begin{cases} \displaystyle\sum_{m=-M}^{M} \left[P_m(x_p) \cdot P_m^*(x_0) \right] \mathrm{e}^{im(0-\theta_0)} = p(0, x_p) \cdot p^*(\theta_0, x_0) \\ \displaystyle\sum_{m=-M}^{M} \left[P_m(x_p) \cdot P_m^*(x_0) \right] \mathrm{e}^{im\left(\frac{2\pi}{K} - \theta_0\right)} = p\left(\dfrac{2\pi}{K}, x_p\right) \cdot p^*(\theta_0, x_0) \\ \quad\quad\quad\quad\quad\quad\quad\quad \vdots \\ \displaystyle\sum_{m=-M}^{M} \left[P_m(x_p) \cdot P_m^*(x_0) \right] \mathrm{e}^{im\left[\frac{(K-1)\cdot 2\pi}{K} - \theta_0\right]} = p\left[\dfrac{(K-1)\cdot 2\pi}{K}, x_p\right] \cdot p^*(\theta_0, x_0) \end{cases}$$

$$(4-57)$$

求解方程组(4-57)就可以得到 $P_m(x_p) \cdot P_m^*(x_0)$。根据 $P_m(x_p) \cdot P_m^*(x_0)$,可以进一步进行径向模态的分解。由式(4-49)可以得到:

$$< P_m(x_p) \cdot P_m^*(x_0) > = < \Big[\sum_{n=0}^{N} (P_{mn}^+ e^{-i\gamma_{mn}^+ x_p} + P_{mn}^- e^{-i\gamma_{mn}^- x_p}) \Psi_{mn} \Big] \cdot$$
$$\Big[\sum_{n=0}^{N} (P_{mn}^+ e^{-i\gamma_{mn}^+ x_0} + P_{mn}^- e^{-i\gamma_{mn}^- x_0}) \Psi_{mn} \Big]^* > \qquad (4-58)$$

由于不同声模态之间是互不相关的,式(4-58)中的不同径向模态之间的交叉项为零,这样,式(4-58)就可以写成:

$$< P_m(x_p) \cdot P_m^*(x_0) >$$

$$= < \Big[\sum_{n=0}^{N} (P_{mn}^+ e^{-i\gamma_{mn}^+ x_p} + P_{mn}^- e^{-i\gamma_{mn}^- x_p})(P_{mn}^+ e^{-i\gamma_{mn}^+ x_0} + P_{mn}^- e^{-i\gamma_{mn}^- x_0})^* \Psi_{mn}^2 \Big] >$$

$$= < \sum_{n=0}^{N} \Big(P_{mn}^+ (P_{mn}^+)^* e^{(-i\gamma_{mn}^+ x_p + i\gamma_{mn}^+ x_0)} \Psi_{mn}^2 \Big) > + < \sum_{n=0}^{N} \Big(P_{mn}^+ (P_{mn}^-)^* e^{(-i\gamma_{mn}^+ x_p + i\gamma_{mn}^- x_0)} \Psi_{mn}^2 \Big) > +$$

$$< \sum_{n=0}^{N} \Big(P_{mn}^- (P_{mn}^+)^* e^{(-i\gamma_{mn}^- x_p + i\gamma_{mn}^+ x_0)} \Psi_{mn}^2 \Big) > + < \sum_{n=0}^{N} \Big(P_{mn}^- (P_{mn}^-)^* e^{(-i\gamma_{mn}^- x_p + i\gamma_{mn}^- x_0)} \Psi_{mn}^2 \Big) >$$

$$\qquad (4-59)$$

由于我们的目的是求解不同的声模态幅值 $P_{mn}^+(P_{mn}^+)^*$ 和 $P_{mn}^-(P_{mn}^-)^*$,因此,为了减少未知数的个数,假设: $\gamma_{mn}^a = \dfrac{\gamma_{mn}^+ + \gamma_{mn}^-}{2}$ 和 $\gamma_{mn}^b = \dfrac{\gamma_{mn}^+ - \gamma_{mn}^-}{2}$。这样,式(4-58)就可以写成:

$$< P_m(x_p) \cdot P_m^*(x_0) >$$

$$= < \Big(\sum_{n=0}^{N} (P_{mn}^+ e^{-i\gamma_{mn}^+ x_p} + P_{mn}^- e^{-i\gamma_{mn}^- x_p})(P_{mn}^+ e^{-i\gamma_{mn}^+ x_0} + P_{mn}^- e^{-i\gamma_{mn}^- x_0})^* \Psi_{mn}^2 \Big) >$$

$$= < \sum_{n=0}^{N} \Big(P_{mn}^+ (P_{mn}^+)^* e^{(-i\gamma_{mn}^+ x_p + i\gamma_{mn}^+ x_0)} \Psi_{mn}^2 \Big) > + < \sum_{n=0}^{N} \Big(P_{mn}^+ (P_{mn}^-)^* e^{-i\gamma_{mn}^a (x_p - x_0) - i\gamma_{mn}^b (x_p + x_0)} \Psi_{mn}^2 \Big) > +$$

$$< \sum_{n=0}^{N} \Big(P_{mn}^- (P_{mn}^+)^* e^{-i\gamma_{mn}^a (x_p - x_0) + i\gamma_{mn}^b (x_p + x_0)} \Psi_{mn}^2 \Big) > + < \sum_{n=0}^{N} \Big(P_{mn}^- (P_{mn}^-)^* e^{(-i\gamma_{mn}^- x_p + i\gamma_{mn}^- x_0)} \Psi_{mn}^2 \Big) >$$

$$= < \sum_{n=0}^{N} \Big(P_{mn}^+ (P_{mn}^+)^* e^{(-i\gamma_{mn}^+ x_p + i\gamma_{mn}^+ x_0)} \Psi_{mn}^2 \Big) > + < \sum_{n=0}^{N} \Big(P_{mn}^- (P_{mn}^-)^* e^{(-i\gamma_{mn}^- x_p + i\gamma_{mn}^- x_0)} \Psi_{mn}^2 \Big) > +$$

$$< \sum_{n=0}^{N} \Psi_{mn}^2 e^{-i\gamma_{mn}^a (x_p - x_0)} \Big[\Big(P_{mn}^+ (P_{mn}^-)^* e^{-i\gamma_{mn}^b (x_p + x_0)} \Big) + \Big(P_{mn}^- (P_{mn}^+)^* e^{i\gamma_{mn}^b (x_p + x_0)} \Big) \Big] >$$

$$= < \sum_{n=0}^{N} \Big(P_{mn}^+ (P_{mn}^+)^* e^{(-i\gamma_{mn}^+ x_p + i\gamma_{mn}^+ x_0)} \Psi_{mn}^2 \Big) > + < \sum_{n=0}^{N} \Big(P_{mn}^- (P_{mn}^-)^* e^{(-i\gamma_{mn}^- x_p + i\gamma_{mn}^- x_0)} \Psi_{mn}^2 \Big) > +$$

$$< 2 \Big(\sum_{n=0}^{N} \Psi_{mn}^2 e^{-i\gamma_{mn}^a (x_p - x_0)} X_{mn} \Big) >$$

$$\qquad (4-60)$$

其中，$X_{mn} = \mathrm{Re}\left\{P_{mn}^{+}P_{mn}^{-}\mathrm{e}^{-i\gamma_{mn}^{b}(x_p+x_0)}\right\}$。这样，求解的未知数个数就成为 $3(N+1)$ 个。

使用不同轴向位置的管道壁面传声器阵列与参考传声器信号进行互相关处理，可以得到 D 个如式 $(4-60)$ 所示的方程，按照最小二乘拟合法的要求，至少需要保证 $D > 3(N+1)$。将 D 个方程组成的方程组写成矩阵形式为

$$
\begin{bmatrix}
A_{10}^{+} & \cdots & A_{1N}^{+} & A_{10}^{-} & \cdots & A_{1N}^{-} & C_{10} & \cdots & C_{1N} \\
A_{20}^{+} & \cdots & A_{2N}^{+} & A_{20}^{-} & \cdots & A_{2N}^{-} & C_{20} & \cdots & C_{2N} \\
\vdots & \ddots & \vdots & \vdots & \ddots & \vdots & \vdots & \ddots & \vdots \\
A_{p0}^{+} & \cdots & A_{pN}^{+} & A_{p0}^{-} & \cdots & A_{pN}^{-} & C_{p0} & \cdots & C_{DN} \\
\vdots & \ddots & \vdots & \vdots & \ddots & \vdots & \vdots & \ddots & \vdots \\
A_{D0}^{+} & \cdots & A_{DN}^{+} & A_{D0}^{-} & \cdots & A_{DN}^{-} & C_{D0} & \cdots & C_{DN}
\end{bmatrix}
\cdot
\begin{bmatrix}
P_{m0}^{+}(P_{m0}^{+})^{*} \\
\vdots \\
P_{mN}^{+}(P_{mN}^{+})^{*} \\
P_{m0}^{-}(P_{m0}^{-})^{*} \\
\vdots \\
P_{mN}^{-}(P_{mN}^{-})^{*} \\
X_{m0} \\
\vdots \\
X_{mN}
\end{bmatrix}
=
\begin{bmatrix}
P_m(x_1)P_m^{*}(x_0) \\
P_m(x_2)P_m^{*}(x_0) \\
\vdots \\
P_m(x_p)P_m^{*}(x_0) \\
\vdots \\
P_m(x_D)P_m^{*}(x_0)
\end{bmatrix}
$$

$$(4-61)$$

其中：

$$
A_{pn}^{\pm} = \Psi_{mn}^{2}\,\mathrm{e}^{-\gamma_{mn}^{\pm}x_p+\gamma_{mn}^{\pm}x_0}, \quad C_{pn} = 2\Psi_{mn}^{2}\,\mathrm{e}^{-i\gamma_{mn}^{a}(x_p-x_0)} \tag{4-62}
$$

求解方程 $(4-61)$ 就可以得到所要计算获得的声模态幅值 $P_{mn}^{+}(P_{mn}^{+})^{*}$ 和 $P_{mn}^{-}(P_{mn}^{-})^{*}$。

4.4.4　宽频噪声管道声模态解耦中流动噪声抑制

在前面介绍管道声模态解耦方法时，都假定测量传感器准确测量到当地声压，但是在实际气流管道内声压实验测试过程中，不可避免地存在着气流湍流压力脉动对测量信号的影响，本节介绍气流湍流脉动对声模态分解结果的影响及抑制。

4.4.4.1　瞬时法对流动噪声的抑制特性分析

假定管道内的脉动压力包括两部分：声压脉动和湍流压力脉动，即

$$
p(t; x, r, \theta) = p_{ac}(t; x, r, \theta) + \xi(t; x, r, \theta) \tag{4-63}
$$

其中，p_{ac} 是声压信号，其表达式如式 $(4-43)$ 所示；ξ 是湍流压力脉动信号。将式 $(4-63)$ 代入式 $(4-44)$ 并省略半径变量 r，可以得到：

$$
P_m(t; x) = \frac{1}{K}\sum_{k=1}^{K}\left[p_{ac}(t; x, \theta_k) + \xi(t; x, \theta_k)\right]\mathrm{e}^{-im\theta_k} \tag{4-64}
$$

对其进行傅里叶变换，结合式 $(4-45)$ 可以得到：

$$P_m(\omega; x) = \frac{1}{K} \sum_{k=1}^{K} \left[p_{ac}(\omega; x, \theta_k) + \xi(\omega; x, \theta_k) \right] e^{-im\theta_k}$$

$$= P_{m,ac}(\omega; x) + \frac{1}{K} \sum_{k=1}^{K} \left[\xi(\omega; x, \theta_k) \right] e^{-im\theta_k}$$

$$(4-65)$$

在使用瞬时法进行声模态解耦时,需要使用传声器阵列数据求得不同轴向位置周向模态的互相关函数 $P_m(\omega; x_p) \cdot P_m^*(\omega; x_p)$。但是,使用式(4-65)计算 $P_m(\omega; x_p) \cdot P_m^*(\omega; x_p)$ 的结果中包含有声压信号和湍流压力脉动信号的互相关函数。这带来模态分解的误差。

发动机内流气动力学的研究表明,在非常低的频率下,发动机管道内不同测量位置的湍流压力脉动具有显著的相关性,但是在较高频率下,不同测量位置的湍流压力脉动的相关性很小。为了问题简化起见,通常假设发动机管道内不同测量位置的湍流压力脉动互不相关,而且脉动幅值相同[即 $\xi(\omega; x, \theta_k) \cdot \xi^*(\omega; x, \theta_k) =$ Const,记为 Π_ξ]。

在以上假设前提下,由式(4-65)可以得到:

$$P_m(\omega; x_p) P_m^*(\omega; x_q) = P_{m,ac}(\omega; x_p) \cdot P_{m,ac}^*(\omega; x_q) + \frac{1}{K^2} \left(\sum_{k=1}^{K} \left[\xi(\omega; x_p, \theta_k) \right] e^{-im\theta_k} \right) \cdot$$

$$\left(\sum_{k=1}^{K} \left[\xi(\omega; x_q, \theta_k) \right] e^{-im\theta_k} \right)^*$$

$$(4-66)$$

其中,右边第二项就是误差项。当轴向位置 $x_p \neq x_q$ 或者周向位置 $\theta_k \neq \theta_l$ 时,$\xi(\omega; x_p, \theta_k) \cdot \xi^*(\omega; x_q, \theta_l) = 0$。因此,式(4-66)可简化为

$$P_m(\omega; x_p) P_m^*(\omega; x_q) = \begin{cases} P_{m,ac}(\omega; x_p) \cdot P_{m,ac}^*(\omega; x_q), & x_p \neq x_q \text{ 或 } \alpha \neq 0 \\ P_{m,ac}(\omega; x_p) \cdot P_{m,ac}^*(\omega; x_q) + \frac{1}{K}\Pi_\xi, & x_p = x_q \text{ 且 } \alpha = 0 \end{cases}$$

$$(4-67)$$

从式(4-67)可以看出,瞬时法模态分解方法的误差与周向传声器个数 K 相关,可以通过增加周向传声器个数来降低湍流压力脉动对模态分解结果的影响。

4.4.4.2 互相关法对流动噪声的抑制特性分析

互相关声模态解耦方法对于周向模态的分解是在频域进行的,所以首先要对不同空间位置上的传声器信号[即式(4-63)]进行傅里叶变换,得到:

$$p(\omega; x, r, \theta) = p_{ac}(\omega; x, r, \theta) + \xi(\omega; x, r, \theta) \quad (4-68)$$

由于声模态分解是在特定频率下进行的,以壁面传声器阵列为例,传声器的径

向位置确定,因此可以省略表达式中的 ω 和 r。将式(4-68)代入式(4-53),可以得到:

$$
\begin{aligned}
&\sum_{m=-M}^{M}\left[P_m(x_p)\cdot P_m^*(x_q)\right]\mathrm{e}^{im\alpha}\\
&=\frac{1}{2\pi}\int_0^{2\pi}\left[p(\theta_k,x_p)\cdot p^*(\theta_k-\alpha,x_q)\right]\mathrm{d}\theta_k\\
&=\frac{1}{2\pi}\sum_{k=1}^{K}\frac{2\pi}{K}\{\left[p_{ac}(\theta_k,x_p)+\xi(\theta_k,x_p)\right]\cdot\left[p_{ac}^*(\theta_k-\alpha,x_q)+\xi^*(\theta_k-\alpha,x_q)\right]\}\\
&=\begin{cases}\frac{1}{K}\sum_{k=1}^{K}p_{ac}(\theta_k,x_p)\cdot p_{ac}^*(\theta_k-\alpha,x_q),&x_p\neq x_q\text{ 或 }\alpha\neq 0\\\frac{1}{K}\sum_{k=1}^{K}p_{ac}(\theta_k,x_p)\cdot p_{ac}^*(\theta_k-\alpha,x_q)+\Phi_\xi,&x_p=x_q\text{ 且 }\alpha=0\end{cases}
\end{aligned}
$$

$$(4-69)$$

根据式(4-69)可以计算得到如式(4-66)相同的关于 $P_m(\omega;x_p)P_m^*(\omega;x_q)$ 的解,说明湍流压力脉动对瞬时法和互相关法声模态分解影响效果相似。

4.4.4.3   参考传声器法对流动噪声的抑制特性分析

从式(4-57)可以看出,参考传声器法在计算 $P_m(\omega;x_p)P_m^*(\omega;x_q)$ 时,传声器阵列信号都与参考传声器信号进行互相关处理。通常情况下,参考传声器的位置都远离传声器阵列,其所处位置的湍流压力脉动可以认为与传声器阵列位置处的湍流压力脉动互不相关,因此,理论上讲,使用参考传声器法可以实现对流动噪声的完全抑制。

4.4.5　宽频噪声管道声模态辨识数据处理流程

与单音噪声管道声模态的辨识类似,要想实现对宽频噪声管道声模态的识别,需要设计相应的传声器阵列,并且根据具体的传声器阵列类型开发相应的数据处理程序。用于宽频噪声管道声模态辨识的传声器阵列设计方法与单音噪声管道声模态辨识的方法相同,这里不再赘述。两者的差异主要体现在以下两个方面。

第一,模态分布情况不同。叶轮机单音噪声的能量主要集中在由上游尾迹与下游叶片干涉引起的有限管道声模态上,可以通过 Tyler&Sofrin 声模态理论计算确定,而宽频噪声的能量则是分布在对应频率下所有的截通模态上,随着频率的增高,处于截通状态的模态数急剧增大,因此,在进行传声器阵列设计之前,必须明确声模态辨识的噪声频率范围。

第二,信号描述方法不同。叶轮机单音噪声对应的管道声模态主要是由上游尾迹与下游叶片干涉引起的,声模态之间完全相关,因此相位信息明确,可以直接求解各个声模态的振幅;但是,由于湍流宽频噪声的随机性,需要使用声场的空间互相关函数及统计平均值来对宽频噪声进行描述。

图 4-8 给出了发动机宽频噪声管道声模态辨识的流程图,主要包括以下三步。

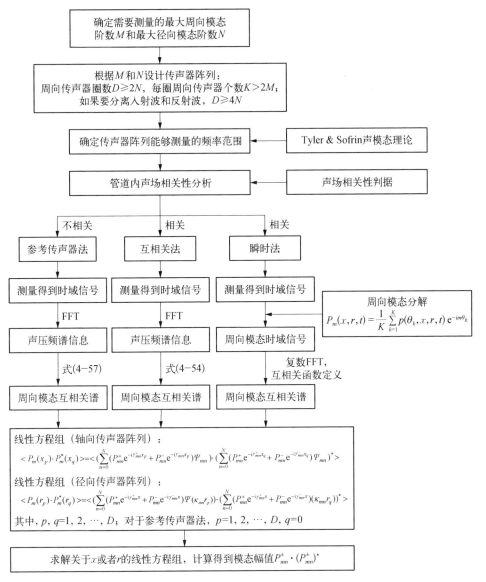

图 4-8　宽频噪声管道声模态识别测量的流程图

第一步:用于宽频噪声管道声模态识别测量的传声器阵列设计。

与单音噪声管道声模态表示相似,首先要根据具体的实验目标确定需要识别测量的最大周向模态阶数 M 和最大径向模态阶数 N。为了能够实现对管道声模态的准确测量,传声器阵列中至少需要 $2N$ 圈周向传声器阵列,每圈周向传声器阵列至少包含 $2M+1$ 个传声器。如果需要分离入射波和反射波,周向传声器阵列圈数要加倍,并且要布置在不同的轴向位置。需要指出的是,由于宽频噪声的能量分布在对应频率下所有的截通声模态上,因此要根据具体的传声器阵列设计方案确定能够进行声模态识别测量的频率范围。

第二步:获取周向声模态互相关函数谱。

由于宽频噪声的随机性,需要求解周向声模态的互相关函数谱,而不是求解周向声模态的复数振幅。参考传声器法的使用前提是管道内不同声模态之间互不相关,因此该方法不能用来对单音噪声进行管道声模态的识别测量。而瞬时法和互相关法由于没有这个假设,因此不仅可以用来对宽频噪声的管道声模态进行识别,还可以用来对单音噪声的管道声模态进行识别。在选择声模态分解方法之前,首先要对管道内的声场相关性进行分析,如果声场相关性很小,就可以直接使用数据处理过程更加简单方便的参考传声器法,否则就要使用数据处理较为复杂的瞬时法和互相关法。

第三步:求解径向模态互相关函数谱。

根据管道声模态理论,管道周向声模态的互相关函数可以写成由多个径向模态之间的互相关函数线性迭加的形式。对于参考传声器法,可以得到由 D 个方程组成的线性方程组,如式(4-61);对于瞬时法和互相关法,可以得到由 D^2 个方程组成的线性方程组,如式(4-50)。传声器阵列的设计要保证方程组中方程个数大于未知数个数,这样就可以使用最小二乘拟合法得到径向模态幅值 $P_{mn}^{\pm} \cdot (P_{mn}^{\pm})^{*}$。

4.5 管道声模态辨识传声器阵列设计方法

如前所述,在发动机管道声模态辨识中,需要在管道内布置大量传感器构成的阵列,并需要通过对具有固定相位关系的传声器阵列测量数据的相关分析,才能获得对发动机管道内声模态辨识。常用的传声器阵列有两种形式:径向传声器阵列和轴向传声器阵列,不论是哪一种传声器阵列,都是通过对测点声压与管道声模态幅值之间关系的系数矩阵进行求逆来实现管道声模态的解耦和辨识。根据矩阵求解理论,适定的系统其解是唯一且稳定的,而病态系统求解出的结果不稳定且会有歧义(强烈依赖于信号的信噪比)。系统病态一方面是因为理论模型不适用于所研究的问题造成的;另一方面则是因为系统设计造成的系数矩阵病态导致的。

在管道声模态辨识中,为了避免出现系数矩阵病态的情况,就首先必须设计出合理的传声器阵列,并需要弄清不同传声器阵列在管道声模态辨识中的误差传递特性及其对声模态辨识精度的影响。

4.5.1　管道声模态辨识的误差分析方法

4.5.1.1　误差分析原理

发动机管道声模态辨识结果的误差既包括实验传感器的测试误差、传声器阵列设计带来的误差以及实验数据数值计算误差等。随着计算机技术迅速发展,数值计算误差越来越小,高精度的数值计算可以保证精确的数值计算结果。而声压信号的测量技术和采集系统的不断发展,使得声信号的测量误差也越来越小。因此对于管道声模态辨识来说,其模态辨识的精度主要取决于阵列设计所带来的传递误差,在声模态辨识过程中如果由于阵列设计不合理就会带来对测量信号误差的传递放大,从而造成声模态辨识的精度降低甚至辨识结果的错误。

为了分析不同传声器阵列设计方案对管道声模态辨识结果的影响,可以采用分析阵列数据处理的系数矩阵条件数,研究阵列中相邻传声器的径向间距或者轴向间距对管道声模态辨识的影响;还可以通过在模拟声场中迭加随机扰动,分析不同阵列在模态分解时的误差传递特性。

管道声模态辨识中计算结果的精度与传声器阵列声压与管道声模态之间关系的系数矩阵的条件数密切相关。矩阵的条件数决定了相关方程系数矩阵 W_m 的误差传递系数的上限,如果系统矩阵的条件数是 $\kappa(w)$,则有

$$\left\| \frac{\tilde{A}_{mn}}{A_{mn}} \right\| \leqslant \kappa(w) \left\| \frac{\tilde{A}_m}{A_m} \right\| \qquad (4-70)$$

其中,波浪字符 ~ 分别表示测量的周向模态幅值 A_m 和辨识的径向模态幅值 A_{mn} 的扰动量; $\| \cdot \|$ 表示欧几里得范数。如公式(4-70)所示,如果条件数 $\kappa(w)=1$,那么输入信号中的小扰动经过系统传递到输出信号时其扰动量级基本不变。当输入的幅值误差为 10% 时,那么通过系统传递后输出信号幅值的误差最大也只到 10%。但是当条件数大于 1 时,输入信号中的小扰动经过系统传递后会呈放大趋势,其放大率与系统中的系数矩阵的条件数呈正比,如公式(4-70)所示。因此,通过计算不同传声器阵列构建的声模态计算系数矩阵的条件数,就可以分析不同阵列在声模态辨识中的误差特性。

矩阵条件数 $\kappa(w)$ 只能反映声模态辨识系统整体的误差上限,并不能反映内部单个模态的误差特性。为了进一步分析每一个声模态辨识的误差特性,这里用公式(4-70)给出声模态辨识中的相对精度(相对误差)表达式,可以用来研究声模态辨识的精确性,其定义为

$$\left\| \tilde{A}_{mn} \right\|_{\text{rel}} := \left\| \frac{\tilde{A}_{mn}}{A_{mn}} \right\| \left\| \frac{A_m}{\tilde{A}_m} \right\| \tag{4-71}$$

易知 $\left\| \tilde{A}_{mn} \right\|_{\text{rel}} \le \kappa(w)$ ，相对精度值越高表明声模态辨识中的相对误差也越小。

从数据处理上来说，径向阵列对管道声模态的辨识比轴向阵列更为精确，因为径向传声器阵列可以直接依靠对不同半径位置处的周向模态幅值进行拟合就可以得到径向模态信息，而采用壁面轴向阵列时，径向模态的辨识则既需要拟合不同轴向位置上的周向模态振幅，还需要拟合不同轴向位置轴向模态的相位信息。

4.5.1.2   管道声模态辨识误差分析数值模拟方法

通常来讲，测量误差分为系统误差和随机误差，这里仅考虑随机测量误差的影响，在仿真模拟中，引入满足高斯分布的随机误差。图4-9给出了管道声模态辨识误差分析的流程简图，可以看出，对基于传声器阵列的管道声模态识别方法的误差分析主要分为四步。

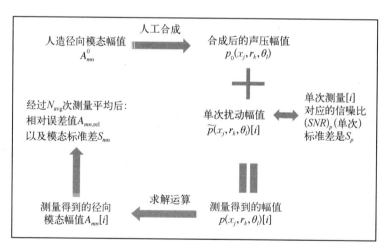

图4-9   径向声模态分解质量的评估流程图

（1）通过给定的管道径向模态幅值 A_{mn}^0 ，可以模拟构造出发动机管道不同测点位置处，即 (x_j, r_k) 处的周向模态幅值 A_m^0 ，其中 j 和 k 为整数，范围分别为 $1 \sim N_x$ 和 $1 \sim N_r$ 。

（2）通过迭加标准误差构造实际每一个传声器测点的声压测量结果，即对于第 i^{th} 次测量声压，迭加到位置 (x_j, r_k) 处的周向模态幅值的摄动定义为

$$\tilde{A}_m(x_j, r_k, [i]) = \eta_{Am} a_{jk}[i] \mathrm{e}^{ib_{jk}[i]2\pi} \tag{4-72}$$

其中，η_{Am} 是周向模态幅值的标准偏差；$a_{jk}[i]$ 和 $b_{jk}[i]$ 都是实数，它们对时间的依

赖关系服从高斯分布并分别在[0,1]范围均衡分布。

　　(3) 根据管道声模态与传声器阵列(虚拟)每一个测点声压的关系,建立管道声模态与每一个测点的声压的关联关系的系数矩阵 W_m,从而通过求解伪逆矩阵 W_m^+ 反演得到管道声模态幅值 $A_{mn}[i]$。

　　(4) 经过 N_{avg} 次平均后,管道声模态辨识的准确性可以通过计算每个径向模态的标准偏差 σ_{Amn} 来确定,定义为

$$\sigma_{Amn} = \sqrt{\frac{1}{N_{avg}} \sum_{i=1}^{N_{avg}} (A_{mn}[i] - \bar{A}_{mn})^2} \qquad (4-73)$$

4.5.2　管道声模态辨识的误差分析

4.5.2.1　传声器阵列布置方案

　　传声器阵列设计形状对声模态辨识的精度有很重要的影响,本节将研究 4 种阵列设计方案(如图 4-10 所示)的误差传递特性,阵列用前缀 A 表示,不同方案用拉丁字母加以区分。通常发动机管道模态实验测量段都设计在发动机圆形进气或排气管道段(设其半径为 R),因此四种阵列的轮毂比都设为 $\sigma = 0$,其中 A - I 和 A -Ⅲ方案中传声器总个数 $N_x \cdot N_r = 14$,而 A -Ⅱ 和 A -Ⅳ方案中传声器总个数 $N_x \cdot N_r = 24$。其详细说明如下。

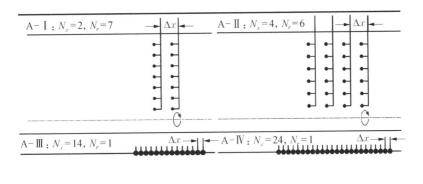

图 4-10　阵列布局方案 A - I ~ A -Ⅳ:左侧 $N_x \cdot N_r = 14$;右侧 $N_x \cdot N_r = 24$

　　A - I 阵列:阵列方案 A - I 由径向耙式阵列组成,轴向测量位置 $N_x = 2$。每个径向阵列都有 N_r 个等径向间距排布的传声器组成,其径向间距 Δr 和径向位置 r_j 定义为

$$r_j = j\Delta r, \ \Delta r = \frac{R}{N_r + 1} \qquad (4-74)$$

A-Ⅱ阵列：阵列方案 A-Ⅱ由四排径向阵列组成，其中 $N_x = 4$ 个轴向测量位置是等间距的，即 $\Delta x = \text{const}$，每个径向阵列含有 N_r 个等 Δr 分布的传感器，径向位置和间距 Δr 的定义与 A-Ⅰ相同，都依照公式(4-74)。

A-Ⅲ阵列：阵列方案 A-Ⅲ由环壁面安装的轴向阵列组成，轴向有 N_x 个等间距布置的测点，轴向间距为 Δx，径向测量位置 $N_r = 1$。

A-Ⅳ阵列：阵列方案 A-Ⅳ与 A-Ⅲ类似，都是在外机匣壁面上布置传声器，只是总的传声器个数不同。对于所有阵列方案，其轴向测点位置数 N_x 或者径向测点数 N_r 都是固定的，其中方案 A-Ⅰ和 A-Ⅲ由相同个数 $N_x \cdot N_r = 14$ 的传声器组成，方案 A-Ⅱ和 A-Ⅳ的传声器个数 $N_x \cdot N_r = 24$。

上述四种阵列，一类是环壁面布置的轴向传声器阵列(阵列 A-Ⅲ和 A-Ⅳ)，另一类是径向耙式阵列(阵列 A-Ⅰ和 A-Ⅱ)。这四种阵列唯一的共用参数是轴向相邻两个传声器的轴向距离 Δx。对于上述四种传声器阵列，模拟中假设阵列都安装在旋转测量段上，测量段可以沿周向定角度旋转 360°。所有模拟中都假设周向有足够多的周向测点数 N_ϕ，保证对任意周向模态进行识别时上述四种阵列都能满足采样要求。

4.5.2.2　不同阵列声模态辨识系数矩阵的条件数

图 4-11 给出了四种阵列设计方案在周向模态 $m = 0$ 时条件数 $\kappa(w)$ 的结果，选择对模态 $m = 0$ 进行分析，是因为相比其他模态，周向模态 $m = 0$ 时可以截通更多的径向模态。从图 4-10 的结果可以看出，阵列的模态辨识的系数矩阵条件数 $\kappa(w)$ 强烈地依赖于传声器阵列的轴向间距 $\Delta x/R$ 以及识别噪声信号频率 kR(其中 $k = 2\pi f/c_0$ 表示声波的波数，R 是管道半径)。对比四种阵列的模态辨识的系数矩阵条件数，可以发现，随着测量噪声信号频率的增高，阵列声模态辨识的系数矩阵的条件数都相应显著增大，特别是两种环壁面布置的轴向传声器阵列(阵列 A-Ⅲ和 A-Ⅳ)在高频时系数矩阵的条件数显著增大。比较四种阵列测量，可以看出径向耙式阵列 A-Ⅰ明显优于另外三种阵列。进一步深入研究后就会发现，环壁面布置的轴向传声器阵列出现较大的阵列系数矩阵的条件数 $\kappa(w)$，是因为轴向阵列对声波在轴向方向上的相位信息采样不足导致的。对于管道声模态，径向模态特征函数具有正交特性，而声模态的轴向波数之间并不正交，因此当

$$\begin{cases} (k_{mn} - k_{mv})k\Delta x = s \cdot 2\pi \\ (k_{mn} + k_{mv})k\Delta x = s \cdot 2\pi \end{cases} \qquad (4-75)$$

成立时，声模态辨识系数矩阵就会产生较大条件数，其中 s 是整数。随着频率增高，公式(4-75)对应的声模态个数(kR 和 $\Delta x/R$)也会增多，因为处于截通状态的

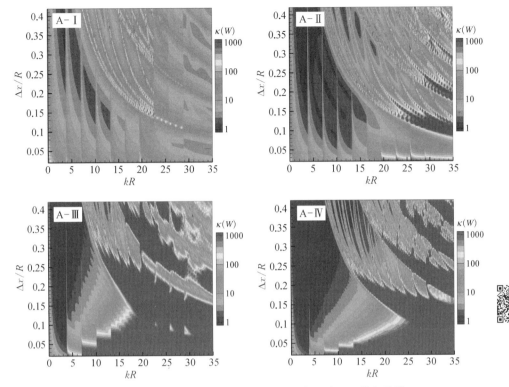

图 4 - 11　阵列布局方案 A - Ⅰ ～ A - Ⅳ系数矩阵 W_m 的条件数

径向模态波个数 N_{cut-on} 持续增加以及声模态截通因子 k_{mn} 趋近于 1。

分析可以发现,径向测点与径向模态个数之比 N_r/N_{cut-on} 对阵列测量模态辨识系数矩阵的条件数具有显著影响:

(1) 当 $N_r/N_{cut-on} \geqslant 1$ 时,径向模态特征函数的正交特性被较完整地采集到,因此 $n \neq v$ 的径向模态组合对条件数 $\kappa(w)$ 没有贡献。因而这种条件下,公式(4-75)只与 $n = v$ 径向模态相关,这时较大的矩阵条件数只和少量的组合参数(kR 和 $\Delta x/R$)相关,这种情况对应于 A - Ⅰ 中 $kR < kR_{0,6}$ 和 A - Ⅱ 中 $kR < kR_{0,5}$ 的情况;

(2) 当 $N_r/N_{cut-on} \ll 1$ 时,根据公式(4-75),更多的 $n \neq v$ 声模态组合会对条件数 $\kappa(w)$ 产生明显贡献,这样就会导致较大条件数对应的组合参数(kR 和 $\Delta x/R$)变多。这种情况对应于阵列 A - Ⅲ 和 A - Ⅳ。

当频率接近声模态截通频率时,轴向波数 $\gamma_{mn}^{\pm}$ 近似等于 0(当 $Ma \ll 1$ 时),这时声模态的波长接近无穷大。对于这种声模态,理论上需要在轴向方向间隔很远处布置传声器才能进行模态测量。对于 A - Ⅰ 和 A - Ⅱ 方案,其轴向测点个数较少,当 Δx 较小时,就会导致测量误差显著增大,如图 4 - 11 所示,在 $kR \approx f_{c,mn}$ 时,阵列 A - Ⅰ 和阵列 A - Ⅱ 的声模态辨识系数矩阵的条件数会激增。

在给定系数矩阵条件数的阈值后,根据测量声波信号的最高频率,就可以确定对应于各个阵列的最佳轴向间距 Δx_{opt}。比如将条件数的阈值设置为 $\max[\kappa(w)] = 100$,则就可以在给定的误差限范围内针对最大频率 $\max(kR)$ 确定阵列最佳间距。

4.5.3　轴向传声器阵列设计准则

在实际测量阵列设计过程中,总是会遇到如下两个问题:① 当给定测点个数 $N_x N_r$ 时,如何确定测点间距 Δx,使得在一定误差限内实现更宽广频率范围内的声模态辨识测量;② 当给定所研究的声波频率时,即知道管道内截通的最大周向模态 m_{max} 和径向模态 n_{max} 阶数时,如何确定阵列所需的测点个数,以满足准确识别管道声模态的要求。

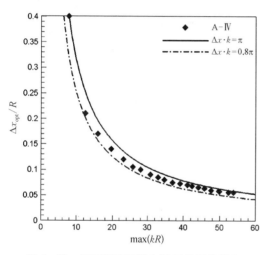

图 4 − 12　不同频率下轴向阵列的最佳轴向
间距 Δx_{opt} 满足的规律

根据 4.5.1 和 4.5.2 两个小节的分析可知,在给定了传声器阵列的周向和径向测点个数时,可以根据需要辨识的声模态频率上限 $\max(kR)$,通过计算不同测点个数 $N_x N_r$ 下的最佳轴向间距 Δx_{opt} 确定传声器阵列相邻测点的轴向间距。图 4 − 12 给出了针对不同声波最大频率的声模态辨识(以上述的 A −Ⅳ 阵列为例),轴向传声器阵列相邻测点最佳间距的数值模拟结果,图中给出的声波频率范围由 $kR = 8$ 增大到 $kR = 56$,由图 4 − 12 可以看出,随声模态频率的增高,精确辨识管道声模态的阵列相邻测点的间距逐渐减小。为了更清晰刻画其分布规律,图 4 − 12 中给出了两条辅助拟合曲线,分别是 $\Delta x \cdot k = \pi$ 和 $\Delta x \cdot k = 0.8\pi$,可以看出最佳间距满足:

$$\frac{0.8\pi}{kR} \leqslant \frac{\Delta x_{opt}}{R} \leqslant \frac{\pi}{kR} \tag{4−76}$$

当给定所要研究的声模态频率上限并确定了管道内截通的最大周向模态 m_{max} 和径向模态 n_{max} 的阶数时,则可以根据模态辨识的相对标准差,确定阵列所需的测点个数,因为在给定声模态辨识的相对标准差时,模态辨识频率上限 $\max(kR)$ 与测点个数 $N_x N_r$ 存在依赖关系。使用相对标准差 $\sigma_{A_{0,0}} / \sigma_{A_m}$ 比使用相对

精度 $\left\|\tilde{A}_{mn}\right\|_{\mathrm{rel}}$ 更加直接便利,因为通过相对标准差可以确定单个声模态辨识的相对准确度。因为对于 $m=0$ 的周向模态,其截通的径向模态个数最多,因此,该声模态对测量装置的要求也最为严苛,因此可以通过 $\sigma_{A_{0,0}}/\sigma_{A_m}$ 值的大小确定整个声模态辨识测量的准确度。此外需要注意,对于轮毂比 $\eta=0$ 的管道,这时轴向阵列的传声器仅能安装在机匣壁面,当径向模态阶数 $n>0$ 时满足 $\sigma_{A_{m,0}}>\sigma_{A_{m,n}}$。

图 4-13 给出了在标准差分别取 $\sigma_{A_{0,0}}/\sigma_{A_m}=1$ 和 $\sigma_{A_{0,0}}/\sigma_{A_m}=2$ 情况下,声模态辨识中所需要的轴向阵列测点个数随辨识声模态频率变化的计算结果,图中纵坐标是频率上限 $\max(kR)$,图中用横点线标注了对应径向阶数声模态的截通频率。从图 4-13 可以很明显地看出,随着辨识声模态频率的增高,满足测量精度要求的声模态辨识所需测点个数显著增大。仔细分析图 4-13 可以看出,随着径向模态数 N_{rad} 的增多(图中用 n 表示径向模态数),模态辨识所需测点个数与径向模态数的比值

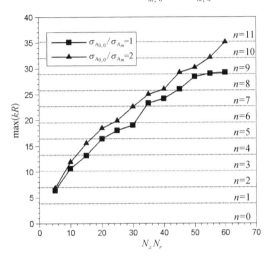

图 4-13　给定相对标准差上限时声模态分解所需的测点个数

$N_x N_r/N_{\mathrm{rad}}$ 并不固定(因为图中曲线并不是一个线性关系),也就是说两者的增长比例不同。例如:在 $n=2$ 时,该比值需满足 $N_x N_r/N_{\mathrm{rad}} \geq 1.67$;在 $n=9$ 时,该比值需满足 $N_x N_r/N_{\mathrm{rad}} \geq 4.5$。这里仅仅研究了在给定辨识声模态频率上限时,实现满足给定测量精度的阵列测量点数的需求。其实,设置的上限是相对保守的,因为当相对标准差比较大时,可以通过自适应重采样技术(re-sampling technique)来提高声模态辨识的信噪比。例如研究转静干涉噪声,当声模态辨识中出现较大 $\sigma_{A_{0,0}}/\sigma_{A_m}$ 值时,可以通过重采样方法来提高管道声模态的识别精度。

本小节着重分析了轴向传声器阵列的设计准则,可以利用相似的方法分析径向传声器阵列的设计准则,感兴趣的读者可以自行推导。

4.6　基于组合传声器阵列的管道声模态解耦技术

为了进一步减少实验测量对传声器个数的需求,提高发动机管道声模态分解识别的效率,基于对发动机湍流宽频噪声的管道声模态统计特性的分析和认识,近年来又提出了更加简化的宽频噪声管道声模态解耦技术——组合传声器阵列解耦技术

(CSA - MDM)。这种方法假定宽频噪声管道声模态中,周向阶数不同的声模态是互不相干、不同的径向模态之间互不相干。该方法所用传声器阵列仅由一圈环形阵列和一排轴向阵列组成。其中环形阵列由 N_ϕ 个周向等角度安装的传声器组成,这些测点的轴向位置相同,假定为 $x = 0$。依据公式(4-1),它们的声压可以表示为

$$p(x = 0,\ r = R,\ \phi_k) = \sum_{m=-\infty}^{\infty} \sum_{n=0}^{\infty} (P_{mn}^+ + P_{mn}^-) \Psi_m(\kappa_{mn}R) e^{im\phi_k} \qquad (4-77)$$

另一排测点则沿着轴向等间距($\Delta c = \text{const}$)布置,它们的周向角度相同,设为 $\phi = 0$,那么这排轴向阵列的声压可以表示为

$$p(x_j,\ r = R,\ \phi = 0) = \sum_{m=-\infty}^{\infty} \sum_{n=0}^{\infty} (P_{mn}^+ e^{i\gamma_{mn}^+ x_j} + P_{mn}^- e^{i\gamma_{mn}^- x_j}) \Psi_m(\kappa_{mn}R) \qquad (4-78)$$

将两者测量的声压信号进行互相关处理,即用环形阵列($x = 0$)测量的声压与轴向阵列($\phi = 0$)测量的声压进行互相关,可以表示为

$$< p(x = 0,\ r = R,\ \phi_k) p^*(x_j,\ r = R,\ \phi = 0) >$$

$$= \sum_m \sum_n \sum_\mu \sum_\nu \big[< P_{mn}^+ (P_{\mu\nu}^+)^* > e^{-i\gamma_{\mu\nu}^+ x_j} + < P_{mn}^+ (P_{\mu\nu}^-)^* > e^{-i\gamma_{\mu\nu}^- x_j} +$$

$$< P_{mn}^- (P_{\mu\nu}^+)^* > e^{-i\gamma_{\mu\nu}^+ x_j} + < P_{mn}^- (P_{\mu\nu}^-)^* > e^{-i\gamma_{\mu\nu}^- x_j} \big] \Psi_m(\kappa_{mn}R) \Psi_\mu(\kappa_{\mu\nu}R) e^{im\phi_k}$$

$$(4-79)$$

采用空间离散傅里叶变换,公式(4-79)可以表示为阶次 m 模态的周向离散傅里叶变换形式,即

$$< p(x = 0) p^*(x_j) >_m$$

$$= \sum_n \sum_\mu \sum_\nu \big[< P_{mn}^+ (P_{\mu\nu}^+)^* > e^{-i\gamma_{\mu\nu}^+ x_j} + < P_{mn}^+ (P_{\mu\nu}^-)^* > e^{-i\gamma_{\mu\nu}^- x_j} +$$

$$< P_{mn}^- (P_{\mu\nu}^+)^* > e^{-i\gamma_{\mu\nu}^+ x_j} + < P_{mn}^- (P_{\mu\nu}^-)^* > e^{-i\gamma_{\mu\nu}^- x_j} \big] \Psi_m(\kappa_{mn}R) \Psi_\mu(\kappa_{\mu\nu}R)$$

$$(4-80)$$

因为假定宽频噪声管道声模态中周向阶数不同的声模态是互不相干的,因此周向阶数满足 $m \neq \mu$ 的声模态组合之间的相关项可以忽略,因此公式(4-80)可以简化为

$$< p(x = 0) p^*(x_j) >_m$$

$$= \sum_n \sum_\mu \big[< P_{mn}^+ (P_{m\nu}^+)^* > e^{-i\gamma_{m\nu}^+ x_j} + < P_{mn}^+ (P_{m\nu}^-)^* > e^{-i\gamma_{m\nu}^- x_j} +$$

$$< P_{mn}^- (P_{m\nu}^+)^* > e^{-i\gamma_{m\nu}^+ x_j} + < P_{mn}^- (P_{m\nu}^-)^* > e^{-i\gamma_{m\nu}^- x_j} \big] \Psi_m(\kappa_{mn}R) \Psi_m(\kappa_{m\nu}R)$$

$$(4-81)$$

因为假定不同径向模态之间以及入射波和反射波之间也是完全不相干的(少数声模态之间会出现部分相干性,关于这个问题后面再进一步讨论),则可以忽略声模态 $(m \neq \mu, n \neq \nu)$ 之间的相干项和入射波与反射波之间的相干项。公式(4-81)最终可以简化为

$$< p(x = 0)p^*(x_j) >_m = \sum_n (<| P_{mn}^+ |^2 > \mathrm{e}^{-\mathrm{i}\gamma_{mn}^+ x_j} + <| P_{mn}^- |^2 > \mathrm{e}^{-\mathrm{i}\gamma_{mn}^- x_j}) \Psi_m^2 (\kappa_{mn} R)$$

$$(4-82)$$

通过公式(4-82)构建的方程组可以实现流动管道内湍流宽频噪声的声模态识别。

对于叶轮机械管道噪声模态的识别,互相关模态识别方法已被证实可以准确识别管道单音和宽频噪声模态。但是将该方法应用于中高频噪声测试时会受到很大限制,因为互相关方法的测量点数非常多。与之相比,组合传声器阵列方法所需的测点个数会大幅度减少,仅需要一圈环形传声器和一排轴向传声器。如图4-14所示,当互相关模态识别方法(ACC-MDM)所使用的传统"鸟笼"式阵列需要同步测量64个位置处的声压数据时(其中包含 $N_x = 4$ 圈阵列,每圈由 $N_\phi = 16$ 个等角度安装的传声器组成),组合传声器阵列仅需要安装19个 $(N_{\text{total}} = N_x + N_\phi - 1)$ 传声器用于声压采集。在高频时,两种阵列所需的测点个数差异会更加悬殊,因此在一定测量误差范围内,组合传声阵列有很好的实用性和较高的工程应用价值。

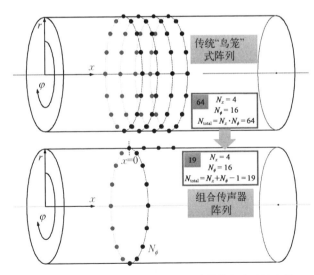

图4-14　组合传声器阵方法与"鸟笼"式阵列的比较

需要强调的是,组合传声器阵列的声模态识别方法是假设宽频噪声管道声模态不同周向模态、不同径向模态之间互不相关,并认为管道内逆流传播的声模态与

顺流传播的声模态互不相关,当管道内宽频噪声模态的特性不满足这些要求,这种方法对管道声模态识别就会产生较大误差。

4.7 本章小结

本章分析研究了发动机进/排气管道内单音噪声和宽频噪声管道声模态的辨识原理与方法,可以看出,不论是单音噪声还是宽频噪声,其管道声模态的辨识工作都包括:模态分析、传声器阵列设计、周向模态识别和径向模态识别四个内容。但是由于在模态分布情况以及信号描述方法上的不同,使得单音噪声和宽频噪声在管道声模态识别测量中的数据处理方法上明显不同。单音噪声不同模态之间是完全相干的,可以直接通过空间傅里叶获取周向模态信息,然后利用最小二乘拟合法得到不同周向模态下的径向模态信息。而宽频噪声的能量则是分布在对应频率下所有的截通模态上,而且由于宽频噪声的随机性,需要使用声场的空间互相关函数及统计平均值来对宽频噪声进行描述。根据宽频噪声模态的相干特性,可以选择瞬时法、互相关法以及参考传声器法等对宽频噪声管道声模态进行辨识。

另外,本章基于管道声模态辨识的误差分析,对比了不同传声器阵列的误差传递特性,给出了宽频噪声管道声模态识别测量的传声器阵列设计准则;还基于对发动机湍流宽频噪声管道声模态统计特性的分析和认识,提出了更加简化的宽频噪声管道声模态解耦技术——组合传声器阵列解耦技术。

········ 参考文献 ········

[1] MUNJAL M L. Acoustics of ducts and mufflers with application to exhaust and ventilation system design[M]. New York: John Wiley & Sons, 1987.

[2] HARTIG H E, SWANSON C E. "Transverse" acoustic waves in rigid tubes[J]. Physical Review, 1938, 54: 618 - 626.

[3] TYLER J M, SOFRIN T G. Axial flow compressor noise[J]. SAE Transactions, 1962, 52: 309 - 332.

[4] MUGRIDGE B D. The measurement of spinning acoustic modes generated in an axial flow fan [J]. Journal of Sound and Vibration, 1969, 10(2): 227 - 246.

[5] HAREL P, PERULLI M. Measurement, in a duct, of the space-structure of the discrete frequency noise generated by an axial compressor[J]. Journal of Sound and Vibration, 1972, 23(4): 487 - 506.

[6] MOORE C J. Measurement of radial and circumferential modes in annular and circular fan ducts[J]. Journal of Sound and Vibration, 1979, 62: 235 - 256.

[7] YARDLEY P D. Measurement of noise and turbulence generated by rotating machinery[D]. Southampton: University of Southampton, 1974.

[8] PICKETT G F, SOFRIN T G, Wells R A. Method of fan sound mode structure determination

final report[R]. NASR CR – 135293, 1977.

[9] SIJTSMA P, ZILLMANN J. In-duct and far-field mode detection techniques[C]. Rome: 13th AIAA/CEAS Aeroacoustics Conference (28th AIAA Aeroacoustics Conference), 2007.

[10] TAPKEN U, BAUERS R, NEUHAUS L, et al. A new modular fan rig noise test and radial mode detection capability[C]. Portland: 17th AIAA/CEAS Aeroacoustics Conference (32nd AIAA Aeroacoustics Conference), 2011.

[11] SUTLIFF D L. Rotating rake turbofan duct mode measurement system[R]. NASA/TM – 2005 – 213828, 2005.

[12] HEIDELBERG L J, HALL D G. Acoustic mode measurements in the inlet of a model turbofan using a continuously rotating rake[C]. Reno: AIAA 31st Aerospace Sciences Meeting, 1993.

[13] HALL D G, HEIDELBERG L J. Acoustic mode measurements in the inlet of a model turbofan using a continuously rotating rake: data collection/analysis techniques[C]. Reno: AIAA 31st Aerospace Sciences Meeting, 1993.

[14] SUTLIFF D L, Konno K E, HEIDELBERG L J. Duct mode measurements on the TFE731 – 60 full scale engine[C]. Breckenridge: 8th AIAA/CEAS Aeroacoustics Conference&Exhibit, 2002.

[15] SUTLIFF D L. Turbofan duct mode measurements using a continuously rotating microphone rake[J]. Aeroacoustics, 2007, 6(5): 147 – 170.

[16] SUTLIFF D L. Rotating rake mode measurements over passive treatment in a ducted fan[R]. NASA/TM – 2006 – 214493, 2006.

[17] SUTLIFF D L. A mode propagation database suitable for code validation utilizing the NASA Glenn advanced noise control fan and artificial sources[R]. NASA/TM – 2014 – 218118, 2014.

[18] ENGHARDT L, ZHANG Y, NEISE W. Experimental verification of a radial mode analysis technique using wall-flush mounted sensors[C]. Berlin: 137th Regular Meeting of the Acoustical Society of America, 1999.

[19] TAPKEN U, ENGHARDT L. Optimization of sensor arrays for radial mode analysis in flow ducts[C]. Cambridge: 12th AIAA/CEAS Aeroacoustics Conference (27th AIAA Aeroacoustics Conference), 2006.

[20] TAPKEN U, BAUERS R, ARNOLD F, et al. Turbomachinery exhaust noise radiation experiments-part 2: in-duct and far-field mode analysis[C]. Vancouver: 14th AIAA/CEAS Aeroacoustics Conference (29th AIAA Aeroacoustics Conference), 2008.

[21] TAPKEN U, RAITOR T, ENGHARDT L. Tonal noise radiation from an UHBR fan — optimized in-duct radial mode analysis[C]. Miami: 15th AIAA/CEAS Aeroacoustics Conference (30th AIAA Aeroacoustics Conference), 2009.

[22] ZILLMANN J, TAPKEN U. Tonal noise radiation from UHBR fan active control of radiation characteristic[C]. Miami: 15th AIAA/CEAS Aeroacoustics Conference (30th AIAA Aeroacoustics Conference), 2009.

[23] BOLLETER U, CROCKER M J. Theory and measurement of modal spectra in hard-walled cylindrical ducts[J]. Journal of Acoustical Society of America, 1972, 51: 1439 – 1447.

[24] JACOBSEN F. Measurement of sound intensity in the presence of air flow[C]. Senlis: 2nd

International Congress on Acoustic Intensity, 1985.

[25] KERSCHEN E J, JOHNSTON J P. A modal separation measurement technique for broadband noise propagating inside circular ducts[J]. Journal of Sound and Vibration, 1981, 76(4): 499 - 515.

[26] MICHALKE A. An expasion scheme for the noise for circular jets [J]. Zeitschrift für Flugwissenchaften, 1992, 20: 229 - 237.

[27] MICHALKE A, ARNOLD F, HOLSTE F. On the coherence of the sound field in a circular duct with uniform mean flow[J]. Journal of Sound and Vibration, 1996, 190(2): 261 - 271.

[28] DOAK P E. Excitation, transmission and radiation of sound from source distribution in hard-walled ducts of finite length (I): the effects of duct cross-section geometry and source distribution space-time pattern[J]. Journal of Sound and Vibration, 1973, 31(1): 1 - 72.

[29] DOAK P E. Excitation, transmission and radiation of sound from source distribution in hard-walled ducts of finite length (II): the effects of duct length [J]. Journal of Sound and Vibration, 1973, 31(2): 137 - 175.

[30] International Organisation for Standardization. Acoustics-determination of sound power radiated into a duct by fans- in-duct method: ISO 51361990[S], 1990.

[31] International Organisation for Standardization. Determination of sound power radiated into a duct by fans and other air moving devices- in-duct method: ISO/DIS 5136 1999 [S], 1999.

[32] NEISE W, ARNOLD F. On sound power determination in flow ducts[J]. Journal of Sound and Vibration, 2001, 244(3): 481 - 503.

[33] ABOM M. Modal decomposition in ducts based on transfer function measurements between microphone pairs[J]. Journal of Sound and Vibration, 1989, 135(1): 95 - 114.

[34] CHUNG J Y. Rejection of flow noise using a coherence function method[J]. The Journal of the Acoustical Society of America, 1977, 62(2): 388 - 395.

[35] CHUN I, JOSEPH P, RAFAELY B. Experimental investigation of spatial correlation in broadband reverberant sound fields[J]. The Journal of Acoustical Society of America, 2003, 113(4): 1995 - 1998.

[36] ENGHARDT L, NEUHAUS L, LOWIS C. Broadband sound power determination in flow ducts [C]. Manchester: 10th AIAA/CEAS Aeroacoustics Conference, Manchester, 2004.

[37] ENGHARDT L, HOLEWA A, TAPKEN U. Comparison of different analysis techniques to decompose a broad-band ducted sound field in its mode constituents[C]. Rome: 13th AIAA / CEAS Aeroacoustics Conference (28th AIAA Aeroacoustics Conference), 2007.

[38] JÜRGENS W, TAPKEN U, PARDOWITZ B, et al. Technique to analyze characteristics of turbomachinery broadband noise sources [C]. Stockholm: 16th AIAA/CEAS Aeroacoustics Conference, 2010.

[39] DYER I. Measurement of noise sources in ducts[J]. The Journal of the Acoustical Society of America, 1958, 30(9): 833 - 841.

[40] LEE S, JEONG W, JOSEPH P. A wall-mounted source array for the excitation of incoherent broadband sound fields with prescribed modal distributions in ducts[J]. Journal of Sound and Vibration, 2006, 290(1): 490 - 499.

第 5 章
航空发动机气动噪声源模拟实验技术

5.1 引 言

众所周知,航空燃气涡轮发动机是一个高度复杂的流体机械,它是由多个不同工作原理的部件所组成,其工作过程极度复杂,在航空发动机内部发生着复杂的、气动热力学参数剧烈变化的物理现象,每个部件内部气流的流动过程和气动噪声产生的机理也不尽相同。无论是航空发动机整机实验还是发动机部件实验,都需要复杂昂贵的实验台架、实验件以及测试系统等的配套使用,而且对实验条件要求也极其苛刻。因此,对航空发动机及其部件进行直接实验,总是存在实验任务复杂、实验测试难度大、实验成本昂贵、实验工作耗时等一系列实际问题。特别是进行发动机气动声学实验时,由于发动机各个部件气动噪声辐射的迭加,以及发动机部件内部不同噪声源噪声辐射的迭加,从发动机整机及其部件的气动声学结果中,难以揭示特定气动噪声源的基本规律和影响因素。

在实验室条件下,通过构建特殊的缩小的或者放大的实验模型,进行研究对象物理现象的实验观测——模型实验,则是人类开展复杂对象科学实验研究的重要途径。所谓“模型”就是与研究的物理对象(原型)密切相关的装置,通过对“模型”的观察与实验,并把数学分析和实验测量结合起来,以获得对物理对象(原型)运动机理、内部规律和基本性能的认识和分析。模型实验方法是解决复杂科学技术问题、扩展人类探索自然规律的一种有效方法,广泛地应用于工程力学、空气动力学、热力学等学科和航空航天科技的各个领域。

具体地讲,开展模型实验的目的和意义主要体现在如下几个方面:

(1)模型实验可以严格控制实验对象的主要参数而不受外界条件和自然条件的限制,做到结果准确;

(2)模型实验有利于在复杂的实验过程中突出主要矛盾,便于把握、发现现象的内在联系,可用来对原型所得结论进行校验;

(3)由于模型与原型相比,尺寸一般都是按比例缩小的,故制造加工容易,装拆方便,实验人员少,相较原型机实验,能节省资金、人力和时间;

（4）模型实验能预测尚未建造出来的实物对象或根本不能直接研究的实物对象的性能；

（5）对于复杂研究对象，当其他各种实验方法不可能采用时，模型相似性实验就成为唯一有效的研究手段。

同样，模型声学实验在航空发动机实验气动声学研究中具有重要的作用，通过模型实验件对航空发动机内部特定噪声源的放大和独立研究，能够帮助我们弄清特定气动噪声源基本规律，深刻揭示气动噪声源发声的流动物理细节，促进对噪声产生物理机制的认识，并指导我们探索有效的噪声控制新方法。

本章以航空发动机内部典型的气动噪声源为对象，以揭示航空叶轮机（风扇、压气机、涡轮）、燃烧室等典型气动噪声源产生和发声物理机制、认识发动机典型气动噪声基本特征等为目的，分别介绍了航空发动机叶片前缘噪声源、叶片尾缘噪声源、叶栅噪声源、直接燃烧噪声源、间接燃烧噪声源等典型的航空发动机气动噪声源模拟实验技术。

5.2 叶片前缘/尾缘噪声吹风实验方法

5.2.1 叶片前缘/尾缘噪声源及其研究状况

5.2.1.1 叶片前缘/尾缘噪声源

通常将航空发动机中的风扇、低压压气机、高压压气机、低压涡轮、高压涡轮等部件统称为航空叶轮机，航空叶轮机都是由在环形管道中相互靠近的转子叶片排和静子叶片排列构成，在工作过程中，由于转子叶片排高速旋转在叶轮机内部形成了复杂的非定常气流运动过程，并伴随产生了强烈的以转子旋转频率为特征的单音噪声和随机湍流脉动宽频噪声。随着民用航空发动机涵道比的不断提高，航空发动机排气速度在不断减小，喷流噪声在逐渐降低，从而使得航空叶轮机噪声逐渐成为航空发动机最主要的噪声源[1]。

尽管风扇、压气机和涡轮等航空叶轮机结构、尺寸和工作形态各异，工作状态以及内部的气流运动过程也具有较大差别，但是，对航空叶轮机气动声学物理机制的深入研究表明，风扇、压气机、涡轮等叶轮机气动噪声的基本发声单元具有共性，叶轮机主要噪声源均是来自绕流叶片的前缘噪声和尾缘噪声[2]。

当来流为均匀来流或湍流度较低时，绕流叶片噪声主要表现为尾缘噪声，其产生机制主要有五种，如图5-1所示[3]：① 湍流边界层-尾缘噪声，高雷诺数状态下湍流边界层与叶片尾缘干涉导致的宽频噪声；② 层流边界层-涡脱落噪声，又称为层流边界层不稳定噪声，低雷诺数状态下层流边界层内不稳定波与叶片尾缘干涉产生的单音噪声；③ 分离-失速噪声，大攻角状态下由边界层流动分离产生的噪声；④ 钝尾缘-涡脱落噪声，当叶片尾缘存在钝度时，类似于钝体绕流（如圆柱绕流），涡脱落过程会导

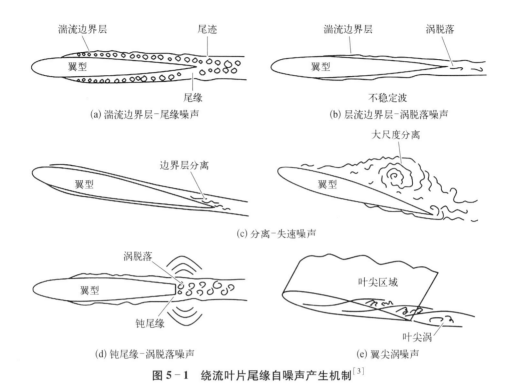

(a) 湍流边界层-尾缘噪声

(b) 层流边界层-涡脱落噪声

(c) 分离-失速噪声

(d) 钝尾缘-涡脱落噪声

(e) 翼尖涡噪声

图 5-1　绕流叶片尾缘自噪声产生机制[3]

致强烈的单音噪声;⑤ 翼尖涡噪声,主要存在于三维叶片叶尖区域的高频宽带自噪声。

　　当来流湍流度较高时,来流湍流与叶片的干涉是绕流叶片主要的噪声源。当叶片处于来流湍流场时,如图 5-2 所示[4],来流湍流与叶片固壁表面的干涉产生非定常压力脉动,该非定常压力脉动将以分布偶极子的形式向远场辐射噪声。尽管叶片表面发展的边界层与叶片固壁干涉会产生压力脉动,但与来流湍流与叶片的干涉压力脉动相比,湍流边界层产生的压力脉动要小许多,而来源于来流湍流涡

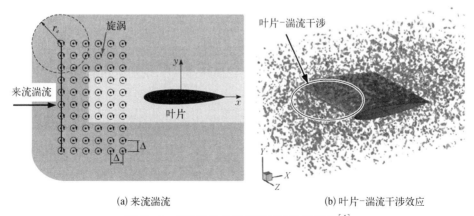

(a) 来流湍流

(b) 叶片-湍流干涉效应

图 5-2　绕流叶片前缘干涉噪声产生机制[4]

的无黏速度场对叶片固壁产生的冲击要强烈得多,叶片对非定常来流的无黏响应相当于对流体施加了一个无穿透条件,诱导产生一个无旋流场使得固壁处法向速度分量被抵消,与此无旋流场相关的一部分压力脉动传播到远场成为声波。

当周期性的非均匀来流与叶片干涉,就产生了周期性的离散单音噪声,即常说的转-静干涉单音噪声;当来流是随机湍流,则来流湍流与叶片的干涉效应产生宽频噪声。由于来流湍流与叶片干涉首先在前缘处发生,且通常叶片表面气流扰动水平最高的位置位于前缘附近,这种噪声的声源主要集中在叶片前缘,因此,来流湍流与叶片的干涉噪声也通常称为前缘干涉噪声。如第 1 章中的图 1 - 11 所示,在叶轮机内部,造成湍流干涉宽频噪声的机制有很多种,主要包括:吸入湍流与转子叶片的干涉、轮毂/机匣端壁的湍流边界层与下游叶片的干涉和上游叶片的尾迹湍流与下游叶片的干涉等[5]。

综上所述,绕流叶片前缘/尾缘噪声作为最基本的噪声源,普遍存在于叶轮机内,因此,叶片前缘和尾缘噪声就成为气动声学领域重要研究对象,研究前缘/尾缘噪声的物理机制、建立前缘/尾缘噪声声学理论模型、探索降低前缘/尾缘噪声控制方法等构成了航空发动机气动声学研究的重要内容。

5.2.1.2　叶片尾缘噪声的研究和认识

众所周知,英国科学家 Curle[6] 推导的包括静止固体表面存在的 Lighthill 方程完整积分解是对 Lighthill 声类比理论[7, 8] 第一次成功的发展和应用,Curle 研究工作深刻揭示了表面偶极子气动声源的基本规律,并首次成功地解释了诸如由气流绕流圆柱产生的脱落涡噪声等问题。但是,人们很快就发现,对于固体表面的尺寸比声波波长大、固体表面存在明显边缘流动过程,由固体表面的边缘(前缘/尾缘)产生的流动噪声散射会成为主要的声学辐射特征,Curle 的理论分析不再适用,用简单的表面偶极子无法解释叶片前缘/尾缘噪声辐射规律。

1960 年,Powell[9] 首次研究分析了尾缘噪声辐射现象,他应用一个位于尾缘附近平板上的偶极子源研究这一问题,并推出尾缘噪声强度与流动速度的 4.6 次方呈正比。但是 Powell 的模型不能给出尾缘噪声的指向性以及飞行速度对其的影响。20 世纪 70 年代,世界著名的气动声学专家 Ffowcs Williams 教授和他的学生 Hall 首次对尾缘噪声在理论上做出了实质上的研究[10],他们采用适合半无限平板尾缘边界条件的 Green 函数,通过对 Lighthill 声类比方程的求解分析,认为尾缘噪声是叶片尾缘对流场中的四极子气动噪声源散射引起的,从而获得了湍流流过尾缘所产生的噪声强度与流动速度的五次方呈正比,噪声场的指向性具有 $\sin^2(\theta/2)$ 的形式(其中 θ 是测量点与流动速度矢量的夹角)等重要结论,而且,他们发现波数与湍流旋涡中心距离的乘积 $2k\bar{r}_0$ 是影响尾缘噪声辐射的重要参数。

在 Ffowcs Williams 和 Hall 研究工作之后,许多研究者进一步对尾缘噪声的机理和预测方法等进行了深入的研究,但是这些研究工作之间既有相互一致的部分,又具有相互矛盾的地方。其中,Hayden[11]通过对尾缘噪声的系统分析研究,认为尾缘噪声本质仍然具有偶极子性质,并用偶极子源对尾缘噪声进行了模化分析。Crighton[12]则将尾缘噪声模化为一系列湍流涡流过半无限长平板边缘的结果,并建立了相应的尾缘噪声理论分析模型。而 Chase[13]则将半无限平板噪声与气动压力场的波数-频率谱相关联,发展了相应尾缘噪声的理论预测模型。1978 年,国际著名气动声学专家 Howe[14]对各种尾缘噪声的方法进行了综合分析和比较,并从声类比理论的对流波动方程出发,得到了关于尾缘噪声的一般控制方程,Howe 的理论使得不同研究方法互相协调起来,考虑到了各种影响尾缘噪声的因素,给出了尾缘噪声清晰的物理图画。

为了实现对机翼/叶片尾缘噪声的预测,1981 年,Brooks 等[15]针对 NACA0012 翼型开展了详细的噪声和翼型表面压力测量,并研究了湍流边界层压力场统计特性。随后,Brooks 等[3]利用测量的表面压力对翼型噪声进行了预测。Amiet[16]和 Howe[17]分别提出了针对以 0°攻角流过半无限平板时亚声速下湍流边界层噪声辐射的理论预测方法,由于采用了半无限平板假设,这两种预测模型均适用于声波波长小于翼型弦长的情况。但是,由于 Howe 预测方法是将边界层内的上洗速度直接与远场噪声进行关联,采用了低速不可压气动计算方法,因此仅适用于低速不可压情况,而 Amiet 预测方法是将边界层内的压力脉动频谱与远场噪声进行直接关联,因此其适应性更强。Amiet 假设平板尾缘处以及尾缘上游位置处的湍流边界层统计特征保持不变(即冻结湍流假设),并认为尾缘上游边界层内的压力场不受尾缘不连续的影响,尾缘附近来流压力脉动场引起的翼型吸力面与压力面非定常压力脉动的差异等效于分布在翼型表面的偶极子声源,从而建立了翼型尾缘的边界层内的脉动压力频谱 $\phi_{qq}(\omega)$ 与远场声场 $\phi_{pp}(x, \omega)$ 的关联关系:

$$\phi_{pp}(\boldsymbol{x}, \omega) = D(\boldsymbol{x}, \omega) \mid L(\omega) \mid^2 l_y(\omega) \phi_{qq}(\omega) \tag{5-1}$$

其中,$D(\boldsymbol{x}, \omega)$ 是一个偶极子类型的辐射函数;$L(\omega)$ 是描述翼型表面非定常载荷的响应函数;$l_y(\omega)$ 是靠近翼型尾缘处湍流旋涡展向相关长度。

后来许多研究者对 Amiet 的尾缘噪声预测模型进行了发展完善,例如,Roger 等[18]和 Moreau 等[19]认为,尾缘散射出的声波向上游传播到达前缘后,前缘会对声波再次产生散射,他们通过引入前缘再次散射的修正,可以考虑有限弦长翼型的噪声辐射问题。研究表明,扩展后的预测模型可以提高低频范围内噪声预测精度。2008 年,Doolan[20]对尾缘噪声及其预测做了进一步的总结分析,他认为,当翼型弦长小于辐射声波波长时,湍流脉动产生翼型表面的压力脉动,该压力脉动可以在近场流场有效地绕过翼型而传播,这种情况下,辐射的噪声具有偶极子声源产生的声特征,偶极子的强度正比于脉动力大小,这种类型的噪声强度与马赫数的六次方呈正比(与 Curler 气动声学理论结论相符);但是,当翼型弦长相比于辐射声波波长较大时,尾缘将衍射湍流而产生四极子噪声,这种情况下,增强的噪声辐射保留多极子的特征,多极子的幅值由湍流场的强度和空间分布决定,衍射的湍流辐射噪声强度与马赫数的五次方呈正比,因而,对于亚声速流动,这种噪声要比偶极子噪声更强烈。

5.2.1.3　叶片前缘噪声的研究和认识

通常,对前缘噪声起主要贡献的是来流湍流中较大尺寸的湍流涡结构,来流中的湍流涡结构会被主流输运到翼型/叶片前缘并与之干涉,湍流涡被拉伸变形,在翼型压力面和吸力面产生压力脉动,如图 5-3 所示[21],图中描绘了旋涡处于不同位置时翼型的非定常升力,当旋涡靠近翼型前缘时,非定常升力达到最大值,这对应着最大噪声的辐射时刻。随后,旋涡在翼型前缘被拉伸,非定常升力减小,辐射出的声压也将减小。图中还描绘了为满足 Kelvin 定理,翼型尾缘处的涡脱落情况,即围绕翼型及其尾迹的总环量保持不变。相对于旋涡与前缘干涉,涡脱落诱导的升力脉动很小。

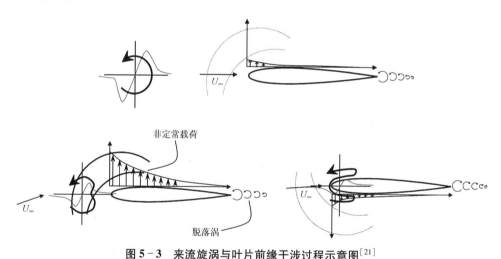

图 5-3　来流旋涡与叶片前缘干涉过程示意图[21]

显然,对叶片前缘噪声的研究,首先需要分析来流湍流与叶片的气动力学干涉,而这是非定常流体力学中的经典研究课题。1941 年,Sears[22] 首次发表了谐波涡阵风和平板干涉诱导的平板非定常升力的理论计算模型,这是线化非定常空气动力学的经典理论模型,该模型假设翼型为平板,来流速度是低马赫数、翼型为紧致声源的情况,并假定来流攻角为 0°,非定常来流为均匀的上洗阵风。Sears 的理论分析表明,阵风和平板干涉产生的远场声场与声学偶极子产生的声场类似,具有余弦指向性特征。后来,Graham[23] 和 Adamczyk[24] 进一步分析了三维流动效应、气流压缩性的影响以及翼型厚度、弧度、攻角等几何的影响。Amiet[25, 26] 在线化非定常空气动力学理论基础上,对叶片前缘噪声理论做出重要贡献,他提出了考虑非紧致声源的湍流-翼型干涉噪声理论模型,并取得了与实验结果吻合良好的预测结果,其研究结果表明,与频率有关的展向相关尺度以及垂直于平板方向的速度脉动的功率谱密度是影响噪声辐射的最重要因素。近年来,Billson[27]提出采用数值修正来改进 Amiet 模型低频预测精度的方法,Kucukcoskun[28]则通过增加几何近场修正以及采用"片条理论"来考虑三维叶片绕流情况,而 Santana 等[29]通过同时考虑紧致和非紧致气动噪声源,进一步发展完善了 Amiet 的理论模型。

与上述研究思路不同的是,针对大扰动非定常来流与翼型非定常气动干涉,1954 年,Batchelor 与 Proudman[30]提出了快速畸变理论(rapid distortion theory,RDT),为了使问题线性化,他们假设流体微团的位移由畸变的发展历程所决定。Goldstein 和 Atassi[31]进一步发展了 RDT,研究了二维不可压阵风与固体物体的干涉,基于 Sears 公式的修正,他们发展了考虑攻角、翼型弧度、翼型厚度等对非定常升力响应影响的计算方法。之后,快速畸变理论被广泛地应用于湍流-翼型干涉问题的研究。Mckeough 和 Graham[32]采用与 Goldstein 和 Atassi 类似的方法,研究了三维阵风问题,他们发现,翼型对三维正弦阵风的非定常升力响应与垂直方向湍流分量、流向方向湍流分量以及翼型平均流场对涡线的扰动有关。Scott 和 Atassi[33]则采用 Goldstein 和 Atassi 理论研究了阵风与翼型的干涉问题,并考虑到非均匀平均流动的影响,以及翼型弧度、翼型厚度、攻角、马赫数对非定常升力的影响。研究发现,翼型厚度会增大低频范围内的响应幅值,减小高频范围内的响应幅值。Myers 和 Kerschen[34]在 Batchelor 与 Proudman 理论的基础上,发展了一个替代方程来研究输运扰动与固体的干涉,并考虑到翼型定常载荷的影响。他们指出,叶轮机械中的载荷对于辐射的声场具有重要作用。Gershfeld[35]则借助于 Howe[17]尾缘噪声快速畸变近似方法考虑了湍流流动的衍射,进而预测有厚度翼型的前缘噪声,他们的预测结果与 Paterson 和 Amiet[36]的实验结果进行了对比,吻合良好。近年来,Glegg 等[37]则进一步发展了基于时域计算的前缘噪声方法,获得了很好的预测结果。

在航空叶轮机中,每一个叶片排都是由多个独立叶片沿周向紧密排列而成,因此叶轮机叶片排的绕流运动具有强烈的叶栅效应,叶栅效应不仅影响非定常气动响应,也会影响声波的产生和传播。Kaji 和 Okazaki[38, 39]最先研究了叶栅中声传播问题,提出并发展了转子尾迹与静子干涉产生噪声的预测模型。Mani 和 Horvay[40]在假设翼型前缘与尾缘无干涉情况下,给出了声波在二维叶栅中传播的近似解析表达式。Koch[41]进一步扩展了 Mani 和 Horvay 预测模型,考虑到有限弦长的影响,并给出了声波向上游、下游传播反射系数。Peake[42]和 Kerschen 等[43]则在 Koch 研究工作的基础上,研究了来流旋涡阵风扰动与具有载荷的平板叶栅的非定常气动响应和干涉噪声。Smith 和 Whitehead[44, 45]发展的线化叶栅非定常气动力学模型和声学计算方法在叶轮机声学研究中具有重要的影响,之后,很多研究工作都是以 Smith 线化叶栅非定常气动力学模型为基础。1998 年,Glegg[46, 47]发展了叶栅对三维谐波的响应函数,而 Hanson 和 Horan[48]则利用 Glegg[46]的三维谐波叶栅响应函数提出了新的湍流-叶栅干涉噪声的理论预测模型。此外,Namba[49, 50]、Kodama 等[51]、Schulten[52, 53]以及国内北京航空航天大学的孙晓峰等[54, 55]在三维升力面方法上也做了大量的工作，对三维环形叶栅非定常气动响应和气动噪声辐射进行了模拟分析研究。

在前缘/尾缘噪声的实验方面，人们也开展了大量的研究工作。如前所述，Paterson 和 Amiet[36]实验研究了均匀各向同性湍流与翼型干涉问题，来流湍流由湍流格栅生成，来流湍流尺度大约为15%翼型弦长，湍流度为4%，并测量了翼型的远场噪声和壁面非定常压力脉动。Paterson 和 Amiet 的研究发现，来流湍流与翼型干涉产生的噪声比其他噪声（例如，与湍流边界层、失速相关的噪声）要高一个数量级，非定常压力脉动峰值出现在翼型前缘，翼型前缘是主要的噪声源。来流攻角从0°增加到8°时，噪声增大了 2 dB。为了验证叶栅噪声预测模型，Mckeough 和 Graham[32]实验研究了格栅湍流与 NACA0015 翼型的干涉噪声辐射。Commerford 和 Carta[56]则首次研究了圆柱尾流与翼型的干涉，实验结果表明非定常壁面压力脉动要大于 Sears 不可压理论预测模型的计算结果，但与 Adamczyk[57]的可压缩理论预测结果吻合良好。Olsen 等[58, 59]实验研究了射流与翼型、圆柱的干涉噪声，实验发现，翼型厚度对前缘噪声有很大影响，厚翼型的噪声要明显小于薄翼型的噪声，尤其是在 1 kHz 频率以上范围。Oerlemans 与 Migliore[60]则针对六个小型风力机翼型，分别研究了均匀来流和格栅湍流来流下翼型的噪声特性。研究发现，在湍流来流下，前缘噪声为主导噪声源，且湍流-翼型干涉噪声与速度六次方呈比例，实验发现翼型前缘越尖，前缘噪声越大，攻角从0°增大到8°时，翼型噪声在 1~2 kHz 范围内增大了约 5 dB。而在均匀来流下，尾缘噪声是主导噪声源，在叶片表面不加绊线情况下（边界层流动控制），还会产生很强的单音噪声，而在叶片表面加绊线后，单音噪声消失，宽频噪声部分与速度的 4.5 次方呈比例。Moreau 等[61]实验研究了格栅湍流与平板、可控扩散翼型、NACA0012 翼型的干涉噪声，实验发现湍流-翼型干涉噪声对攻角并不敏感，在三个不同的实验对象上都得到了类似的结果，随着翼型前缘厚度减小，噪声增大。他们对 Amiet 的理论进行了扩展，以考虑翼型弧度和厚度的影响，实验结果与理论结果吻合良好。Posson 等[62]则开展了湍流与环形叶栅干涉产生宽频噪声的实验，并验证了环形叶栅响应模型。

综上所述，翼型/叶片绕流的前缘/尾缘噪声作为气动声学重要研究对象，在过去几十年时间得到了深入的研究。但是，需要指出，现有的叶片尾缘噪声和前缘噪声的气动声学理论还不能满足降低叶轮机气动噪声研究的需要。例如，研究发现，现有的叶片前缘/尾缘噪声模型在某些频率过高地预测了噪声级，而在其他频率范围则会过低地预测了噪声辐射。而由于真实叶轮机叶片复杂的载荷分布、流动转向、流动攻角的变化以及强的叶栅效应等，使得真实叶片的流动和声学机理比理论模型假定条件更为复杂。特别是，对于真实叶轮机，由于叶片的弦长较小，前缘流动和后缘流动之间存在着复杂的相互干涉，前缘噪声源和尾缘噪声源总是同时出现，采用单独传声器对叶片绕流总噪声的测量很难精确量化叶片前缘和尾缘噪声声级。

为了研究叶轮机叶片前缘和尾缘噪声产生的机理,评价叶片湍流噪声的降噪效果,抑制吹风实验中背景噪声对测量声源的影响,就需要在实验研究中能够对翼型前缘和尾缘噪声源进行准确分离和精确量化。如第 3 章所述,现代传声器阵列声学测量技术的出现和发展,为叶片前缘/尾缘噪声精确测量提供了强有力研究手段。本章将借助于传声器阵列实验测量方法,深入研究叶片前缘/尾缘噪声特性,并探索研究叶片前缘/尾缘仿生学降噪方法。

5.2.2　叶片前缘/尾缘噪声实验装置

为了模拟叶片前缘与尾缘噪声源,通常是将实验叶片放置在开式吹气式消声风洞射流场,由风洞射流形成绕叶片的流场条件,并根据对前缘噪声研究的需要,通过在叶片前缘放置圆柱等特殊实验件,形成特定的来流湍流场[63, 64],如图 5-4 所示在开式风洞进行叶片前缘/尾缘噪声吹风实验方案示意图[64],实验叶片放置在吹气式风洞射流核心流场中,叶片两端由与风洞出口展向截面相平行的平板加装起来,如图5-4(b)所示,在两个夹板中加工旋转件,还可以调整叶片相对气流的攻角。

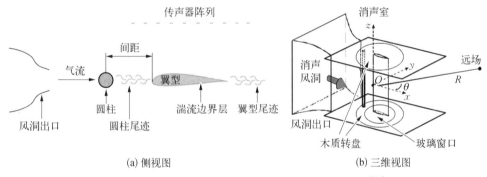

(a) 侧视图　　　　(b) 三维视图

图 5-4　开式风洞叶片前缘/尾缘噪声吹风实验方案[64]

为了消除实验室周围环境对叶片实验段噪声的影响(墙壁反射、气源风机噪声等),通常将实验段放置在消声室内部,如图 5-5 所示为西北工业大学航空叶轮机气动力学与气动声学实验室(TAAL)叶片吹风实验装置和德国勃兰登堡工业大学叶片吹风声学实验装置。其中西北工业大学叶片吹风声学实验段放置在尺寸为10.78 m×6.14 m×3.1 m(长、宽、高)的半消声室内,如图 5-5(a)所示,该半消声室在频率 100~5 000 Hz 范围内背景噪声 A 计权总声压级不大于 28.3 dB(A),半消声室的吸声系数大于 99%,最低截止频率为 130 Hz。德国勃兰登堡工业大学则将实验叶片安装在两个多孔吸声侧板之间,直接连接到风洞喷嘴出口,为了减小周围背景噪声影响,将整个实验件用一个 1.6 m×1.5 m×2.5 m(长、宽、高)半消声罩所包围,如图 5-5(b)所示,在三个侧壁板上都设计有吸音板,可有效减少频率为500 Hz 以上的噪声反射,在半消声罩上部则安装了传声器阵列。

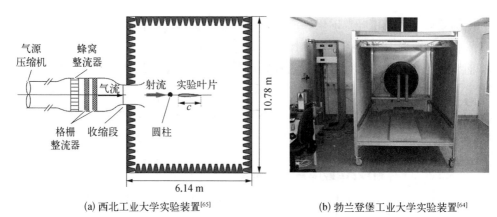

(a) 西北工业大学实验装置[65]　　　　　　　(b) 勃兰登堡工业大学实验装置[64]

图 5-5　放置在半消声室内叶片绕流噪声实验装置

这里以西北工业大学航空叶轮机气动力学与气动声学实验室(TAAL)实验装置为例,对实验设备简要说明[65,66]。如图 5-5(a)所示,西北工业大学开式射流风洞由气源离心压缩机、扩压段、整流段和收敛段等组成,风洞气源由一台 20 kW 交流变频电机驱动的离心式压缩机提供,外界大气经离心式压缩机驱动进入风洞管道,经由扩压管道进入整流段,整流段内有一道蜂窝整流器和两道网格整流器,气流被整流后,经收敛段加速,由矩形射流出口射出,风洞矩形射流出口尺寸为 300 mm×90 mm(或者 200 mm×135 mm),风洞的最大气流流量为 1.5 kg/s,对应的最大风洞出口马赫数小于 0.3,实验中通过变频器调节离心式压缩机的转速以改变风洞出口的射流速度。该低速射流风洞出口气流的湍流度约为 1%。

在吹气式开式风洞进行叶片绕流实验,需要将叶片布置在风洞出口的射流核心区内,当风洞的宽高比约为 3 时,可知其射流核心区向下游发展的长度为 $7D^* \sim 8D^*$ [67](其中 D^* 是风洞出口当量直径),假定 A 是风洞出口面积,则风洞出口的当量直径 D^* 为

$$D^* = 2\sqrt{\frac{A}{\pi}}$$

以西北工业大学航空叶轮机气动力学与气动声学实验室(TAAL)的开式射流风洞为例,由上式可得风洞出口射流核心区向下流发展 0.7~0.8 m,在进行实验中,根据实际情况叶片被置于风洞出口下游 0.15 m 处,保证叶片尾缘仍处于射流核心区。

5.2.3　叶片前缘/尾缘噪声识别的线性传声器阵列

如图 5-6 所示,在叶片绕流实验中,叶片分别产生前缘和尾缘噪声,除此之外,风洞出口也形成喷流噪声源,为了研究叶片前缘和尾缘噪声,可以采用第 3 章介绍的传声器阵列声源识别测量技术,通过波束成型将三个声源分离。由于实验叶片为二维叶型,在不考虑叶片两端与固定夹板形成的二次流声源情况下,可以确

定在叶片展向前缘/尾缘噪声是均匀分布声源,风洞矩形喷口形成的喷流噪声源在喷口中心部位也可以看成是均匀分布声源。这样,沿着风洞中心流动方向,可以认为喷流噪声源、叶片前缘噪声源、叶片尾缘噪声源是线性分布噪声源,因此可以采用线性传声器阵列对其进行识别测量。当然,需要指出为了考虑叶片展向分布声源,也可以采用平面传声器阵列进行声源识别。

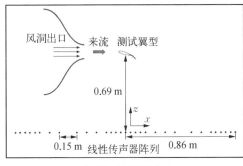 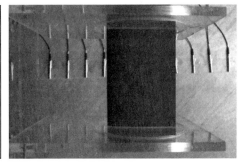

(a) 叶片吹风实验方案　　　　　　　　(b) 实验叶片及传声器阵列

图 5 - 6　叶片前缘/尾缘噪声识别的线性传声器阵列测量方法[65, 66]

仍然以西北工业大学开式风洞叶片吹风声学实验装置为例[65, 66, 68, 69],实验叶片为弦长 150 mm 的航空叶轮机(风扇、涡轮)独立叶型,以分离识别叶片前缘与尾缘噪声源为目标(间距 0.15 m),根据实验对象的声源分布特征,采用计算机模拟技术专门设计了由 31 个传声器组成的非等间隔线性传声器阵列,如图 5 - 6 所示[65, 66]。线性传声器阵列的中心位于测量叶片中心位置的正下方。线性阵列采用对称设计,阵列中传声器由中间到两端呈现出非等间距密集-稀疏-密集的排布方式,即传声器阵列在中间分布密集,往两端时传声器之间距离有所增加,在阵列两端处间隔重新变小,线性阵列孔径(总长度)为 1.72 m,传声器之间最大间隔为 0.15 m,最小间隔为 0.075 m。以阵列中心为原点,顺气流方向为 x 方向,垂直于地面方向(高度方向)为 z 方向,叶片展向方向为 y 方向,则风洞出口位置位于(-0.26 m, 0 m, 0.69 m),叶片前缘位于(-0.075 m, 0 m, 0.69 m),叶片尾缘位于(0.075 m, 0 m, 0.69 m)。

西北工业大学航空叶轮机气动力学与气动声学实验室测量传声器采用 BSWA 公司 1/4 英寸预极化自由场传声器,其有效频率范围为 20 Hz ~ 20 KHz,最大可测量 168 dB 的声压信号,工作温度范围为-50~+110 ℃,环境温度系数为 0.01 dB/K,环境压力系数为 -10^{-5} dB/Pa。传声器的前置放大器与 Mueller - BBM 数据采集系统相连,该系统最多支持 32 路传声器同步采集,数据采样率最高达 102.4 kHz。为了保证测量的精度,在测量开始前,采用标准声源(1 000 Hz, 114 dB)对传声器进行了校准。在本节实验测试中,传声器信号采样频率为 32 768 Hz,采样时间为 15 s,传声器阵列数据处理中 FFT 点数为 1 024 点,采用 Hanning 窗分段多次平均,不同数据段重叠率为 50%。采用 CLEAN - SC 反卷积波束成型算法进行声源成像。

5.2.4   线性传声器阵列的实验考核验证

为了分析上述线性传声器阵列对线性分布声源识别的精确度,分别采用单点声源、等间隔分布 4 个点声源、不等间隔分布 4 个点声源等,在消声室内对上述线性传声器阵列空间分辨率和动态范围等进行了实验校核。如图 5 - 7 所示三种校核方案,让标准声源位于距离传声器阵列 1. 52 m 的上方,4 个声源按图示间距分布在与阵列平行的直线上[在阵列的实验校核中,标准点声源距离比风洞实验中叶片距离更远,实际叶片中心距离阵列中心是 0. 69 m],根据传声器阵列波束成型动态范围计算公式,声源距离阵列越远,传声器阵列的波束成型动态范围越小,因此对于实际风洞实验来说,这样的实验考核就更加严格。

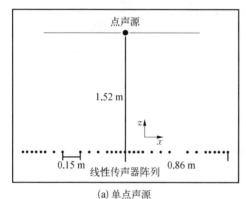

(a) 单点声源

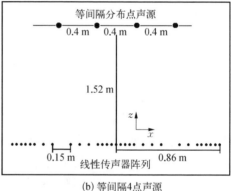

(b) 等间隔4点声源

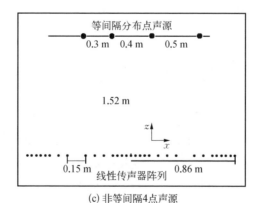

(c) 非等间隔4点声源

图 5 - 7   线性传声器阵列的实验校核方案[67]

1) 传声器阵列对单点声源波束成型结果

首先使用线性传声器阵列识别测量单个声源,观察考核阵列的波束模式,声源发出 500 ~ 10 000 Hz 范围内的单音。图 5 - 8(a) ~ (f) 给出了 500 Hz、800 Hz、

1 000 Hz、2 000 Hz、4 000 Hz、8 000 Hz 的声源识别结果图,为了便于分析动态范围和声源识别空间分辨率,识别结果采用减去了峰值声源的相对声压值。

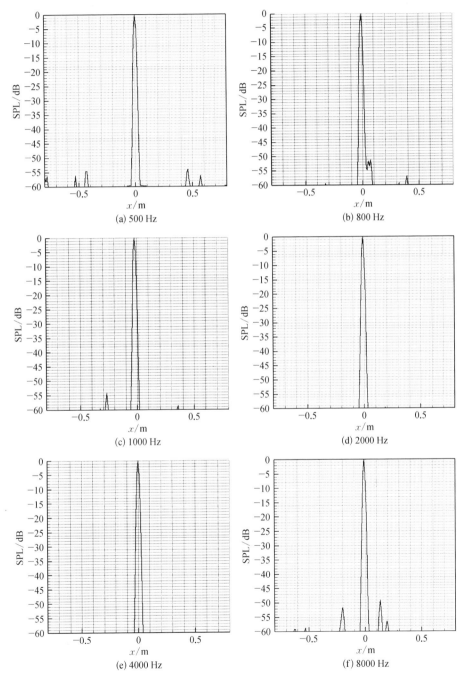

图 5-8 单个声源识别结果

由图 5-8 可见,声源峰值位置位于 $x = 0$ m 处,使用的线性传声器阵列可以准确地定位噪声源位置,且考核结果显示声源识别有着很好的空间分辨率及动态范围。为了进一步定量评估传声器阵列特性,提取出了 $500 \sim 10\,000$ Hz 频率范围内 $1/3$ 倍频程频率下的空间分辨率及成像动态范围,其中空间分辨率为声源峰值下降 3 dB 时对应主瓣宽度,结果如表 5-1 所示。

表 5-1　各频率下空间分辨率及成像动态范围

频率/Hz	$1.5\lambda R/D$/m	空间分辨率/m	成像动态范围/dB
500	0.901 395 349	0.013 3	55
630	0.715 393 134	0.012 3	58
800	0.563 372 093	0.012 3	51
1 000	0.450 697 674	0.012 3	54
1 250	0.360 558 14	0.013 3	57
1 600	0.281 686 047	0.012 3	62
2 000	0.225 348 837	0.012 3	60
2 500	0.180 279 07	0.012 3	61
3 150	0.143 078 627	0.013 3	58
4 000	0.112 674 419	0.012 6	63
5 000	0.090 139 535	0.012 3	62
6 300	0.071 539 313	0.012 3	52
8 000	0.056 337 209	0.012 3	50
10 000	0.045 069 767	0.012 6	60

可以看出,在 $500 \sim 10\,000$ Hz 频率范围内成像动态范围均大于 50 dB;且传声器测量系统空间分辨率均小于 $1.5\lambda R/D$(其中 λ 是声波波长,R 是声传播距离,D 是传声器阵列孔径),声源识别分辨率精度小于 2 cm。

2) 传声器阵列对等间隔线性分布点声源波束成型结果

图 5-9(a)~(f)给出了针对声源在 1 600 Hz、2 500 Hz、5 000 Hz、6 300 Hz、8 000 Hz、10 000 Hz 时 4 个等间隔分布点声源识别结果。4 个声源采用随机宽频噪声源模拟器产生,图中不同频率对应的是宽频噪声在 $1/3$ 倍频程中心频率。可以看出,线性传声器阵列能准确分离识别出声级不等的 4 个声源的位置。

同样,为了进一步定量评估传声器阵列测量系统特性,提取出了在 $1\,250 \sim 10\,000$ Hz 频率范围内 $1/3$ 倍频程频率下的 4 个声源空间分辨率及成像动态范围,其中表 5-2 给出了 4 个声源成像结果的动态范围,图 5-10 则给出 4 个声源的空间分辨率。

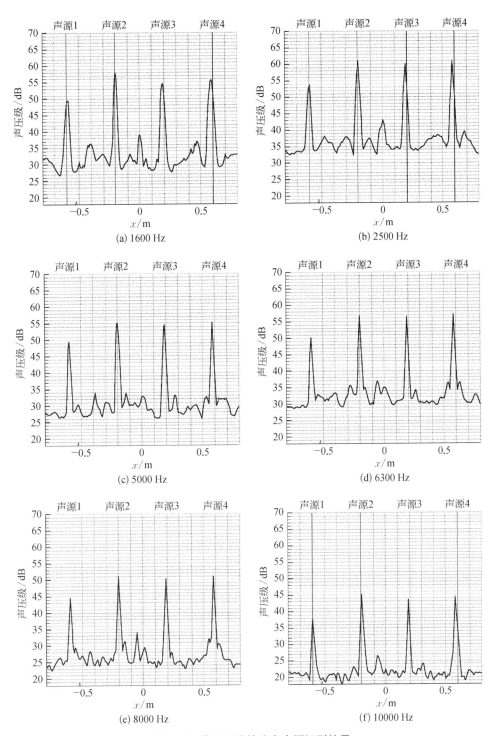

图 5 - 9　等间距线性分布声源识别结果

表 5 - 2 各频率下声源成像动态范围

频率/Hz	声源 1 成像 动态范围/dB	声源 2 成像 动态范围/dB	声源 3 成像 动态范围/dB	声源 4 成像 动态范围/dB
1 250	19	20	20	21
1 600	16	25	16.1	19
2 000	13	19.5	17.8	19
2 500	16	17.5	21.5	22
3 150	11	19	19	21
4 000	13	19.5	15	18
5 000	16	22	17	24
6 300	18	21	19	21
8 000	17	18	17.2	20
10 000	16	19	22	20

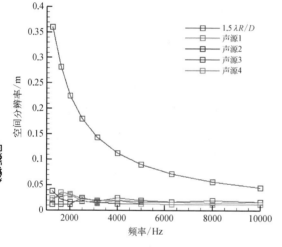

图 5 - 10 4 个声源的空间分辨率

由表 5 - 2 可以看出,对由 4 个声源组成的等间距线性分布声源识别,最大声源(声源 2)在各频率下的成像动态范围最低为 17.5 dB,在测量频率范围内均大于 15 dB,此时最小声源(声源 1)的成像动态范围可达 11 dB 以上。最小声源的成像动态范围相比于最大声源有所不足的原因在于,最大声源与最小声源之间声压级最大相差 8 dB,最小声源的识别结果会受到最大声源的干扰,导致其成像动态范围有所降低。图 5 - 10 中红色线为依据 $1.5\lambda R/D$ 计算得出的各频率下的空间分辨率,绿色线、蓝色线、紫色线和橙色线分别为实验识别分离出的 4 个声源在不同频率下的空间分辨率,可见传声器阵列测试系统针对频率在 1 250~10 000 Hz 范围内的线性分布声源的空间分辨率均小于 5 cm,远小于 $1.5\lambda R/D$。

3) 线性传声器阵列对不等间隔分布声源波束成型结果

图 5 - 11(a)~(f) 给出了针对声源在 1 600 Hz、2 500 Hz、5 000 Hz、6 300 Hz、8 000 Hz、10 000 Hz 时 4 个不等间隔分布点声源识别结果。同样,4 个声源采用随机宽频噪声源模拟器产生,图中不同频率对应的是宽频噪声在 1/3 倍频程中心频率。可以看出,线性传声器阵列能准确分离识别出声级不等、间隔不等的 4 个声源。

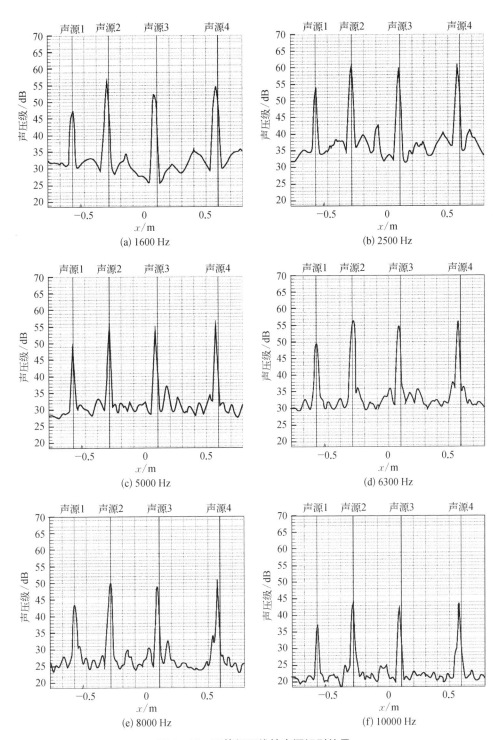

图 5 - 11 不等间距线性声源识别结果

由图 5-11 可见，即使对于声源分布更为复杂的声级不等、间隔不等的分布声源，传声器阵列识别的结果依然有着很好的成像动态范围及空间分辨率精度，为了进一步定量评估传声器阵列测量系统特性，提取出了在 1 250~10 000 Hz 频率范围内 1/3 倍频程频率下的 4 个声源空间分辨率及成像动态范围，其中表 5-3 给出了 4 个声源成像结果的动态范围，图 5-12 则给出 4 个声源的空间分辨率。

表 5-3   各频率下声源成像动态范围

频率/Hz	声源 1 成像 动态范围/dB	声源 2 成像 动态范围/dB	声源 3 成像 动态范围/dB	声源 4 成像 动态范围/dB
1 250	19	21	23	19
1 600	15	20	17	19
2 000	16	20	12.3	20
2 500	16	24	17	19.8
3 150	14	22	18.8	18.5
4 000	15	18.7	14.8	16
5 000	17	18.7	16.8	22
6 300	17	20	18.7	20.5
8 000	13.6	19	15.8	17
10 000	14.8	22.3	17	24

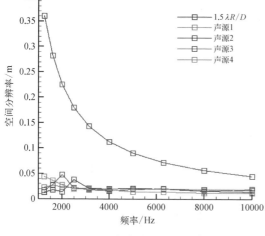

图 5-12   4 个声源的空间分辨率

由表 5-3 可知，对由 4 个声级不等、间隔不等的声源组成的线性分布声源，传声器阵列的识别的最大声源（声源 2）在各频率下的成像动态范围最小为 18.7 dB；而对最小声源（声源 1）的成像动态范围最小可达 13.6 dB 以上。图 5-12 中红色线为依据计算得出的各频率下的空间分辨率，绿色线、蓝色线、紫色线和橙色线分别为实验识别分离出的 4 个声源在不同频率下的空间分辨率，可见，尽管与等间距线性分布声源相比，不等间距分布线性声源之间的最小间隔更小（最小间隔为 0.3 m），传声器阵列测试系统依然有着很好的空间分辨率精度，对频率在 1 250~10 000 Hz 范围内的声级不等、间距不等的线性声源识别的空间分辨率最大不大于 5 cm，均小于 $1.5\lambda R/D$。

5.2.5　射流剪切层对声学测量的影响及修正方法

在开式风洞气流吹风实验中,如果实验对象处于高速气流之中,而测量传声器位于射流流场之外时,噪声向传声器传播过程中要受到高速射流剪切层的影响,包括反射、折射和散射的影响。通常,当气流流动速度较低时($Ma<0.3$),喷流剪切层两侧气体的密度变化较小,此时剪切层对声波的反射作用可以忽略,而散射作用只有当波长远小于剪切层厚度时才比较重要,在发动机噪声研究的频率范围($50\sim10\,\mathrm{kHz}$),假设喷流剪切层为平面剪切层,散射作用也可以忽略。因此,在实际工作中,重点是考虑剪切层对声波传播折射作用。Amiet[70, 71]、Schlinker 等[72]和 Dobrzynski[73]通过理论推导和实验测量详细研究了喷流剪切层折射作用对声波强度和延迟时间的影响,而Humphreys[74]、Muller[75]和 Krber 等[76]的声源识别测量实验结果表明,低速条件下,Amiet 提出的剪切层修正方法具有很好的适用性。图 5 - 13 表示来流速度对波束成

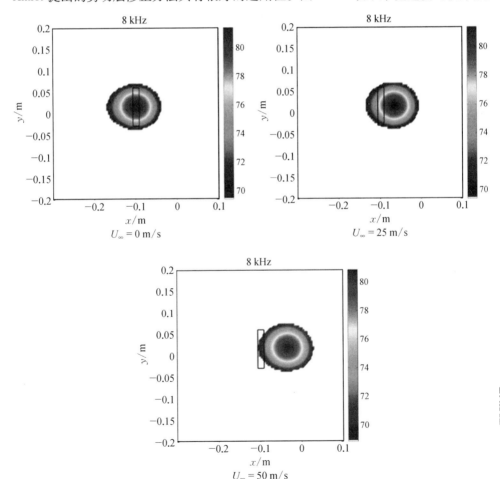

图 5 - 13　不同来流速度对波束成型声源识别结果的影响[78](x 轴正向为气流方向)

形声源成像结果的影响,可以看出,当存在剪切流动时,声源识别结果与真实声源位置相比(图中黑色矩形框为真实声源位置),会向流动方向下游偏移,速度越高偏移越严重。

可以用图 5 - 14 所示的喷流剪切层折射作用来解释气流剪切层对传声器阵列声源识别结果的影响。如图所示,当气流速度为零时(无剪切层),声源产生的声波按照球面波扩散传播至传声器($r_{wave} = r_m$),可以用下面公式表示:

$$P_m(f) = S(f) \frac{e^{-i2\pi f \tau_m}}{r_m} \tag{5-2}$$

传声器阵列波束成型的计算式和成像结果是(见第 3 章)

$$v'_m = \frac{r_m}{r_{ref}} \cdot e^{i2\pi f \tau_m} \tag{5-3}$$

$$| p(\boldsymbol{x}) |^2 = \left| \frac{v'(\boldsymbol{x})^* \cdot CSM \cdot v'(\boldsymbol{x})}{M^2} \right| \tag{5-4}$$

当气流速度不为零时(有剪切层),由于剪切层对声波的折射作用,声波按照图 5 - 14 中 $r_{wave} = r_1 + r_2 (\neq r_m)$ 所示的传播路径传播至传声器,与气流速度为零时相比,此时传声器接收到的声信号在相位上相差了延迟时间 $\Delta\tau$($\Delta\tau = \tau_{r_1+r_2} - \tau_{OM}$)。如图 5 - 14 所示,传播至传声器 M 点处的声信号将会在 M' 处被接收到($\tau_{r_1+r_2} = \tau_{OM'}$,不考虑幅值衰减)。此时采用方向矢量 v_m 和传声器接收到的信号 $P_{M'}$ 进行波束成型算法得到的将是流动方向下游的延迟声源 O'。而由速度三角形 OAB 可知,气流速度 U 越高,声源 O' 向下游偏移的位置越远。

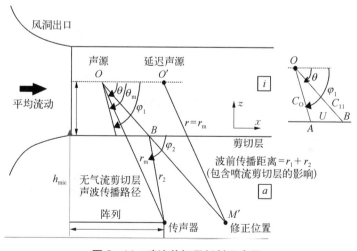

图 5 - 14　喷流剪切层折射示意图

有喷流剪切层存在的条件下,考虑剪切层修正的波束成型算法可以用下式表示:

$$| S |^2 = \left| \frac{v'^{*}_{\text{shear}} \cdot \mathbf{CSM} \cdot v'_{\text{shear}}}{M^2} \right| \tag{5-5}$$

式中的 $\mathbf{CSM}$ 是传声器阵列互谱矩阵(见第 3 章),而传声器阵列聚焦至声源点的方向矢量 v'_{shear} 则修改为

$$v'_{\text{shear}} = a_m \frac{r_m}{r_{\text{ref}}} \cdot e^{i2\pi f(\tau_{OM} + \Delta\tau)} \tag{5-6}$$

式中, a_m 是声波经过喷流剪切层引起的幅值衰减修正恢复系数; $\Delta\tau$ 是额外的延迟时间。

在气流区域,由于流速 U 的影响,声波由声源 O 朝着 OA 方向传出最终到达了剪切层的 B 点处,因而由速度三角形 OAB 有

$$\frac{c_a}{\sin\theta} = \frac{U}{\sin(\varphi_1 - \theta)} \tag{5-7}$$

$$\tan\theta = \frac{\sin\varphi_1}{M + \cos\varphi_1} \tag{5-8}$$

假设剪切层两侧的声速变化很小,根据 Snell 折射定理,有

$$\frac{c_i}{\cos\varphi_1} + U = \frac{c_a}{\cos\varphi_2} \tag{5-9}$$

由图 5-14 中的几何关系,可得

$$r_m \cos\theta_m = h\cot\theta + (r_m \sin\theta_m - h)\cot\varphi_2 \tag{5-10}$$

若剪切层两侧的声速变化很小,式(5-9)可以写成:

$$\frac{1}{\cos\varphi_1} + M = \frac{1}{\cos\varphi_2} \tag{5-11}$$

由式(5-8)和式(5-11)可得

$$\tan\theta = \frac{\xi}{M + (1 - M^2)\cos\varphi_2} \tag{5-12}$$

式中,

$$\zeta = \sqrt{(1 - M\cos\varphi_2)^2 - \cos^2\varphi_2} \tag{5-13}$$

由式(5-10)~式(5-13)可通过迭代求解获得角度 θ 、 φ_1 和 φ_2 ,从而有剪切层存在条件下的延迟时间 $\tau_{r_1 + r_2}$ 为

$$\tau_{r_1 + r_2} = \tau_{OM} + \Delta\tau = \frac{1}{c_0}\left(\frac{h}{\sin\varphi_1} + \frac{h_{\text{mic}}}{\sin\varphi_2}\right) \tag{5-14}$$

声折射的极端情况是其沿着气流方向,即声波的传播方向与剪切层平行时,$\theta = 0°$,则声波不会穿过剪切层,角度稍增大一点,则声波能够穿过剪切层,此时剪切层对声波的折射角 φ_2 如下:

$$\varphi_{2,\,\text{min}} = \arccos\left(\frac{1}{1+M}\right) \tag{5-15}$$

通过对延迟时间 τ 的修正之后,采用波束成型算法能够得到准确的声源位置。但是由于真实声波传播距离(以声速 c_0 传播)的变化和剪切层的折射作用,会对声波的幅值产生影响,因此在进行延迟时间的修正之外还需要进行声压幅值的修正。

当 $r = r_m$ 且 $h/h_{\text{mic}} \neq 0$ 时,Amiet[71] 给出的幅值修正系数为

$$a_m = \left|\frac{P_M{}'}{P_M}\right| = \frac{1}{2}\alpha_1\sqrt{\alpha_2\alpha_3}\,(1 - M\cos\varphi_2)\left[\frac{\zeta}{\sin\varphi_2} + (1 - M\cos\varphi_2)^2\right] \tag{5-16}$$

式中,

$$\alpha_1 = \frac{\sin\theta_m}{\sin\varphi_2} \tag{5-17}$$

$$\alpha_2 = \frac{h}{r_m\sin\theta_m}\left[\left(\frac{\sin\varphi_2}{\zeta}\right)^3 - 1\right] + 1 \tag{5-18}$$

$$\alpha_3 = \frac{h}{r_m\sin\theta_m}\left[\left(\frac{\sin\varphi_2}{\zeta}\right) - 1\right] + 1 \tag{5-19}$$

Dobrzynski[73] 则给出了考虑气流温度影响的另一种修正公式:

$$a_m = \left|\frac{P_M{}'}{P_M}\right| = \frac{h/Z}{2\zeta\sin^2\varphi_2}\left[\zeta + \sqrt{1 - \mu^2\cos^2\varphi_2}\cdot(1 - M\mu\cos\varphi_2)^2\right]\cdot$$
$$\sqrt{\left[\sin\varphi_2 + \left(\frac{Z}{h} - 1\right)\zeta\frac{1 - M\cos\varphi_2}{1 - M\mu\cos\varphi_2}\right]\left[\sin^3\varphi_2 + \left(\frac{Z}{h} - 1\right)\frac{\zeta^3}{\mu}\right]} \tag{5-20}$$

式中,

$$Z = r_m\sin\theta_m \tag{5-21}$$

$$\mu = \sqrt{t_i/t_a} \tag{5-22}$$

以西北工业大学吹气风洞实验室的环境为对象,图 5-15 给出了当 $h/Z=0.1$ 时,不同来流速度条件下,由于剪切层折射而引起的幅值修正系数与传声器所在方向角 θ_m 之间的关系曲线。图中用 U 所示箭头表示速度依次从 10 m/s 增大到 60 m/s 增大方向。

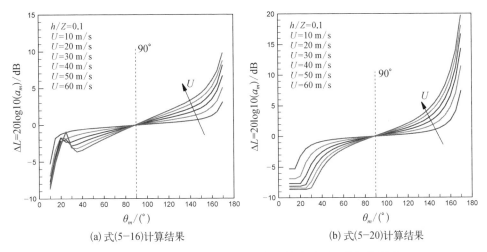

(a) 式(5-16)计算结果　　　　　　　(b) 式(5-20)计算结果

图 5-15　喷流剪切层对传声器接收到的声波信号的幅值影响

从图 5-15 可以看出,Dobrzynski 给出的计算公式(5-20)的计算结果比 Amiet 给出的计算式(5-16)计算结果偏大,当 θ_m 较小时(<30°),式(5-16)的计算结果出现异常,参考张雪等[77]的实验验证结果,西北工业大学气动声学实验室的喷流剪切层修正采用 Dobrzynski 给出的计算公式(5-20)。从图中可以看出,当 $\theta_m > 90°$ 时,剪切层折射使声压幅值随着 θ_m 的增大而逐渐减小(相对气流区域无限大的情况);当 $\theta_m < 90°$ 时,剪切层折射使声压幅值随着 θ_m 的减小而逐渐增大。这两种变化趋势都随着气流速度的增大而变得更为显著。

图 5-16(a)~(c)为剪切层对声波传播路线(距离)的修正结果,包括声波发射角和折射角的计算。图中用 U 所示箭头方向表示气流速度依次从 10 m/s 增大到 60 m/s,从图中可以看出,随着 θ_m 的逐渐增大,θ_m 与入射角(θ, φ_1)之间的差异呈现先增大后减小再增大的趋势。小角度情况下(<30°),随着 θ_m 的增大,入射角和折射角变化很小,而此时的延迟时间 $\Delta\tau$ 变化剧烈,如图 5-17 所示,图中用 U 所示箭头方向表示气流速度依次从 10 m/s 增大到 60 m/s,θ_m 增大到某一值(拐点)之后,入射角和折射角开始快速增大,此时延迟时间 $\Delta\tau$ 缓慢增加;当 θ_m 在 90° 附近时,入射角和折射角增大的速度与 θ_m 相近,因而延迟时间 $\Delta\tau$ 的变化比较平缓;θ_m 进一步增大,入射角增大的速度下降,而折射角则与 θ_m 同步增加,因而大角度情况下(>150°),延迟时间 $\Delta\tau$ 又快速增大。

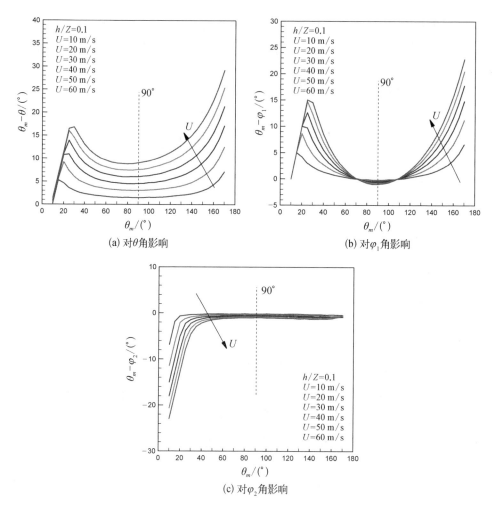

(a) 对θ角影响　　　(b) 对φ_1角影响

(c) 对φ_2角影响

图 5-16　喷流剪切层对声波传播的影响

图 5-17(b) 是图 5-17(a) 在纵坐标为 -0.01~0.01 范围的局部放大。从图 5-17(b) 中可以看出,当 $\theta_m<90°$ 时,剪切层折射使声波的真实传播距离变短(相对于无气流情况),当 $\theta_m>90°$ 时则反之;气流速度越高,延迟时间 $\Delta\tau$ 的绝对值越大,从而导致延迟声源的位置随着气流速度的增大而进一步向流动方向下游移动;大角度情况下,延迟时间 $\Delta\tau$ 呈现剧烈波动变化。根据以上分析可以推断,在不考虑剪切层修正的前提下,为了尽量减小喷流剪切层的影响,测量时应尽量将传声器阵列置于声源的正下方,且传声器阵列的孔径不宜过大。

仍然以西北工业大学吹气式风洞对叶片前缘/尾缘噪声识别的测试数据为例,图 5-18 分别给出了考虑和不考虑喷流剪切层修正的线性传声器阵列波束成型结果,图中结果是采用传统波束成型计算得到,没有采用"反卷积"算法。由图 5-18

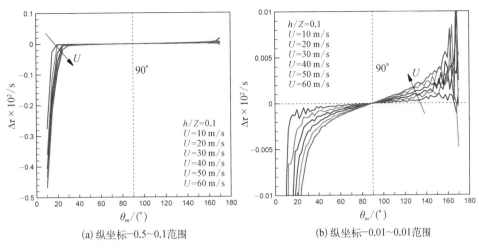

(a) 纵坐标-0.5~0.1范围　　　　　　　(b) 纵坐标-0.01~0.01范围

图 5-17　喷流剪切层对声波延迟时间的影响

中可以看出,线性传声器阵列波束成型结果分离出了风洞出口喷流噪声源、叶片前缘噪声源和叶片尾缘噪声源,在不考虑剪切层修正的情况下,所有声源的位置都向流动方向下游偏移了 1.5 cm。在引入了剪切层修正之后,声源位置的偏移得到了消除,声源幅值也有相应的修正。

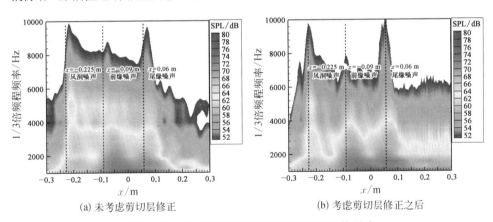

(a) 未考虑剪切层修正　　　　　　　　(b) 考虑剪切层修正之后

图 5-18　喷流剪切层修正对波束成型结果的影响

5.3　基于线性传声器阵列的叶片前缘/尾缘噪声特性实验分析

5.3.1　叶片前缘/尾缘噪声源分离

1) NACA65(12)-10 叶片吹风实验结果

用图 5-7(a)所示传声器阵列对 NACA65(12)-10 叶片吹风绕流的前缘和尾

缘噪声进行了实验分离,实验叶片弦长 $c=0.15$ m,叶片展长 $L=0.3$ m。

　　在测量叶片绕流噪声前,首先对风洞背景噪声(未安装叶片时的吹气风洞出口喷流噪声)进行了测量。图 5 - 19 是传统波束成型算法得到的不同速度下风洞背景噪声的声源分布图,其中横轴是 x 方向位置,纵轴是 1/3 倍频程频率,云图颜色表示声压级大小。由于声波到达传声器阵列要经过剪切层,在图 5 - 19 以及后续的波束成型结果中,均考虑了剪切层对声源成像结果的修正。从图 5 - 19 可以看出,实验采用的传声器阵列和数据处理方法在不同的来流速度下都能够准确分辨出风洞出口喷流噪声(wind tunnel noise, WT Noise)的位置($x=-0.26$ m),随着来流速度的增大,风洞噪声也相应增大,注意图 5 - 19(a)～(d)中,表示噪声级大小的图例范围是不同的。

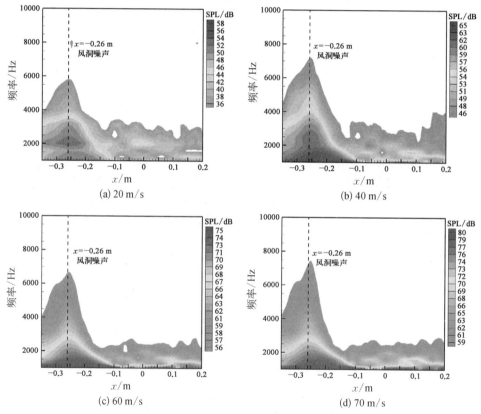

图 5 - 19　不同气流速度下风洞背景噪声的声源分布图(传统波束成型结果)

　　将 NACA65(12)-10 实验叶片,按照图 5 - 6(a)所示安装方式安装在吹气式风洞射流核心区,进行叶片吹风实验,图 5 - 20 给出了与图 5 - 19 对应实验气流条件下叶片吹风实验的声源测量结果(气流速度分别为 20 m/s、40 m/s、60 m/s、70 m/s)。可以看出,在来流速度 20 m/s 速度下,叶片前缘/尾缘噪声比风洞出口喷流噪声还小,传统波束成型几乎分辨不到叶片前缘/尾缘噪声源。但是,随着来流速度增大,叶片前缘/尾缘噪声源在传统波束成型结果中变得十分明显,尤其是在高频区域。

图 5 - 19 和图 5 - 20 的传统波束成型结果表明,采用线性传声器阵列测量技术可以有效地进行绕流叶片前缘/尾缘噪声的分离实验,但是,可以看出由于传统波束成型方法空间分辨率和成像动态范围不足,对低频噪声源的分离并不清晰。为了提高传声器阵列声源识别的精度,采用更加精确的"反卷积"阵列信号处理技术——CLEAN - SC 方法,对 NACA65 (12)- 10 实验叶片前缘/尾缘噪声进一步进行了分析处理,结果如图 5 - 21 所示。

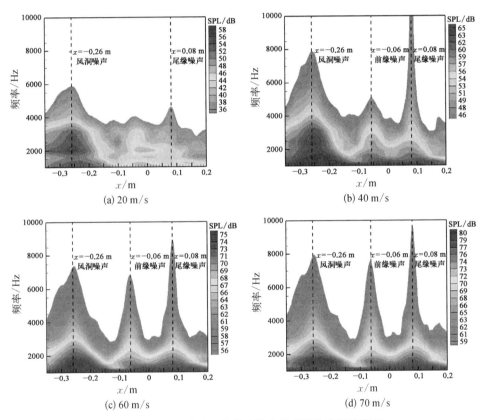

图 5 - 20　不同速度下基准叶片吹风实验的声源分布图

由图 5 - 21 的波束成型结果可以看出,与传统的波束成型成像结果相比,采用"反卷积"波束成型方法,声源成像的空间分辨率得到显著提升,旁瓣的影响得到明显抑制,在不同的速度下,CLEAN - SC 反卷积算法均能够准确识别出各个噪声源的位置,声源成像图非常清晰,没有容易产生混淆的虚假噪声源出现。

为了进一步分析吹风实验中不同声源之间的相互影响,将阵列的聚焦点分别聚焦到风洞喷流噪声源、叶片前缘噪声源和叶片尾缘噪声源,获得对应声源的声压

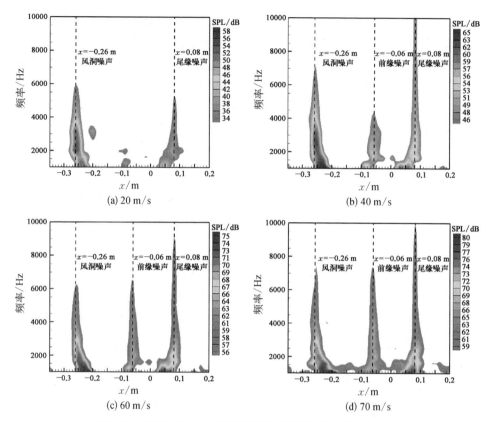

图 5-21 CLEAN-SC 算法得到的不同速度下的声源分布图

级频谱[具体声压级频谱的计算方法见 5.3.2 节公式(5-23)]。图 5-22 比较了未安装叶片风洞背景噪声和安装了叶片后不同声源声压级频谱。由图 5-22 可以看出,有/无叶片安装的两次不同实验中,风洞出口喷流噪声频谱基本保持不变,这也说明了不同次实验间的重复性很好,而且风洞噪声源对叶片噪声的影响以及叶片前缘、尾缘噪声源的互相影响也相对较弱。

2)SD2030 叶片吹风实验结果

采用上述方法对航空叶轮机常用的 SD2030 叶型前缘/尾缘噪声进行了实验分析,同样保持实验叶片弦长 $c=0.15$ m,叶片展长 $L=0.3$ m。为了进一步提高传声器阵列空间分辨率,传声器阵列与叶片的间距缩小到 0.405 m,另外,相比 NACA65(12)-10 实验叶片的实验位置,将实验叶片 SD2030 向风洞位置前移了 5 cm,坐标系仍然以叶片中心正对的阵列中心为原点。针对 SD2030 叶片在 3 个不同来流速度和 5 个攻角共计 15 个工况下的叶片前缘噪声和尾缘噪声进行了测量分析。来流速度分别为:$U=22$ m/s、28 m/s、38 m/s 和 47 m/s;对应的基于叶片弦长的雷诺数分别为:218 543、278 146、377 483 和 466 887;叶片攻角分别为:$\alpha=-10°$、$-5°$、$0°$、$+5°$ 和 $+10°$。

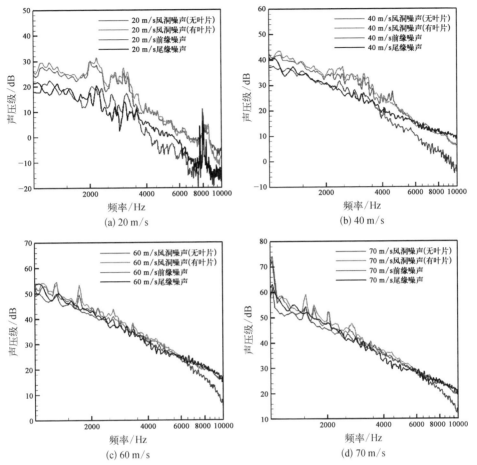

图 5-22　不同噪声源声压级频谱的对比

图 5-23~图 5-27 为不同工况下,叶片前缘噪声源和叶片尾缘噪声源的分离识别结果。

由图 5-23~图 5-27 可以看出,随着来流速度的提高,所有噪声源的强度都在逐渐变大。在同一来流速度条件下,风洞出口噪声源的强度和空间分布几乎没有变化,而叶片前缘/尾缘噪声则随着攻角的改变而明显变化。从声源强度上看:与 0°攻角相比,叶片前缘噪声的声级在正攻角下有所减小,而在负攻角下有所增大;叶片尾缘噪声的声级随攻角偏离 0°增大。从空间位置上看:叶片前缘噪声源和尾缘噪声源分别在 $x=-0.08$ m 和 $x=0.06$ m 附近。对于前缘噪声,频率较低(2 000 Hz 以下)时其峰值声压级位置要向下游偏移,且来流速度越低,该偏移现象就越严重。与 0°攻角相比,随着攻角的增大,叶片前缘噪声源和尾缘噪声源向下游有较小的移动。反之,随着攻角的减小,叶片前缘噪声源和尾缘噪声源向上游有较小的移动,可以看出,+10°攻角下,叶片尾缘噪声源向下游移动了 1 cm,-10°攻角下,叶片尾缘噪声源向上游移动了 1 cm。

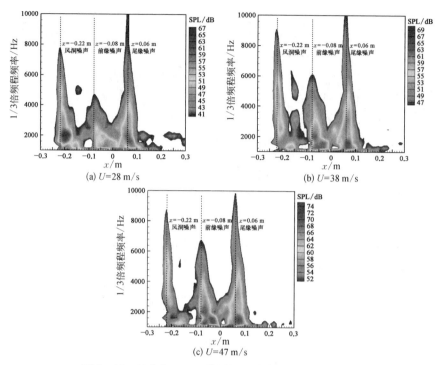

图 5-23   0°攻角工况下的风洞及叶片噪声源识别结果

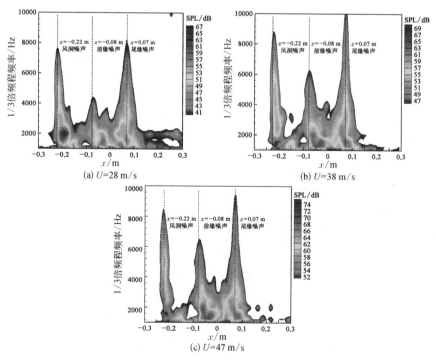

图 5-24   +5°攻角工况下的风洞及叶片噪声源识别结果

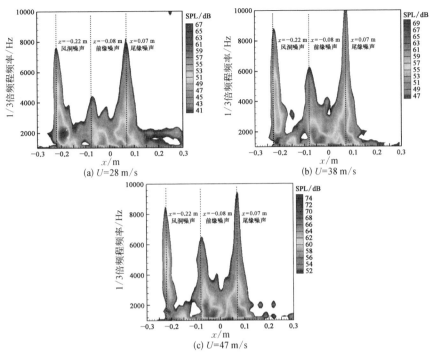

图 5－25　+10°攻角工况下的风洞及叶片噪声源识别结果

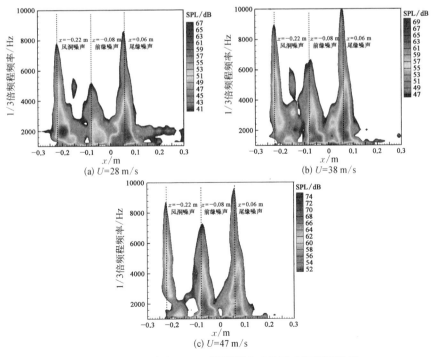

图 5－26　-5°攻角工况下的风洞及叶片噪声源识别结果

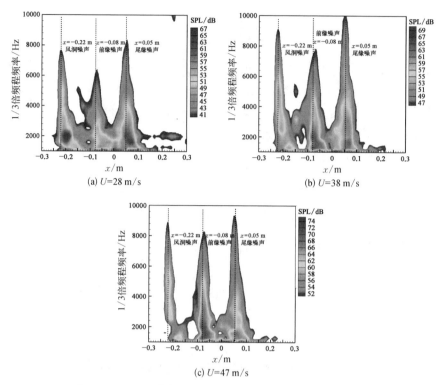

图 5 - 27　-10°攻角工况下的风洞及叶片噪声源识别结果

5.3.2　叶片前缘噪声特性实验分析

采用传声器阵列波束成型除了能够将叶片前缘噪声源和叶片尾缘噪声源在空间上进行分离,进一步将传声器阵列的波束成型聚焦在叶片前缘和尾缘声源位置,可以获得不同声源频谱特性。

从图 5 - 21 和图 5 - 23~图 5 - 27 可以看出,叶片的前缘和尾缘噪声源的主瓣存在一定的宽度,实际上,气动噪声源都是具有一定范围的分布声源,因此,就需要将一定空间范围内前缘/尾缘噪声声能量进行迭加平均计算,才能获得准确叶片前缘/尾缘噪声源声级。

叶片前缘/尾缘噪声源平均声压级频谱的计算方法如图 5 - 28 所示,采用线性阵列对图 5 - 28 所示的风洞喷口、叶片前缘和叶片尾缘的扫描区域内进行扫描(图中红色矩形网格区域),将所有扫描点声压级进行平均计算后,分别作为风洞出口喷流噪声、叶片前缘噪声以及叶片尾缘噪声声压级。其中在气流方向 x 方向的扫描范围是假定噪声源中心是波束成型结果中局部最大峰值位置,则在这个位置前方总声压级比最大峰值小 3 dB 的叶片上游位置为 x 方向扫描最前方,总声压级比最大峰值小 3 dB 的叶片下游方向的位置为 x 方向扫描最远下游位置。对于展向扫描区域,将根据研究对象的结构来确定。当研究锯齿尾缘时,尾缘的展向扫描就是一个锯齿的展向宽度,当研究波浪前缘降噪结构时,前缘展向宽度就是一个波浪的宽度。关于锯齿尾缘和波浪前缘降噪实验将在下节讨论,本节研究的常规叶片构型,线性阵列仅仅按照 x 方向在叶片展向中心线进行扫描。这样,叶片前缘和尾缘噪声源声压级的计算就可以表示为如下计算公式:

$$L_{LE} = 10 \cdot \lg\left(\frac{\sum_{n=N_{\min}}^{N_{\max}} 10^{0.1L_n}}{N_{\max} - N_{\min} + 1} \right) \tag{5-23}$$

式中,L_n 为在传声器阵列扫描点 n 处的声压,$N_{\min}$ 的取数为 1;$N_{\max}$ 的取数为扫描区域的最大扫描点数。

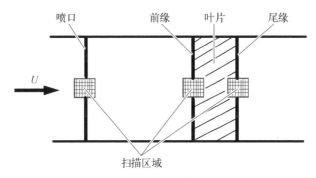

图 5 - 28　噪声源声压级计算的阵列扫描区域

图 5 - 29 为不同来流速度下,NACA65 (12) - 10 叶片前缘噪声的频谱图,图中给出了气流速度从 $U =$ 19.209 m/s 到 $U =$ 87.267 m/s 范围内前缘噪声窄带谱和 1/3 倍频程频谱。从图中可以看出,在不同流速下,叶片前缘噪声频谱大致相同,表现为典型的夹杂个别单音噪声的宽频噪声频谱特征。随着来流速度的提高,前缘噪声明显增大。在不同的来流速度情况下,夹杂在宽频噪声谱中的单音噪声明显不同,由图 5 - 29 可以看出,在较低来流速度时 ($U =$ 19.209 m/s),在频率 8 000 Hz 附近出现了特殊的类似"干草堆"形式的噪声频谱,这个噪声源的产生原因需要进一步的分析。

图 5 - 30 是在不同来流速度、不同攻角情况下,SD2030 叶片前缘噪声 1/3 倍频程频谱图,从图 5 - 30 可以看出,所有来流条件下的前缘噪声随攻角的变化趋势都相同,即随着攻角由负到正,由小到大,叶片前缘噪声的声压级逐渐减小。-10°攻角与+10°攻角下的声压级相差平均约 5 dB,且来流速度越高,这一差异越明显。叶片攻角由 0°增加到+10°时,前缘噪声频谱的变化比叶片攻角由 0°减小到-10°时的变化小,也就是说负攻角条件下,前缘噪声对攻角的变化更敏感。对比图 5 - 30(a)~(d)可以看出,来流速度越高,前缘噪声越强,其在 2 000 Hz 频率附近的噪声级

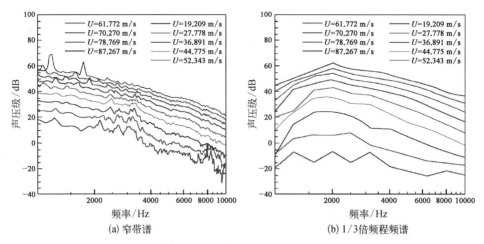

图 5-29 NACA65(12)-10 叶片前缘噪声频谱随来流速度变化(攻角为 0°)

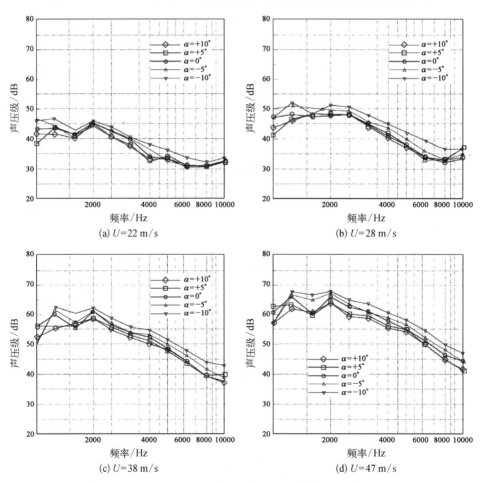

图 5-30 SD2030 叶片前缘噪声频谱随来流攻角的变化

最强,在 2 000 Hz 频率范围的频谱形状明显突起。

为了进一步定量描述前缘噪声和来流速度之间的关联关系,图 5 - 31 给出了基于上述噪声频谱计算的前缘噪声在频率 1 ~ 10 kHz 范围的总声压级(overall sound pressure level, OASPL)与来流速度之间的线性拟合关系。图中总声压级差以及与气流速度的线性拟合计算公式为

$$\Delta OASPL = OASPL_i - OASPL_{ref} \tag{5-24}$$

$$\Delta OASPL = k \times 10\log10(U/U_{ref}) + b \tag{5-25}$$

式中, $\Delta OASPL$ 是特定速度下总声压级与参考速度下总声压级的差值,单位为 dB; $OASPL_i$ 是特定速度下总声压级,单位为 dB; $OASPL_{ref}$ 是参考速度下总声压级,单位为 dB; U 是气流速度,单位为 m/s; U_{ref} 是参考气流速度,取实验范围内最低来流速度; k 是线性拟合中的比例系数; b 是线性拟合中的常数。

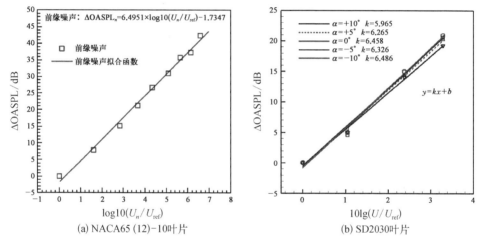

(a) NACA65 (12)-10叶片　　　　(b) SD2030叶片

图 5 - 31　叶片前缘噪声与来流速度的比例关系

根据 Amiet[16] 等经典的气动声学理论分析,叶片尾缘和前缘噪声随气流速度的 5~6 次方变化。从图 5 - 31 可以看出,叶片前缘噪声与来流速度之间有着明显的线性关系,在 1 000 Hz~10 kHz 频率范围,NACA65 (12)- 10 叶片前缘噪声的总声压级与来流速度的 6.49 次方呈线性比例关系;而对于 SD2030 叶片,0°攻角时前缘噪声总声压级与来流速度之间也基本满足 6.458 次方的比例关系,在不同攻角工作情况下,前缘噪声总声压级与气流速度的比例系数 k 的变化范围为 5.965 ~ 6.676。其中随着攻角由负到正,由小到大, k 值逐渐减小。

5.3.3　叶片尾缘噪声特性实验分析

与上述对叶片前缘噪声特性分析的方法相似,采用传声器阵列测量结果,对叶

片尾缘噪声的频谱和总声压级变化规律进行实验分析。

图 5 – 32 为不同来流速度下,NACA65(12) – 10 叶片尾缘噪声的频谱图,图中给出了 0°攻角情况下气流速度从 $U = 19.209$ m/s 到 $U = 87.267$ m/s 范围内的尾缘噪声窄带谱和 1/3 倍频程频谱。从图中可以看出,在不同来流速度情况下,叶片尾缘噪声频谱大致相同,表现为典型的夹杂个别单音噪声的宽频噪声频谱特征。随着来流速度的提高,尾缘噪声明显增大。在不同的来流速度情况下,夹杂在宽频噪声谱中的单音噪声明显不同。类似于在叶片前缘噪声频谱中出现的情况,在较低来流速度时($U = 19.209$ m/s),在频率 8 000 Hz 附近的尾缘噪声频谱中也出现了特殊的类似"干草堆"形式的噪声频谱,这个噪声源的产生原因需要进一步的分析。

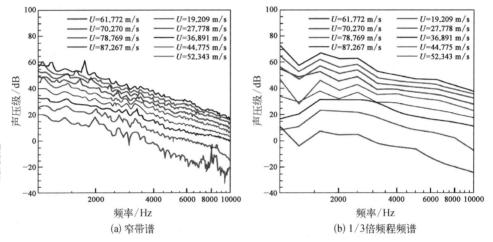

图 5 – 32　NACA65 (12) – 10 叶片尾缘噪声频谱随来流速度变化

图 5 – 33 是在不同来流速度下、不同的攻角情况下,SD2030 叶片尾缘噪声的 1/3 倍频程频谱图。从图 5 – 33 可以看出,在来流速度 $U = 22$ m/s 和 $U = 28$ m/s 时,叶片尾缘噪声与攻角变化之间有相似的关系:负攻角情况下的尾缘噪声声压级要大于正攻角情况下的尾缘噪声声压级;正攻角情况下尾缘噪声对攻角变化的敏感度要低于负攻角情况。但是,当来流速度进一步提高,叶片尾缘噪声与攻角变化之间就没有明显的对应关系了。此外,所有来流条件下,−5°攻角情况时叶片尾缘噪声声压级都很高。此外,随着速度的提高,尾缘噪声声压级逐渐增大。

采用类似前缘噪声总声压级与来流速度关联关系的分析方法,图 5 – 34 给出了叶片尾缘噪声总声压级与来流速度之间的拟合关系,图中总声压级的频率计算范围为 1 000 Hz~10 kHz。

Brooks 等[15]的叶片尾缘噪声实验测量结果表明,在 0°攻角条件下,尾缘噪声级大小与来流速度之间呈 5~5.3 次方的比例关系,其他许多针对尾缘噪声的理论分

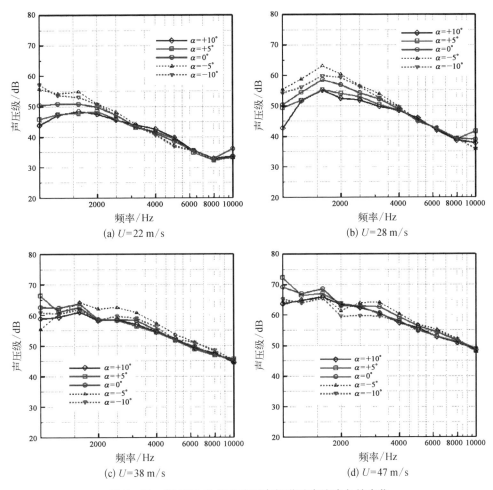

图 5 - 33　SD2030 叶片前缘噪声频谱随来流攻角的变化

析研究[13, 14, 26]也指出尾缘噪声声压级是来流速度的 5~6 次方关系。从图 5 - 34
中可以看出,NACA65(12)- 10 叶片尾缘噪声的总声压级与来流速度的 6.13 次方
呈线性比例关系;而对于 SD2030 叶片,在不同攻角工作情况下,叶片尾缘噪声与来
流速度之间的比例系数变化范围较大,为 3.138~6.224。其中,在 0°攻角条件下,
尾缘噪声总声压级是来流速度的 5.1 次方关系,在正攻角工作条件下,线性比例系
数有所增大,但是仍在 5~6 次方的范围以内;而在负攻角工作情况下,尾缘噪声总
声压级与来流速度呈 3.1~3.4 次方正线性关系,完全偏离了前人研究的参数范
围。来流攻角显著地影响尾缘噪声,初步分析认为,这是由于来流攻角的变化明显
改变了叶片表面边界层状态进而影响了尾缘湍流流动状态,具体的变化规律与特
性叶片设计以及叶片表面边界层的发展紧密相关,不同攻角条件下尾缘噪声特征
的变化规律还有待进一步的研究。

最后需要指出,前人有关前缘/尾缘噪声的理论预测结论和实验结论,都是针对对称翼型的研究结果,而本节实验对象都是具有弯度的航空叶轮机的叶片叶型,因此,实验结果与前人理论和实验结果存在差异也是容易理解的。

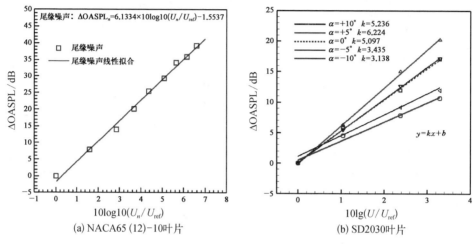

图 5-34　叶片尾缘噪声与来流速度的比例关系

5.4　基于线性传声器阵列的仿生学叶片降噪实验研究

5.4.1　仿生学降噪技术

如前所述,绕流叶片前缘/尾缘噪声是航空叶轮机最基本的噪声源,普遍存在于航空发动机中,包括 Ffowcs Williams、Amiet、Howe、Smith 等著名气动声学科学家在内的许多研究人员,对叶片前缘/尾缘噪声的理论模型和实验分析等都做出了重要研究,这些研究成果深刻揭示了叶片前缘/尾缘湍流噪声的基本规律和物理机制。但非常遗憾的是,有效降低和控制航空叶轮机叶片前缘/尾缘湍流噪声的方法并不容易获得,一方面,航空发动机工作原理决定了这种声源无法避免(发动机内部始终存在湍流与叶片前缘/尾缘的相互干涉),很难找到像降低叶轮机单音噪声那样通过采用简单叶片数选择实现"模态截止"的方法降低湍流宽频噪声;另一方面,只要采用传统构型叶片,就很难找到既能保证良好气动性能又能有效降低前缘/尾缘湍流噪声的设计方法。

近年来,以"师法自然"为灵感的仿生学气动噪声控制为前缘/尾缘噪声控制研究提供了新思路。在自然界中,许多动物已经经过了几百万年以至上千万年的生存竞争和进化,为了生存的需要,许多飞行类动物和鱼类形成了一些特殊的、超群的飞行/游动本领,这些特殊的飞行/游动本领包含着丰富多彩的流动控制原理。例如,大多数鸟类,包括白天活动的猫头鹰,飞行时羽毛拍打空气都会发出嗖嗖的声响,而夜行猫头鹰是一个例外,它的翅膀和羽毛有消音作用,飞起来悄无声息。这类猫头鹰在白天、黑夜特别是在黄昏时从 3~6 m 高度的栖息处急速地俯冲向猎物,能够保持身体的平衡并且不发出任何可能导致猎物逃跑的声响[寂静飞行(fly silently)]。通过对动物界中这一特殊"寂静飞行"本领进行深入细致的观察,研究其基本原理,并把这些原理应用到低噪声飞行器/发动机设计中去,就构成了气动声学领域特有的仿生学降噪研究方向。

自从发现猫头鹰静音飞行本领和座头鲸超常的机动能力以来,人们在理论、实验与数值模拟方面开展了大量的研究以期望将动物的这些超常本领用于低噪声飞行器设计。1991 年,Howe[78, 79]首次公开发表了模仿猫头鹰翅膀的锯齿尾缘翼型降噪的理论分析研究结果,并给出了锯齿尾缘降噪的预测模型。在 Howe 的理论研究后,众多研究证实了锯齿尾缘的降噪效果,Dassen 等[80]、Oerlemans 等[81]在风力机上初步证实了尾缘锯齿的降噪效果。2010 年后,针对尾缘锯齿人们进一步做了大量的研究工作,如 Gruber 等[82, 83]、Chong 等[84, 85]与 Moreau 等[86]针对 NACA65、NACA0012 翼型及平板开展了大量的尾缘锯齿降噪实验研究。此外,Finez 等[87]、Weckmüller 等[88]与 Jaron 等[89]还研究了尾缘锯齿对压气机叶栅与开式转子的降噪效果,Lyu 等[90]则在 2015 年还提出了新的尾缘锯齿降噪模型。

除了模仿猫头鹰翅膀构型的噪声控制之外,身躯庞大的座头鲸在海洋中行动自如的运动能力也吸引了人们的关注,1995 年,Fish 等[91]首次发表了座头鲸鳍肢前缘凸起结构的流体动力学性能研究,而 Hansen 等[92]则首次研究了波浪状前缘对翼型单音噪声的控制效果,之后 Polacsek 等[93]、Gruber 等[94]、Clair 等[95]、Narayanan 等[96, 97]、Chaitanya 等[98]针对波浪状前缘降低湍流宽频噪声的效果开展了大量的实验研究,Mathews 等[99]、Lyu 等[100]则提出了波浪/锯齿状前缘降低平板噪声的理论模型。

可以看出,由于具有良好的降噪潜力,仿生学流动噪声控制成为当前气动声学学科研究的热点和重点。近年来,国内的吉林大学、西北工业大学、西安交通大学、清华大学、北京航空航天大学、上海交通大学等也开展了有关仿生学降低前缘与尾缘噪声的实验与计算研究工作[101]。本节将介绍西北工业大学在航空叶轮机叶片前缘/尾缘噪声仿生学降噪的最新实验研究成果[65, 66, 68, 69, 102-117]。

5.4.2　仿生学锯齿尾缘降噪实验研究

5.4.2.1　研究对象及锯齿尾缘设计

这里以 NACA65 (12)-10 叶型为研究对象,在西北工业大学吹气式消声风洞进行叶片吹风实验,采用前述的线性传感器阵列[图 5-6(a)]对叶片前缘和尾缘噪声源进行分离,并进行仿生学构型降噪实验分析研究。实验叶片弦长 $c=0.15$ m,叶片展长 $L=0.3$ m。如图 5-35(a)、(b)为实验叶片照片,图中给出了两种不同尾缘结构形式的实验叶片,图 5－35(a)为常规尾缘叶片,图 5－35(b)则是采用仿生学降噪构型的锯齿尾缘叶片。为研究不同锯齿结构的降噪效果,设计了 12 组不同结构的尾缘锯齿,如表 5－4 所示,尾缘锯齿结构参数由锯齿长度($2h$)和锯齿周期(λ)定义,如 5－35(c)所示。

  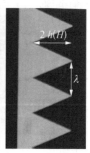

(a) 直尾缘叶片　　　　　　　　(b) 锯齿尾缘叶片　　　　　　　(c) 尾缘锯齿参数定义

图 5－35　NACA65(12)－10 叶片实验件

表 5－4　尾缘锯齿结构参数

序　号	名　　称	$2h/\text{mm}$	$2h/\bar{c}$	λ/mm	$\lambda/\bar{c}$	λ/h
0	Baseline	0	0	—		—
1	H5λ3	5	0.033	3	0.02	1.2
2	H10λ3	10	0.067	3	0.02	0.6
3	H15λ3	15	0.100	3	0.02	0.4
4	H20λ3	20	0.133	3	0.02	0.3
5	H25λ3	25	0.167	3	0.02	0.24
6	H30λ3	30	0.200	3	0.02	0.20
7	H40λ3	40	0.267	3	0.02	0.15
8	H30λ1.5	30	0.200	1.5	0.01	0.10
9	H30λ5	30	0.200	5	0.03	0.33
10	H30λ10	30	0.200	10	0.07	0.67
11	H30λ15	30	0.200	15	0.10	1.00
12	H30λ30	30	0.200	30	0.20	2.00

实验分别测量了来流速度 20~70 m/s 下(间隔 10 m/s),0°、±5°、±10° 几何攻角下的叶片前缘和尾缘噪声,在实验测量范围内,基于叶片弦长的流动雷诺数范围为 $2\times10^5 \sim 7\times10^5$。

5.4.2.2　尾缘锯齿长度对降噪的影响

图 5－36 给出的是线性阵列对叶片前缘、尾缘噪声分离测量结果,该结果是在

气流速度为 40 m/s、0°攻角情况下,锯齿尾缘(H5λ3)与常规尾缘叶片实验测量的噪声分布情况,如图 5-36 所示,采用 H5λ3 尾缘锯齿能够明显降低高频范围内的尾缘噪声。

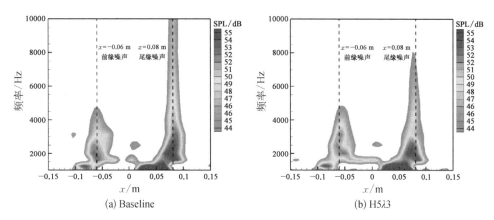

(a) Baseline　　　　　　　　　(b) H5λ3

图 5-36　H5λ3 锯齿尾缘叶片声源分布图(40 m/s, 0°攻角)

为了详细对比不同锯齿构型对叶片尾缘噪声影响,图 5-37 给出了气流速度分布在 20 m/s、40 m/s、60 m/s、70 m/s 情况下,锯齿周期均为 3 mm 条件下,不同锯齿长度叶片尾缘噪声的 1/3 倍频程频谱及与常规直尾缘叶片尾缘噪声频谱(黑色实线)的对比。从图 5-37 可以看出,尾缘锯齿能够有效降低叶片的尾缘噪声,在 20 m/s 速度下,在 6 300 Hz 以下的宽广频率范围,锯齿尾缘能够降低尾缘噪声 4~5 dB,但是在频率为 10 kHz,锯齿尾缘没有明显降噪,而在频率为 8 000 Hz 时,H15λ3 锯齿尾缘增大了尾缘噪声。除 H5λ3 锯齿以外,其他长度的尾缘锯齿在测量频率范围内均有不同程度的降噪。而 H5λ3 锯齿尾缘,在某些频率会增大尾缘噪声。

为了详细分析不同长度尾缘锯齿对尾缘噪声总声压级的影响,以基准直尾缘叶片总声压级为准,按照下式计算锯齿尾缘叶片的总声压级降噪量 $\Delta\mathrm{OASPL}$,其中 $\Delta\mathrm{OASPL}$ 定义为

$$\Delta\mathrm{OASPL} = \mathrm{OASPL}_{\mathrm{Straight\ TE}} - \mathrm{OASPL}_{\mathrm{Serrated\ TE}} \qquad (5-26)$$

式中, $\mathrm{OASPL}_{\mathrm{Straight\ TE}}$ 是直尾缘叶片的总声压级,单位为 dB; $\mathrm{OASPL}_{\mathrm{Serrated\ TE}}$ 是锯齿尾缘叶片的总声压级,单位为 dB。

图 5-38 给出了不同锯齿长度的尾缘构型对尾缘噪声总声压级的影响,图中总声压级的计算范围为 1 250~10 000 Hz。从图 5-38(a)可以看出,随着气流速度增大,所有叶片总声压级增大,在 20 m/s 和 30 m/s 速度下,不同长度的锯齿尾缘叶片总声压级几乎相同,但是随着气流速度进一步增大,H5λ3 和 H10λ3 锯齿的总声压级迅速增大,其增大速率要明显超过基准叶片,气流速度达到 70 m/s 时,H10λ3

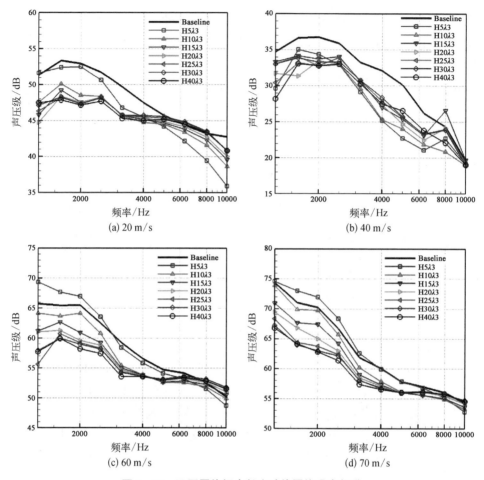

(a) 20 m/s

(b) 40 m/s

(c) 60 m/s

(d) 70 m/s

图 5-37   不同尾缘锯齿长度叶片尾缘噪声频谱

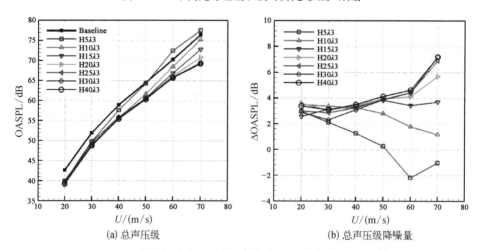

(a) 总声压级

(b) 总声压级降噪量

图 5-38   不同尾缘锯齿长度叶片总声压级以及总声压级降噪量的对比

锯齿尾缘叶片总声压级与基准叶片接近，H5λ3 锯齿尾缘叶片总声压级超过了基准叶片。图 5‑38(b) 给出了不同长度锯齿尾缘在不同速度下尾缘噪声总声压级的降噪量，图中可以观察到一个有趣的现象，较低速度下，不同长度的尾缘锯齿对总声压级降噪量相差不大，但随着气流速度的增加，长度较短的锯齿尾缘降噪能力逐渐"丧失"，降噪效果不如其他长度更长的锯齿，同时其他长度更长的锯齿的降噪量相差不大，随着速度进一步提高，剩下的较长锯齿中长度最短的锯齿降噪效果又将"丧失"，以此类推。如气流速度在 40 m/s 下，除 H5λ3 外，其他长度锯齿降噪量相差不大，H5λ3 锯齿几乎没有降噪能力；速度增大到 50 m/s 时，H10λ3 开始"丧失"降噪能力，其他更长的锯齿降噪量相差不大；速度增大到 60 m/s 时，H15λ3 开始"丧失"降噪能力；速度增大到 70 m/s 时，H20λ3 开始"丧失"降噪能力。这个结果说明，在锯齿周期相同情况下，锯齿越长，获得的降噪量也越大，但不同速度下，尾缘锯齿长度均存在一个极限，超过这个极限，锯齿长度即便再增加，降噪量将不再有明显的变化。随着速度的增大，这个锯齿长度极限值也在相应增加。

图 5‑39 给出了锯齿周期与叶片弦长相比 $\lambda/c = 0.02$，在来流速度分别是 60 m/s 和 70 m/s 情况下，锯齿尾缘降噪量随尾缘锯齿长度的变化，图中横坐标是锯齿尾缘锯齿长度与叶片弦长的相对量 H/c，从图中可以看出，随着尾缘锯齿长度的增大，总声压级降噪量首先呈线性增大，在 60 m/s 速度下，$H/c < 0.1$ 时，总声压级降噪量随锯齿长度的变化关系近似为：$\Delta OASPL = 72.22 \times (H/c) - 3.47$；在 70 m/s 速度下，$H/c < 0.1$ 时，总声压级降噪量随锯齿长度的变化关系近似为：$\Delta OASPL = 65.54 \times (H/c) - 2.82$。可以看出，在 60 m/s 速度下总声压级降噪量随锯齿长度的增加，其增大速率要快于 70 m/s 速度下的情况。然而，在气流速度为 60 m/s 情况下，尾缘锯齿长度达到 $H/c = 0.1$ 时，进一步增大锯齿长度，降噪量不再

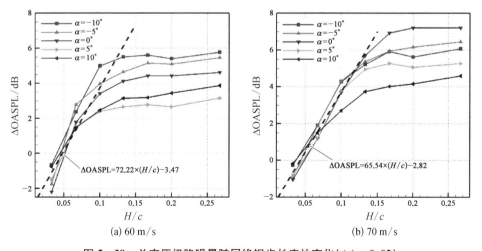

(a) 60 m/s　　　　　　　　　　　　(b) 70 m/s

图 5‑39　总声压级降噪量随尾缘锯齿长度的变化($\lambda/c = 0.02$)

明显增大,而在 70 m/s 情况下,尾缘锯齿长度达到 $H/c=0.2$ 以前,降噪量一直随锯齿长度增大而增大。可见尾缘锯齿存在一个极限长度,在达到这个极限长度前,降噪量随锯齿长度增大基本呈线性增大,当超过这个极限长度后,锯齿长度进一步增大降噪量将不再变化,这个极限长度随速度增大而增大。

5.4.2.3　尾缘锯齿周期对降噪的影响

进一步实验研究在尾缘锯齿长度相同($H=30$ mm)情况下,不同锯齿周期对尾缘噪声的降噪情况。图 5 - 40 分别给出了在来流速度 20 m/s、40 m/s、60 m/s、70 m/s 情况下,不同锯齿周期叶片尾缘噪声的 1/3 倍频程频谱。从图 5 - 40 可以看出,在 20 m/s 速度下,不同锯齿周期的尾缘锯齿能够有效降低频率在 8 000 Hz 以下的叶片尾缘噪声,其中 H30λ1.5 锯齿降噪效果最好,在宽广的频率范围内能够有效降低噪声 3~4 dB。但是在 8 000 Hz~10 kHz 的高频区域,所有锯齿的降噪能

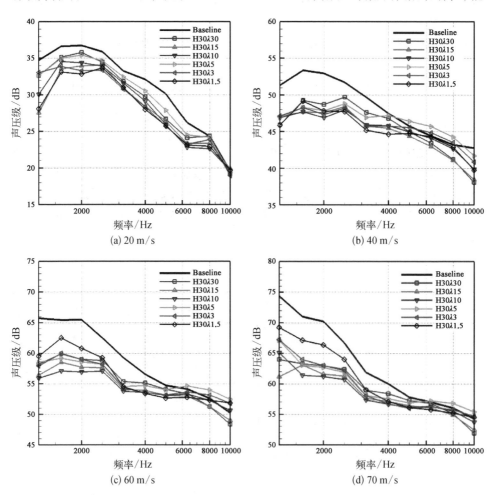

图 5 - 40　不同尾缘锯齿周期叶片尾缘噪声频谱

力有限。在来流速度为 40 m/s 时,不同周期锯齿的尾缘锯齿频率在 4 000 Hz 以下均能够降低尾缘噪声,但频率在 4 000 Hz 以上,H30λ5 锯齿甚至增大了尾缘噪声。随着速度进一步增大到 60 m/s 和 70 m/s 时,不同周期尾缘锯齿的降噪效果差异越来越明显,周期最小的 H30λ1.5 锯齿此时降噪效果减小,而是 H30λ10 锯齿降噪效果较好。

为了进一步分析尾缘锯齿周期对降噪的影响,图 5-41 给出了不同锯齿周期尾缘噪声总声压级以及总声压级降噪量的对比[计算公式(5-26)],图中总声压级的频率计算范围为 1 250 Hz~10 kHz,从图 5-41 可以看出,随着气流速度增大,所有叶片总声压级增大。对比前面的图 5-38(a)可以发现,相比于尾缘锯齿长度对降噪的影响,尾缘锯齿周期对降噪的影响相对较小。在来流速度为 50 m/s 以下,不同周期的尾缘锯齿叶片的尾缘噪声总声压级差异不大,基本在 2 dB 以内。在更高的速度下,不同周期锯齿尾缘的叶片的尾缘噪声总声压级的差异有增大的趋势。此外可以看出,在来流速度为 70 m/s 情况下,周期最小(即最尖锐)的 H30λ1.5 锯齿降噪效果最差,而在来流速度为 20 m/s 下,该锯齿的降噪效果最好。

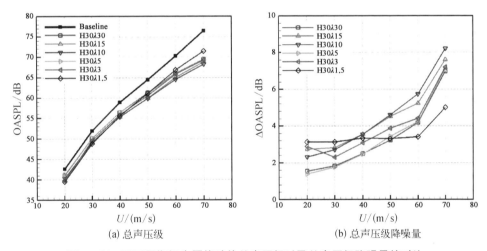

(a) 总声压级　　　　　　　　　　(b) 总声压级降噪量

图 5-41　不同周期锯齿尾缘叶片总声压级以及总声压级降噪量的对比

从图 5-41(b)可以清晰地看出,在来流速度为 20 m/s 情况下,H30λ1.5 锯齿降噪量最大,降低噪声总声压级约 3 dB,而在来流速度为 70 m/s 情况下,H30λ10 锯齿降噪量最大,降低总声压级约 8 dB。H30λ1.5 锯齿在来流速度为 20~60 m/s 的范围,对噪声总声压级的降噪量基本不变,当来流速度达到 70 m/s 时,降噪量突然增大。其他周期的尾缘锯齿则从气流速度为 20 m/s 开始,随着气流速度的增大,对噪声总声压级的降噪量逐渐增大(除了 H30λ3 锯齿在气流速度从 20 m/s 变化到 30 m/s 时降噪量有少量的减小),尤其是从气流速度从 60 m/s 增大到 70 m/s

过程,对总声压级的降噪量增大了 2~3 dB。

锯齿周期对尾缘降噪量的影响不像尾缘锯齿长度那样具有明确的规律,在来流速度小于 30 m/s 的低速情况下,周期最小的(即最窄的)锯齿具有最好的降噪效果,然而在速度高于 30 m/s 的较高速度下,最小周期以及最大周期的锯齿降噪效果最差,反而是 H30λ10 和 H30λ15 锯齿降噪效果最好。

相比于锯齿长度对降噪的影响(图 5-39),锯齿周期对降噪的影响要小很多,实验结果表明,锯齿周期对噪声总声压级降噪量的影响基本在 2 dB 以内,并且锯齿周期并非越小越好或者越大越好。

5.4.2.4　来流攻角对降噪的影响

图 5-42(a)和图 5-42(b)分别给出了在来流速度为 40 m/s 情况下、不同气流攻角条件下,基准直尾缘叶片尾缘噪声频谱和 H30λ15 锯齿尾缘叶片尾缘噪声频谱。对比图 5-42(a)和图 5-42(b)可以看出,常规的直尾缘叶片的尾缘噪声随来流攻角的变化具有较显著改变,而锯齿尾缘噪声受来流攻角影响较小(特别是在 3 000 Hz 以上的高频范围)。对于直尾缘叶片,在来流攻角-10°到+10°范围内,噪声随着来流攻角的增大而减小,在频率 2 000 Hz 情况下,-10°攻角下的尾缘噪声比 0°攻角尾缘噪声和+10°攻角下尾缘噪声分别大 4 dB、8 dB。而对于锯齿尾缘叶片,在 3 000 Hz 以上的高频范围,不同攻角下锯齿尾缘叶片的噪声差异要小得多。

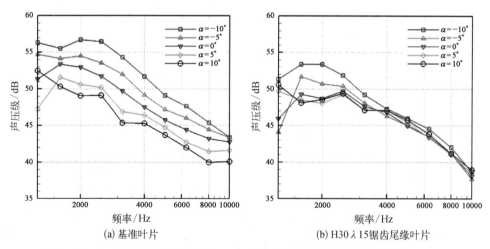

(a) 基准叶片　　　　　　　　(b) H30λ15锯齿尾缘叶片

图 5-42　不同攻角下基准叶片和 H30λ15 锯齿尾缘叶片尾缘噪声频谱(40 m/s)

图 5-43 给出了在来流速度 20 m/s、40 m/s、60 m/s 和 70 m/s 四个不同速度下,H30λ15 锯齿尾缘降噪量的频谱实验结果。从图 5-43(a)和图 5-43(b)中可以看出,在较低的速度下(20 m/s 和 40 m/s),在很宽的频率范围内,攻角越小,降噪量越大,负攻角下的降噪效果优于正攻角下的降噪效果。在较高的来流速度下

（60 m/s 和 70 m/s），如图 5-43(c)和图 5-43(d)所示，在 4 000 Hz 以上频率，仍然是攻角越小，降噪量越大。但是在 4 000 Hz 以下频率，攻角对降噪效果的影响要相对复杂，此时，攻角为最小值-10°时，H30λ15 锯齿降噪效果几乎最差，反而是在 0°攻角附近，降噪效果最好。

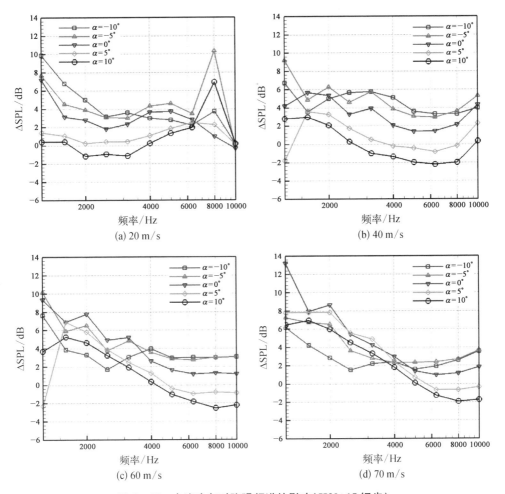

(a) 20 m/s

(b) 40 m/s

(c) 60 m/s

(d) 70 m/s

图 5-43　来流攻角对降噪频谱的影响(H30λ15 锯齿)

基于线性传声器阵列对锯齿尾缘降噪的实验研究，可以获得如下一些重要结论。

（1）尾缘锯齿长度会显著影响降噪效果，要达到明显的降噪效果，尾缘锯齿的长度必须大于一个临界值。针对 NACA65(12)-10 叶片在 1 250 Hz~10 kHz 频率范围内的实验结果表明，锯齿长度需要满足 $H/c > 0.001\,260U - 0.005\,558$ 才能具有有效的降噪能力，而且随着锯齿长度增大，降噪量首先呈线性增大。但是，当尾缘锯齿长度达到一个极限值后,进一步增大锯齿长度,降噪量将不再增加,而是基本保持不变,这个极限值会随气流速度的增大而增大。

（2）相比尾缘锯齿长度对尾缘噪声降噪效果的明显影响,尾缘锯齿周期对降噪的影响较小。实验发现,尾缘锯齿周期对降噪的影响较为复杂,不能够简单地认为周期越大越好或者越小越好。针对 NACA65(12)-10 叶片的实验结果表明,锯齿周期太大或者太小都将降低降噪效果,在实验研究的范围内,发现 $H/c = 0.2$ 时,λ/c 的值在 $0.067 \sim 0.1$（即 $\lambda/h = 0.67 \sim 1$）能取得最大的降噪量。

（3）来流攻角和来流速度会对尾缘锯齿的降噪效果产生明显的影响。负攻角下的降噪效果要优于正攻角下的降噪效果。在正来流攻角情况下,尾缘锯齿甚至会增大低来流速度（20 m/s）叶片尾缘噪声。实验发现,对于合理设计的锯齿,在实验测试的速度范围内,其总声压级降噪量随着来流速度的增大而增大。

5.4.3　仿生学波浪前缘降噪实验研究

5.4.3.1　研究对象及波浪前缘设计

仍然以 NACA65(12)-10 孤立叶型为研究对象,叶片弦长 $c = 0.15$ m,叶片展长 $L = 0.3$ m。设计加工了 9 种不同结构的波浪前缘,如表 5-5 所示。波浪前缘结构参数由波浪前缘的幅值（A）和周期（W）定义,如图 5-44(a) 所示,在构造波浪前缘时,保持波浪前缘叶片的平均弦长 $\bar{c}$ 与直前缘叶片相同。波浪前缘的构造是通过对原始叶片厚度沿中弧线的变化实现的,如图 5-44(b) 所示。对于波浪前缘叶片,其厚度随中弧线的变化规律如下:

$$
\begin{cases}
x'_{\text{new}} = \begin{cases} \dfrac{x'_{\text{old}}}{x'_{\text{max}}} [x'_{\text{max}} + (c'(r) - \bar{c}')] - [c'(r) - \bar{c}'], & x'_{\text{old}} < x'_{\text{max}} \\ x'_{\text{old}}, & x'_{\text{old}} \geq x'_{\text{max}} \end{cases} \\
y'_{\text{new}} = y'_{\text{old}}
\end{cases}
$$

$$(5-27)$$

式中,x'_{new} 是波浪前缘叶片沿中弧线的坐标,单位为 m;x'_{old} 是原始直前缘叶片沿中弧线的坐标,单位为 m;x'_{max} 是叶片最大厚度位置对应的中弧线坐标,单位为 m;$c'(r)$ 是波浪前缘叶片在展向位置 r 处的弦长,单位为 m;$\bar{c}'$ 是原始直叶片的弦长,单位为 m;y'_{new} 是波浪前缘叶片沿中弧线的厚度分布,单位为 m;y'_{old} 是原始直前缘叶片沿中弧线的厚度分布,单位为 m。

从图 5-44(b) 可以看出,波浪前缘叶片主要是通过对叶片最大厚度位置上游的叶片厚度分布进行缩放实现的,在叶片最大厚度位置下游,波浪前缘叶片厚度与直前缘叶片保持一致。图 5-45 是加工的波浪前缘实验件。

表 5 - 5　波浪前缘结构参数

序　号	名　　称	$A/\bar{c}$	A/mm	$W/\bar{c}$	W/mm	A/W
0	Baseline	0	0	0	0	—
1	A5W20	0.05	7.5	0.20	30	0.25
2	A10W20	0.10	15	0.20	30	0.5
3	A20W20	0.20	30	0.20	30	1.0
4	A30W20	0.30	45	0.20	30	1.5
5	A35W20	0.35	52.5	0.20	30	1.75
6	A30W3	0.30	45	0.03	4.5	10.0
7	A30W5	0.30	45	0.05	7.5	6.0
8	A30W10	0.30	45	0.10	15	3.0
9	A30W30	0.30	45	0.30	45	1.0

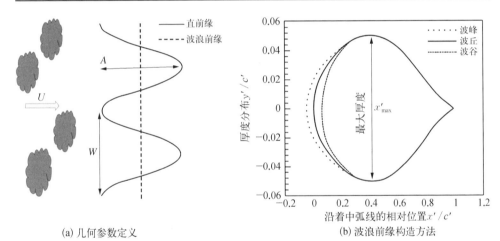

(a) 几何参数定义　　　　　　　　　　(b) 波浪前缘构造方法

图 5 - 44　波浪前缘几何参数定义以及波浪前缘构造方法示意图

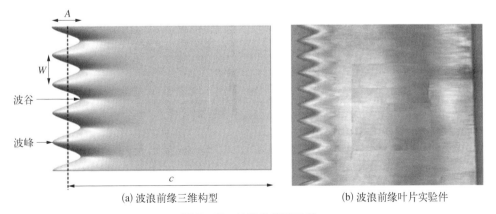

(a) 波浪前缘三维构型　　　　　　　　(b) 波浪前缘叶片实验件

图 5 - 45　波浪前缘实验件

对波浪前缘降噪的实验方法与上一节介绍的尾缘降噪实验方法相同,采用线性传声器阵列进行叶片前缘声源分离识别和测量。

叶片前缘噪声主要是来自来流湍流与叶片前缘的干涉,航空叶轮机上游叶片尾迹湍流与下游叶片干涉就是典型的来流湍流与叶片前缘干涉实例。为了模拟上游不同来流湍流状况,分别采用在叶片前方放置圆柱以及在吹气式风洞出口安装湍流格栅,由圆柱尾迹湍流以及格栅湍流与下游实验叶片的干涉,模拟来流湍流与叶片前缘的干涉。在实验中,将直径为 10 mm 的圆柱安装在实验叶片正前方,距离叶片前缘 100 mm,如图 5 - 6(a)所示;采用了 5 种不同规格的湍流格栅,格栅孔径参数分别为 $M10d2$(其中 $M10$ 表示的是正方形格栅网格边长 10 mm,$d2$ 表示格栅丝直径 2 mm)、$M15d3$、$M20d4$、$M25d5$、$M30d6$ 等,实验中,湍流格栅位于风洞出口,距离实验叶片前缘 400 mm 的位置。实验中来流速度范围为 20~70 m/s(间隔 10 m/s),叶片攻角 0°、±5°、±10°,基于叶片弦长的流动雷诺数范围为 $2\times10^5 \sim 7\times10^5$。

5.4.3.2 圆柱尾流-叶片干涉噪声实验结果及噪声特征分析

在分析波浪前缘的降噪效果前,首先对圆柱湍流-叶片干涉噪声(即圆柱尾迹流与叶片前缘干涉的叶片前缘噪声)的基本特征进行了研究。图 5 - 46 给出了不

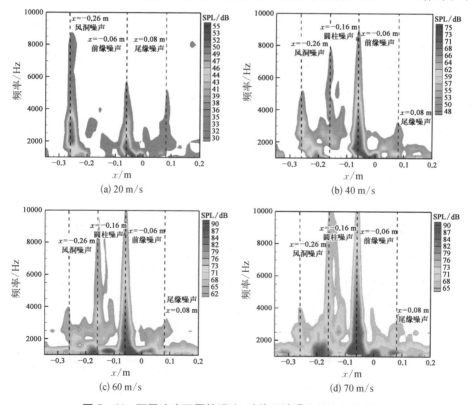

图 5 - 46　不同速度下圆柱湍流-叶片干涉噪声的声源分布图

同来流速度下基准叶片与圆柱尾流干涉噪声声源分布图。从图 5-46 可以看出，在来流速度为 20 m/s 情况下，传声器阵列识别出三个主要噪声源，分别对应风洞出口噪声($x=-0.26$ m)、叶片前缘噪声($x=-0.06$ m)、叶片尾缘噪声($x=0.08$ m)，其中叶片前缘噪声高于尾缘噪声，圆柱本身产生的噪声较小，在声源分布图中不能明显观察到。但是，随着来流速度提高，圆柱绕流产生的噪声逐渐增大，从图 5-46 可以看出，在来流速度高于 40 m/s 时，圆柱湍流-叶片干涉产生的叶片前缘噪声是最大噪声源，大于风洞出口噪声、圆柱噪声和叶片尾缘噪声。

图 5-47 给出了不同来流速度下圆柱湍流-叶片干涉噪声(叶片前缘噪声)的频谱，其中图 5-47(a)为前缘噪声窄带频谱，图 5-47(b)是 1/3 倍频程频谱。从图 5-47(a)可以看出，在宽广的频率范围内，圆柱湍流-叶片干涉在叶片前缘产生的噪声呈现出典型的宽频噪声特征。在来流速度为 20 m/s 情况下，在频率为 8 000 Hz 附近的单音是风洞特殊背景噪声，有待进一步分析识别。在来流速度为 70 m/s 时，在频率为 1 312 Hz 附近出现的单音噪声则是由于圆柱周期性的脱落涡与叶片前缘干涉产生的，脱落涡频率对应的斯特劳哈尔数 $St=fd/U=0.187\,4$，与经典的圆柱卡门涡街频率($St \approx 0.2$)接近。由于实验频谱范围所限，实验没有测量得到其他来流速度下圆柱尾迹脱落涡频率。

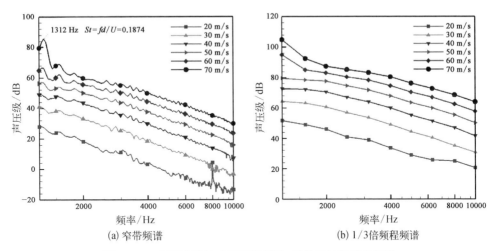

图 5-47　不同来流速度下圆柱湍流-叶片干涉噪声的频谱

5.4.3.3　格栅湍流-叶片干涉噪声识别结果及噪声特征分析

图 5-48 给出了来流速度在 40 m/s 和 60 m/s 情况下，格栅湍流-叶片干涉的叶片噪声声源识别结果，其中湍流格栅的参数为 $M=10$ mm，$d=2$ mm。从图 5-48 可以看出，风洞出口上游增加湍流格栅后，风洞出口噪声在高频范围内变得非常明显。此外，由图 5-48(b)可以看出，在来流速度为 60 m/s 时，前缘噪声明显大于叶片尾缘噪声，与图 5-21(c)相比较，可以确定，来流湍流的增大，明显地增大了叶

片前缘噪声。也就是说,在高湍流来流情况下,叶片前缘噪声要大于叶片尾缘噪声。

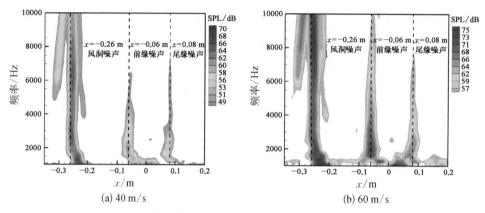

(a) 40 m/s   (b) 60 m/s

图 5-48   格栅湍流-叶片干涉的声源分布图

图 5-49 给出了在来流速度为 40 m/s 和 60 m/s 情况下,圆柱尾迹湍流和格栅湍流与叶片干涉噪声的对比。从图 5-49 可以看出,在速度相同时,圆柱尾迹湍流与叶片干涉产生的噪声要明显高于格栅湍流与叶片干涉产生的噪声,尤其是在低频范围。圆柱尾迹湍流与叶片干涉产生的噪声随着频率增大,噪声量级迅速降低,而对于格栅湍流与叶片干涉产生的噪声,随着频率增大,其噪声量级降低相对缓慢。这说明格栅湍流中小尺度高频湍流涡运动产生的噪声占总声压级权重较大。

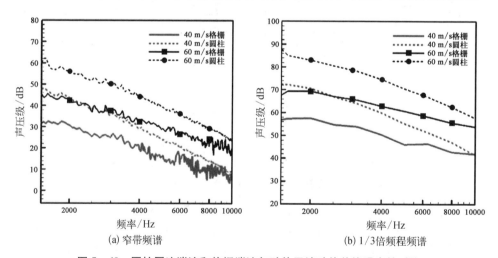

(a) 窄带频谱   (b) 1/3倍频程频谱

图 5-49   圆柱尾迹湍流和格栅湍流与叶片干涉叶片前缘噪声的对比

图 5-50 是在不同来流速度下,格栅湍流-叶片干涉的叶片前缘噪声窄带频谱和 1/3 倍频程频谱实验测量结果,从图 5-50 可以看出,随着来流速度的增大,叶

片前缘噪声明显增大。此外可以看出,在速度较低时(20 m/s 和 30 m/s),叶片前缘噪声频谱出现不稳定震荡,初步分析这是格栅湍流中较大尺度旋涡运动所产生,还需要进一步的实验分析。

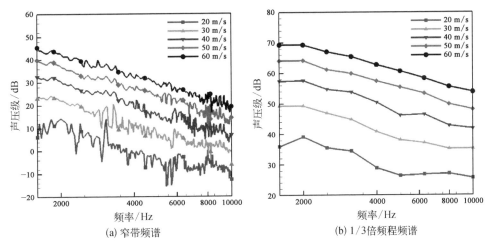

(a) 窄带频谱　　　　　　　　　　　　　(b) 1/3 倍频程频谱

图 5-50　不同速度下格栅湍流-叶片干涉叶片前缘噪声

5.4.3.4　波浪前缘对叶片前缘噪声的抑制

图 5-51 给出了在来流 0°攻角情况下,不同幅值波浪前缘叶片的前缘噪声频谱及其与常规叶片前缘噪声频谱的比较。从图 5-51 可以看出,在测量的噪声频率主要范围,不同幅值的波浪前缘构型,均能有效地降低叶片前缘噪声,且随着波浪前缘幅值的增大,降噪量也随之增大。但是,当波浪前缘幅值大于 20% 弦长后(对应 A30W20 构型),进一步增大波浪前缘幅值,降噪效果反而降低。此外,随着来流速度的增大,波浪前缘对叶片前缘噪声的降噪量增大,尤其是在高频区域。可以看出,在来流速度为 60 m/s 和 70 m/s 情况下,不同幅值的波浪前缘在测量的频率范围内都显著降低了叶片前缘噪声,A30W20 叶片可以在宽广的频率范围内降低噪声 10 dB 左右。

图 5-52 给出了不同幅值波浪前缘叶片降低圆柱尾流-叶片干涉前缘噪声总声压级实验结果,图中总声压级是在频率 1 600 Hz~10 kHz 范围的总声压级。从图 5-52(a)可以看出,在实验测量的气流速度范围内,不同幅值的波浪前缘叶片均能够有效降低叶片前缘噪声的总声压级,总声压级降噪量随波浪前缘幅值增大而增大,但当波浪前缘幅值达到 20% 弦长时,进一步增大波浪幅值,总声压级降噪量不再增加。从图 5-52 可以看出,波浪幅值对叶片前缘噪声降噪量有非常重要的影响,当波浪前缘幅值为 5% 叶片弦长时,总声压级降噪量在 2 dB 左右,但当波浪前缘幅值增大到 30% 弦长时,总声压级降噪量可达 9 dB 左右。

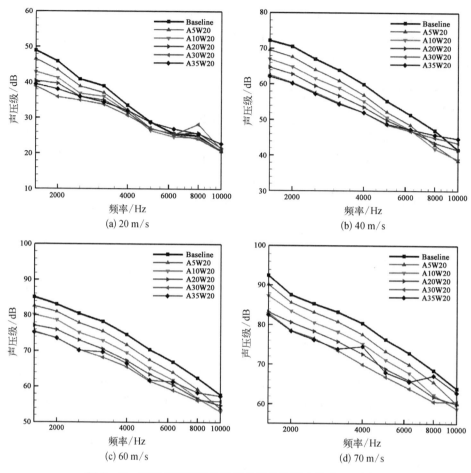

图 5-51 不同幅值波浪前缘叶片的前缘噪声频谱(0°攻角)

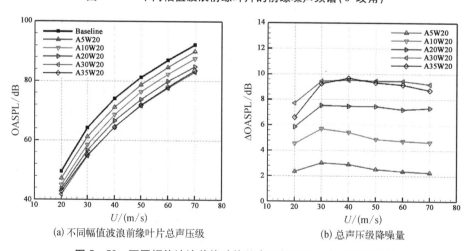

(a) 不同幅值波浪前缘叶片总声压级   (b) 总声压级降噪量

图 5-52 不同幅值波浪前缘叶片总声压级以及总声压级降噪量

　　图 5 - 53 和图 5 - 54 分别给出在典型来流速度下、在不同的来流攻角情况下,
圆柱尾流-叶片干涉前缘总声压级降噪量以及格栅湍流-叶片干涉前缘噪声总声压
级降噪量随波浪前缘幅值的变化。从图 5 - 53 可以看出,总声压级降噪量随着波
浪前缘幅值的增大基本呈线性增大,但当波浪前缘幅值超过 30% 弦长时,总声压级
降噪量基本不再发生变化。在 40 m/s 速度下,当波浪幅值与弦长比 $A/c<0.3$,总声
压级降噪量随波浪前缘幅值的变化关系近似为: $\Delta OASPL = 24.46 \times (A/c) + 1.78$;
在 70 m/s 速度下,当波浪幅值与弦长 $A/c<0.3$ 时,总声压级降噪量随波浪前缘幅
值的变化关系近似为: $\Delta OASPL = 29.04 \times (A/c) + 1.02$。

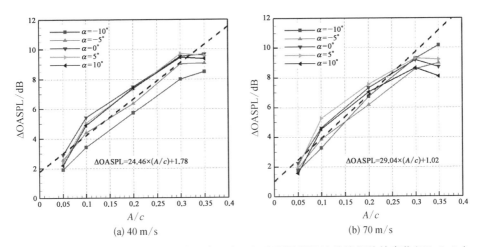

图 5 - 53　圆柱尾流-叶片干涉前缘噪声总声压级降噪量随波浪前缘幅值的变化($W = 0.2c$)

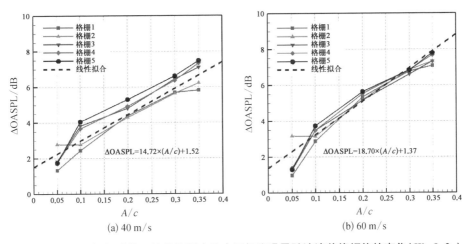

图 5 - 54　格栅湍流-叶片干涉前缘噪声总声压级降噪量随波浪前缘幅值的变化($W = 0.2c$)

　　从图 5 - 54 可以看出,类似于圆柱尾迹-叶片干涉前缘噪声实验结果,波浪形
前缘对格栅湍流-叶片干涉前缘噪声总声压级降噪量也是随波浪前缘幅值的增大

基本呈线性增大。在 40 m/s 速度下,叶片前缘噪声总声压级降噪量随波浪前缘幅值的变化关系近似为: $\Delta OASPL = 14.72 \times (A/c) + 1.52$;在 60 m/s 速度下,叶片前缘噪声总声压级降噪量随波浪前缘幅值的变化关系近似为: $\Delta OASPL = 18.70 \times (A/c) + 1.37$。对比图 5 - 53 和图 5 - 54 实验结果,可以看出,波浪前缘幅值对圆柱湍流-叶片干涉的前缘噪声的影响比对格栅湍流-叶片干涉前缘噪声的影响显著,上述拟合直线的系数大小明显不同。

5.4.3.5　波浪前缘周期对降噪的影响

图 5 - 55 给出了在 0° 攻角、不同来流速度情况下,不同周期波浪前缘对圆柱尾流-叶片干涉前缘噪声的影响及与常规叶片噪声的比较。从图 5 - 55 可以看出,在测量的噪声频率范围,不同周期的波浪前缘构型,均能有效地降低叶片前缘噪声,且随着波浪周期的减小,降噪量随之增大。图中波浪前缘周期的变化范围是叶片

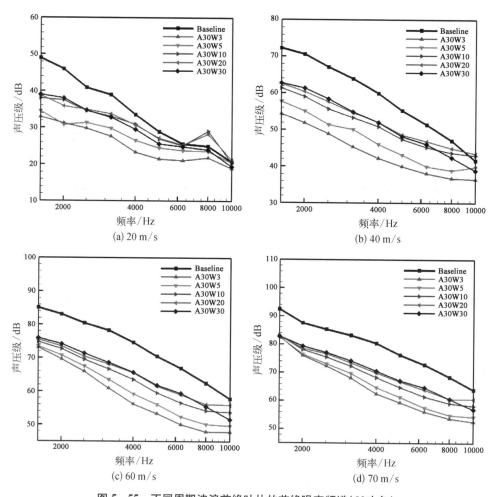

图 5 - 55　不同周期波浪前缘叶片的前缘噪声频谱(0° 攻角)

弦长的 3%~30%。仔细观察可以发现,波浪前缘周期从 30% 弦长减小到 10% 弦长时,降噪量虽然增大,但增大的量级较小。但是当波浪前缘周期进一步减小,从 10% 弦长减小到 5% 弦长时,降噪量突然增大了约 4 dB,从 5% 弦长减小到 3% 弦长时,降噪量又增大了约 3 dB。可见,在波浪前缘幅值一定情况下,当波浪前缘周期较大时,改变波浪前缘周期对降噪的影响相对较小,当波浪前缘周期小到一定程度后,波浪前缘周期对降噪量的影响非常显著,波浪前缘周期越小,降噪量越大。

图 5-56 给出了不同周期波浪前缘对圆柱尾流-叶片干涉前缘噪声总声压级的降低情况,图中圆柱尾流-叶片干涉噪声的总声压级是在 1 600 Hz~10 kHz 频率范围的总声压级。从图 5-56(a)可以看出,不同周期的波浪前缘叶片在所有的速度条件下均能够有效降低叶片前缘噪声的总声压级,且总声压级随波浪前缘周期减小而增大的趋势十分明显。

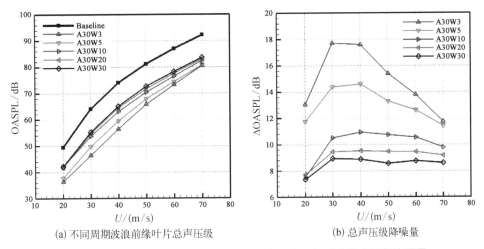

(a) 不同周期波浪前缘叶片总声压级　　　(b) 总声压级降噪量

图 5-56　不同周期波浪前缘叶片前缘噪声总声压级以及总声压级降噪量

为进一步分析波浪前缘对圆柱尾流-叶片干涉噪声降噪的变化规律,图 5-57 给出了不同来流速度下圆柱尾流-叶片干涉前缘噪声总声压级降噪量随波浪前缘周期的变化,图中同时给出了不同攻角情况下的实验结果。从图 5-57 可以看出,在不同速度下,波浪前缘周期越小,总声压级降噪量越大。此外,当波浪前缘周期大于 10% 弦长时,随着波浪前缘周期的减小,总声压级降噪量缓慢增大。然而,当波浪前缘周期小于 10% 弦长时,随着波浪前缘周期的减小,前缘噪声总声压级降噪量近似呈指数关系迅速增大,这意味着更小的波浪前缘周期有更好的降噪效果。因此,在波浪前缘幅值一定时,波浪前缘周期越小降噪量越大,并且小于特定临界值后(实验中为 0.1c),进一步减小波浪前缘周期将取得显著降噪效果。

波浪前缘对格栅湍流-叶片干涉前缘噪声的影响规律与上述实验结果相似。图 5-58 给出了波浪前缘对格栅湍流-叶片干涉前缘噪声总声压级降噪量影响的

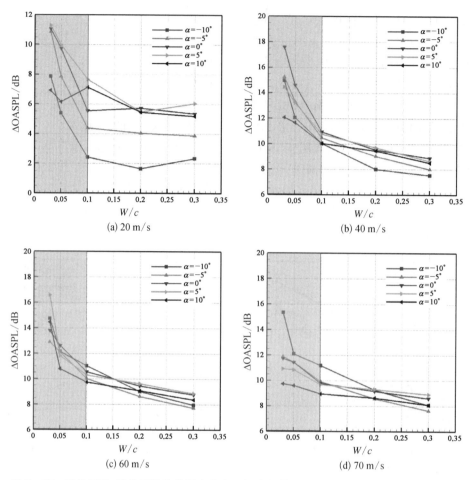

图 5 - 57 圆柱尾流-叶片干涉前缘噪声总声压级降噪量随波浪前缘周期的变化($A = 0.3c$)

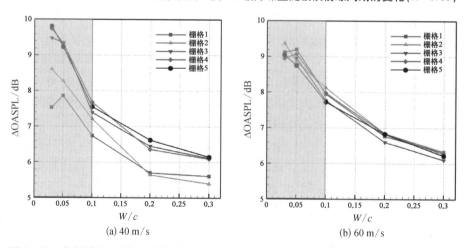

图 5 - 58 格栅湍流-叶片干涉前缘噪声总声压级降噪量随波浪前缘周期的变化($A = 0.3c$)

实验结果,图中同时给出了不同格栅的结果。从图 5-58 可以看出,在不同来流速度下,波浪前缘周期越小,格栅湍流-叶片干涉的前缘噪声总声压级降噪量越大,且当波浪前缘周期小于 10% 弦长时,随着波浪前缘周期的减小,总声压级降噪量迅速增大。

上述实验研究结果表明,波浪前缘是降低叶片前缘噪声的有效方法,研究结果表明,波浪前缘幅值 A、周期 W 是影响其降噪的重要参数,而来流速度和攻角对波浪前缘降噪效果影响较小。实验结果表明,波浪前缘幅值越大,叶片前缘噪声总声压级降噪量越大,而且波浪前缘对叶片前缘噪声的降噪量随波浪前缘幅值的增大基本呈线性变化。而波浪前缘周期越小,叶片前缘噪声总声压级降噪量越大。当波浪前缘周期小于 10% 弦长时,随着波浪前缘周期的进一步减小,总声压级降噪量近似呈指数关系迅速增大。进一步的实验结果表明,波浪前缘幅值与周期的比值 A/W 是影响降噪的重要参数,总声压级降噪量随 A/W 的增大而增大。当 $A/W<2$ 时,总声压级降噪量随 A/W 的增大迅速增大;当 $A/W>2$ 时,总声压级降噪量随 A/W 的增大缓慢增大。相比于波浪前缘周期,总声压级降噪量对波浪前缘幅值的变化更为敏感。此外,实验结果表明,湍流格栅尺寸的不同不会明显影响特定波浪前缘结构对前缘总声压级的降噪量和降噪规律。

5.4.4 圆柱尾流-叶片干涉噪声的实验研究

如 5.4.3.2 节的实验结果(图 5-47)所示,由于实验过程中测量频率范围所限,实验结果没有完全获得所有来流速度下圆柱尾迹脱落涡频率参数。为此,西北工业大学航空叶轮机气动力学与气动声学实验室进一步在更宽频率范围开展了圆柱尾流-叶片干涉的声学实验。

实验仍然以 NACA65(12)-10 叶片为对象,在叶片前方放置了直径为 10 mm 的圆柱。实验测量的气流速度范围 $U=19.21\sim87.27$ m/s,基于叶片弦长的雷诺数范围是 $2\times10^5\sim8.8\times10^5$。

图 5-59 给出了不同来流速度下圆柱尾流-叶片干涉实验测量的叶片前缘噪声频谱图,其中图 5-59(a)表示以频率为横坐标的窄带谱,而图 5-59(b)的横坐标则取无量纲斯特劳哈尔数,斯特劳哈尔数是基于圆柱直径和来流速定义,即 $St=fd/U$。由图 5-59(b)可见,不同流速下叶片前缘噪声中均存在 $St=0.173$ 的单音频率噪声源。经过对比后发现,由于 5.4.3.2 节的实验过程中,风洞出口气流速度的测量结果表述取整化的偏差,使得上一次的实验计算的圆柱脱落涡无因次频率——斯特劳哈尔数 St 比实际偏大,图 5-47 中气流速度标值 70 m/s 的实验状态,精确的气流速度应该是 74 m/s,因此实际 $St=0.174$。需要说明,气流速度的标值偏差,并不会影响 5.4.3.4 节和 5.4.3.5 节有关波浪前缘对噪声影响的结论和规律。

众所周知,对于圆柱绕流,当基于圆柱直径的雷诺数为 $300\sim3\times10^5$ 时(本次实

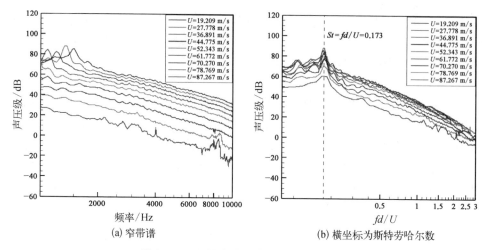

图 5-59 不同流速下叶片前缘噪声频谱

验基于圆柱直径的流动雷诺数范围是 19 468.5~88 446.4),卡门涡街脱落涡频率的 St 近似于常数值 0.21[118]。但是,近年来 Berland 等[119]、陈伟杰[120] 对圆柱绕流与叶片干涉的流场详细实验和数值模拟研究表明,当圆柱下游放置叶片时,在圆柱尾流-叶片干涉流场存在两种不同流型,并分别将其称为"剪切模态"和"尾迹模态"。当圆柱距离叶片较近,圆柱-叶片间距小于临界间距时,流动处于"剪切模态",上游圆柱的分离剪切层并未完全从圆柱表面脱落,而是再附于下游叶片表面,圆柱尾迹区卡门涡街脱落过程受到抑制,脱落涡频率减小。当圆柱-叶片间距大于临界间距,流动形态呈现为"尾迹模态",卡门涡街从上游圆柱脱落,大尺度卡门涡街及小尺度湍流与下游叶片干涉产生强烈的噪声。

根据陈伟杰[120]的研究结果,只有当圆柱-叶片间距比 $L/d \geqslant 8$ 时,流动属于"尾迹模态",圆柱脱落涡的斯特劳哈尔数保持不变,其值与孤立圆柱相同,即 $St = 0.192$;当间距比 $L/d = 7$ 时,流动受到"剪切模态"的影响,斯特劳哈尔数迅速减小为 0.184;当 $L/d = 4$ 时,斯特劳哈尔数进一步减小为 0.168。在图 5-16 实验中,圆柱距离叶片前缘 100 mm,即圆柱-叶片间距比是 $6.66D$,测量得到的圆柱脱落涡频率 $St = 0.173$,显然,这个实验结果进一步证实了陈伟杰数值模拟的研究结论。

图 5-60 给出了有、无圆柱的情况下叶片前缘与尾缘噪声的总声压级对比,因为圆柱单音频率不大于 1 500 Hz,为了避免单音噪声对总声压级的影响,图中给出的是从 2 kHz 到 10 kHz 频率范围总声压级,由图 5-60 可以看出,圆柱产生的各向异性湍流在叶片前缘处与叶片前缘干涉,显著增大了叶片前缘宽频噪声级,与孤立叶片相比,在实验测量的气流速度范围内,圆柱-叶片干涉前缘噪声总声压级增加了约 16 dB。

来流湍流对叶片尾缘宽频噪声的影响较为复杂,在来流速度较低时,圆柱尾迹流使得来流湍流增加,除实验测量的最低速度 $U = 19.209$ m/s 外,圆柱尾迹湍流与叶片

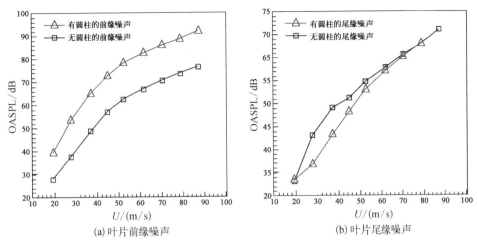

(a) 叶片前缘噪声　　　　　　　　　　(b) 叶片尾缘噪声

图 5-60　叶片前缘噪声 OASPL(频率计算范围 2~10 kHz)

的干涉降低了叶片尾缘宽频噪声总声压级(在实验最低气流速度 $U = 19.209$ m/s,由于噪声频谱在 8 000 Hz 附近出现的特殊不明的强噪声源,因此暂不考虑这个气流速度),在气流速度为 27.78 m/s 时,尾缘噪声总声压级降低最大约为 13 dB,但是随着气流速度增大,尾缘噪声总声压级的降低量逐渐减小。当来流速度 $U \geq 61.772$ m/s 后,圆柱尾流-叶片干涉的尾缘噪声与孤立叶片的尾缘噪声总声压级近乎相等。初步的分析判断,由于在低速流动条件下,当来流为均匀平均低湍流度来流,则叶片表面边界层表现为局部层流及分离状态,因此尾缘噪声相对较强,但是在具有强湍流度的圆柱尾迹流来流状态下,来流湍流使叶片层流边界层转换为湍流边界层,抑制了叶片边界层内的转捩和分离,从而降低了叶片尾缘噪声。

　　图 5-61 给出了圆柱尾流-叶片干涉情况下线性拟合得到的叶片前缘噪声总声压级(频率范围在 2 kHz 到 10 kHz)与来流速度之间的关系曲线。由图可知,圆柱尾流-叶片干涉的前缘噪声与来流速度呈线性关系,前缘噪声总声压级与来流速度的 7.682 2 次方呈正比,显然这个结果与孤立叶片测量结果不同。在叶片上游放置圆柱后,圆柱尾迹湍流与叶片前缘干涉产生的叶片前缘总声压级与来流速度的比例关系偏离了 5~6 次方的范围。

　　图 5-62 对比了圆柱尾流-叶片

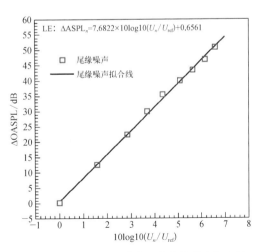

图 5-61　圆柱尾流-叶片干涉前缘噪声与来流速度的比例关系(频率 2~10 kHz)

干涉情况下叶片前缘噪声总声压级和尾缘噪声总声压级。为了说明来流湍流对叶片前缘噪声的影响，在图 5－62(b)中，同时给出了在风洞出口均匀来流条件下独立叶片前缘与尾缘噪声总声压级对比结果。从图中可以看出，在均匀来流情况下，低速流动时，尾缘噪声大于前缘噪声(初步判断与低速低雷诺数流动边界分离相关)，高速流动时，叶片前缘噪声高于叶片尾缘噪声。但是，在圆柱尾流与叶片干涉的流动条件下，由于来流湍流显著增强，在所有实验气流速度条件下，叶片前缘噪声明显高于叶片尾缘噪声。

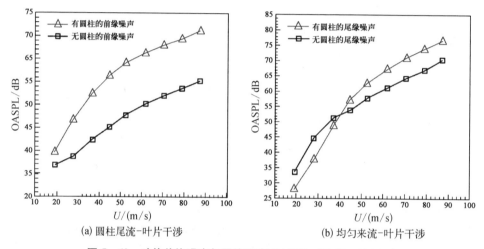

(a) 圆柱尾流-叶片干涉　　　　　(b) 均匀来流-叶片干涉

图 5－62　叶片前缘噪声与尾缘噪声 OASPL 对比(2~10 kHz)

5.5　叶片层流边界层不稳定噪声实验研究

众所周知，在中等雷诺数及特定工作条件下，绕流机翼和叶片会产生特殊的单音噪声，这是一种特殊的气动声学现象，在滑翔机、小型无人机(微型风力涡轮机以及压缩机、冷却风扇和其他旋转机械)中都可能出现这种噪声现象，这种噪声被称为层流边界层不稳定噪声。Paterson 等[121]首次对 NACA0012 和 NACA0018 叶片边界层不稳定噪声进行了系统的实验研究，他们当时将此声源称为涡脱落噪声，基于平板层流边界层理论给出了预测不稳定噪声频率的公式，并发现了不稳定噪声频率随速度变化的"阶梯形"特征。Tam[122]否定了 Paterson 的"涡脱落模型"，认为其不能解释实验中出现的"阶梯形"特征，并首次提出了介于振荡尾迹与叶片尾缘之间的"声学反馈回路模型"，基于 Paterson 的实验数据给出了可以解释"阶梯形"不稳定噪声频率预测公式。但是，上述两种方法仅能预测不稳定噪声频率，并不能预测不稳定噪声大小，1989 年，Brooks 等[3]针对 NACA0012 叶片进行了大量实验，提出了既能预测不稳定噪声频率又可以预测不稳定噪声大小的半经验公式。此后,许多研究者对"声学反馈回路"进行了研究,其中,Arbey 等[123]实验研究了 3 种不同 NACA0012 叶片边界层不稳定噪声,指出 Tollmien‐Schlichting 波(T‐S 波)在叶片尾缘会散射为较强的噪声,并提出了介于叶片尾缘与叶片最大速度点之间的"声学反馈回路"。许多研究表明,边界层不稳定噪声的产生主要与叶片压力面尾缘附近的流动分离特别是层流分离泡相关,而与吸力面的边界层流动无关[124‐128]。但是,最近 Desquesnes 等[129]又提出了不同的看法,他们认为不稳定噪声的产生与压力面、吸力面的边界层流动均有关,压力面为主要的反馈回路,吸力面为二次反馈回路。Arcondoulis 等[130]则对不同的声学反馈回路进行了总结并提出了亟待解决的问题。目前关于声学反馈回路的研究还没有定论,仍然需要不断丰富边界层不稳定噪声实验数据。

本节介绍西北工业大学发动机气动声学课题组对层流边界层不稳定噪声最新实验研究成果[120, 131‐136]。

5.5.1　实验装置和测量方法

为了提高声学测量信号的信噪比,对层流边界层不稳定噪声的叶片吹风实验在全消声室内进行,采用与前面相似的开式吹气式风洞,将实验叶片放置在尺寸是 240 mm×300 mm 矩形风洞出口的射流核心区。吹气式风洞出口最高气流速度可达 100 m/s,风洞出口湍流度小于 1%,实验装置如图 5‐63(a)所示。为了方便测量,叶片竖直安装,上下端壁通过有机玻璃板夹持。为便于安装叶片,在风洞出口搭建了桁架,采用吸声棉包裹桁架以减弱桁架对声场的影响。

叶片绕流噪声远场指向性测量传声器布置方案如图 5‐63(b)所示,采用 25 路传声器,测量角度范围为 30°~150°,间隔为 5°,传声器位于距离叶片中心点 1.5 m 的圆环上。

实验对象为 NACA0012 对称翼型,翼型弦长为 150 mm,展长为 300 mm,翼型最大厚度为 0.12 倍弦长,最大厚度位置位于距离叶片前缘 0.3 倍弦长处,翼型尾缘具有一定的钝度,尾缘厚度为 0.252% 弦长。翼型由铝合金机械加工而成,两端面打有螺纹孔以便于安装。实验中来流速度范围是 20~80 m/s,对应的基于叶片弦长的雷诺数为 $2×10^5~8×10^5$,几何攻角变化范围为 0°~15°。实验室条件下有限的风洞出口尺寸会造成来流流线弯曲和下洗,导致有效攻角减小,Brooks 等[137]基于升力面理论给出了如下攻角修正公式:

$$\alpha_e = \alpha_g / \varsigma \qquad (5-28)$$

$$\varsigma = (1 + 2\sigma)^2 + \sqrt{12\sigma} \qquad (5-29)$$

$$\sigma = (\pi^2/48)(c/L) \qquad (5-30)$$

(a) 实验装置

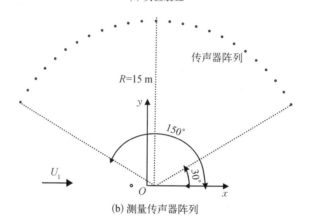

(b) 测量传声器阵列

图 5 - 63　消声室内叶片吹风实验方案

其中,α_g 为几何攻角;α_e 为有效攻角;c 为叶片弦长;L 为风洞宽度。

　　本节实验采用的传声器阵列测量系统如 5.2 节所述,在实验测试中,传声器的采样率为 32 768 Hz,采样时间为 10.75 s,每个状态进行了两组测量,后处理取其代数平均。数据处理时取 8 192 个数据点进行 FFT 变换,采用 Welch 法求取声压功率谱密度,数据重叠 50%,平均 170 次,频率分辨率为 4 Hz。

5.5.2　层流边界层不稳定噪声频谱特征实验分析

　　如前人研究的结果,在低湍流度(小于 1%)均匀来流状况下,在特定雷诺数范围,NACA0012 翼型绕流产生非常强烈的层流边界层不稳定噪声,总噪声以不稳定噪声为主导声源;但是,在其他雷诺数和进口流动条件工况下,层流边界层不稳定噪声较弱,甚至可以忽略不计。层流边界层不稳定噪声的产生与流动雷诺数、马赫数和来流条件具有较强的依赖性,而且,层流边界层与叶片尾缘干涉表现出非常复杂的频谱特征。本节将基于远场声压功率谱密度,分析不稳定噪声的频谱特征、指向性特征和产生条件,以弄清不稳定噪声随来流速度和攻角的变化规律。

5.5.2.1　层流边界层不稳定噪声频谱特征

图 5-64 所示为来流速度为 40 m/s、有效攻角为 2.1°状态下层流边界层不稳定噪声声压级频谱、声功率级频谱、峰值频率声压级指向性和总声压级指向性,图 5-64(a)、(b)是位于 90°方位角远场测量点处的测量结果,总声压级频率范围为 100~16 384 Hz,图中同时给出了没有安装叶片时风洞吹风背景噪声频谱图。由图 5-64 可以看出,与湍流宽频噪声不同,层流边界层不稳定噪声表现为两种频谱特征:一是"驼峰"状频谱和多重单音噪声的迭加,且多重单音频率近似等间隔分布,如图中 2 068 Hz 附近的频谱,其中 f_s 为峰值频率,f_n 为多重单音频率;另一个特征则是层流边界层不稳定噪声仅出现"驼峰"状频谱,如图中 4 352 Hz 附近的频谱。图 5-64(c)给出了峰值频率 2 064 Hz 及 4 352 Hz 下的声压级指向性,峰值大小在某些方位角下变化较大,高频噪声指向性变化更为剧烈。图 5-64(d)所示为总声压级指向性,由于在此状态下总声压级由不稳定噪声峰值主导,总声压级指向性与峰值频率 2 064 Hz 下的指向性相似,均表现为偶极子特征。

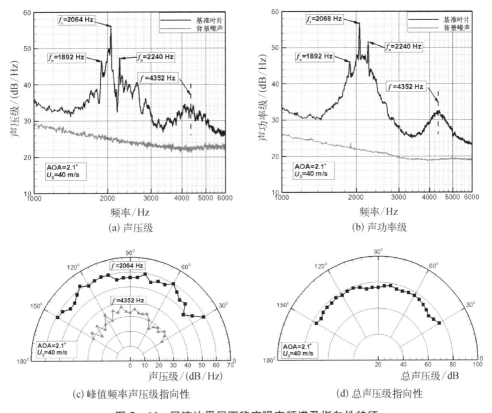

图 5-64　层流边界层不稳定噪声频谱及指向性特征

Ffowcs Williams 和 Hall[10]基于半无限长平板假设得到湍流边界层尾缘噪声与来流速度的 5 次方呈比例的幂次方关系,为研究层流边界层不稳定噪声是否仍满足幂次律,将不稳定噪声声功率级进行如下归一化处理:

$$PWL_{scaled} = PWL - 10\log_{10}(U_0^5) \qquad (5-31)$$

图 5-65 为有效攻角为 2.1°状态下不稳定噪声声功率级和归一化声功率级随速度的变化。由图 5-65(a)可知,不稳定噪声峰值频率随来流速度的增大而增大,当来流速度分别为 20 m/s、40 m/s、60 m/s 和 80 m/s 时,峰值频率分别为 1 108 Hz、2 068 Hz、4 328 Hz 和 5 348 Hz。峰值噪声声压级随来流速度的增大先增大后减小,当来流速度为 40 m/s,峰值噪声最大。层流边界层不稳定噪声另一个重要特征是,随着速度的增大,峰值附近的频谱逐渐变宽,当来流速度为 20 m/s 和 40 m/s 时,频谱表现为非常尖的"尖峰(Peak)"状,表明此频率下的能量非常集中;而当来流速度增加到 60 m/s 和 80 m/s 时,频谱表现为"驼峰(Hump)"状,表明此时能量分散到多个频率上。由图 5-65(b)所示的归一化声功率级可知,层流边界层不稳定噪声并不符合湍流边界层尾缘噪声随速度变化的 5 次方定律,这也表明两者产生的机制是不同的[3]。

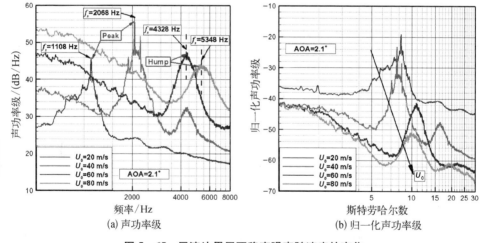

图 5-65　层流边界层不稳定噪声随速度的变化

图 5-66 进一步给出了有效攻角分别为 4.3°和 6.4°时不稳定噪声随速度的变化,图 5-66(a)所得结论与图 5-65(a)一致,即不稳定噪声峰值频率随速度的增加而增加,峰值附近的频谱随速度的增加而变宽。但是,图 5-66(b)所示结果略有反常,当来流速度为 40 m/s 时,并没有产生不稳定单音噪声,而当速度增加到 60 m/s 时,单音噪声又凸显出来,文献[123-128]等实验结果也出现了这一反常现象,下面将进一步讨论。图 5-67 给出了来流速度分别为 20 m/s 和 40 m/s 时层

流边界层不稳定噪声随攻角的变化,图 5 - 67(a)表明当来流速度为 20 m/s 时,峰值频率随攻角增大而增大,而当速度增加到 60 m/s 时,峰值频率对攻角并不敏感,峰值频率随攻角变化不存在明显规律,本实验结果与 Paterson 研究结果一致[121],但有的学者研究表明峰值频率随攻角增大而增大[138]。

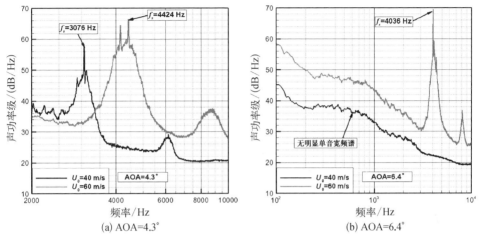

图 5 - 66　大攻角状态下层流边界层不稳定噪声随速度的变化

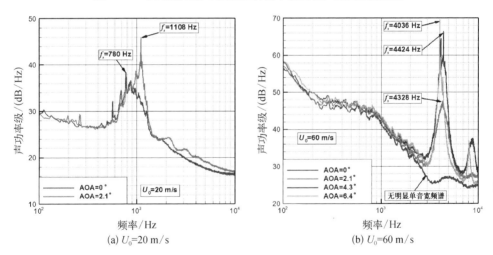

图 5 - 67　层流边界层不稳定噪声随攻角的变化

5.5.2.2　层流边界层不稳定噪声产生条件分析

层流边界层不稳定噪声的产生与否、峰值噪声级及峰值噪声的频率等都与来流有效攻角和来流速度(即雷诺数)等密切相关。Lowson 等[124]基于 Paterson 的实验数据和 Brooks 的实验数据总结得到了层流边界层不稳定噪声产生的包络线,如图 5 - 68 中实线所示,其中低雷诺数范围内包络线主要基于 Brooks 的实验结果,而

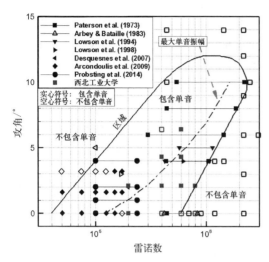

**图 5 - 68　雷诺数和攻角对层流边界层不稳定
噪声产生与否的影响**

高雷诺数范围内的包络线主要基于 Paterson 的实验结果,在中等雷诺数范围内两者的实验结果类似。图中同时给出了其他文献中的实验结果[123-128]及数值计算结果[129],实心符号表示产生了不稳定噪声,空心符号表示没有出现不稳定噪声,红色符号则表示本课题组的实验结果,黑色符号表示其他文献研究结果。两个符号之间的黑色细实线表明在此雷诺数范围内所得结果相似。黑色点画线表示基于 Paterson 实验数据得到的噪声辐射最强的状态,在一定攻角下,不稳定噪声水平随来流速度的增大迅速增大,当达到一定极限后,不稳定噪声水平降低,随着速度的进一步增大,不稳定噪声消失。在包络线之内产生层流边界层不稳定噪声,而在包络线之外不出现不稳定噪声。由图 5 - 68 可知,包括本课题组的大部分实验结果及数值结果均符合这一规律,但本课题组的实验及其他相关文献中实验结果也均出现了个别特殊现象,如图中空心符号所示,其中本次实验中的特殊状态点(U_0 = 40 m/s,AOA = 6.4°)已在图 5 - 66(b)中给出。

层流边界层不稳定噪声的产生与边界层分离、流体动力学扰动增长、声波散射及传播、边界层对声波扰动的感受性等均有关,而这些因素除了与攻角和雷诺数等相关,还与实验环境密切相关,如来流湍流度、叶片表面粗糙度和端壁边界层发展等,因此,不同的实验也会产生实验结果的差异。

5.5.3　层流边界层不稳定噪声产生机制及其峰值频率预测分析

由上述讨论可知,层流边界层不稳定噪声产生机制非常复杂,传统的湍流边界层尾缘噪声模型并不能用来预测层流边界层不稳定噪声,目前对声学反馈回路的研究并无定论,但许多学者基于反馈回路模型对不稳定噪声的频率特征进行了研究,并给出了相应的频率预测公式。本节采用现有层流边界层不稳定噪声预测模型对实验结果进行分析。

5.5.3.1　不稳定噪声峰值频率预测

首先采用 Aebry 层流边界层不稳定噪声模型和 Brooks 层流边界层不稳定噪声预测模型分析不稳定噪声峰值频率随攻角的变化,如图 5 - 69 所示。由于 Aebry 声学反馈回路模型认为不稳定噪声的产生与压力面的边界层流动相关,故

在应用该模型时采用叶片尾缘压
力面边界层位移厚度作为特征长
度,边界层位移厚度采用 Brooks 的
BPM 模型计算。由图 5-69 可知,
当攻角为 0°时,Aebry 模型预测结
果与 Brooks 模型基本一致。但是,
当攻角增大后,这两个模型的预测
存在较大偏差。可以看出,Aebry
模型预测的峰值频率随攻角变化
非常敏感,特别是在高速范围内,
峰值频率随攻角的增大而迅速增
大。而 Brooks 模型预测的峰值频
率随攻角的变化并不敏感,在低速

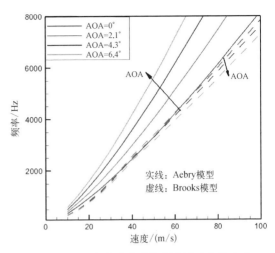

图 5-69　不稳定噪声峰值频率随攻角的变化

范围内,峰值频率基本不随攻角变化,在高速范围内,峰值频率随攻角增大而略
微降低。需要注意的是,Aebry 模型是根据 0°攻角状态下实验数据拟合得到的
经验公式,因此,在非零攻角下预测结果会偏大,Kingan 等[126]也得到了类似的
结论。

　　另外,图 5-69 的结果表明,Aebry 模型预测层流边界层不稳定噪声峰值频率随
攻角的增大而增大,但是,与之相反,Brooks 模型预测层流边界层不稳定噪声峰值频
率随攻角的增大而略微减小。本次实验结果及 Paterson 等的实验结果表明,不稳定
噪声峰值频率随速度的 1.5 次方变化,但是没有发现层流边界层不稳定噪声峰值
频率随攻角明显变化的规律。

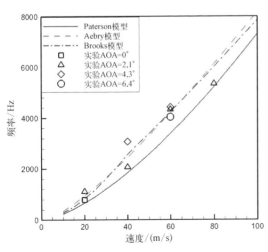

图 5-70　不稳定噪声峰值频率实验
结果与预测结果的对比

　　由图 5-68 实验结果可知,本
课题组实验中共有 8 个状态出现了
层流边界层不稳定噪声,图 5-70
给出了实验测量的峰值频率与速度
的关联关系,表 5-6 给出了攻角为
2.1°时不同气流速度情况下层流边
界层不稳定噪声峰值频率实验结果
与三个模型预测结果比较。由于
Aebry 模型是基于 0°攻角状态下实
验数据拟合的经验公式,用于非零
攻角状态时预测结果偏大,而
Brooks 模型表明峰值频率随攻角的
变化并不明显,所以图中仅给出了

0°攻角下的 Aebry 模型和 Brooks 模型预测结果。由图 5-70 和表 5-6 的对比结果可以看出,在整个测量的气流速度范围内,Aebry 模型与 Brooks 模型预测结果比较接近,两者预测的峰值频率均高于 Paterson 模型预测结果,此外,Paterson 模型在低速状态下预测结果偏小,而 Aebry 模型在高速状态下预测结果偏大。本课题组实验测量的层流边界层不稳定噪声的峰值频率均处于上述三个预测模型预测的范围。

表 5-6　攻角为 2.1°时不同速度状态下不稳定噪声峰值频率实验结果与预测结果对比

U_0 /(m/s)	20	40	60	80
本书实验 f_s/Hz	1 108	2 068	4 328	5 348
Paterson 模型 f_s/Hz	654	1 849	3 397	5 230
Aebry 模型 f_s/Hz	1 143	2 987	5 133	7 468
Brooks 模型 f_s/Hz	819	2 568	4 238	6 000

5.5.3.2　层流边界层不稳定噪声多重单音频率差预测

在一定状态下,层流边界层不稳定噪声频谱特征会表现为"驼峰"状频谱和多重单音噪声的迭加,且多重单音频率近似为等间隔分布。图 5-71 给出了两种工作状态下出现多重单音噪声的声功率级频谱,图中同时给出了背景噪声频谱。其中,图 5-71(a)是攻角为 0°、来流速度为 20 m/s 情况,不稳定噪声峰值频率为 780 Hz,附近存在多重单音噪声,频率分别为 568 Hz、696 Hz 和 872 Hz。由图 5-71(a)可以看出,在 568 Hz 处背景噪声中同样存在单音噪声,所以此处的单音有可能是受背景噪声影响。图 5-71(b)是有效攻角为 2.1°、来流速度为 40 m/s

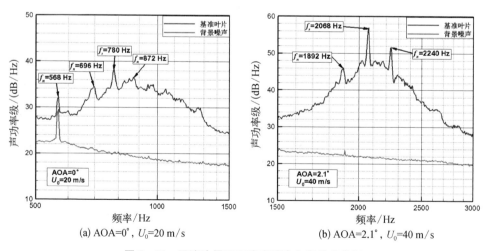

(a) AOA=0°, U_0=20 m/s　　　　　(b) AOA=2.1°, U_0=40 m/s

图 5-71　层流边界层不稳定噪声多重单音分析

情况,不稳定噪声峰值频率为 2 068 Hz,附近同样存在多重单音噪声,频率分别为 1 892 Hz 和 2 240 Hz。可以看出,在攻角为 0°、来流速度为 20 m/s 状态下的多重单音频率的频率差分别为 128 Hz、84 Hz 和 92 Hz,如果不考虑频率是 568 Hz 的背景噪声情况,则三个多重单音噪声的频率差是 84 Hz 和 92 Hz,近似为等间隔分布。而在攻角为 2.1°、来流速度为 40 m/s 状态下的三个多重单音噪声的频率差分别是 176 Hz 和 172 Hz,仍然近似为等频率间隔分布。

进一步采用 Aebry 模型对多重单音频率及频率差进行预测分析。Aebry 模型预测多重单音频率和频率差需要知道叶片尾缘距叶片表面最大速度点之间声学反馈回路长度,为此,采用求解 RANS 方程的数值模拟技术,对 NACA0012 翼型绕流流场进行数值计算,流场数值计算中湍流模型采用两方程 SST$k-\omega$ 模型,计算来流速度为 40 m/s。图 5-72 所示为 0° 和 2° 攻角状态下叶片表面等熵马赫数分布计算结果。

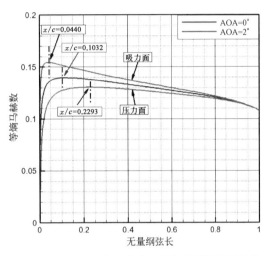

图 5-72　0°及 2°攻角状态下叶片表面等熵马赫数

由图 5-72 可知,当攻角为 0° 时,叶片表面等熵马赫数最大值位于 0.103 2c 处,则 Aebry 声学反馈回路长度为 0.896 8c。当攻角增大为 2° 时,压力面最大速度点向下游移动,吸力面最大速度点向上游移动,压力面和吸力面等熵马赫数最大值分别位于 0.229 3c 和 0.044 0c。由于 Aebry 模型认为声学反馈回路模型主要位于压力面,所以此时的声学反馈回路长度约为 0.770 7c。

按照上述的声学反馈回路长度,采用 Aebry 模型预测多重单音频率及频率差,结果如表 5-7 和表 5-8 所示。其中,表 5-7 为 0°攻角、来流速度为 20 m/s 时多重单音频率与频率差预测结果及实验结果,其中 $K=0.89$,$m=0.85$,$L=0.896\ 8c$。当 n 分别取 7、8、9 和 10 时,对应的多重单音频率分别为 633 Hz、718 Hz、802 Hz 和 886 Hz,对比预测结果与实验结果,可以看出,Aebry 模型预测结果与实验结果比较接近,模型预测的频率差 84 Hz 与实验结果也基本吻合。表 5-8 是 2.1°攻角、来流速度为 40 m/s 时多重单音频率及频率差预测结果及实验结果,其中 $L=0.770\ 7c$。当 n 分别取 10、11 和 12 时,预测的多重单音频率分别为 1 859 Hz、2 036 Hz 和 2 213 Hz,频率差为 177 Hz,对比预测结果及实验结果,可以看出,模型预测结果与实验结果基本吻合。

表 5 - 7　攻角为 0°、来流速度为 20 m/s 状态下多重单音频率及频率差预测结果

	n	7	8	9	10
预测结果	$f_n = \left(n + \dfrac{1}{2}\right)\dfrac{K}{L}U_0^m$	633 Hz	718 Hz	802 Hz	886 Hz
	$\Delta f = f_{n+1} - f_n$		85 Hz	84 Hz	84 Hz
实验结果	频率	568 Hz	696 Hz	780 Hz	872 Hz
	频率差		128 Hz	84 Hz	92 Hz

表 5 - 8　攻角为 2.1°、来流速度为 40 m/s 状态下多重单音频率及频率差预测结果

	n	10	11	12
预测结果	$f_n = \left(n + \dfrac{1}{2}\right)\dfrac{K}{L}U_0^m$	1 859 Hz	2 036 Hz	2 213 Hz
	$\Delta f = f_{n+1} - f_n$		177 Hz	177 Hz
实验结果	频率	1 892 Hz	2 068 Hz	2 240 Hz
	频率差		176 Hz	172 Hz

综上所述,当在中等雷诺数范围绕流叶片出现层流边界层不稳定噪声时,这种噪声源将成为绕流叶片的主要噪声源,层流边界层不稳定噪声主要表现为两种频谱特征:一是宽频"驼峰"状频谱;二是在宽频"驼峰"状基础上迭加多重单音噪声。不稳定噪声峰值频率随速度的增大而增大,但随攻角的变化并无明显规律。研究发现,层流边界层不稳定噪声的产生与层流边界层的流动和分离密切相关,对攻角和雷诺数均非常敏感。由于层流边界层不稳定噪声的产生涉及层流边界层的分离和转捩、不稳定扰动波的空间增长、声波的辐射和传播以及边界层感受性等复杂流体力学问题,目前有关层流边界层不稳定噪声的预测模型还有待进一步发展完善。

5.6　基于传声器阵列的平面叶栅噪声实验方法

众所周知,航空叶轮机(包括风扇、涡轮等)的叶片排都是由多个叶片沿周向均匀分布所组成(风扇静子叶排的叶片数有数十个之多,而低压涡轮静子/转子叶排的叶片数都可多达上百个),从而形成了特有的叶栅流动,叶栅效应不仅对叶轮机叶片流场和气动性能产生影响,也会影响叶片前缘/尾缘噪声特性。为了分析在叶栅流动环境下叶轮机叶片前缘与尾缘噪声特性,就需要进行平面叶栅气动声学实验研究[139-144]。

5.6.1　平面叶栅气动噪声实验方法

如图 5 - 73、图 5 - 74 所示为西北工业大学航空叶轮机气动力学与气动声学实验室(TAAL)平面叶栅声学风洞实验装置示意图[65, 116, 140],该消声室详细尺寸如图 5-5(a)所示。西北工业大学平面叶栅声学风洞与 5.2 节所述独立叶片绕流前缘/尾缘噪声实验吹气式风洞具有相同的气源系统,经过整流后的空气流经收敛段加速,在风洞出口形成 300 mm×90 mm 矩形平面叶栅实验段。为了消除射流风洞的离心压气机噪声,将压缩机及主要风洞管道都放置在半消声室之外,仅仅将射流流场暴露在半消声室内部,使得平面叶栅实验段和声学测试系统处于在半消声室内,形成平面叶栅实验装置的自由场声学测量环境,如图 5-73 和图 5-74 所示。

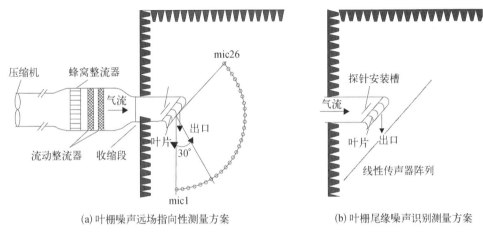

(a)叶栅噪声远场指向性测量方案　　　　　(b)叶栅尾缘噪声识别测量方案

图 5-73　平面叶栅噪声实验装置示意图

(a)叶栅及远场指向性测量传声器　　　　　(b)叶栅及线性传声器阵列

图 5-74　半消声室内平面叶栅及测量传声器[65, 116, 140]

由于平面叶栅实验件构型特点,叶栅前缘噪声无法通过传声器阵列进行识别,因此,将平面叶栅总噪声作为一个测量参数,在离开叶栅远场布置了圆弧形的传声器阵列,实现对叶栅噪声的指向性测量。圆弧阵列的布置方式如图 5-73(a)和图 5-74(a)所示,圆弧阵列以平面叶栅中间的实验叶片尾缘展向中心为圆心,半径为 2 m,阵列离地面高度为 1.05 m,与叶栅叶片中心高度相同。一共由 26 个传声器组成,每个传声器之间间隔5°,因此该圆弧阵列指向角度测量范围为125°,圆弧阵列中第1号传声器正对气流方向,若定义叶栅出口气流方向为0°,则阵列中26号传声器的指向角度即为125°。需要注意,在0°~25°范围内的传声器位于叶栅出口气流流场中,为了消除气流对噪声测量的影响,传声器加装整流罩。此外图5-74(b)中给出了实验测量中所使用的圆弧阵列及传声器安装固定方式,所使用的安装传声器阵列的圆环包裹了一层吸音棉以减小声反射。

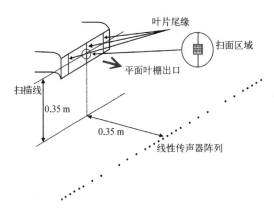

图5-75 阵列与叶栅出口相对空间位置示意图

平面叶栅叶片尾缘完全处于自由场环境,因此采用如图5-73(b)和图5-74(b)所示的线性传声器阵列对平面叶栅叶片尾缘噪声进行识别测量。线性传声器阵列与图5-6(a)所示相似,但阵列布置在叶栅出口斜下方的平板上以形成接收信号的全反射。阵列所在水平面与叶中的垂直距离 $H = 0.35$ m,阵列所在的垂直平面与叶栅出口平面之间的距离 $L = 0.35$ m,相对位置示意如图5-75所

示[140]。传声器阵列与叶栅额线方向平行,阵列中心与叶栅中央叶片尾缘在水平面上的投影对齐。以阵列中心为坐标轴原点,阵列方向为 x 坐标方向,垂直地面方向为 z 坐标方向,采用右手坐标系,则被测对象叶片尾缘中心的几何位置位于(0, 0.35, 0.395)。

5.6.2 平面叶栅远场噪声特性实验分析

平面叶栅气动声学实验选用西北工业大学航空叶轮机气动力学与气动声学实验室(TAAL)H1低压涡轮平面叶栅。该低压涡轮平面叶栅的叶片弦长 c 为100 mm,轴向弦长 c_x 为86.94 mm,栅距 P 为94.9 mm,稠度为1.05,叶栅几何进气角 $\beta_1 = 32.7°$,几何出气角 $\beta_2 = 62.3°$,来流攻角 $\alpha = 0°$。平面叶栅实验件由三个叶片组成,如图5-76所示,其中中间叶片的流动形成了与叶轮机内叶栅流动环境相似的流动,因此中间叶片作为实验对象。此外,为了分析来流湍流与叶栅前缘干涉对叶栅噪声影响,实验中还在距离中间叶片前缘100 mm处放置了一根直径为8 mm的圆柱,以此来模拟上游叶片尾迹湍

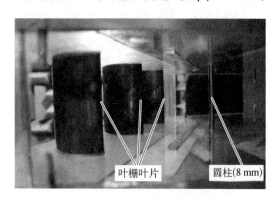

图5-76 圆柱-叶栅干涉实验装置

流,形成圆柱尾迹湍流与叶栅干涉
噪声,圆柱的位置如图 5-76 所示。

图 5-77 为来流速度在 50~
85 m/s 范围内,H1 涡轮平面叶栅
远场噪声指向性实验测量结果,图
中噪声级为远场噪声在 1~10 kHz
频率范围的总声压级。从图 5-77
可以看出,随着气流速度的增加,
叶栅远场噪声总声压级逐渐增大。
在测量的噪声辐射角度范围内,对
应每一种气流速度,叶栅总声压级

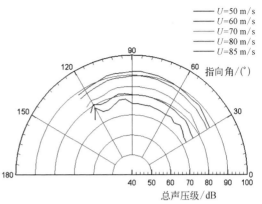

图 5-77　平面叶栅远场噪声指向性

最大值出现在 90°方向角附近,其中在较低气流速度情况时,叶栅最大噪声级
向大于 90°位置偏移,而在较高气流速度情况下,最大噪声级向小于 90°位置
偏移。

图 5-78 给出了叶栅前部安装圆柱时,平面叶栅远场噪声实验测量结果,图中
绿色线条表示安装圆柱后平面叶栅噪声的远场噪声总声压级指向性,红色线条表

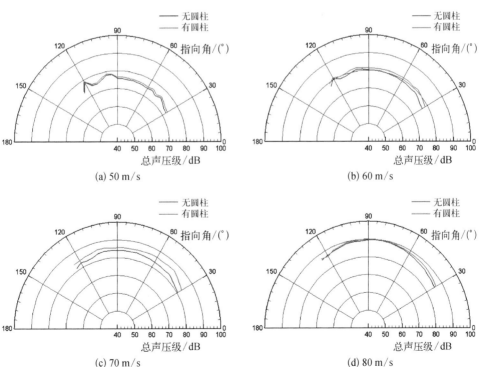

(a) 50 m/s

(b) 60 m/s

(c) 70 m/s

(d) 80 m/s

图 5-78　圆柱叶栅远场噪声总声压级指向性

示未安装圆柱时平面叶栅的远场噪声总声压级指向性。由图 5 - 78 可以看出,安装圆柱后平面叶栅的远场噪声指向性分布规律没有发生变化,但是,圆柱尾迹使得叶栅前缘来流湍流度增大,叶栅远场噪声总声压级明显增大。由图 5 - 78 可以看出,在 70 m/s 来流速度下,叶栅上游加装圆柱后导致的叶栅噪声总声压级增量最大,此时在 45°方向角处总声压级相比于未加装圆柱时的叶栅总声压级增大了约 3.6 dB。

5.6.3   平面叶栅尾缘噪声特性实验分析

图 5 - 79 给出了采用线性传声器阵列波束成型(CLEAN - SC 算法)得到的平面叶栅出口沿着栅距方向叶片尾缘噪声成像图。从图 5 - 79 可以看出,传声器阵列波束成型能够分离识别出平面叶栅三个叶片的尾缘噪声。在测量的气流速度范围,沿着叶栅栅距方向,三个噪声源分别位于 $x = -0.084$ m、$x = 0.011$ m 和 $x = 0.104$ m,这三个声源相互之间距离正好就是叶栅栅距距离 0.095 m。对比图 5 - 79 中不同来流速度的实验测量结果,可以看出,随着气流速度从 30 m/s 增加到 80 m/s,尾缘噪声源强度在逐渐增加。

根据阵列坐标系定义可知,叶栅中心叶片尾缘坐标位于(0, 0.35, 0.395),相邻两个叶片尾缘中心分别是(0.095, 0.35, 0.395)和(-0.095, 0.35, 0.395),但是,传声器阵列识别的叶片尾缘噪声源位置在 x 方向(叶栅额线方向)偏离了 0.011 m,也就是叶栅叶片尾缘噪声源向叶片吸力面偏离。根据叶栅流动的基本规律,对于大弯度涡轮叶栅(实验的 H1 叶栅气流转折角达到 95°),由于气流经过叶栅大角度转折,叶片吸力面边界层将明显比压力面边界层厚,甚至出现边界层的分离,从而使得叶片尾缘尾迹流及其声源不再集中在叶片尾缘中心而向吸力面偏移(对称翼型尾迹中心则集中在翼型尾缘中心),传声器阵列声源识别捕捉到了叶栅流动和尾缘噪声声源的基本规律。

从图 5 - 79 还可以看出,传声器阵列波束成型也识别出了叶栅风洞右侧出口喷流噪声源,但叶栅风洞左侧出口喷流噪声源并不明显。仔细分析可以知道,由于平面叶栅进口气流是由垂直矩形出口气流方向经过叶栅管道转折,从叶栅出口方向排出[如图 5 - 73(b)所示],根据管道流场分析可知,在图示的平面叶栅风洞中,右侧出口气流速度明显高于左侧出口气流速度,因此,从叶栅出口右侧到左侧,噪声源依次是减小的。

在平面叶栅实验中,除不同叶片之间声源相距较近外,叶栅风洞吹风中还会存在风洞本身背景噪声,因此对传声器阵列声源识别方法要求更高。图 5 - 79 结果表明,CLEAN - SC 波束成型算法可以明显地抑制旁瓣,得到较为"干净"的声源分布云图,能够分离出叶栅尾缘噪声。

为了进一步分析叶栅尾缘噪声特性,采用公式(5 - 23)计算获得叶栅叶片尾缘噪声频谱。对于平面叶栅而言,叶栅中心叶片能够准确模拟真实叶轮机中叶栅流

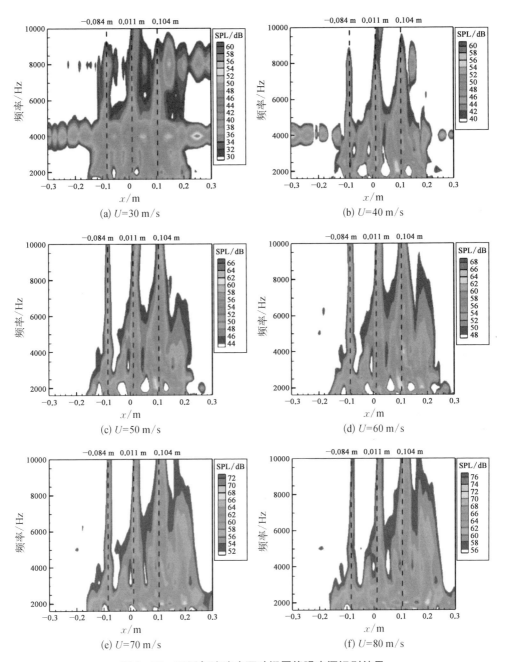

图 5-79　不同气流速度下叶栅尾缘噪声源识别结果

动过程(两侧叶片进出口流动无法做到完全对称),因此实验中选取中心叶片尾缘作为研究对象。图5-80为基于波束成型结果的平面叶栅叶片尾缘噪声源的窄带频谱实验测量结果。可以看出,随着叶栅气流速度的增大,叶栅叶片尾缘噪声声压级逐渐增大,叶栅尾缘噪声表现出明显的宽频噪声特性。分析表明在低速流动条件下,叶栅尾缘噪声窄带频谱中在 8 000 Hz 及 12 000 Hz 出现的单音噪声,是叶栅风洞背景干扰噪声所产生。

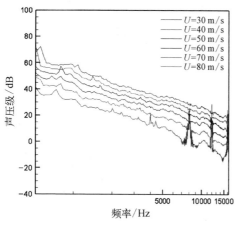

图 5-80　平面叶栅叶片尾缘噪声频谱

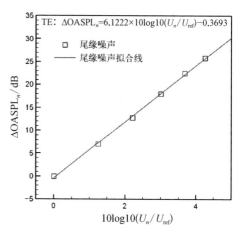

图 5-81　叶栅尾缘噪声与气流速度比例关系

对叶栅尾缘噪声总声压级(在 1 kHz 到 10 kHz 频率范围内)与叶栅气流速度进行拟合,结果如图5-81所示。可以看出,叶栅尾缘噪声与气流速度幂次方之间有着明显的线性关系(需要指出,在进行尾缘噪声总声压级计算时,剔除了在 8 000 Hz 附近的背景单音噪声),拟合结果表明,叶栅尾缘噪声总声压级与气流速度的 6.122 次方呈正比。如前所述,对独立叶片实验结果表明叶片尾缘噪声总声压级与来流速度的 6.133 4 次方呈正比。尽管由于实验对象的叶片构型并不完全相同,这两个参数不宜进行定量比较,但是,这个实验结果与 Brooks 等[3,15]给出的尾缘噪声总声压级与来流速度的 5~6 次方呈比例关系还是接近的。

根据本节对平面叶栅气动噪声的实验分析,可以看出,在消声室内开展平面叶栅吹风实验,能够捕捉到叶栅总噪声及其叶片尾缘噪声辐射的基本规律。在这个实验研究工作基础上,可以采用平面叶栅消声室内声学实验,进一步研究不同稠度、不同气流转折角情况下平面叶栅总噪声及尾缘噪声的基本规律,进而开展平面叶栅气动噪声控制研究等[89,140]。

5.7　直接燃烧噪声模拟实验技术

航空发动机燃烧室位于压缩系统和涡轮部件之间,因此在发动机整机实验过程中,很难将燃烧噪声识别和分离出来。如第 1 章所述,航空发动机燃烧噪声可以分为直接燃烧噪声和间接燃烧噪声两种声源,可以通过模拟实验装置对直接燃烧噪声和间接燃烧噪声进行实验模拟,通过模拟实验,揭示直接燃烧噪声和间接燃烧噪声的发声机制、弄清直接燃烧噪声和间接燃烧噪声基本规律。基于这样的思想,国际上开展了大量的航空发动机燃烧室直接燃烧与间接燃烧噪声模型的声学实验,本节和 5.8 节分别介绍直接燃烧噪声和间接燃烧噪声的声学实验模拟技术和声学测量方法。

5.7.1　直接燃烧噪声实验模拟装置

如第 1 章所述,直接燃烧噪声来自发动机燃烧室内部引燃的预混火焰和主燃区湍流燃烧过程,因此,对于直接燃烧噪声进行声学实验,就需要设计模拟燃烧引燃的预混火焰和主燃区火焰湍流燃烧过程[145-147]。

如图 5 - 82 所示佐治亚理工学院宇航工程学院设计的燃烧模拟装置[148-151],该模拟装置由一根不锈钢管组成,周围环绕着一排环形引燃火焰。进入主燃烧器和引燃燃烧器的燃料及空气流量由控制器独立控制,引燃火焰用于稳定高流速下的主火焰,该燃烧器管长 110 mm,其尺寸可确保其出口处的管流充分发展,该燃烧管在其上游过渡到工业消音器,用于抑制上游流动噪声。

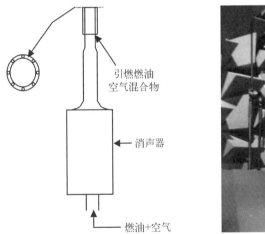

引燃燃油空气混合物

消声器

燃油+空气

图 5 - 82　直接燃烧模拟装置示意图和照片[148]

实验中,利用高速摄像图来观察火焰化学反应,发现火焰中剪切波的非稳定性会造成空间热量释放区域尺寸随着频率增加而减小,因此热释放脉动会沿着火焰在轴向发生对流,并且燃烧主声源位置与最大光强度脉动区域直接相关。通过实验,使得对直接燃烧噪声源的空间分布、生成机理等理解更加深入。

根据实际情况可以设计不同尺寸的燃烧器,佐治亚理工学院研究中共使用了

图 5-83　直接燃烧模拟装置不同的燃烧器头[148]

6 个内径分别为 10.9 mm、14.1 mm、17.3 mm、23.1 mm、28.4 mm 和 34.8 mm 的燃烧器,如图 5-83 所示。每个燃烧器的周围分别有 12 个、18 个、12 个、24 个、20 个和 30 个引导孔。这些引导孔的直径分别为 1.59 mm、1.59 mm、2.38 mm、2.38 mm、3.18 mm 和 3.18 mm。

为了形成火焰噪声自由声场的辐射环境,直接燃烧噪声模型实验装置安装在消声室中进行(如图 5-82 所示),图中的消声室尺寸为 3.35 m(长)×2.44 m(宽)×3.35 m(高),专门为直接燃烧噪声实验测量所建造,消声室腔室壁装有 45 cm 的泡沫楔块,其衰减大于 90%,最低吸声频率约为 150 Hz。空气通过带挡板的排气管和进气管连接形成再循环。消声室实验环境基本上消除了周围环境的声反馈产生的混响现象,而混响声场通常会导致自激燃烧振荡,其频率通常与燃烧系统的声学模式密切相关。使用消声室的另一个重要目的是聚焦于湍流火焰产生的"开环"噪声,即直接燃烧噪声。

5.7.2　直接燃烧噪声实验测量方法

采用远场传声器测量直接燃烧模拟装置远场噪声辐射,传声器位于距离燃烧器 2 m 处,选取与燃烧器垂直轴线不同的角度,例如 20°、55°、70°、90° 等测量不同方向噪声。如第 2 章所述,传声器测量信号经过标准的快速傅里叶变换获得噪声功率谱,对所得的功率谱密度经过平均获得系综功率谱密度(PSD),采用信号平均处理可以减少信号的不确定性提高结果的稳定性。燃烧噪声信号的不确定性来自信号分析中的混叠、频谱泄漏、有限数据量的限制以及环境噪声和数字化噪声对信号背景的影响。由于滤波器的快速截止,混叠误差可以忽略不计。

在直接燃烧噪声实验中,由于在测量频率范围声功率变化很广(约 5 个数量级),因此频谱泄漏引起的误差是实验中要特别关注的问题。在 FFT 计算中,将数据记录乘以窗函数可以减少泄漏引起的误差。在所有功率谱密度 PSD 计算中,可以采用 Hann 窗等来控制泄漏问题。通过比较使用不同窗函数和不同长度的数据记录的频谱估计值,可以得到泄漏引起的误差估计值。

5.7.3　直接燃烧噪声实验分析

影响直接燃烧噪声主要因素是燃烧器头部结构和气流速度,据此可以设计实验测试矩阵,以保证能够完整研究火焰长度和流动速度对实验结果的影响。具体而言,火焰长度的变化与燃烧器直径无关,可通过改变流速或当量比变化实现,而改变当量比可以区分流动速度对层流火焰速度的影响。

图 5 - 84 给出了典型冷流状态下(不进行燃烧)射流噪声的声功率谱以及在三种当量比下燃烧反应状态直接燃烧噪声声功率谱,图中实验结果是在射流平均气流速度 $U_{\text{ave}} = 9.7\ \text{m/s}$, 燃烧室直径 $D = 34.8\ \text{mm}$ 条件下, 燃油当量比分别是 $\varphi = 0.73$、0.86 和 0.96 等状态下获得的声功率谱。 图 5 - 84 结果表明,在 100~3 000 Hz 频率范围内,燃烧反应射流辐射的声功率比冷流状态和背景噪声高出两个数量级。但是在 3~10 kHz 范围内,燃烧噪声与冷射流噪声相当,而在 10~30 kHz 频率范围内,燃烧噪声又占主导地位。需要注意,在 20 kHz 时出现的尖峰噪声是一种电子背景噪声。进一步分析发现,在大约 1 kHz 以上,直接燃烧火焰噪声谱表现出与频率相关的幂次律。图 5 - 85 给出了直径为 22.8 mm 燃烧器噪声声功率与频率的 $f^{-2.81}$ 幂次的拟合关系。这个关系与 Clavin 和 Siggia[145] 预测的 $f^{-2.5}$ 幂次关系非常接近。

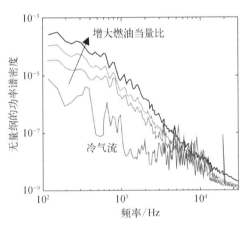

图 5 - 84　直接燃烧噪声功率谱测量结果

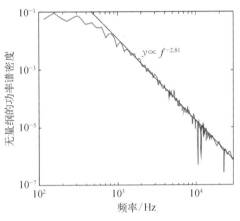

图 5 - 85　燃烧噪声声功率的幂次律关系

佐治亚理工学院 Rajaram 等大量的实验证实这种声功率与频率的幂次律特性独立于其他几何参数和流动参数,如图 5 - 86 所示。实验发现在各种实验情况下,声功率的这种幂次衰减率非常接近。

直接燃烧噪声实验结果表明,湍流火焰噪声辐射的总声功率主要受到当量比影响,而且直接燃烧噪声声功率谱形状非常相似,图 5 - 87 和图 5 - 88 给出了由总声功率归一化的声功率谱,其

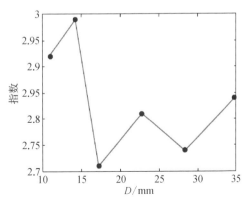

图 5 - 86　声功率幂次律指数对燃烧器直径 D 的依赖性

中,图 5-87 给出了在相同射流速度 $U_{ave}=8.6\,m/s$ 速度时,两种当量比情况下在直径 34.8 mm 燃烧器实验获得的归一化的功率谱,图 5-88 在给出了在两种射流速度情况下,由直径 34.8 mm 燃烧器实验获得的归一化功率谱。图 5-87 和图 5-88 的结果清楚表明了直接燃烧噪声频谱的相似性,这种结果在其他不同直径燃烧器的噪声实验中也都得到了证实,这表明直接燃烧噪声声功率谱的形状几乎不依赖于当量比或流速。

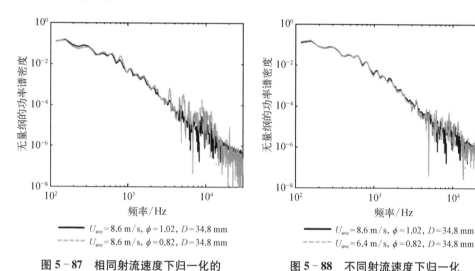

图 5-87　相同射流速度下归一化的　　图 5-88　不同射流速度下归一化
　　　燃烧火焰噪声谱　　　　　　　　　　燃烧火焰噪声谱

　　以上的实验结果表明,对于一个固定直径的燃烧器,由总功率归一化的燃烧火焰声功率谱具有一个恒定的形状。这些结果也同时表明,基于射流速度或层流火焰速度的声功率谱的斯特劳哈尔数的定义是不合适的,目前还不清楚应该使用什么样标度的无因次频率参数描述直接燃烧噪声功率谱,Rajaram 等进一步分析了燃烧室直径等对火焰噪声频谱的影响规律[150, 151],实验结果表明,对于预混燃烧火焰噪声频谱采用简单 Strouhal 数,例如 fL_{flame}/U、fD/U、fL_{flame}/S_L 或 fD/S_L 等都不合适。这也进一步说明直接燃烧噪声声源流场具有非线性特征,进行相似性模型模拟实验具有复杂性和困难性。

5.8　间接燃烧噪声模拟实验技术

　　如第 1 章所述,航空发动机间接燃烧噪声(或者有时称为"熵噪声")是由湍流燃烧生成的大尺度温度不均匀燃气随着压力梯度对流通过涡轮而产生。根据热力学基本定律,理想气体的密度依赖任意两个独立的热力学变量,比如"熵"和"压力",当熵不均匀地随涡轮级中的压力下降而对流通过涡轮时,就会产生密度脉动,这个密度脉动就生成了通过燃气传播的声波。因此,间接燃烧噪声也是一种附加噪声,其产生的源头是燃烧室内的湍流燃烧过程,但其产生位置是在燃烧室下游的涡轮、喷管等部件(由于上游压气机阻隔,以及发动机流场向下游输运,通常不考虑燃烧噪声向上游传播)。

因此,针对间接燃烧噪声进行声学实验,需要设计模拟非均匀湍流燃气流与下游部件的干涉过程。

5.8.1　间接燃烧噪声实验模拟装置

为了模拟航空发动机间接燃烧噪声的产生过程,德国宇航院(DLR)推进技术研究所和柏林工业大学流体力学研究所的 Bake 等精心设计了熵波生成器(Entropy wave generator)实验装置[152-156],以再现发动机燃烧流动特性和间接燃烧噪声辐射特性,整个实验系统采用轴对称设计。

如图 5-89 所示,间接燃烧噪声实验模拟装置包括燃烧室、出口喷嘴和排气管等,采用带双旋流喷嘴的燃烧器来稳定燃烧区。图 5-90 给出了燃烧器示意图,说明了内部和外部的同向旋转气流的流道,这两种气流都是从一个共同的增压室提供。内部空气喷嘴的直径为 15 mm,外部环形空气喷嘴的内径和外径分别为 17 mm 和 25 mm。甲烷气体通过沿两股气流之间的环形布置的圆形孔作为可燃物引入到燃烧室。

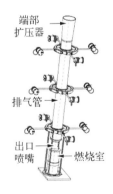

端部
扩压器

排气管

出口
喷嘴　——燃烧室

图 5-89　间接燃烧噪声实验
装置图[152]

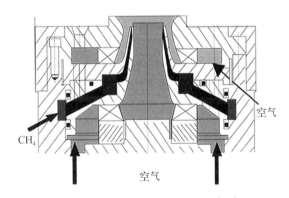

CH₄

空气

空气

图 5-90　双旋流喷嘴的布局图[152]

出口喷嘴连接到与燃烧室直径相同的排气管上。为了减小排气口处的声阻抗跳变,在排气口末端安装了扩压器(图 5-89)。此外,扩压器上开有直径为 2 mm 的孔,并向出口方向增加穿孔密度。排气管末端扩压器设计的另外一个用途是减少外部反射对燃烧噪声辐射过程的影响。

燃烧室本身由熔融石英玻璃或内径为 100 mm 的不锈钢气缸制成。燃烧室的长度为 113 mm,出口为一个收敛-扩张喷嘴,如图 5-91 所示。为了测试气流马赫数对间接燃烧噪声的影响,可以用不同喉道直径的喷嘴来替换出口喷嘴。

图 5-91 中的绿色箭头表示装置的坐标系,原点位于燃烧室中心轴上旋流燃烧器喷嘴的出口平面上。为了激发非周期扰动燃烧过程,在燃气供给系统中安装压电装置,动态调节燃料质量流量,燃气调制器由频率发生器驱动。

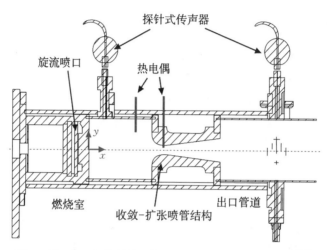

图 5-91 用于间接燃烧噪声模型实验的燃烧室装置图[152]

5.8.2 间接燃烧噪声声学测量方法

利用传声器探针实验测量排气管内的燃烧噪声,如图 5-91 所示。燃烧环境中高达 2 000 K 的高温和高腐蚀性燃气,使得无法使用常规的声压测量传声器,为

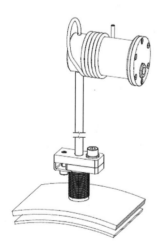

图 5-92 探头式传声
器示意图

防止传感器损坏,通常在燃烧噪声实验中使用图 5-92 所示的探头式传声器装置(波导管测量技术),排气管壁与传声器之间由内径为 2 mm 的钢管连接。这时燃烧室或排气管壁上的测量位置与传声器本身之间存在空间分离,因此可以使用在大气环境下的普通的 1/4 英寸传声器进行声学实验测量。为了实现阻抗匹配和避免探头管中的驻波效应,根据半无限长声导管的原理进行探头扩展。传声器(GRAS 40BH)位于图 5-92 所示的圆柱形压力室内,并通过一个针孔与探管相连。这种探针在使用过程中需要采用氮气对探针进行吹扫校准,在确保探针流量控制良好(与燃烧室内的平均压力无关)情况下,获得测试系统动态响应的相位和振幅特性。在所考虑的声学测量频率范围内,波导管仅仅传递平面波。

在图 5-91 所示间接燃烧噪声模型装置中配备了三个探头传声器,在排气管道系统上,可以在三个轴向和四个圆周位置安装更多传声器。为了测量对流温度波动即所谓的熵波信息,在燃烧室和喷嘴出口的喉部安装了裸丝热电偶。为了验证和绘制流场拓扑图,还可以使用方形截面石英玻璃窗口,采用激光多普勒系统测量流场。

图 5-92 所示探头式波导管型传声器测量噪声是本项实验的关键所在,图 5-93 中给出了这种测量系统详细构造图。它包括一个压力传递管(或者探针),而传声器安装在支管侧端。探针尽可能地短,但要保证传声器与燃气热隔绝。在传声器之后,探针以相同的内径管道缠绕管延伸出去,这个长缠绕管的目的是防止传感器上的信号被在管道末端的反射波所影响,当声压波进入缠绕管到达密封的末端时,就会反射,并返回到传感器,由于缠绕管很长,因此反射波回到传感器位置时就被衰减,反射影响就可以忽略。"无限长缠绕管"的末端或采用密封形式或者与高压惰性气体(如氮气)源相连接,惰性气体既有助于冷却传感器,而且能够清除管道内的污染物(如没有完全燃烧的液体燃油等)使得管道保持洁净。

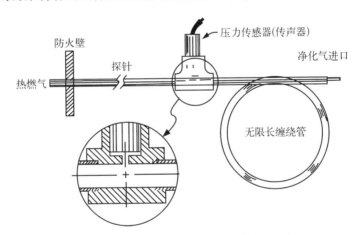

图 5-93　用于热燃气测量的波导管压力探针

图 5-94 说明了如果缠绕管太短传感器信号受反射波影响发生失真的情况,图中给出使用图 5-92 所示类型的两个探针,同时测量筒状燃烧室动态压力的自功率谱,两个探针完全相同,只是一个探针缠绕管长,另一个探针缠绕管短。对于 50 ft(15 m)长缠绕管的探针测量结果,由于系统半波共振,可以清楚地看到间隔 11.25 Hz 的一系列的波峰。相反,应用 150 ft(46 m)长缠绕管探针测量结果中,几乎看不到间隔 3 Hz 的半波共振波峰。

采用开式端口缠绕管,则会产生第二种反射波影响。图 5-95 给出了典型探针系统传声器信号传递函数的幅值和相位。幅值上的明显波动和相位上可见的波动,是由于传声器随频率增加的交互排列的压力波峰和压力波腹造成的。在一定的频率下,传感器有一个压力节点,探针开式端口有一个压力波腹,在这种情况下,

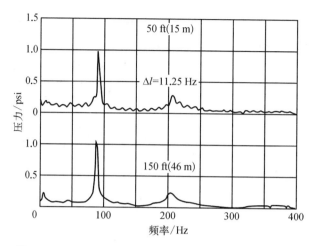

图 5-94 不同长度波导管压力探针测量信号的自相关谱

开式端口探针减小了传感器上压力,导致传递函数幅值的降低。因此这就产生了一个与频率和探针长度相关的测量误差,尽管如此,按照管道声学基本理论,这种误差形式是完全可预测的,并且在典型燃气涡轮发动机燃烧噪声研究中,误差的量级通常是可以忽略的。例如,图 5-95 所示具有代表性的燃烧噪声测量,由上述反射现象产生的最大误差是 2 dB。

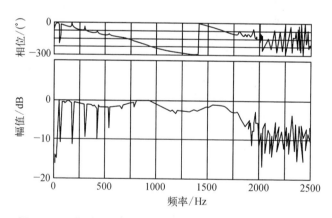

图 5-95 典型波导管压力探针信号传递函数的幅值和相位

图 5-95 同时给出了应用这类探针的第三种和第四种测量误差。最明显的误差是由于压力波从探针端口传递到传感器所需时间造成的相位误差,尽管这种误差很大,但是如果已知探针内的燃气温度分布,则这种误差完全可以修正或者合理地估计,由于探针内的声速随着绝对温度的平方根变化,因此误差估计还是具有误差。最后一种误差是由于压力波从探针头部传播到传感器过程中的衰减所造成,如果探针内径足够大[典型值 1/4 in(0.635 cm)]和探针长度足够短[典型值 8~

18 in(20.32~45.72 cm)],则这种误差就可以忽略。这种误差随着频率增加,也就是管道内波长数目的增加而增加。对图 5 - 93 所示典型实验测量情况,对于靠近燃烧室噪声频率上限的 1 000 Hz 噪声信号,衰减误差大约是 1 dB。

总之,在探针类型的声波测量系统中,其内在固有误差可以忽略,或者可以修正。这种测试系统的优点是:它可以在室温下校准,又可以在燃烧温度下使用。并且,这种测量系统所用传感器相对便宜。有关波导管声学测量探针的详细性能分析可参见文献[157]。

5.8.3　间接燃烧噪声模型实验数据分析

通过分析比较燃烧室的热电偶信号与燃烧室或排气管的声学信号之间的相位关系、燃烧系统非周期激励模式下声学信号的相位平均值、燃烧室和排气管的探针传声器信号互相关谱等进行间接燃烧噪声实验分析。

5.8.3.1　声学信号相位关系的分析

信号传播速度可以由不同位置传感器信号之间的互谱相位来确定。当上述燃烧室装置在自激振荡模式下运行时,通过采集测量来自燃烧室内热电偶的信号以及来自燃烧室和排气管的传声器信号,就可以分析热斑对流与系统发声的相互关联关系。图 5 - 96 是 Bake 等[152, 153]针对图 5 - 91 所示实验装置,在出口喷嘴直径为 7.5 mm、出口马赫数为 $Ma \approx 0.47$ 情况下,获得的在燃烧室中 $x = 85$ mm、$r = 25$ mm 位置的热电偶信号功率谱。

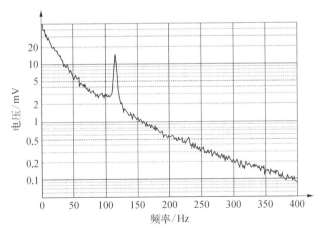

图 5 - 96　燃烧室内自振荡模式下热电偶信号的功率谱[152]

由图 5 - 96 可以看到,在频率 115 Hz 时热电偶信号中有一个明显的峰值,而这个频率的信号也可以在声学信号中找到,这表明热斑对流与系统的共振频率有关。为了提取相位关系,对热电偶信号与在燃烧室和排气道中传声器测量信号进行了互谱函数计算。图 5-97 给出了上述自振荡信号局部频率范围互相关频谱密度。考虑到波导管内声波的平面传播模式,相频图中的斜率与相应的声波传播速度呈反比。可以看出,图 5-97 中两个互相关频谱曲线之间的差异是明显的。热电偶信号和燃烧室声器信号之间的相位(绿色)关系显示出更高传播速度(可忽略的斜率),而热电偶信号和排气传声器信号之间的相位关系(黑色)显示出较低的传播速度。在热电偶位置和收敛-扩张喷管位置之间的距离为 52.5 mm,根据相位关系确定的信号传播速度约为 3 m/s,这个速度与该区域的平均流速相匹配,而根据燃气温度可以知道燃烧室中的声速高达 900 m/s。基于以上实验结果,可以确定,温度或熵扰动随流经主燃烧区的流动而对流运动,并在出口喷嘴中加速,从而产生熵噪声。相反,热电偶信号和燃烧室传声器信号之间的相频关系(绿色)表明燃烧室存在其他噪声源。

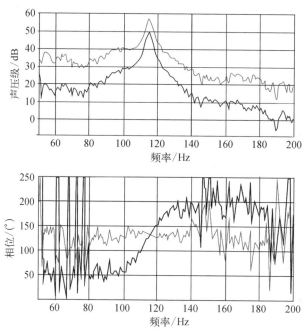

图 5-97　在接近自振荡频率时热电偶与燃烧室内传声器
(绿色)和排气管传声器(黑色)信号之间的互相
关函数的振幅和频谱[152]

5.8.3.2　非周期振荡

另一种研究间接燃烧熵噪声的方法是在脉冲激励模式下进行燃烧实验。这时可以使用压电式质量流量调节器调节燃气流量,通过瞬间增大燃料供应量,在大约 17 ms 内产生脉冲燃烧。通过对传声器和热电偶信号相对于激励触发信号进行相位平均实现对噪声分析。

图 5 - 98 是 Bake 等[154]获得的燃料调节器的相位平均时域信号(左侧)和在出口喷管的热电偶相位平均信号。可以看出,从触发脉冲($t_0 = 0.02$ s)开始延迟约 50 ms 后,喷管中的热电偶信号中显示出明显的振幅为 1.2 V 的温度调制,对应温度 100 K。因此,燃料质量流量的触发调节产生了热量释放的扰动,并伴随着热释放产生了对流熵波。在这个实验中出口马赫数 $Ma \approx 0.5$。

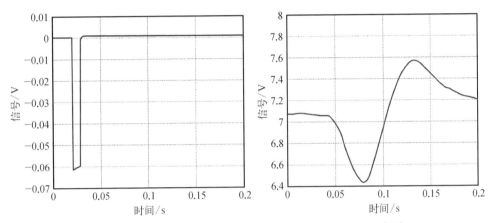

图 5 - 98　非周期激励模式触发器(左)和热电偶(右)信号[152]

传声器信号如图 5 - 99 所示,可以看出,在燃油触发后不久燃烧室内传声器(左)和排气管传声器(右)都会显示出强烈的压力脉冲,这与火焰响应直接相对应。燃料质量流量的调制导致热量释放的波动,从而产生一次传播的声波。但是,热量释放的波动也会产生下游对流熵波,其表现在它通过出口喷嘴时会产生第二个压力信号,在图 5 - 99 两个位置的传声器信号中都可以看到。对流时间约为 50 ms,与燃烧室内的平均流速和气流通道路径相吻合。

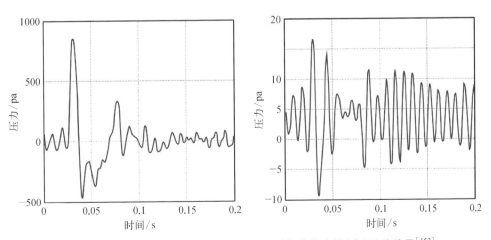

图 5 - 99　非周期激励燃烧室传声器(左)和排气管传声器(右)平均信号[152]

5.8.3.3 高频熵噪声

对燃烧室和排气管中测量的声信号的声功率谱进行相关分析,就可以观察到燃气在向下游传播中产生的熵噪声,如图 5-100 所示。在 1 kHz 到 3.5 kHz 的频带内,排气管传声器(绿色)的声压级明显高于燃烧室传声器的声压级(黑色)。更有趣的是,不同轴向位置的排气管中的传声器都表现出相同的噪声频谱特征,由于平均流速较低(<2 m/s),排气管喷嘴的射流噪声对总噪声级的贡献很小可以忽略。这个结果表明,排气管中的附加声压级与小尺度熵脉动加速通过燃烧室出口喷嘴相关。燃烧室中传声器的频谱在 3.6 kHz 和 4.7 kHz 出现了高阶径向模态峰值,但这些径向模态不能通过喷嘴传播到排气管中。

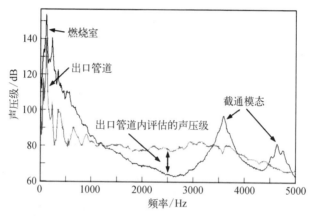

图 5-100　在 5 kHz 频率范围燃烧室内(黑色)和
排气管(绿色)传声器信号功率谱

5.9　本 章 小 结

由于航空发动机工作过程极度复杂、发动机及其部件实验总是需要复杂昂贵的实验台架、实验件以及测试系统等,因此,在实验室条件下,通过构建特殊的缩小的或者放大的实验模型,进行航空发动机特定气动噪声源的声学模型实验,就成为航空发动机实验气动声学的重要方法。通过对发动机模型件进行气动声学实验,特别是通过模型实验件对其中特殊流动噪声源的放大和独立研究,揭示发动机气动噪声源物理机制、弄清各种参数之间的关联关系,促进对发动机气动噪声物理规律的认识、指导探索有效的噪声控制方法等,是目前航空发动机实验气动声学的重要研究内容。

本章以揭示航空发动机叶轮机(风扇、压气机、涡轮)、燃烧室两类典型部件的典型声源(叶片前缘噪声、叶片尾缘噪声、叶栅噪声、直接燃烧噪声、间接燃烧噪声

等)产生和发声物理机制、认识典型气动噪声源基本特征、探索典型声源的噪声控
制方法等为目的,介绍了当前典型的航空发动机模型实验的方法、实验装置、声学
测试技术及重要研究结论。本章内容也是目前航空发动机实验气动声学前沿研究
热点,除燃烧噪声实验部分内容采用了目前国外同行相关工作外,其他大部分内容
选自作者所在课题组最新研究成果。为了读者方便,本章最后列出了相关研究参
考文献。

参考文献

[1]　PEAKE N, PARRY A B. Modern challenges facing turbomachinery aeroacoustics[J]. Annual
　　　　Review of Fluid Mechanics, 2012, 44(1): 227 - 248.

[2]　REBOUL G, CADER A, POLACSEK C, et al. CAA prediction of rotor-stator interaction using
　　　　synthetic turbulence: application to a low-noise serrated OGV[C]. Denver: 23rd AIAA/CEAS
　　　　Aeroacoustics Conference, 2017.

[3]　BROOKS T F, POPE D S, MARCOLINI M A. Airfoil self-noise and prediction[R]. NASA -
　　　　RP - 1218, 1989.

[4]　AGUILERA F G, GILL J, ZHANG X. Synthetic turbulence methods for computational
　　　　aeroacoustic simulations of leading edge noise[J]. Computers and Fluids, 2017, 157: 240 -
　　　　252.

[5]　MORIN B L. Broadband fan noise prediction system for gas turbine engines[C]. Bellevue: 5th
　　　　AIAA/CEAS Aeroacoustics Conference, 1999.

[6]　CURLE N. The influence of solid boundaries upon aerodynamic sound[J]. Proceedings of the
　　　　Royal Society (London) A, 1955, 231: 505 - 514.

[7]　LIGHTHILL M J. On sound generated aerodynamically I: general theory[J]. Proceedings of
　　　　the Royal Society (London) A, 1952, 211: 564 - 587.

[8]　LIGHTHILL M J. On sound generated aerodynamically II: turbulence as a source of sound
　　　　[J]. Proceedings of the Royal Society (London) A, 1954, 222: 1 - 32.

[9]　POWELL A. Aerodynamic noise and the plane boundary[J]. The Journal of the Acoustical
　　　　Society of America, 1960, 32(8): 982 - 990.

[10]　FFOWCS WILLIAMS J E, HALL L H. Aerodynamic sound generation by turbulent flow in the
　　　　vicinity of a scattering half plane[J]. Journal of Fluid Mechanics, 1970, 40(4): 657 - 670.

[11]　HAYDEN R E. Noise from interaction of flow with rigid surfaces: a review of current status of
　　　　prediction techniques[R]. NASACR - 2126, 1972.

[12]　CRIGHTON D G. Radiation from vortex filament motion near a half plane[J]. Journal of Fluid
　　　　Mechanics, 1972, 51(2): 357 - 362.

[13]　CHASE D M. Noise radiated from an edge in turbulent flow[J]. AIAA Journal, 1975, 13:
　　　　1041 - 1047.

[14]　HOWE M S. A review of the theory of trailing edge noise[J]. Journal of Sound and Vibration,
　　　　1978, 61(3): 437 - 465.

[15]　BROOKS T F, HODGSON T H. Trailing edge noise prediction from measured surface pressures
　　　　[J]. Journal of Sound and Vibration, 1981, 78: 69 - 117.

[16]　AMIET R K. Noise due to turbulent flow past a trailing edge [J]. Journal of Sound and Vibration, 1976, 47(3): 387 – 393.

[17]　HOWE M S. Trailing edge noise at low Mach numbers[J]. Journal of Sound and Vibration, 1999, 225(2): 211 – 238.

[18]　ROGER M, MOREAU S. Back-scattering correction and further extensions of Amiet's trailing-edge noise model. Part 1: theory[J]. Journal of Sound and Vibration, 2005, 286(3): 477 – 506.

[19]　MOREAU S, ROGER M. Back-scattering correction and further extensions of Amiet's trailing-edge noise model. Part II: Application[J]. Journal of Sound and Vibration, 2010, 323(1): 397 – 425.

[20]　DOOLAN C J. A review of airfoil trailing edge noise and its prediction [J]. Acoustics Australia, 2008, 36(1): 7 – 13.

[21]　STAUBS J K. Real airfoil effects on leading edge noise[D]. Blacksburg: Virginia Polytechnic Institute ans State University, 2008.

[22]　SEARS W R. Some aspects of non-stationary airfoil theory and its practical application[J]. Journal of the Aeronautical Sciences, 1941, 8: 104 – 108.

[23]　GRAHAM J. Similarity rules for thin airfoils in non-stationary subsonic flows[J]. Journal of Fluid Mechanics, 1970, 3 (4): 753 – 766.

[24]　ADAMCZYK J J. The passage of an infinite swept airfoil through an oblique gust[R]. NASA – CR – 2395, 1974.

[25]　AMIET R K. Compressibility effects in unsteady thin-airfoil theory[J]. AIAA Journal, 1974, 12(2): 252 – 255.

[26]　AMIET R K. Acoustic radiation from an airfoil in a turbulent stream[J]. Journal of Sound and Vibration, 1975, 41(4): 407 – 420.

[27]　BILLSON M. Semi-analytical methodologies for airfoil noise prediction [D]. Gothenburg: Chalmers University of Technology, 2002.

[28]　KUCUKCOSKUN K, CHRISTOPHE J, SCHRAM C, et al. Broadband scattering of the turbulence-interaction noise of a stationary airfoil: experimental validation of a semi-analytical model[J]. International Journal of Aeroacoustics, 2013, 12(1 – 2): 83 – 102.

[29]　SANTANA L, CHRISTOPHE S, WIM D. Low-frequency extension of Amiet's theory for compact airfoil noise predictions[J]. Journal of Sound and Vibration, 2016, 372: 342 – 356.

[30]　BATCHELOR G K, PROUDMAN I. The effect of rapid distortion of a fluid in turbulent motion [J]. Quarterly Journal of Mechanics and Applied Mathematics, 1954, 7(1): 83 – 103.

[31]　GOLDSTEIN M E, ATASSI H. A complete second-order theory for the unsteady flow about an airfoil due to a periodic gust[J]. Journal of Fluid Mechanics, 1976, 74(4): 741 – 765.

[32]　Mckeough P J, Graham J M R. The effect of mean loading on the fluctuating loads induced on aerofoils by a turbulent stream[J]. Aeronautical Quarterly, 1980, 31(1): 56 – 69.

[33]　SCOTT J R, ATASSI H M. Numerical solutions of the linearized Euler equations for unsteady vortical flows around lifting airfoils[C]. Reno: 28th Aerospace Sciences Meeting, 1990.

[34]　MYERS M R, KERSCHEN E J. Influence of incidence angle on sound generation by airfoils interacting with high-frequency gusts [J]. Journal of Fluid Mechanics, 1997, 292 (353):

221 - 259.

[35] GERSHFELD J. Leading edge noise from thick foils in turbulent flows[J]. Journal of the Acoustical Society of America, 2003, 116: 1416 - 1426.

[36] PATERSON R W, AMIET R K. Acoustic radiation and surface pressure characteristics of an airfoil due to incident turbulence[R]. NASA - CR - 2733, 1976.

[37] GLEGG S, DEVENPORT W J, STAUBS J K. Leading edge noise[C]. Cambridge: 12th AIAA/CEAS Aeroacoustics Conference, 2006.

[38] KAJI S, OKAZAKI T. Propagation of sound waves through a blade row II: analysis based on the acceleration potential method[J]. Journal of Sound and Vibration, 1970, 11: 355 - 375.

[39] KAJI S, OKAZAKI T. Generation of sound by a rotor stator interaction[J]. Journal of Sound and Vibration, 1970, 13: 281 - 307.

[40] MANI R, HORVAY G. Sound transmission through blade rows[J]. Journal of Sound and Vibration, 1970, 12(1): 59 - 83.

[41] KOCH W. On the transmission of sound waves through a blade row[J]. Journal of Sound and Vibration, 1971, 18(1): 111 - 128.

[42] PEAKE N. The scattering of vorticity waves by an infinite cascade of flat plates in subsonic flow[J]. Wave Motion, 1993, 18(3): 255 - 271.

[43] PEAKE N, KERSCHEN E J. Influence of mean loading on noise generated by the interaction of gusts with a flat-plate cascade: upstream radiation[J]. Journal of Fluid Mechanics, 1997, 347: 315 - 346.

[44] SMITH S N. Discrete frequency sound generation in axial flow turbomachines[R]. Aeronautical Research Council Reports & Memoranda, 1973.

[45] WHITEHEAD D. AGARD manual on aeroelasticity in axial-flow turbomachines volume 1 unsteady turbomachinery aerodynamics, chapter classical two-dimensional methods[R]. AGARR - AG - 298, 1987.

[46] GLEGG S A L. Broadband fan noise generated by small scale turbulence[R]. NASA - CR - 207752, 1998.

[47] GLEGG S A L. The response of a swept blade row to a three-dimensional gust[J]. Journal of Sound and Vibration, 1999, 227(1): 29 - 64.

[48] HANSON D, HORAN K. Turbulence/cascade interaction: spectra of inflow, cascade response and noise[C]. Toulouse: 4th AIAA/CEAS Aeroacoustics Conference, 1998.

[49] NAMBA M. Three-dimensional analysis of blade force and sound generation for an annular cascade in distorted flows[J]. Journal of Sound and Vibration, 1977, 50(4): 479 - 508.

[50] NAMBA M. Three-dimensional flows, AGARD manual of aeroelasticity in axial flow turbo-machinery. Volume 1: unsteady turbomachinery aerodynamics[R]. AGARD - AG - 298, 1987.

[51] KODAMA H, NAMBA M. Unsteady lifting surface theory for a rotating cascade of swept blades [J]. Journal of Turbomachinery, 1990(112): 411 - 417.

[52] SCHULTEN J B H M. Sound generated by rotor wakes interacting with a leaned vane stator [J]. AIAA Journal, 1982, 20(10): 1352 - 1358.

[53] SCHULTEN J B H M. Vane sweep effects on rotor/stator interaction noise[J]. AIAA Journal,

1997, 35(6): 945 - 951.

[54]　ZHANG W G, WANG X Y, SUN X F. Predictions of fan broadband noise using lifting surface method[J]. AIAA Journal, 2015, 53(10): 1 - 11.

[55]　张伟光,王晓宇,孙晓峰.叶片弯掠组合设计对风扇气动噪声的被动控制[J].航空学报, 2017, 38(2): 162 - 170.

[56]　COMMERFORD G L, CARTA F O. Unsteady aerodynamic response of a two-dimensional airfoil at high reduced frequency[J]. AIAA Journal, 1974, 12(1): 43 - 48.

[57]　ADAMCZYK J J. Passage of an isolated airfoil through a three-dimensional disturbance[D]. Storrs: University of Connecticut, 1971.

[58]　OLSEN W. Noise generated by impingement of a turbulent flow on airfoils of varied chord, cylinders, and other flow obstructions[C]. Palo Alto: 3rd Aeroacoustics Conference, 1976.

[59]　OLSEN W, WAGNER J. Effect of thickness on airfoil surface noise[J]. AIAA Journal, 1982, 20(3): 437 - 439.

[60]　OERLEMANS S, MIGLIORE P. Wind tunnel aeroacoustic tests of six airfoils for use on small wind turbines[R]. NREL/SR - 500 - 35339, 2004.

[61]　MOREAU S, ROGER M, JURDIC V. Effect of angle of attack and airfoil shape on turbulence-interaction noise[C]. Monterey: 11th AIAA/CEAS Aeroacoustics Conference Meeting and Exhibit, 2005.

[62]　POSSON H, ROGER M. Experimental validation of a cascade response function for fan broadband noise predictions[J]. AIAA Journal, 2011, 49(9): 1907 - 1918.

[63]　JACOB M C, BOUDET J, CASALINO D, et al. A rod-airfoil experiment as a benchmark for broadband noise modeling[J]. Theoretical and Computational Fluid Dynamics, 2005, 19(3): 171 - 196.

[64]　GIESLER J, SARRADJ E. Measurement of broadband noise generation on rod-airfoil-configurations[C]. Miami: 15th AIAA/CEAS Aeroacoustics Conference (30th AIAA Aeroacoustics Conference), 2009.

[65]　黎霖.基于传声器阵列的气动噪声源精细化识别技术研究[D].西安:西北工业大学, 2021.

[66]　QIAO W Y, JI L, WANG L F, et al. Separation and quantification of airfoil leading-edge and trailing-edge noise source with microphone array[C]. Berlin: 2018 Berlin Beamforming Conference, 2018.

[67]　张勃,吉洪湖.大宽高比矩形喷管的射流与外流掺混特性的数值研究[J].航空动力学报, 2005,20(1): 104 - 110.

[68]　仝帆.航空叶轮机仿生学降噪的流动和声学机理研究[D].西安:西北工业大学,2018.

[69]　纪良.叶轮机宽频噪声产生机理和抑制方法的实验及数值模拟研究[D].西安:西北工业大学,2016.

[70]　AMIET R K. Refraction of sound by a shear layer[C]. Los Angles: 15th Aerospace Sciences Meeting, 1977.

[71]　AMIET R K. Correction of open jet wind tunnel measurements for shear layer refraction[C]. Hampton: 2nd Aeroacoustics Conference, 1975.

[72]　SCHLINKER R H, AMIET R K. Shear layer refraction and scattering of sound[C]. Hartford:

6th Aeroacoustics Conference，1980.

[73] DOBRZYNSKI W. Shear-layer correction after Amiet under consideration of additional temperature gradient[R]. NASA‐TM‐77741，1984.

[74] HUMPHREYS W M, BROOKS T F, HUNTER W W, et al. Design and use of microphone directional arrays for aeroacoustic measurements[C]. Reno：36th AIAA Aerospace Sciences Meeting and Exhibit，1998.

[75] THOMAS J M. Aeroacoustic measurements[M]. Berlin：Springer，2002.

[76] KRBER S, EHRENFRIED K, KOOP L, et al. In-flow calibration approach for improving beamforming accuracy[C]. Berlin：Berlin Beamforming Conference，2010.

[77] 张雪,陈宝,卢清华. Amiet 剪切层理论的角度折射验证研究[J].应用声学,2014(5)：434‐438.

[78] HOWE M S. Aerodynamic noise of a serrated trailing edge [J]. Journal of Fluid and Structures，1991，5(1)：33‐45.

[79] HOWE M S. Noise produced by a sawtooth trailing edge [J]. Acoustical Society of America Journal，1991，90(1)：482‐487.

[80] DASSEN T, PARCHEN R, BRUGGEMAN J, et al. Results of a wind tunnel study on the reduction of airfoil self-noise by the application of serrated blade trailing edges[R]. NLR TP 96350，1996.

[81] OERLEMANS S, FISHER M, MAEDER T, et al. Reduction of wind turbine noise using optimized airfoils and trailing-edge serrations[J]. AIAA Journal，2009，47(6)：1470‐1481.

[82] GRUBER M. Airfoil noise reduction by edge treatments [D]. Southampton：University of Southampton，2012.

[83] GRUBER M, JOSEPH P F, AZARPEYVAND M. An experimental investigation of novel trailing edge geometries on airfoil trailing edge noise reduction[C]. Berlin：19th AIAA/CEAS Aeroacoustics Conference，2013.

[84] CHONG T P, JOSEPH P F. An experimental study of airfoil instability tonal noise with trailing edge serrations[J]. Journal of Sound and Vibration，2013，332(24)：6335‐6358.

[85] CHONG T P, VATHYLAKIS A. On the aeroacoustic and flow structures developed on a flat plate with a serrated sawtooth trailing edge [J]. Journal of Sound and Vibration，2015，354(10)：65‐90.

[86] MOREAU D J, BROOKS L A, DOOLAN C J. On the noise reduction mechanism of a plate serrated trailing edge at low-to-moderate Reynolds number[C]. Colorado Springs：18th AIAA/CEAS Aeroacoustics Conference，2012.

[87] FINEZ A, JONDEAU E, ROGER M, et al. Broadband noise reduction of a linear cascade with trailing edge serrations[C]. Portland：17th AIAA/CEAS Aeroacoustics Conference，2011.

[88] WECKMÜLLER C, GUERIN S. On the influence of trailing-edge serrations on open-rotor tonal noise[C]. Colorado Springs：18th AIAA/CEAS Aeroacoustics Conference，2012.

[89] JARON R, MOREAU A, GUERIN S, et al. Optimization of trailing-edge serrations to reduce open-rotor tonal interaction noise[C]. Honolulu：Proceeding of the ISROMAC，2016.

[90] LYU B, AZARPEYVAND M, SINAYOKO S. Prediction of noise from serrated trailing edges [J]. Journal of Fluid Mechanics，2015，793：556‐588.

[91] FISH F E, BATTLE J M. Hydrodynamic design of the humpback whale flipper[J]. Journal of Morphology, 1995, 225: 51-60.

[92] HANSEN K, KELSO R, DOOLAN C. Reduction of flow induced tonal noise through leading edge tubercle modifications[C]. Stockholm: 16th AIAA/CEAS Aeroacoustics Conference, 2010.

[93] POLACSEK C, REBOUL G, CLAIR V, et al. Turbulence-airfoil interaction noise reduction using wavy leading edge: an experimental and numerical study[C]. Osaka: Inter-Noise and Noise-Con Congress and Conference, 2011.

[94] GRUBER M, JOSEPH P, POLACSEK C, et al. Noise reduction using combined trailing edge and leading edge serrations in a tandem airfoil experiment[C]. Colorado Springs: 18th AIAA/CEAS Aeroacoustics Conference, 2012.

[95] CLAIR V, POLACSEK C, GARREC T L, et al. Experimental and numerical investigation of turbulence-airfoil noise reduction using wavy edges[J]. AIAA Journal, 2013, 51(51): 2695-2713.

[96] NARAYANAN S, JOSEPH P, HAERI S, et al. Noise reduction studies from the leading edge of serrated flat plates[C]. Atlanta: 20th AIAA/CEAS Aeroacoustics Conference, 2014.

[97] NARAYANAN S, CHAITANYA P, HAERI S, et al. Airfoil noise reductions through leading edge serrations[J]. Physics of Fluids, 2015, 27(2): 1-17.

[98] CHAITANYA P, NARAYANAN S, JOSEPH P, et al. Leading edge serration geometries for significantly enhanced leading edge noise reductions[C]. Lyon: 22nd AIAA/CEAS Aeroacoustics Conference, 2016.

[99] MATHEWS J, PEAKE N. Noise generation by turbulence interacting with an aerofoil with a serrated leading edge[C]. Dallas: 21st AIAA/CEAS Aeroacoustics Conference, 2015.

[100] LYU B, AZARPEYVAND M, SINAYOKO S. Noise prediction for serrated leading-edges [C]. Lyon: 22nd AIAA/CEAS Aeroacoustics Conference, 2016.

[101] 乔渭阳,仝帆,陈伟杰,等.仿生学气动噪声控制研究的历史、现状和进展[J].空气动力学学报,2018,36(1): 98-121.

[102] QIAO W Y, JI L, XU K B, et al. An Investigation on the near-field turbulence and radiated sound for an airfoil with trailing edge serrations[C]. Berlin: 19th AIAA/CEAS Aeroacoustics Conference, 2013.

[103] JI L, QIAO W Y, WANG L F, et al. Experimental and numerical study on noise reduction mechanisms of the airfoil with serrated trailing edge[C]. Atlanta: 20th AIAA/CEAS Aeroacoustics Conference, 2014.

[104] QIAO W Y, JI L, TONG F, et al. Experimental and numerical study on noise reduction mechanisms of the linear cascade with serrated trailing edge[C]. Atlanta: 20th AIAA/CEAS Aeroacoustics Conference, 2014.

[105] TONG F, WANG X N, WANG L F, et al. Experimental study on airfoil noise reduction with trailing edge serrations under various incoming flow conditions[C]. Perth: Proceedings of the 3rd Symposium on Fluid-Structure-Sound Interactions and Control, 2015.

[106] DUAN W, GUO X, CHEN W, et al. Numerical simulation of BTI broadband noise reduction with wavy leading edge for sweep blade[C]. Madrid: 8th European Conference for

Aeronautics and Space Sciences, 2019.

[107] 仝帆,乔渭阳,王良锋,等.仿生学翼型尾缘锯齿降噪机理[J].航空学报,2015,36(9): 2911－2922.

[108] 仝帆,乔渭阳,王良锋,等.风扇湍流宽频噪声特性的数值计算分析[J].航空动力学报, 2015,30(2): 455－462.

[109] QIAO W Y, GUO X, DUAN W, et al. Experimental study on BTI broadband noise reduction with wavy leading edge for sweep blade [C]. Aachen: PROCEEDINGS of the 23rd International Congress on Acoustics, 2019.

[110] 仝帆,乔渭阳,纪良,等.尾缘锯齿降低叶栅噪声的数值模拟[J].航空动力学报,2016, 31(4): 894－902.

[111] 陈伟杰,乔渭阳,王良锋,等. 基于 LES 与 FW－H 方程的圆柱-叶片干涉噪声数值研究 [J]. 航空动力学报,2016, 31(9): 2146－2155.

[112] TONG F, QIAO W Y, CHEN W J, et al. Broadband noise prediction using large eddy simulation and a frequency domain method [J]. Applied Acoustics, 2017, 117: 94－105.

[113] TONG F, QIAO W Y, XU K B, et al. On the study of wavy leading-edge vanes to achieve low fan interaction noise [J]. Journal of Sound and Vibration, 2018, 419: 200－226.

[114] TONG F, QIAO W Y, CHEN W J, et al. Numerical analysis of broadband noise reduction with wavy leading edge [J]. Chinese Journal of Aeronautics, 2018, 31(7): 1489－1505.

[115] CHEN W J, QIAO W Y, TONG F, et al. Numerical investigation of wavy leading edges on rod-airfoil interaction noise[J]. AIAA Journal, 2018, 56(7): 2553－2567.

[116] 卯鲁秦.航空叶轮机低噪声叶片构型的流动及声学机理研究[D].西安:西北工业大学, 2021.

[117] CHEN W J, MAO L Q, XIANG K S, et al. The application of a linear microphone array in the quantitative evaluation of the blade trailing-edge noise reduction[J]. Applied Sciences, 2021, 11(2): 572.

[118] 中国大百科全书出版社编辑部,中国大百科全书总编辑委员会《力学》编辑委员会.中国 大百科全书:力学[M].北京:中国大百科全书出版社,1987.

[119] BERLAND J, LAFON P, CROUZET F, et al. A parameter study of the noise radiated by the flow around multiple bodies: direct noise computation of the influence of the separating distance in rod-airfoil flow configurations [C]. Portland: 17th AIAA/CEAS Aeroacoustics Conference, 2011.

[120] 陈伟杰. 基于仿生学原理的叶片气动噪声控制实验及数值研究[D].西安:西北工业大 学,2018.

[121] PATERSON R W, VOGT P G, FINK M R, et al. Vortex noise of isolated airfoils[J]. Journal of Aircraft, 1973, 10(5): 296－302.

[122] TAM C K W. Discrete tones of isolated airfoil[J]. The Journal of the Acoustical Society of America, 1974, 55(6): 1173－1177.

[123] ARBEY H, BATAILLE J. Noise generated by airfoil profiles placed in a uniform laminar flow [J]. Journal of Fluid Mechanics, 1983, 134: 33－47.

[124] LOWSON M V, FIDDES S P, NASH E C. Laminar boundary layer aeroacoustic instabilities [C]. Reno: 32nd Aerospace Sciences Meeting and Exhibit, 1994.

[125]   NASH E C, LOWSON M V, MCALPINE A. Boundarylayer instability noise on aerofoils[J]. Journal of Fluid Mechanics, 1999, 382: 27 - 61.

[126]   KINGAN M J, PEARSE J R. Laminar boundary layer instability noise produced by an aerofoil [J]. Journal of Sound and Vibration, 2009, 322(4 - 5): 808 - 828.

[127]   PLOGMANN B, HERRIG A, WURZ W. Experimental investigations of a trailing edge noise feedback mechanism on a NACA 0012 airfoil[J]. Experiments in Fluids, 2013, 54(5): 1480.

[128]   GOLUBEV V V, NGUYEN L, MANKBADI R R, et al. On flow-acoustic resonant interactions in transitional airfoils[J]. International Journal of Aeroacoustics, 2014, 13(1): 1 - 38.

[129]   DESQUESNES G, TERRACOL M, SAGAUT P. Numerical investigation of the tone noise mechanism over laminar airfoils[J]. Journal of Fluid Mechanics, 2007, 591: 155 - 182.

[130]   ARCONDOULIS E J G, DOOLAN C J, ZANDER A C, et al. A review of trailing edge noise generated by airfoils at low to moderate Reynolds number[J]. Acoustics Australia, 2010, 38(3): 129 - 133.

[131]   CHEN W J, WANG X N, QIAO W Y, et al. Rod-airfoil interaction noise reduction using leading edge serrations[C]. Dallas: 21st AIAA/CEAS Aeroacoustics Conference, 2015.

[132]   陈伟杰, 乔渭阳, 仝帆, 等. 尾缘锯齿结构对叶片边界层不稳定噪声的影响[J]. 航空学报, 2016, 37(11): 3317 - 3327.

[133]   陈伟杰, 乔渭阳, 仝帆, 等. 前缘锯齿对边界层不稳定噪声的影响[J]. 航空学报, 2016, 37(12): 3634 - 3645.

[134]   CHEN W J, QIAO W Y, TONG F, et al. An experimental and numerical investigation of airfoil instability noise with leading edge serrations [C]. Lyon: 22nd AIAA/CEAS Aeroacoustics Conference, 2016.

[135]   CHEN W J, QIAO W Y, TONG F, et al. Experimental investigation of wavy leading edges on rod-aerofoil interaction noise[J]. Journal of Sound and Vibration, 2018, 422: 409 - 431.

[136]   CHEN W J, TONG F, DUAN W, et al. An experimental study on the reduction of airfoil trailing-edge noise using a single-leg spiral array in an anechoic wind tunnel[C]. Delft: 25th AIAA/CEAS Aeroacoustics Conference, 2019.

[137]   BROOKS T F, MARCOLINI M A, POPE D S. Airfoil trailing edge flow measurements[J]. AIAA Journal, 1986, 24(8): 1245 - 1251.

[138]   BAI B H, LI X D, JIANG M. Study of the impact of angle of attack on tone frequency by thin airfoil at moderate Reynolds number [C]. Lyon: 22nd AIAA/CEAS Aeroacoustics Conference, 2016.

[139]   TERUNA C, RAGNI D, AVALLONE F, et al. A rod-linear cascade model for emulating rotor-stator interaction noise in turbofans: a numerical study[J]. Aerospace Science and Technology, 2019, 90: 275 - 288.

[140]   XIANG K S, JI L, LI L, et al. An experimental investigation on the noise reduction of a linear cascade with serrated trailing-edge based on linear microphone array measurements [C]. Seoul: Inter-Noise 2020, 2020.

[141]   DUAN W, JI L, TONG H, et al. Numerical study on noise reduction of the turbomachinery

blade self-noise with serrated trailing edge [C]. Delft: 25th AIAA/CEAS Aeroacoustics Conference, 2019.

[142]　QIAO W Y, WANG L F, CHEN W J, et al. Experimental investigation on the turbomachinery trailing edge noise reduction based on linear cascade test with phased array [C]. Dallas: 21st AIAA/CEAS Aeroacoustics Conference, 2015.

[143]　TONG F, QIAO W Y, WANG L F, et al. The effect of wavy leading edge on low speed turbine cascade aerodynamic and acoustic performance [C]. Montreal: ASME Turbo Expo 2015: Turbine Technical Conference and Exposition, 2015.

[144]　TONG F, QIAO W Y, CHEN W J, et al Experimental study on the turbomachinery trailing edge noise reduction [C]. Seoul: ASME Turbo Expo 2016: Turbine Technical Conference and Exposition, 2016.

[145]　CLAVIN P, SIGGIA E D. Turbulent premixed flames and sound generation [J]. Combustion Science and Technology, 1991, 78(1 - 3): 147 - 155.

[146]　SHENODA F B. Reflexionsarme abschlusse fur durchstromte kanale [D]. Berlin: Technische Universitat Berlin, 1973.

[147]　母忠强. 热斑对涡轮转静干涉离散噪声影响的数值研究 [D]. 西安: 西北工业大学, 2012.

[148]　RAJARAM R, LIEUWEN T. Parametric Studies of Acoustic Radiation from Turbulent Premixed Flames [C]. Indianapolis: 38th AIAA/AME/SAE/ASEE Joint Propulsion Conference and Exhibit, 2002.

[149]　RAJARAM R, LIEUWEN T. Effect of approach flow turbulence characteristics on sound generation from premixed flames [C]. Reno: 42nd AIAA Aerospace Sciences Meeting and Exhibit, 2004.

[150]　LIEUWEN T, MOHAN S, RAJARAM R, et al. Acoustic radiation from weakly wrinkled premixed flames [J]. Combustion and Flame, 2006, 144(1 - 2): 360 - 369.

[151]　CANDEL S, DUROX D, DUCRUIX, et al. Flame dynamics and combustion noise: progress and challenges [C]. Lisbon: 11th CEAS - ASC Workshop of X3 - Noise, 2007.

[152]　BAKE F, MICHEL U, ROHLE I, et al. Indirect combustion noise generation in gas turbines [C]. Monterey: 11th AIAA/CEAS Aeroacoustics Conference, 2005.

[153]　BAKE F, MICHEL U, ROEHLE I. Investigation of entropy noise in aero-engine combustors [J]. Journal of Engineering for Gas Turbines and Power, 2007, 129(2): 370 - 376.

[154]　BAKE F, KINGS N, RÖHLE I. Fundamental mechanism of entropy noise in aero-engines: experimental investigation [J]. Journal of Engineering for Gas Turbines and Power, 2008, 130(1): 11202 - 12207.

[155]　BAKE F, RICHTER C, MUHLBAUER B, et al. The entropy wave generator (EWG): a reference case on entropy noise [J]. Journal of Sound and Vibration, 2009, 326(3 - 5): 574 - 598.

[156]　SCHEMEL C, THIELE F. Sound generation in the outlet section of gas turbine combustion chambers [C]. Manchester: 10th AIAA/CEAS Aeroacoustics Conference, 2004.

[157]　乔渭阳. 航空发动机气动声学 [M]. 北京: 北京航空航天大学出版社, 2010.

第6章
航空发动机进/排气管道声模态辨识实验技术

6.1　引　　言

　　航空发动机噪声主要包括风扇/压气机噪声、燃烧噪声(核心噪声)、涡轮噪声和喷流噪声,喷流噪声通过大气直接以球面波形式向外辐射,而航空发动机进/排气管道内的噪声主要由风扇噪声、燃烧噪声和涡轮噪声三个部件噪声迭加而成。根据第1章对不同噪声源噪声产生机理的分析可知,燃烧噪声在频谱特征上表现出明显的宽频特性;而风扇噪声和涡轮噪声,不仅包括单音噪声,还包括宽频噪声。对于航空发动机进/排气管道进行声模态辨识是研究风扇噪声源、燃烧噪声源和涡轮噪声源物理机理,探索降低风扇噪声、燃烧噪声和涡轮噪声方法等的重要基础,并对发展发动机进/排气管道消声技术至关重要。

　　在航空发动机主要噪声源中,燃烧噪声向外传播过程中会受到压气机(前传)和涡轮(后传)叶片排的屏蔽、反射和散射,使得其在目前发动机总噪声中占比较小;喷流噪声包括喷流混合噪声和喷流激波噪声,其声源都分布在航空发动机外部,对发动机进/排气管道内的声场结构影响有限。因此,风扇噪声和涡轮噪声是管道声模态识别测量的主要研究对象。

　　本章以航空发动机进/排气管道声模态辨识理论为指导,以风扇/压气机和涡轮噪声管道声模态辨识为主要研究对象,介绍风扇/涡轮管道声模态识别测量的实验技术,分析研究了风扇/涡轮管道声场结构和声模态分布特征。本章有关风扇进气管道声模态实验内容,主要是西北工业大学发动机气动声学课题组近年来进行的实验研究工作;由于国内在涡轮排气管道声模态实验方法和发动机进出口声模态实验研究工作的匮乏,本章主要分析和总结了当前国外最新研究成果。

6.2　风扇/增压级进气管道声模态识别方法

　　关于风扇/增压级进气管道声模态的识别测量是航空发动机气动声学重要研究内容,包括美国 NASA 格林研究中心[1-6]和德国宇航院等著名航空研究机构开展了大量的研究工作[7-12]。近年来,西北工业大学航空叶轮机气动力学与气动声学实验室也对风扇进口管道的声模态进行了深入的实验研究,建立了完善的管道声模态实验方法,得到了丰富的实验结果。本节将以西北工业大学航空叶轮机气动力学与气动声学实验室(TAAL)单级风扇实验台(简称为 NPU-Fan)为对象,详细分析风扇/增压级进气管道单音噪声和宽频噪声声模态辨识的实验方法。

6.2.1 单级风扇实验台

西北工业大学单级风扇 NPU-Fan 实验台如图 6-1 所示,该风扇实验台主要由进口整流段、进口静压孔、声学测量段、硬壁管道、风扇级、风扇级出口管道(安装总压探针)、排气消声管道和节流锥等组成,其中静压孔和风扇级出口总压探针用于风扇级的气动性能测量,声学测量段用于测量风扇进口辐射声压级进而用于管道声模态的识别研究,节流锥用于调节实验台出口通流面积进而调节风扇工作状态和管道内的气流马赫数。

图 6-1 单级轴流风扇实验台的安装简图

1. 进口整流段;2. 静压孔;3. 声学测量段;4. 硬壁管道;
5. 风扇级;6. 出口管道及总压探针;7. 排气消声管道;8. 节流锥

NPU-Fan 风扇级通过功率为 18.5 kW 的交流变频电机驱动,设计转速为 2 973 r/min,增压比为 1.02,设计流量为 6.3 kg/s。风扇直径为 0.5 m,风扇级包括 19 个转子叶片和 18 个静子叶片,风扇的设计参数如表 6-1 所示。

表 6-1 NPU-Fan 设计参数

设 计 参 数	设 计 值	设 计 参 数	设 计 值
转子叶片数	19	出口直径/mm	500
静子叶片数	18	轮毂比	0.57
设计转速/(r/min)	2 973	转子展弦比	1.2
设计流量/(kg/s)	6.3	静子展弦比	1.2
总压升	1.02	叶型	NACA-65

6.2.2 声学测量环境及声学传感器

为了实现风扇管道噪声特性的准确测量,消除不必要的外界噪声污染,实验的声学环境设计尤为重要。例如,外部封闭环境形成的驻波辐射到管道内部时会直接影响风扇进口噪声的实验测量,降低声学采集信号的信噪比。为此,将 NPU‑Fan 风扇进口段、声学测量段放置于半消声室内部(半消声室长×宽×高尺寸为 10.78 m×6.14 m×3.1 m),减少和消除外部反射噪声对风扇进口噪声测试的影响,提高声压信号的信噪比,增加测量信号的"纯净度",如图 6‑2 所示。该半消声室在频率100~5 000 Hz 范围内的 1/3 倍频背景噪声半消声室背景噪声 A 计权总声压级不大于 28.3 dB(A),半消声室的吸声系数大于 99%,最低截止频率为 130 Hz。除此之外,安装风扇排气吸声管道,减少排气段产生的噪声反射,在风扇排气管道的上下环面都安装了穿孔板声衬,设计中采取了网布结构,并保持大的穿孔率。与单自由度穿孔板声衬相比,这种消声设计的降噪频率会更宽。

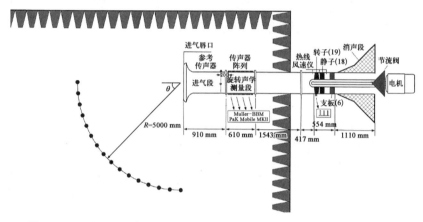

图 6‑2 西北工业大学单级轴流风扇气动声学实验台示意图(NPU‑Fan)

实验测量采用了 1/4 英寸预极化自由场传声器,该传声器的有效频率范围为20 Hz~20 kHz,最大可测量 168 dB 的声压信号,工作温度范围为−50~110℃,环境温度系数为 0.01 dB/K,环境压力系数为−10⁻⁵ dB/Pa。传声器为电容式传声器,该传声器在 50 Hz~20 kHz 的频率范围内稳定性很好。传声器阵列的数据采集系统最大可同步采集 32 路传感器信号,最大采样频率可达 102.4 kHz,系统通过以太网与移动计算机相连。在进行现场测量时,传声器的灵敏度等性能指标会随环境温度、湿度、气压等参数的变化而在其出厂指标附近波动。因此,为了能够准确测量声压,对传声器进行实时标定校准,采用声级校准器在每次测量开始前对所有通道的传声器进行实时标定。

6.2.3 实验所用的传声器阵列

6.2.3.1 旋转轴向传声器阵列

为了在实验中尽量扩大声模态识别的频率范围,设计了旋转壁面轴向传声器阵列。当然,为了准确保证每个周向测点声压采集的起始时刻风扇级旋转角度相同,保证声源(风扇级)与声压测点之间的相位恒定(每次采用的传声器信号的周向同步),实验中采用了精确的锁相装置进行信号同步处理。

图 6-3 给出了实验所用的旋转壁面传声器阵列图片,其中传声器轴向间距为2.4 mm,轴向传声器个数为 14 个,传声器阵列在实验台上的空间位置如图 6-4 所示。旋转机匣由步进电机驱动,最小可以以 2° 为间隔旋转。为了尽量缩短实验时间,保证实验测量过程中实验台工作的稳定性,在旋转机匣上布置了两组轴向均匀分布的传声器阵列,两组传声器阵列夹角为 180°,因此,在实验测量过程中旋转机匣只需要旋转 180° 即可采集完整的周向声场信息。图 6-4 中同时展示了特定的固定式"鸟笼"传声器阵列及对应声学测量管道,实验中可根据需要选择测量传声器阵列和测量管道。

图 6-3　旋转壁面传声器阵列

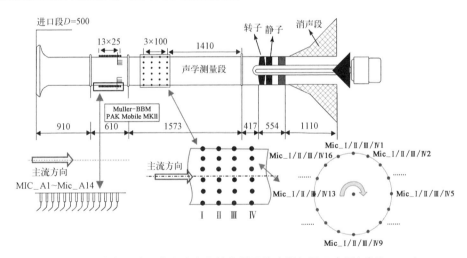

图 6-4　传声器阵列在实验台上的位置及传声器标号示意图(单位: mm)

6.2.3.2　固定壁面轴向传声器阵列

除旋转传声器阵列外,为了对比不同声模态分解方法之间的差异,还专门设计了固定传声器阵列,用于对比不同阵列管道声模态辨识的差异。当然,在同样测量信号通道数(32 传声器采样通道)情况下,固定传声器阵列的管道声模态识别的频率范围和模态数相对较小。如图 6-4 所示,在风扇进气管道的四个轴向位置设置四排周向传声器阵列,每个周向传声器阵列最多可以安装 16 个均匀分布的传声器,周向传声器阵列的轴向间距设计为 10 cm,如图 6-4 所示。图 6-4 还给出了传声器阵列在实验台上的具体位置及传声器编号,例如,"Mic_A3"表示旋转机匣段沿主流方向第 3 个传声器,"Mic_III7"表示声学测量段轴向位置 III 处沿周向第 7 个传声器(其中标号 1 为 0°位置,沿转子旋转方向依次增大,标号 16 为 337.5°位置)。

6.2.3.3　旋转径向传声器阵列耙

为了分析轴向传声器阵列与径向传声器阵列在管道声模态识别测量之间的差异,专门设计了径向传声器阵列耙。径向传声器阵列耙安装在旋转机匣段上通过旋转来实现整个管道空间内声压信息的采集。采用旋转耙一方面可以提高实验测量点数,增大管道声模态辨识的频率范围和模态数,同时还可以减小采用多个测量耙带来的对风扇流场和噪声场的影响。2 个径向耙安装在同一轴向位置且在圆周方向间隔 180°,如图 6-5 所示。

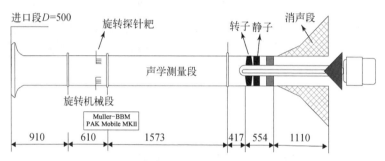

图 6-5　旋转径向阵列耙的测试示意图(单位: mm)

图 6-6 给出了安装在风扇进口段的径向耙实物照片和三维设计图,每个耙在径向共有 N_r = 4 个测点,4 个测点分别距机匣内表面 7.3 cm、10.9 cm、14.6 cm 和 17.8 cm。测孔为空心圆柱,且开口端齐平,这样设计的目的是使安装在上面的传声器测头的轴向位置相同,避免出现声压采集平面不是同一管道横截面的情况,尽

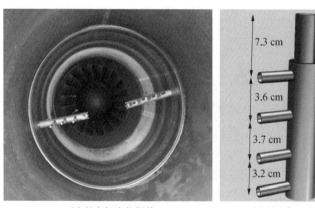

(a) 径向耙实物照片　　　　(b) 径向耙三维设计图

图 6-6　径向耙实物照片和三维设计图

量保证测试装置的安装精度,以提高声压信号测试的准确性。

　　运用径向耙式阵列对风扇噪声管道声模态进行测试研究需要注意两个问题:① 由于测量装置深入到管道内部,不可避免地会对原始流场造成影响,其尾迹与转子进行干涉,进而产生新的干涉模态,最终可能会影响原始的风扇噪声场;② 传声器处于流场内部,其测量的声压会受到气流速度和压力脉动的影响,从而降低了声学测试信号的信噪比。对于第一个问题,这里采用了两种方式处理:一方面径向耙在设计定型时,特意将包裹信号线的管道外壁设计成流线型,如图 6-6(b)所示,尽量保证径向耙不是钝体尾缘结构;另一方面径向耙的轴向安装位置距转子前缘近 2 m。根据 Chong 的研究[13],湍流强度沿着轴向传播时会不断衰减,近似以 $(x_l - x_0)^{-5}$ 规律衰减,其中 x_l 为观察点,x_0 为初始位置。因此 2 m 后湍流强度为初始位置处湍流强度的 1/32,近似可以忽略。对于第二个问题,实验测量中对每个传声器都安装了挡风罩,利用风罩降低气流对声压测试的影响。

6.2.4　风扇进口单音噪声管道声模态的辨识

6.2.4.1　NPU-Fan 单音噪声管道声模态基本特性分析

　　基于圆形管道声模态传播基本原理,表 6-2 给出了 NPU-Fan 在 1 BPF、2 BPF 和 3 BPF 频率下对应的周向模态及其传播特性,表 6-3 给出了不同工况下 NPU-Fan 在 1 BPF、2 BPF 和 3 BPF 频率下的主导周向模态所包含的径向模态及其传播特性。

表 6-2　NPU-Fan 管道周向声模态分析

谐波阶次 (s)	叶片通过频率(BPF)	转 静 干 涉		传 播 特 性	
		k	$m = sB \pm kV$	40%设计转速	>50%设计转速
1	1	−2	−17	—	—
		−1	1	—	Cut-on
		0	10	—	—
2	2	−3	−16	—	—
		−2	2	Cut-on	Cut-on
		−1	20	—	—
3	3	−4	−15	—	—
		−3	3	Cut-on	Cut-on
		−2	21	—	—

注:$B=19$ 转子叶片数,$V=18$ 静子叶片数,Cut-on 表示截通,一表示截止。

表 6 − 3　NPU − Fan 管道径向声模态的传播特性

叶片通过频率	周向模态阶数	径向模态阶数	NPU − Fan 工况					
			50%	60%	70%	80%	90%	100%
1	1	0	Cut − on	Cut − on	Cut − on	Cut − on	Cut − on	Cut − on
		1	—	—	—	—	—	—
2	2	0	Cut − on	Cut − on	Cut − on	Cut − on	Cut − on	Cut − on
		1	—	—	—	Cut − on	Cut − on	Cut − on
		2	—	—	—	—	—	—
3	3	0	Cut − on	Cut − on	Cut − on	Cut − on	Cut − on	Cut − on
		1	—	—	Cut − on	Cut − on	Cut − on	Cut − on
		2	—	—	—	—	Cut − on	Cut − on
		3	—	—	—	—	—	—

注：Cut − on 表示截通，—表示截止。

根据传声器阵列设计准则可知,利用旋转轴向传声器阵列和旋转径向传声器阵列可以对 NPU − Fan 在 3 BPF 范围内的单音噪声进行模态识别测量。

6.2.4.2　周向声模态识别测量结果

由于单音噪声管道声模态的实验测量是通过旋转机匣段完成的,可以得到 14 个轴向位置上的周向模态信息,本节选择 Mic_A1 位置上的周向声模态分解结果作为研究对象,分析不同模态分解方法和不同参考传声器位置对管道周向声模态分解结果的影响。

图 6 − 7~图 6 − 9 分别给出了 100% 和 80% 设计转速下 NPU − Fan 在 1 BPF、2 BPF 和 3 BPF 频率下的主要噪声模态幅值。图中横坐标是周向声模态阶数,纵坐

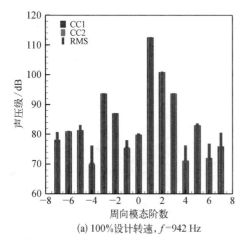
(a) 100% 设计转速, f=942 Hz

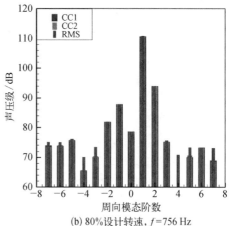
(b) 80% 设计转速, f=756 Hz

图 6 − 7　不同转速下 1 BPF 对应的噪声模态振幅

标是声压级(sound pressure level),CC 表示与参考信号互相关法,RMS 表示均方根法。需要指出的是,CC1 法使用的参考传声器位置是 Mic_A5,CC2 法使用的参考传声器位置是 Mic_A14。

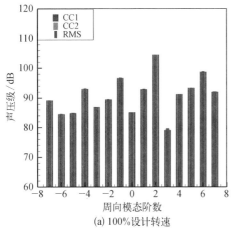

(a) 100%设计转速

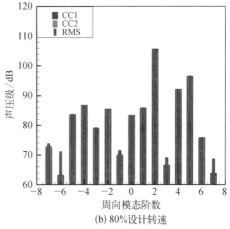

(b) 80%设计转速

图 6－8　不同转速下 2 BPF 对应的噪声模态振幅

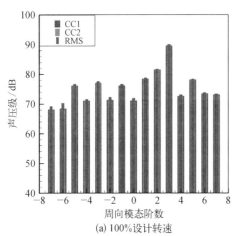

(a) 100%设计转速

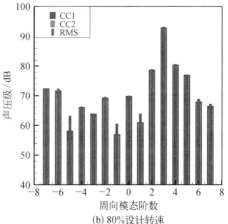

(b) 80%设计转速

图 6－9　不同转速下 3 BPF 对应的噪声模态振幅

　　由图 6－7~图 6－9 可知,与参考信号互相关法和传统均方根法都能正确地识别风扇单音噪声的主导声模态(由转子尾迹与下游静子叶片干涉引起的,1 BPF 对应 $m = 1$, 2 BPF 对应 $m = 2$, 3 BPF 对应 $m = 3$);但是通过对比两种方法的声模态辨识结果可以看到,对于转静干涉的声模态而言,两种声模态分解方法得到的结果非常接近,差异主要出现在其他非主导声模态上。总体上看,与参考信号互相关法获得的声模态振幅比均方根法得到的声模态振幅低。这是由于使用与参考信号互相关法可以有效降低当地湍流压力脉动及干扰信号对声压测量结果的影响,使得声模态分解结果较传统的声模态分解方法偏小。另外,对比图中 CC1 和 CC2 的结果可以看出,选用不同位置的传声器信号作为参考信号对声模态分解结果也有影响,差异同样出现在非主要声模态上,而且参考传声器位置距离周向模态分解位置越远,模态幅值分解的结果越小[如图 6-9(b)所示]。

分析不同频率风扇管道周向模态分布特征可以发现,1 BPF 下主导声模态($m=1$)的幅值远远大于其他声模态幅值,但是 2 BPF 和 3 BPF 下主导声模态的幅值与其他声模态幅值的差异减小,尤其是 3 BPF 下,非主导声模态幅值相对增大,这些非主导声模态与主导声模态相互迭加会影响风扇单音噪声管道的声场结构。

6.2.4.3 径向声模态识别测量结果

采用单音噪声径向模态分解方法——最小二乘拟合法,对 NPU-Fan 单音噪声的径向声模态进行了分解。图 6-10~图 6-12 分别给出了 NPU-Fan 在不同工况(转速)下单音噪声(1 BPF、2 BPF 和 3 BPF)径向模态分解结果,其中包括了入射波(逆流方向)和反射波(顺流方向)两部分,图中横坐标表示风扇工作转速与设计转速的百比分。可以看出,在各个工况下对于 1 BPF 下的主导声模态(1, 0)而言,入射波的声压级比反射波的声压级高 30 dB 左右,2 BPF 和 3 BPF 单音噪声各个声模态的入射波振幅也都显著大于其反射波振幅,这与入射波和反射波的产生机理是相符的,这也说明径向模态分解的正确性。另外,通过对比不同转速下风扇进口单音噪声的声模态分布特征可以看出,当多个径向模态处于截通状态时,不同径向模态幅值分布与声波频率相关,例如在 90% 设计转速下,3 BPF 声模态(3, 0)的幅值远远大于声模态(3, 1)和(3, 2)的幅值,但是在 100% 设计转速下,声模态(3, 0)和(3, 1)的幅值相近。

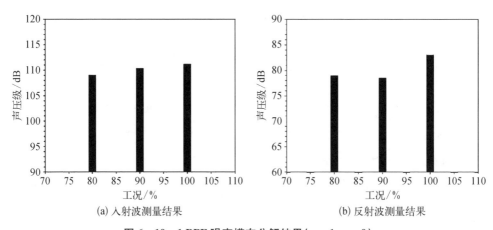

(a) 入射波测量结果   (b) 反射波测量结果

图 6-10   1 BPF 噪声模态分解结果($m=1$, $n=0$)

为了分析不同工况下 NPU-Fan 进口单音噪声的声功率变化趋势,图 6-13 给出了基于模态分解结果计算得到的 NPU-Fan 在不同工况下的声功率大小。由于

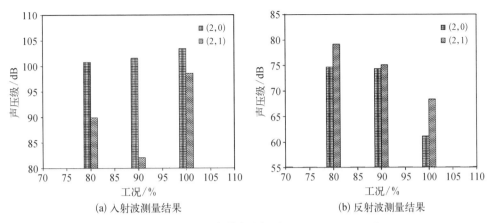

(a) 入射波测量结果　　　　　　　　　　(b) 反射波测量结果

图 6-11　2 BPF 噪声模态分解结果($m=2$, $n=0$, 1)

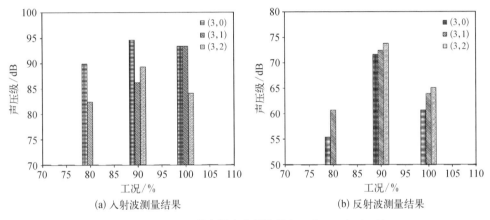

(a) 入射波测量结果　　　　　　　　　　(b) 反射波测量结果

图 6-12　3 BPF 噪声模态分解结果($m=3$, $n=0$, 1, 2)

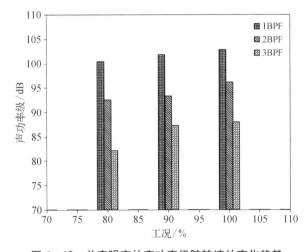

图 6-13　单音噪声的声功率级随转速的变化趋势

反射波强度远远小于入射波的强度,因此这里只给出了入射波的声功率级随转速的变化趋势。可以看出,1 BPF、2 BPF 和 3 BPF 单音噪声的声功率级都随风扇转速的提高而增大,这与目前对风扇单音噪声强度随转速变化特性的认知是相符的。

6.2.4.4   轴向与径向传声器阵列声模态辨识结果的对比分析

本节分析壁面轴向传声器阵列(AA)和径向传声器阵列(RR)对单音噪声管道声模态识别测量的差异。

图 6-14 给出了 1 BPF 频率轴向阵列和径向耙测量得到的各周向模态的声功率级结果。图 6-14(a)是 90%设计转速处的周向模态辨识结果,可以看出径向阵列耙计算出的声模态的声功率普遍比轴向阵列的结果要大。其中 $m=1$ 主导声模态两者相差 3 dB,个别非主导模态的差异更大,最高可达 8 dB;图 6-14(b)是 100%设计转速的声模态的声功率,可以看出两种阵列测量出的 $m=1$ 主导声模态的声功率差别小于 1 dB,在低阶周向模态范围($m=-2$ 到 $m=+1$)内,两种装置的测试结果也都非常吻合。但是,不同阵列测量出的高阶周向模态声功率结果偏差较大,这可能是探针耙尾迹与风扇转子干涉使得声模态的能量有所增大,这也说明径向探针耙在风扇进口噪声管道声模态识别测量方面具有局限性。

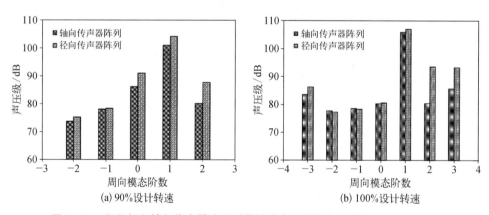

图 6-14   径向耙和轴向传声器阵列测量的单音噪声模态的声功率级对比结果

为了进一步分析两种传声器阵列对径向模态辨识上的差异,图 6-15 给出了两个转速下轴向阵列和径向耙测量出的(0, 0)和(0, 1)模态的声功率。可以看出,在 90%转速下,径向耙测出的两个声模态结果都比轴向阵列识别的结果要大,这就造成了如图 6-14(a)所示的在 $m=0$ 处径向耙的识别结果比轴向阵列识别的值要大;对于 100%设计转速,两种阵列在低阶径向模态($n=0$)识别上具有较高的一致性,主要差异体现在高阶径向模态($n=1$)的识别测量。这可能是因为轴向阵列对高截通比的模态辨识精度较低造成的,此时,声模态辐射传播的主瓣与轴向的夹角较小。

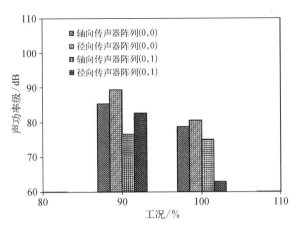

图 6-15 径向声模态 $n=0$ 和 $n=1$ 的结果对比

6.2.5 风扇进口宽频噪声管道声模态的辨识

6.2.5.1 NPU-Fan 宽频噪声管道声模态基本特性分析

图 6-16 给出了 NPU-Fan 管道声模态截通模态数的分析结果,其中图 6-16(a)给出了 NPU-Fan 进口管道声模态截通函数的频谱图。从图中可知,在 3 000 Hz 时,管道内总共截通了 55 个模态,考虑到模态的顺流和逆流传播,管道内将有 110 个模态波传播,其中最大周向声模态阶数为 $m=\pm 12$,最大径向模态阶数为 $n=4$。图 6-16(b)展示了不同周向模态中各阶径向模态的截通云图,可以看出,随着频率增高,管道内将截通更多的径向模态。在 3 000 Hz 处,$m=0$ 声模态内部截通的径向模态个数最多,分别为(0, 0)、(0, 1)、(0, 2)、(0, 3)和(0, 4)模态。

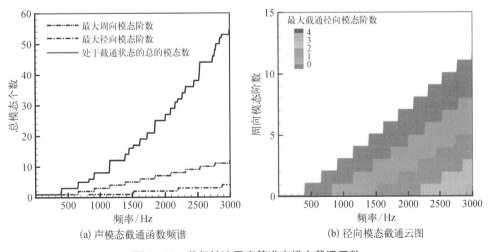

(a) 声模态截通函数频谱   (b) 径向模态截通云图

图 6-16 单级轴流风扇管道声模态截通函数

由以上 NPU–Fan 管道传播声模态分析结果可以看出,采用旋转轴向传声器阵列可以对 3 000 Hz 范围内的宽频噪声模态进行识别测量,而采用固定壁面轴向传声器阵列只能对 1 000 Hz 范围内的宽频噪声模态进行识别测量。

6.2.5.2　宽频噪声声场统计相关性实验分析

本节根据第 4 章介绍的 Kerschen 和 Michalke 宽频噪声声场的相关性分析方法,全面分析 NPU–Fan 的声源相关性。这里选用四个轴向位置(图 6–4 中Ⅰ、Ⅱ、Ⅲ和Ⅳ)处不同周向位置的声压级进行分析。图 6–17 给出了 100% 设计转速下不同周向位置声压级的对比。其中 $\Delta SPL = SPL_k - SPL_1 (k = 2, 3, \cdots, 8)$。可以看出,在 0~1 kHz 的频域范围内,不同周向位置的声压信号功率谱密度差异基本上都在 3~5 dB 范围内,说明 NPU–Fan 宽频噪声在不同周向声模态之间的相关性较小,最大的差异主要出现在 50 Hz 及其倍频上,这些频率与风扇转子的旋转频谱

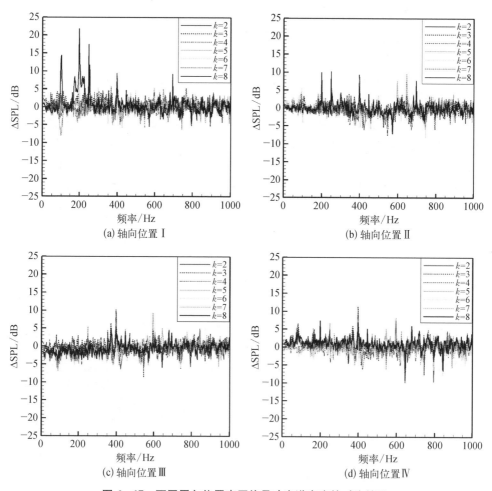

图 6-17　不同周向位置声压信号功率谱密度的对比结果

吻合,这反映了单音噪声源的相关性。

　　图 6 - 17 的结果只能用来分析不同周向模态的相关性。在宽频噪声模态分解过程中还存在不同径向模态之间的相关性问题,根据式(4 - 39)可知,如果不同径向模态互不相关,$P_m(x) \cdot P_m^*(x)$ 与轴向位置无关,反之,$P_m(x) \cdot P_m^*(x)$ 沿轴向方向是变化的。图 6 - 18 给出了不同周向模态($m = -3, -2, \cdots, 2, 3$)幅值沿轴向的变化趋势,其中 $\Delta SPL = SPL_l - SPL_I(l = II、III、IV)$。 由图 6 - 18 可以看出,当周向模态处于"截止"状态或者接近"截止"状态时,其幅值沿轴向变化剧烈,这与管道声传播理论是相符的;而当模态处于"截通"状态时,宽频噪声模态幅值沿轴向基本上保持不变,但是这并不能说明不同模态之间是互不相关的,因为在 0 ~ 1 000 Hz 频率范围内,对于 $|m| > 0$ 的周向模态而言,只有 $n = 0$ 阶径向模态处于"截通"状态,不存在多个径向模态互相迭加的情况。从图 6 - 18(g)中可以看出,当 $n = 1$ 阶径向模态"截通"之后,$m = 0$ 对应的模态幅值沿轴向变化可以达到

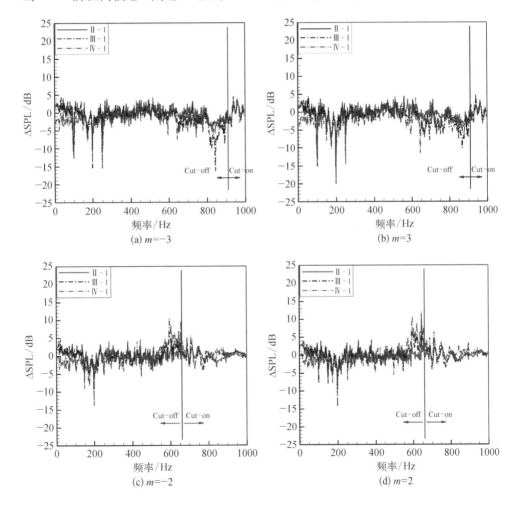

(a) $m=-3$　　　　　　　　　　(b) $m=3$

(c) $m=-2$　　　　　　　　　　(d) $m=2$

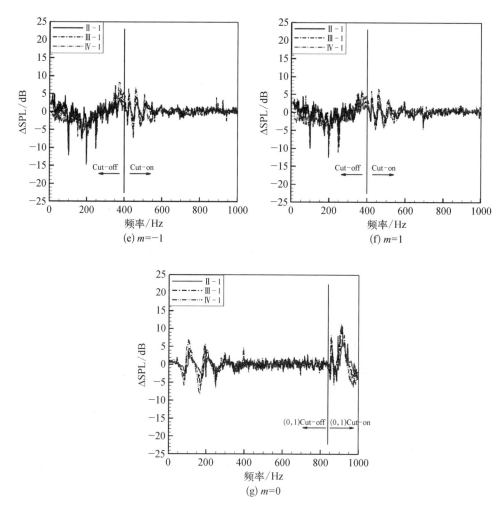

图 6‑18 不同轴向位置周向模态幅值功率谱密度的变化趋势

10 dB 以上,这与管道声传播理论也是相符的,同时也说明轴流风扇宽频噪声模态之间存在一定的相关性。

由于 Kerschen 方法只能用来分析管道内不同模态波之间的相关性,而管道内的声场是由无数个声模态线性迭加而成,因此,该方法不能简单明了地体现管道内声场的相关性;另外,管道内的声场测量容易受到当地湍流脉动的影响,为了降低当地湍流脉动对声场测量结果的影响,Michalke 提出采用三个不同位置处的传声器信号,对其进行互相关处理来判断声场的相关性,如果声场完全相关,则由式 (4‑38) 得到的 C_{123} 是实数,否则 C_{123} 是复数。这里采用四组传声器组合来分析 NPU‑Fan 宽频噪声声源的相关性,组合方式如表 6‑4 所示(有关传声器的标号见图 6‑4)。

表 6 - 4　用于分析声源相关性的传声器组合

标 记 号	传 声 器 组 合
COR1	Mic_I1，Mic_II7，Mic_III13
COR2	Mic_II3，Mic_III9，Mic_IV15
COR3	Mic_I9，Mic_II15，Mic_IV5
COR4	Mic_I5，Mic_III11，Mic_IV1

图 6 - 19 给出了使用不同传声器组合得到的 C_{123} 相位 $\Delta\Psi$，如果 $\Delta\Psi = 0$，则声场是完全相关的，否则，管道内的声场是不相关的。可以看出，在测量频率范围内，$\Delta\Psi$ 表现出复杂的变化，总的来说，在较高频率范围，$\Delta\Psi$ 会出现剧烈脉动变化，说明在这些频域内，风扇宽频噪声管道声场之间的相关性不强；但是，在有些频率范围（例如 0~50 Hz，100~200 Hz 频率范围内），$\Delta\Psi$ 接近 0，说明这个频域内的管道

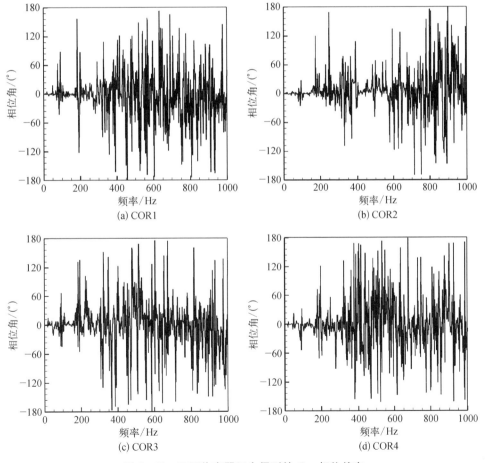

(a) COR1　　(b) COR2

(c) COR3　　(d) COR4

图 6 - 19　不同传声器组合得到的 C_{123} 相位信息

随机噪声的声场具有很强的相关性。

6.2.5.3　不同模态辨识方法辨识结果的比较

为了分析宽频噪声不同模态分解方法的模态分解结果之间的差异,本小节采用固定传声器阵列实验测量结果,分别应用三种宽频噪声模态分解方法(瞬时法、互相关法和参考传声器法)对风扇进气管道宽频噪声模态进行辨识分析。

图 6-20 给出了 100%设计转速下,基于不同模态分解方法得到的径向模态分解结果。图例中 INST 表示瞬时法(instantaneous),ACC 表示互相关法(all sensors spectral cross-correlations),RCC 表示参考传声器法(reference sensors cross-correlations)。从图中可以看出,使用三种不同模态分解方法得到的径向模态功率谱、入射波(PWL−)的频谱形状相似,幅值也很接近;但是对于反射波(PWL+),使

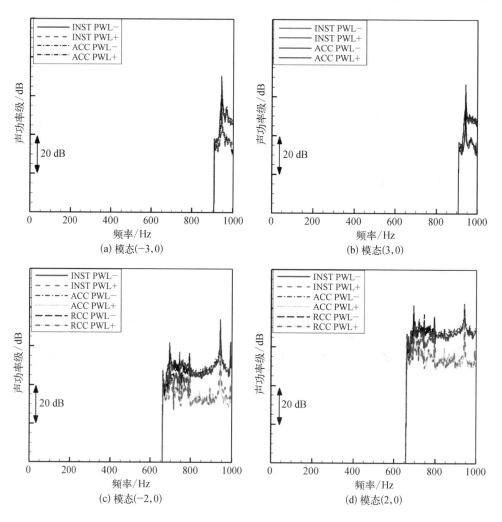

(a) 模态(−3,0)　　　　　　　　　　(b) 模态(3,0)

(c) 模态(−2,0)　　　　　　　　　　(d) 模态(2,0)

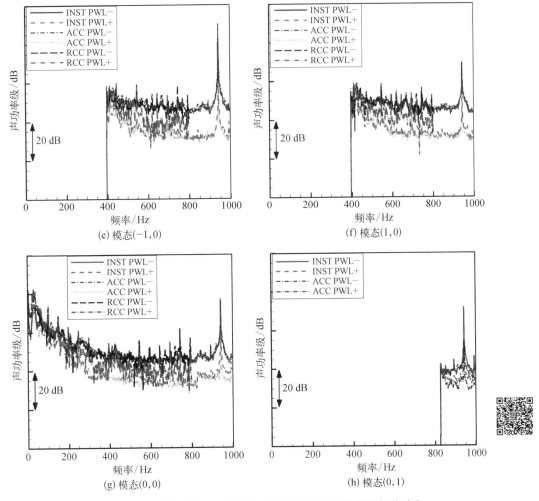

图 6-20　不同模态分解方法得到的各个声模态的声功率级频谱对比

用参考传声器法得到的各阶声模态的声功率级都明显大于瞬时法和互相关法,其频谱形状与其他两种方法也有较大差异。从理论上来说,由于参考传声器法忽略了不同模态之间的相关性,其模态辨识结果相比于瞬时法和互相关法而言误差较大,但是目前差异主要出现在反射波上,而在入射波方向上三种方法的模态辨识结果相近,出现这种情况的原因还有待于进一步的研究分析。通常情况下,我们重点研究入射波方向的声场强度,另外,参考传声器法可以降低当地压力脉动对声压测量结果的影响,而且其数据处理过程简单,因此参考传声器法目前常被用于轴流机械管道内宽频噪声的模态分解。而对于瞬时法和互相关法,由于这两种方法都能够包含不同模态之间的相关性,所以不论在入射波方向还是在反射波方向,两种方法的模态分解结果非常接近。

基于声模态分解结果,可以进一步计算得到管道内宽频噪声的声功率,图6-21和图6-22分别给出了100%和90%设计转速下使用三种模态分解方法实验测量得到的风扇宽频噪声的声功率频谱。从图中可以看出,在逆流方向(入射波),三种方法得到的宽频噪声功率谱不论在频谱形状还是在声功率强度方面都非常接近;而在顺流方向(反射波),使用参考传声器法得到的宽频噪声的声功率要比其他两种方法大6 dB左右,但是由于在量级上反射波远远小于入射波,而且通常情况下主要关心入射波强度,因此可以说三种模态分解方法都能用于宽频噪声的总声功率测量,而且测量结果相近。从管道声场相关性的分析结果可以看出,总体上来说NPU-Fan管道内宽频噪声不同模态之间的相关性较小,满足使用参考传声

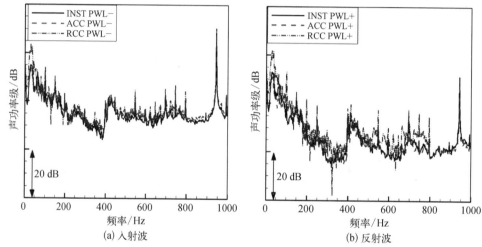

图6-21　100%设计转速下NPU-Fan宽频噪声声功率测量结果

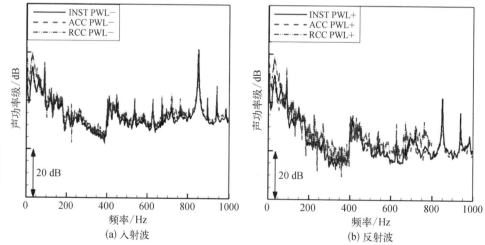

图6-22　90%设计转速下NPU-Fan宽频噪声声功率测量结果

器法的前提假设,因此,声功率测量结果与管道内声场相关性的分析结果是相符的。

　　为了更加详细地分析基于三种模态分解方法得到的宽频噪声声功率之间的差异,图 6-23 给出了 100% 和 90% 设计转速下基于瞬时法和参考传声器法测量得到的宽频噪声声功率级频谱与互相关法之间的幅值变化图。图中 $\Delta PWL\_a = PWL\_a - PWL\_ACC$,其中小标 a 表示"INST"或者"RCC"两种模态分解方法。之所以选择互相关法为基准量,这是由于互相关法对所有传声器信号进行互相关处理,而且对于不同声模态之间的相关性也没有任何假设,因此从理论上来说更加的稳定和精确。另外,通过上述对比分析可知,反射波方向的噪声强度显著小于入射波方向,通常情况下我们更加关心入射波方向,因此,这里仅仅分析入射波方向的声功率。

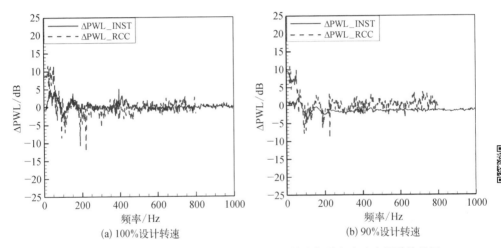

图 6-23　不同工况下三种模态分解方法得到的宽频噪声声功率频谱的差异

　　从图 6-23 可以看出,基于瞬时法得到的宽频噪声声功率级与互相关法非常接近,除了个别频率上差异较大外,总体上两者之间的偏差不超过 2 dB;而参考传声器法与互相关法差异较大,在 0~50 Hz 范围内两者相差可以达到 10 dB 以上。初步分析认为,因为在 0~50 Hz 频域内,管道内的湍流宽频声场相关性强,因此在这个频域范围内使用参考传声器法会带来较大的偏差,而在其他频域范围内管道内的声场相关性很小,因此参考传声器法模态辨识结果误差减小。

6.2.5.4　基于旋转壁面传声器阵列的管道声模态辨识结果

　　通过对三种宽频噪声管道声模态识别方法的对比分析可知,参考传声器法数据处理简单快速,而且由于引入了参考传声器可以有效降低干扰信号对声模态识别测量结果的影响,但是由于它假设宽频噪声不同模态之间是完全不相关的,这往往与实际情况不相符,因此模态辨识结果会出现较大误差。瞬时法和互相关法模态分解没有任何假设条件,可以准确地分析风扇宽频噪声管道声模态的分布特征,但是瞬时法要求所有传声器信号采集必须是同步进行的,这就需要采用固定传声器阵列,当声模态数很多时就需要布置数量庞大的传声器,这就限制了瞬时法在风扇宽频噪声模态识别测量中的应用。因此,在实际宽频噪声管道声模态辨识中,广泛使用互相关法。为了尽可能分析更大范围内管道声模态,本节将采用旋转轴向传声器阵列实验测量,应用互相关法对 NPU - Fan 进口宽频噪声管道声模态进行辨识,分析风扇进口宽频噪声管道声模态的分布特征。

实验测量过程中,每隔 6° 采集一次对应周向位置上的声压信息,一共采集了 60 个周向角度上的声压信息,可以实现对 $|m| < 30$ 范围内的周向模态进行识别,满足 0~3 kHz 频域范围宽频噪声管道声模态的识别测量要求,而轴向方向 14 个传声器也能够保证该频率范围内径向模态的识别测量。分别对 80%~100% 设计转速下的 NPU - Fan 进口宽频噪声进行了实验测量,实验测量中,传声器的采样频率为 16 384 Hz,采样时间是 7 s。对信号进行傅里叶变换采用的点数是 8 192 个,信号平均次数是 50 次,频率分辨率为 2 Hz。另外,考虑到反射波强度远远小于入射波强度,因此,本节将重点分析入射波的模态特征。

图 6 - 24~图 6 - 26 分别给出了不同转速工况下 NPU - Fan 进口宽频噪声管道声模态的分布特征,其中包括不同频率下各模态声功率级(power sound level,PWL)的分布云图等,为了分析不同模态对总噪声的贡献,还给出了不同范围周向模态对风扇总声功率级的影响。从图中可以看出,除转子叶片通过频率及其高次谐波的主导模态是由转静干涉引起的外,其他频率下各个模态的声功率级以 0 阶模态为中心呈现近似对称的分布形式,当声波频率大于 400 Hz 时,$m = 1$ 阶模态开始传播,在 400~1 200 Hz 频域范围内,声能量主要集中在高阶模态上,而当声波频

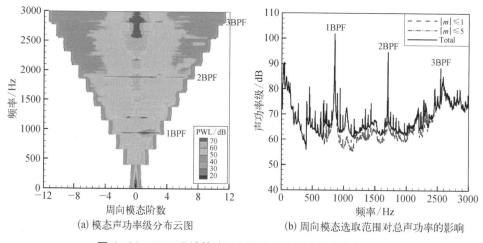

(a) 模态声功率级分布云图　　　　　(b) 周向模态选取范围对总声功率的影响

图 6 - 24　100%设计转速下宽频噪声管道声模态分布特征

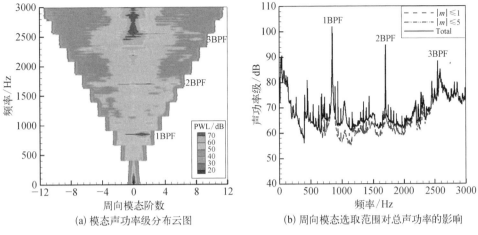

(a) 模态声功率级分布云图 (b) 周向模态选取范围对总声功率的影响

图 6-25 90%设计转速下宽频噪声管道声模态的分布特征

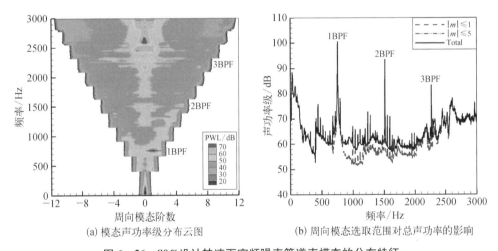

(a) 模态声功率级分布云图 (b) 周向模态选取范围对总声功率的影响

图 6-26 80%设计转速下宽频噪声管道声模态的分布特征

率大于 1 200 Hz 后,声能量主要集中在 $m = 0$ 附近的低阶模态上。从不同周向模态选取范围对总声功率的影响也可以看出,在 0~600 Hz 和 2~3 kHz 频域范围内,宽频噪声声功率基本上是由 $|m| \le 1$ 范围内的周向模态贡献的,其他模态对总声功率级的贡献主要集中在 600 Hz~2 kHz 频域范围内。在所关心的整个频域范围内,声能量主要集中在 $|m| \le 5$ 范围内的周向模态上。

6.2.5.5 基于组合传声器阵列的管道声模态辨识结果

组合传声器阵列方法对管道声模态统计的相干特性很敏感,为了说明组合传声器阵列对宽频噪声管道声模态辨识的有效性,利用 NPU-Fan 实验台,将组合传声器阵列模态识别结果与传统固定传声器阵列识别结果进行了对比,并分析了它们的差异。

　　采用固定传声器阵列可以进行宽频噪声模态识别的频率上限为 1 000 Hz,该频率处截通的最大周向模态阶数为3,最大径向模态阶数为1。由 Tyler & Sofrin 管道声模态基本理论可知,在 1 000 Hz(包含 1 BPF)范围 NPU－Fan 实验台管道内可截通的主导模态周向阶数 $m=1$。 图 6－27 和图 6－28 给出了不同转速下风扇管道内顺流和逆流传播的(1, 0)模态的声功率。互相关法用 ACC 表示,参考传声器法用 RCC 表示,组合传声器阵列法用 CSA 表示。实验测试结果表明,组合传声器阵列解耦方法分解出的模态结果与 ACC 和 RCC 的识别测量结果基本吻合。组合传声器阵列解耦方法识别出的入射模态波和其他两种方法的计算结果具有较高的一致性,在整个宽频范围内频谱形状是一致的,最大误差小于 2 dB。在 BPF 附近出

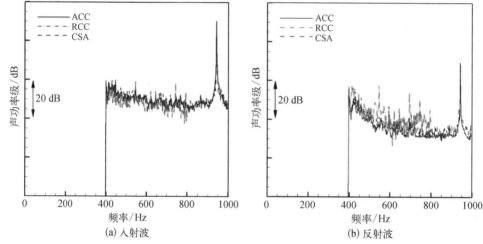

图 6－27　100%设计转速下不同传播方向(1, 0)模态的声功率级

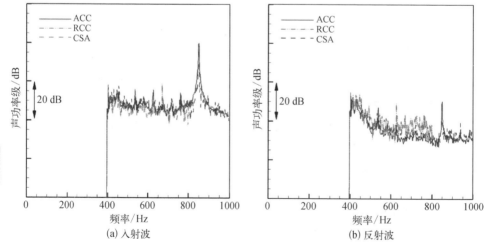

图 6－28　90%设计转速下不同传播方向(1, 0)模态的声功率级

现了较大的偏差,这是因为单音噪声不同模态之间是完全相关的。在反射波方面,不管是 CSA 还是 RCC 计算出的值都比 ACC 偏大,大部分频率范围内偏大超过 6 dB,这是因为 CSA 和 RCC 忽略了不同声模态之间的交叉项,在声模态分解中交叉项的能量被强行迭加到求解出的声模态幅值上。

6.3　涡轮排气管道声模态识别方法

随着航空发动机风扇噪声和喷流噪声得到有效控制,低压涡轮噪声对发动机总噪声的贡献逐渐凸显出来。相比于航空发动机风扇而言,低压涡轮通常是由多级涡轮构成的,而且因为做功的需要,涡轮转子叶片排和静子叶片排的叶片数目都非常多,往往每一排多达上百个叶片数,因此涡轮噪声的频率组分和声模态组分都极其复杂,使得涡轮排气管道声模态测量更加复杂。

6.3.1　涡轮出口单音噪声管道声模态辨识

本小节以意大利佛罗伦萨大学 Taddei 等对某二级低压涡轮出口单音噪声实验测量为例[14],简要介绍涡轮出口单音噪声管道声模态识别方法。

6.3.1.1　多级涡轮单音噪声模态分析方法

Holste[15]基于 Tyler&Sofrin[16]管道声模态理论,发展了多级叶轮机械单音噪声管道声模态的分析方法。对于多级叶轮机械而言,其单音噪声的频率计算公式为

$$f = \begin{cases} hf_{BPF,\,a} \\ h_1 f_{BPF,\,a} + h_2 f_{BPF,\,b} \end{cases}, \ a,\, b = 1,\, 2,\, \cdots,\, S;$$

$$h_1,\, h_2 = \cdots,\, -1,\, 0,\, 1,\, \cdots;\ h = 1,\, 2,\, \cdots \qquad (6-1)$$

其中,S 是轴流叶轮机械的级数(转静结构);$f_{BPF,\,a}$ 是第 a 级转子的基频。对应的周向声模态阶数为

$$m = \begin{cases} hB_a + kV_l \\ h_1 B_a + h_2 B_b + k_1 V_1 + k_2 V_2 + \cdots + k_S V_S \end{cases}, \ l = 1,\, 2,\, \cdots,\, S;$$

$$k,\, k_1,\, \cdots,\, k_S = \cdots,\, -1,\, 0,\, 1,\, \cdots \qquad (6-2)$$

6.3.1.2　实验装置

Taddei 等[14]实验是在意大利都灵 Avio 实验室的冷气流涡轮声学实验台上进行的,如图 6-29 所示。涡轮进口由两级压气机提供气源,出口直接连接外界大气。声学测量段位于涡轮出口下游,横截面为环形,传声器安装在外机匣上,外机匣通过步进电机带动并可以按照要求进行旋转。图 6-30 给出了实验台及测量设备的布置示意图。

图 6 - 29   Avio 实验室的冷气流涡轮声学实验台[14]

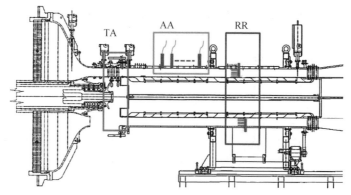

图 6 - 30   冷气流涡轮声学实验台及测量设备的布置示意图[14]

　　Taddei 等人实验对象是两级涡轮模型,其叶片选用了高展弦比叶型,第一级转子和静子叶片数分别为 $V_1 = 64$ 和 $B_1 = 68$,第二级转子和静子叶片数分别为 $V_2 = 112$ 和 $B_2 = 88$,涡轮出口安装有周向均匀分布的 9 个支板,这里用 V_0 表示。声学测量采用了轴向阵列[17, 18]和径向阵列两种测量方法[19-21],其中轴向阵列采用的传感器为传声器,径向传声器阵列采用的传感器为库里特动态压力传感器,表 6 - 5 给出了两种阵列的详细介绍。

表 6 - 5   Taddei 等采用的声学测量装置介绍

	名　称	描　述
	轴向传声器阵列（Axial Array，AA）	声学测量段周向布置了两列轴向阵列,周向角度间隔为 180°,每个阵列由 10 个 1/4 英寸压力传感器组成,传感器轴向间距为非等间距分布,两个轴向传声器阵列可以同时测量 20 个轴向位置(即 $N_x = 20$)的声压信息

名　称	描　述
径向探针耙阵列（Radial Rakes，RR）	径向阵列由两个探针耙组成，其轴向安装位置不同（即 $N_x = 2$），每个探针耙安装有沿径向均匀分布的 9 个传感器，采用两个轴向位置不同的径向探针耙目的是可以分离入射波和反射波

6.3.1.3　声压频谱测量结果

实验研究了三种工作状态下的涡轮噪声特性，分别对应为进场状态、慢车状态以及设计状态，慢车状态的涡轮转速为 73%设计转速，落压比为 60%设计落压比，进场状态涡轮转速为 95%设计转速，落压比为 85%设计落压比。实验中，同时采集所有声学传感器的信号，采样频率为 100 kHz，采样时间为 60 秒。慢车和设计状态下，周向测量了 120 个角度的噪声信息；进场状态下，周向测量了 90 个角度的噪声信息。此外，为了保证声学信号的同步采样，实验中使用了锁相装置，这样可以尽可能降低随机噪声和转速变化引起的误差，提高数据的分析精度。

图 6－31 和图 6－32 分别给出了使用径向探针耙阵列（RR）和轴向传声器阵列（AA）获得的平均声压频谱，图中 1 BPF$_1$ 表示第一级转子的 1 倍叶片通过频率，1 BPF$_2$ 表示第二级转子的 1 倍叶片通过频率，2 BPF$_1$ 表示第一级转子的 2 倍叶片通过频率，横坐标是涡轮的轴频阶数。平均声压频谱是对所有测点的声压进行求和平均，例如，慢车状态下，轴向传声器阵列一共有 2 400 个测点，径向探针耙阵列有 2 160 个测点。作为对比，图中还给出了基于转子锁相统计的声压频谱。由转子相关谱可以清楚看到，在转子基频及其高次谐波对应的频率下，单音噪声是由转静干涉引起的。这两幅图还显示了锁相采样过程在抑制转子无关信号方面的有效性。对比轴向传声器阵列和径向探针耙阵列的测量结果可以看到，利用径向探针耙阵列获得的低频噪声强度明显大于轴向传声器阵列的测量结果，由于该频域内的噪声与转子转动无关，可能是由于径向探针耙所产生高强流动噪声引起低频噪声级增大。对于轴向传声器阵列的测量结果，单音噪声强度较高的原因可能是外机匣壁面测点的噪声强度比远离机匣壁面测点的噪声强度大。为了验证这一猜测，图 6－33 和图 6－34 给出了不同测点位置对平均声压频谱计算结果的影响，其中 AA 表示对轴向传声器阵列所有测点进行求和平均获得的声压频谱，RR（all）表示对径向探针耙阵列所有测点进行求和平均获得的声压频谱，RR（#2@wall）表示只对靠近壁面的 2 圈测点（靠近机匣 1 圈，靠近轮毂 1 圈）求和平均，RR（#4@wall）表示只对靠近壁面的 4 圈测点（靠近机匣 2 圈，靠近轮毂 2 圈）求和平均。可以看出，远离内外壁面的测点会降低声压平均值。这个结论可以进一步用管道内声模

态结构来解释,图 6-35 给出了径向探针耙阵列测量得到的不同半径位置的平均声压分布图,可以看出,由于 1 BPF$_2$ 对应的周向模态阶数较高,径向模态阶数较低,最大声压值出现在机匣壁面附近;2 BPF$_1$ 对应的周向模态阶数较低,径向模态阶数较高,因此其声场更为复杂。另外,传声器的轴向位置也会影响声压平均值,

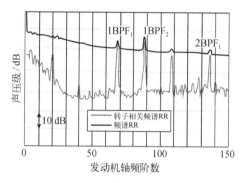

图 6-31　慢车状态下采用径向探针耙
阵列获得的平均声压频谱

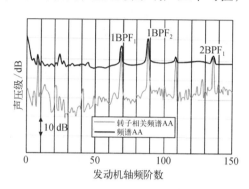

图 6-32　慢车状态下采用轴向传声器
阵列获得的平均声压频谱

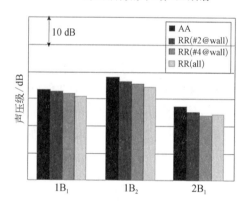

图 6-33　慢车状态下测点选择对
平均声压的影响

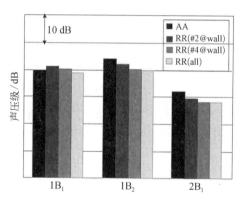

图 6-34　设计状态下测点选择对
平均声压的影响

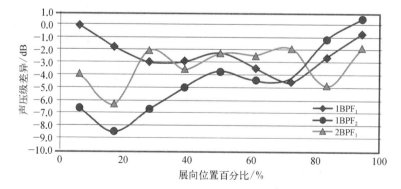

图 6-35　慢车状态下平均声压值沿径向的分布图

因为不同模态具有不同的轴向波数,多个模态在不同轴向迭加得到的声场也会有较大差异,在 Taddei 等人实验中,不同轴向位置的平均声压最大相差 6 dB。

6.3.1.4 模态识别测量结果

图 6-36 给出了慢车状态下 1 BPF$_2$ 对应的周向模态测量结果,可以看出,$m = -24$、-15、-6、3、12、21 是主导模态,根据式(6-2),该频率对应的主导周向模态是由第二级转子与前后静子叶片干涉产生的,即

$$m = B_2 + k_2 V_2 + k_3 V_0 = 88 + k_2 \times 112 + k_3 \times 9 \qquad (6-3)$$

轴向传声器阵列和径向探针耙阵列得到了相似的模态识别结果,对于 $V_2 - B_2$ 干涉产生的截通模态,两种阵列得到了相同的模态振幅;$V_2 - B_2$ 干涉产生的模态经过出口支板散射后会产生新的模态,两种阵列也都能准确捕获这些散射模态,两种阵列识别的模态幅值上的差异,是由于在声模态解耦过程中,不同阵列对某特定径向模态识别精度差异引起的。

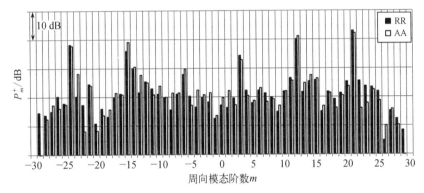

图 6-36 慢车状态下 1 BPF2 对应的周向模态测量结果

图 6-37 给出了慢车状态下 1 BPF2 对应的主导周向模态($V_2 - B_2$ 干涉模态和干涉模态经过支板散射后的模态)的径向模态识别测量结果,图中给出了相关径向模态的声压级和声功率级。可以看出,当径向模态阶数最低信噪比较大时(即 $(-24, 0)$ 和 $(21, 0)$ 模态),两种阵列测量结果差异最小。而由于模态 $(-24, 1)$ 接近截止状态,只有径向探针耙阵列可以捕获该模态信息,而且模态 $(-24, 1)$ 的声功率级远远小于模态 $(-24, 0)$ 的声功率级;而对于散射模态 $(-6, 0)$ 和 $(-6, 1)$,两种阵列差异较大,这是由于散射模态具有较小的信噪比。分析图 6-37(d)结果可以看出,尽管两种阵列对散射模态在个别径向模态分解方面存在较大差异,但是在周向模态声功率级(由径向模态的声功率级迭加得到)的测量方面,两种阵列吻合较好。基于以上实验结果,Taddei 等人认为,在实验测量中,信噪比对模态识别精度的影响要比传声阵列形式影响更大。

图 6-38 给出了设计状态下 1 BPF$_2$ 周向模态测量结果,可以看出,相比于慢车

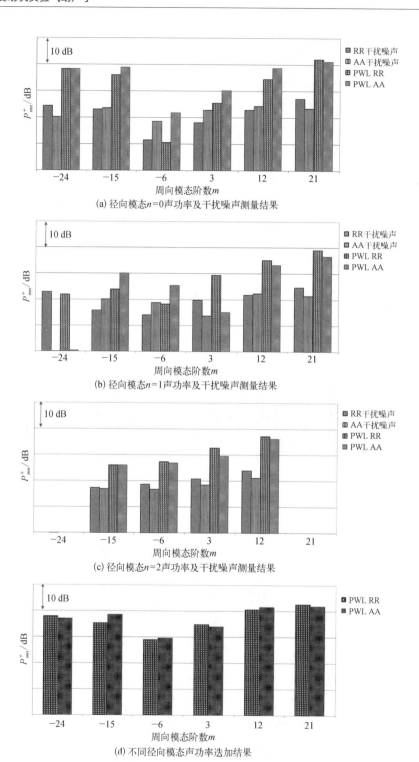

(a) 径向模态n=0声功率及干扰噪声测量结果

(b) 径向模态n=1声功率及干扰噪声测量结果

(c) 径向模态n=2声功率及干扰噪声测量结果

(d) 不同径向模态声功率迭加结果

图 6-37　慢车状态下 1 BPF₂ 对应的主导周向模态的径向模态识别测量结果

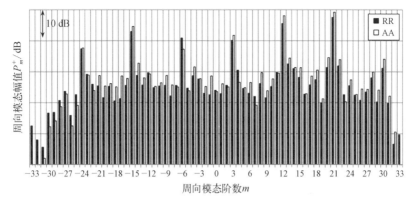

图 6-38　设计状态下 1 BPF$_2$ 对应的周向模态测量结果

状态，$V_2 - B_2$ 干涉模态波的幅值增大了，这与预想的结果是吻合的；另外，随着转速提高，对应的单音噪声频率增大，更多的模态开始截通，例如径向模态 $n = 3$ 开始截通，$m = B_2 - V_2 + 6V_0 = 30$ 也处于截通状态。利用径向模态分解方法，还可以得到设计状态下不同径向模态的分解结果，这里不再重复，感兴趣的读者可以参考 Taddei 与 Lucia 的相关文献[14]。

6.3.2　涡轮出口宽频噪声管道声模态辨识

本节以德国宇航院 Enghardt 等[22]对某三级低压涡轮出口宽频噪声实验测量为例[23]，简要介绍涡轮出口宽频噪声管道声模态识别方法。由于该实验的主要目的是评估宽频噪声和单音噪声对涡轮总噪声贡献，因此，该实验还对涡轮出口单音噪声管道声模态进行了识别测量。

6.3.2.1　实验装置

Enghardt 等[22]的实验是在斯图加特大学航空动力研究所的涡轮实验台上进行的，实验对象为三级低压涡轮，图 6-39 给出了实验装置的示意图，表 6-6 给出了

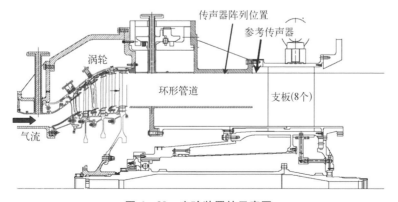

图 6-39　实验装置的示意图

三级低压涡轮的转静子叶片数。声学测量采用了旋转壁面轴向传声器阵列,如图6-40和图6-41所示,在旋转管道外壁面上沿周向均匀布置了3个传声器阵列安装座(周向间隔120°),每个传声器安装座上安装两个轴向传声器阵列,可以同时测量25个轴向位置的声压信息,两个轴向传声器阵列的周向间隔为6°。旋转管道以2°间隔旋转,一共可以采集4 500个位置的声学信息。在旋转管道下游,安装了一个固定的传声器作为参考传声器,用于进行宽频噪声管道声模态的识别测量。

表6-6　涡轮实验件的转静子叶片数

名　　称	叶 片 数	名　　称	叶 片 数
第1级静子	48	第1级转子	102
第2级静子	112	第2级转子	104
第3级静子	96	第3级转子	90
出口导向器叶片	0	出口支板	8

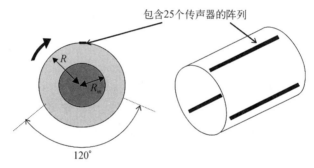

图6-40　旋转声学测量段的示意图(包括三个传声器安装座,每个传声器安装座包括 25 个传声器)

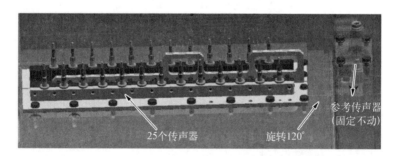

图6-41　传声器的安装座及参考传声器

　　数据采集通过锁相装置进行触发,用于保证测量数据与声源之间的相位保持对应的关系,采样频率为 50 kHz,采样时间为 14 秒。实验中,涡轮转速偏差不超过±1%。为了提高数据采集和数据分析的质量,数据处理中采用了自适应重采样方法,使得数据采集系统的采样相位与转子旋转一致。

　　为了获得准确丰富的噪声测量结果,实验测量了从 68% 设计转速到 92% 设计转速范围内 9 个工况下(分别用 OP1,OP2,⋯,OP9 表示)的噪声信号。

6.3.2.2　单音噪声模态识别测量结果

　　图 6-42 给出了对 4 500 测点信号通过集平均信号处理得到的涡轮噪声频谱图,横坐标是涡轮的轴频阶数,图中标注了三个单音频率,分别为 BPF_1(对应的是第一级转子产生的单音噪声,用 EO102 表示)、BPF_2(对应的是第二级转子产生的单音噪声,用 EO104 表示)和 BPF_3(对应的是第一级转子产生的单音噪声,用 EO90 表示)。可以看出,涡轮级三个单音噪声强度远远大于其他噪声成分,但是由于不同工况下单音噪声对应的频率会发生变化,进而影响处于截通状态的声模态个数,因此,图 6-42 不能完全表示宽频噪声对总噪声的贡献。

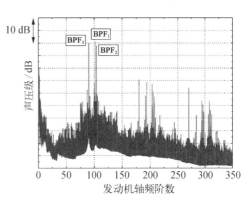

图 6-42　涡轮噪声频谱

　　图 6-43~图 6-45 给出了 OP1(68%设计转速)工况下三个单音噪声的模态识别测量结果(顺流方向,即入射波方向),横坐标是截通的周向模态阶数,纵坐标是声压级,周向模态的声功率级是基于径向模态识别测量结果得到的。可以看出,BPF_1 单音噪声的主导周向模态阶数为 $m=-10$ 和 $m=6$,分别是由 R_1 与 V_1、R_1 与 V_2 干涉产生的;BPF_2 单音噪声的主导周向模态阶数为 $m=-8$ 和 $m=8$,分别是由 R_2 与 V_2、R_2 与 V_3 干涉产生的;BPF_3 单音噪声的主导周向模态阶数为 $m=-6$,是由 R_3 与 V_3 干涉产生,这些模态都可以通过式(6-2)计算识别。

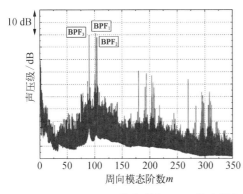

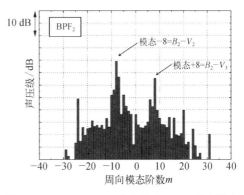

图 6-43　OP1 工况下单音噪声 BPF_1 的声模态识别测量结果(顺流方向)

图 6-44　OP1 工况下单音噪声 BPF_2 的声模态识别测量结果(顺流方向)

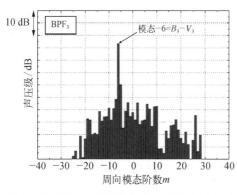

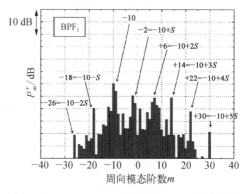

图 6‑45　OP1 工况下单音噪声 BPF₃ 的声模态识别测量结果(顺流方向)　**图 6‑46　OP1 工况下单音噪声 BPF₁ 的声模态识别测量结果(逆流方向)**

逆流声场主要是由上述干涉模态与下游 8 个整流支板干涉主导的,图 6‑46 给出了 BPF_1 单音噪声的逆流声场模态识别测量结果,入射声模态 $m=-10$ 被整流支板 $S=8$ 散射成各种其他声模态。这些散射声模态的阶数也可以通过式(6‑2)计算识别。

6.3.2.3　宽频噪声模态识别测量结果

根据第 4 章描述的用于宽频噪声模态识别的参考传声器法[17],实验获得了不同工况下涡轮的宽频噪声声功率级。图 6‑47 给出了 OP5 工况下宽频噪声声功率的实验测量结果,其中蓝线表示顺流方向,红线表示逆流方向,黑线表示滤波后的声功率级频谱。可以看出,反射波(即逆流方向)比入射波(即顺流方向)分别小 6 dB(高频范围内)和 10 dB(低频范围内)。利用实验中的传声器阵列最大可以对 6.5 kHz 范围的宽频噪声进行声模态识别测量,图 6‑47 中的入射波频谱在大于 6.5 kHz 频域内用到了高频近似方法,感兴趣的读者可以查阅 Enghardt 的相关文献[22,23]。

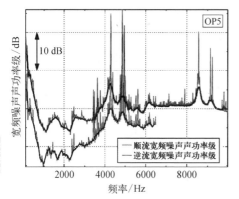

图 6‑47　OP5 工况下基于模态识别测量的宽频噪声声功率实验测量结果

对滤波后的宽频噪声声功率频谱在 500 Hz~10 kHz 范围内进行积分可以获得宽频噪声的总声功率级(用 BBN 表示),通过与主要单音噪声的声功率级进行对比,就可以获得不同工况下涡轮宽频噪声对总噪声的贡献。图 6‑48 给出了不同工况下宽频噪声和主要单音噪声对涡轮总噪声的贡献比例,可以看出,随着涡轮转速增加,宽频噪声对总噪声的贡献越来越小,另外,BPF_3 对应的单音噪声(即 EO90)在整个工况范围内对总噪声的贡献都是最大的。

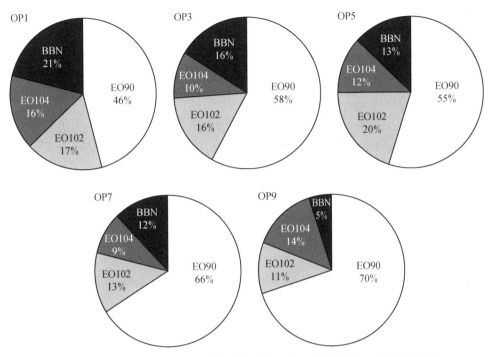

图 6-48　不同工况下宽频噪声和主要单音噪声对涡轮总噪声的贡献比例

6.4　发动机整机进/出口声模态识别方法

本节以 NASA 格林研究中心对 TFE731-60 发动机进/出口管道声模态识别测量为例[4],简要介绍发动机整机进/出口管道声模态识别的实验方法。

6.4.1　自由声场发动机实验装置

6.4.1.1　TFE731-60 涡扇发动机

NASA 的 Sutliff 等[4]选用 TFE731-60 涡扇发动机作为实验对象,对其进口和出口管道声模态进行识别测量。该发动机的基本重量为 448 kg,海平面静止推力最大为 2 268 kg,进气流量为 80.7 kg/s,巡航状态的涵道比为 3.9,发动机循环压比为 22,齿轮传动风扇压比为 1.7。风扇转子叶片数为 22,静子叶片数为 52,亚声速工况下,1 BPF 单音噪声对应的转静干涉模态处于截止状态。实验是在位于亚利桑那州 San Tan 的霍尼韦尔自由声场发动机试车台上进行的,图 6-49 给出了发动机在实验台上的照片。图 6-50 给出了发动机风扇流道的形状,可以看出,该风扇噪声主要由转子与静子叶片干涉以及转子与支板干涉所产生,表 6-7 给出了该风扇转子与静子和转子与支板干涉的主要声模态阶数。

图 6 - 49 安装在霍尼韦尔试车台上的
TFE731 - 60 发动机

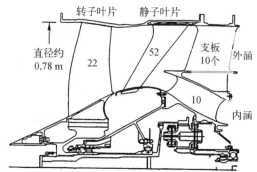

图 6 - 50 TFE731 - 60 发动机风扇流道形状

表 6 - 7 TFE731 - 60 发动机风扇主要声模态阶数

频 率	转子与静子干涉模态	转子与支板干涉模态
1 BPF	22*	22, 12, 2, -8, -18
2 BPF	44, -8	44, 34, 24, 14, 4, -6, -16, -26, -36
3 BPF	66, 14	66, 56, 46, 36, 26, 16, 6, -4, -14, -24, -34, -44, -54, -64

注: * 表示在亚声速工况下,该模态处于截止状态。

6.4.1.2 连续旋转探针耙机构

为了实现对发动机整机进/出口管道声模态进行准确地识别测量,NASA 格林研究中心设计并加工了连续旋转探针耙结构[1-6],该装置可以高效准确地对发动机整机进/出口单音噪声管道声模态进行识别测量。实验中,在发动机进口和出口各安装了一套连续旋转探针耙机构。进口探针耙沿短舱中心线旋转,旋转平面位于短舱喉道位置,出口探针耙在外涵道出口平面旋转,图 6 - 51 给出了发动机进口和出口连续旋转探针耙的照片,其详细构造及工作原理可以参考文献[1]。

由于每个周向模态的旋转速度都不相同,当探针耙缓慢转动时,相对于风扇基频会有一个多普勒频移,每个周向模态的多普勒频移都是不同的;频移大小是模态阶数和探针耙旋转速度的线性函数,周向模态阶数越高,频移量越大,模态 $m = 0$ 没有任何频移(其频率是转子叶片通过频率及其高次谐波)。连续旋转探针耙就是根据不同模态的频移量现象实现周向模态的识别测量,当得到所需周向模态之后,再利用最小二乘拟合法进行径向模态的识别测量。具体的数据处理过程可以参考 Sutliff 的相关文献[1-6]。m 阶周向模态对应的频率为

$$f_m = s\left(f_{BPF} - \frac{m}{v}\right), \ \frac{1}{v} = \frac{\Omega}{\omega} \tag{6-4}$$

(a) 安装在 TFE731-60 发动机进口的连续旋转探针耙机构照片

(b) 安装在 TFE731-60 发动机出口的连续旋转探针耙机构照片

图 6-51　NASA 格林研究中心连续旋转探针耙机构安装照片[1]

式中，s 为叶片通过频率的谐波阶次；$f_{\mathrm{BPF}} = B\omega/2\pi$ 为叶片通过频率；ω 为风扇转速；Ω 为探针耙转速。

图 6-52 给出了利用静止探针耙和利用连续旋转探针耙在相同位置测量获得的噪声频谱。可以看出，16 倍轴频单音噪声的周向模态被成功分离，截通的背景声模态幅值比截止模态幅值大 20 dB，转静干涉的主导声模态比其他声模态高 15 dB。

连续旋转探针耙的旋转速度与发动机转速之比需要选定一个特征整数，这就意味着，当发动机已经旋转了 v 周后，连续旋转探针耙机构刚刚旋转一圈，误差不超过 0.2°。转速比 v 通常在 100 到 250 之间选取。转速和相位的同步性对于求解声模态的频移量至关重要。因此，连续旋转探针耙机构需要高精度的驱动和控制系统，并且在整个实验过程中（5~10 分钟）都需要保证驱动和控制系统的精度。探针耙必须精确地追随发动机，由于在实验过程中发动机转速会有浮动（5~10 r/min），所以，探针耙驱动系统必须直接与发动机连接。表 6-8 给出了旋转探针耙机构的一些主要性能。

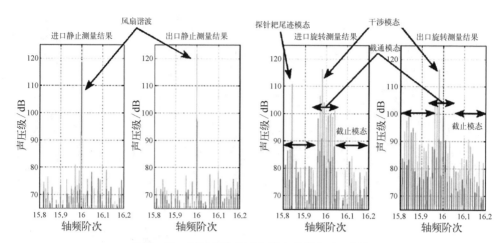

图 6-52　探针耙旋转引起的多普勒频移示例图

表 6-8　旋转探针耙的主要设计参数

参　　数	值	参　　数	值
风扇最大转速	10 000 r/mim	测试时间	10 分钟
探针耙最大转速	50 r/min	传声器个数	进口：14 出口：8
探针耙速度比	1/200	最大马赫数	进口：0.6 出口：0.85
探针耙与风扇转速追随性	±0.2°		

在发动机进口使用探针耙时,探针耙尾迹与下游转子干涉会产生额外的噪声,这就会影响声模态的识别测量结果。在旋转探针耙坐标系下,探针耙是静止的,发动机以 $\Omega - \omega$ 转速旋转,探针耙尾迹的声模态出现在该频率上,具体的数学推导可以参照 Sutliff 的相关论文[1, 2]。

Sutliff 等[1]利用旋转探针耙机构对 6 000~10 000 r/min 转速范围内的 TFE731-60 发动机进/出口管道声模态进行了实验测量,分别选用相对最大转速的 60%、64%、67%、75%、81%、88% 和 94% 的转速。TFE731-60 发动机的风扇由齿轮箱驱动,64% 转速工况为进场状态,对应的风扇叶尖速度为 265.79 m/s;81% 转速工况为空中慢车工况,对应的风扇叶尖速度为 336.5 m/s。88% 转速以上工况,风扇叶尖超音,会出现激波噪声。

6.4.2　发动机进/出口声模态辨识

图 6-53 给出了 60% 转速工况下风扇 1 BPF 单音噪声的模态识别测量结果,可以看到,噪声最小值约为 95 dB。发动机进口模态是由同向旋转(正转)的

声模态主导的,这是因为反转声模态都被转子叶片排堵塞。发动机出口的声模态在正转模态和反转模态上分布较为均匀。进口总声功率级为 114.8 dB,出口总声功率级为 115.2 dB。在亚声速工况下,1 BPF 转静干涉模态处于截止状态,转子与支板干涉模态处于截通状态,显然转子与支板干涉模态对总声功率级的贡献较小。

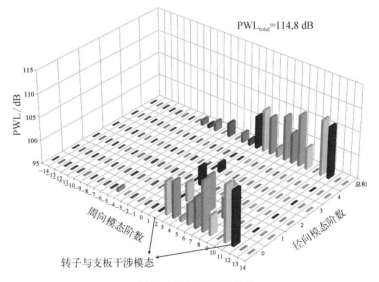

(a) 进口模态识别测量结果

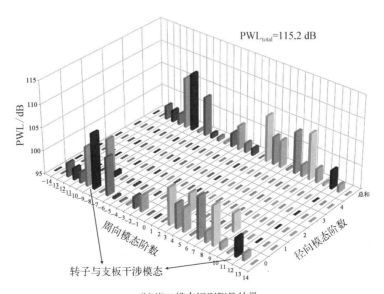

(b) 出口模态识别测量结果

图 6 - 53　60%转速下 1 BPF 对应的模态分布图

图 6-54 给出了 88%转速工况下的周向模态分布图(因为截通声模态个数太多,图中仅显示部分声模态辨识结果)。在该转速下,转子锁定模态($m = 22$)处于截通状态,发动机进口 $m = 22$ 及相邻声模态的幅值显著增大。在该发动机工作状态下,声模态 $m = 22$ 实际上是由转子锁定模态、转静干涉模态($k = 0$)、转子-支板干涉模态以及探针耙尾迹干扰模态等迭加形成的。发动机出口所有声模态幅值普遍增大,转子与支板干涉模态在整个非 Tyler&Sofrin 干涉模态中占据主导位置。

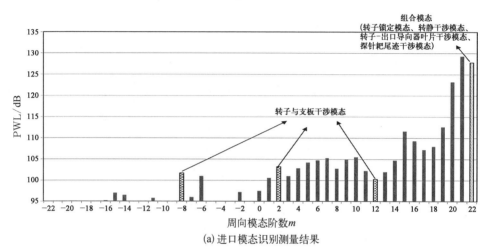

(a) 进口模态识别测量结果

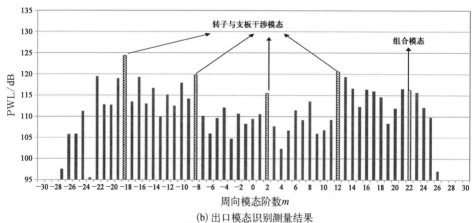

(b) 出口模态识别测量结果

图 6-54　88%转速下 1 BPF 对应的声模态分布图

图 6-55 给出了 1 BPF 单音噪声支板声模态的声功率级和单音噪声总声功率级随转速的变化趋势,可以看出,在亚声速工况下,单音噪声总声功率级由非 Tyler&Sofrin 干涉模态迭加主导;在超声速工况下,$m = 22$ 处于截通状态,使得 1 BPF 噪声的声功率级增大了 15 dB。

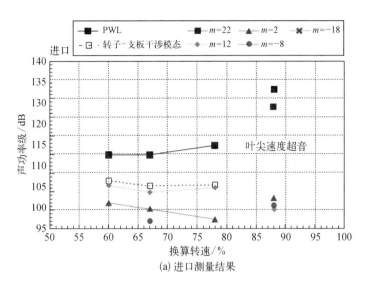

(a) 进口测量结果

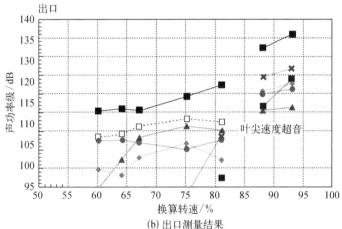

(b) 出口测量结果

图 6 - 55　1 BPF 单音噪声声功率级随转速的变化趋势

图 6 - 56 给出了 60% 转速工况下 2 BPF 对应的周向模态分布特性图。转静干涉模态 $m = -8$，由于转子堵塞的影响，该模态的幅值明显降低，而转子与支板的干涉模态（$m = 14$ 和 $m = 24$）声级幅值较大。在发动机出口，转子与静子干涉模态（$m = -8$）比其他模态幅值则高 6 dB 以上。在 88% 转速工况下（图 6 - 57），发动机进口的声模态主要由 $m = -14$ 和 $m = 14$ 主导，尽管 $m = \pm 14$ 是转子与支板干涉声模态，但是这两个声模态在其他转速下很弱。图 6 - 58 给出了 2 BPF 单音噪声主要声模态的声功率级随转速的变化趋势，可以看出，出口噪声比进口噪声大 5～10 dB。在发动机出口，转静干涉声模态对总声功率级贡献最大，转子锁定的声模态（$m = 44$）幅值较小。

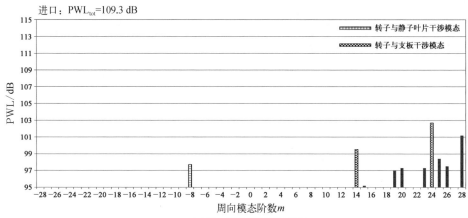

(a) 进口模态识别测量结果

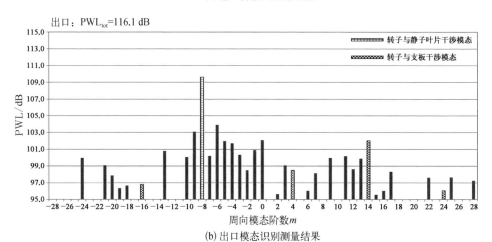

(b) 出口模态识别测量结果

图 6-56　60%转速下 1 BPF 对应的声模态分布图

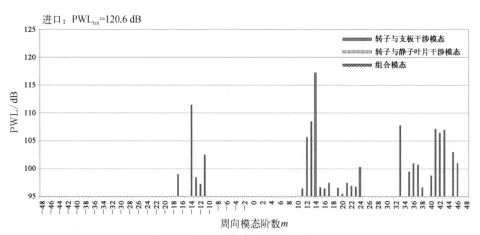

(a) 进口模态识别测量结果

出口：PWL$_{tot}$=128.2 dB

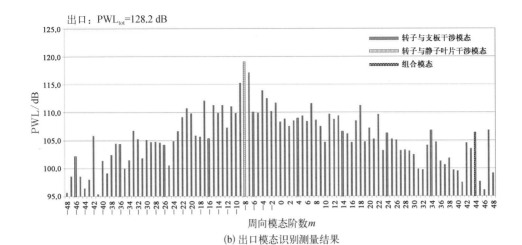

(b) 出口模态识别测量结果

图 6－57　88%转速下 1 BPF 对应的声模态分布图

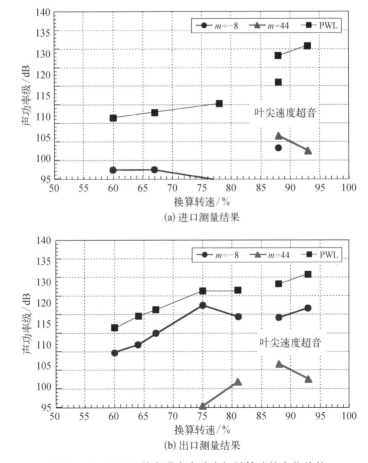

(a) 进口测量结果

(b) 出口测量结果

图 6－58　2 BPF 单音噪声声功率级随转速的变化趋势

6.5 本 章 小 结

本章以航空发动机管道声模态辨识理论为指导,分析研究了风扇/增压级进口噪声管道声模态识别方法和涡轮出口噪声管道声模态识别方法,分析了壁面轴向传声器阵列和径向传声器阵列对管道声模态识别测量的差异,并且通过对单音噪声和宽频噪声的实验测量,评估了不同单音噪声源以及宽频噪声源对发动机部件总噪声的贡献,为后续发展航空发动机噪声控制技术提供指导。

在航空发动机整机声学实验中,会面临发动机整机进/出口声模态的实验测量,因此,本章最后以国外发动机整机进/出口声模态的实验测量为例,介绍了利用连续旋转探针耙机构进行声模态识别测量应注意的一些问题。

参考文献

[1] SUTLIFF D L. Rotating rake turbofan duct mode measurement system[R]. NASA - TM - 213828, 2005.

[2] HEIDELBERG L J, HALL D G. Acoustic mode measurements in the inlet of a model turbofan using a continuously rotating rake[C]. Reno: AIAA 31st Aerospace Sciences Meeting, 1993.

[3] HALL D G, HEIDELBERG L J. Acoustic mode measurements in the inlet of a model turbofan using a continuously rotating rake: data collection/analysis techniques [C]. Reno: AIAA 31st Aerospace Sciences Meeting, 1993.

[4] SUTLIFF D L, KONNO K E, HEIDELBERG L J. Duct mode measurements on the TFE731 - 60 full scale engine [C]. Breckenridge: 8th AIAA/CEAS Aeroacoustics Conference and Exhibit, 2002.

[5] SUTLIFF D L. Rotating rake mode measurements over passive treatment in a ducted fan[R]. NASA - TM - 214493, 2006.

[6] SUTLIFF D L. A mode propagation database suitable for code validation utilizing the NASA Glenn advanced noise control fan and artificial sources[R]. NASA - TM - 218118, 2014.

[7] TAPKEN U, BAUERS R, NEUHAUS L, et al. A new modular fan rig noise test and radial mode detection capability[C]. Portland: 17th AIAA/CEAS Aeroacoustics Conference, 2011.

[8] ENGHARDT L, ZHANG Y, NEISE W. Experimental verification of a radial mode analysis technique using wall-flush mounted sensors [C]. Berlin: 137th Regular Meeting of the Acoustical Society of America, 1999.

[9] TAPKEN U, ENGHARDT L. Optimization of sensor arrays for radial mode analysis in flow ducts[C]. Cambridge: 2th AIAA/CEAS Aeroacoustics Conference, 2006.

[10] TAPKEN U, BAUERS R, ARNOLD F, et al. Turbomachinery exhaust noise radiation experiments-part 2: in-duct and far-field mode analysis[C]. Vancouver: 14th AIAA/CEAS Aeroacoustics Conference, 2008.

[11] TAPKEN U, RAITOR T, ENGHARDT L. Tonal noise radiation from an UHBR fan — optimized in-duct radial mode analysis [C]. Miami: 15th AIAA/CEAS Aeroacoustics

Conference, 2009.

[12] ZILLMANN J, TAPKEN U. Tonal noise radiation from UHBR fan active control of radiation characteristic[C]. Miami: 15th AIAA/CEAS Aeroacoustics Conference, 2009.

[13] CHONG T P, VATHYLAKIS A, MCEWEN A, et al. Aeroacoustic and aerodynamic performances of an aerofoil subjected to sinusoidal leading edges[C]. Dallas: 21th AIAA/CEAS Aeroacoustics Conference, 2015.

[14] TADDEI F, LUCIA M D. A comparison between radial rakes of sensors and axial arrays of microphones for the experimental investigation of tone noise in LPTs[C]. Berlin: 19th AIAA/CEAS Aeroacoustics Conference, 2013.

[15] HOLSTE F. Noise source identification in a propfan model by means of acoustical near field measurements[J]. Journal of Sound and Vibration, 1997, 203(4): 641-665.

[16] TYLER J M, SOFRIN T G. Axial flow compressor noise[J]. SAE Transactions, 1962, 52: 309-332.

[17] ENGHARDT L, NEUHAUS L, LOWIS C. Broadband sound power determination in flow ducts [C]. Manchester: 10th AIAA/CEAS Aeroacoustics Conference, 2004.

[18] MOSER M, TAPKEN U, ENGHARDT L, et al. Investigation of LP Turbine blade/vane interaction noise: measurements in a 1.5 stage rig[C]. Graz: 8th European Conference on Turbomachinery, 2009.

[19] ENGHARDT L, TAPKEN U, NEISE W, et al. Turbine blade/vane interaction noise: acoustic mode analysis using in-duct sensor rakes[C]. Maastricht: 7th AIAA/CEAS Aeroacoustics Conference, 2001.

[20] TADDEI F, LUCIA M D, SCHIPANI C, et al. Experimental research on LPT tone-noise by in-duct measurement techniques[C]. Istanbul: 9th European Conference on Turbomachinery, 2011.

[21] TADDEI F, CINELLI C, LUCIA M D, et al. Experimental investigation of low pressure turbine noise: radial mode analysis for swirling flows[C]. London: 12th International Symposium on Unsteady Aerodynamics, Aeroacoustics and Aeroelasticity of Turbomachines, 2009.

[22] ENGHARDT L, MOREAU A, TAPKEN U, et al. Radial mode decomposition in the outlet of a LP Turbine-estimation of the relative importance of broadband noise[C]. Miami: 15th AIAA/CEAS Aeroacoustics Conference, 2009.

[23] MOREAU A, ENGHARDT L. Ranking of fan broadband noise sources based on an experimental parametric study[C]. Miami: 15th AIAA/CEAS Aeroacoustics Conference, 2009.

第 7 章
航空发动机部件声学实验相似律分析技术

7.1 引 言

7.1.1 发动机部件声学实验的目的和意义

众所周知,喷气式航空发动机是将推进器与热机一体化的飞机推进系统,为了实现将热能转换为带动飞机前进的推力,喷气式航空发动机需要将吸入气流的进气道、压缩气流的压缩机、燃油热能释放的燃烧室、热能转换为机械能的高低压涡轮、排放高温高压燃气的喷管等部件有机地组成在一起,从而构成飞机推进系统。组成飞机推进系统的进气道、压缩机(风扇、增压级、高压压气机)、燃烧室、涡轮(高压涡轮、低压涡轮)以及尾喷管等部件,它们在飞机推进系统中都是完成一种特定功能的单元体,航空发动机产生的巨大噪声辐射,也是由上述各个部件产生的噪声总和(进气道和尾喷管是发动机噪声传播通道),风扇、压气机、燃烧室、涡轮和喷流等都可以看作是一个具有其特定噪声辐射特征的独立噪声源。

按照航空发动机基本工作原理以及当代航空发动机设计研制的一般规律,航空发动机总体气动热力学性能指标(推力、耗油率等)的实现,最终都是通过落实到发动机每一部件性能指标中。同样,对于航空发动机的噪声辐射的评估、发动机噪声指标的控制最终也都是要落实到发动机每一个部件的噪声指标中,航空发动机部件是作为航空发动机声学设计和噪声评估的基本单元。因此,航空发动机部件气动声学实验在航空发动机气动声学研究中具有特别重要的意义,大量的航空发动机声学实验,都是在航空发动机部件级的平台上进行。

航空发动机部件气动声学实验的目的和意义主要体现在以下几个方面。

(1) 为发动机噪声评估和飞机噪声适航审定提供噪声数据。飞机噪声适航审定是进行航空发动机噪声研究的重要目的之一,通过对航空发动机部件噪声实验,将为飞机适航噪声评估提供依据。经过长期的飞机噪声适航指标评估体系和方法的研究,目前飞机制造商均已建立了根据发动机噪声指标评估飞机适航噪声指标的有效计算系统(例如国际著名的飞机适航噪声预测软件 ANOPP),这些飞机适航噪声评估软件,根据发动机部件噪声以及飞机机体噪声等,预测飞机适航噪声。

（2）为发动机部件声学设计评估和降噪效果评价提供依据。通过对发动机部件噪声的实验测量，可以分析发动机部件声学设计的水平，评估发动机噪声指标是否满足设计要求，特别是可以用于评估发动机部件降噪设计的效果，认识降噪设计措施的有效性和降噪幅度，指导发动机降噪设计过程。

（3）为建立和发展航空发动机噪声预测模型奠定基础。通过发动机部件噪声实验，揭示发动机部件设计参数（几何结构参数和气动性能参数等）与噪声辐射的相互关联关系，并在发动机气动声学理论指导下，基于发动机部件声学相似律分析，建立和发展发动机部件噪声预测模型。

（4）为研究发动机部件气动噪声源发声机理和声学特性提供基础数据。通过对发动机部件噪声实验测量和数据分析，认识发动机部件噪声源辐射特性（频谱特性、指向特性等），揭示发动机部件气动噪声辐射的物理机制，弄清发动机噪声辐射与流场相互干涉关系等，为发动机部件降噪设计奠定理论基础。

7.1.2　发动机部件声学实验环境要求和解决方案

飞机飞行过程中航空发动机的噪声是通过大气环境向外传播，其对机场周围环境的影响是飞机适航噪声评价的依据，对飞机机体表面辐射并通过机身向舱内传播是机舱噪声评估的依据。由于声波在大气中的传播非常容易受到外界障碍物的干扰而影响到声辐射的基本特性，因此，为了准确测量航空发动机对大气环境产生的噪声污染和在机身表面产生的声载荷，发动机部件噪声实验中就必须排除外界的干扰和影响，不能让外界干扰的反射声波信号进入测量传声器，也不能将声场辐射信号部分屏蔽或阻挡等。这种实验环境通常称为自由声场环境，即指声场中只有直达声波、没有声波屏蔽遮挡、没有声波反射等。

显然，最简单直接的自由声场环境就是将发动机部件放置在空旷的室外大气环境中，周围没有其他外界干扰物对声波传播的干扰，航空发动机整机噪声实验通常采用这种实验方案。但是，对于航空发动机部件噪声实验，采用这种实验方法具有一定的困难。因为航空发动机部件实验，必须借助于外界的能源供给才能进行运转，例如风扇/压气机实验，必须用外界大功率的电动机驱动，有时甚至需要另外一台小型燃气轮发动机驱动；涡轮实验则必须由外界高压气源系统提供高温高压的空气流驱动，并安装复杂的功率输出测试系统；燃烧实验则必须由外界提供高压气流、燃油等。围绕发动机部件实验所需要的外部供电、供气、供油以及动力系统等，都是复杂的机电系统，都是布置在特定实验室环境下，再考虑到发动机部件极其昂贵复杂的测试系统对防雨、防腐蚀等的特殊需要，因此，很难将发动机部件移动到没有外界干扰的自由空间环境下进行实验。

建立发动机部件全消声实验室或半消声实验室是目前进行航空发动机部件声学实验的普遍方法。

　　所谓全消声室是指一个具有自由声场的房间,或者近似是声吸收特别大的房间。在这种房间内,仅有来自声源的直达声,没有障碍物对声源的影响,也没有来自室外的环境噪声。为了使室内情况接近自由声场环境,室内六个表面都专门铺设吸声系数特别高的吸声结构,最常用的是尖劈、穿孔底板即共振腔结构,在消声室地面的尖劈上方,通常要安装水平的钢丝网,以便放置实验件和测试设备。半消声室则是实验室除了地面外其他五个墙面铺设吸声系数特别高的吸声结构,为了实验台架安装和测试仪器布置,地面是常规硬地面,实验室内只有地面声波反射存在,这类似于发动机在室外自由空间的声学环境。

　　消声室建设目前已经具有工程标准和消声室内自由声场的鉴定标准。图7-1是德国 AneCom 公司风扇噪声全消声实验室[1]和西北工业大学航空叶轮机气动力学与气动声学实验室半消声实验室图片。

(a) 德国AneCom公司风扇噪声全消声实验室[1]　　　　(b) 西北工业大学风扇噪声半消声实验室

图 7-1　航空发动机噪声实验的消声室

　　但是,由于建设发动机消声实验室,增加了发动机实验的成本,使得发动机部件实验进一步复杂化。因此,另外一种发动机部件声学实验的解决方案是,通过发展特殊的声学测量方法,尽量减小常规实验室内声学反射等对测量信号的影响,实现在常规实验室环境对发动机部件噪声测量。由于这种方法能够在现有大量的航空发动机部件实验台进行,因此,成为具有特别吸引力的声学实验方案,是目前进行航空发动机部件声学实验一个简化的解决方案。但是,由于对复杂声学环境声学信号处理的复杂性,这种实验方案并不总是可行的。

7.1.3　发动机部件噪声实验相似律分析技术

　　实验研究就是通过对反映实验对象内部基本规律的参数的测试分析,获得对研究对象基本规律的认识。但是,实验研究绝不仅仅是局限于特定对象、特定工作状况下的实验测量,也不是仅仅进行实验参数测量后就完成,如果仅仅通过对特定对象特定状态下的基本性能参数进行测量,那么实验结果就只能够得出个别物理量之间的相互关系,难以发现和抓住现象的本质和全部,无法向实验条件范围以外的同类现象推广。通过长期实践、总结,人们发展形成了用于指导自然规律实验研究的"相似理论",以相似理论为指导,逐渐形成了研究自然界和工程中各种现象的新方法——"相似律方法",即把个别现象的研究结论推广到其相似的物理现象上的科学研究方法。根据相似性理论分析,将特定对象的实验结果推广到与之相似的研究对象,已经成为科学实验中的重要内容。

对于航空发动机部件噪声实验,同样可以采用相似性理论,将对个别发动机部件噪声实验的结果和规律推广到与之相似的航空发动机部件,这样,可以大幅度降低实验成本,提高实验效率;特别是,依据相似性原理,总结特定发动机部件噪声的一般性规律,建立发动机部件噪声与其设计参数和工作参数的关联关系(通常称为"工程预测模型"),从而能够预测出新设计的同类产品的声学特性。基于这样的实验目的,航空发动机部件噪声实验,就不仅仅是完成特定工作状态下的部件噪声测量,实验过程中,必须在发动机部件气动声学相似性理论的指导下,合理地设计实验参数测试矩阵,在特定实验台架取得尽可能丰富的噪声数据,从而为揭示发动机部件噪声基本规律、建立发动机部件噪声预测模型提供实验数据支撑。

上述这种通过对特定发动机部件噪声的实验测量,基于发动机噪声相似性分析方法,建立发动机部件噪声预测模型,进而完成对飞机和航空发动机声学设计的发动机部件噪声实验技术,在飞机适航噪声和航空发动机声学设计研究中具有特别重要的意义,在航空发动机气动声学设计、降噪和飞机适航噪声研究中起到了非常重要的指导作用。

众所周知,从 20 世纪 70 年代开始,噪声指标作为民用客机进入市场的强制性指标纳入飞机适航取证体系,因此,对大型客机适航噪声指标的预测和控制成为各大飞机/发动机公司面临的首要任务。从那个时候开始,各大发动机公司和航空发动机研究机构,在发动机气动声学基本理论指导下,进行了大量的发动机及其部件噪声实验,并基于相似性分析原理,采用对航空发动机部件设计参数与远场噪声进行关联的数学处理方法,开始发展发动机部件噪声(风扇噪声、燃烧噪声、涡轮噪声、喷流噪声)工程预测模型(有时也称为"半经验预测模型"),用于指导飞机/发动机适航噪声评估和降噪设计。其中,美国 NASA 于 1982 年首次发表的基于发动机部件噪声工程预测模型的飞机适航噪声预测系统(ANOPP)[2],是航空发动机和飞机噪声研究发展历史中的一个重要里程碑,ANOPP 作为民用大型客机和民用航空发动机适航噪声的重要计算分析工具,长期指导大型民用客机和航空发动机噪声设计[3-5]。在 ANOPP 预测软件中使用的航空发动机噪声工程预测模型,包括风扇噪声预测的半经验模型[6,7]、低压涡轮噪声半经验预测模型[8]、燃烧噪声半经验预测模型[9-13]、喷流噪声半经验预测模型[14-19]等,都是基于航空发动机部件远场噪声实验测量数据的相似性关联分析而建立的经典工程预测模型。ANOPP 中发动机部件的工程预测模型在大型客机适航噪声分析研究中取得了很大的成功,并为大型民用客机降噪设计做出了重要贡献。

当然,依据相似性理论、基于特定实验件噪声实验结果建立的发动机部件噪声预测模型,是将复杂的气动噪声产生和传播过程,用简单明了的半经验关联公式进行表示,这既是工程预测模型的优点,也是它的致命缺陷,其预测精度和预测能力受到实验件的设计参数范围、实验条件范围等的限制和约束。一方面,由于工程预测模型采用平均参数预测非定常流动过程的气动声源,这种假设对作为拟合数据来源的同一类发动机是可接受的,但是,对实验数据来源以外尤其是具有新设计概念的发动机部件,预测精度将是无法保证的;另一方面,这种模型是从已知发动机设计的数据通过插值得到另外一个未知新发动机的噪声级,由于不同的发动机公司的发动机设计参数(例如单级压比、叶片展弦比、叶排间隙大小等)的选择很大程度上依赖于各自的经验积累,这样当这些模型用来预测其他发动机公司噪声时,预测精度也是无法估计的;此外,尽管经验方法的预测精度可以通过增加数据库来不断地提高,但是由于噪声是发动机商业竞争的一个重要因素,所有这些数据往往又都是保密的。因此,为了不断提高发动机部件噪声工程预测模型的预测精度,就必须不断加强发动机部件声学的实验数据的积累。

例如,后来许多研究发现,NASA 的 ANOPP 系统中的风扇噪声经验预测模型(Heidmann 模型)对宽频噪声预测存在明显的不足,预测结果与实验测试结果相差明显,因此,Nesbitt 等[20, 21]根据波音飞机上使用的 5 类发动机的噪声实验数据对风扇宽频噪声的预测模型进行了改进。他们通过引入与风扇弦长相关的雷诺数使风扇进口宽频噪声预测结果的准确性有了很大的提高。Guimaraes 等[22]则提出在Heidmann 模型中引入相似因子来提高该模型对于不同尺寸和不同推力的航空发动机风扇噪声预测的通用性。2001 年,Herkes[23]以 Heidmann 模型为基础,根据波音公司、GE 公司、普惠公司和 NASA 的飞机发动机噪声实验数据发展了新的风扇噪声预测模型。2014 年,NASA 格林研究中心的 Krejsa 和 Stone[24]提出将风扇出口噪声和外涵喷流噪声进行整体预测的方法,巧妙地避开以往的风扇噪声预测模型在低频范围内预测能力不足的问题。

同样,针对应用中发现的不足和通用性差的问题,21 世纪以来,涡轮噪声经验预测模型也有了进一步的发展。Morin 和 Atassi[25]基于 Sears 等对涡轮内部叶片排尾迹干涉的研究,提出了一种更为精确的涡轮噪声经验预测模型,该模型的预测结果与 PW 公司的低压涡轮噪声实验数据吻合得很好。Nesbitt[20]则通过对 20 世纪90 年代之后的低压涡轮设计特点和噪声预测需求全面梳理和总结,指出随着涡轮前总温的提高和高负荷低压涡轮设计的采用,用于指导涡轮噪声工程设计的经验预测模型已经无法满足要求,一种新的包含更详细涡轮参数的经验预测模型是目前亟待解决的问题。

从 ANOPP 最初版本发布到现在的 30 多年的时间里,人类航空科学技术已经得到了很大的发展,特别是具有"超安静"特征等大涵道比涡扇发动机技术取得了显著的提高[26, 27],涡扇发动机经历了从第二代向第四代的过渡,新一代航空发动机的气动设计水平和声学设计水平得到了很大的发展,在 ANOPP 最初版本中使用的发动机噪声源工程预测模型面临发展完善的迫切需要。因此,从 20 世纪 90 年代开始,美国及欧盟等就开始开展新的发动机部件噪声实验,并通过对实验数据的相似律分析,构建新的发动机噪声预测模型,从而实现对 ANOPP 软件更新换代。进入 21 世纪以来,随着美国"安静飞机"研制计划 QAT、欧盟飞机噪声降低研究计划 SILENCE 等的实施,NASA 的 Langley 研究中心利用 GE 公司、RR 公司、PW 公司等发动机公司获得的航空发动机部件噪声新模型,于 2011 年又推出了 ANOPP 第二版本即 ANOPP2[28]。综上所述,无论从过去发展飞机噪声预测系统 ANOPP 的成功经验,还是从未来新一代超安静飞机声学评估和设计的迫切需求来看,航空发动机部件噪声实验的相似律分析技术始终是航空发动机部件噪声实验的核心技术。

本章以建立航空发动机主要部件噪声源,即风扇、涡轮、燃烧、喷流等工程预测模型为目标,介绍航空发动机部件噪声实验及其实验相似律分析技术,重点介绍发动机部件声学测量数据相似性分析方法。对于发动机部件声学实验,其实验设计、实验方案选择等本质上与发动机部件气动性能实验是一致的,本章除简要介绍声学测量方案外,不再重复介绍。

7.2　气动声学相似性准则分析

航空发动机是一类以空气和燃气运动做功的动力机械,气动噪声是流体非定常运动过程产生的气流压力脉动向外辐射,因此,航空发动机及其部件气动声学实验,满足流体动力学相似条件。

7.2.1　流体动力学与气动声学相似准则分析

流体动力学模型实验的相似性条件包括几何相似、运动相似、动力相似和热力学相似等,并要求保证模型实验与原型件实验的初始条件和边界条件相同,这样就可以认为模型实验件与原型机中流动的同名运动参数之间存在着一定的共同的比例关系[29, 30]。

(1)几何相似:几何相似是指流动过程具有相同的几何形状,并且一切相互对应的线性尺度均呈比例。

(2)运动相似:运动相似就是指在几何相似的流动中,流体质点的轨迹是几何相似的,而且流过相互对应的迹线段所需的时间又呈比例。

（3）动力相似：动力相似是指在运动相似的流动中,相互对应的流体质点上受同名力作用且呈比例。

（4）热力学相似：热力学相似是指在运动相似的流动中,相互对应点的流体温度呈比例,且通过对应点上相互对应的微小面积的热流量方向相同,大小呈比例。

根据对流体动力学基本方程的无量纲分析,可以得出流体动力学相似的必要和充分条件是：流场(速度场、压力场、温度场等)的几何相似,而且在无量纲方程组及初始条件和边界条件中包含的所有无量纲参数都对应相等。当满足这样的条件时,两个流动所得到的无量纲形式的解必然相同,也就是说,在相互对应的点上,所有的无量纲量(包括速度、压力、温度、热流量等无量纲量)都相等,出现在流体力学方程组和边界条件中的无量纲的组合数也对应相等。通常将这些无量纲组合数称为相似准则。

航空发动机内部工作介质是空气或燃气,通常重力和浮力与其他力比较起来可以忽略不计,则气流微团所受的作用力主要包括气体的压力、惯性力、黏性力等,对于气动声学问题,通常可以假定壁面是绝热边界,即表征壁面对流换热与热传导之比的努赛尔数为零,则出现在流体动力学基本方程和边界条件中无量纲组合数(相似性准则数)就有[29, 30]

$$V^* = V^*\left(St,\ Re,\ Ma,\ Pr,\ \frac{\lambda_0}{\mu_0},\ x_i^*,\ t^*\right)$$

$$P^* = P^*\left(St,\ Re,\ Ma,\ Pr,\ \frac{\lambda_0}{\mu_0},\ x_i^*,\ t^*\right)$$

$$T^* = T^*\left(St,\ Re,\ Ma,\ Pr,\ \frac{\lambda_0}{\mu_0},\ x_i^*,\ t^*\right)$$

$$Nu = Nu\left(St,\ Re,\ Ma,\ Pr,\ \frac{\lambda_0}{\mu_0},\ x_i^*,\ t^*\right)$$

在上面公式中,上标 $*$ 表示无因次参数; $\frac{\lambda_0}{\mu_0}$ 表示流体膨胀黏性应力与分子黏性应力之比;下标 i 表示的是矢量三个方向。在边界条件中给定壁面热流量时, Nu 数决定问题性质的"定型"准则数;在边界条件中给定壁面温度时, Nu 数是"非定型"准则,由问题的解所决定,在绝热壁情况下, $Nu=0$,对于气动声学问题大部分可以认为 $Nu=0$ 。

St , Re , Ma , Pr 等分别是斯特劳哈尔数、雷诺数、马赫数、普朗特数等无量纲参数。

（1）斯特劳哈尔数（Strouhal number），符号表示为 St：斯特劳哈尔数是表征流动非定常性的相似准则，是非定常空气动力实验中要模拟的相似准则，对于周期性的非定常流动，用特征频率 f 表示的斯特劳哈尔数为（噪声频谱经常使用这个无因次频率参数）

$$St = \frac{Lf}{v}$$

（2）雷诺数（Reynolds number），符号表示为 Re：表征黏性影响的相似准则数。其物理意义是惯性力和黏性力的比，定义为

$$Re = \frac{\rho v L}{\mu}$$

（3）马赫数（Mach number），符号表示为 Ma：表征流体可压缩程度的无量纲参数，其物理意义是流场中某点的速度同该点的当地声速之比，定义为

$$Ma = \frac{v}{c}$$

（4）普朗特数（Prandtl Number），符号表示为 Pr：表示流体中能量和动量迁移过程相互影响的无因次组合数，其物理意义是温度边界层和流动边界层的关系，定义为

$$Pr = \frac{c_p \mu}{\lambda}$$

普朗特数是流体力学中表征流体流动中动量交换与热交换相对重要性的一个无量纲参数，表明温度边界层和流动边界层的关系，反映流体物理性质对对流传热过程的影响，在气动噪声分析中，当不考虑熵梯度产生的噪声源的情况下，就可以不考虑普朗特数这个准则。

（5）物性参数：分别是表征流体动力黏性系数、流体热传导系数、流体的定压比热、绝热指数（比热比）等。

如前所述，航空发动机气动噪声是发动机内部空气或燃气的非定常运动过程产生的气流压力脉动向外辐射，因此，发动机部件气动噪声相似性实验就需要满足流体动力学相似条件，即满足几何相似、运动相似、动力相似和热力学相似等，并要求相似的部件之间初始条件和边界条件相同。满足相似性条件的两个部件，用无量纲形式表示的气动力学和气动声学方程的解就相等，在相互对应的测点上的无量纲量也都相等。因此，发动机部件气动噪声相似性实验的重要目的，就是找到用无量纲物理量描述的气动噪声方程。

但是仔细分析流体动力学相似准则就可以发现，在实际工作中，要同时满足流

动的相似性所有条件将是非常困难的。

第一,由于航空发动机部件几何结构的复杂性,要完全保证实验件之间几何相似非常困难。航空发动机都是轴对称的环形几何通道,因此,部件的几何相似包括子午流道相似和三维流道相似等,例如,对于叶轮机(风扇、压气机、涡轮等部件),就要求部件子午流道的圆柱形(圆环形)进口直径之比、出口直径之比、进出口流道环形高度之比、轴向长度之比、叶排间距之比、叶片弦长之比、叶片最大厚度之比等都是相同。显然,在实际工作中这是难以实现的,例如要把大尺寸的压气机或者涡轮做成缩比尺寸模型,为了保证模型件的安全运转,转子叶片间隙就不能按照等比例进行缩比。另外叶片表面的光洁度要按照比例提高,工艺上也有困难。甚至叶片的最大厚度按照等比例缩小之后,强度可能就无法保证。

第二,由于流体运动非线性的本质属性,要保证实验件之间流体动力学中所有无量纲参数相等也是难以实现的。例如,假定两个实验件尺寸相比是 $1:2$,为了保持其流动雷诺数相等,在工作介质参数相同前提下,就必须使得小尺寸实验件的流动速度增大 2 倍,那么,要保证两个实验件流动马赫数相同,唯一办法是增大小尺寸实验件空气的温度、提高声速、减小马赫数,而根据声速与气体温度关系,速度增大 2 倍,气流温度就需要增大 4 倍,这在实际工作中就很难做到,而且气体温度的剧烈增大还会对介质特性参数带来改变,这又破坏了其他相似性准则参数的一致性要求;如果进一步考虑非定常运动的斯特劳哈尔数也相等,那么小尺寸实验件的气流速度又需要减小而不是增大,显然这又与保持马赫数相等、对速度增大的要求相互矛盾。对实验件流动无量纲准则数之间相互矛盾的要求,是流体非线性运动本质特性所决定。

那么,是否就说对于发动机部件气动声学相似性实验就没有实际意义?答案显然是否定的。因为,对于任何复杂的研究对象,当采用实验研究手段进行研究时,总是有具体的实验目标,总可以找到影响我们关心的物理量的主要因素,抓住主要矛盾而忽略一些次要因素,保证影响实验结论的主要几何参数和主要无量纲参数必须相似,其他难以满足的次要相似条件可以放宽处理,从而保证研究对象主要物理规律和物理量的相似性。例如,对于风扇/涡轮等叶轮机部件的主要气动性能如增压比、通流能力等的研究,就可以不考虑叶尖间隙的几何相似(许多缩小型压气机效率比原型尺寸压气机效率低,其原因就是缩型压缩机相对叶尖间隙大使得与原型机没有严格保证几何相似);对于流动雷诺数都是大于自模化雷诺数的发动机部件,其主要气动性能参数如做功能力、流通能力等,就可以不考虑雷诺数相等这一个相似条件。

7.2.2　流体力学相似理论在发动机部件实验中的应用

本节以压气机为例介绍发动机部件实验的相似准则。

根据流体力学相似性原理,可以确定两台航空发动机压气机流场和气动性能相似的条件就是:几何相似、对应点速度三角形相似(运动相似)、对应点流动 Ma 数和 Re 数相等。在目前航空发动机运行工作条件下,压气机内部流动雷诺数一般都大于黏性流动的自模化雷诺数,即处于自模化流动,因此,压气机流体动力学相似就可简化为对应点流动马赫数相等。进一步根据压气机叶栅速度三角形关系可以证明,只要压气机进口轴向马赫数和切线马赫数保持不变,压气机的对应点速度三角形就相似(运动相似)[31, 32]。

因此,根据压气机流动的基本规律,按照流体运动相似性原理,可以得到压气机气动相似的条件就是:在几何相似的条件下,只要压气机进口气流轴向马赫数 M_a 和切线马赫数 M_u 相等,则几何相似的压气机必然是流体动力学相似,这时压气机的增压比和效率相同,压气机的特性线只是 M_a 和 M_u 的函数,即

$$\pi_k^* = f_1(M_a, M_u)$$

$$\eta_k^* = f_2(M_a, M_u)$$

(7 - 1)

如果以相似参数 M_u 为参变量,以相似参数 M_a 为自变量,就可以得到如图 7 - 2 所示的压气机特性线。显然用相似参数 M_a 和 M_u 绘制的压气机特性线不受压气机进口条件的影响,只要 M_a 和 M_u 相同,则相似几的压气机的增压比就相同。这种压气机特性就是所谓的"通用特性",这个通用特性线适用于任何与其几何相似的压气机。

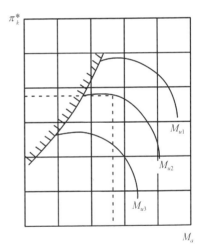

图 7 - 2　用 M_a 和 M_u 表示的压气机特性线

由于压气机的相似准则数和压气机流场中各点的其他无因次流动参数是互为函数关系的,因此,也可以选用与 M_a 和 M_u 成为函数关系的其他无量纲组合参数作为描述压气机特性的自变量。在压气机气动性能实验中,更方便的是采用与转速相关的无量纲相似参数,包括用压气机进口直径 D 和气流静温无因次化的相似参数 $\left(\dfrac{nD}{\sqrt{T_a}}, \dfrac{V_a}{D^2\sqrt{T_a}}\right)$、用压气机进口气流总温和总压无因次化的相似参数 $\left(\dfrac{n}{\sqrt{T_a^*}}, \dfrac{m_a\sqrt{T_a^*}}{p_a^*}\right)$(称为换算转速和换算流量)。如图 7 - 3 所示用换算转速和换算流量描述的压气机特性线,以上关系可以用下面公式表示:

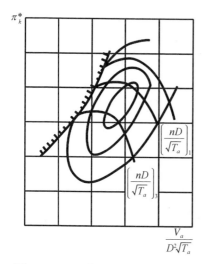

图 7-3 用换算转速和流量表示的
压气机特性线

$$\pi_k^* = f_1\left(\frac{nD}{\sqrt{T_a}}, \frac{V_a}{D^2\sqrt{T_a}}\right) \quad (7-2a)$$

$$\eta_k^* = f_2\left(\frac{nD}{\sqrt{T_a}}, \frac{V_a}{D^2\sqrt{T_a}}\right)$$

$$\pi_k^* = f_1\left(\frac{n}{\sqrt{T_a^*}}, \frac{m_a\sqrt{T_a^*}}{p_a^*}\right) \quad (7-2b)$$

$$\eta_k^* = f_2\left(\frac{n}{\sqrt{T_a^*}}, \frac{m_a\sqrt{T_a^*}}{p_a^*}\right)$$

原则上讲,上述压气机气动性能实验相似性
准则也可以推广到气动噪声实验中来。但是,正
如前面所述,发动机气动噪声是由于其内部非定
常气动运动过程所产生,因此在讨论压气机气动
声学相似性时就必须考虑关联非定常特性的相似参数——斯特劳哈尔数,而压气机
产生的噪声频谱斯特劳哈尔数与压气机转速密切相关,因此,对于压气机噪声的相似
性实验分析,需要采用换算转速 $nD/\sqrt{T_a} = f_1(M_u)$、换算流量 $V_a/D^2\sqrt{T_a} = f_2(M_a)$、
换算频率 $st = fD/V_a$ 等相似参数(其中,D 是压气机直径,n 是转速,T_a 是压气机进口
气流温度,V_a 是压气机进口气流速度,f 是噪声频率)。另外,需要指出的是,航空发
动机宽频噪声与发动机内部湍流流动过程密切相关,影响宽频噪声源的主要因素是
发动机部件内部湍流流动过程,由于湍流流动特征与雷诺数密切相关,因此,在气动
声学实验中,雷诺数也就成为必须考虑的重要无因次参数。

本章以航空发动机风扇、压气机、涡轮、燃烧室、喷管等部件的声源特性实验测
试为对象,以分析发动机部件典型声源发声物理机制为主要依据,研究在气动相似
(几何相似、运动相似、动力相似)条件下的发动机部件噪声相似关系和相似参数,
以获得描述发动机部件噪声特性的一般公式。

7.3 叶轮机噪声相似律分析

航空叶轮机包括风扇、压气机、涡轮等,其内部流动过程和气动噪声产生的物
理机制相似,因此对其气动声学实验的相似律分析也相近。本节以风扇噪声为例,
介绍航空发动机叶轮机部件噪声实验数据的相似律分析方法。

7.3.1 风扇噪声总声功率相似律关系分析

20 世纪 50 年代,许多研究者就开始试图建立风扇/压缩机气动噪声与设计参

数和工作参数的关联关系式,考虑到气动噪声能量是风扇对气流做功过程耗散掉的能量,因此,关于风扇噪声声能量与风扇参数的相关性都是以如下的假设开始:

$$P_{\text{sound}} = \eta_c \cdot P_{\text{shift}} \tag{7-3}$$

其中, P_{sound} 表示风扇产生的声功率; η_c 是针对风扇噪声实验数据分析的能量转换效率; P_{shift} 是风扇轴功率,风扇大小或尺度对噪声的影响通过方程式(7-3)中的轴功率得以考虑。研究发现转换效率 η_c 与风扇的比功呈线性关系,可由风扇级的总温升 ΔT 直接关联,即

$$\eta_c = A \cdot \Delta T \tag{7-4}$$

其中, A 是常数。

早在 1949 年,Madison[33] 就按照上述思想给出了小型通风压缩机噪声相似律,他指出,对于在压升-体积流量特性线同一点上运行的几何相似的风机,其总声功率 P 与体积流量 Q 的一次方、风机静压升 Δp_s 的平方呈比例,即

$$P_{\text{sound}} \propto \Delta p_s^2 \cdot Q \tag{7-5}$$

这个风机噪声相似律关系是在假设风机空气动力学相似、且流体黏性影响可以忽略的情况下导出的。虽然从精确量纲分析的角度来看这个关系并不严格,但是 Madison 的风机噪声相似律关系已经成为有关风机、风扇、压气机、涡轮等叶轮机气动噪声声功率预测公式的基础,对于风机声功率级,其预测公式就是

$$L_w = L_{WsM} + 10\lg(Q/Q_0) + 20\lg(\Delta p_s/\Delta p_{s0}) \tag{7-6}$$

因为 Madison 主要研究的是低压比的通风压缩机,因此他采用的是风机中常用的体积流量与压升这两个参数,式(7-6)中, L_{WsM} 是针对特定类型风机和特定工作状态的声率(常数), Q_0 和 Δp_{s0} 分别是参考流量和参考压升,分别是 $Q_0 = 1\ \text{m}^3/\text{s}$, $\Delta p_{s0} = 1\ \text{Pa}$。在 Beranek[34] 关于风机噪声的经典著作中,将风机的压升进一步改用风机功率表示,给出了通用的低压比通风机总声功率的预测公式是

$$\text{PWL} = 138 + 20\lg P_{\text{shift}} - 10\lg Q \tag{7-7}$$

其中, Q 是用每分钟立方英尺表示的风扇体积流量, P_{shift} 是用马力表示的驱动风扇电机的额定功率。

20 世纪 70 年代,面对国际民航组织增加的飞机适航噪声指标强制性要求,西方航空发达国家飞机公司和发动机公司等进行了大量发动机部件噪声实验,其中美国 NASA 刘易斯研究中心在室外实验台架进行的 8 台单级风扇噪声实验数据最为全面[35, 36],他们的实验数据表明轴流风扇噪声转换效率 η_c 是[6, 37]

$$\eta_c = 0.955 \times 10^{-6} \cdot \Delta T \tag{7-8}$$

由此,可以得到航空发动机风扇噪声声功率的相似律关系是

$$PWL = 98.5 + 10\lg \Delta T + 10\lg P_{shift} \tag{7-9}$$

其中,PWL 是总声功率(单位是 dB,参考声功率是 $10^{-13}w$);温升 ΔT 是用华氏温度表示;轴功 P_{shift} 单位是马力。Heidmann 等[6]应用上式对 NASA 的 8 台风扇实验数据进行关联分析发现,除叶尖超声速的风扇外(风扇 C),其他风扇噪声总声功率与上式的拟合误差均在∓2 dB 之内,如图 7-4 所示。

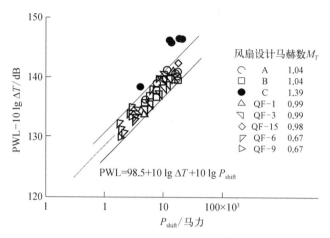

图 7-4　NASA 刘易斯研究中心对 8 台风扇噪声
总声功率的实验数据关联分析结果[6]

根据风扇功率、流量等的换算关系,应用 Beranek[34]关于风机噪声的经典公式(7-7),可以将公式(7-6)转换成如下形式(用压气机温升表示):

$$PWL = 104.5 + 10\lg \Delta T + 10\lg P_{shift} \tag{7-10}$$

可以看出,Beranek 公式(7-7)与 NASA 风扇噪声实验数据总结的关联关系式(7-9)相比较,Beranek 公式预测的风扇总声功率比实验结果大 6 dB。Heidmann 等指出,因为实际上驱动风扇的额定电机功率始终大于方程式(7-9)中使用的输出功率,如果保守假设额定功率等于输出功率的两倍,则 Beranek 公式预测结果与 NASA 风扇噪声测试结果就会完全吻合。因此,NASA 的风扇噪声实验结果进一步证实了 Beranek 公式的可靠性。

如果应用风扇/压缩机空气动力学特性相似律关系,$Q \propto UD^2$,$\Delta p_s \propto \rho_0 U^2$($D$ 和 U 分别是风机直径和叶尖速度,ρ_0 是气流的密度),则由式(7-6)就可以得到风机声功率 $P \propto \rho_0^2 D^2 U^5$,显然风机噪声与其叶尖气流速度 5 次方呈比例关系。1970 年,Lowson[38]从噪声产生的物理过程分析入手,基于 Lighthill 声类比理论,经过严格数学推导得到转静干涉单音的总声功率与风扇面积呈线性关系、与风扇设计叶尖速度呈 5 次幂关系,并在风扇噪声球面扩散的假设条件下得到了距离风扇 200

英尺处风扇噪声声压级计算公式为

$$\text{SPL} = 50\lg V_T + 20\lg D - 75 \qquad (7-11)$$

式中,V_T 是压缩机叶尖速度,单位为英尺/秒;D 是压缩机直径,单位为英寸。

但是与罗罗(R·R)公司、普惠(PW)公司等 6 个发动机公司的风扇噪声的实验数据的对比显示,公式(7-11)预测噪声与实验数据分散度明显大于公式(7-9)对 NASA 的 8 个风扇噪声实验数据的预测分散度,如图 7-5 所示。

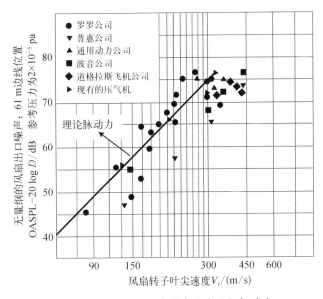

图 7-5 **Lowson 风扇噪声总声压级与叶尖
速度关联及与实验数据对比**[38]

Goldstein[39] 在其著名的气动声学著作中指出,空气动力学噪声源总声功率可以采用如下的关系描述,

$$P \propto \rho_0 L^2 u^3 \left(\frac{u}{c_0} \right)^m \qquad (7-12)$$

其中,L 是气动噪声源的特征尺寸;u 是气流速度;c_0 是声速;气流马赫数 $M_0 = u/c_0$ 的指数 m 依赖于声源性质不同而不同,在自由声场条件下,单极子声源的马赫数指数是 1,偶极子声源的马赫数指数是 3,四极子声源的马赫数指数是 5。显然,上述风机噪声总声功率与转子叶尖气流速度关系的指数呈 5 次方,既不同于偶极子的 6 次方关系[注意公式(7-12)中速度指数是 $3+m$],也不同于单极子的 4 次方关系。这种不一致的关系促使了 Chanaud[40] 对直径范围在 $D = 115 \sim 230\,\text{mm}$ 的四个无机匣包容单转子的声学实验,尽管对整个频带总声功率级的测量结果符合

Madison 的风机噪声与叶尖速度 5 次方的依赖关系,但当去除了低于 100 Hz 频率的噪声时(由于在 100 Hz 以下测量精度不足),这时风机噪声总声功率与叶尖速度关系的指数略大于 6,因此,Chanaud 指出,风机转子噪声源声功率与转子速度的关系更接近偶极子噪声源与速度的关系。

然而,需要注意的是,气动噪声源的速度幂指数 m 不仅是声源类型的函数,而且与声传播类型相关,正如 Heckl 等[41]和 Bartenwerfer[42]所指出的,严格讲,公式(7-12)中马赫数的指数是

$$m = (n_{\dim} - 3) + (2e - 1) \tag{7-13}$$

其中,对于三维声传播情况(即自由声场传播),$n_{\dim} = 3$;对于二维声传播情况,$n_{\dim} = 2$;对于一维声传播情况(即管道声传播),$n_{\dim} = 1$。对于单极子、偶极子和四极子声源,e 分别等于 1、2 和 3。

7.3.2 风扇噪声频谱相似律关系分析

在上述的风扇噪声分析中,并未给出风扇噪声频谱的相似律关系。Maling[43]首次研究了风扇噪声频谱与设计参数的关联关系,他指出,在风扇噪声频谱分析中,应该使用噪声频率和风扇转速之比 f/n 作为风扇噪声频谱的无量纲频率参数。1971 年,德国宇航院的 Weidemann[44]对风机噪声频谱进行了量纲化分析研究,得到了风机噪声频谱与无量纲参数之间的一般函数关系式是

$$p_\omega = p_\infty F_\omega(Re, Ma, St, x_i/D, \varphi, \kappa) \tag{7-14}$$

其中,p_∞ 选择的是适当的参考压力;噪声测量位置无量纲坐标用风机直径 D 无因次化,即 x_i/D;风机工作介质流体的绝热等熵指数用 κ 表示。Re、Ma、St 分别是雷诺数、马赫数和斯特劳哈尔数,其定义分别是

$$Re = \frac{UD}{\nu} \tag{7-15}$$

$$Ma = \frac{U}{c_0} \tag{7-16}$$

$$St = \frac{fD}{U}\frac{\pi}{Z} = \frac{f}{\text{BPF}} \tag{7-17}$$

其中,ν 是流体的运动黏性系数;c_0 是声速;Z 是风扇转子叶片数。

对于单音噪声和随机宽频噪声,上式中的噪声频谱 p_ω 的定义不同。对于单音噪声,风机噪声频谱的定义是用绝对声压:

$$p_\omega = \Delta\tilde{p} \tag{7-18}$$

对于随机宽频噪声,风机噪声频谱的定义是用无因次声压:

$$p_\omega = \frac{\Delta \tilde{p}}{(\Delta f D/U)^{1/2}} \tag{7-19}$$

对于随机宽频噪声,经过滤波的声压 $\Delta \tilde{p}$ 与滤波器带宽 Δf 相关,该滤波器带宽则由叶轮直径 D 和叶尖速度 U 无因次化。

单音噪声的无因次频率斯特劳哈尔数是正整数 1,2,3…,分别对应转子叶片通过频率 BPF 及其谐波的倍数,对应公式(7-17)中最右端项。随机宽频噪声的无因次频率斯特劳哈尔数则是非整数的值,对应公式(7-17)中的中间项。在 κ、φ(流量系数)、x_i/D 为常数的条件下,Weidemann 获得了离心通风机声压频谱的经验关联公式为[44]

$$p_\omega = p_\infty \cdot Re^\beta \cdot Ma^\alpha \cdot F(St) \cdot G(He),\ \kappa,\ \varphi,\ x_i/D = 常数 \tag{7-20}$$

在这个公式中,引入了考虑风扇尺寸效应的无量纲参数——亥姆霍兹数:

$$He = \frac{D}{\lambda} = Ma \cdot St \cdot \frac{Z}{\pi} \tag{7-21}$$

方程式(7-20)右侧的第二项和第三项与风机总声功率相关联,如前所述,关联噪声总声功率的参数包括叶尖速度 U、风机直径 D 和流速(流量) ν 等。Weidemann 的实验结果与方程(7-20)的函数形式一致,对于离散单音噪声,马赫数和雷诺数影响的指数分别是 $\alpha_d = 2.6$ 和 $\beta_d = 0.2$,对于随机宽频噪声,马赫数和雷诺数影响的指数分别是 $\alpha_r = 2.6$ 和 $\beta_r = 0$。

图 7-6 和图 7-7 分别是德国宇航院 Neise 等[45-47]采用上述频谱关联公式对三台不同尺寸通风机单音噪声和宽频噪声频谱实验数据的关联分析结果,可以看出,采用上述公式(7-17)、公式(7-18)、公式(7-19)可以取得对风机噪声频谱

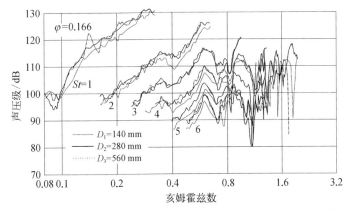

图 7-6　德国宇航院对三台风机单音噪声频谱实验数据关联分析[47]

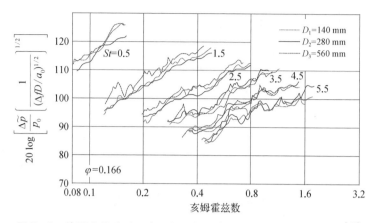

图 7 - 7　德国宇航院对三台风机宽频噪声频谱实验数据关联分析[47]

实验数据良好的关联。

　　但是，Neise 等[45-47]在总结了风扇噪声频谱关系之后进一步发现，风机噪声声压级频谱与叶尖速度关系的指数 $\gamma = \alpha + \beta$ 存在明显的分散情况，叶尖速度的指数不仅取决于风机类型，而且还与风机运行条件、风机进出口管道系统等有关。为此，Neise 等将风机噪声频谱相似律的关系中的参考声压 p_0 改为 $\rho_0 U^2$，叶尖速度的指数不再作为变量出现在噪声公式，得到如下关联公式：

$$p_\omega = \rho_0 U^2 \cdot \hat{F}(St, Re, \varphi, x_i/D) \cdot \hat{G}(He, Re, \varphi, x_i/D) \qquad (7-22)$$

公式（7-20）和公式（7-22）的重要特点就是将风机噪声频谱用独立的频谱函数进行关联，对于几何相似、尺寸不同的风扇，函数 $F(st)$ 和 $G(He)$ 或者函数 $\hat{F}(St)$ 和 $\hat{G}(He)$ 都具有相同的形式，后来建立的航空叶轮机（风扇、压气机、涡轮等）噪声预测模型都采用了这种方式的频谱函数关联关系。

　　图 7-8 和图 7-9 分别是德国宇航院 Neise 等[46, 47]对通风机单音噪声和宽频噪声频谱实验数据对风扇尺寸效应关联函数 G 的关联分析结果。

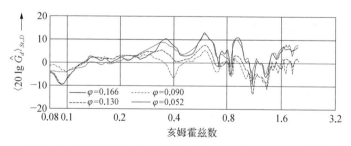

图 7 - 8　德国宇航院对风扇单音噪声 G 函数的关联分析[47]

　　图 7-10 和图 7-11 分别是德国宇航院 Neise 等[47]对三台不同尺寸通风机单音噪声和宽频噪声频谱函数 F 实验数据的关联分析结果。

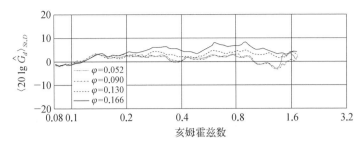

图 7-9　德国宇航院对风扇宽频噪声 G 函数的关联分析[47]

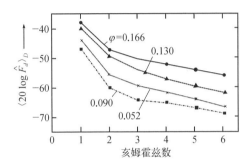

图 7-10　德国宇航院对风扇单音噪声
频谱函数 F 的关联分析[47]

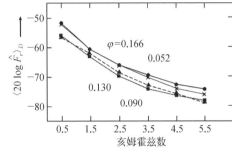

图 7-11　德国宇航院对风扇宽频噪声
频谱函数 F 的关联分析[47]

上述实验数据的关联分析结果表明,采用式(7-20)或式(7-22)的风扇噪声频谱关联方法,可以实现将复杂的噪声频谱进行归一化的处理。Weidemann、Neise 等的重要贡献是将风机噪声频谱 p_ω 由依赖于不同频率参数的两个谱函数 $F(St)$ 和 $G(He)$ 关联起来,其中,函数 $F(St)$ 的自变量是 Strouhal 数,描述了风机气动噪声的频谱分布,这种频谱描述方法现在已经成为模拟航空叶轮机噪声频谱的常用方法。而第二个函数 $G(He)$ 的自变量是亥姆霍兹数,它是一个几何参数的函数,即叶轮直径与辐射声波波长之比,可以看作是一个声学系统响应函数,反映不同尺寸风机中声共振和辐射特性等引起的噪声频谱的偏差。在他们的研究工作之后,有关航空叶轮机气动噪声频谱的实验分析,都是按照这个思路进行,例如,Bent 等发展的叶轮机噪声测量技术[48,49],NASA 发展的民用大涵道比涡扇发动机风扇噪声、涡轮噪声预测模型等[7,8]。需要说明的是,对于大型民用航空发动机的叶轮机(风扇、低压涡轮等),因为风扇和涡轮直径都是大于航空声学所关心的噪声频率范围的声波波长,因此通常不再采用考虑几何尺寸效应的声学系统响应函数 $G(He)$。

7.4　基于相似律分析的风扇噪声预测模型及其发展

7.4.1　基于相似律分析的风扇噪声预测模型

基于风扇噪声相似律分析方法,在对 NASA 刘易斯研究中心 8 台单机风扇远场噪声实验数据系统分析的基础上,1979 年 Heidmann[7] 给出了用于预测中、高涵道比(BPR<8.0)的涡轮风扇发动机风扇噪声的经验模型,通常称为 Heidmann 模型。Heidmann 风扇噪声模型在航空发动机适航噪声预测研究中起到了重要指导作用,如前所述,在 20 世纪 80 年代 NASA 发展的著名飞机适航噪声预测软件系统 ANOPP 以及其后的各种改进模型中,风扇噪声预测模型都是基于 Heidmann 模型及其发展。Heidmann 模型认为,混合排气式涡轮风扇发动机的风扇噪声仅通过发动机进口向外辐射,而分开排气式涡轮风扇发动机的风扇噪声除了从发动机进口向外辐射,还通过外涵道出口向外辐射,风扇噪声的组成见表 7-1。

表 7-1　涡扇发动机风扇噪声的组成

发 动 机 类 型	风扇噪声分类	风扇噪声的组成成分
混合排气涡扇发动机	风扇/压气机进口管道辐射噪声	离散单音噪声 宽频噪声 组合单音噪声
分开排气涡扇发动机	风扇/压气机进口管道辐射噪声	离散单音噪声 宽频噪声 组合单音噪声
	外涵道出口管道辐射噪声	离散单音噪声 宽频噪声

　　针对表中风扇噪声各分量,Heidmann 给出了每一种噪声分量声压级、频谱函数和指向性函数等的半经验预测公式,其中,单级风扇进口、出口宽频噪声频谱峰值声压级经验关联公式是

$$L_{c,bb} = 20 \cdot \lg\left(\frac{\Delta T}{\Delta T_{ref}}\right) + 10 \cdot \lg\left(\frac{\dot{m}}{\dot{m}_{ref}}\right) + F_1[(M_{TR}),(M_{TR})_D] + F_2(RSS) + F_3(\theta)$$

$$(7-23)$$

式中,ΔT 是风扇总温升,单位为 K;$\dot{m}$ 是风扇进口流量,单位为 kg/s;ΔT_{ref} 是参考风扇总温升,取 0.555 K;$\dot{m}_{ref}$ 是参考风扇进口流量,取 0.453 kg/s;F_1 是采用叶尖相对马赫数 M_{TR} 对宽频噪声的修正函数,$(M_{TR})_D$ 是风扇设计点叶尖相对马赫数;F_2 是采用转静间距 RSS 对宽频噪声的修正函数,其中 RSS = $C2/C1$,$C2$ 为转子叶片和静子叶片的轴向间距,单位为 m,$C1$ 为转子叶片的轴向弦长,单位为 m;F_3 是宽频噪声关于极方向角 θ 的指向性函数。应用频谱函数对 $L_{c,bb}$ 进行频谱修正[即公式(7-22)函数 $F(St)$],就得到风扇进口、出口宽频噪声的 1/3 倍频程声压级频谱:

$$SPL_{bb}(f_i) = L_{c,bb} + F_4(f_i/f_b) \qquad (7-24)$$

式中,F_4 是宽频噪声的 1/3 倍频程频谱函数;f_i 是第 i 个 1/3 倍频程的中心频率,单位为 Hz,$i=1\sim24$;f_b 是含转子叶片通过频率的 1/3 倍频程的中心频率,单位为 Hz。

　　单级风扇进口、出口离散单音噪声的峰值声压级 $L_{c,tone}$ 的计算公式形式与式

(7-23)的形式相同：

$$L_{c, \text{tone}} = 20 \cdot \lg\left(\frac{\Delta T}{\Delta T_{\text{ref}}}\right) + 10 \cdot \lg\left(\frac{\dot{m}}{\dot{m}_{\text{ref}}}\right) + F_1\left[(M_{\text{TR}}), (M_{\text{TR}})_D\right] + F_2(\text{RSS}) + F_3(\theta)$$

$$(7-25)$$

但对于单音噪声,式(7-25)中的修正函数 F_1、F_2 和指向性函数 F_3 与公式 (7-23)中的不同,采用频谱函数对 $L_{c, \text{tone}}$ 进行修正,就得到风扇进口、出口离散单音噪声的 1/3 倍频程频谱是

$$\text{SPL}_{\text{tone}}(f_i) = L_{c, \text{tone}} + 10 \cdot \lg\left[10^{0.1F_4(f_i/f_b)} + 10^{0.1F_5(f_i/f_b)}\right] \qquad (7-26)$$

式中, F_4 是考虑模态截止对单音频谱的修正; F_5 是风扇进口来流畸变对单音频谱的修正。

当风扇转子叶尖处于超声速工作状态时,在风扇进口会产生向前传播的激波噪声,通常称为组合单音噪声、蜂鸣噪声或锯齿噪声。组合单音噪声峰值声压级的计算公式为

$$L_{c, \text{ct}} = 20 \cdot \lg\left(\frac{\Delta T}{\Delta T_{\text{ref}}}\right) + 10 \cdot \lg\left(\frac{m}{m_{\text{ref}}}\right) + F_1\left[(M_{\text{TR}})\right] + F_2(\theta) \qquad (7-27)$$

式中, F_1 是叶尖相对马赫数对组合单音噪声的修正; F_2 是组合单音噪声的极方向角指向性函数;对 $L_{c, \text{ct}}$ 进行频谱修正就得到了组合单音噪声的 1/3 倍频程频谱：

$$\text{SPL}_{\text{ct}}(f_i) = L_{c, \text{ct}} + F_3(f_i/f_b) \qquad (7-28)$$

同样,组合单音噪声计算公式(7-27)、公式(7-28)中的修正函数 F_1、F_2 和 F_3 等与宽频噪声、单音噪声的计算公式中的相关函数也不相同。

由公式(7-23)~公式(7-28)就构成了对大涵道比涡扇风扇进出口噪声预测的完整关联关系,这种基于风扇噪声相似律分析的噪声预测方法,在航空发动机噪声预测和大型客机适航噪声预测中得到了很好的应用,大量的工程实践应用表明,其对航空发动机风扇噪声总声压级预测的误差不超过 3 dB[2, 28]。

如前所述,将气动噪声复杂的产生和传播过程用简单的经验关联公式进行表示,既是基于相似律的半经验方法的优点,也是它的致命缺陷,其预测精度受到多种因素的限制。一方面,由于半经验方法采用平均参数预测非定常气动声源,这种假设对作为拟合数据来源的同一类发动机是可接受的,但是,对实验数据来源以外尤其是具有新设计概念的发动机,预测精度将是无法保证的;另一方面,由于不同的发动机公司设计理念的差异,设计经验积累的不同,其发动机设计参数(如级增压比、展弦比、载荷分布等)的选择明显不同,这样基于不同设计思想的发动机噪声与设计参数的关联关系也会有一定差异。因此当这类模型用来预测其他发动机公司噪声时,预测精度也会存在较大差异。因此,随着航空发动机设计技术的不断进步,基于实验数据相似律分析的发动机部件半经验噪声预测模型也需要不断发展完善。

从 20 世纪 80 年代 ANOPP 第一版成功推出以来,随着民用航空发动机设计技术的不断进步,以及航空发动机部件噪声实验数据的不断积累,发动机部件噪声预测模型也在不断改进发展,美国 NASA 分别针对四类不同飞机类型发展了相应的发动机噪声模型,进而开发了 ANOPP2[28]。与 ANOPP 预测系统的发展相对应,Heidmann 风扇噪声模型也经过多次发展完善[3, 4, 22-24]。2014 年,Krejsa 等[24] 以 NASA 直径为 22 英寸、设计增压比为 1.47、设计叶尖速度达 370.33 m/s 的当代典型单级风扇的丰富噪声实验数据为依据,对不同形式 Heidmann 风扇噪声预测模型进行了分析,研究结果表明基于 Heidmann 模型对风扇噪声总声功率和总声压级都具有良好的预测效果,但是普遍对风扇宽频噪声频谱预测偏差较大,特别是,在频率低于 1 000 Hz 的范围内,预测结果明显偏低。

Krejsa 等应用五种不同风扇噪声预测方法对 NASA 的 22 英寸风扇在 60°和 120°方向角的噪声频谱预测及与实验数据对比结果如图 7 - 12 所示。由图 7 - 12

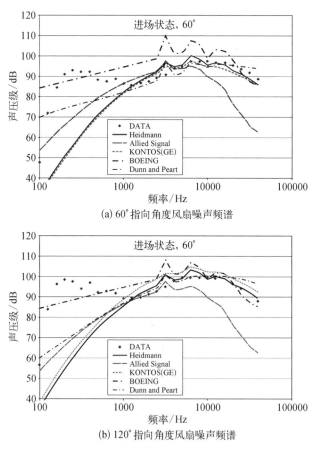

(a) 60°指向角度风扇噪声频谱

(b) 120°指向角度风扇噪声频谱

图 7 - 12　不同风扇噪声预测模型与 NASA 单级
风扇噪声实验数据对比

可以看出,基于小型发动机实验数据发展的 Allied Signal 模型明显过低地预测了风扇宽频噪声,其他四种预测方法都能合理地预测 1 000 Hz 以上频率范围的风扇噪声,但是所有的基于 Heidmann 思想的风扇噪声预测方法都不能正确预测 1 000 Hz 频率以下的风扇噪声频谱。

7.4.2　风扇宽频噪声频谱相似律模型改进

针对航空发动机风扇宽频噪声频谱相似律模型的缺陷,西北工业大学课题组对其进行了发展完善[50-52]。

Heidmann 模型风扇进口和出口宽频噪声频谱函数 F_4 完整表述形式为

$$F_4 = 10 \lg \mathrm{e}^{-1/2 \left[\frac{\ln(f_i/(2.5f_b))}{\ln \zeta} \right]^2} \tag{7-29}$$

式中,ζ 是平均几何参数,$\zeta = 2.2$。显然,Heidmann 模型的宽频噪声频谱函数与风扇的几何或气动参数并没有关联。作为经验预测模型,虽然这样应用起来更为方便,但是这也直接导致其对不同风扇噪声频谱预测的偏差。如前所述,Neise[45]、Nesbitt 等[21]均指出,风扇宽频噪声的频率可以用斯特劳哈尔数 St、速度和长度尺度的函数来表示:

$$f_{\mathrm{bb}} = St \frac{V_{\mathrm{tip}}}{\delta \sin \gamma} \tag{7-30}$$

式中,V_{tip} 是叶尖切向速度,单位为 m/s;δ 是叶尖处的边界层厚度,单位为 m;γ 是叶尖处的叶型安装角,单位为°。

采用与 Heidmann 模型相似的方式对频率 f_{bb} 进行无量纲化,可得

$$f_{\mathrm{bbn}} = \frac{f_{\mathrm{bb}}}{f_{\mathrm{bpf}}} = St \frac{1}{\sigma \sin \gamma} \frac{C}{\delta} \tag{7-31}$$

式中,σ 是叶尖处的叶栅稠度;C 是叶尖处叶片弦长,单位为 m。

由平板边界层理论可知,弦长与边界层厚度的比值是与雷诺数 Re 相关的。那么,式(7-31)可以写成:

$$f_{\mathrm{bbn}} = St \frac{1}{\sigma \sin \gamma} A Re^{0.2} \tag{7-32}$$

式中,Re 为基于叶尖弦长的雷诺数;A 为频谱修正函数的常数系数。

与式(7-29)相似,通过风扇进口宽频噪声实验数据的拟合,就可以改进风扇进口宽频噪声频谱函数。当风扇叶尖相对马赫数 $M_{\mathrm{TR}} < 0.9$ 时有

$$F_{4,\,\mathrm{improved}} = -0.05 F_{\mathrm{Log}}^2 + 0.84 F_{\mathrm{Log}} - 3.52 \tag{7-33}$$

当风扇叶尖相对马赫数 $M_{\mathrm{TR}} \geqslant 0.9$ 时有

$$F_{4,\text{improved}} = -0.037\,8F_{\text{Log}}^2 + 0.535F_{\text{Log}} - 1.88 \qquad (7-34)$$

$$F_{\text{Log}} = 10 \cdot \lg(f_{\text{bbnrc}}) \qquad (7-35)$$

$$f_{\text{bbnrc}} = f_{\text{bbn}}\left[Re/Re_{\text{avg}}\right]^{-0.2} \qquad (7-36)$$

为了确定公式(7-32)中常数系数 A 值,选用了某型大涵道比涡扇发动机风扇噪声数据进行了相似律分析,图 7-13(a) 为在亚声速工况下,45°极方向角处,A 取不同值时,风扇进口噪声频谱的预测结果与实验结果的对比。进一步通过对不同工况下,不同极方向角处的风扇进口噪声频谱的最小二乘拟合,得到系数 A 值的分布规律,结果如图 7-13(b) 所示。在超声速工况下,声级更大的激波锯齿噪声的存在,极大地干扰低频区域的 1/3 倍频程频谱,从而影响宽频噪声分量的提取,因此这里采用了亚声速工况下的噪声实验数据进行分析。由图 7-13(b) 的拟合数据选取总平均量作为系数 A 最终取值,$A_{\text{avg}} = 0.085$。需要指出,由图 7-13(b) 可以看出,对于风扇宽频噪声频谱的实验数据,常系数 A 具有一定分散度,因此,公式(7-32)仍然具有进一步完善的可能。

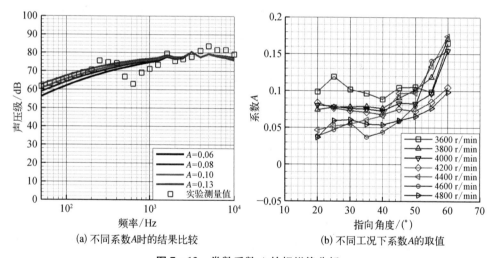

(a) 不同系数 A 时的结果比较   (b) 不同工况下系数 A 的取值

图 7-13　常数系数 A 的相似律分析

图 7-14 为低转速工况下,Heidmann 模型和改进宽频噪声频谱预测模型对风扇噪声的预测结果。可以看出,在 1~10 kHz,Heidmann 模型对风扇进口噪声的预测结果和实验结果符合较好。但是在 1 kHz 以下,Heidmann 模型预测的风扇噪声声压级远远小于实验测量值。而改进的预测模型在 2~10 kHz,其预测结果和Heidmann 模型的预测结果差别不大,与实验结果相符合较好,但是在 50 Hz~2 kHz,改进模型与实验结果更为接近,改进模型的噪声级预测结果明显大于 Heidmann 模型的预测结果,两者最大相差 45 dB,改进模型对风扇进口噪声频谱形状的预测结果有了相应的改善。

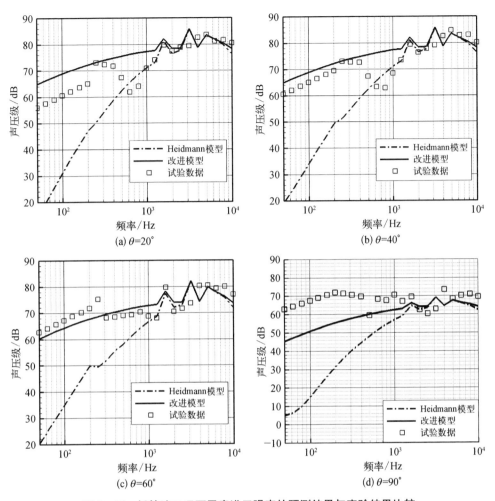

图 7-14　低转速工况下风扇进口噪声的预测结果与实验结果比较

图 7-15 为高转速工况下风扇进口噪声的预测结果和实验结果的对比。可以看出,在超声速工况下,改进模型的预测结果与 Heidmann 模型的预测结果相差不大。这是由于当风扇相对叶尖马赫数超过 1 时,风扇进口会产生组合单音噪声,风扇进口噪声主要是由组合单音噪声组成;而改进的模型主要是对风扇进口宽频噪声的频谱形状进行改进,组合单音噪声预测模型仍然和 Heidmann 模型相同。因此,在超声速工况下,改进模型的预测结果在整个频域范围内基本上和 Heimann 模型的预测结果相似,在小于 100 Hz 的范围内,改进模型对风扇噪声级的预测结果与实验结果吻合得更好。

分析图 7-14 和图 7-15 可以看出,尽管 Heidmann 风扇噪声预测模型对航空发动机风扇噪声总声压级和总声功率级等取得了较好的预测和应用,但是,由于风扇噪声包含随机湍流宽频噪声、转静干涉单音噪声、超声速叶尖速度下的组合单音

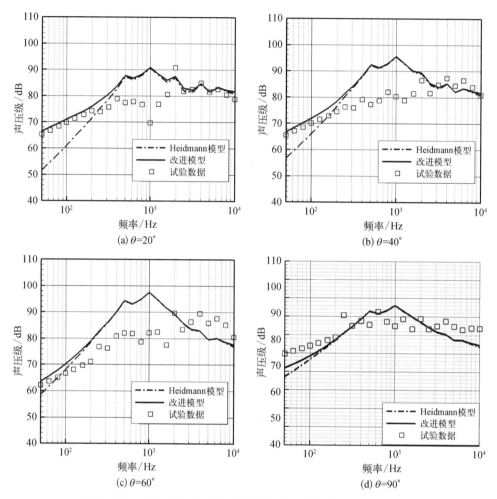

图 7 - 15 高转速工况下风扇进口噪声的预测结果与实验结果比较

噪声等复杂的噪声成分,使得实际风扇噪声频谱非常复杂,影响参数较多,尽管改进的风扇噪声模型对风扇低频宽频噪声频谱预测得到了一定改善,但是,基于相似律的半经验风扇噪声预测模型,对风扇噪声频谱预测结果与实验结果相差还是较大,仍有进一步发展与完善的空间。

7.5 基于相似律分析的涡轮噪声预测模型及其发展

7.5.1 基于相似律分析的涡轮噪声预测模型

对于航空发动机涡轮噪声的实验研究要远远少于对风扇噪声的实验研究,一方面,对于当代大涵道比涡扇发动机,无论飞机起飞还是降落过程,风扇噪声源都是主要噪声源,而涡轮噪声源仅仅在飞机进场着陆发动机慢车工作状态时才对飞机总噪声有比较显著贡献;另一方面,航空发动机多级低压涡轮的声学实验的难度要远远高于其他发动机部件声学实验。

由于航空发动机涡轮气动噪声产生和传播过程与风扇噪声的产生和传播过程相似,因此,可以采用类似于风扇噪声实验相似律分析方法进行涡轮噪声实验数据的相似性分析。如前所述,在美国 NASA 发展飞机噪声预测系统 ANOPP 的过程中,与风扇噪声研究同步也开展了涡轮噪声实验数据的相似律分析和经验噪声预测模型的研究[8]。由于涡轮噪声只存在向后传播的单音噪声和宽频噪声,因此涡轮噪声模型中采用了与风扇出口噪声模型中类似的单音噪声和宽频噪声相似律模型。

NASA 涡轮宽频噪声 1/3 倍频程峰值声压级相似律计算公式为

$$L_{c,bb} = 10 \cdot \lg\left[\left(\frac{V_{TR}}{V_{ref}}\right)^3 \left(\frac{C_{ref}}{C_L}\right)^3 \left(\frac{\dot{m}}{\dot{m}_{ref}}\right)\right] + F_1(\theta) + K_{bb} \qquad (7-37)$$

式中,V_{TR} 是涡轮级叶尖速度,单位为 m/s;C_L 是当地声速,单位为 m/s;$\dot{m}$ 是涡轮流量,单位为 kg/s;F_1 是宽频噪声的极方向角 θ 函数;K_{bb} 是经验常数修正,下标 ref 表示的物理量是参考值。

对 $L_{c,bb}$ 进行频谱修正之后可以得到涡轮宽频噪声的 1/3 倍频程声压级频谱:

$$\mathrm{SPL}_{bb}(f_i) = L_{c,bb} + F_2(f_i/f_b) \qquad (7-38)$$

式中,F_2 是涡轮宽频噪声的 1/3 倍频程频谱修正。

NASA 涡轮单音噪声 1/3 倍频程峰值声压级相似律计算公式为

$$L_{c,tone} = 10 \cdot \lg\left[\left(\frac{V_{TR}}{V_{ref}}\right)^{0.6} \left(\frac{C_{ref}}{C_L}\right)^3 \left(\frac{\dot{m}}{\dot{m}_{ref}}\right)\right] + F_1(\mathrm{RSS}) + F_2(\theta) + K_{tone}$$

$$(7-39)$$

式中,F_1 是转静间距 RSS 对离散单音噪声的修正;F_2 是离散单音噪声指向性函数;K_{tone} 是经验常数修正,分开排气涡扇发动机 $K_{tone} = -10\ \mathrm{dB}$,混合排气涡扇发动机 $K_{tone} = 0\ \mathrm{dB}$;下标 ref 表示的物理量是参考值。

对 $L_{c,tone}$ 进行频谱修正之后可以得到涡轮离散单音噪声的 1/3 倍频程声压级频谱:

$$\mathrm{SPL}_{tone}(f_i) = L_{c,tone} + 10 \cdot \lg\left[10^{0.1F_3(f_i/f_b)}\right] \qquad (7-40)$$

式中,F_3 离散单音噪声的单音谐波修正函数。

分析涡轮宽频噪声和单音噪声相似律计算公式(7-37)和公式(7-39),可以看出,其与前述的风扇噪声相似律公式相似,在风扇噪声预测公式中使用了级温升,而在涡轮噪声预测公式中使用的是类似公式(7-20)中的叶尖速度等关联参数。在 NASA 发展的飞机噪声预测系统 ANOPP 中,除 NASA 自己发展了涡轮噪声预测模型,罗罗(RR)公司、通用电气(GE)公司和普惠(PW)公司等三大民用航空发动机制造商,基于大量发动机噪声数据的关联分析,也给出他们各自的涡轮噪声预测模型。由于民用大涵道比涡扇发动机的低压涡轮都是级数较多的多级涡轮结构形式,不同发动机公司在设计思想(例如多级涡轮载荷分配)、设计参数选择(例如不同涡轮级叶片数的选择造成的单音噪声差异)等总是存在较大差异,因此,基于涡轮噪声实验数据相似律分析的涡轮噪声预测模型,并不如风扇噪声模型那样取得相对一致的预测结果,不同涡轮噪声预测模型对相同涡轮噪声预测结果无论是总声压级还是噪声频谱都存在较大差异,例如 Mathews 等[53]采用不同模型对 JT8D-109 发动机低转速工况下的涡轮噪声预测结果之间的差异达到 7~8 dB,如图 7-16 所示;Krejsa 和 Valerino[8]也指出,NASA 模型和 GE 公司模型在对 CF6 等 5 台发动机不同工况下的涡轮总噪声峰值声压级进行预测,误差范围可达-5~+8 dB。因此,不断丰富涡轮噪声的实验数据,并进一步发展完善基于相似律分析的涡轮噪声预测模型,是航空发动机气动声学实验研究必须重视的研究课题。

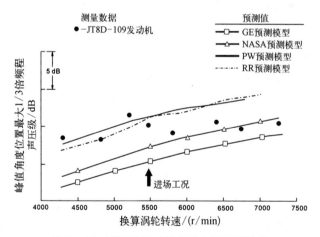

图 7-16　不同模型对涡轮噪声的预测偏差

7.5.2　涡轮噪声预测模型的改进

随着民用航空发动机涵道比的不断增大和喷流噪声的持续降低、低压涡轮功率的不断增大以及风扇降噪技术的不断进步等,民用大涵道比涡扇发动机低压涡轮噪声的重要性逐渐凸显,因此,进一步开展当代民用航空发动机涡轮噪声实验,基于实验数据的相似律分析技术,改进涡轮噪声经验预测模型,提高涡轮噪声的预测精度,就成为航空发动机实验气动声学研究的重要内容。

2011 年,Nesbitt[20]基于对 20 世纪 90 年代之后航空发动机多级低压涡轮设计特点的全面梳理和总结,分析了目前涡轮噪声实验数据相似律分析的不足,他指出,对于涡轮噪声实验数据的相似律分析必须考虑多级涡轮效应、涡轮噪声截止效应、多级涡轮噪声的传播效应等因素。基于这样的指导思想,西北工业大学发动机气动声学课题组,针对收集到的公开的涡轮噪声模型和噪声数据,并给予涡轮噪声实验数据的相似律分析,改进完善了相应的涡轮噪声模型[51, 52]。

根据前面对叶轮机噪声相似律的分析可知,单级涡轮的单音噪声或宽频噪声的相似律关联关系具有如下的形式:

$$p_{\text{peak}}^2 = K \cdot F(\dot{m}, T, V_{\text{TR}}, C, S, \Delta H_{\text{stage}}) \tag{7-41}$$

式中,K 是常数项修正;F 表示涡轮设计参数的函数;T 是涡轮燃气温度,单位为 K;C 是静子叶片平均弦长,单位为 m;S 是转静间距,单位为 m;ΔH_{stage} 是涡轮级焓降(下标 stage 表示该参数为单级涡轮的参数),单位为 J。

其中气流温度 T 这个参数可以用涡轮当地声速 C_L 代替,而涡轮级功(焓降)ΔH_{stage} 可以采用涡轮级温降 $(\Delta T/T_{\text{in}})_{\text{stage}}$ 表示,且:

$$\left(\frac{\Delta T}{T_{\text{in}}}\right)_{\text{stage}} = 1 - \left(\frac{1}{\pi_T}\right)_{\text{stage}}^{\gamma - 1/\gamma} \tag{7-42}$$

式中,$\Delta T = T_{\text{in}} - T_{\text{out}}$,$T_{\text{in}}$ 是涡轮进口燃气总温,单位为 K;T_{out} 是涡轮出口燃气总温,单位为 K;π_T 是单级涡轮落压比;γ 是燃气比热比。

对式(7-41)等号两端进行无量纲化处理可以得到:

$$\frac{p_{\text{peak}}^2}{p_{\text{ref}}^2} = K \cdot F\left(\frac{\dot{m}}{\dot{m}_{\text{ref}}}, \frac{C_L}{C_{\text{ref}}}, \frac{V_{\text{TR}}}{V_{\text{ref}}}, \frac{C}{S}, \left(\frac{\Delta T}{T}\right)_{\text{stage}}\right) \tag{7-43}$$

其中下标 ref 表示对应物理量的参考值,由上式可得单级涡轮噪声声压级相似律关系为

$$L_{\text{c, stage}} = 10 \cdot \lg\left[\left(\frac{\dot{m}}{\dot{m}_{\text{ref}}}\right)^a \left(\frac{C_L}{C_{\text{ref}}}\right)^b \left(\frac{V_{\text{TR}}}{V_{\text{ref}}}\right)^c \left(\frac{C}{S}\right)^d \left(\frac{\Delta T}{T}\right)_{\text{stage}}^e\right] + \text{Const} \tag{7-44}$$

从式(7-44)可以看出,只要确定了指数 a、b、c、d、e 和常数项 Const 即可得到单级涡轮单音噪声或宽频噪声的峰值声压级计算公式。表 7-2 列出了 RR 公司、NASA 和 GE 公司涡轮噪声模型中相似律指数值的选取,这些相似律参数都是各公司根据各自的发动机整机或涡轮部件噪声实验数据拟合得到。作为对比,表中也给出了 Heidmann 风扇噪声预测模型中与风扇噪声关联的风扇参数的指数值。

表 7 - 2　不同涡轮噪声预测模型经验关联参数的指数值

预测模型	噪声分量	指 数 项 值				
		a	b	c	d	e
RR	单音	1	−3	1 或 3	2	
	宽频	1	−3	3		
NASA	单音	1	−3	0.6	1	
	宽频	1	−3	3		
GE	单音和宽频	1		−2	1	2
Heidmann	单音	1		−8 或 −2	1	2
	宽频	1		0 或 −2	0.5	2

　　从表 7 - 2 可以看出, RR 公司和 NASA 的涡轮噪声预测模型采用了几乎相同的宽频噪声相似律参数。许多研究进一步发现, RR 公司涡轮噪声经验模型中宽频噪声经验公式预测结果与实验数据的变化趋势符合较好, RR 公司和 NASA 的涡轮噪声预测模型的差别主要是常数项 Const 的选取。综合 RR 公司和 NASA 的涡轮噪声预测模型, 对于涡轮宽频噪声, 基于相似律的经验预测公式就表示为

$$L_{c,\,bsp,\,stage} = 10 \cdot \lg\left[\left(\frac{\dot{m}}{\dot{m}_{ref}}\right)\left(\frac{C_L}{C_{ref}}\right)^{-3}\left(\frac{V_{TR}}{V_{ref}}\right)^{3}\right] + Const_{bb} \qquad (7-45)$$

　　在上述的涡轮噪声模型中, 差异较大的是涡轮单音噪声模型, 而且在这些模型的相似律分析中, 采用的实验数据也比较分散。特别是 RR 公司模型和 NASA 模型中采用当地燃气温度作为关联参数, 而在 GE 模型与 Heidmann 风扇噪声模型中, 单音噪声计算都与级功相关(级温升/温降)。为此, 在改进的涡轮单音噪声经验模型中, 需要重视涡轮级温降这个关键参数的关联, 为此, 给出单级涡轮单音噪声峰值特征声压级关联公式为

$$L_{c,\,tsp,\,stage} = 10 \cdot \lg\left[\left(\frac{\dot{m}}{\dot{m}_{ref}}\right)\left(\frac{C_L}{C_{ref}}\right)^{-3}\left(\frac{V_{TR}}{V_{ref}}\right)^{-2}\left(\frac{C}{S}\right)\left(\frac{\Delta T}{T}\right)^{2}_{stage}\right] + Const_{tone}$$

$$(7-46)$$

式中, 下标 ref 表示对应物理量的参考值, 其中 $\dot{m}_{ref}$ 是参考流量, 取 0.453 6 kg/s; C_{ref} 是参考声速, 取 340.3 m/s; V_{ref} 是参考叶尖速度, 取 0.305 m/s。

　　采用上述修改后的涡轮噪声模型对 JT8D - 109 发动机末级涡轮噪声[54] 进行预测, 并与发动机台架噪声实验数据对比的结果如图 7 - 17 所示。可以看出, 与 NASA 模型相比, 改进的涡轮噪声预测方法在整个发动机工况范围内对 JT8D - 109 末级涡轮噪声的预测精度都有了很大的提高。为了进一步对涡轮噪声预测方法进行验证评估, 采用改进涡轮噪声预测方法对 GE 公司某型发动机的末级涡轮

噪声峰值声压级[9]进行了预测,并与实验结果进行对比,结果如图 7-18 所示。由图 7-17 和图 7-18 可以看出,改进的涡轮噪声预测模型明显提高了对涡轮噪声预测精度。

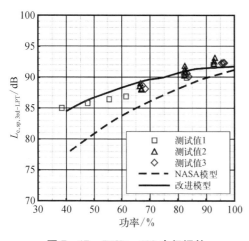

图 7-17　JT8D-109 末级涡轮噪声预测与实验对比

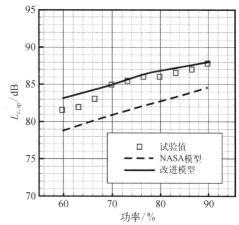

图 7-18　GE 发动机涡轮噪声预测与实验比较

7.6　燃烧噪声相似律分析

相对于叶轮机气动噪声产生和传播的复杂过程,燃烧噪声和喷流噪声主要是由湍流脉动或湍流燃烧脉动过程所产生的宽频噪声,因此,燃烧噪声和喷流噪声相似律分析的关联参数相对较少,而以 Lighthill 声类比理论为代表的气动声学基本理论,针对湍流脉动场中气动声源(单极子、偶极子、四极子等)具有丰富的理论研究成果,基于 Lighthill 气动声学理论开展的喷流噪声和燃烧噪声相似律分析也相对成熟,建立的喷流噪声和燃烧噪声半经验模型预测精度也相对精确。

7.6.1　燃烧噪声机理分析

1963 年 Bragg[55]将燃烧火焰的湍流混合区域采用单级子声源模拟,建立了自由火焰噪声理论模型,并推导得出“来自湍流火焰的声功率辐射随着燃油反应和火焰流动速度的平方呈比例变化”的结论。之后,Thomas 和 Williams[56]测量了充满燃烧泡的燃烧混合物(火焰)辐射的声功率,证实了 Bragg 理论模型可靠性。Hurle 等[57]在 Thomas 和 Williams 工作基础上,进一步对 Bragg 理论进行了扩展,发展了针对层流和湍流燃烧过程的噪声模型,建立了辐射声压与燃烧过程热量释放脉动量的关联关系。1974 年,Chiu 和 Summerfield[58]认识到燃烧湍流与燃烧室环境干涉对直接燃烧噪声的放大效应,他们发现,在环管燃烧室中,湍流火焰与燃烧室环境非定常干涉会导致直接燃烧噪声放大。20世纪90年代,Crighton和Dowling等[59]利用模态分析方法进一步讨论了燃烧室内的热声源及其不稳定性。Mahan和Karchmer[60]对燃烧噪声也作了详尽的分析,他们的研究结果表明,直接燃烧噪声的声功率不仅与湍流火焰中每一点的非定常热释放率相关,而且与热释放脉动的空间分布紧密相关,火焰湍流的辐射声功率频谱、空间相干性以及噪声指向性等都与燃烧室空间构型紧密相关。

基于著名的气动声学基本方程——Lighthill方程,2006年,Ihme等[61, 62]给出了描述发动机燃烧室直接燃烧噪声的基本方程。针对航空发动机典型环形燃烧室,如图7-19所示定义燃烧噪声源流场和声场,其中燃烧噪声源限定在图示声源流场区域 Ω_F(图中阴影区域),在湍流火焰场 Ω_F 内,声音主要是由湍流流动过程和燃烧过程所产生,其中湍流流动过程的声源主要来自非定常雷诺应力项,湍流噪声源和燃烧噪声源向远离声源位置 $(t, \boldsymbol{x})$ 声场区域 Ω_A 传播声波。

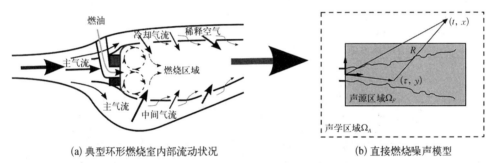

(a) 典型环形燃烧室内部流动状况   (b) 直接燃烧噪声模型

图7-19 发动机燃烧室内部湍流过程及噪声模型[61, 62]

基于Lighthill气动声学基本方程,Ihme等给出燃烧噪声计算方程(非齐次波动方程):

$$Ma^2\partial_\tau^2 p' - \Delta_y p' = \nabla_y \cdot \nabla_y \cdot (\rho uu) - \partial_\tau^2 \rho_e - \nabla_y \cdot \nabla_y \cdot \left(\frac{1}{R_e}\bar{\sigma} - \sigma^{res} \right) \quad (7-47)$$

其中, $\bar{\sigma}$ 和 σ^{res} 分别是黏性应力张量和残余应力张量; $\rho_e = \rho' - Ma^2 p'$ 是所谓的超密度(excess density)。由于在化学反应流中热量的快速释放,引起燃气熵的时空变化,因此, $\partial_\tau^2 \rho_e$ 这一项成为燃烧产生声音的重要来源,假定参考流场的声速、密度、压力,即 a_{ref}、ρ_{ref}、p_{ref} 是常数,燃烧室出口马赫数是 $Ma = U_{ref}/a_{ref}$,则Ihme等给出超密度的时间导数项可以表示为

$$\partial_\tau \rho_e = \frac{1}{\rho}D_\tau\rho + \nabla_y [(1-\rho)u] - Ma^2\partial_\tau(p - p_{ref}) \quad (7-48)$$

在忽略了黏性应力声源等小声源项之后,Ihem 给出了燃烧噪声基本方程为

$$Ma^2\partial_\tau^2 p' - \Delta_y p' = \nabla_y \cdot \nabla_y \cdot (\rho uu) - \partial_\tau \nabla_y \cdot [(1-\rho)u] - D_a\partial_\tau\left(\frac{1}{\rho}\partial_c\rho\dot{\omega}_C\right)$$

$$(7-49)$$

式中, D_a 是达姆科勒数(Damkohler 数是化学时间尺度与混合时间尺度之比); $\dot{\omega}_C$ 是燃烧反应过程变量的化学反应速率。令

$$T_R = \rho uu$$
$$F_M = (1-\rho)u \qquad\qquad (7-50)$$
$$Q_R = \frac{1}{\rho}\partial_c\rho\dot{\omega}_C$$

则 T、F_M、Q_R 分别代表非定常雷诺应力的四极子声源项、燃气熵的时空变化诱导质量通量脉动的偶极子声源项、化学反应过程变量的变化的单极子声源项。应用格林函数求解上述波动方程并进行傅里叶变换,就可以得到以频率为自变量的远场燃烧噪声计算积分公式(称为 Ihem 公式):

$$\hat{p}'(\omega, x) = \frac{1}{4\pi}\iiint_{\Omega_F}\left[\xi(\omega^2):\hat{T}_R + \psi(\omega^2)\hat{F}_M - \vartheta(\omega)D_a\hat{Q}_R\right]\mathrm{d}y \quad (7-51)$$

其中, ξ、ψ、ϑ 是积分导致的方向余弦因子,分别是

$$\xi_{ij} = \left\{\frac{R_iR_j}{R^3}\left(\frac{3}{R^3} + \frac{\mathrm{i}3\omega Ma}{R} - \omega^2M^2\right) - \frac{\delta_{ij}}{R^3}(1 + \mathrm{i}\omega MR)\right\}\mathrm{e}^{-\mathrm{i}\omega MaR}$$

$$\psi_i = \mathrm{i}\omega\frac{R_i}{R^3}(1 + \mathrm{i}\omega MaR)\mathrm{e}^{-\mathrm{i}\omega MR} \qquad (7-52)$$

$$\vartheta = \mathrm{i}\omega\frac{1}{R}\mathrm{e}^{-\mathrm{i}\omega MaR}$$

上述公式中声源与传播位置的距离 $R_i = x_i - y_i$,即 $R = |x - y|$,从以上分析就可以看出影响直接燃烧噪声的主要声源即主要关联参数。

7.6.2　燃烧噪声相似律分析

如第 5 章所述,20 世纪 70~80 年代,美国佐治亚理工学院 Strahle 等[63-71]对燃烧噪声声源辐射特性进行了系统实验和理论研究,他们通过对自由火焰噪声与燃烧室直接燃烧噪声声压级频谱定量比较,首次给出了具有工程指导意义的燃烧噪声相似律关系。在严格考虑湍流作用的密度脉动情况下,Strahle 提出了变型的小火焰模型,该模型引入了两个时间尺度,一个对应于对流,一个对应于扩散,从

而使得热声效率的表达式里有两个可调整的指数,而这两个指数的值是依赖于两个物理变化过程的相对重要性而定。Strahle 证实,如果选择两个合适的指数值,理论上就能对开式预混火焰噪声变化趋势进行正确预测。如果所有的 Bragg 假设都被采用,应用一个常数乘积因子,Strahle 表达式就与 Bragg 的模型相一致。Strahle 给出的在湍流燃烧区外[如图 7 - 19(b) 所示]的远场点的声压密度 ρ' 的表达式是[67]

$$\rho' = \frac{1}{4\pi c_0^2} \frac{\partial^2}{\partial t^2} \int_V \rho T\left(\tau_0, \ t - \frac{r}{c_0}\right) \mathrm{d}V(r_0) \tag{7-53}$$

式中,c_0 是火焰区外的声速;r_0 是火焰区内的一个点;t 是时间;V 是火焰区的体积。公式(7-53)假设在燃烧区内的密度脉动 ρ' 的声压分量与湍流燃烧的密度脉动 ρT 相比是小量。

上面的理论分析都是针对直接火焰噪声,1980 年,Strahle 进一步考虑了燃烧室结构[如图 7 - 19(a) 所示]等对燃烧噪声辐射的影响,并首次给出了燃烧噪声(包括直接燃烧噪声和间接燃烧噪声)辐射声功率的计算式[71]:

$$p_{eq} = a_1 p^{a_2} V_{\text{ref}}^{a_3} T_i^{a_4} F^{a_5} N_f^{a_6} A_e^{a_7} \left(A_e^{1/2}\right)^{a_8} \tag{7-54}$$

其中,p 是燃烧室平均压力,单位为 kPa;V_{ref} 是平均流动速度,单位为 m/s,T_i 是燃烧室进口温度,单位为 K;F 是油气比;N_f 是燃油喷嘴数;A_e 是燃烧室出口横截面面积,单位为 cm^2;l 是燃烧室长度,单位为 cm,基于理论分析和实验分析的上述关联关系中不同参数的指数值在表 7 - 3 中给出。

表 7 - 3 声功率计算式中的指数值比较

	a_1	a_2	a_3	a_4	a_5	a_6	a_7	a_8
实验	0.91	1.9	3.4	-2.5	1.3	-0.78	1.0	1.0
理论	—	1	2	-2~-3	2	0~1	1	1

在拟合公式(7-54)的过程中,Strahle 使用了范围宽广的燃烧室构造的数据,在此基础上给出了上述一般形式的回归关系的经验关联参数,对应的指数如表 7 - 3 所示。注意,如果经验回归关系中的物理量用 SI 单位制代替英制单位,则因子 a_1 应为 0.047。

由表 7 - 3 中的指数比较,可以清楚地看出,除燃烧室压力和平均速度的指数外,理论与实验结果吻合得很好。Strahle 的实验结果中这两个指数量偏大的原因是在实验中存在喷流噪声影响。Strahle 关于燃烧噪声相似律理论模型是后来发展发动机燃烧噪声工程预测模型的基础。

表 7 - 4 则给出 Shivashankara 等[72-74]根据实验数据总结得到的燃烧噪声声功

率与燃烧室质量流量、进口温度、燃烧室温升等关联关系中对应物理量的指数值。如公式(7-54)所示,燃烧噪声与质量流量(或速度)关联理论分析的指数关系约为2,但从实验数据的统计关系来看约为3(如表7-4所示),Strahle 指出,燃烧噪声实验结果要受喷流噪声等的"污染",而喷流噪声会随着速度的8次方变化。在燃烧噪声理论关联分析中,关联参数是燃烧进口温度和油气比等参数,其关联关系中对应物理量的指数约是2,但是,燃烧噪声实验结果表明,燃烧室温升参数是影响燃烧噪声的重要因素,实验结果表明,环形燃烧室燃烧噪声与温升的2次幂呈比例,这与理论分析结果相似。

表7-4　声功率关于燃烧室流量率、进口温度、燃烧室温升等的指数值

方　法	燃烧室类型	指　数		
		质量流量	温　升	进口温度
Shivashankara[72]	筒状	3.4	2.4	0.8
Kazin[73]	环形	3.0	2.0	
Ho and Tedrick[74]	环形	1.0	2.0	
Strahle[71]	筒状	2.3~2.7	0~1.5	

7.6.3　基于相似律分析的燃烧噪声预测模型

基于对湍流燃烧噪声深入的理论分析研究,在上述燃烧噪声相似律分析技术的指导下,并在大量航空发动机燃烧噪声实验数据归纳总结的基础上,已经发展了燃气涡轮发动机燃烧噪声精确的半经验工程预测方法,并成功地在飞机噪声预测系统中得到应用。

在 NASA 的飞机噪声预测系统 ANOPP 中使用了通用电气公司(GE 公司)和普惠发动机公司(PW 公司)等发展的燃烧噪声预测方法。

GE 公司给出的民用航空发动机环形燃烧室的燃烧噪声的总声功率级(OAPWL)计算公式是[12]

$$\mathrm{OAPWL} = 10\log\left(\frac{m'c_0^2}{p_{\mathrm{ref}}}\right) + 10\log\left[\left(\frac{T_{\mathrm{out}} - T_{\mathrm{in}}}{T_{\mathrm{in}}}\right)^2 \left(\frac{pt_{\mathrm{in}}}{p_0}\right)^2 \left(\frac{\Delta T_{\mathrm{des}}}{T_0}\right)^{-4}\right] - 60.5$$

$$(7-55)$$

其中, m' 是燃烧室燃气质量流量; T_{in} 是燃烧室进口燃气温度; T_{out} 是燃烧室出口燃气温度; ΔT_{des} 是涡轮的设计点温降(发动机燃烧噪声通过涡轮向外传播); p_{tin} 是燃烧室进口燃气总压; P_{ref} 是参考功率 $10^{-12}W$。下标 0 表示的是标准海平面条件下大气参数。GE 公司应用上述公式预测结果与涡喷、涡轴、涡扇发动机的燃烧噪声实验结果进行比较,结果如图7-20所示,图7-21和图7-22则给出了燃烧噪声频

谱形状和指向性函数。可以看出公式(7-55)对于不同类型发动机的燃烧噪声总声功率级具有良好的关联。

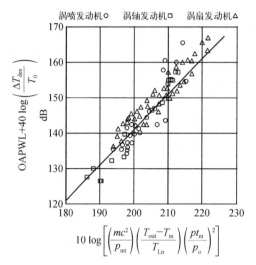

图 7-20 燃烧噪声总声压级预测结果及与实验结果比较[12]

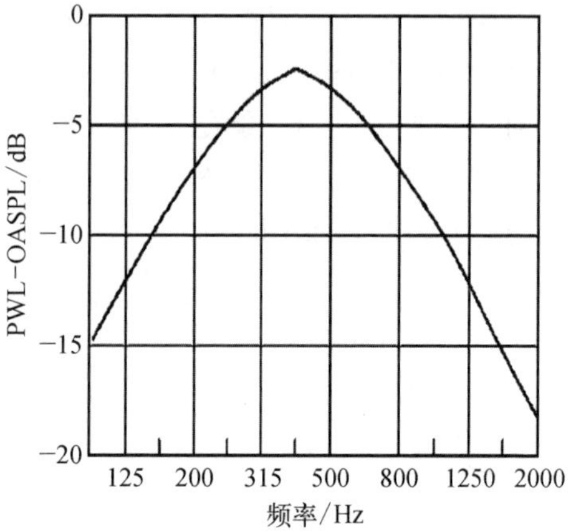

图 7-21 燃烧噪声通用频谱[12]

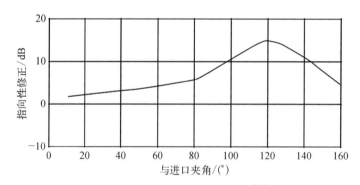

图 7-22 燃烧噪声通用指向性[12]

需要指出的是,上述预测结果和实验结果,都是针对安装在发动机中燃烧室工作状态下的燃烧噪声,因此除直接燃烧噪声外,还包括间接燃烧噪声,通常统称为"核心噪声"。另外,上述计算公式是针对传统形式的燃烧室(即筒状或者环形燃烧室)所建立,对于目前迅速发展的径向分级的环形燃烧室,需要对预测模型进行修正,也可以使用,例如,对于引燃器分级工作时,在上述预测公式中,可以使用引燃器出口温度而不是燃烧室出口混合平均温度。

PW 公司也给出相似的燃烧噪声预测方法[75],为了说明直接燃烧噪声和间接燃烧噪声对发动机"核心噪声"的影响,PW 公司的燃烧噪声预测模型中引入了两个实验常数,一个与声源本身有关,另一个与通过涡轮的传播损失有关。PW 公司

燃烧噪声声功率计算式是[75]

$$OAPWL = 10\log\left[\frac{1}{N_f}A^2p_{t_{in}}^2\left(\frac{m'\sqrt{T_{t_{in}}}}{p_{t_{in}}A}\right)^4\left(1+\frac{H_fF_{st}}{c_pT_{t_{in}}}\right)^2F^2\right]+K_3-TL$$

$$(7-56)$$

其中传播损失是

$$TL = 10\log\left[\frac{(1+\varsigma)^2}{4\varsigma(L/\pi D)}\right] \qquad (7-57)$$

式中,N_f 是燃油喷嘴数;A 是燃烧室横截面积;$p_{t_{in}}$ 是燃烧室进口燃气总压;是燃烧室空气流量;$T_{t_{in}}$ 是燃烧室进口燃气总温;H_f 是燃油热值;F_{st} 是化学当量油气比;c_p 是在燃烧区燃气的定压比热;F 是燃烧室油气比;ς 是通过涡轮的特性阻抗率;L 是声源周向相关长度;D 是涡轮与燃烧室交界面处的涡轮外径,在公式(7-56)中所有参数都是英制单位。在 PW 公司燃烧噪声预测模型中,理论上讲常数 K_3 是燃油类型以及燃烧室壁面和出口阻抗的函数,实验发现,在所有情况下,ς 取 0.2,常数 K_3 取 132,因此,在 PW 公司燃烧噪声模型中仅有的两个不是直接依靠理论确定的物理量,其在宽广的发动机范围都保持常数。

　　PW 公司燃烧噪声预测模型吸收了 Strahle 燃烧噪声相似律分析的结论,另外,PW 公司燃烧噪声预测方法考虑了航空发动机燃烧室实际工作环境,模型中纳入了比 GE 公司预测模型中更多的燃烧室设计和工作参数,因此,PW 公司燃烧噪声预测模型具有更加宽广的适用性,而对多种不同发动机在不同工作条件下燃烧噪声功率和峰值频率成功的预测,验证了这种预测方法准确性和普适性。

　　图 7-23 给出了多种发动机在不同工作条件下,测量的声功率级与 PW 公司燃烧噪声预测模型预测结果的比较,可以看出,燃烧噪声实验测量值以 1.7 dB 的标准偏差分布在预测结果附近,这表明 PW 公司燃烧噪声预测模型具有较高的精确性。

　　PW 公司的预测模型的燃烧噪声峰值频率计算公式是[75]

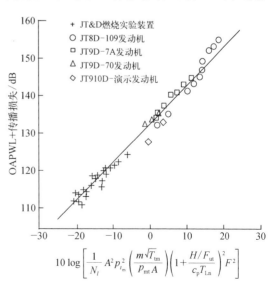

图 7-23　燃烧噪声总声功率级预测
　　　　结果及与实验比较[75]

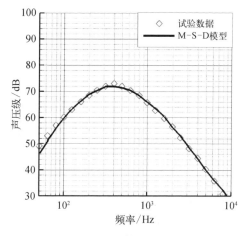

$$f_c = K_f \frac{RH_f}{c_p} \left(\frac{\dot{m}_f}{p_{t_{in}}} \right) \frac{1}{Al}$$

$$(7-58)$$

其中,R 是空气的气体常数,$\dot{m}_f$ 是燃油质量流量;l 是燃烧室长度;K_f 是经验常数;上式应用燃烧室设计点参数计算,通常设计点接近发动机起飞状态。

图 7 - 24 给出燃烧噪声实验测量峰值频率与公式(7 - 58)预测结果的比较,预测模型经验常数 K_f 取 1。预测结果有两条线,分别对应筒状燃烧室和环形燃烧室。可以看出预测结果与实验结果取得了良好的一致性。

图 7 - 24　燃烧噪声峰值频率预测结果及与实验比较[75]

7.6.4　燃烧噪声半经验预测模型的应用

基于对 ANOPP 预测系统的认识,西北工业大学发动机气动声学课题组开发了类似的飞机/发动机适航噪声预测系统,其中采用 GE 公司发动机燃烧噪声模型(M - S - D 模型)[9]对某型分开排气大涵道比涡扇发动机燃烧噪声进行了预测(涵道比约为 5),并与实验数据进行了对比。

图 7 - 25~图 7 - 27 给出在发动机低转速工作状态下燃烧噪声预测结果。可以看出,噪声频谱形状与实验数据基本一致,量级也相差不大,只是实验数据上下略有波动。在辐射角度为 45°、90°、135° 三个角度,计算结果与实验数据在量级上差别最大不超过 3 dB。

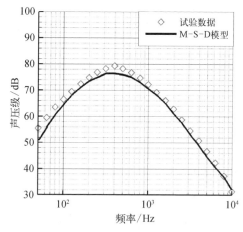

图 7 - 25　45°核心噪声频谱　　　　　　图 7 - 26　90°核心噪声频谱

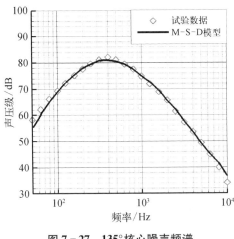

图 7 - 27　135°核心噪声频谱

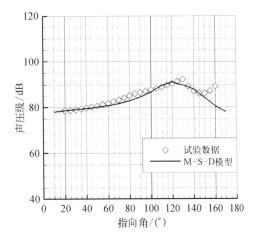

图 7 - 28　核心噪声 OASPL 指向性

　　图 7 - 28 给出了对该发动机核心噪声总声压级 OASPL 指向性预测结果及与实验结果的比较。在方向角约为 130°时,核心噪声 OASPL 最大,可见燃烧噪声对发动机出口的某个角度范围内影响较大。由图 7 - 28 可以看出,在方位角 150°以前,核心噪声预测模型的计算值与实验值吻合良好,但是在辐射角度大于 150°后,实验数据中燃烧噪声值随极方向角 θ 增大有增大的趋势,预测模型在这个角度范围预测误差较大。初步分析认为,由于燃烧噪声从发动机喷口向外辐射时,燃烧噪声辐射受到喷流流场的剪切层影响而造成指向性改变,但这还需要进一步的分析研究。

　　图 7 - 29 ~ 图 7 - 32 给出的是在高转速工作状态发动机燃烧噪声计算结果及与实验结果对比,可以看出,预测计算的噪声频谱形状与实验结果吻合良好,燃烧噪声预测模型能够很好地预测出燃烧噪声的频谱特性。

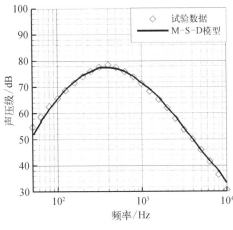

图 7 - 29　45°核心噪声频谱

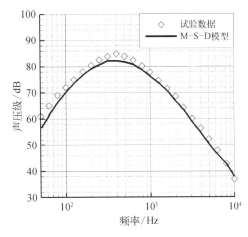

图 7 - 30　90°核心噪声频谱

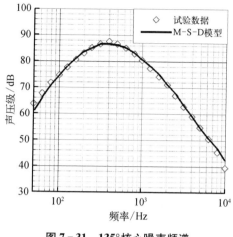

图 7-31   135°核心噪声频谱   图 7-32   核心噪声 OASPL 指向性

图 7-32 给出了核心噪声总声压级 OASPL 指向性预测结果及与实验结果的比较。在发动机高转速工作状况,在方向角约为 130°时,核心噪声 OASPL 最大。而图 7-28 结果表明,在发动机低转速工作状态,在方向角约为 120°时,核心噪声 OASPL 最大,可以判定,不同的喷流流场对燃烧噪声辐射的影响大小具有差异,造成核心噪声最大辐射噪声级的方位变化。类似于在发动机低转速工况的预测结果,由图 7-32 可以看出,在方位角 150°以前,核心噪声预测模型的计算值与实验值吻合良好。但是,在辐射角度大于 150°后,实验数据中燃烧噪声值随极方向角 θ 增大有增大的趋势,预测模型在这个角度范围预测误差较大。

7.7   喷流噪声相似律分析

7.7.1   喷流噪声相似律分析

7.7.1.1   喷流噪声源分析

众所周知,1952 年,英国科学家 Lighthill 针对喷流噪声研究建立了声类比理论,并基于声类比理论,获得了喷流噪声与喷流速度 8 次方关系的喷流噪声相似律关系。Lighthill 研究工作是气动声学学科的奠基性工作,为当代航空工业解决飞机噪声问题指明了理论和技术发展的方向。

在 Lighthill 奠基性研究工作之后,气动声学学科作为流体力学重要分支得到了迅速发展,围绕飞机和航空发动机气动噪声问题,国际上开展了大量的研究工作,特别是,通过对喷流噪声深入系统的研究,许多研究者就发现了 Lighthill 关于喷流噪声与喷流速度 8 次关系的不足和问题,并指出 Lighthill 理论对流动噪声产生过程中的一些重要现象没有全面考虑。例如,Phillips[76] 指出,在复杂的流动区域,Lighthill 应力张量中的部分项可能会引起对流动声场的折射或散射作用,这就会导致声场的明显变化。而 Morfey[77] 研究了在高温亚声速喷流中熵的不均匀对噪声辐射的影响,Ffowcs Williams 等[78]、Howe[79] 则指出部分的喷流噪声紧密地与非均匀气流对流通过平均流场的压力梯度相关。在以上研究工作的基础上,德国宇航院的 Michalke 和 Michel 等[80-87]通过对飞机飞行运动状况下喷流流场旋涡运动规律、气动噪声源不同构成以及声类比理论等系统性的研究后指出,Lighthill 声类比理论对喷流噪声预测结果与实验结果偏离的主要原因是在应用 Lighthill 理论时,没有准确考虑上述多种因素的影响,如果对 Lighthill 方程中的喷流噪声源项进行准确描述,则 Lighthill 气动声类比理论就能够准确预测喷流噪声。

Michalke 和 Michel 从对流形式的 Lighthill 方程解出发[88],并采用了远场近似假设之后,给出喷流噪声源在远场点 x_i 产生的声压脉动的功率谱密度 $W_{pp}(x_i, f)$ 表达式为

$$W_{pp}(x_i, f) = W_{ppqq}(x_i, f) + W_{ppdd}(x_i, f) \qquad (7-59)$$

式中, $W_{ppqq}(x_i, f)$ 是喷流噪声四极子源的功率谱密度; $W_{ppdd}(x_i, f)$ 是喷流噪声偶极子源的功率谱密度,它们分别是

$$W_{ppqq}(x_i, f) = \frac{1}{(4\pi r_0 a_0^2 D_f^3)^2} \iint \sqrt{W_{qq1} W_{qq2}} \, \gamma_{q12} \exp\{i(\Psi_q + \Psi_r)\} dV_c(\eta_i) dV(y_i)$$

$$(7-60)$$

$$W_{ppdd}(x_i, f) = \frac{1}{(4\pi r_0 a_0 D_f^2)^2} \iint \sqrt{W_{dd1} W_{dd2}} \, \gamma_{d12} \exp\{i(\Psi_d + \Psi_r)\} dV_c(\eta_i) dV(y_i)$$

$$(7-61)$$

其中, η_i、y_i 是喷流声源所在位置的坐标; r_0 是喷管中心到远场 x_i 的距离; a_0 是大气声速; $D_f = 1 - M_f \cos\theta$ 是多普勒频移修正因子(M_f、θ 分别是飞行速度和远场指向角); Ψ_r 是由喷流场中两个声源点之间滞后时间差所决定的相位差,而 Ψ_q 则是复数形式的声压脉动功率谱密度函数本身相位角。在以上计算公式推导中,仅仅忽略四极子声源与偶极子声源之间干涉等一些次要因素,方程(7-59)与方程(7-60)、方程(7-61)联立计算就是对流 Lighthill 方程的准确解。

在方程(7-60)、方程(7-61)中, $W_{qq1} = W_{qq}(y_i)$ 是在位置 y_i 声源 Q_q 的自功率谱密度, $W_{qq2} = W_{qq}(y_i + \eta_i)$ 是在位置 $y_i + \eta_i$ 声源 Q_q 的自功率谱密度,这两个量描述了作为频率函数的声源 Q_q 的强度, $\gamma_{q12}(y_i, y_i + \eta_i)$ 则是喷流场中两个声源位置 y_i 和 $y_i + \eta_i$ 的声源强度的相干函数。

对于喷流流场,关于时间函数的空间四极子声源 Q_q 是

$$Q_q(y_i, \theta_0, t) = \frac{\partial^2 q_q(y_i, \theta_0, t)}{\partial t^2} = \frac{\partial^2}{\partial t^2} \left[\rho_0 u_{r_0}^2 \left(1 + \frac{p'}{\rho_0 c_0^2} \right) - \left(1 - \frac{\rho_0}{\rho} \right) p' \right]$$

$$(7-62)$$

空间分布的偶极子源 Q_d 是

$$Q_d(y_i, \theta_0, t) = \frac{\partial q_d(y_i, \theta_0, t)}{\partial t} = \frac{\partial}{\partial t} \left[p' \frac{\partial}{\partial y_{r_0}} \left(\frac{\rho_0}{\rho} \right) \right] \qquad (7-63)$$

Michalke 和 Michel 指出,要准确应用上述公式进行喷流噪声预测,就必须满足公式(7-60)、公式(7-61)应用的前提条件,即公式右端相干的声源项必须是平稳随机声源,因此,描述喷流噪声声源时,需要采用与喷管保持固定的运动坐标系,使得声源流场为稳态随机声源。而在传统的 Lighthill 喷流噪声分析中(Michalke 等称为"旋涡模型"),由于采用的是以喷流场中的声源旋涡相对固定的坐标系,因此喷流流场中湍流流动过程表现为不稳定随机过程,不满足 Lighthill 方程求解条件,从而造成对喷流噪声频谱和声级预测的偏差。

7.7.1.2　喷流噪声波动模型

根据方程式(7-59)、式(7-60)和式(7-61)计算喷流噪声远场声压,首先需要知道在整个声源区域由方程式(7-62)和式(7-63)定义的关于时间函数的声源项,需要知道整个声源区 y_i 内和所有辐射角 θ_0 情况下的声源项的功率谱密度 W_{qq} 和 W_{dd},以及整个声源区 y_i 内所有的间距矢量 η_i 和足够时间区间内不同位置声源之间的相干函数 γ_{q12} 和 γ_{d12} 以及不同扰动之间的相位角 ψ_q 和 ψ_d。原理上讲,上述喷流噪声源的数据是可以测量出来的,但这是一个非常艰巨的实验任务;也可以通过喷流湍流流场高精度数值模拟的方法计算上述喷流噪声的声源项,但是,即使在目前计算机水平下,对于实际流动雷诺数和马赫数情况下喷流噪声源湍流流场直接数值模拟,其对计算资源的需求仍然是工程上难以接受的。

在 Lighthill 方程解的基础上,应用相似律分析原理,推导喷流噪声的比例律关系,就可以大大简化对喷流噪声的预测过程,消除上述数值计算和实验工作的实际困难,而且可以通过喷流噪声相似律关系的分析,认识喷流噪声的基本规律,弄清影响喷流噪声的关键因素,为降低喷流噪声指明方向。

Michel[87] 基于喷流远场噪声功率谱计算公式,系统地分析了喷流远场噪声的相似律关系,并实现了对经典的 Lighthill 喷流噪声相似律的完善和发展。

Michel 首先引入以下假设:

(1) 喷流速度矢量 $\{U_j, 0, 0\}$ 和飞行速度矢量 $\{U_f, 0, 0\}$ 是在相同的方向。

(2) 圆形喷流流场的基本比率参数包括完全扩展的喷流直径 D_f(对于超声速喷流,它是与喷口直径不同的)、喷流密度 ρ_j,以及相对喷流速度 $\Delta U = U_j - U_f$。

（3）如果在相同的位置 $\overline{y_i}$ 上比较,喷流噪声源区域的无因次化平均流动脉动变量的一阶近似量是不依赖于 U_f 变化的,其中相对位置 $\overline{y_i}$ 的定义是

$$\overline{y_1} = y_1/D_j, \quad \overline{y_2} = y_2/D_j, \quad \overline{y_3} = y_3/D_j \tag{7-64}$$

声源间距矢量 $\overline{\eta_i}$ 也采用相同的定义。伸缩因子 σ 的定义是

$$\sigma = 1 + \frac{1}{\tilde{u}_p} \frac{U_f}{\Delta U} \tag{7-65}$$

其中,

$$\tilde{u}_p = \frac{U_p - U_f}{\Delta U} \tag{7-66}$$

U_p 是喷流声源湍流涡平均运动速度, $\tilde{u}_p$ 是无因次化流动扰动相速度,对于圆形喷流,实验结果表明它接近于 $\tilde{u}_p = 0.7$。图 7-33 给出了上述假设的物理描述。

方程式(7-60)中的四极子源将用如下无因次化形式进行描述:

$$\overline{q_q} = \overline{q_q}(\overline{y_i}, \overline{x_{0i}}) \tag{7-67}$$

两声源位置之间的相干函数和相速度按照如下形式描述:

$$\gamma_q = \gamma_q(\overline{y_i}, \overline{\eta_{i,}}, \overline{x_{0i}}) \tag{7-68}$$

$$\overline{u_p} = \overline{u_p}(\overline{y_i}, \overline{\eta_{i,}}, \overline{x_{0i}}) \tag{7-69}$$

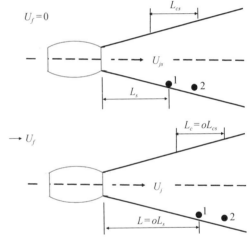

图 7-33　飞行速度对声源和喷流相干长度影响

实验发现飞行速度对流场中脉动量无因次化频率 St 的影响是相似的,对于相对喷口的固定位置处,无因次化频率 St 与 σ 呈比例增加:

$$St = \frac{fD_j}{\Delta U} \tag{7-70}$$

Strouhal 数按照下式描述:

$$\bar{f} = \frac{St}{\delta} = \bar{f}(\overline{y_i}) \tag{7-71}$$

飞行效应对声源频率的影响为

$$\frac{f_f}{f_s} = \sigma \frac{U_j - U_f}{U_j} = \sigma \frac{\Delta U}{U_j} \tag{7-72}$$

对于喷流速度 U_j 是常数的情况,当飞行速度增加时 σ 的增加量大于 ΔU 的减小量。

此外,必须考虑到方程式(7-60)和式(7-61)两个积分体积 V 的长度随着伸缩因子 σ 增加。Michalke 和 Hermann[84] 的稳定性分析验证了按照上述方程确定的幅值、相速度和频率模型。

7.7.1.3　基于波动模型喷流噪声比例律关系

Michalke 和 Michel 在认识到经典的旋涡模型对喷流噪声预测的问题之后,他们提出了喷流噪声的波动模型。如前所述,在波动模型中,采用与喷管保持固定的运动坐标系,严格保证声源流场为稳态随机声源。在结合流场的比例律关系,就可以推导出声学远场和几何远场喷流噪声功率谱密度的比例律。

根据上述定义的基本流动变量,对方程式(7-60)式(7-61)中的相关项进行无因次化,可以得到[87]:

$$
W_{pp}(r_0, \theta_0, St) = \frac{\kappa^2 p_0^2 D_j}{c_0} \left(\frac{D_j}{4\pi r_0} \right)^2 \sigma^2 \cdot
$$

$$
\left\{ D_f^{-6} \left(\frac{\Delta U}{c_0} \right)^7 \left(\frac{\rho_j}{\rho_0} \right)^2 \tilde{G}_{qq} + D_f^{-4} \left(\frac{\Delta U}{c_0} \right)^5 \left(1 - \frac{\rho_j}{\rho_0} \right)^2 \tilde{G}_{dd} \right\} \tag{7-73}
$$

其中,κ 是比热比;方程中的~号表示的是相对于完全膨胀喷流直径 D_j、喷流密度 ρ_j 和喷流相对速度 $\Delta U = U_j - U_f$ 的无因次化参数;$\tilde{G}_{qq}$ 和 $\tilde{G}_{dd}$ 是针对声源域的双重积分:

$$
\tilde{G}_{qq} = \frac{1}{\sigma^2} \iint\limits_{V V_c} \sqrt{\overline{W_{qq1} W_{qq2}}} \, \gamma_{q12} \exp[\, i(\psi_q + \psi_r) \,] \, d\bar{V}_c(\bar{\eta}_i) d\tilde{V}(\bar{y}_i) \tag{7-74}
$$

$$
\tilde{G}_{dd} = \frac{1}{\sigma^2} \iint\limits_{V V_c} \sqrt{\overline{W_{dd1} W_{dd2}}} \, \gamma_{d12} \exp[\, i(\psi_d + \psi_r) \,] \, d\bar{V}_c(\bar{\eta}_i) d\tilde{V}(\bar{y}_i) \tag{7-75}
$$

其中,$\bar{y}_i = y_i/D_j$,$\bar{\eta}_i = \eta_i/D_j$,$d\bar{V} = dV\sigma/D_j^3$。积分前的因子 $1/\sigma^2$ 补偿飞行情况下声源和相干体积的增加效应。为了推导出比例律关系,假设 $\tilde{G}_{qq}$ 和 $\tilde{G}_{dd}$ 并不受基本流动参数 D_j、ρ_j、$\Delta U = U_j - U_f$ 和飞行速度 U_f 的影响,对于相干函数这个假设并不完全满足,因此在指向性中必须予以修正。

方程式(7-74)中的 $\tilde{G}_{qq}$ 是四极子源函数的互谱密度函数,它通过下式计算:

$$
\tilde{Q}_q = \frac{\partial^2}{\partial t^2} \left[\tilde{u}_{r_0}^2 \frac{\rho_0}{\rho_j} - \left(1 - \frac{\rho_0}{\rho} \right) \tilde{p}' \right] \tag{7-76}
$$

$\tilde{G}_{dd}$ 是偶极子源的互谱密度,通过下式计算:

$$
\tilde{Q}_q = -\frac{\partial}{\partial t} \left[\tilde{p}' \frac{\rho_j^2}{\rho^2} \frac{\partial}{\partial \tilde{y}_{r_0}} \left(\frac{\rho}{\rho_0 - \rho_j} \right) \right] \tag{7-77}
$$

方程式(7-74)和式(7-75)中积分项的指数决定了声源的干涉,其相位差 ψ_q 和 ψ_d 近似按下式计算:

$$\psi_q = \psi_d = 2\pi St \frac{\tilde{\eta}_1}{\bar{u}_p + \dfrac{u_f}{\Delta u}} \tag{7-78}$$

式中 $\bar{u}_p$ 由方程式(7-66)定义;Strouhal 数是无因次频率,其定义是方程式(7-70)。方程式(7-74)和式(7-75)中的相位 ψ_r 描述了时间滞后量的差:

$$\psi_r = 2\pi St \frac{\Delta u}{a_0 D_f}(\tilde{\eta}_1 \cos\theta_0 - \tilde{\eta}_n \sin\theta_0) \tag{7-79}$$

η_i、η_{r_0}、η_1、η_n 定义如图 7-34 所示,η_1 和 η_{r_0} 分别是声源间距矢量在负飞行方向和波前方向的分量。η_n 垂直于 η_1,这两个矢量合成了 η_{r_0}。

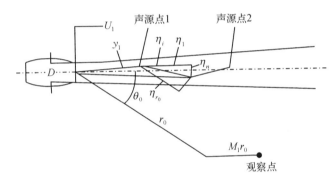

图 7-34　几何远场近似下声源和观测点的几何位置

从方程式(7-73)可以推出以下结论。

(1) 喷流噪声(也包括激波噪声)是由四极子源和偶极子源产生的。

(2) 两种声源的声辐射与相对喷流马赫数 $\Delta U/a_0$ 的关系不同,四极子源和偶极子源声功率谱密度分别正比于 $(\Delta U/c_0)^7$ 和 $(\Delta U/c_0)^5$。

(3) 均方声压(通过在整个频率范围内对功率谱密度的积分得到)分别正比于 $(\Delta U/c_0)^8$ 和 $(\Delta U/c_0)^6$。Lighthill 仅预测了第一项(四极子声源),在高速喷流速度下,四极子源是喷流的主要噪声,但是,在比较小的喷流速度下,偶极子源是喷流的主要噪声。

(4) 对于给定的喷流速度 U_j,飞行状况下 $(U_f > 0)$ 的 $\Delta U = U_j - U_f$ 比静止状态下 $(U_f = 0)$ 的 $\Delta U = U_j - U_f$ 值要小很多,这就意味着飞行状况下偶极子源产生的噪声变得相对重要。

(5) 两种声源服从不同的前飞放大效应规律,四极子噪声前飞效应更大一些。

（6）在飞行方向的后场区域（$\theta > 90°$）热喷流噪声主要是偶极子噪声，而在高亚声速飞行马赫数下，飞行方向前场区域（$\theta < 90°$）喷流噪声主要是四极子噪声。

（7）除了 Doppler 因子，四极子源和偶极子源之间的关系还依赖于 ρ_j/ρ_0 的比例和相对喷流速度 $\Delta U/c_0$。

从方程式（7-73）还可以推出，如果无因次化有效喷流速度保持常数，那么四极子噪声源和偶极子噪声源的噪声辐射比例就保持常数。无因次化有效喷流速度定义是

$$\frac{U_e}{c_0} = \frac{\Delta U}{c_0 D_f} \tag{7-80}$$

那么这也就意味着，只要 U_e 是完全相同的，那么按照方程（7-80），在飞行状态下上述两项喷流噪声的比例能够应用不同喷流速度下稳态喷流噪声比例描述，或者用不同飞行速度的喷流噪声的比例来描述。这个结论是 Michalke 和 Michel[82] 提出的飞行效应量纲分析的基础。在 θ_0 为 90° 的情况下，U_e 和相对喷流速度 ΔU 相等，而在前场（即指向飞行方向）增大，在后场减小。

由图 7-35 可以识别出四极子源和偶极子源噪声辐射贡献大小，图中给出了具有不同喷流温度和周围大气温度比 T_j/T_i 的喷流产生的噪声强度随无因次化喷流速度 U_j/a_0 的变化。可以看出，在低速喷流情况下，与 $(\Delta U/c_0)^6$ 呈比例偶极子的噪声辐射起支配作用，对于不加热的喷流，在 $U_j/c_0 < 0.4$ 范围，偶极子源噪声辐射起支配作用，而对热喷流，在 $U_j/c_0 < 0.6$ 范围，偶极子噪声辐射起支配作用。在这些实验中不加热喷流的密度与周围大气的密度是不一致的。对于热喷流，可以观

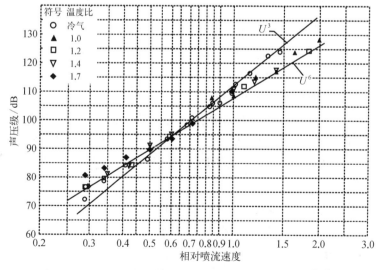

图 7-35   喷流噪声声压级与无因次化喷流速度关系[89]

察到在 $U_j/c_0 > 1$ 时存在一个减小的梯度,这可能是由于声源干涉的结果。

7.7.2　基于相似律分析的喷流噪声预测模型

从 20 世纪 80 年代美国 NASA 开始发展第一代飞机噪声预测软件 ANOPP 开始,就已经出现多个成功的喷流噪声半经验预测模型,包括美国机动车工程师学会 SAE 针对圆形亚声速喷流噪声的半经验预测模型[90]、NASA 刘易斯研究中心 Stone 等针对环形喷流噪声的半经验预测模型[14, 15]、NASA 兰利研究中心针对外涵喷流速度高于内涵喷流速度的环形喷流噪声半经验预测模型[18, 19]等。这些模型基于大量的喷流噪声实验数据的总结,根据喷流噪声相似律分析,给出了喷流噪声总声功率、频谱、指向性等半经验关联关系。其中 NASA 刘易斯研究中心 Stone(现在美国现代技术公司 Modern Technologies Corporation 工作)从 20 世纪 70 年代至今,对喷流噪声半经验预测技术进行了长期系统的研究,发表了一系列喷流噪声工程预测半经验模型的研究报告和学术论文[91-110],其最新的喷流噪声半经验预测模型,已经将早期简单的喷流噪声点声源远场预测模型,扩展为可以考虑喷流噪声源几何分布、内外涵喷流噪声互相干涉、外涵喷流速度大于内涵喷流速度、中心锥长度、V 形喷管降噪等的非常精细化的喷流远场噪声预测模型,还可以实现对喷流不同湍流尺度噪声准确预测。Stone 的喷流模型一直作为美国 NASA 的 ANOPP、ANOPP2 以及 FOOTPR 等重要飞机噪声预测程序的喷流噪声模块得到广泛应用。

当代大涵道比涡扇发动机分开排气的环形内外涵双喷管几何形状和混合噪声产生区域如图 7-36 所示,喷流射流与周围气流掺混形成的湍流剪切层、内外涵喷管射流混合掺混区等是主要的喷流混合噪声来源,此外,内涵喷管射流通过塞锥喷射出来也形成重要噪声源,而喷流速度超声速时,激波噪声也会成为重要喷流噪声。Stone 喷流噪声模型既可以预测单独圆形喷管(具有塞锥或无塞锥喷管)的喷

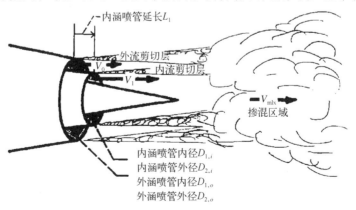

图 7-36　分开排气发动机喷管几何及喷流混合噪声产生区域

流远场噪声,也可以预测分开排气的同轴环形喷管的远场噪声(具有塞锥或无塞锥喷管)。对于具有超声速喷流情况,Stone 预测模型分别预测喷流混合噪声和激波噪声。对于同轴喷管,Stone 预测模型既可以预测内涵喷管主流速度大于外涵喷管喷流速度的环形喷流噪声,也可以预测外涵喷管喷流大于内涵喷管主流速度的环形喷流噪声。在 Stone 喷流噪声预测模型中,通过将单喷流圆形喷管的预测公式用构型因子进行修正,使之适用于有塞锥喷管和同轴环形喷管的噪声预测。早期的 Stone 模型仅仅能够预测几何远场的喷流噪声,最新的 Stone 喷流噪声模型则可以对几何近场喷流噪声进行预测。

本节简要介绍针对“几何远场”喷流噪声的 Stone 预测模型中喷流混合噪声和激波噪声相似律关系式。

Stone 喷流噪声预测模型中[14, 95],首先给出辐射角度为 90° 指向角的喷流噪声的总声压级与喷流速度及其他参数的关联关系,然后再进一步根据喷流噪声频谱函数关系确定 90° 方向的喷流噪声频谱,最后通过指向性函数对 90° 方向喷流噪声频谱的修正获得其他辐射方向喷流频谱和总声压级。

在距离喷管距离 r_s、辐射角度 θ 处的喷流混合噪声均方声压的计算公式是[95]

$$\langle p^2(r_s^*, \theta) \rangle = \frac{\langle p^2(\sqrt{A_e}, 90°) \rangle^*}{(r_s^*)^2} \left[\frac{1 + (0.124v_1^*)^2}{(1 + 0.62v_1^* \cos\theta)^2 + (0.124v_1^*)^2} \right]^{3/2} \times$$
$$D_m F_m H_m G_C G_P$$

$$(7 - 81)$$

其中,$\langle p^2(\sqrt{A_e}, 90°) \rangle^*$ 是距离喷管出口距离 $\sqrt{A_e}$、在极方向角 $\theta = 90°$ 处,喷管静止时计算的喷流噪声均方声压;v_1 是喷流速度;F_m 是喷流混合噪声频谱分布函数;H_m 是飞行速度对喷流噪声的影响因子;G_C 和 G_P 是喷管的构型修正因子;D_m 是喷流混合噪声的指向性函数。上式中,上标 * 表示的是无因次化参数,其中速度采用当地大气声速无因次化,距离则用参考距离 $\sqrt{A_e}$ 无因次化。

在参考距离 $\sqrt{A_e}$ 和辐射角度 $\theta = 90°$ 处的均方声压 $\langle p^2(\sqrt{A_e}, 90°) \rangle^*$ 的计算公式是

$$\langle p^2(\sqrt{A_e}, 90°) \rangle^* = \frac{2.502 \times 10^{-6} A_{j,1}^* (\rho_1^*)^{\omega_0} (v_1^*)^{7.5}}{[1 + (0.124v_1^*)^2]^{3/2}} \qquad (7 - 82)$$

其中,$A_{j,1}$ 是完全膨胀喷流的面积,用参考距离的平方无因次化;ρ_1 和 v_1 分别是完全膨胀的喷流密度和喷流速度,上标 * 表示无因次化参数。

构型因子 G_P 和 G_C 是根据喷管的结构形式对喷流混合噪声的修正因子,其中因子 G_P 是考虑喷管中心是否存在中心锥对喷流混合噪声的影响因子,构型因子

G_P 的计算式是

$$G_P = \begin{cases} \left(0.10 + \dfrac{2R_d^2}{1+R_d^2}\right)^{0.3}, & \text{有塞锥喷管} \\ 1.0, & \text{无塞锥喷管} \end{cases} \qquad (7-83)$$

构型因子 G_C 则是考虑发动机采用分开排气还是混合排气,当发动机采用分开排气,则存在内外涵两个喷管的喷流混合噪声(称为同轴环形喷管),当发动机是混合排气形式,则仅含一个圆形喷管(称为单喷流圆形喷管),构型因子 G_C 的计算式是

$$G_C = \begin{cases} \left(\dfrac{T_1^*}{T_2^*}\right)^{1/2} \left\{(1-v_2^*/v_1^*)^m + \dfrac{12[1+A_{j,2}^*(v_2^*)^2/A_{j,1}^*(v_1^*)^2]^4}{(1+A_{j,2}^*/A_{j,1}^*)^3}\right\}, & \text{同轴环形喷管} \\ 1.0, & \text{单喷流圆形喷管} \end{cases}$$

$$(7-84)$$

当为超声速喷流时,则在喷流中产生激波-湍流相互干扰产生的噪声(称为喷流激波噪声),Stone 喷流激波噪声预测模型可以预测喷流激波噪声的 1/3 倍频程均方声压频谱,其计算式是

$$\langle p^2 \rangle^* = \frac{(3.15 \times 10^{-4})A_{j,1}^*}{(r_s^*)^2} \frac{\beta^4}{1+\beta^4} \frac{F_s D_s G_C}{1 - M_\infty \cos(\theta - \delta)} \qquad (7-85)$$

其中,β 是激波强度参数,其计算式是 $\beta = \sqrt{(M^2-1)}$,M 是喷流马赫数;指向性函数 D_s 与噪声辐射角 θ 和喷流完全膨胀马赫数 M 相关;马赫角的定义是 $\delta = 180° - \sin^{-1}(1/M)$;激波噪声的频谱特性 F_s 则是无因次频率参数 Strouhal 数的函数,其中无因次频率参数的定义是

$$St = \left(\frac{f\beta D_h}{0.7v}\right)(1 - M_f \cos\theta)\sqrt{(1+0.7v^*)^2 + 0.04(0.7v^*)^2} \qquad (7-86)$$

式中,f 是频率;β 是激波强度参数;M_f 是飞行马赫数;D_h 是喷管水力学直径。

图 7-37 和图 7-38 是 Stone 喷流噪声模型对喷流噪声实验数据的拟合情况。其中,图 7-39 表示的是预测模型对单圆形喷管喷流噪声的实验数据的模拟,该实验是由 Tanna 等[111]完成,该喷管为带中心锥的圆形收敛-扩散喷管,喷管出口直径是 5.08 cm,该喷管工作在亚声速工作状态,无激波噪声存在。图中给出在不同喷流速度、不同喷流密度情况下预测模型对喷流噪声实验数据的拟合情况。可以看出,在不同辐射角度、不同工作参数情况下,预测模型对喷流噪声频谱趋势的拟合与实验结果吻合,但是,由于实际气动噪声频谱等的复杂性,

在特定频率、特定工作参数情况下,预测模型无法做到对喷流噪声频谱的完全准确模拟。正如 Michel 在喷流噪声相似律分析中所解说的那样,用简单的喷流速度等参数进行喷流噪声声源的模拟,往往无法准确捕捉到喷流噪声频谱和指向性的细节变化。

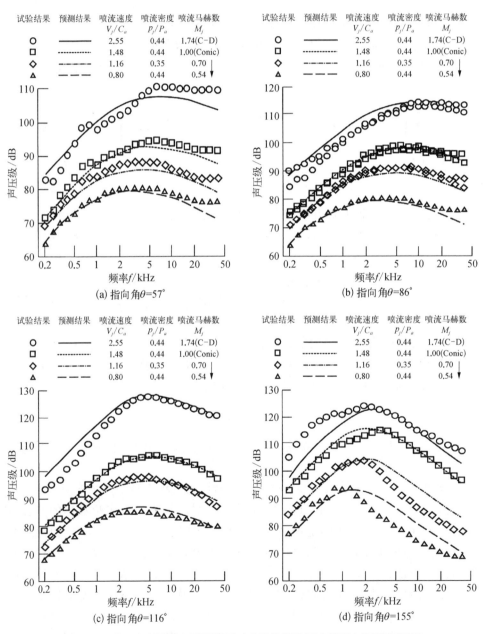

图 7-37　Stone 喷流噪声预测模型对实验数据的拟合情况(单圆形喷管)

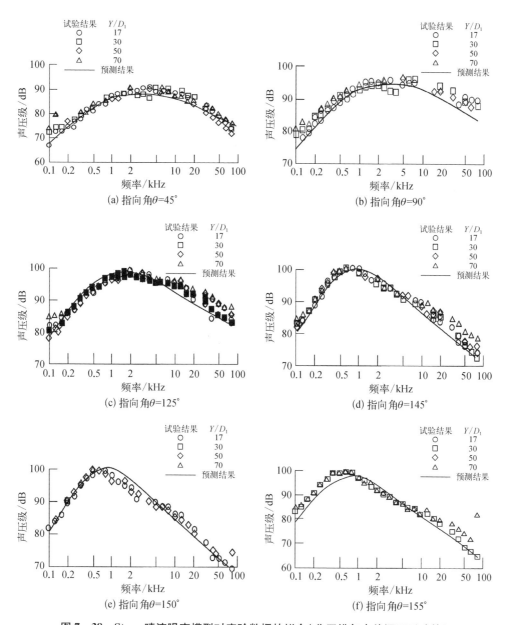

图 7 - 38　Stone 喷流噪声模型对实验数据的拟合（分开排气内外涵环形喷管）

图 7 - 38 表示的是 Stone 预测模型对环形喷管喷流噪声的实验数据模拟,该喷管为面积比是 3.2 的共面同轴喷管,内涵喷流速度为 295 m/s,喷流温度是 287 K,外涵喷流速度为零(即无外涵喷流),图中给出了在不同侧向位置测量的喷流噪声都统一到 3.0 m 距离时的喷流噪声频谱。同样,我们可以看出,预测模型对喷流噪声频谱趋势的拟合与实验结果吻合,但是,由于实际气动噪声频谱等的复杂性,在

特定频率范围,预测模型无法做到对喷流噪声频谱的完全准确模拟。

7.7.3 喷流噪声半经验预测模型的应用

如前所述,基于对 ANOPP 预测系统的认识,西北工业大学发动机气动声学课题组开发了类似的飞机/发动机适航噪声预测系统。这里采用 Stone 发动机喷流噪声模型对某型分开排气大涵道比涡扇发动机喷流噪声进行预测,并与实验数据进行对比分析。

图 7-39 和图 7-40 是该型发动机在低转速(慢车)工作状态下喷流噪声的预测结果及与实验结果的对比,图 7-41 和图 7-42 则是该型发动机在高转速(巡航)工作状态下喷流噪声的预测结果及与实验结果的对比。

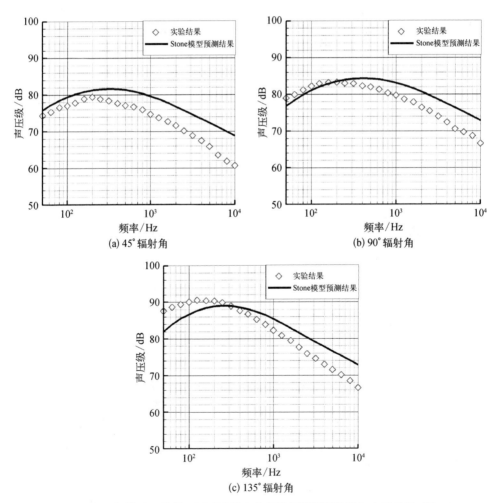

图 7-39   低转速工作状况下喷流噪声声压级频谱预测结果与实验结果对比

首先分析喷流噪声总声压级指向性预测结果,图 7-40 和图 7-42 分别是该型发动机在低功率工况(飞机降落过程)和高功率工况(飞机起飞过程)下喷流噪声总声压级指向性的预测结果及与实验结果的对比,可以看出,采用基于相似律技术的喷流噪声工程预测模型,能够很好地预测出喷流噪声总声压级指向性,喷流噪声总声压级预测结果与实验测量的数据吻合良好,只是在发动机低转速工作状况下、喷管前场区预测结果与实验结果有较大偏差(图 7-39 所示)。

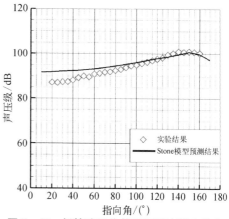

图 7-40 低转速工作状况下喷流噪声总声压级预测结果与实验结果对比

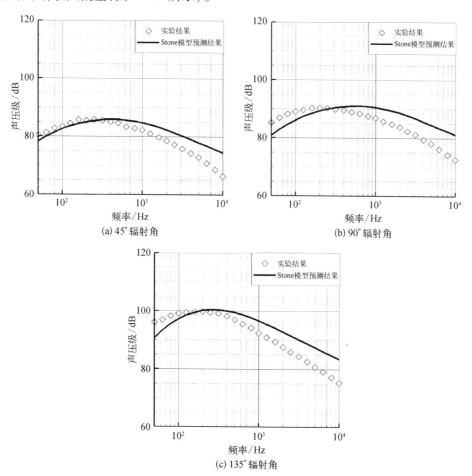

(a) 45° 辐射角

(b) 90° 辐射角

(c) 135° 辐射角

图 7-41 高转速工作状况下喷流噪声声压级频谱预测结果与实验结果对比

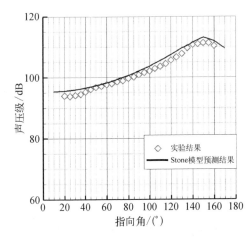

图 7 - 42　低转速工作状况下喷流噪声总声
压级预测结果与实验结果对比

图 7 - 39 和图 7 - 41 则是该型发动机喷流噪声声压级频谱的预测结果及与实验结果的对比,图中给出了在三个典型辐射角度,即前场区 45°、飞机过顶情况 90°、后场区 135° 的喷流噪声频谱。与图 7 - 40 和图 7 - 42 所示的喷流噪声总声压级良好的预测结果相比,图 7 - 39 和图 7 - 41 中喷流噪声频谱预测值与实验数据存在明显的偏差,可以看出,对于喷流高频噪声,预测的声压级明显高于实验结果;而对于喷流低频噪声,除了前场区预测结果与实验数据吻合良好,其他辐射角度的预测结果明显低于实验结果。

对比图 7 - 37 和图 7 - 38 的喷流噪声预测模型对实验数据的模拟情况,不难看出,Stone 的喷流噪声预测模型对喷流噪声频谱的预测还存在明显的不足。正如 7.7.1 节介绍喷流噪声比例律关系时所指出,由于传统的喷流噪声模型采用"旋涡模型",使得喷流流场中湍流流动过程表现为不稳定随机过程,不满足 Lighthill 方程求解公式的严格求解条件,从而造成对喷流噪声频谱和声级预测的偏差。本节对喷流噪声预测结果及与实验数据的对比,进一步证明了喷流噪声"旋涡模型"的问题所在,因此,在过去很长一段时间,许多研究者(包括 Stone 本人)对喷流噪声预测模型在不断地发展和完善,新的喷流噪声预测模型对喷流噪声频谱的预测就更为精确。

基于实验数据相似律分析的喷流噪声预测模型暴露出来的问题,进一步说明严格遵守 Lighthill 声类比理论的使用条件的重要性,也再一次证明了 Lighthill 声类比理论的正确性和准确性。正如德国宇航院 Michel 等[112, 113] 所指出的,关于气动噪声的 Lighthill 声类比理论是具有严格的理论和数学基础的重要理论,严格按照声类比理论的基本条件和要求进行气动声学问题的研究,可以实现对气动噪声准确预测。

7.8　本 章 小 结

航空发动机部件声学实验是航空发动机实验气动声学的重要内容,大量航空发动机声学实验都是在部件台架获得,而航空发动机部件噪声实验的目的并不仅仅是获得对产品噪声辐射特征的认识,大量的航空发动机部件噪声实验,其目的就是通过对航空发动机部件噪声实验数据的参数化分析研究,借助于气动声学相似律分析理论,揭示航空发动机部件噪声与设计参数的关联关系,从而为航空发动机噪声预测和航空发动机降噪设计奠定基础。

本章以发动机部件噪声的实验数据分析为主要内容,以获得航空发动机部件噪声相似律关联关系为主要目的,首先介绍了流体力学和气动声学相似性基本原理,然后针对航空发动机的主要部件,分别介绍了风扇、涡轮、燃烧和喷流等噪声实验数据的相似律关系,特别是介绍了在航空发动机声学设计中具有重要意义的基于相似性原理的航空发动机部件噪声半经验模型的构建和应用。

参考文献

[1]　MUELLER D, SCHULZ H J, ZITOUNI G, et al. Europe's largest aero acoustic test facility for aero engine fans — the development and operation of the AneCom AeroTest anechoic chamber [C]. Monterey: 11th AIAA/CEAS Aeroacoustics Conference, 2005.

[2]　ZORUMSKI W E. Aircraft noise prediction program, theoretical manual[R]. NASA – TM – 83199, 1986.

[3]　KONTOS K B, JANARDAN B A, GLIEBE P R. Improved NASA – ANOPP noise prediction computer code for advanced subsonic propulsion systems volume 1: ANOPP evaluation and fan noise model improvement[R]. NASA – CR – 195480, 1996.

[4]　HOUGH J W, WEIR D S. Aircraft noise prediction program (ANOPP) fan noise prediction for small engine[R]. NASA – CR – 198300, 1996.

[5]　RAWIS J W, YEAGER J C. High speed research noise prediction code (HSRNOISE) user's and theoretical manual[R]. NASA – CR – 213014, 2004.

[6]　HEIDMANN M F, FEILER C E. Noise comparisons from full-scale fan tests at NASA Lewis research center[R]. NASA – CR – 731017, 1973.

[7]　HEIDMANN M F. Interim prediction method for fan and compressor source noise[R]. NASA – TMX – 71763, 1979.

[8]　KREJSA E A, VALERINO M F. Interim prediction for turbine noise[R]. NASA TMX – 73566, 1976.

[9]　MATTA R K, SANDUSKY G T, DOYLE V L. GE core engine noise investigation — low emission engine[R]. FAA – RD – 77 – 4, 1977.

[10]　HUFF R G, CLARK B J, DORSCH R G. Interim prediction method for low frequency core engine noise[R]. NASA TMX – 71627, 1974.

[11]　EMMERLING J J, KAZIN S B, MATTA R K. Core engine noise control program, volume III, supplement — prediction method[R]. FAA – RD – 74 – 125, 1976.

[12]　HO P Y, DOYLE V L. Combustion noise prediction update[C]. Seattle: 5th Aeroacoustics Conference, 1979.

[13]　STONE J, KREJSA E, CLARK B. Progress in core/combustion noise prediction[C]. Reno: 43rd AIAA Aerospace Sciences Meeting and Exhibit, 2005.

[14]　STONE J R. Interim prediction method for jet noise[R]. NASA TMX – 71618, 1974.

[15]　STONE J R, MONTEGANI F J. An improved prediction method for the noise generated in

flight by circular jets[R]. NASA – TM – 81470, 1980.

[16] HARPER-BOURNE M, FISHER M J. The noise from shock waves in supersonic jets[J]. Noise Mechanisms, 1974, 11: 1 – 13.

[17] TANNA H K, DEAN P D, BURRIN R H. The generation and radiation of supersonic jet noise volume IV — shock-associated noise data[R]. AFAPL – TR – 76 – 65, 1976.

[18] PAO S P. A Correlation of mixing noise from coannular jets with inverted flow profiles[R]. NASA – TP – 1301, 1979.

[19] RUSSELL J W. A method for predicting the noise levels of coannular jets with inverted flow profiles[R]. NASA – CR – 3176, 1979.

[20] NESBITT E. Towards a quieter low pressure turbine: design characteristics and prediction needs[J]. International Journal of Aeroacoustics, 2011, 10(1): 1 – 16.

[21] NESBITT E, GANZ U, DIAMOND J, et al. An empirical prediction of inlet radiated broadband noise from full scale engines[C]. Reno: 36th AIAA Aerospace Sciences Meeting and Exhibit, 1998.

[22] GUIMARAES R, GRECO P, AFLALO B. Development of fan broadband noise semi-empirical prediction method adjustable from operation point[C]. Colorado Springs: 18th AIAA/CEAS Aeroacoustics Conference, 2012.

[23] HERKES W. Modular engine noise component prediction system (MCP) technical description and assessment document[R]. NASA – CR – 213526, 2001.

[24] KREJSA E A, STONE J R. Enhanced fan noise modeling for turbofan engines[R]. NASA – CR – 218421, 2014.

[25] MORIN B, ATASSI O. An empirical model for turbine noise prediction[R]. AARC Turbine Noise Workshop, 2008.

[26] HILL G A, THOMAS R H. Challenges and opportunities for noise reduction through advanced aircraft propulsion airframe integration and configurations[C]. Budapest: 8th CEAS Workshop on Aeroacoustics of New Aircraft and Engine Configurations, 2004,

[27] THOMAS R H, BURLEY C L, OLSON E D. Hybrid wing body aircraft system noise assessment with propulsion airframe aeroacoustic experiments[C]. Stockholm: 16th AIAA/CEAS Aeroacoustics Conference, 2010.

[28] LOPES L V D, BURLEY C L. Design of the next generation aircraft noise prediction program: ANOPP2[C]. Portland: 17th AIAA/CEAS Aeroacoustics Conference, 2011.

[29] 徐挺. 相似理论与模型实验[M]. 北京: 中国农业机械出版社, 1982.

[30] 朱立明. 流体力学[M]. 上海: 同济大学出版社, 2009.

[31] 西北工业大学, 南京航空学院, 北京航空学院. 航空燃气涡轮发动机原理[M]. 北京: 国防工业出版社, 1981.

[32] 彭泽琰, 刘刚, 桂幸民, 等. 航空燃气轮机原理[M]. 北京: 国防工业出版社, 2008.

[33] MADISON R. Fan engineering (handbook)[M]. 5th ed. New York: Buffalo Forge Company, 1949.

[34] BERANEK L L. Noise reduction[M]. New York: McGraw-Hill, 1960.

[35] LEONARD B R, NEUMANN H E, SCHMIEDLIN R F, et al. Acoustic and aerodynamic performance of a 6-foot-diameter fan for turbofan engines. I- design of facility and QF – 1Fan

[R]. NASA－TN－D－5877, 1970.

[36] WLDSTEIN A W, JHCCS J G, WOMBIN J R. Acoustic and aerodynamic performance of a 6-foot-diameter fan for turbofan engines. II- performance of QF-1 fan in nacelle without acoustic suppression[R]. NASA－TN－D－6080, 1970.

[37] FEILER C E, CONRAD E W. Noise from turbomachinery[C]. St. Louis: 5th Aircraft Design, Flight Test and Operations Meeting, 1973.

[38] LOWSON M V. Theoretical studies of compressor noise[R]. NASA－CR－1287, 1970.

[39] GOLDSTEIN M. Aeroacoustics[M]. New York: McGraw-Hill International Book Company, 1976.

[40] CHANAUD R C. Aerodynamic sound from centrifugal fan rotors[J]. Journal of the Acoustical Society of America, 1965, 37: 969－974.

[41] HECKL M, MÜLLER H A. Taschenbuch der technischen akustik[M]. Berlin: Springer, 1975.

[42] BARTENWERFER M. Letter to the editor[J]. Noise Control Engineering, 1977, 8: 3.

[43] MALING G. Dimensional analysis of blower noise[J]. Journal of the acoustical society of America, 1963, 35: 1556－1564.

[44] WEIDEMANN J. Beitrag zur analyse der beziehungen zwischen den akustischen und str-mungs-tech-nischen parametern am beispiel geometrisch hn-licher radial-ventilator-laufrder[R]. DLR－FB 71－12, 1971.

[45] NEISE W. Application of similarity laws to the blade passage sound of centrifugal fans[J]. Journal of Sound and Vibration, 1975, 43: 61－75.

[46] NEISE W, BARSIKOW B. Akustische ahnlichkeitsgesetze bei radialventilatoren[R]. DFVLR－FB 80－36, 1980.

[47] NEISE W, BARSIKOW B. Acoustic similarity laws for fans[J]. Journal of Engineering for Industry, 1982, 104(2): 162－168.

[48] BENT P H, MCLAUGHLIN D K. Enhancements to noise source measurement techniques for turbomachinery[C]. Long Beach: 15th AIAA Aeroacoustics Conference, 1993.

[49] MONGEAU L, THOMPSON D, MCLAUGHLIN D. Sound generation by rotating stall in centrifugal turbomachines[J]. Journal of Sound and Vibration, 1993, 163: 1－30.

[50] 王良峰,乔渭阳,纪良,等. 风扇进口噪声预测模型的改进[J]. 推进技术,2015,36(2): 226－231.

[51] 纪良,乔渭阳,王良峰,等. 改进的多级涡轮噪声经验预测模型[J]. 航空动力学报,2015, 30(5): 1211－1218.

[52] 纪良. 叶轮机宽频噪声产生机理和抑制方法的实验及数值研究[D]. 西安: 西北工业大学,2016.

[53] MATHEWS D C, NAGEL R T. Review of theory and methods for turbine noise prediction[C]. Hampton: 2nd Aeroacoustics Conference, 1975.

[54] BURDSALL E, ABROCHU F, PSCARAMELLA V M. Results of acoustic testing of the JT8D－109 refan engines[R]. NASA－CR－134875, 1975.

[55] BRAGG S L. Combustion noise[J]. Journal of the In- stitute of Fuel, 1963, 36: 12－16.

[56] THOMAS A, WILLIAMS G T. Flame noise: sound emission from spark-ignited bubbles of

combustible gas[J]. Proceeding of the Royal Society of London, 1966, 294 (1439): 449 – 466.

[57]　HURLE I R, PRICE R B, SUGDEN T M, et al. Sound emission form open turbulent premixed flames[J]. Proceedings of the Royal Society of London, 1968, 303: 409 – 427.

[58]　CHIU H H, SUMMERFIELD A M. Theory of combustion noise[J]. Acta Astronautica, 1974, 1(7 – 8): 967 – 984.

[59]　CRIGHTON D G, DOWLING A P, WILLIAMS F, et al. Modern methods in analytical acoustics[M]. Berlin: Springer, 1992.

[60]　MAHAN J R, KARCHMER A. Combustion and core noise[R]. NASA – RP – 1258, 1991.

[61]　IHME M, BODONY D J, PITSCH H. Prediction of combustion-generated noise in non-premixed turbulent jet flames using large-eddy simulation[C]. Cambridge: 12th AIAA/CEAS Aeroacoustics Conference, 2006.

[62]　IHEM M, PITSCH H, BONONY D. Radiation of noise in turbulent non-premixed flames[J]. Proceedings of the Combustion Institute, 2009, 32: 1545 – 1553.

[63]　STRAHLE W C. On combustion generated noise[J]. Journal of Fluid Mechanics, 1971, 49(2): 399 – 414.

[64]　STRAHLE W C. Some results in combustion generated noise [J]. Journal of Sound and Vibration, 1972, 23(1): 113 – 125.

[65]　STRAHLE W C. A review of combustion generated noise [C]. Seattle: Aeroacoustics Conference, 1973.

[66]　STRAHLE W C, SHIVASHANKARA B N. Combustion generated noise in gas turbine combustors[R]. NASA – CR – 134843, 1974.

[67]　STRAHLE W C. The convergence of theory and experiment in direct combustion generated noise[C]. Hampton: 2nd Aeroacoustics Conference, 1975.

[68]　STRAHLE W C, MUTHUKRISHNAN M. Thermocouple time constant measurement by cross power spectra[J]. AIAA Journal, 1976, 14(11): 1642 – 1643.

[69]　STRAHLE W C. Combustion noise[J]. Progress in Energy and Combustion Science, 1978, 4(3): 157 – 176.

[70]　MUTHUKRISHNAN M, STRAHLE W C, NEALE D H. Separation of hydrodynamic, entropy, and combustion noise in a gas turbine combustor[J]. AIAA Journal, 1978, 16(4): 320 – 327.

[71]　STRAHLE W C, MUTHUKRISHNAN M. Correlation of combustion rig sound power data and theoretical basis of results[J]. AIAA Journal, 1980, 18(3): 269 – 274.

[72]　SHIVASHANKARA B N. High bypass ratio engine noise component separation by coherence techique[J]. Journal of Aircraft, 1983, 20(3): 236 – 242.

[73]　KAZIN S, CLAPPER W S. Identification of noise generation and suppression mechanisms-core engine noise control program[R]. FAA – RD – 74 – 125 – 11, 1974.

[74]　HO P Y, TEDRICK R N. Combustion noise prediction techniques for small gas turbine engine [C]. Washington: 1st International Congress and Exhibition on Noise Control Engineering, 1972.

[75]　MATHEWS D C, REKOS N F. Prediction and measurement of direct combustion noise in

turbopropulsion systems[J]. Journal of Aircraft, 1977, 14(9): 850 – 859.

[76]　PHILLIPS O M. On the generation of sound by supersonic turbulent shear layers[J]. Journal of Fluid Mechanics Digital Archive, 1960, 9(1): 1 – 28.

[77]　MORFEY C L. Amplification of aerodynamic noise by convected flow inhomogeneities[J]. Journal of Sound and Vibration, 1973, 31(4): 391 – 397.

[78]　FFOWCS WILLIAMS J, SIMSON J, VIRCHIS V J. Crackle: an annoying component of jet noise[J]. Journal of Fluid Mechanics, 1975, 71(2): 251 – 271.

[79]　HOWE M S. Contributions to the theory of aerodynamic sound, with application to excess jet noise and the theory of the flute[J]. Journal of Fluid Mechanics, 1975, 71(4): 625 – 673.

[80]　MICHEL U, MICHALKE A. Prediction of flyover jet noise spectra[C]. Palo Alto: 7th Aeroacoustics Conference, 1981.

[81]　MICHEL U, MICHALKE A. Prediction of flyover jet noise spectra from static tests[R]. NASA – TM – 83219, 1981.

[82]　MICHALKE A, MICHEL U. Prediction of jet noise in flight from static tests[J]. Journal of Sound and Vibration, 1979, 67: 341 – 367.

[83]　MICHALKE A, MICHEL U. Relation between static and in-flight directivities of jet noise[J]. Journal of Sound and Vibration, 1979, 63: 602 – 605.

[84]　MICHALKE A, HERMANN C. On the inviscid instability of a circular jet with external flow [J]. Journal of Fluid Mechanics, 1982, 114: 343 – 359.

[85]　MICHALKE A. On the effect of external flow and shear-layer thickness on the expansion ceils of under-cxpandod supersonic circular jets[J]. European Journal of Mechanics – B/Fluids, 1992, 11(3): 363 – 382.

[86]　MICHEL U, BÖTTCHER J. Prediction of jet mixing noise for high subsonic flight speeds[C]. Sunnyvale: 11th Aeroacoustics Conference, 1987.

[87]　MICHEL U. Sound generation by aircraft[R]. DLR – IB 92517 – 95/B5, 1995.

[88]　乔渭阳. 航空发动机气动声学[M].北京：北京航空航天大学出版社,2010.

[89]　MICHALKE A, FUCHS H V. On turbulence and noise of an axisymmetric shear flow[J]. Journal of Fluid Mechanics, 1975, 70(1): 179 – 205.

[90]　Society of Automotive Engineer. Gas turbine jet noise exhaust prediction [R]. ARP – 876, 1973.

[91]　STONE J R. Flight effects on exhaust noise for turbojet and turbofan engines-comparison of experimental data with prediction[R]. NASA TMX – 73552, 1976.

[92]　STONE J R. An empirical model for inverted velocity profile jet noise prediction[R]. NASA – TM – 73838, 1977.

[93]　STONE J R. On the use of relative velocity exponents for jet engine exhaust noise[R]. NASA – TM – 78873, 1978.

[94]　STONE J R, GOODYKOONTZ J H, GUTIERREZ O A. Effects of geometric and flow-field variables on inverted-velocity-profile jet noise and source distributions [C]. Seattle: 5th Aeroacoustics Conference, 1979.

[95]　STONE J R, GROESBECK D E, ZOLA C L. Conventional profile coaxial jet noise prediction [J]. AIAA Journal, 1983, 21(3): 336 – 342.

[96] STONE J R. Supersonic jet shock noise reduction[R]. NASA – TM – 83799, 1984.

[97] STONE J R, CLARK B J. Development of a noise prediction code for 2-D mixer ejector nozzle systems, I—effects of principal geometric variables[R]. Modern Technologies Corporation Report to General Electric Aircraft Engines, 1996.

[98] STONE J R, CLARK B J. Development of a noise prediction code for internal mixer nozzle systems[R]. MTC Report to GE under Contract, 1997.

[99] STONE J R, CLARK B J. Enhancement to noise prediction code for 2-D mixer ejector nozzle system[R]. Final Report from MTC to GE under Contract, 1998.

[100] STONE J R, ZOLA C L, CLARK B J. An improved model for conventional and inverted-velocity- profile coannular jet noise[C]. Reno: 37th Aerospace Sciences Meeting and Exhibit, 1999.

[101] STONE J R, KREJSA E A, CLARK B J. Jet noise source separation and improved correlation using separate flow nozzle data[R]. MTC Report to GE Aircraft Engines, 2001.

[102] STONE J R. Separate flow nozzle jet noise source separation and correlation extension to enhanced mixing configurations[R]. MTC Report to GE Aircraft Engines, 2001.

[103] STONE J R, KREJSA E A, CLARK B J. Jet noise modeling improvements[R]. MTC Final Report to NASA, 2002.

[104] STONE J R, KREJSA E A, CLARK B J. Jet noise modeling for coannular nozzles including the effects of chevrons[R]. NASA – CR – 212522, 2003.

[105] STONE J R, KREJSA E A, CLARK B J. Jet noise modeling for supersonic business jet application[R]. MTC Final Report to NASA, 2003.

[106] STONE J R, KREJSA E A, CLARK B J. Jet noise modeling for suppressed and unsuppressed aircraft in flight[R]. MTC Final Report to NASA, 2003.

[107] STONE J R, CLARK B J, KREJSA E A. Multiple-source semi-empirical model for 2D mixer ejector noise prediction[C]. Hilton Head: 9th AIAA/CEAS Aeroacoustics Conference and Exhibit, 2003.

[108] STONE J R, KREJSA E A, CLARK B J. Semi-empirical model for coannular nozzle component noise extraction and correlation including the effects of noise reduction devices[C]. Reno: 41st Aerospace Sciences Meeting and Exhibit, 2003.

[109] STONE J R, BERTON J, KREJSA E A, et al. Philosophy and evolution of a semi-empirical model for jet noise prediction[C]. Reno: 42nd AIAA Aerospace Sciences Meeting and Exhibit, 2004.

[110] STONE J R, BERTON J, KREJSA E A. Initial development and calibration of a design guide for jet noise reduction[C]. Fort Lauderdale: 40th AIAA/ASME/SAE/ASEE Joint Propulsion Conference and Exhibit, 2004.

[111] TANNA H K, UEAN P U, BURRIN R H. The generation and radiation of supersonic jet noise. volume Ⅲ: turbulent mixing noise data[R]. L676ERO123 – Vol – 3, 1976.

[112] MICHEL U. Why large scales are the dominating source of jet noise[R]. Xi'an: Northwestern Polytechnical University, 2016.

[113] MICHEL U, MOCKETT C, KRAMER F. Large scales motion in a dual stream jet[C]. Svetlogorsk: CEAA2016 Computational Experiment in Aeroacoustics, 2016.

第 8 章
航空发动机整机气动声学实验技术

8.1 引　言

　　作为飞机噪声源的航空发动机,其辐射的噪声向远离飞机的空间辐射,形成了环境噪声污染,对于民用飞机适航噪声以及飞机环境噪声污染的测定和评估,依赖于航空发动机整机远场噪声辐射特性实验。为了精确评估航空发动机噪声对飞机适航噪声级的影响,国际民航组织对这类发动机整机噪声实验做出了严格要求,发动机整机噪声实验必须按照规定的声学实验要求进行。在这类实验中,往往将航空发动机整机作为一个点声源(即所谓"声学远场"和"几何远场"声源),关心的是远离发动机的噪声辐射。

　　航空发动机噪声,也是造成飞机机体表面声疲劳、舱内噪声污染以及机载设备声振动等的重要声源,对于飞机结构声疲劳以及舱内舒适性的测定和评估,也要依赖于航空发动机的整机噪声实验。在这种实验中,需要根据发动机噪声源几何尺寸(例如喷流流场的大小等)以及发动机与飞机特定位置的距离大小,将发动机噪声源按照远场点声源或者近场分布声源(即所谓的"声学远场"与"几何近场"声源)分类,采用不同的实验测试方法进行发动机噪声实验。

　　航空发动机是由多个部件组成的一个复杂气动热力学机械,发动机的噪声是各个部件噪声辐射的总和,对于每一个发动机部件噪声的实验测量是航空发动机实验气动声学重要任务之一。但是,由于航空发动机部件实验的复杂性(例如需要动力源、高温高压气源等),许多发动机部件很难严格按照声学环境在航空发动机部件实验台进行实验,因此,通过发动机整机噪声实验,获取发动机每一个部件噪声辐射特征,也是航空发动机整机噪声实验中一项重要任务。

　　由于航空发动机整机实验的复杂性,特别是由于航空发动机声学实验对于实验测量环境的特殊要求,开展航空发动机整机噪声实验往往是一项涉及发动机总体研制进展、经费预算等复杂的工程问题。为了提高航空发动机整机实验效率、降低航空发动机研制成本,就需要不断发展航空发动机整机气动声学实验测试技术,通过不同途径获取尽可能多的、有效的航空发动机噪声实验数据。因此,除采用专门的航空发动机声学实验台架进行航空发动机整机噪声实验外,为了丰富航空发动机及其部件噪声实验数据,实验气动声学技术还发展了基于飞机飞行过程的发动机噪声实验方法、基于普通发动机试车台实验的发动机噪声实验方法等特殊航空发动机整机噪声实验技术,这些特殊气动声学实验技术,扩大了航空发动机整机噪声实验范围,能够降低发动机声学实验成本。另外,针对特定实验条件还可以获得发动机特定噪声特性,例如通过飞机飞行实验进行航空发动机噪声实验,可以测定安装效应对航空发动机噪声的影响,为飞机降噪设计提供更丰富的声学实验数据。

在航空发动机噪声实验中,为了排除外界的干扰和影响,保证声源噪声场中没有声波屏蔽遮挡、没有声波反射等外界干扰,需要将声源实验件放置在自由声场环境,通常采用空旷的室外大气环境中或者室内消声室等构造自由声场环境。由于大型航空发动机尺寸大、吸入的空气流量巨大,如果采用消声室构造自由声场环境,就需要建造非常巨大的消声室。因此,对于大型航空发动机声学实验,都是在室外空旷的大气环境中进行。而由于航空发动机吸入巨大空气流量使得放置在接近地面的发动机进口气流产生不均匀现象,这时往往需要在发动机进口安装整流罩,用于对发动机进气流进行整流。

有关航空发动机整机声学实验环境要求及对传声器的安装要求等,读者可以参考其他发动机实验测试技术和声学测量技术的书籍资料,本章不再重复介绍。本章重点分析研究基于声源识别和模态辨识的航空发动机整机噪声实验的理论和方法。

8.2　航空发动机远场噪声与近场噪声实验测量方法

开展气动声学实验,首先需要明确有关"声学远场"与"声学近场",以及"几何近场"与"几何远场"的概念。

8.2.1　"声学远场"与"声学近场"

根据噪声源声传播距离及声源几何尺寸、声波波长等的不同,噪声辐射通常有"声学远场""声学近场""几何近场"与"几何远场"的概念之分。通常根据声源到观察点距离与声波波长大小关系,将噪声辐射分为"声学远场"辐射和"声学近场"辐射。声学远场(acoustic far field),通常是指观测点到声源距离大于声波波长;声学近场(acoustic near field),通常是指观测点到声源距离不远大于声波波长。但是,严格地衡量一个噪声辐射是"声学远场"或"声学近场"辐射,还需要根据声源类型(单极子、偶极子、四极子)、声源频率(波长)、大气声速以及辐射距离等而定。判断"声学近场"和"声学远场"的临界声辐射距离的计算式是[1]

$$Kr_c = \begin{cases} 1, & \text{单极子} \\ 2, & \text{偶极子} \\ 3, & \text{四极子} \end{cases} \tag{8-1}$$

式中，$K = 2\pi f/c$ 是波数，c 是大气声速，f 是声源频率；r_c 是临界尺寸。凡是声辐射距离大于临界尺寸，则为"声学远场"辐射，反之为"声学近场"辐射。图 8-1 为标准大气条件下（大气温度为 288 K，大气声速为 340 m/s），声学近/远场之间的临界尺寸的区分。图中横坐标为声源的声波频率，图中给出了航空声学的关心频率范围（50 Hz~10 kHz）值，纵坐标为声源与观察点之间的临界距离。

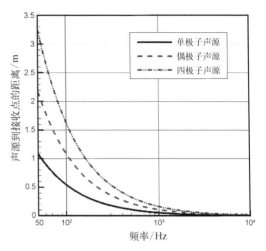

图 8-1　声学近/远场区分

在进行声学测量的时候，如果传声器处于"声学近场"，传声器测量声压会受到不作为声音传播的压力波动的影响，测量传声器会产生类似"近讲"效应的测量误差，因此，准确测量评估噪声源，声学测量均须在"声学远场"进行。

另一方面，从航空发动机噪声研究的需要角度而言，发动机噪声问题也都是"声学远场"的问题。因为，对于飞机适航噪声问题，国际民航组织规定飞机起飞适航噪声测量点位于跑道前方延长线 6 500 m 的飞机起飞航线正下方，飞机边线适航噪声测量点位于离开跑道中心线与飞机跑道平行的 450 m 的位置，飞机进场着陆适航噪声测量点位于跑道着陆点后方跑道延长线 2 000 m 飞机降落航线正下方位置，显然，与图 8-1 所示临界距离相比，对于适航噪声测量点而言，在航空声学关心的频率范围内，发动机噪声辐射都是属于"声学远场"问题。而对于飞机机体表面及舱内噪声评估问题，其噪声观测点位于飞机机身表面，以当代典型民用客机为例，例如，典型的单通道 Airbus A320-200 飞机，其翼展长 33.91 m，发动机中心到机身中心最近距离 5.8 m；典型的双通道 Boeing777-200 飞机，其翼展长 60.93 m，发动机中心到机身中心最近距离 9.9 m。因此，对于飞机机舱噪声测量点而言，与图 8-1 所示临界距离相比，在航空声学关心的频率范围内，当代民用客机发动机噪声辐射也都属于"声学远场"的问题。

总之，无论从准确测量发动机噪声的要求，还是从航空发动机噪声工程评定的需要，在进行航空发动机及其部件噪声实验时，噪声测量点（观测点）到发动机或者部件的距离必须大于测量噪声频率范围内的临界尺寸，即测量传声器在声源的

"声学远场"范围。本书前面介绍的有关传声器阵列声学测量技术,传声器也都是按照放置在"声学远场"设计和应用。

8.2.2 航空发动机"几何远场"与"几何近场"噪声问题

对于特定的噪声源分析,特别是对于以流场声源为特征的气动噪声源,根据噪声源几何尺寸与声源到观察点距离大小关系的不同,噪声源又进一步区分为"几何远场"与"几何近场"。几何远场(geometric far field),是指观测点到声源距离远大于声源本身的几何尺寸;几何近场(geometric near field),是指观测点到声源距离不远大于声源本身的几何尺寸。例如上述介绍的飞机巡航飞行状态下飞机机体表面观察点处的噪声测量问题,相对于发动机噪声源,尽管噪声测量点位于"声学远场",但是由于发动机声源离观察点较近,声源到测量点的距离与发动机声源的尺寸(发动机进口到出口距离、喷流噪声源流场几何尺寸)相比较,并不是一个小量,因此,这是一种"近的声学远场"问题,经常将这类问题称为"几何近场"或者"工程近场"声学问题。

仍然以当代典型航空发动机和典型民用客机为例,小型公务机湾流 G650 所用小型航空发动机 BR725,直径为 1.27 m、长度为 3.7 m;单通道大型客机 Airbus A320 飞机所用航空发动机 CFM56-5,直径为 1.735 m、长度为 2.6 m(不含短舱);双通道大型客机 Boeing777 所用大型航空发动机 GE90,直径为 3.43 m、长度约为 6 m。此外,航空发动机喷流噪声源往往是扩展到 8~10 倍喷管直径的流场范围,如果发动机外涵直径为 1.2~3.4 m,则喷流噪声声源扩展距离达到 8~30 m。可以看出,从发动机到飞机机身距离与发动机声源几何尺寸相比,发动机噪声源的声学测量就属于"近的声学远场"问题,即几何近场噪声问题。反之,对于飞机适航噪声问题,噪声测量点与发动机声源的距离与发动机尺寸(声源尺寸)相比,则属于"远的声学远场"问题,既属于"声学远场"又属于"几何远场"问题。

综上所述,对于航空发动机噪声问题实验研究,精确的噪声信号测量都是在"声学远场"条件下进行,不需要再考虑"声学近场"效应。但是,在航空发动机噪声研究中,必须区分"几何近场"和"几何远场"噪声问题。对于发动机"几何远场"噪声实验,发动机整机以及风扇、燃烧室、涡轮、喷流等部件噪声源,因为声源尺寸远小于声传播距离,因此这些声源都可以看作是"点声源"。而对于发动机"几何近场"噪声实验,发动机进出口噪声源、喷流噪声源等,其声源的空间分布尺寸与声传播距离相当甚至大于声传播距离,这时噪声源不能看作是没有尺寸的"点声源",噪声源必须按照"分布声源"进行实验测量和分析。而由于噪声实验测量总是在"声学远场",因此分布声源可以看作是"分布点声源"。

8.2.3　航空发动机"几何远场"噪声实验方法

由于航空发动机产生推力的基本特征(沿发动机轴向产生飞机前飞推力),因此航空发动机总是严格按照飞机飞行方向轴向安装,再考虑到航空发动机都是圆柱形轴对称流体机械,因此,当航空发动机安装在飞机上时,发动机的各声源在以发动机安装轴线为对称轴的坐标系统中具有单级子、偶极子和四极子等声源综合构成的方向性,通常按照发动机轴线坐标系的"极方向性"描述发动机噪声指向性,包括风扇、核心、涡轮以及喷流噪声在内的发动机噪声源都是以发动机轴线为坐标、以测量点与发动机轴向的夹角进行描述,而沿发动机轴向截面的周向则假定发动机声源是轴对称声源,即在同一"极方向"角下发动机噪声在轴截面的周向方向(通常称为"方位方向角")是均匀分布,如图 8-2 和 8-3 所示。

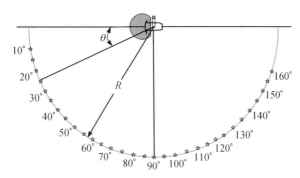

图 8-2　航空发动机整机或部件"几何远场"噪声实验传声器布置方法

传声器的位置和安装要求与发动机噪声实验的目的有直接的关系,当进行航空发动机或部件噪声的"几何远场"实验时,航空发动机整机及部件都可以作为一个点声源,航空发动机整机及部件噪声的指向性就按照图 8-2 所示坐标系进行实验测量,通过实验获得发动机远场任一个指向的声功率和频谱特征。这时要求传声器距离发动机足够远,使得测量的声压级可以外推到较大的范围而不需要考虑

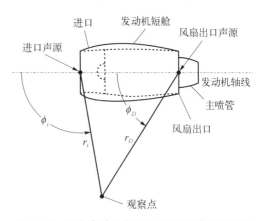

图 8-3　航空发动机整机"几何近场"噪声实验

各个噪声源的具体贡献(即航空发动机作为点声源),并且传声器位置应该具有适当的角度间隔,用以确定声场方向特征。

通常传声器布置在以发动机喷口(或者发动机中心)为中心的圆周上,如图 8-2 所示,传声器距离发动机的最小距离为风扇或压气机最大直径的 15 倍。如前所述,由于航空发动机为轴对称流体机械,其噪声辐射也就有对称性,因此传声器可布置在发动机一侧。在实际使用中,国际民航组织规定,对于大型航空发动机,传声器与发动机中心的最小半径通常取 150 ft(45.72 m);对于小型航空发动机,传声器与发动机中心的距离取 100 ft(30.48 m)。对于涡轮喷气发动机,喷流噪声源的范围可能延伸到喷口下游 8~10 倍喷口直径处,因而在测量过程中,可根据实际需要选择另外一些测量点,如沿着发动机中心线的平行线不同距离和角度的位置布置传声器。

考虑到航空发动机实验过程中,很大空气流量的吸入和高速喷气流场在发动机周围造成强烈空气流,为了实验测量安全性,发动机整机地面噪声实验时,并不能在航空发动机周围的整个 180° 范围内都布置传声器。如图 8-2 所示,通常在从与发动机轴线夹角 10°(前部)到 160°(后部)的范围内布置测量传声器,相邻传声器之间的角度间隔不超过 10°。在噪声级较高的角度范围内,传声器的位置可以密集一些。

8.2.4 航空发动机"几何近场"分布声源模型

当研究航空发动机对其附近机舱噪声污染问题的时候,发动机尺寸以及喷流噪声源流场尺寸与声波传播距离相比不再是小量,如图 8-3 所示,在这种情况下,通常将航空发动机进口噪声(主要是风扇进口噪声)、发动机外涵出口噪声(包括风扇出口噪声和外涵喷流噪声)、发动机内涵出口噪声(包括燃烧噪声、涡轮噪声、内涵喷流噪声等)等作为单独的噪声源,这时航空发动机的噪声源可以看作是沿着发动机轴线方向线性排列、分散的噪声源,由于发动机直径与声传播距离相比仍然是小量,因此,通常将发动机风扇进口噪声源、发动机外涵出口噪声中的风扇出口噪声源、内涵出口噪声中的燃烧噪声源、涡轮噪声源等都看作是点声源,这些点声源坐标如图 8-3 所示,其中噪声测量点相对于风扇进口噪声源的坐标就是 r_i 和 ϕ_i,相对于风扇出口噪声源测量点的坐标就是 r_D 和 ϕ_D,类似有测量点相对于内涵出口燃烧噪声源、涡轮噪声源的坐标。这些发动机部件噪声源采用"几何远场"噪声源的"点声源"模型进行描述。

但是,发动机喷流噪声源不能再看作是"点声源",喷流噪声源是沿喷流轴线排列的多个离散分布噪声源。Chen 等[1-3] 的理论和实验研究指出,对于处在几何近场中的观察点来说,喷流混合噪声的声源可以按照 1/3 倍频程段的中心频率确定的位置分布于喷流剪切边界层,喷流混合噪声总声功率则是对每一个声源点的噪声积分得到,如图 8-4 所示。通常在喷流近场混合噪声研究中,将喷流混合声源沿喷流剪切层边界等效为 3 个位置,如图 8-4 所示。

对于喷流激波噪声,同样是分布声源,Chan 等[4]、Harper-Bourne 等[5] 的研究表明,喷流近场激波噪声源可以看作是"激波串"结构沿喷流出口轴向扩散而形成,声源为激波串结构中心位置,通常激波噪声源可以达到 8 个,如图 8-5 所示。

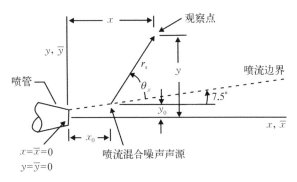

图 8 - 4　航空发动机喷流"几何近场"混合噪声声源分布

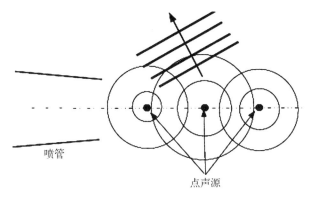

图 8 - 5　航空发动机喷流"几何近场"激波噪声声源分布

从图 8 - 4 和图 8 - 5 的喷流噪声源分布模型可以看出，当进行喷流噪声实验时，如果噪声测量点位于"几何近场"，那么任一个测量点测量的噪声，实际上都是多个喷流位置的噪声源辐射噪声的总和。这时就需要采用传声器阵列波束成型技术，通过对喷流流场声源分布测量，弄清喷流流场中噪声源的真实分布情况。

根据图 8 - 3~图 8 - 5 对于航空发动机噪声源"几何远场"和"几何近场"的分析，可以看出，在飞机及航空发动机噪声研究中，航空发动机主要噪声部件，包括风扇、燃烧、涡轮等，相对于飞机噪声污染（适航噪声与机舱噪声）所关心的噪声测量点，都属于"几何远场"噪声问题，都可以看作是"点声源"，可以采用"点声源模型"进行模化；对于飞机适航噪声问题，航空发动机喷流噪声源噪声辐射也属于"几何远场"的"点声源"；只有对于飞机舱内噪声问题，航空发动机的喷流噪声源噪声辐射属于"几何近场"的"分布声源"。

综上，在航空发动机气动声学实验中，为了准确捕捉声源的声学信号，测量传声器总是要放置到"声学远场"，因此气动声学实验一般都是"声学远场"实验。在"声学远场"测试前提下，发动机气动声学实验进一步分为"几何远场"和"几何近场"噪声实验。当研究航空发动机远场适航噪声时，需要进行发动机"几何远场"

噪声实验,这时发动机及其部件相对噪声测量点可以看作是一个远场"点声源";
而当要求研究发动机对其附近观测点的噪声辐射问题时,发动机及其部件噪声测
量属于"几何近场"噪声实验,这时发动机整机要看作是"分布声源",包括进口噪
声源、出口噪声源以及分布的喷流噪声源。除此之外,在进行特殊模型气动声学实
验时,比如研究航空发动机叶片前缘与尾缘噪声源,那么这时相对噪声测量点叶片
噪声源也是一种"分布声源"实验,对应的模型实验就是"几何近场"气动声学实
验。这也就是说,测量对象的气动噪声源属于"几何近场"还是"几何远场",要根
据实验的对象和实验目的具体分析。

8.3   基于线性阵列航空发动机进出口
噪声源分离实验技术

8.3.1   航空发动机噪声源线性分布特征

如前所述,由于航空发动机特殊的部件排列方式以及进排气管道(进气道、尾
喷管)与外界大气联通的结构形式,使得航空发动机主要部件(风扇、压气机、燃烧
室、涡轮)噪声总是通过进排气管道向外辐射。研究飞机舱内噪声问题,就需要将
航空发动机进出口噪声源进行分离,此外,通过整机噪声实验,获得发动机部件噪
声特性,也是航空发动机噪声实验所关心的问题。因此,在发动机整机噪声实验
中,采用特殊的传声器阵列技术将发动机进口噪声和出口噪声进行分离识别和测
量,是航空发动机整机噪声实验中的一项重要内容。

如图 8-6 所示,通常航空发动机进口噪声(主要是风扇进口噪声)、发动机外
涵出口噪声(包括风扇出口噪声和外涵喷流噪声)、发动机内涵出口噪声(包括燃
烧噪声、涡轮噪声、内涵喷流噪声等)等可以看作是单独的噪声源,航空发动机噪声
源可以看作是沿着发动机轴线方向线性排列、分散的噪声源,由于发动机直径与声
传播距离相比是小量,因此,通常将发动机进口噪声源、外涵出口噪声源、内涵出口
噪声源等可以看作是在一条线上分布的线性分布点声源。

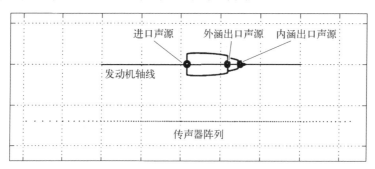

图 8-6   发动机噪声源分布及线性传声器阵列

对于线性分布的噪声源,可以采用线性传声器阵列对声源进行分离识别,如图8-6所示,在距离发动机轴线一定距离与发动机轴线平行的直线,布置不等间距分布排列的线性传声器阵列,采用传声器阵列波束成型(beamforming)技术,就可以实现对发动机进口噪声源、出口噪声源等的分离识别和测量。

对于喷流噪声源,同样也可以看作是沿航空发动机轴线分布的噪声源(包括混合噪声源和激波噪声源),因此,图8-6所示线性传声器阵列也可以实现对喷流噪声分布声源的识别测量。

8.3.2　基于线阵列的发动机进出口噪声源分离实验方法

本节以某型混合排气中等涵道比(涵道比约为3)涡扇发动机为例,采用线性传声器阵列,实验分析发动机进出口气动噪声基本特征[6]。某型涡扇发动机声学实验在室外空旷的大气环境下进行,实验条件符合声学自由场条件。但是,由于发动机实验装置条件所限,发动机进口并没有安装进气整流罩,因此,预期发动机进口中含有进气畸变噪声分量。

图8-7为简化的发动机噪声实验示意图,在实验中,发动机位于距地面为3.6 m(发动机中心线距离地面尺寸)高度,发动机从进口到出口的总长度为6.5 m,也就是发动机两个主要噪声源(进口噪声源和喷口噪声源)的轴线距离为6.5 m。由32个传声器组成的线性传声器阵列沿直线布置,阵列与发动机轴线在地面的投影平行,与发动机轴线地面投影线的距离是25 m。

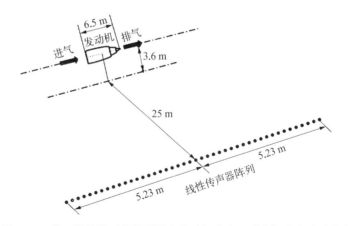

图8-7　基于线性阵列的某型涡扇发动机进出口噪声源分离实验方案

在地面上测量噪声的困难是存在直接辐射的信号与地面反射信号之间的相互干涉,解决这个问题的常用的办法就是把传声器安装在一个硬的反射表面上,为了进一步减少入射声波与反射声波的相位差,让传声器的膜片紧挨在硬壁表面,保证传声器接收到入射波和无相差全反射波的和,即传声器测得的声压是实际声源辐射声压的一倍,由测量的信号中减去 6 dB 就是实际声源声辐射声压。如图 8‐8(b)所示,在发动机噪声实验中,将所有传声器都安装在相同的矩形铝板中,保证传声器感受头同时接收直达声波以及地面全反射声波。

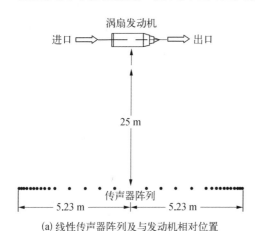

(a) 线性传声器阵列及与发动机相对位置　　　(b) 传声器在地面的放置

图 8‐8　传声器位置及在地面的安装排放

　　传声器阵列中心与发动机中心在地面投影的连线与发动机中心线垂直,测量坐标系的原点位于阵列的中心,与发动机轴线平行方向(也就是发动机吸入与排放气流的方向)为 x 坐标正方向,z 坐标垂直于地面。在这个传声器阵列坐标系下,发动机进口位于 $x = -3.25$ m, 发动机喷口位于 $x = 3.25$ m。

　　发动机声学测量系统由线性传声器阵列和一套以微机为中心的数据采集系统构成。所用传声器采用的是由 B&K 公司生产的 1/4 英寸电容式高精度传声器,此型传声器是由拾音器和前置放大器所组成,传声器的拾音器经过特殊的设计和制造以保证它的声—电参数的稳定,在自由声场传声器的频率范围是 5 Hz ~ 100 kHz,最大测量的声压级是 168 dB,传声器的灵敏度是 3.2 mV/Pa,使用的温度范围是 −50 ~ +110℃,传声器的大气温度系数指标是 0.01 dB/K,大气压力系数是 -10^{-5} dB/Pa。

　　设计和优化在传声器阵列中每一个传声器位置,是应用传声器阵列进行声源识别测量的重要内容。在该实验中,以阵列空间分辨率和动态范围为优化目标,以传声器个数为约束条件,采用计算机模拟技术优化设计了线性传声器阵列中每一个传声器的位置,针对实验发动机进出口噪声源分离的线性传声器阵列传声器位置最终布置方案如图 8‐8(a)所示,该线性传声器阵列由 32 个传声器组成,放置在与发动机轴线平行的直线上,阵列的总长度为 10.46 m,阵列中相邻传声器之间最小间距为 0.18 m(阵列最左、右两边位置相邻两个传声器间距),相邻传声器之间最大间距 1.3 m(靠近坐标中心的相邻两个传声器间距)。

　　图 8‐8(a)线性传声器阵列在三种不同频率下的点扩展函数如图 8‐9 所示。图

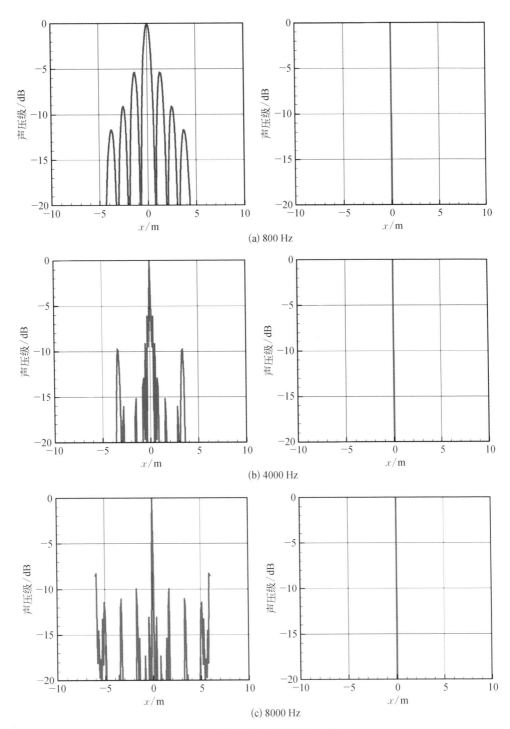

(a) 800 Hz

(b) 4000 Hz

(c) 8000 Hz

图 8 - 9 线性传声器阵列波束模式

中 x 坐标表示噪声源的位置, y 坐标表示阵列声源识别的声压级(SPL)。图中的点扩散函数是由阵列对位于 $(x, y, z) =$ (0 m, 25 m, 3.6 m) 的单点声源的响应,在这种情况下,声源位于发动机中心位置,传声器阵列中心距离声源为 25.26 m。由图 8 - 9 可以确定线性传声器阵列的空间分辨率和动态范围(主瓣与旁声压级差)。图 8 - 9 给出了两种不同传声器阵列信号处理算法的点扩散函数,其中,图 8 - 9 左边的点扩散函数是传统波束形成的结果,图 8 - 9 右边的点扩散函数是 DAMAS 算法波束成型的结果。

从图 8 - 9 可以看出,采用传统的"延迟与求和"波束成型,在声源频率 $f =$ 800 Hz 时,该线性传声器阵列的主瓣宽度(定义为主瓣峰值声压级减小 3 dB 对应的主瓣宽度)约为 0.75 m,阵列的动态范围是 5 dB;在声源频率 $f =$ 8 000 Hz 时传声器阵列的主瓣宽度约为 0.08 m,阵列的动态范围是 8 dB。如果采用反卷积的 DAMAS 波束成型方法,则线性阵列点扩散函数结果中旁瓣几乎消失,阵列对声源识别空间分辨率可以达到点声源的识别程度,针对 800~8 000 Hz 频率范围的声源测量时,阵列的动态范围均大于 20 dB。

8.3.3 航空发动机进出口噪声源分离实验结果分析

在对某型中等涵道比混合排气涡扇发动机的进出口声源分离实验中,分别测量了发动机在 60%功率状态、70%功率状态、80%功率状态、90%功率状态等工作状况下的噪声。在测量过程中,发动机的转速由低速逐渐升至高速,在每次工作状态稳定后再进行声信号的采集,以保证信号的稳定性。32 路传声器记录的时域声压信号,采用 DAMAS 反卷积信号处理方法进行声源分离和识别,阵列对声源区域的扫描沿着发动机轴线逐点进行,扫描区域沿发动机中心线长 12 m,每隔 0.1 m 扫描一点,共扫描了 121 个点。为了保证实验测量结果稳定性,实验数据采用多样本平均分析方法,尽量减少信号的不稳定。声源窄带频谱是由对时域声压信号进行傅里叶变换获得,然后进一步计算 1/3 倍程频谱。

8.3.3.1 混合排气涡扇发动机进出口噪声源分离结果

应用线性传声器阵列的波束成型,对发动机轴线上的每一个空间点进行扫描(即计算每个点上的阵列的波束成型),得到的这个声级就表示了该轴线对应点上的噪声辐射,即相当于在该点处有一个点声源。轴线上所有点的噪声级就组成了一个发动机轴线上的噪声分布图。

图 8 - 10 给出了混合排气涡扇发动机在四种不同发动机功率工作状态下(60%、70%、80%和90%功率状态)沿发动机轴线分布的噪声源。图中的横坐标表示发动机中心轴线,纵坐标表示对应位置声源的总声压级(OASPL),它是将对应位置处测量频率范围内声压级累加得到,图中总声压级的频率范围是 1.0 kHz 到 10 kHz,为了对发动机进出口噪声源进行比较,所有声源的声压级都是按照统一的声传播距离 25 m 进行计算。

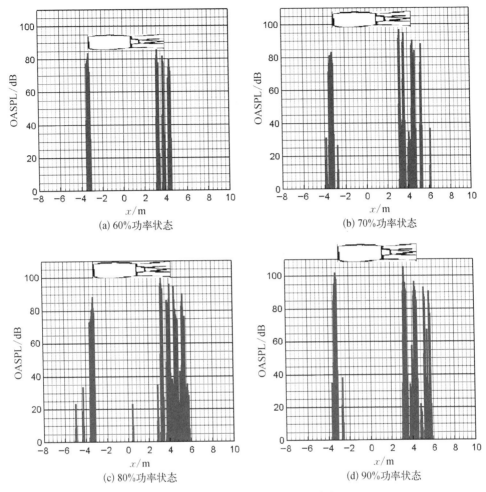

(a) 60%功率状态　　(b) 70%功率状态

(c) 80%功率状态　　(d) 90%功率状态

图 8 – 10　发动机进出口声源识别结果

图 8 – 10 结果表明,混合排气涡扇发动机的噪声都是从发动机进气口和喷管排气口辐射出来,利用线性传声器阵列可以清晰地将涡扇发动机的进口噪声源和出口噪声源分离开来。四种发动机工作状态下,发动机进口噪声源位置比较统一,都出现在 -3.3 m 处,与实际发动机进口位置基本一致(进口位于 -3.25 m),随着发动机功率的增加,发动机进口的总声压级逐渐增大。特别需要注意的是,发动机出口喷流噪声源是一个分布式的声源,在发动机功率较小(60%)的情况下共有 3 个明显声源,随着发动机功率的增加,发动机喷口噪声总声压级逐渐增大,而且喷口噪声源的个数也有增加,喷流噪声分布的范围也随之增大。这个测量结果与图 8 – 4 所示理论分析模型结果一致。从图 8 – 10 还可以看出,对于低涵道比涡扇发动机,发动机排气噪声源的总声压级一般高于进口风扇噪声源。

众所周知,混合排气涡扇发动机主要噪声源有风扇噪声源、燃烧噪声源、涡轮噪声源和喷流噪声源。风扇噪声是从发动机进口和排气口辐射出来的,其他部件噪声源则是从发动机排气口辐射出来。如图 8-10 所示,位于 $x = -3.3$ m 处的发动机进气口噪声源主要来自风扇噪声,在所有发动机功率状态下,发动机进口噪声源的位置保持不变。而在发动机排气口下游 $x = 3.5 \sim 5.5$ m 范围内,存在三个以上的噪声源,即发动机出口噪声(包括燃烧噪声、涡轮噪声和喷气噪声),随着发动机功率的增大,所有噪声源的强度都在增大,排气噪声源的个数也在变化(进气噪声源个数不变),声源的位置发生小幅度移动。

由图 8-10 可以看出,喷流噪声源分布于发动机喷管出口 3.5 m 到 5.5 m 之间的范围内,即发动机出口喷流噪声分布在约 3 m 的流场范围之内,而喷口的直径大约在 0.6 m 左右,声源区大概是喷口直径的 4.6~5 倍,即包含了整个喷流的混合区和一部分过渡区(混合区的大小是从喷口处向下游延伸 4 倍于喷口直径的长度,过渡区大小是从混合区的尾部继续向下游延伸 4 倍于喷口直径的长度)。这一实验结果与喷流噪声的理论分析相吻合,混合区的辐射面积较小,噪声源较集中,而在过渡区,辐射面积明显扩大,声源声压级的大小与分布密度均下降,因此在过渡区发动机的轴线上只探测到一个声源。

从图 8-10 还可以看出,当发动机功率从 60% 增加到 70% 时,进气口噪声源噪声级变化很小,而当发动机功率由 70% 变为 80% 时,发动机进口噪声增加 5 dB。当发动机功率从 80% 增加到 90% 时,发动机进口噪声声压级的增量可达 13 dB。根据该发动机设计和工作状况,可以判断当该发动机工作在 90% 功率状态时,发动机风扇叶尖气流速度达到超声速,因此在发动机进口出现了强烈的风扇激波噪声源,使得发动机进口噪声显著增大。

8.3.3.2   混合排气涡扇发动机进口噪声源频谱分析

应用传声器阵列波束成型,除能够将发动机整机进口噪声源与出口噪声源分离开来外,通过将传声器阵列的波束成型聚焦在特定的声源位置,还可以得到特定位置声源详细的噪声频谱和声压级大小。

图 8-11 给出了发动机在不同工作状态下进口噪声源的频谱特性。从图 8-11 可以看出,该混合排气涡扇发动机进口噪声谱是由随机宽频噪声谱与强烈的离散单音噪声所构成。宽频噪声是由发动机内部随机湍流脉动与风扇、压气机干涉所产生,而单音噪声则来自风扇/压气机叶片高速旋转产生的气流周期性压力脉动。在发动机低功率状态(60%、70% 功率状态)下[即图 8-11(a)和图 8-11(b)],在发动机进口噪声中叶片通过频率下的离散单音均占主导地位,这是亚声速的风扇/压气机的噪声特性之一。而在发动机高功率状态(80%、90% 功率状态)下[即图 8-11(c)和图 8-11(d)],除叶片通过频率单音噪声外,在发动机进口噪声频谱中出现了激波噪声成分(表现为锯齿噪声特征)。

进一步分析图 8-11 的实验结果,可以看出在发动机进口噪声频谱中有三种

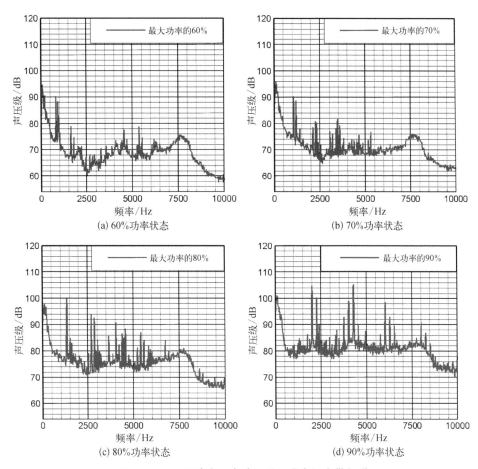

(a) 60%功率状态　　　　(b) 70%功率状态

(c) 80%功率状态　　　　(d) 90%功率状态

图 8 - 11　不同功率下发动机进口噪声源窄带频谱

不同基频噪声的单音噪声源。表 8 - 1 列出了这三种基频单音噪声的基波、二次谐波频率以及它们对应的声压级。

表 8 - 1　发动机进口噪声频谱中单音噪声的基频和二次谐波频率及其声压级

			60%功率状态	70%功率状态	80%功率状态	90%功率状态
单音 1	1 BPF	频率/Hz	816	1 056	1 344	2 004
		SPL/dB	90.4	90.5	100	105.0
	2 BPF	频率/Hz	1 632	2 112	2 688	4 008
		SPL/dB	79	78.7	93.8	99.1
单音 2	1 BPF	频率/Hz	928	1 200	1 520	2 272
		SPL/dB	88.4	88.8	84.8	100.4
	2 BPF	频率/Hz	1 856	2 400	3 040	4 544
		SPL/dB	74.7	72.9	84.4	89.8

续　表

			60%功率状态	70%功率状态	80%功率状态	90%功率状态
单音3	1 BPF	频率/Hz		2 256	2 864	4 272
		SPL/dB		81.0	92.7	105.5
	2 BPF	频率/Hz		4 512	5 728	8 544
		SPL/dB		73.5	76.6	82.8

　　从图 8-11 和表 8-1 的实验结果可以看出,该混合排气涡扇发动机进口噪声源中出现三种不同基频的噪声源,在 60%功率状态,发动机进口噪声源单音噪声的基频分别是 816 Hz 和 928 Hz,对应的声压级分别为 90.4 dB 和 88.4 dB;在 70%功率状态,发动机进口噪声源单音噪声的基频分别是为 1 056 Hz、1 200 Hz 和 2 256 Hz,对应的声压级分别为 90.5 dB、88.8 dB 和 81 dB;在 80%功率状态,发动机进口噪声源单音噪声的基频分别是 1 344 Hz、1 520 Hz 和 2 864 Hz,对应的声压级分别为 100 dB、84.8 dB 和 92.7 dB;在 90%功率状态,发动机进口噪声源单音噪声的基频分别是 2 004 Hz、2 272 Hz 和 4 272 Hz,对应的声压级分别为 105 dB、100.4 dB 和 105.5 dB。

　　根据该型混合排气涡扇发动机双级风扇叶片和高压压气机叶片的数量以及风扇和压气机的转速,可以判定上述单音噪声源中的第 1 个基频单音噪声源,是由该发动机第一级风扇所产生,第 2 个基频单音噪声源,则是由该发动机第二级风扇所产生。而发动机进口噪声源中的第 3 个基频单音噪声源,则是由该发动机第 1 级高压压气机所产生,在 90%的发动机功率状态下,高压压气机产生的单音噪声比其他单音噪声高得多。当发动机工作转速从 60%功率状态增加到 70%功率状态,发动机进口单音噪声声压级增加并不明显,增加值范围为 0.4 dB 到 1.3 dB。但是当发动机功率状态从 70%增加到 90%功率状态时,发动机进口单音噪声级增加显著,增加范围为 3.1 dB 到 15.6 dB。

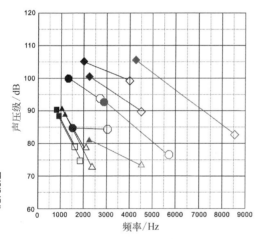

图 8-12　发动机进口单音基频声压级与二次谐波声压级的比较

实心符号:基频声压级;空心符号:二次谐波声压级
正方形:60%功率状态;三角形:70%功率状态;
圆形:80%功率状态;菱形:90%功率状态;
黑色:单音 1;蓝色:单音 2;绿色:单音 3

　　为了进一步分析发动机进口不同单音噪声的变化规律,图 8-12 给出了发动机进口三个单音噪声源基频及二次谐波声级大小的比较,图中实心符号均表示单音噪声源基频噪声级大小、空心符号表示的是单音噪声二次谐波声压级。由图 8 - 12 可以看出,除在 80%的发动机功率状态下、第二级风扇的基频和二次谐波的声压级几乎相同外,在其他发动机功率状态下,单音噪声的基频声压级均明显大于二次谐波声压级,基频声压级比二次谐波声压级大 6~23 dB。仔细分析该型发动机进口噪声模态传播规律发现,该型发动机功率状态在 80%工作时,第二级风扇转静干涉单音噪声主模态处于截止状态,因此其基频噪声与二次谐波没有明显差异。但是,其他单音噪声主模态是处于截通状态。

8.3.3.3　混合排气涡扇发动机出口噪声源频谱分析

混合排气涡扇发动机出口噪声的频谱如图 8 - 13 所示,可以看出,发动机出口噪声的频谱表现为夹杂有"驼峰状"单音的宽频噪声频谱,这正如第 1 章中图 1 - 14 对发动机出口噪声的分析。"驼峰状"的单音噪声是由于发动机内部的单音

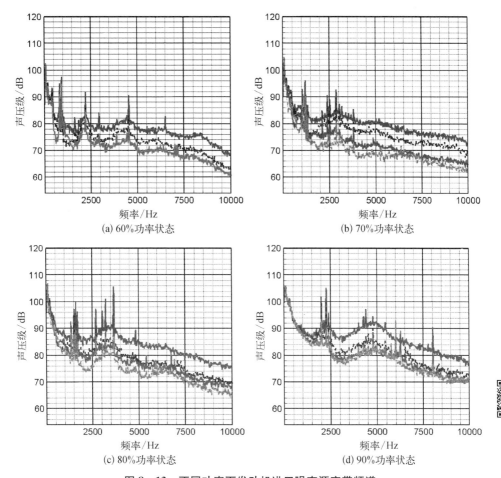

图 8 - 13　不同功率下发动机进口噪声源窄带频谱

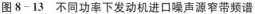

红色线条:声源 1;蓝色线条:声源 2;粉色线条:声源 3;绿色线条:声源 4
声源 1:离喷嘴最近声源;声源 4:离喷嘴最远声源

噪声通过喷流湍流剪切层时,使得其单一的尖峰单音被加宽,变为"驼峰状"的频谱形式。该型发动机为混合排气发动机,因此在发动机喷口噪声中同时出现了风扇单音噪声和涡轮单音噪声。

由图 8-10 可以看出,在发动机喷口总共出现了 4 个声源(60%功率状态时发动机喷口仅出现 3 个声源),图 8-13 中采用不同颜色表示这 4 个不同声源。图 8-10 的结果表明,距离发动机喷口最近的排气噪声源具有最高的声压级,而距离发动机喷口最远的排气噪声源声压级最小,这是符合喷流混合噪声的基本规律。

我们可以根据单音噪声的频率以及"驼峰状"特性,从发动机出口噪声频谱中区分出涡轮单音噪声,进一步分析发动机出口单音噪声源,表 8-2 列出了不同发动机功率状态下最靠近发动机喷口噪声频谱中涡轮单音噪声频率和对应的声压级。

表 8-2   发动机出口噪声频谱中涡轮单音噪声频率及其声压级

			60%	70%	80%	90%
单音 1	1 BPF	频率/Hz	2 220	2 860	3 672	5 420
		SPL/dB	91.8	92.9	105.9	92.5
单音 2	1 BPF	频率/Hz	2 940	3 800	4 840	
		SPL/dB	84.2	85.8	89.5	
单音 3	1 BPF	频率/Hz		2 520	3 220	4 772
		SPL/dB		89.1	101.3	94.8

由图 8-13 可以看出,在该发动机出口噪声频谱中出现三种不同频率的单音噪声源。在 60%发动机功率状态下,单音噪声的频率分别是 2 220 Hz 和 2 940 Hz,对应的声压级分别是 91.8 dB 和 84.2 dB;在 70%发动机功率状态下,单音噪声的频率分别是 2 860 Hz、3 800 Hz 和 2 520 Hz,对应的声压级分别是 92.9 dB、85.8 dB 和 89.1 dB;在 80%发动机功率状态下,单音噪声的频率分别是 3 672 Hz、4 840 Hz 和 3 220 Hz,对应的声压级分别是 105.9 dB、89.5 dB 和 101.3 dB;在 90%发动机功率状态下,单音噪声的频率分别是 5 420 Hz 和 4 772 Hz,对应的声压级分别是 92.5 dB 和 94.8 dB。根据该发动机低压涡轮(LPT)各级叶片的数量和低压涡轮转速,可以推断出,单音噪声源 1(60%、70%、80%和 90%功率状态下,单音频率分别是 2 220 Hz、2 860 Hz、3 672 Hz、5 420 Hz)是由低压涡轮最后一级(第 4 级)所产生,单音噪声源 2(60%、70%和 80%功率状态下,单音频率分别是 2 940 Hz、3 800 Hz、4 840 Hz)是由低压涡轮第 3 级所产生,而单音噪声源 3(70%、80%和 90%功率状态下,单音频率分别是 2 520 Hz、3 220 Hz、4 772 Hz)是由低压涡轮的第 2 级所产生。

由表 8-2 可以明显看出,该型发动机低压涡轮第 3 级产生的单音噪声声压级明显低于最后一级(第 4 级)和第 2 级涡轮噪声。

图 8 - 14 给出了发动机出口低压
涡轮三个单音噪声源声压级对比，由
图 8 - 14 可以看出，当发动机功率从
60%增加到 80%时，单音噪声源的声
压级均明显增大；当发动机功率从
80%增加到 90%时，低压涡轮单音噪
声声压级明显减小。进一步对发动机
低压涡轮排气管道声模态传播规律的
分析表明，在发动机功率状态为 90%
时，涡轮转静干涉单音噪声主模态被
截止，因此单音噪声声压级降低。

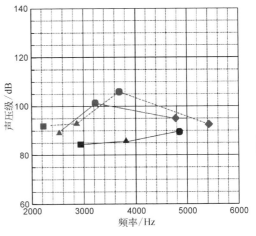

图 8 - 14　发动机出口单音声压级的比较

红色：声源 1；蓝色：声源 2；绿色：声源 3；
正方形：60%功率状态；三角形：70%功率状态；
圆形：80%功率状态；菱形：90%功率状态

由图 8 - 14 可以看出，当发动机
功率状态从 60%增加到 70%时，涡轮
单音噪声源 1 和单音噪声源 2 的声压
级仅仅增加为 0.9 dB；而当发动机功
率状态从 70%增长到 80%时，涡轮单音噪声源 1 声压级增加量达到 13 dB，单音噪
声源 2 的增加量为 3.7 dB，而单音噪声源 3 的增加量为 12.2 dB。

8.3.3.4　发动机进、出口噪声随发动机功率状态的变化

为了进一步比较在不同工作状态下发动机进、出口噪声的变化情况，图 8 - 15
和图 8 - 16 分别给出了在 4 个发动机功率状态下，发动机进口噪声和出口噪声的

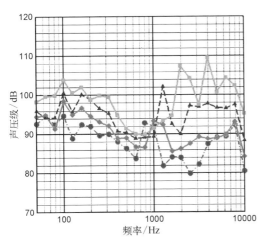

图 8 - 15　不同工作状态发动机进口噪声
1/3 倍频程频谱比较

红色：60%功率状态；绿色：70%功率状态；深蓝色：
80%功率状态；浅蓝色：90%功率状态

1/3 倍频程频谱。图中横坐标是 1/3
倍频程频谱的中心频率，纵坐标是相
应声源 1/3 倍频程声压级。在不同
的发动机功率状态下，从 1/3 倍频程
频谱可以清楚地看到不同噪声源的
相对声级大小的变化情况。

图 8 - 15 给出了发动机进口噪声
1/3 倍频程频谱，可以看出，在频率为
500 Hz 以下，发动机进口噪声中的宽
带噪声分量（初步判断是进气湍流与
风扇干涉噪声）对进气噪声源的总噪
声非常重要，当发动机功率从 60%增
加到 90%时，发动机进口噪声级逐渐
增大。而在频率为 500～10 000 Hz 范
围内的 1/3 倍频程中，含有风扇或压

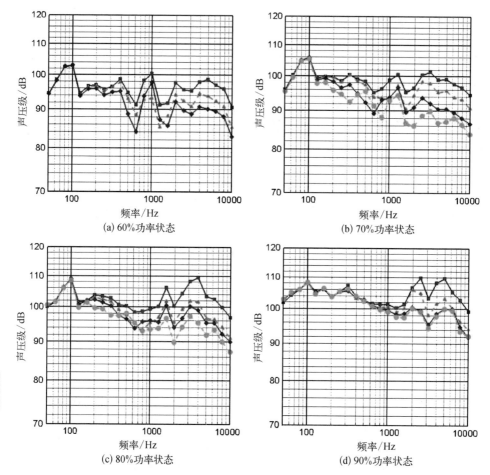

图 8 - 16 不同功率状态下发动机出口噪声源 1/3 倍频程频谱

红色线条: 声源 1;绿色线条: 声源 2;深蓝色线条: 声源 3;浅蓝色线条: 声源 4;
声源 1: 离喷嘴最近声源;声源 4: 离喷嘴最远声源

缩机单音噪声源的 1/3 倍频程声压级出现了峰值声压级,当发动机功率状态从 60% 增加到 70% 时,发动机进口噪声总声压级增加 1.3 dB,而当发动机功率状态从 70% 增加到 80% 时,发动机进口噪声总声压级增加 6.5 dB,当发动机功率状态从 80% 增加到 90% 时,总声压级也是增加 6.6 dB。

图 8 - 16 给出了四种功率状态下发动机出口 4 个噪声源的 1/3 倍频程频谱。由图 8 - 16 可以看出,在频率小于 200 Hz 的低频范围,对于测量的 4 种发动机功率状态,发动机喷口 4 个噪声源的声压级都没有明显差别;而当频率大于 200 Hz,发动机在 60%、70%、80% 功率状态,发动机喷口 4 个声源的声压级明显改变,而且随着频率增大,4 个声源的声压级差别增大;而发动机在 90% 功率状态时,当频率大于 315 Hz 后发动机喷口 4 个声源声压级的差别才开始出现。对比分析航空发动

机风扇、燃烧、涡轮和喷流噪声频谱可以知道,航空发动机燃烧噪声为峰值频率在400 Hz 左右宽带噪声,而风扇和涡轮噪声主要是高频噪声源(通常频率高于1 000 Hz)。因此,可以推断,发动机喷口 4 个声源,最靠近喷口的声源 1 受到发动机内部风扇、燃烧、涡轮等部件噪声影响大,因此声源 1 声压级在高频范围比其他噪声源声压级大;而离开发动机喷口的噪声源 2、3、4 则受到风扇、燃烧和涡轮噪声影响减小,主要是由喷流产生,因此在高频部分这 3 个声源声级比声源 1 的声压级小。

表 8 - 3 给出了在频率范围为 250 Hz~10 kHz 该发动机进口和出口噪声总声压级 OASPL 实验测量结果。由表 8 - 3 可以看出,当发动机功率状态从 60% 增加到70% 时,发动机进口噪声源的 OASPL 增加了 1.6 dB;当发动机功率状态从 70% 增加到 80%,发动机进口噪声源的 OASPL 增加了 5.7 dB;当发动机功率状态从 80%增加到 90% 时,发动机进口噪声源 OASPL 则增加了 5.6 dB。对比表 8 - 1 发动机进口噪声中单音噪声声压级的变化情况,可以看出单音噪声对发动机进口噪声影响的重要性。由表 8 - 3 还可以看出,当发动机功率状态从 60% 增加到 70% 时,发动机的出口噪声总声压级增加了 2.9 dB,当发动机功率状态从 70% 增加到 80% 时,发动机的出口噪声总声压级增加了 3.1 dB,当发动机功率状态从 80% 增加到 90%时,发动机的出口噪声总声压级增加了 3.9 dB。与发动机出口噪声单音噪声声压级的变化进行对比,可以看出,发动机喷口噪声总声压级随发动机功率状态的增大并不像单音噪声源那样有突变的情况,这也进一步说明发动机喷流混合噪声对喷口噪声具有重要影响。

表 8 - 3 频率范围为 250 Hz~10 kHz 内发动机出口噪声与进口噪声总声压级

噪 声 源		60% OASPL/dB	70% OASPL/dB	80% OASPL/dB	90% OASPL/dB
出口	声源 1	109.3	111.5	115.2	118
	声源 2	105.8	109.9	110.8	115.3
	声源 3	104.6	106.9	109.7	114.1
	声源 4		104.3	107.6	114.1
	总声级	111.8	114.7	117.8	121.7
进口		100.7	102.3	108.0	114.4

综上所述,我们可以得出如下主要结论:混合排气中等涵道比涡扇发动机进口噪声源是集中噪声源,其声源位置集中在发动机进气口,发动机功率状态的变化对声源位置没有明显影响。而涡扇发动机出口的噪声源是分布噪声源,发动机喷口的噪声源位于喷流混合区和过渡区范围,并且发动机喷口分布噪声源的位置随着发动机功率状态的增加而向后小幅度移动。发动机进口噪声的声压级频谱主要

由发动机风扇/压气机转静干涉单音噪声源所主导,而由于喷流剪切层对单音噪声传播的影响,发动机喷口噪声频谱表现为"驼峰状"的噪声频谱特征。

8.4   基于线性子阵列(移动阵列)发动机进出口声源指向性实验技术

8.4.1   发动机噪声源指向性识别的重要性

如前所述,由于喷气式航空发动机工作的特点,使得航空发动机噪声总是从发动机进出口向外辐射,例如风扇噪声是通过发动机进口和外涵出口向外辐射,燃烧室、涡轮噪声通过发动机内涵喷口向外辐射,而喷流与周围相对静止的大气掺混则在内外涵喷口形成了发动机喷流噪声源。航空发动机这种噪声辐射特点决定了航空发动机每一个噪声源都具有强烈的指向性,如图8-17所示航空发动机进出口噪声辐射特征[7],可以看出,航空发动机进出口噪声源具有非常明显的指向性。

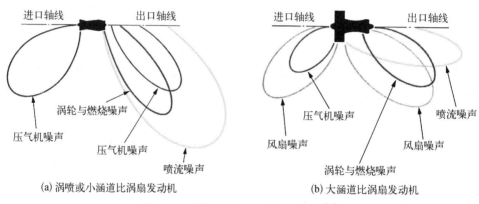

(a) 涡喷或小涵道比涡扇发动机   (b) 大涵道比涡扇发动机

图 8-17   航空发动机噪声辐射特征[7]

但是,传声器阵列测量是通过对阵列中所有传声器信号的相关分析,最终将波束成型聚焦到测量声源,因此测量的噪声总是一个在阵列孔径范围内的平均噪声级,当声源具有强烈指向性时,这种测量结果仅仅是声源相对阵列孔径范围内平均方向角的平均声级。例如,8.3节介绍的线性传声器阵列测量的发动机进出口噪声源的声级,其测量结果仅仅是以传声器阵列中心位置角度为平均角度、阵列两端与声源的角度为最大角度的范围内的平均声级。不能测量如图8-17所示发动机噪声指向性。

目前对发动机及部件噪声源指向性测量,总是采用远场点声源假设,通过在远场布置半圆弧阵列来测量。但是,这种实验方式获得的只是航空发动机整机总噪声的指向性,不能测量图8-17所示每一个发动机部件噪声源的指向性。如何采用传声器阵列既能进行噪声源分离又能获得噪声源指向性,一直是传声器阵列声学测量的一个重要研究课题。1999 年,德国宇航院 Michel 和作者(当时在德国宇航院工作)[8-11]第一次试图采用传声器阵列实现对声源的指向性测量,针对飞机过顶飞行的移动飞机噪声源识别,提出了根据声源与阵列相对指向角度变化进行飞机噪声源指向性测量。2001 年,德国宇航院 Siller 和 Michel 等[12]进一步将这种思想扩展到地面静止航空发动机噪声源指向性实验,他们提出了采用大型阵列中的"子阵列"测量方法识别发动机进、出口噪声源指向性。但是,"子阵列"测量仅仅使用传声器阵列中少数传声器信号进行指向性测量,使得"子阵列"声源识别存在空间分辨率降低、动态范围减小等问题。2008 年以来,德国宇航院 Michel 等[13-17]进一步提出了"基于传声器阵列互谱矩阵的声源指向性模拟技术(SODIX)",SODIX 方法与传统的传声器阵列方法具有本质的不同,SODIX 方法是基于不同声源指向性拟合的数据处理方法。但是在实际使用中,SODIX 方法存在庞大非线性方程组的求解稳定性、无法识别发动机单音噪声源指向性等一系列难题。

　　针对以上发动机噪声源指向性分离识别的难题,西北工业大学发动机气动声学课题组在综合以上研究工作的基础上,进一步提出采用"移动线性阵列"的发动机噪声源指向性测量的实验技术。本节简要介绍这种方法以及初步考核验证情况。

8.4.2　基于"移动线性阵列"的发动机噪声源指向性测量方法

　　所谓"移动线性阵列"实际就是对飞机飞行过程传声器阵列声源指向性测量技术[8-11]推广应用到地面静止声源,在飞机飞行过程的噪声实验中,飞机声源是运动的,地面传声器阵列是静止的,而使用"移动线性阵列"进行发动机噪声源指向性实验时,发动机噪声源是在地面静止不动的,实验过程中,通过移动传声器阵列,使得传声器阵列与发动机声源的相对指向角改变,从而实现对发动机噪声指向性测量。

　　与 8.3 节介绍的"基于线阵列的发动机进出口噪声源分离实验方法"相似,如图 8 - 18 所示(为了简化,图中没有显示发动机距离地面高度),航空发动机安装在地面试车台(自由声场环境,或者全消声室内),将线性传声器阵列布置在与发动机轴线地面投影线平行的测量线上,线性传声器阵列与发动机轴线的地面投影线始终保持平行,如图 8 - 18 所示,在发动机实验过程中,通过沿测量线移动线性传声器阵列,就可以使得传声器阵列中心与测量声源(如图所示发动机进口声源)中心的指向角改变,移动到轴向不同位置的线性阵列,既可以对发动机进出口噪声源进行分离,又能够测量对应指向角度处的发动机进、出口噪声(注意,同一个位置传声器阵列,测量的进、出口声源指向角不同)。图 8 - 18 中的传声器阵列,测量的发动机进口声源指向角就是图示 θ 角,表示在传声器孔径角度范围 φ 内发动机进口噪声源平均噪声。

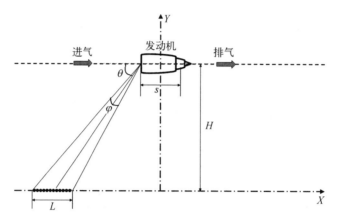

图 8 - 18   基于移动线性阵列的声源指向性实验方法示意图

需要指出的是,在不同方向的传声器阵列孔径角度范围 φ 是不同的,而同一传声器阵列针对不同方向声源的空间分辨率和动态范围也不相同,这些因素都会对"移动传声器阵列"声源指向性测量精度产生影响。如图 8 - 18 所示,假定传声器阵列中心正对声源的指向角为90°,当固定长度为 L 的线性传声器偏离中心向两边移动时,线性阵列孔径范围内相对声源的角度范围 φ 是减小的,也就是声源指向性测量精度提高;但是,根据第 3 章传声器阵列性能影响因素的分析可知,当线性传声器阵列偏离声源正中心位置时,传声器阵列的空间分辨率和动态范围会减小。这也就说明上述两个影响因素对"移动线性阵列"声源指向性测量的影响趋势是相反的,能够起到一定的互相抵消作用。

为了说明上述测量方法的可行性,采用计算机仿真分析方法,数值模拟了"移动线性阵列"对具有强烈指向性噪声源指向性的测量结果,并与声源的理论指向性进行对比。模拟的两个声源沿图 8 - 18 所示发动机轴向间隔6.5 m,声源 1 位于 x 轴向 -3.25 m,模拟发动机进口噪声源,声源 2 位于 x 轴向 3.25 m,模拟发动机出口噪声源,两个声源频率为 5 000 Hz,按照图 8 - 18 的线性阵列布置方案,在距离声源 $H = 9.14$ m 的直线上移动传感器阵列,采用 32 个非等间隔布置的传声器线性阵列,阵列长度为 $L = 7.44$ m。在阵列中心与发动机中心(即图中 $x = 0$ 位置)的指向角从30°到150°范围,每隔5°间隔依次移动传声器阵列,共进行 25 个测量位置的测量。

图 8 - 19 给出了理论声源声压级指向性(图中实线)和采用上述"移动线性阵列"测量得到的声源声压级指向性(图中方框),由于两个声源与线性阵列相对角度的差异,对两个声源的指向性测量结果的角度范围不同,对于发动机进口声源

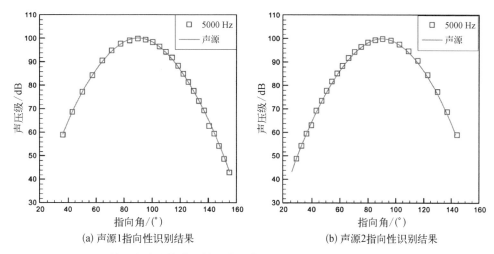

(a) 声源1指向性识别结果　　　　　　　　(b) 声源2指向性识别结果

图8-19　基于移动线性阵列的噪声源声压级指向性测量结果与理论结果比较

1,测量角度范围是 $35.99° \sim 154.41°$，对于发动机出口声源2,测量角度范围是 $25.59° \sim 144.0°$。由图8-19可以看出,采用"移动线性阵列"实验方法的测量值准确捕捉到了真实声源指向性,实验测量误差很小,完全满足工程实验的要求。同时,图8-20给出了"移动线性阵列"在70°指向角位置时,对两个声源分离的结果(为了说明声源分离能力,图中的两个点声源声压级不同)。这个计算机数值模拟实验结果表明,基于"移动线性阵列"的声源指向性实验方法,不仅能够精确识

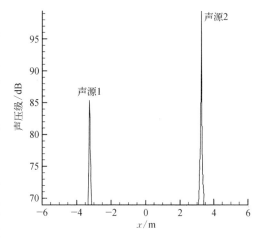

图8-20　"移动线性阵列"在70°位置时对两个声源的分离结果

别分离噪声源,并且通过移动阵列使传声器阵列中心与声源的方向角变化,实现对噪声源指向性测量。

8.4.3　基于"移动线性阵列"单级风扇进口噪声指向性实验分析

为了进一步说明"移动线性阵列"对气动噪声源指向性实验测量的能力,本节以西北工业大学单级风扇进口噪声源(单声源)为对象,分别采用"移动线性阵列"和"半圆弧传声器阵列"测量方法,对风扇进口噪声源指向性进行测量。由于仅仅是单声源测量,严格按照远场"圆弧阵列"就可以精确测量声源指向性。将圆弧阵列测量的指向性作为标准,可以验证"移动线性阵列"对声源指向

性的测量精度。

8.4.3.1　实验对象及传声器阵列布置方法

实验对象为西北工业大学航空叶轮机气动力学与气动声学实验室(TAAL)单级轴流风扇气动-声学综合实验台(NPU-Fan),为了构造自由声场环境,提高声学测量精度,实验是在半消声室内进行的,如图8-21和图6-2所示。将单级轴流风扇 NPU-Fan 进气口放置在半消声室内部,风扇驱动电机及排气口都放置在消声室外面,这样使得风扇进口噪声辐射处于自由声场环境,为了减小排气噪声对风扇进口噪声影响,在实验台(NPU-Fan)排气口安装有标准的管道消声段(如图6-2所示)。

图 8-21　NPU-Fan 实验现场照片及半圆弧传声器阵列

NPU-Fan 为模拟航空发动机风扇/压气机进口级的单级轴流式风扇,风扇设计转速为 3 000 r/min,设计压比为 1.02,风扇实验台有 19 个转子叶片和 18 个静子叶片,风扇转子直径为 0.5 m,设计流量为 6.3 kg/s,由功率为 18.5 kW 交流变频电机驱动。

实验中,在风扇进口远场布置了一个四分之一圆弧传声器阵列,测量风扇进口远场噪声指向性,如图 8-22(a)所示,四分之一圆弧阵列以风扇进口中心为圆心,半径为 2 m,由 19 个传声器组成,正对风扇进口的传声器对应指向角度为 0°,与风扇进口方向垂直位置处的传声器对应指向角度为 90°。实验中同时采用"移动线性阵列"对风扇进口噪声源指向性进行测量,如图 8-22(b)所示,线性阵列由 23 个传声器等间隔布置,相邻传声器之间间隔为 0.05 m,线性传声器阵列长度为 1.1 m。定义坐标原点位置为风扇进口 90°指向与线性阵列直线交点,图中所示的阵列中心正对风扇进口,线性阵列与风扇轴线垂直距离为 2 m,在实验中,通过沿测量线移动线性阵列,使得阵列中心与风扇进口中心指向角度每隔 6°移动一个位置,移动线性阵列与进口指向角度范围为 48°~90°。实验中,传声器阵列采样频率为

32 768 Hz,采样时间为 15 s,使用汉宁窗函数进行频谱分析,频谱分辨率为 32 Hz,为了提高信号稳定性,采用 50%重叠采用和 96 次信号的平均处理。

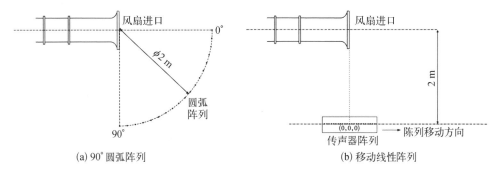

图 8 - 22　圆弧阵列和移动线阵列

使用圆弧阵列测量风扇进口噪声指向性时,将阵列中每一个传声器接收到的时域声压信号进行功率谱分析计算,就得到风扇进口噪声在相应指向角度的声压级频谱。而"移动线性阵列"信号则采用 CLEAN - SC 阵列信号处理方法进行分析计算。

8.4.3.2　实验结果分析

图 8 - 23 给出了应用"移动线性阵列"对风扇进口噪声源识别结果,图中给出当"移动线性阵列"分别位于 90°和 72°位置时,识别的风扇进口噪声源情况,根据图 8 - 22(b)线性阵列与声源坐标系的定义,风扇进口声源位于轴向 $x = 0$ m 的位置。由图 8 - 23 可以看出,当"移动线性阵列"位于 90°位置时,阵列波束成型结果准确定位了风扇进口噪声源,但是,当"移动线性阵列"位于 72°位置时,识别出来的风扇进口噪声位置偏离了 0.1 m,处于 $x = - 0.1$ m。 如第 3 章所述,这主要是由于气流剪切层对传声器阵列波束成型影响所产生的偏差。

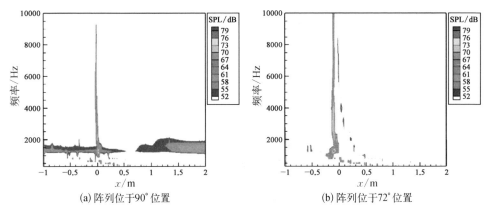

图 8 - 23　"移动线性阵列"对风扇进口噪声源识别结果

图 8-24 给出了采用"移动线性阵列"实验测量的风扇进口噪声指向性与圆弧阵列测量的风扇噪声指向性的对比,图中给出的是在频率范围为 300 Hz~10 kHz总声压级指向性的实验结果,其中红色线条表示的是圆弧阵列测量得到的风扇进口噪声指向性,绿色方块表示的是采用"移动线性阵列"测量得到的风扇进口噪声指向性,由于实验室空间所限,"移动线性阵列"移动范围内的风扇进口噪声指向角度范围是 48°~90°。图 8-24 的结果表明,"移动线性阵列"实验测量的风扇进口噪声源指向性与标准的圆弧形阵列噪声指向性测量结果吻合很好。可以看出,在实验测量的范围内,当风扇工作在小功率状态(70%设计转速)时,"移动线性阵列"测量的风扇进口噪声总声压级与圆弧阵列测量结果出现局部较大偏差(大约为 3.6 dB),而在其他风扇工作状态,"移动线性阵列"实验测量的风扇进口噪声源总声压级与标准的圆弧形阵列测量的总声压级误差均不超过2 dB。

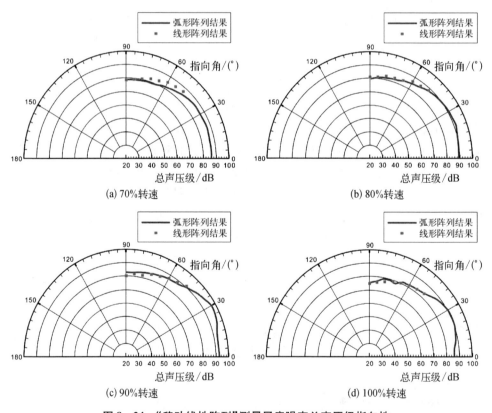

图 8-24 "移动线性阵列"测量风扇噪声总声压级指向性

"移动线性阵列"对气动噪声源指向性测量误差的主要原因在于,"移动线性阵列"测量的声源指向性是在一定角度范围内的平均值,如果声源指向性变化剧列,显然这种测量方法的结果就会产生较大误差。若要提高噪声指向性测量精度,就需要尽量减小传声器阵列的孔径,但阵列孔径过小又会导致阵列分辨率不足。因此,在使用移动线性阵列测量声源指向性时,需要综合考虑指向性识别精度与阵列空间分辨率等因素。

8.5　基于平面阵列的飞机飞越过程中发动机声学实验方法

8.5.1　基于平面传声器阵列的飞机飞越过程发动机噪声源测量技术

航空发动机作为飞机的主要噪声源,在飞机飞行过程中产生了向远场和向飞机机体及舱内等辐射的噪声,因此,可以在飞机飞行过程中对发动机噪声进行实验测量。但是,由于在飞机飞行过程中,除发动机噪声源外,还存在飞机机体起落架、襟翼、缝翼、机身边界层等噪声源,同时每架飞机往往安装多台发动机,因此,需要使用传声器阵列的声源分离识别测量技术,将特定一台发动机噪声辐射从飞机其他噪声源中分离出来。一架飞机的噪声源实际上是分布在飞机三维结构的声源分布,但是,将飞机声源尺寸与飞机机体展向和轴向尺寸比较,通常可以将飞机所有噪声源看作是分布在飞机机体二维投影面上的分布声源,如图 8-25 所示。因此,飞行过程中发动机噪声源识别就需要一个二维平面传声器阵列。

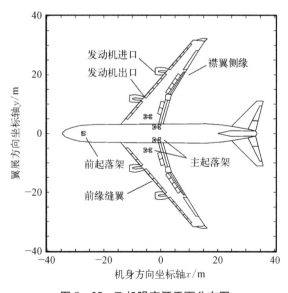

图 8-25　飞机噪声源平面分布图

飞机飞行过程发动机噪声源实验测量属于运动声源测量内容,德国宇航院(DLR)的 King 和 Bechert[18]率先使用传声器阵列测量技术研究运动声源识别,他们应用一个由 14 个传声器组成的线性阵列测量了高速列车上的噪声分布。在此之后,DLR 的科学家长期对高速列车噪声问题进行了研究,积累了非常丰富的应用传声器阵列测量运动声源的经验[19-21]。1997 年,DLR 的 Michel 等[22]成功地应用一个由 29 个传声器组成的线性阵列对德国空军狂风(Tornado)战斗机噪声进行测量,在实验测量中,他们让飞机在 35 m 的高度上以 220 m/s 到 275 m/s 的速度飞过传声器阵列,进行了高速飞行中的机体噪声和发动机噪声测量。随后,Michel 等[23]进一步发展了二维平面传声器阵列测量技术,应用平面传声器阵列对民用飞机进场着陆过程中的噪声源进行了实验测量。在此之后,平面传声器阵列作为飞机飞行过程中噪声源识别测量的有效方法,随着计算机技术和传声器阵列声学处理技术的迅速发展,在国内外得到迅速发展和普及。

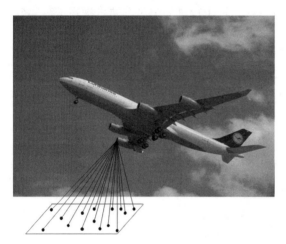

图 8-26   平面传声器阵列聚焦在发动机进口噪声源

将传声器阵列的波束成型集中于飞行过程中发动机进口和出口,就可以实现对飞行过程中发动机进出口噪声的识别测量,如图 8-26 所示是将平面传声器阵列波束成型聚焦在发动机进口的示意图。飞机飞越过程的声学实验,既可以在飞机起飞过程、降落过程进行,也可以在飞机平飞飞越过程等进行。通常,在飞机起飞过程,飞机起落架、襟翼、缝翼等处于打开状态,发动机工作在最大起飞工作状态;在飞机降落过程,飞机起落架、襟翼、缝翼等处于打开状态,而发动机工作在慢车工作状态;在飞机平飞过程,飞机起落架、襟翼、缝翼等处于关闭状态,发动机工作在巡航工作状态。当然根据对发动机声学实验的需要,也可以调整飞机飞行过程中的发动机工作状态和飞机飞行姿态。

在飞机飞越过程中进行噪声测量,由于声源是运动声源,因此实验测量系统中除记录传声器阵列每一个传声器的声压时间历程信号外,还必须记录飞机飞行速度、飞机飞行轨迹,并且将传声器阵列记录声学信号与飞机飞行轨迹相关联,确定每一个声学记录信号对应的飞机和发动机的位置。现在,采用飞机上的 GPS 导航系统与传声器阵列记录系统关联,很容易实现这种信号的同步记录。

由于在飞机飞越传声器阵列过程中,在不同时刻,飞机与传声器阵列中心的相对位置和指向角度不同,如图 8-27 所示,因此,应用传声器阵列对飞机飞越过程中发动机噪声进行实验测量时,根据飞机与传声器阵列的相对位置的变化,还可以获得发动机进、出口噪声的指向特性。

根据第 3 章介绍的运动声源传声器阵列波束成型技术,对图 8-27 中飞机相对地面阵列位置的阵列噪声记录信号进行波束成型,就可以得到该辐射角度飞机噪声源分布。如第 3 章所述,在针对运动声源的波束成型过程中,需要根据辐射角度和飞行速度进行运动声源的 Doppler 频移消除,并确定每一个辐射角度的信号采样时长等,为了提高传声器阵列波束成型的空间分辨率和动态范围,目前广泛使用"反卷积"信号处理方法。当对每一个辐射角度的飞机噪声源完成波束成型,

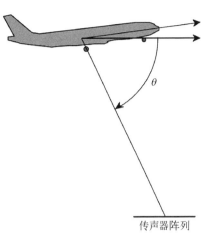

图 8-27　传声器阵列与飞机的相对关系

就获得了飞机不同位置声源分布,采用平面传声器阵列对飞机特定声源(发动机噪声源)声学测量的过程如图 8-28 所示,阵列信号的分析和数据处理可以分为如下 4 个过程: ① 采用消除 Doppler 频移传统波束成型方法对飞机噪声源进行识别;

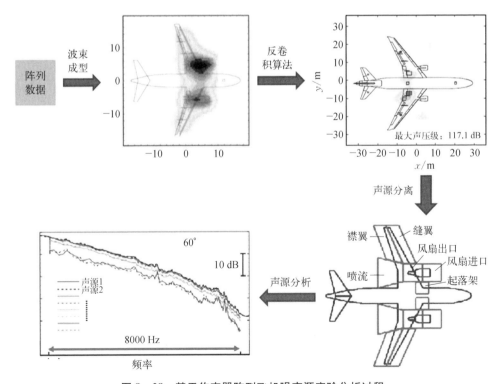

图 8-28　基于传声器阵列飞机噪声源实验分析过程

② 在消除 Doppler 频移传统波束成型结果基础上进行"反卷积"数据处理；③ 根据波束成型结果对飞机噪声源进行分离与分类；④ 将波束成型聚焦在每一个感兴趣声源，进行声源特性分析。

8.5.2 基于传统波束成型的发动机噪声飞行实验研究

本节以德国宇航院对 MD11 飞机和 Boeing747 飞机安装的 CF6 发动机噪声飞行实验为例，简要介绍基于地面传声器阵列对发动机噪声源进行实验测量的方法。作者曾经多次参与德国宇航院飞机飞越过程噪声实验工作，这一节所有内容是德国宇航院已经公开发表的结果，有兴趣读者可以进一步参考作者及德国宇航院研究人员发表的有关参考文献[8 - 12, 24 - 36]。

8.5.2.1 实验测量方法

德国宇航院以 MD11 飞机为对象，在德国梅克伦堡—前波莫瑞州帕希姆国际机场，采用地面传声器阵列，测量了 41 个飞行过程飞机噪声，其中包括 12 个起飞过程、8 个降落过程、21 个发动机为慢车的飞掠过程等，并对该飞机装发动机噪声进行了实验分析[28, 33-36]。实验使用德国宇航院推进技术研究所 240 通道的传声器阵列，240 个传声器分为两个子阵列，分别是：80 个传声器按照 9 个圆形布置方式的外围大孔径阵列，最大直径是 32 m；其他 160 个传声器采用优化的随机布局方式，位于圆形阵列的中心位置，预先放置在 5 块木板，每块木板上安装 32 个传声器。图 8 - 29(a)给出地面传声器阵列照片，图 8 - 29(b)则给出声源与测量传感器阵列相互几何关系(传声器阵列孔径 D = 32 m)，与发动机地面试验时声辐射角度定义相似，飞机从传声器阵列上方飞过，定义声传播角度是 90°(需要考虑飞行轨迹角度)，飞机飞向传声器阵列时的声传播方向小于 90°，而飞机飞离传声器阵列后的声传播方向定义为大于 90°，在实验中，飞机飞过传声器阵列时的高度在 150 m 到 200 m 之间。

(a) 地面传声器阵列

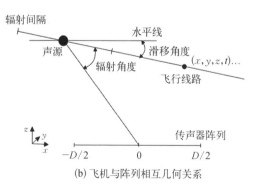

(b) 飞机与阵列相互几何关系

图 8 - 29　地面传声器阵列及声源与测量传感器相互关系

　　由于 MD-11 飞机只配备了惯性制导系统,机载记录的飞行轨迹坐标远不够精确,无法准确同步阵列测量数据,因此,实验中使用 3 个激光测距仪(LAVEG of Jenoptik Laser Optik Systeme GmbH)测量飞机的飞行高度,激光仪器在获取飞机目标的同时并产生测量系统的触发信号,数据采集系统会同时记录目标距离和传声器数据。图 8-30 给出了 MD11 飞机飞行过程及与地面传声器阵列相互关系示意图,以及现场照片。需要说明,该示意图和照片用的是另外一架飞机,并非 MD11 飞机。

图 8-30　地面传声器阵列测量飞机噪声实验装置布局方案

　　在 MD11 飞机噪声实验中,飞机姿态和发动机状态按照如下规定控制:

　　(1) 按照 MD11 飞机最大着陆质量保持 3° 的标准下滑轨迹设置发动机功率状态;

　　(2) 在整个飞机噪声实验过程中,发动机转速和飞行速度保持不变;

　　(3) 为了保持恒定的飞行速度,允许飞机偏离标准滑行角。

　　飞机飞行过程中,采用了三种不同的襟翼角,分别是 50°、35° 和 28°,飞机起落架均处于放下位置。

　　MD-11 飞机装备了通用电气(GE)公司三台 CF6-80C2D1F 发动机,该发动机风扇转子叶片数是 38 个。如表 8-4 所示,总计进行了 6 种发动机工作状况下的噪声实验测量(表中飞行状态 01A、04A、05、07、10、28),该发动机在设计工况下风扇转速为 3 280 r/min(即旋转频率为 54.67 Hz)。在实验发动机工况范围(用低压转子转速 N_1 百分数表示),在每一种飞行状况下,MD11 飞机的 3 台发动机工作状况和对应发动机风扇叶片通过频率如表 8-4 所示。其中发动机 E1 和 E3 安装在飞机左右机翼下方,发动机 E2 安装在飞机尾部。

表 8-4 MD11 飞机进场着陆过程飞行噪声测量发动机工况[35]

飞行过程	发动机工况 N_1/%			风扇叶片通过频率 BPF		
	E1	E2	E3	E1	E2	E3
01A	64.40	64.40	64.40	1 337	1 337	1 337
04A	61.10	70.00	61.00	1 269	1 454	1 267
05	61.60	74.40	60.30	1 279	1 545	1 252
07	63.90	63.80	63.80	1 327	1 325	1 325
10	75.50	75.50	75.40	1 568	1 566	1 566
28	35.90	35.40	35.80	745	735	743

应用平面传声器阵列对每一个飞行过程的飞机噪声进行测量,首先采用阵列波束成型,获得对整架飞机表面所有噪声源的分离,然后再将平面传声器阵列的波束成型聚焦在特定发动机进出口位置,获得发动机更为详细的噪声源特征。

8.5.2.2 飞机噪声源波束成型结果

首先需要说明,在 MD11 飞机噪声实验中,德国宇航院对传声器阵列信号的处理方法是:① 首先对孔径 32 m 分布在 9 个圆形的 80 个传声器信号进行消除 Doppler 频移,并以传声器阵列中心与飞机的距离对每一路信号进行归一化处理后,再进行 80 个传声器信号频谱平均,以获得稳定的飞机噪声频谱;② 采用传统波束成型技术对整个 240 通道的传声器阵列进行数据处理分析,以获得 MD11 飞机飞行过程机身所有噪声源分布。

如图 8-28 所示,飞机机体应用一个与传声器阵列平面平行的噪声源分布平面,飞机机体平面相对于传声器阵列平面的位置通过激光测距系统确定。平面传声器阵列波束成型扫描飞机机体平面上每一个点,通过阵列数据处理获得每一个声源位置噪声级(即计算每个点上的阵列的波束成型),飞机平面上所有点的噪声级就组成了一个飞机表面上的噪声分布图。

图 8-31 分别表示 MD11 飞机在飞行过程 01A 时,当飞机相对地面传声器阵列为 60°时刻,声源频率为 768 Hz 和频率为 1 362 Hz 时的飞机表面声源分布情况。声源声压级的大小以不同颜色云图表示,最深的红色位置为最大声级位置,所有的噪声数据是用 1 m 的参考距离进行了归一化处理。

从图 8-31 中可以清楚地辨别出飞机发动机噪声源和飞机起落架的噪声源等,由图可以发现,飞机左右翼两侧发动机声源和主起落架噪声源分布并不是严格对称,除声源本身差异外,造成这种现象的另外一个原因是,测量的传声器阵列是放置在距离跑道中心线一侧 8 m 处,因此两侧的机翼相对于传声器阵列的方位和方向角度并不是完全相同。

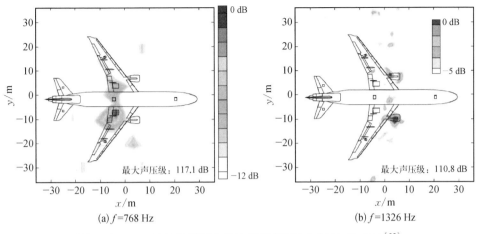

(a) f=768 Hz   (b) f=1326 Hz

图 8-31   MD11 飞机进场着陆飞机噪声源分布(指向角 60°)[35]

8.5.2.3   发动机噪声频谱分析

采用传声器阵列波束成型,将阵列聚焦在发动机进口或出口,就可以实现对发动机进口和出口噪声源测量。现在讨论六种飞行状态下,分别相对于飞行方向 60°、90°和 120°三个辐射角情况下 MD11 飞机 E1 发动机窄带频谱。

1)飞行过程 01A

在该飞行状态,MD11 飞机的三台发动机转速都是飞机着陆状态的标准工作状态,在相对于飞行方向 60°、90°和 120°三个辐射角时,由 80 个传声器平均计算的 MD11 飞机总噪声窄带频谱如图 8-32 所示。由图 8-32 可以看出,在高于 2 kHz 的频率范围,飞行航迹的后场区域(120°)发动机宽带噪声比飞行航迹前场区域(60°)增加了约 6 dB,这主要是由于在飞机后方时发动机喷流噪声对飞机噪声贡献显著增大。

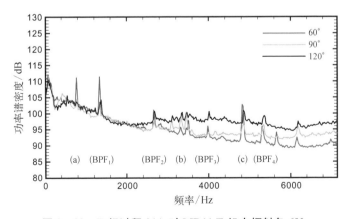

图 8-32   飞行过程 01A 时 MD11 飞机在辐射角 60°、
90°和 120°的噪声频谱[35]

另外,由图 8-32 可以看出,在频率为 768 Hz 处发动机噪声谱中出现明显的单音声源[图中用(a)表示],它主要出现在飞机航迹的前方,仔细分析发现,该声源是由于 MD11 飞机主起落架所产生,如图 8-31(a)所示。在 MD11 飞机噪声频谱中另一个单音噪声源频率是 1 326 Hz,根据表 8-4 所示,这个单音噪声源是发动机风扇叶片通过频率噪声(图中用 BPF_1 表示),在飞机两侧机翼下方的发动机噪声频谱中均有这个单音噪声源[图 8-31(b)]。此外,在图 8-32 中还可以看到发动机风扇叶片通过频率的 2、3 和 4 次谐波(频率分别为 2 675 Hz、3 997 Hz 和 5 345 Hz)单音噪声。在 MD11 飞机噪声频谱中还出现了频率是 3 500 Hz[图中用(b)表示]和 4 800 Hz[图中用(c)表示]的两个单音噪声源,这两个单音噪声的频率与发动机转子转速和叶片数没有关联关系,将在后面进一步分析。

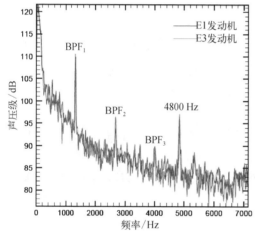

图 8-33　辐射角为 60°时 E1 和 E3
发动机进口噪声频谱[35]

将传声器阵列波束成型聚焦在发动机进口位置,即可得到图 8-33 所示的机翼下方发动机 E1 和 E3 进口噪声频谱,由图 8-33 可以看到,发动机风扇叶片通过频率的三阶谐波以及频率是 4 800 Hz 的单音噪声。需要注意,由于大型传声器阵列传声器之间信号的相干损失,造成波束成型结果中声源噪声声压级随频率的增加而迅速衰减(采用传声器阵列"反卷积"数据处理技术将会改善这个问题,见 8.5.3 节对 Boeing747 飞机噪声测量结果分析)。但是,图 8-32 所示的 MD11 飞机总噪声的频谱并没有出现这种声级随频率增大而损失问题,在 120°辐射角,当频率大于 2 000 Hz,发动机的宽带噪声对飞机总声功率谱的贡献不断增大,比 60°辐射角的宽频噪声声级高 5 dB。

2) 飞行过程 04A 和 05(E1 和 E3 发动机功率减小)

在 04A 飞行过程,MD11 飞机机翼下吊挂的两台发动机功率减小,机尾发动机功率增大,如表 8-4 所示。由 80 个传声器平均计算的 MD11 飞机在 60°、90°和 120°三个辐射角时的总噪声窄带频谱如图 8-34 所示。在飞机噪声频谱中,机翼下吊挂发动机的风扇叶片通过频率的单音噪声几乎消失,而尾部安装的发动机在略高频率下的 BPF 单音也几乎看不见,飞机的噪声频谱主要由主起落架产生的 768 Hz 单音所控制。

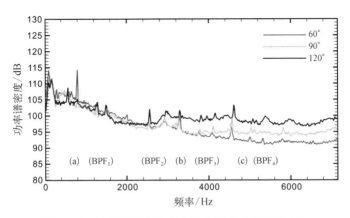

图 8 - 34　飞行过程 04A 时 MD11 飞机在辐射角 60°、
90°和 120°的噪声频谱[35]

在飞行过程 05,机翼吊挂的发动机仍然在低功率状态,而飞机尾部发动机 E2 的功率状态进一步增大,由 80 个传声器平均计算的 MD11 飞机在 60°、90°和 120°三个辐射角时的总噪声窄带频谱如图 8 - 35 所示,可以看出,由于发动机宽带噪声贡献增大(飞机尾部安装发动机 E2 喷流噪声贡献增大)而使得飞机后方宽带噪声增大。

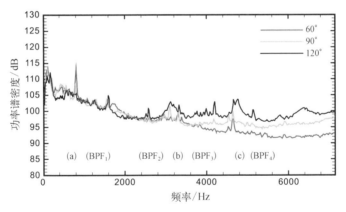

图 8 - 35　飞行过程 05 时 MD11 飞机在辐射角 60°、
90°和 120°的噪声频谱[35]

3）飞行过程 07

飞行过程 07 的 MD11 飞机在 60°、90°和 120°三个辐射角时的总噪声窄带频谱如图 8 - 36 所示,主起落架产生的 768 Hz 单音噪声仍然存在,因为机翼吊挂的发动机功率状态比 04A 和 05 飞行过程的发动机功率增大,因此又可以看到发动机风扇叶片通过频率单音噪声。对比图 8 - 36 与图 8 - 34 和图 8 - 35,可以看出,由于飞机襟翼角度收小,这时在图 8 - 34 和图 8 - 35 中频率在 3 200 Hz 附近隆起的驼峰状襟翼噪声消失。

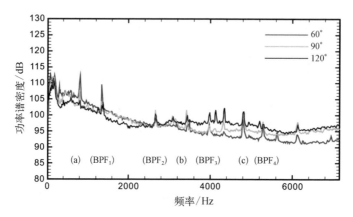

图 8－36　飞行过程 07 时 MD11 飞机在辐射角 60°、
90°和 120°的噪声频谱[35]

4) 飞行过程 10

在这个飞行过程中,飞机的襟翼打开到最大 50°位置,由于飞机阻力的增大,发动机功率状态增大到 75%,这个飞行过程中 MD11 飞机在 60°、90°和 120°三个辐射角时的总噪声窄带频谱如图 8－37 所示,可以看出,由于发动机功率的增大,使得发动机风扇叶片通过频率及其谐波噪声对飞机总噪声的贡献明显增大,在频率为 3 133 Hz 和 4 700 Hz 的风扇 BPF 谐波中,在辐射后场位置(120°)中可以看到迭加效应。

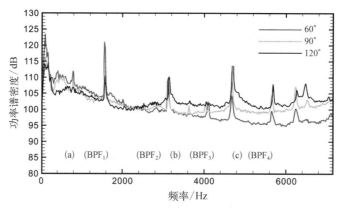

图 8－37　飞行过程 10 时 MD11 飞机在辐射角 60°、
90°和 120°的噪声频谱[35]

发动机风扇叶片通过频率是 BPF_1 = 1 566 Hz,该频率及其谐波与前面几个飞行过程发动机小功率状态的情况相比,其单音噪声声压级更高。而且可以看出,发动机转速的提高也增加了整个频率范围内宽带噪声声压级,起落架发出的声音几乎看不见了。

5）飞行过程 28

在这个飞行过程中,飞机的襟翼恢复到 35° 位置,发动机则处于慢车状态,MD11 飞机在 60°、90° 和 120° 三个辐射角时的总噪声窄带频谱如图 8-38 所示,可以看出,频率为 768 Hz 的起落架噪声的频率不变,在这个频谱中发动机风扇叶片通过频率及其谐波单音噪声几乎消失,飞机的总声压级远低于 01A 飞行过程噪声声压级,尤其是高频噪声声压级更低。

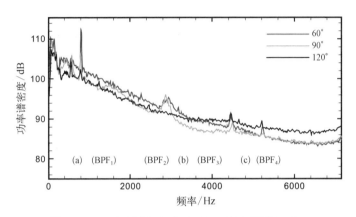

图 8-38　飞行过程 28 时 MD11 飞机在辐射角 60°、
90° 和 120° 的噪声频谱[35]

8.5.2.4　发动机噪声指向性

在飞行过程 01A、04A、07、10 和 28 等过程测量的 MD11 飞机噪声 A 加权声压级的指向性如图 8-39 所示,由图 8-39 可以看出,由于飞行过程 10 是飞机襟翼打开角度为 50°,发动机在比其他飞行过程更大的功率状态下工作,因此,这个飞行过程的飞机噪声最大,在辐射角为 30° 时,飞机前场区域不同飞行过程噪声级差值为 11 dB(A),这主要是由发动机风扇进口 BPF 单音及其谐波引起的。

由图 8-39 还可以看出,在飞行过程 28,发动机处于慢车工作状态时,飞机噪声声压级最低。在这个飞行状态下,发动机对飞机的总噪声贡献很小,飞机的噪声主要来自飞机机体噪声源。飞行过程 28 比飞行过程 01A 的飞机速度低 5%,按照飞机机体噪声是飞机飞行速度 5 次方比例关系[即噪声与速度关联关系 $50\log(v/v_{\text{ref}})$],则可以预期

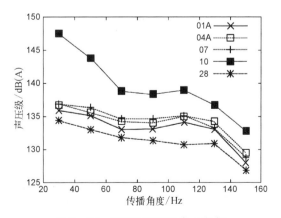

图 8-39　MD11 飞机噪声 A 加权
声压级的指向性[35]

飞行过程 28 比飞行过程 01A 飞机机体噪声的声压级低 1 dB,两者之间剩余的差异则是由发动机转速从 $N_1 = 64\%$ 变为 $N_1 = 36\%$ 所引起。

飞行过程 4A 飞机噪声略高于飞行过程 01A 的噪声级,但是在 4A 飞行过程飞机速度比 01A 飞行过程飞机速度低 8%,因此,其飞机机体噪声声压级要低 1.7 dB,此外,由于在 04A 飞行过程,发动机的 BPF 单音在频谱中消失,这会使得 A 计声压级更强。

8.5.3 基于"反卷积"波束成型的发动机噪声飞行实验研究

如 8.5.2 节所述,德国宇航院采用地面平面传声器阵列对 MD11 飞机飞行过程的噪声实验测量结果表明,该型飞机安装的 CF6 发动机进口风扇叶片通过频率单音噪声是重要飞机噪声源。但是,CF6 发动机风扇设计采用了转子与静子叶片数选择保证转静干涉单音主声模态截止的噪声控制技术。Siller 等[35] 认为,CF6 发动机进口之所以还出现较强转静干涉单音噪声,是因为发动机短舱使用了有缝接的分段吸声衬垫,转静干涉单音噪声与缝接声衬干涉,产生了较强声模态的散射。

为了进一步研究 CF6 发动机出现与发动机转速强耦合的叶片通过频率及其谐波的单音噪声源,德国宇航院又进一步在德国梅克伦堡-前波莫瑞州帕希姆国际机场应用孔径为 42 m×35 m、由 238 个传声器组成的螺旋形传声器阵列,对安装了相同 CF6 发动机的 Boeing747-400 飞机飞行噪声进行了实验测量,并采用了更高精度能够定量测量声源的"反卷积"传声器阵列信号处理方法[31, 32]。

8.5.3.1 实验测量方法

实验采用的是德国宇航院设计的著名的 238 个传声器组成的平面螺旋阵列,该阵列在德国宇航院多次飞机噪声实验中得到使用(作者也参与了德国宇航院应用该传声器阵列的多次飞机噪声实验),螺旋形阵列布置在飞机飞行航线下方,如图 8-40(a)所示(需要说明,图中显示的并非 Boeing747 飞机),实验飞机飞越传声

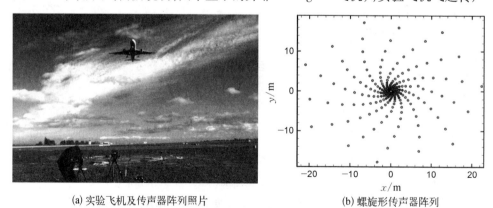

(a) 实验飞机及传声器阵列照片　　　　(b) 螺旋形传声器阵列

图 8-40　飞机飞行噪声测量传声器阵列及照片[35]

器阵列。螺旋形传声器阵列由多臂螺旋形构成,为了提高对飞机低和高辐射角噪声识别的分辨率,该螺旋形阵列在飞行方向上被拉伸成椭圆形,其孔径为 42 m× 35 m 的大小,如图 8-40(b)所示。

飞机飞行航迹采用 GPS 导航系统记录,为了确保数据记录的准确和完整性,实验中仍然使用了 3 个激光测距仪(LAVEG of Jenoptik Laser Optik Systeme GmbH)测量飞机的飞行高度,激光仪器在获取飞机目标并报告飞机距离时产生触发信号,数据采集系统会同时记录飞机目标信号和传声器数据。

德国宇航院共进行了 80 个飞行过程的噪声实验,其中 18 个飞行过程是专门为发动机噪声实验设计,其中包括了 55%、65%、78%、90%和100%五个发动机转速状态,在发动机噪声实验中,飞机的襟翼打开角度是 20°,而飞机起落架处于收起状态,飞机的飞行速度 $U = 85.7 \sim 94.4$ m/s,飞机在传声器阵列上方高度 84~213 m。

8.5.3.2　飞机噪声源波束成型结果

采用"反卷积"阵列信号处理技术[31, 32]对传声器信号处理,获得飞机机体平面噪声源分布。如图 8-41 所示,在飞机襟翼角度为 20°、起落架收起状态,发动机噪声源是飞机的主要噪声源。图 8-41 分别表示 Boeing747 飞机在飞行过程,当飞机相对地面传声器阵列 90°时刻,在 1/3 倍频程中心频率分别是 2 500 Hz、3 150 Hz 和 5 000 Hz 情况下,飞机表面声源分布情况。声源声压级的大小以不同颜色云图表示,深红色位置为最大声级位置,所有的噪声数据是用 1 m 的参考距离进行了归一化。

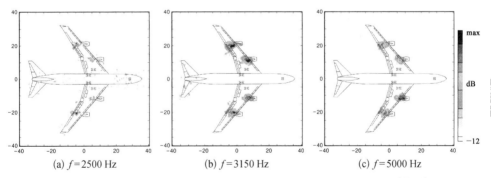

(a) f=2500 Hz　　(b) f=3150 Hz　　(c) f=5000 Hz

图 8-41　Boeing747 飞机飞行过程飞机噪声源分布(辐射角度 90°) [35, 36]

从图 8-41 中可以清楚地辨别出飞机发动机噪声源等,同样可以看出,飞机左右翼两侧发动机声源并不是严格对称,这是因为测量的传声器阵列是放置在距离跑道中心线一侧 8 m 处,由于机身机翼等对噪声辐射的影响,两侧的机翼相对于传声器阵列的方位方向角度并不是严格对称。

8.5.3.3　发动机噪声频谱分析

采用运动声源 Doppler 频移消除方法,通过对所有传声器数据的 Doppler 频移消除并通过对所有传声器声压级求平均值,就可以计算飞机飞行过程中在声源坐标下的飞机总噪声频谱。图 8-42 给出了发动机相对转速从 55% 到 100% 五个状态下飞机噪声频谱,这个计算结果是对飞机在特定飞行角度的∓10°范围内测量信

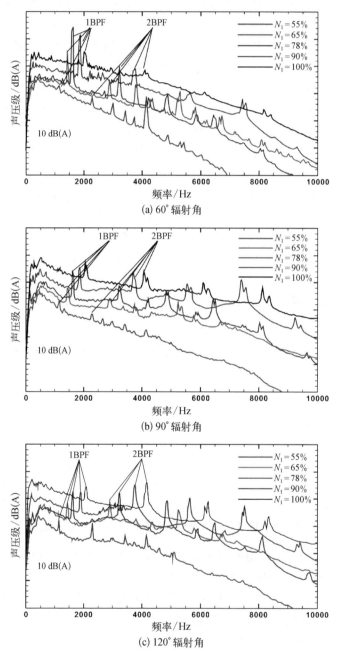

(a) 60°辐射角

(b) 90°辐射角

(c) 120°辐射角

图 8-42   Boeing747-400 飞机在辐射角 60°、90°和 120°噪声频谱[35, 36]

号的平均处理结果,噪声频谱带宽 $\Delta f = 23$ Hz,采用了 A 加权声压级频谱,图 8 - 42 分别给出三个不同辐射角度(60°、90°、120°)时飞机噪声频谱,噪声级采用了归一化的声传播距离进行计算。

由图 8 - 42 可以看出,在飞机噪声频谱中出现明显的发动机风扇叶片通过频率单音及其谐波噪声信号,在最低的发动机转速工作状态(55%),发动机单音噪声不是特别明显。但是,当发动机工作状态增大到 65% 转速时,在飞行方向的前场区域(辐射角 60°),风扇叶片通过频率单音噪声增大了 12 dB(A)。而当发动机工作状态增大到 78% 转速时,相对于宽频噪声声压级单音噪声 A 加权的声压级增大了 10 dB(A)。但是,当发动机工作状态进一步增大到 90% 转速和 100% 转速时,在飞机飞行方向的前场区域(辐射角 60°)的噪声频谱中单音噪声声压级反而失去了它的支配优势。

当发动机工作状态在 55% 转速和 65% 转速之间,叶片通过频率单音噪声相对宽频噪声声压级增大 10 dB(A),在发动机工作状态增大到 100% 转速时,叶片通过频率单音噪声声压级只比 65% 转速的声压级略高一点。仔细分析还可以发现,BPF2 和 BPF3 之间干涉单音噪声声压级以及 BPF3 和 BPF4 之间干涉单音噪声声压级比 BPF 单音噪声声压级更为突出。

在发动机地面实验台架实验中[34],也发现了上述类似的发动机单音噪声变化规律,即在发动机低转速工作状态,随着发动机转速增加,发动机叶片通过频率单音噪声迅速增大,但是,在接近发动机最大工作状态时,发动机叶片通过频率单音噪声又降低。

8.5.3.4   发动机噪声指向性

图 8 - 43 分别给出了在不同发动机转速工作状态下飞机宽频噪声总声功率级(BBN)、包括单音噪声在内的总声功率级(SPL),以及 A 加权总声功率级[SPL(A)]的变化情况。总声功率级与宽频噪声总声功率级的差就是单音噪声功率级。在飞行实验中,Boeing747 - 400 飞机是处于"洁净"的空气动力学构型(即起落架收起、襟翼角度是 20°),飞机机体噪声主要是低频宽带噪声。由图 8 - 43 可以看出,宽频噪声总声功率级明显偏离总声功率的情况仅仅出现在发动机低压转子转速为 78%、飞机声辐射角度是 60° 的状态,这表明在这种状况发动机单音噪声达到最大,而 A 加权声功率级不包括低频噪声并增强了单音噪声影响,它能较好描述单音噪声对总噪声的贡献,可以看出,A 加权声功率级比总声功率级普遍低 4 ~ 10 dB,也只有在飞机噪声辐射的前场区(角度小于 90°),发动机转速为 78% 时,由于发动机单音噪声级最强,因此 A 加权声功率级与飞机总声功率级非常接近。

图 8 - 44 分别给出了在不同发动机转速工作状态下发动机单音噪声及其谐波声压级变化情况,图中给出了三个辐射角度 60°、90° 和 120° 时单音噪声的变化规律,可以看出,发动机单音噪声随转速增加总的趋势是增大的,但是,在噪声辐射的

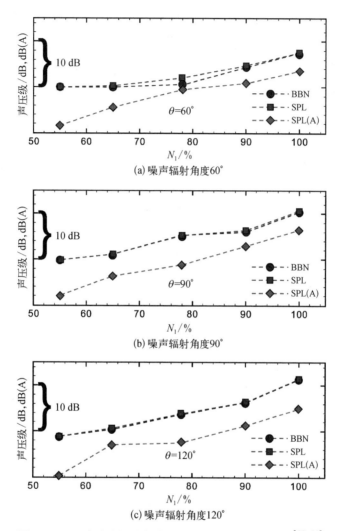

(a) 噪声辐射角度60°

(b) 噪声辐射角度90°

(c) 噪声辐射角度120°

图 8 - 43　总声功率级随发动机低压转子转速变化规律[35, 36]

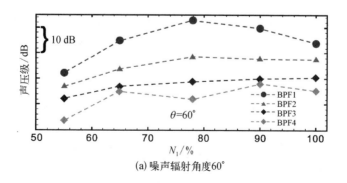

(a) 噪声辐射角度60°

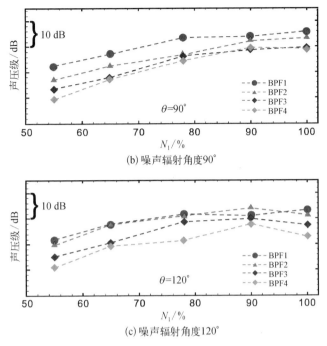

(b) 噪声辐射角度90°

(c) 噪声辐射角度120°

图 8-44　发动机进口单音噪声声压级随发动机低压转子转速变化规律[35,36]

前场区(辐射角度小于 90°),叶片通过频率单音噪声在 78%转速时达到最大,当转速继续增大到 100%转速时,叶片通过频率单音噪声降低了 9 dB。

8.5.3.5　风扇单音噪声指向性

风扇单音噪声的指向性是随发动机工作转速变化而变化,图 8-45 给出了发动机低压转子转速 N_1 分别是 65%、78%、90%和 100%时经过 Doppler 修正的(消除 Doppler 频移)发动机风扇单音噪声频谱随辐射角的变化情况。图中单音噪声频率按照叶片通过频率 BPF 的无因次化方式表示。可以看出,在所有发动机工作转速下,风扇叶片通过频率基频和 2 次谐波量 BPF1 和 BPF2 噪声级最大,而且最强的 BPF 噪声级出现在飞机噪声辐射的前场区(辐射角小于 90°区域),随着发动机转速的增加,单音噪声的指向性也发生变化,由图 8-45 可以看出,在所有发动机工作转速下,BPF 单音噪声的最大值均出现在飞机噪声辐射的前场区,但是高阶单音噪声最大值则出现在后场区,随着发动机工作转速的增大,高阶单音噪声最大值向前场区移动。进一步分析还发现,最大的风扇单音噪声出现在发动机工作转速为 78%状态,而并非出现在最大发动机工作转速状态。

研究还发现 4 阶风扇叶片通过频率单音噪声出现了双峰值现象[特别是如图 8-45(c)],经过进一步分析发现,这是对飞行噪声测量结果做 Doppler 频谱修正时所带来的问题。因为在传声器阵列数据处理中,消除 Doppler 频移的修正

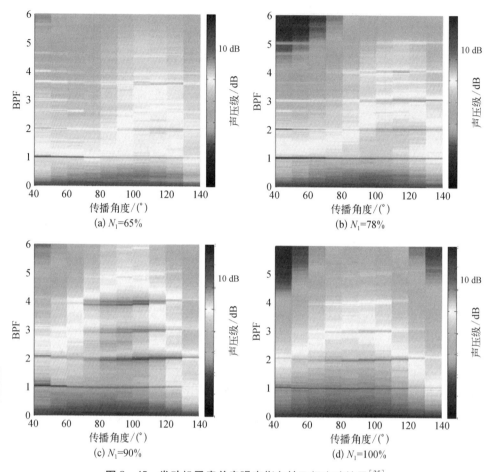

图 8-45 发动机风扇单音噪声指向性飞行实验结果[35]

计算都是相对于飞机的重心点,而实际上 Boeing747 飞机内侧发动机偏离飞行方向达到 8 m,外侧发动机又进一步偏离 8 m,因此不同发动机声源与传声器阵列中心的辐射角存在偏差,采用相同的 Doppler 修正因子就造成对声源频率计算的偏差。

与 CF6 发动机地面台架噪声实验的结果比较发现,飞机飞行噪声实验测量的发动机单音噪声声压级低,而且出现的单音噪声数量少,而在发动机地面静态实验中,发动机的单音噪声声压级更强,而且在发动机风扇转速增大到 85% 以后,在发动机噪声中出现了锯齿噪声。进一步分析发现,这是由于发动机地面静态实验中使用的进气道与安装在飞机上的进气道不同,由于单音噪声源与进气道拼接声衬缝接处硬壁干涉使得风扇单音噪声特性发生变化,从而使得发动机静态噪声实验与飞行噪声实验的风扇单音噪声特性存在差异,这也进一步说明了发动机短舱设计对发动机噪声的重要影响。

8.6 航空发动机整机试车台半混响
室内噪声实验测量方法

如前所述,声学实验要求在自由声场或者全消声室环境进行,航空发动机噪声实验对声学环境的这种严格要求,明显增加了发动机声学实验的成本和难度,特别是,对于室外自由场环境的发动机噪声实验,由于外界气象环境的限制、周围居民噪声保护的需求,以及恶劣气象环境对发动机和实验测试系统的影响等,都会增加发动机噪声实验难度、成本,影响发动机噪声实验进度。考虑到大量的航空发动机性能实验都是在室内试车台架进行的,因此,发展能够在普通的航空发动机室内试车台进行的特殊噪声实验测试方法,对于航空发动机噪声研究具有重要的价值。

在发动机室内实验台进行声学实验,显然需要解决好试车台墙面声反射在室内产生的混响效应、发动机室内的驻波效应、室内气流运动产生的背景噪声等一系列问题。由于问题的复杂性,要用室内试车台噪声实验完全替代发动机自由场噪声实验并不现实,但是,针对发动机特定噪声源(例如高频的单音噪声源等)或特定噪声分析(例如喷流噪声源分布等),通过对室内声学实验方法的特殊处理,还是能够获得对发动机噪声特性的重要实验认知。

在室内实验室进行声学实验的主要问题包括实验室的混响效应、驻波效应,以及背景噪声等,本节简要介绍针对这些问题的处理方法和解决方案,然后以典型发动机单音噪声实验为例,说明在发动机室内试车台进行声学实验的方法。

8.6.1 半混响室的混响时间和混响半径

在常规实验室内(非消声环境)进行声学测量时,目标声源的声信号会和壁面反射信号等背景噪声混杂在一起而降低测量信号的信噪比,从而影响噪声源测量精度。由于发动机室内试车台需要进气口、排气口等,以及少量的壁面吸声处理等,使得航空发动机试车台通常都是一个半混响室(不能达到全混响室的条件)。在这种半混响室内进行声学测量时,传声器需要放置在声源的直接声场中[37]。

直接声场是指靠近声源的由直达声信号主导的声学区域,在该区域内,直达声信号的强度要远远大于任何由环境反射引起的混响声信号。常规实验室内,直接声场区域的大小可以根据混响半径 r_R 来确定[38]:

$$r_R = 0.057\sqrt{V/T_{60}} \qquad (8-2)$$

式中,V 是实验室房间的体积,单位为 m^3;T_{60} 是混响时间,其定义为当室内声场达到稳定后,令声源停止发声,自此刻起到声压级衰减 60 dB 所用的时间,单位为 s。

当传声器距离声源的距离 r 小于实验室内的混响半径 r_R 时,该传声器就处于直接声场区;当 r 大于 r_R 时,就处于扩散声场区,此时的声信号由扩散声波主导。在消声室环境下,T_{60} 很小,从而混响半径很大,也就是说消声室内的声场为直接声场。

这里以西北工业大学航空叶轮机气动力学与气动声学实验室(TAAL)叶轮机平面叶栅风洞普通实验室为例,对半混响室内混响半径进行测定和分析。西北工业大学叶轮机平面叶栅风洞是一个矩形(长宽高为 8.4 m×6 m×2.7 m)的普通建筑房间,具有两个窗户和两个大门,在风洞吹风实验时,窗户处于打开状态,因此该实验室接近一个半混响室。根据 Böhning 等[38]建议的混响时间测量方法,对实验室的混响时间特性进行测量,并根据混响时间确定了该普通实验室的混响半径 r_R。实验中采用 BK4296 全指向性声源产生标准噪声(白噪声),同时在室内布置 4 个随机位置的传声器,待传声器测量信号稳定之后,将声源突然关闭,根据传声器测量得到的信号可以获得混响时间 T_{60} 的大小,再进一步根据实验室尺寸通过式(8-2)可以计算得到实验室的混响半径 r_R。

图 8-46 分别给出了该实验室混响时间和混响半径随声源信号频率变化实验测量结果,从图 8-46 中可以看出,如果测量频率范围从 100 Hz 到 10 kHz,则传声器必须布置在距离声源 0.7 m 范围内,这样传声器测量的信号才能保证是直达声信号(目标噪声)为主导;如果测量频率范围从 800 Hz 到 10 kHz,则传声器必须布置在距离声源 1 m 范围内,这样传声器测量的信号才能保证是直达声信号(目标噪声)为主导。

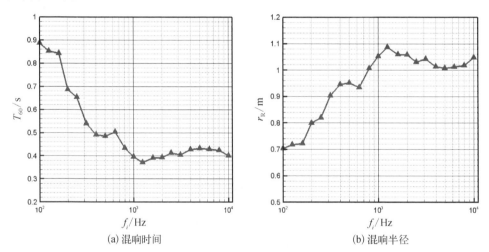

(a) 混响时间　　　　　　　　　　　(b) 混响半径

图 8-46　西北工业大学叶栅实验室混响时间和混响半径随声源频率变化

实验室的空间大小以及结构对混响时间和混响半径有显著的影响,这里以德国 RR 公司发动机试车台为例说明,德国 RR 公司位于达勒维茨的发动机试车台为矩形尺寸的大型发动机试车台(长宽高尺寸为 25 m×8 m×8 m),发动机按照矩形的长度方向放置,试车台设置了进气边和排气通道,在试车台顶部以及人员进入大门的侧壁墙面进行了简单的吸声处理(吸声板),可以对高频噪声有一定吸声能力,其他壁面均为硬壁面。图 8-47 分别给出了德国 RR 公司试车台实验室混响时间和混响半径随声源信号频率变化实验测量结果[35, 38]。从图 8-47 中可以看出,如果测量频率范围从 100 Hz 到 10 kHz,则传声器必须布置在距离声源 2.5 m 范围内,这样传声器测量的信号才能保证是直达声信号(目标噪声)为主导;如果测量频率范围从 400 Hz 到 10 kHz,则传声器必须布置在距离声源 3.2 m 范围内,这样传声器测量的信号才能保证是直达声信号(目标噪声)为主导。

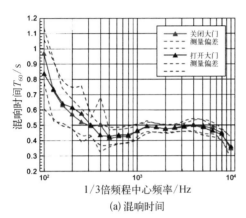
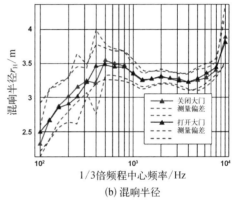

(a) 混响时间   (b) 混响半径

图 8-47 德国 RR 公司发动机试车台混响时间和混响半径随声源频率变化[35, 38]

假设在半混响室内进行发动机噪声实验,测量传声器不能满足在直达声场条件,例如,在上述西北工业大学叶栅实验室进行声学实验,如果测量传声器位于距离声源大于 1.1 m 的位置,则传声器信号是位于整个测量频率范围内的散射场中,这时采用单个传声器测量的噪声与真实声源噪声是不相符的,就必须采用传声器阵列以及阵列信号的时空平均或互相关分析等。

在混响室内的直达声波半径内进行声学实验时,室内硬壁面反射对测量传声器信号 1/3 倍频程频谱的影响可以采用如下的公式进行计算[39]:

$$\Delta R_i = 10\lg\left[1 + \left(\frac{1}{z'}\right)^2 + \frac{2}{z'}\frac{\sin(\mu\Delta r/\lambda_i)\cos(\beta\Delta r/\lambda_i)}{\mu\Delta r/\lambda_i}\right] \tag{8-3}$$

$$\mu = \frac{2\pi\Delta f_i}{2f_i} \tag{8-4}$$

$$\beta = 2\pi\sqrt{1 + \left(\frac{\Delta f_i}{2f_i}\right)^2} \tag{8-5}$$

$$z' = \frac{r'}{r} \tag{8-6}$$

$$\Delta r = r' - r \qquad (8-7)$$

式中，f_i是第i个$(i=1\sim24)$ 1/3 倍频程的中心频率，单位为 Hz；λ_i是f_i对应的声波波长，单位为 m；Δf_i是第i个三分之一倍频程的频率间隔，单位为 Hz；r是入射声波的传播距离（目标声源与传声器之间的距离），单位为 m；r'是反射声波的传播距离，单位为 m；ΔR_i是反射声波对测量的入射声波声压级的影响，单位为 dB。

　　仍然以西北工业大学叶轮机平面叶栅实验室为例，假定测量传声器距离声源的距离r分别选取为 0.405 m 至 0.95 m，则图 8-48 给出了反射壁面距离r'是不同值时，壁面反射对测量传声器声压级频谱带来的影响。从图中可以看出，反射声波的传播距离r'与入射声波的传播距离r越接近，反射声波对测量结果的影响越大。对于同一r，随着r'的增大，壁面反射对测量结果的影响逐渐减小。同时，壁面反射在低频区域 (f_i < 1 000 Hz) 对测量结果的影响较大，而在高频区域的影响较小。通过合理布置传声器阵列在室内的位置，使得r' > 3 m，那么对于$f_i \geqslant 1\ 000$ Hz 范围内的入射声波，壁面反射（非当前安装传声器的壁面）对测量得到的声压级大小的影响在 0.5 dB 以内。

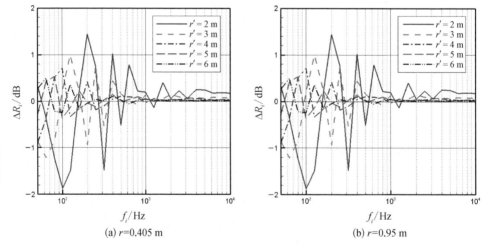

(a) r=0.405 m　　　　　　　　　　(b) r=0.95 m

图 8-48　壁面反射对直达声场传声器信号的影响

8.6.2　室内驻波的影响

　　当室内存在驻波时，传声器测量得到的声压信号的大小将与其摆放的位置呈现出强烈的相关性，受驻波的影响，测量结果往往是错误的。然而，当房间的模态数 N 在某一频率范围内远大于 1 时，室内声场近似为扩散声场，驻波的影响就会大大降低。矩形硬壁房间的模态数 N_{mod} 可以由以下公式计算得到：

$$N_{\mathrm{mod}} \approx \left[4\pi V(f_i/c)^3 + \frac{\pi}{2} S(f_i/c)^2 + \frac{l}{8}(f_i/c) \right] \frac{\Delta f_i}{f_i} \qquad (8-8)$$

$$V = l_x l_y l_z \qquad (8-9)$$

$$S = 2(l_x l_y + l_x l_z + l_z l_y) \qquad (8-10)$$

$$l = 4(l_x + l_y + l_z) \qquad (8-11)$$

式中,l_x、l_y、l_z 是矩形房间的长、宽和高,单位为 m;V 是室内体积;S 是 6 个壁面的表面积。

图 8 - 49 是计算得到的西北工业大学叶轮机叶栅实验室和德国 RR 公司发动机试车台的声学模态数随频率的变化曲线。从图中可以看出,对于西北工业大学叶轮机叶栅实验室,当 1/3 倍频程中心频率 $f_i > 315$ Hz 时,实验室内不会产生明显的驻波;对于德国 RR 公司发动机试车台,当 1/3 倍频程中心频率 $f_i > 100$ Hz 时,实验室内就不会产生明显的驻波。

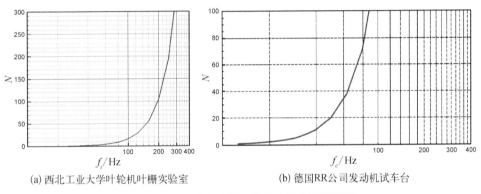

(a) 西北工业大学叶轮机叶栅实验室　　　　(b) 德国RR公司发动机试车台

图 8 - 49　实验室内模态数的 1/3 倍频程频谱

为了从实验角度验证上面的结论,德国宇航院 Siller[35] 对德国 RR 公司达勒维茨发动机试车台采用宽带噪声激励的方式,分析比较了不同位置传声器对声源测量的结果。如果存在驻波,则不同位置传声器测量的声压大小将与传声器位置强烈关联,反之则没有驻波的影响。图 8 - 50 是他们测量的沿着 x 方向线性布置的传声器测量的声压信号随 x 位置的变化情况。

由图 8 - 50 可以看出,当频率 $f_i = 500$、800、1 000 Hz 时,在 $x = -0.4$ m 处的传声器测量的声压级发生突变(在 1 000 Hz 时声压级突然从 45 dB 跃升到 52 dB),进一步分析发现,这个声压级的突变与发动机试车台在这个位置出现一个大门框架有关,由于传声器与墙壁之间的距离突然增加,导致了高频噪声声压的不连续。总结在不同频率下试车台内传声器信号的空间变化,可以判断该实验室内不会产生明显的驻波影响。

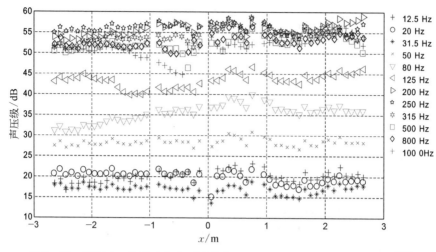

图 8-50　德国 RR 公司试车台测量传声器测量声压随 x 方向的变化情况[38]

8.6.3　背景噪声影响的抑制和消除

在航空发动机试车台内进行声学实验,由于实验室墙面、门窗等会产生声波反射,在室内的传声器将接收来自声源的直接声波以及来自实验室墙壁等的反射声波,此外,在航空发动机室内试车台进行实验时,发动机对空气的大量吸入还会在试车台室内产生明显的空气流,这种室内的气流运动也会对声波传播产生影响,进一步增加背景噪声。因此,在室内声学实验测量中,背景噪声的存在是无法避免的。在发动机室内试车台传声器测量的噪声信号并非发动机实际噪声信号,实际传声器采集到的信号包括了目标声源的声信息和背景噪声的干扰信息,采用传声器阵列进行声源识别定位测量,经典波束成型的声源定位方法也都是只考虑入射声波,但在室内进行实验时,传声器阵列信号的互谱矩阵 CSM 内包含了背景噪声的干扰信息,那么,通过该互谱矩阵得到的波束成型结果也必然受到了背景噪声的干扰,当反射声波具有显著声级水平、传声器的信噪比(source-to-noise ratio, SNR)较低时,这种干扰是不可忽视的,如果不对背景噪声加以抑制,传声器阵列波束成型的声源识别结果就有可能失败。在风洞中使用传声器阵列进行声学测量时,也有类似的问题出现,这时使用经典波束成型进行噪声数据处理时,墙壁上的强反射会导致错误的源分布[39-41]。

背景噪声可以分为不相干噪声和相干噪声,以图 8-51 所示的开式射流风洞中的声源识别测量实验为例,一方面当阵列与被测对象距离较近或者被置于流场中时,流场的气流扰动(非声脉动)会被传声器感受到,这种扰动是随机的,因此是不相干的背景噪声;而风洞设备本身产生的噪声通过风洞出口向外辐射,从而也被传声器接收到,该背景噪声是相干的背景噪声。在室内进行声学实验,测量环境不是理想的自由场,实验室内墙面的反射信号也会被传声器感受到,这些干扰信号也属于相干的背景噪声。

Horne 和 James[42] 指出,不相干背景噪声对波束成型结果的影响可以通过下式表示:

$$20\log(\sigma) = 20 \cdot \log\left(\frac{17.4}{\sqrt{MK}}\right)\frac{1}{\mathrm{SNR}}$$

$$(8-12)$$

式中,σ 为波束成型得到的声源峰值声压级的不确定度;K 为传声器信号进行离散傅里叶变换时的分段数;M 为传声器个数;SNR 为信号的信噪比。

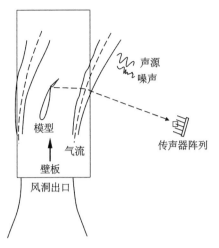

图 8 - 51　传声器阵列在风洞噪声实验测量中的应用

从式(8 - 12)可以看出,通过增加传声器的数目和增加信号傅里叶变换平均数(即提高信号分析稳定性)可以增加波束成型结果的准确性,可以减少不相干背景噪声对互谱矩阵 **CSM** 非对角线元素的贡献。然而该方法并不能减少不相干背景噪声对互谱矩阵主对角线元素的贡献,主对角线元素仍然会对波束成型结果的准确性产生影响。信号的信噪比越低,这种影响就越严重。

在发动机试车台内进行声学实验,如何抑制和消除实验室内传声器的背景噪声是必须重视和解决的问题。而传声器阵列波束成型技术不仅为多声源分离识别提供了强大测试手段,也为消除背景噪声提供了有效的途径,通过对传声器阵列信号之间的相关性分析处理,可以有效抑制测量背景噪声影响。

早期,德国斯特加特大学 Guidati 等[43-46] 发展了一种通过修正控制矢量的阵列信号波束成型技术,称为反射消除器(reflection cancheller)技术,这种方法通过对反射声源镜像点准确位置设定,考虑了第一次反射对阵列信号的影响,重新构造传声器阵列波束成型的控制矢量。但是,反射消除器阵列技术受到反射声源位置、传声器和墙壁的坐标关系等因素的影响,以及壁面的声波反射率影响,这些参数的不确定性就会影响声源定位的质量,特别是在较高的频率范围,镜像声源位置和反射率的不确定性更大,其波束成型结果受到影响也更大。后来,Sijtsma 和 Holthusen[47] 进一步提出通过镜像声源对实验测量数据的模拟,推导反射声源位置和强度,提高了测量结果的精度。但是,对于复杂的室内声波反射环境,这种反射消除器阵列技术总是受到声源数量、位置以及与传声器和反射墙面复杂的不确定坐标关系和墙面声波反射率不确定的影响,而这些参数的不确定性最终都影响声源定位的质量。

　　为了解决这一问题,Mosher[48]和 Dougherty[49]提出了另一种消除背景噪声的阵列信号处理方法,他们通过将互谱矩阵对角线元素"置零"(diagonal removal method, DR)的方法,移除互谱矩阵中包含不相干背景噪声信息较多的元素(即主对角线元素)来改善成像图的质量,该方法随后被 Brooks 等[50-52]、Hutcheson 等[53]、Koop 等[54]、Humphreys 和 Brooks 等[55]广泛采用,西北工业大学发动机声学组也发展了相应的室内噪声实验的背景噪声消除方法[56-59]。

　　DR 方法对第 3 章所述的传统波束成型算法和反卷积算法都是适用的,考虑 DR 方法之后的频域传统波束成型算法可以表示为

$$Y_n = \frac{\boldsymbol{v}'^{\,*}_n \cdot \mathbf{CSM}_{\mathrm{diag}=0} \cdot \boldsymbol{v}'_n}{M^2 - M} \tag{8-13}$$

　　对于 DAMAS 算法,采用 DR 方法之后的变化主要是点扩散函数 $\boldsymbol{A}_{nn'}$ 的构造:

$$\boldsymbol{A}_{nn'} = \left| \frac{\boldsymbol{v}'^{\,*}_n ([\,]_{n'})_{\mathrm{diag}=0} \boldsymbol{v}'_n}{M^2 - M} \right| \tag{8-14}$$

　　从式(8-14)可以看出,当 $n = n'$ 时仍然有 $\boldsymbol{A}_{nn'} = 1$,因此 DAMAS 的迭代方法并未改变。对于 CLEAN 算法,考虑 DR 方法之后的 CLEAN-PSF 算法可以简单表示为

$$Z_n = \sum_{i=1}^{I} O_n^{(i)} + Y_n^{(I)} \tag{8-15}$$

$$\begin{cases} O_n^{(i)} = \varphi Y_{\max}^{(i-1)} \varPhi(\boldsymbol{x} - \boldsymbol{x}_{\max}^{(i)}) \\ \bar{\boldsymbol{D}}^{(i)} = \bar{\boldsymbol{D}}^{(i-1)} - \varphi Y_{\max}^{(i-1)} (\boldsymbol{C}'^{\,*(i)}_{\max} \boldsymbol{C}'^{(i)}_{\max}) \end{cases} \tag{8-16}$$

$$Y_n^{(i)} = \boldsymbol{V}'^{\,*}_n \cdot \bar{\boldsymbol{D}}^{(i)} \cdot \boldsymbol{V}'_n \tag{8-17}$$

式中: $\boldsymbol{V}'_n = \boldsymbol{v}'_n / (M^2 - M)^{0.5}$, $\bar{\boldsymbol{D}}^{(i)} = \boldsymbol{D}^{(i)}_{\mathrm{diag}=0}$。迭代以 $\boldsymbol{D}^{(0)} = \mathbf{CSM}$ 为初值开始,收敛条件仍然为 $\|\bar{\boldsymbol{D}}^{(I+1)}\| \geqslant \|\bar{\boldsymbol{D}}^{(I)}\|$。而对于 CLEAN-SC 算法,采用 DR 方法之后的改变主要是单位声源相干分量 $\boldsymbol{h}^{(i)}$ 的构造。声源互功率谱可以写为

$$B_{nk} = \boldsymbol{V}'^{\,*}_n \cdot \overline{\mathbf{CSM}} \cdot \boldsymbol{V}'_k \tag{8-18}$$

则可以得到:

$$\bar{\boldsymbol{D}}^{(i-1)} \cdot \boldsymbol{V}'^{(i)}_{\max} = Y_{\max}^{(i-1)} (\boldsymbol{h}^{*(i)} \boldsymbol{h}^{(i)} - \boldsymbol{H}^{(i)}) \cdot \boldsymbol{V}'^{(i)}_{\max} \tag{8-19}$$

式中, $\boldsymbol{H}^{(i)}$ 为由矩阵 $\boldsymbol{h}^{*(i)} \boldsymbol{h}^{(i)}$ 的主对角线元素组成的 $M \times M$ 维方阵。

　　由式(8-19)可得

$$h^{*(i)} h^{(i)} V'^{(i)}_{\max} = \frac{\bar{D}^{(i-1)} \cdot V'^{(i)}_{\max}}{Y^{(i-1)}_{\max}} + H^{(i)} V'^{(i)}_{\max} \qquad (8-20)$$

对式(8-19)左乘 $V'^{*(i)}_{\max}$ 并结合式(8-20)可得单位声源的相干分量 $h^{*(i)}$:

$$h^{*(i)} = \frac{1}{\sqrt{(1 + V'^{*(i)}_{\max} H^{(i)} V'^{(i)}_{\max})}} \left(\frac{\bar{D}^{(i-1)} \cdot V'^{(i)}_{\max}}{Y^{(i-1)}_{\max}} + H^{(i)} V'^{(i)}_{\max} \right) \qquad (8-21)$$

考虑 DR 方法之后的 CLEAN-SC 算法以 $\bar{D}^{(0)} = \overline{\mathbf{CSM}}$ 和 $h^{(0)} = C'^{(0)}_{\max}$ 为初值开始迭代,经过 I 次迭代之后,若 $\| \bar{D}^{(I+1)} \| \geqslant \| \bar{D}^{(I)} \|$,则迭代收敛。最终的"干净"的成像图为

$$Z_n = \sum_{i=1}^{I} O^{(i)}_n + Y^{(I)}_n \qquad (8-22)$$

$$\begin{cases} O^{(i)}_n = \varphi Y^{(i-1)}_{\max} \Phi(\mathbf{x} - \mathbf{x}^{(i)}_{\max}) \\ Y^{(i)}_n = V'^{*}_n \cdot \bar{D}^{(i)} \cdot V'_n \\ \bar{D}^{(i)} = \bar{D}^{(i-1)} - \varphi Y^{(i-1)}_{\max} (h^{*(i)} h^{(i)}) \end{cases} \qquad (8-23)$$

需要指出,在进行 CLEAN 算法的计算过程中,为了保证迭代过程中不会出现由于 $\bar{D}^{(i)}$ 主对角线元素异常(很大的负值)而出现异常 $Y^{(i)}_n$,每次迭代都要对 $\bar{D}^{(i)}$ 的主对角线元素进行移除。

然而当背景噪声为相干噪声时,上述 DR 方法并不能改善互谱矩阵 $\mathbf{CSM}$。这时,可以进一步采用 Humphreys 和 Brooks 等[55]提出的直接从原始互谱矩阵 $\mathbf{CSM}$ 中减去背景噪声相关的互谱矩阵 $\mathbf{CSM}_{\text{back}}$ 来消除背景噪声的干扰。消除了背景噪声干扰的波束成型成像图可以用下式表示:

$$Y_{n,noback} = V'^{*}_n \cdot (\mathbf{CSM} - \mathbf{CSM}_{\text{back}}) \cdot V'_n \qquad (8-24)$$

为了得到 $\mathbf{CSM}_{\text{back}}$,需要对背景噪声采用相同的传声器阵列进行单独的测量。但是由于 $\mathbf{CSM}$ 和 $\mathbf{CSM}_{\text{back}}$ 不是在同一次测量中得到的,当信噪比较低或信号的长度较短时,由于相位的交叉,通过式(8-24)得到的成像图结果并不令人满意。我们将式(8-24)写成如下形式:

$$Y_{n,\text{noback}} = Y_n - V'^{*}_n \cdot \mathbf{CSM}_{\text{back}} \cdot V'_n \qquad (8-25)$$

从式中可以看出,当 $\mathbf{CSM}_{\text{back}} = Y_{\text{back}} C'^{*(i)}_{\text{back}} C'^{(i)}_{\text{back}}$ 或者 $\mathbf{CSM}_{\text{back}} = Y_{\text{back}} h^{*(i)}_{\text{back}} h^{(i)}_{\text{back}}$ 时,Humphreys 和 Brooks 等提出的背景噪声消除方法其实与 CLEAN 算法是相通的。因此,可以以 CLEAN 算法为基础,通过如表 8-5 所示的步骤从波束成型成像图中移除明显的背景噪声。

表 8 - 5   基于 CLEAN 算法的背景噪声移除方法

步　骤	内　　　容	算　　　法
Step 1	得到传统波束成型成像图	$Y_n^{(0)} = V_n'^* \cdot D^{(0)} \cdot V_n'$ 或 $Y_n^{(0)} = V_n'^* \cdot \bar{D}^{(0)} \cdot V_n'$
Step 2	确定背景噪声源的位置与相对大小	$Y_{\text{back}}^{(i)}, i = N\text{back}$
Step 3	进行 CLEAN 迭代计算	CLEAN - PSF(DR 或 no DR) CLEAN - SC(DR 或 no DR)
Step 4	得到去除背景噪声的成像图	$Z_n = \displaystyle\sum_{i=1}^{N\text{back}-1} O_n^{(i)} + \sum_{i=N\text{back}+1}^{I} O_n^{(i)} + Y_n^{(I)}$

8.6.4   基于室内台架实验的发动机噪声实验分析

如在 8.5 节所述,德国宇航院对 MD11 飞机和 Boeing747 飞机飞行过程发动机噪声实验测量发现,在飞机飞行过程中向外辐射较强的风扇转子叶片通过频率单音噪声,实验发现当发动机功率状态(转速)发生较小的改变时,MD11 飞机噪声频谱中发动机风扇叶片通过频率及其谐波的幅值会发生显著变化,这说明在发动机管道声传播中存在风扇转静干涉单音噪声的截止与截通现象。但是,在 CF6 发动机风扇设计中,通过转子与静子叶片数选择,实现了主声模态截止,而飞行实验中发动机仍然出现强烈的叶片通过单音噪声,这引起了对发动机噪声控制设计的质疑。为此,德国宇航院推进技术研究所在汉堡汉莎技术公司进一步开展了 CF6 发动机地面静态声学实验,该实验通过对不同进气道和风扇机匣形式(加装或不加装声衬)发动机单音噪声的实验测量,揭示了发动机机匣和进气道声衬接缝对噪声传播模态的重要影响。本节以这个实验为例,说明发动机室内试车台声学实验方法。

8.6.4.1   室内发动机噪声实验方法

在汉堡汉莎技术公司进行的 CF6 发动机地面静态性能实验中,分别测试了带有拼接声衬的发动机基准型号和带有硬壁表面的发动机噪声。图 8 - 52 所示为实验装置简图。发动机悬挂在测试台的屋顶上,发动机工作时从左侧进气口吸入大气并从右侧排气管道排出,试车台的排气管加装了吸声装置。

为了有效消除实验室内墙面反射对室内测量传声器的影响,德国宇航院 Siller 等[38]提出了一种非常巧妙的室内传声器放置方法,他们将传声器放置在地板和相邻墙壁之间的房间内边缘(内墙角),如图 8 - 52 所示,不考虑实验室内进气边和排气边声反射,传声器仅受到对面墙壁和屋顶的声波反射,而地板和侧壁的反射与直接信号实现同相,通过在对面墙壁和实验室顶部加装吸声板,从而就可以大幅度降低实验室内声反射对测量传声器的影响。

在两次发动机噪声实验中,分别采用 3 个传声器阵列和 56 个传声器阵列对发

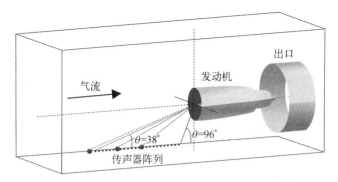

图 8 - 52　发动机试车台内噪声实验测量方案[35]

3 个红色测点传声器阵列与发动机进口夹角：37°，46°，59°；
56 个黑色测点传声器阵列与发动机进口夹角：38°~96°

动机进口噪声进行了实验测量，传声器阵列沿实验室地板和侧壁之间的内边缘布置，如图 8 - 52 所示。传声器阵列与发动机轴线平行，阵列覆盖了发动机进口噪声辐射角度的范围从 37°~96°。德国宇航院发动机室内噪声测试技术申请了专利[60]，传声器安装方式照片如图 8 - 53 所示，由于地板和侧壁的反射与直接信号实现同相，将声压级提高了 12 dB，需要从测量结果中减掉。而来自屋顶和对面墙壁的反射具有较长的传播路径，因此反射信号相对较弱，加装吸声板后可以进一步减小其反射声波。

图 8 - 53　德国宇航院室内传声器安装方式[35]

8.6.4.2　发动机进口噪声实验结果分析

对于常规的加装了拼接声衬的 CF6 发动机，图 8 - 54 给出了发动机噪声频谱随发动机转速变化的实验测量结果，发动机静止状态噪声实验数据是通过对传声器记录信号的时域平均计算获得，图 8 - 54 结果是在发动机进口辐射角度 46°位置处传声器的测量结果(见图 8-52)。由图 8-54 可以看出,从风扇转速 2 000 r/min 开始(相对转速 61%),发动机进口噪声中就出现了强烈的叶片通过频率单音噪声。8.5 节在 MD11 飞行实验中,也发现了叶片通过频率 BPF 噪声辐射(图 8-32),因此,在实验室发动机噪声实验中复现了在飞行实验中发现的单音噪声源。图 8-54 中标注的整数是由发动机转速无因次化后的发动机阶次(engine orders,EO)参数。可以看出,除了风扇转静干涉叶片通过频率 BPF 单音及其谐波之外,在发动机进口噪声中还存在阶次 62、100、138 等单音噪声。

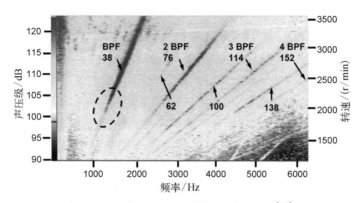

图 8-54 CF6 发动机地面噪声实验结果[35]

图 8-55 和图 8-56 分别给出了 CF6 发动机叶片通过频率和一次谐波单音噪声的声压级随发动机转速变化的情况,图中同时给出了在 37°、46° 和 59° 三个辐射角度测量结果(见图 8-52)。可以看出,发动机叶片通过频率单音噪声在辐射角 46° 时达到最大,而在这个辐射角度下叶片通过频率的 2 次谐波单音噪声最小。随着发动机转速的增加,叶片通过频率处的峰值向较小的辐射角移动,这是典型的管道旋转声模态辐射模式。

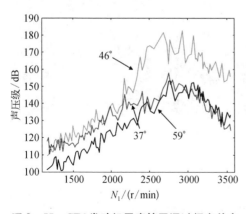

图 8-55　CF6 发动机风扇转子通过频率单音　　图 8-56　CF6 发动机风扇转子通过频率 2 次谐波
　　　　噪声声压级随发动机转速变化[35]　　　　　　　单音噪声声压级随发动机转速变化[35]

如前所述,该发动机实验室在除地板以外的所有墙壁上都进行了声学处理,以减小墙面噪声反射的影响,尽管该发动机室内实验台横截面仅为 7 m×7 m,但是,图 8 - 55 和图 8 - 56 的实验结果还是证实了这种室内发动机噪声实验精度和价值。如图 8 - 55 和图 8 - 56 所示,尽管测量传声器之间距离接近,但是,不同传声器测量到了高达 30 dB 噪声级的差异,而且,当发动机相对转速从 61% 增加到 75%,风扇转子通过频率单音噪声增加 35 dB,其二次谐波声压级增大了 37 dB。

另外,需要指出,该型发动机风扇转子直径为 2.362 m,当风扇转速大于 3 000 r/min 时,叶尖相对速度马赫数为 1.2,就会出现激波噪声,但由于该发动机风扇良好的激波噪声控制技术,该发动机的风扇激波噪声相对较低(其他研究也已证明),图 8 - 54 的实验结果也证实了这个结论[35]。

8.6.4.3　声衬接缝对发动机进口噪声影响的实验分析

众所周知,由于加工条件的限制,传统的发动机管道声衬在圆周方向上并不是一个完整的构件,而是由多段拼接在一起,并用螺钉固定在管道内壳上,因此发动机管道吸声衬垫在接合处被声学硬表面隔断,从而造成管道声阻抗在圆周方向上的不均匀(当前最先进发动机声衬已经使用无接缝声衬构件)。风扇声模态与声衬接缝之间的相互作用,会导致声能从非传播模式向传播模式的散射[61]。德国宇航院测量了用铝带覆盖风扇声衬结构的周向均匀声学坚硬壁面发动机进口噪声,然后将覆盖的铝带去除,再进一步实验测量真实具有声衬接缝的发动机进口噪声,通过对发动机进口噪声数据的对比,分析研究了拼接声衬对发动机管道声模态的影响。

图 8 - 57 给出了两种进气道状况(拼接声衬管道、均匀硬壁管道)在辐射角度 52°测量的发动机噪声频谱,图中分别给出了 50%、78% 和 99% 三种转速测量结

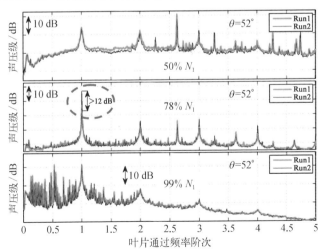

图 8 - 57　辐射角度 52°位置测量的发动机进口噪声频谱

Run1:硬壁进气道;Run2:拼接声衬进气道

果,发动机进口噪声频谱采用风扇叶片通过频率无因次化。由图 8 - 57 可以看出,发动机进口噪声谱中单音噪声起到支配作用,这些单音包括叶片通过频率及其谐波,也包括在 2 阶谐波与 3 阶谐波之间单音和在 3 阶谐波与 4 阶谐波之间的单音。在发动机相对转速达到 99% 时,在发动机进口噪声频谱中叶片通过频率附近出现了强烈的锯齿噪声(激波噪声)。

进一步分析图 8 - 57,可以看出,在相对转速 50% 和 78% 两个工作状态,硬壁进气道的发动机宽频噪声频谱略高于拼接声衬进气道的宽频噪声。因为吸声衬垫往往只是具有相当窄的频率特性,因此上述结果很可能归因于测量不确定性。但是,在两种进气道结构下,叶片通过频率 BPF 单音及其谐波始终保持单音噪声特征。

比较在相对转速为 78% 时两种进气道叶片通过频率单音噪声声压级,可以发现,拼接声衬进气道的叶片通过频率单音显著增大了 12 dB。当对辐射角度 38° < θ < 96° 范围内所有噪声中 BPF 声压级平均计算,则发现拼接声衬发动机进口 BPF 单音声压级平均增加 8 dB。由图 8 - 57 还可以看出,拼接声衬进气道的发动机进口 BPF_3 和 BPF_4 的声压级比硬壁发动机声压级高。显然,这种单音噪声的增加是由于拼接声衬所引起,因为这两种实验结果的唯一区别就是进气道声衬结构的不同。而当发动机相对转速增大到 99% 时,两种进气道结构形式下的发动机进口噪声声压级频谱又几乎完全一致。

在 Boeiing747 飞机飞行噪声实验中也发现了上述噪声频谱变化规律,如图 8 - 58 所示为发动机相对转速 55%、65% 和 100% 时,Boeing747 飞机飞行过程测量的发动机进口噪声频谱。由图 8 - 58 可以看出,在发动机相对转速从 55% 增大到 65% 时,单音噪声声压级增大了约 10 dB,但是,在发动机相对转速达到 100% 时,其单音噪声仅仅略高于发动机转速 50% 时的单音噪声,在相对转速为 65%~83%,发动机进口 BPF 单音噪声明显增大。特别是,在 BPF_2 和 BPF_3 之间以及 BPF_3 和 BPF_4 之间的单音比 BPF 单音噪声本身更为突出。需要指出的是,飞行实验测量的发动机噪声与地面静止状态发动机实验中测量的噪声只能进行定性的比较,因为两种实验状态下的发动机工作条件还是具有差异,而且地面静止状态发动机进气道与飞行状态发动机短舱进气道也不相同,通常飞行状态发动机噪声级小于地面静止状态

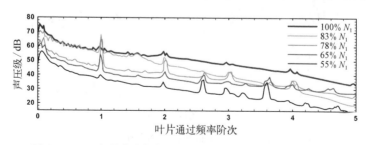

图 8 - 58　飞行状态在辐射角 60° 测量的发动机进口噪声频谱

实验测量的噪声级。

为了分析发动机进口噪声随发动机工作状态变化,进一步实验测量了发动机启动过程(发动机转速逐渐增大)进口噪声频谱图。在发动机的动态工作过程中,对应每一个转速的发动机噪声频谱实际是短时间内记录信号的统计平均(类似飞行过程噪声处理方法),并将发动机进口辐射角在 $38° \leqslant \theta \leqslant 96°$ 范围内的所有测量传声器的频谱进行平均,然后根据当前实验数据窗口的平均轴转速将频率按照发动机转速进行无因次化处理,实验中必须保证每一时间窗口的发动机转速只是在小范围增加(类似飞行实验一个短时间的飞行距离)。将无因次的声压级表示为无因次频率与发动机转速的频谱云图,结果如图 8 - 59 所示。图中给出了发动机转速从 55% 增大到 95% 过程中,两种进气道状态下,在每一个发动机转速状态测量的发动机进口噪声声压级随发动机转速的变化情况。从图 8 - 59 可以明显看出,两种进气道发动机进口噪声的声压级差,特别是叶片通过频率单音噪声的差,而这种声压级的差在图 8 - 60 中更加明显,该图中显示的是拼接声衬进气道与硬壁进气道发动机进口噪声平均声压级的差 ΔL,如果 ΔL 是正值就表明拼接声衬进气道发动机噪声更大。

由图 8 - 60 可以看出,在发动机相对转速 65% < N_1 < 90% 范围内,发动机进口噪声的 BPF 及其谐波单音噪声声压级的差值 ΔL 值为正,即采用拼接声衬进气道的发动机进口噪声级较高。但是,当发动机转速高于 $N_1 = 90%$ 时,两种进气道 BPF 单音噪声声压级的差异消失。图 8 - 60 的结果也说明,采用拼接声衬进气道的发动机进口噪声声压级在低于 BPF 的宽频率范围内较低,而在非常高的发动机转速情况下,声衬进气道对于发动机激波噪声具有较好的抑制。

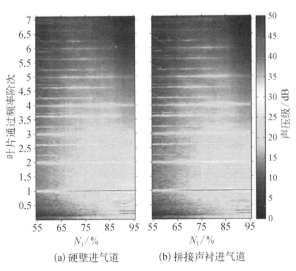
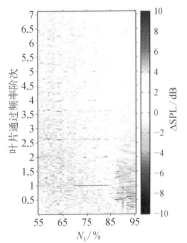

图 8 - 59　发动机动态过程中进口噪声频谱云图

(a) 硬壁进气道　　(b) 拼接声衬进气道

图 8 - 60　硬壁进气道与拼接声衬进气道发动机动态过程中进口噪声声压级差

根据上述实验数据,计算在测量辐射角度 $38° \leqslant \theta \leqslant 96°$ 范围内所有测量信号的频谱单音噪声总声压级 L_{BPF}、宽频噪声总声压级 L_{BBN}、所有频率成分噪声总声压级 L_{tot},其随发动机转速变化规律如图 8-61 所示,图中给出了发动机相对转速从 35% 增大到 99% 的测量结果。

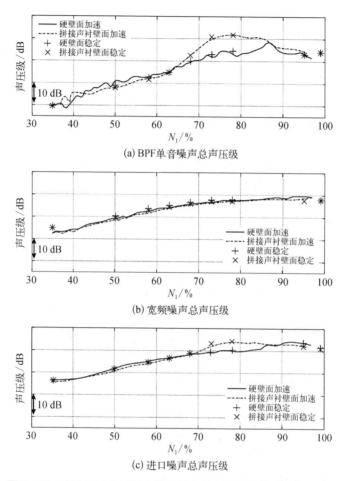

(a) BPF 单音噪声总声压级

(b) 宽频噪声总声压级

(c) 进口噪声总声压级

图 8-61   发动机动态过程中进口噪声总声压级随发动机转速变化

由图 8-61(a)可以看出,发动机相对转速从 $N_1 = 35\%$ 增加到 65% 左右时,BPF 单音噪声总声压级 L_{BPF} 随发动机转速 N_1 呈线性增长趋势。而在发动机相对转速 $65\% < N_1 < 85\%$ 范围内,带有拼接声衬进气道的发动机 BPF 单音噪声开始快速增加,导致在 $65\% < N_1 < 85\%$ 的转速范围内 L_{BPF} 值最高。而当发动机相对转速大于 85% 之后,两种进气道的发动机进口噪声 L_{BPF} 再次互相接近。

而由图 8-61(b)可以看出,两种不同进气道形式下,发动机进口宽带噪声总声压级 L_{BPF} 随发动机相对转速的增加而增加的趋势相同,这说明进气道的形式对宽频噪声不会产生明显影响。

由图 8-61(c)可以看出,对于拼接声衬进气道,由于单音噪声总声压级 L_{BPF} 的增加导致了发动机进口总声压级 L_{tot} 增加。这表明,该型发动机采用的拼接声衬结构实际上增加了在相对转速 65% < N_1 < 85% 范围发动机进口噪声,这是本次实验的重要发现。

上述发动机地面噪声实验结果与 8.5 节介绍的飞机飞行过程发动机噪声实验结果的规律相似,图 8-62 给出 19 个飞行过程发动机 BPF 单音噪声声压级随发动机相对转速变化的实验测量结果,由图 8-62 可以看出,在发动机相对转速 65% < N_1 < 80% 之间,发动机进口噪声的 BPF 单音噪声声压级增加比在转速 55% < N_1 < 65% 之间声压级增加显著增强;而在发动机相对转速 N_1 = 90% 时,发动机进口 BPF 单音声压级比在相对转速为 80% 时则更低。需要再次说明,上述的噪声声压级的比较只是定性的,因为在发动机地面噪声实验中,传声器接收信号仍然会受到发动机其他噪声源影响。

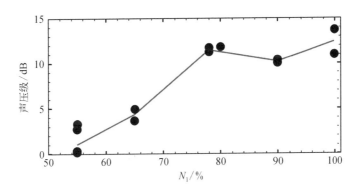

图 8-62　飞行实验得到的发动机进口 BPF 单音声压级
随发动机相对转速变化[40]

8.6.5　风扇旋转压力模态与声衬接缝干涉的单音噪声分析

为了说明上述实验发现的多段拼接声衬进气道对转速 65% < N_1 < 85% 范围内发动机 BPF 单音噪声的影响,本节采用管道声模态传播理论进行简要分析,进一步说明在不是严格自由声场环境的半混响室内进行发动机噪声实验工作的重要价值。

根据 Tyler & Sofrin 管道声模态产生和传播理论[62],风扇转静干涉产生的单音噪声的声模态包括:

$$m = hB \pm kV \tag{8-26}$$

其中,B 是转子叶片数;V 是静子叶片数;h 是叶片通过频率的谐波数;k 则是任意正整数。MD11 飞机和 Boeing747 飞机所安装 CF6 发动机风扇转子叶片数 $B = 38$,

静子叶片数 $V = 80$。对于风扇转子基频单音($h = 1$),风扇转子与风扇静子干涉产生的最低阶正负模态数分别是 $m = -42$ 和 38,通过分析发现,在发动机转速低于80%时,这些模态都被截止。因此,在 $65\% < N_1 < 85\%$ 转速出现的 BPF 单音噪声可以断定是有其他原因。

根据管道声模态传播理论可知,当风扇转静干涉单音声模态在管道内被截止时,"截止"并不意味着管道声模态就"突然"完全消失,而是指声压级快速衰减。而当没有完全衰减的旋转声模态与声衬周向接缝硬壁产生干涉,就会激发出新的管道声模态,而这种新模态则可能是传播的"截通"模态,通过发动机进气道向外传播辐射。

根据 Neise 等[63, 64] 给出的发动机管道内转子旋转压力模态与任意周期性障碍物(转子、静子、支撑等)干涉产生的管道声模态的一般关系,如图 8-63 所示发动机进气道内拼接声衬的结构,具有 B_1 风扇转子叶片旋转压力模态与带有 N_s 接缝声衬的相互作用将产生的周向模态是

$$m = h_1 B_1 \pm j N_s \tag{8-27}$$

其中,h_1 是叶片通过频率的谐波数,取正整数;j 则是任意整数。

图 8-63 发动机进气道拼接声衬黏合处

在上述发动机噪声实验中,风扇进口管道声衬是由 6 段声衬拼接而成,也就是说发动机进气圆形管道有 6 个硬壁拼接条,如图 8-63 所示。根据式(8-27),则由 38 个转子旋转压力模态与 6 个拼接段干涉产生的叶片通过频率 BPF 单音的低阶声模态就包括 -34、-28、-22、-16、-10、-4、2、8、14、20、26、32、38等。因此,在发动机进气管道,并没有完全衰减的风扇转子压力模态与管道声衬接缝干涉,会产生低阶的"截通"的叶片通过频率及其谐波声模态,从而在发动机进口产生辐射的单音噪声。

为了分析风扇转静干涉声模态在进气道内的衰减情况,这里采样管道声模态的传播理论[62, 65, 66] 做出进一步分析,在圆形管道内,(m, n) 阶声模态在轴线方向的传播或被截止主要取决于管道声模态的特征值,如果 (m, n) 阶声模态的管道模态特征值是 κ_{mn}(特征值取决于管道直径),则该声模态在管道内被截止或传播取决于如下的轴向波数的性质:

$$\kappa_{mn} = \sqrt{\left(\frac{\omega}{c_0}\right)^2 - (1 - Ma^2)\kappa_{mn}^2} \tag{8-28}$$

对于特定频率 ω 声模态,如果上式为实数,即声模态频率 ω 大于临界声频率 ω_c,则声模态在管道内传播,临界声频率 ω_c 是

$$\omega_c = c_0 \kappa_{mn} \sqrt{1 - Ma^2} \qquad (8-29)$$

反之,如果声模态频率小于 ω_c 时,该模态处于"截止"状态。需要注意,模态阶次增大(周向和径向),管道模态特征值 κ_{mn} 增大,因此临界声频率 ω_c 也增大,$(0,0)$ 模态的平面波在任意频率下都会传播。

当声模态处于被截止状态时,也并不是该声模态就完全不能传播,而根据管道声模态的传播理论[62, 65, 66]可知,截止声模态的声压级在管道内按照如下的指数规律衰减:

$$\Delta L_x = 20\log_{10}\left[e^{-\mathrm{Im}(\kappa_{mn})x} \right] \qquad (8-30)$$

对于 CF6 发动机进气管道,根据管道直径计算管道模态特征值 κ_{mn} 之后,针对最低阶的被截止声模态 $(38,0)$,也就是叶片通过频率旋转压力模态,分析其在不同发动机相对转速下的旋转压力模态在进气管道的衰减情况,以管道内气流马赫数在 $0 \sim 0.5$ 范围为条件,计算结果如图 $8-64$ 所示。

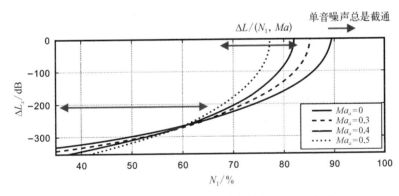

图 8 - 64　风扇叶片通过频率单音模态 $(38,0)$ 衰减
随发动机相对转速和管道马赫数变化

由图 $8-64$ 计算结果可以看出,在发动机低压转子相对转速 $N_1 < 65\%$ 的工作范围,无论管道内气流速度是多少(马赫数为 $0 \sim 0.5$),发动机风扇叶片通过频率压力模态都将显著衰减地传播,因此,该压力模态的能量不足以与声衬接缝干涉产生足够能量的辐射声压。

当发动机低压转子相对转速在 $65\% < N_1 < 85\%$ 范围时,风扇转子叶片通过频率压力模态 $(38,0)$ 沿进气道的衰减与转速和气流马赫数紧密相关,这时风扇转子旋转压力模态到达进气道的能量足以与声衬接缝干涉而产生散射传播模态,即风扇旋转压力模态的能量从高阶 $(38,0)$ 模式转移到低阶传播模式。

当发动机低压转子转速 $N_1 > 85\%$ 后,风扇转静干涉的旋转压力模态(38, 0)成为传播的"截通"模态,同时,由于风扇转子叶尖相对马赫数超声速,因此发动机进口出现了激波噪声[锯齿单音(buzztones)],在多个模态出现更强的单音噪声能量,这时,由叶片旋转压力模态与声衬接缝干涉产生的散射声能量与其他激波噪声相比小,因此在发动机进口噪声中就看不出其附加影响。

如前所述,尽管航空发动机半混响环境下的声学实验结果不能准确获得发动机的绝对噪声级,但是,通过本节的实验和理论分析,说明了在航空发动机半混响室环境下的声学实验的重要价值,只要充分考虑到各种因素对声学测量的影响,并对实验测量数据进行深入细致的分析,在这种非标准的声学环境进行发动机噪声实验,仍然可以获得对发动机噪声特性的深刻认识和发动机噪声源辨识。

8.7　基于整机声学实验的发动机部件噪声分解技术

8.7.1　航空发动机整机噪声分解问题

发动机整机噪声实验是航空发动机声学实验的重要内容,在航空发动机整机环境下,发动机噪声源发声过程以及声传播过程能够完全模拟发动机真实工作环境,因此,本质上讲,对发动机整机噪声实验测量才能掌握航空发动机实际工作时的噪声特性。但是,进行发动机整机噪声实验,任意空间位置传声器测量的噪声都是发动机进口、外涵出口、内涵出口以及喷流流场等所有噪声源辐射噪声的总和,或者说是发动机风扇、压气机、燃烧室、涡轮、喷流等所有噪声源从发动机进出口辐射噪声的总和。在发动机整机实验中,发动机所有噪声源同时发出噪声,并都传播到测量传感器。

为了认识航空发动机各个部件噪声辐射特征,揭示发动机噪声源噪声辐射物理机理,掌握发动机噪声辐射的基本规律,特别是在飞机适航噪声分析研究过程中,都需要将发动机各个部件噪声源的噪声分离开来进行研究。因此,如何根据传声器测量的噪声数据,准确地分离发动机各个部件,包括风扇、压气机、涡轮、燃烧室和喷流等噪声,就成为航空发动机整机噪声实验一个重要内容。本章 8.3~8.5 节介绍了基于传声器阵列声源识别技术发动机噪声源分离识别的方法,但是,这些实验方法也只能分离开发动机进口和出口噪声源,而由于发动机风扇出口噪声、燃烧噪声、涡轮噪声和喷流噪声等声源都是从发动机喷口向外传播,因此,采用上述的传声器阵列实验测试方法仍然无法将发动机出口噪声中的燃烧噪声、涡轮噪声和喷流噪声等分离开来。

众所周知,无论是数值计算还是实验数据处理,从总噪声中分离出各部件噪声比将各个部件噪声合成为发动机总噪声要困难得多。声波信号通过大气介质向空间扩散的数学关系是明确的,如果知道各个噪声源辐射噪声,那么应用声波信号传播物理

过程的数学关系,就很容易获得任意传声器位置的总噪声;但是,反过来,要将一个总
噪声分解到各个噪声源,从数学关系而言就属于"反问题",往往是由一个不适定的方
程组所决定(不像正问题可由确定性声波传播数学关系的唯一解求得),方程解具有
不确定性(有无穷个解),往往很难由传声器测量的总噪声信号中分解出不同声源贡
献的大小。因此,当航空发动机整机噪声实验完成之后,如何将发动机整机噪声实验
测量数据,分解到发动机各个部件噪声源,一直是航空气动声学实验的难题。

8.7.2　气动噪声源分离的 SODIX - Bes 技术

如第 3 章所述,SODIX 方法是一种能够分离识别沿发动机轴线分布的气动噪
声源的传声器阵列"反卷积"信号处理技术,SODIX 方法采用了声源指向性因子拟
合技术,使得这种"反卷积"方法不仅能够分离发动机进、出口噪声源,而且能够给
出发动机噪声源的指向性特性。但是,与其他传声器阵列声源识别方法类似,
SODIX 方法也是无法分离发动机出口中的燃烧噪声、涡轮噪声和喷流噪声源。

在 SODIX 方法的基础上,西北工业大学发动机气动声学课题组进一步发展了
"改进的基于互谱矩阵声源指向性模拟(improved source directivity modelling in
crossspectral matrix based on Beamforming source, SODIX - Bes)"的航空发动机噪声
源分离技术,这种方法通过对德国宇航院(DLR)发展的基于互谱矩阵声源指向性
模拟技术(SODIX)的改进,并充分利用了传声器阵列声源识别的 Beamforming 技术
对声源位置和频谱识别的优点,从而可以将 SODIX 方法中复杂的非线性数学问题
退化为线性数学问题,大大提高了信号处理算法的稳定性,并且使得 SODIX 方法
适用于任意声源分布和任意传声器阵列测量,克服了 SODIX 方法仅能适用于线性
声源分布问题;此外,SODIX - Bes 方法避免了阵列中相距甚远无相关性传声器信
号互谱计算所带来的方程求解稳定性问题,解决了不能识别单音噪声等问题;
SODIX - Bes 方法采用频谱矩阵中巨大的频谱线进行声源拟合,而不是指向性函数
拟合,使得声源指向性拟合的线性方程组数远大于声源数,保证了线性方程组为良
性系数矩阵。特别是,这种方法的简单推广可以直接应用在航空发动机整机"几何
远场"噪声源测量时的发动机部件噪声源分离。当然,SODIX - Bes 方法是在假定
气动噪声源频谱特性与指向性无关等前提条件下获得的,这是这种方法的主要限
制。本节简要介绍 SODIX - Bes 方法的基本数学原理。

如本章 8.3 节中图 8 - 6 所示,假定实验测量的噪声源是线性分布的噪声源,
与声源直线方向平行放置 M 个传声器组成的线性阵列进行噪声识别测量,假定
$p_n^{mes}(t)$ 是第 n 个传声器测量的噪声信号,那么阵列所有传声器测量的噪声信号的
互相关函数就可以表示为(其中符号 $E[\ \cdot\ ]$ 表示期望运算)

$$C_{m,\,n}^{mes}(\tau) = E\big[\,p_m^{mes}(t)\,p_n^{mes}(t + \tau)\,\big] \qquad (8-31)$$

阵列中任意两个传声器信号 $p_m^{mes}(t)$ 和 $p_n^{mes}(t)$ 的互功率谱函数就是其互相关函数的傅里叶变换：

$$\Gamma_{m,n}^{mes}(f) = \int_{-\infty}^{\infty} C_{m,n}^{mes}(\tau)\, e^{2\pi j f \tau}\, d\tau \tag{8-32}$$

则传声器阵列测量信号的互谱矩阵就是

$$\left[\Gamma^{mes}(f)\right] = \begin{bmatrix} \Gamma_{1,1}^{mes}(f) & \cdots & \Gamma_{1,n}^{mes}(f) \\ \vdots & \ddots & \vdots \\ \Gamma_{M,1}^{mes}(f) & \cdots & \Gamma_{M,M}^{mes}(f) \end{bmatrix} \tag{8-33}$$

其主对角线向量构成了传声器阵列测量信号在特定指向位置的噪声功率谱矩阵：

$$\Gamma_{m,m}^{mes}(f) = \begin{bmatrix} \Gamma_{1,1}^{mes}(f) \\ \vdots \\ \Gamma_{m,m}^{mes}(f) \end{bmatrix}$$

记 $W_{m,l}^{mes} = \Gamma_{m,m}^{mes}(f_l)$，$l$ 表示频谱线中第 l 个频率，则有

$$W_{m,l}^{mod} = \begin{bmatrix} W_{1,1}^{mes} & W_{1,2}^{mes} & \cdots & W_{1,L}^{mes} \\ W_{2,1}^{mes} & W_{2,2}^{mes} & \cdots & W_{2,L}^{mes} \\ \vdots & \vdots & \ddots & \vdots \\ W_{M,1}^{mes} & W_{M,2}^{mes} & \cdots & W_{M,L}^{mes} \end{bmatrix} \tag{8-34}$$

其中，L 是频谱线最大值。

定义针对每一个传声器的声传播方向矢量是

$$g_{fm} = w_m \left(r_{fm}/r_{ref}\right)^{ik r_{fm}} \tag{8-35}$$

其中，w_m 是加权因子；r_{fm} 是声源到传声器 m 的距离；r_{ref} 是规格化的参考距离；$k = 2\pi f/c$ 是声波波数。则经典的波束成型就是（M 是传声器阵列中传声器个数）

$$S_{pp}(\boldsymbol{x}_f, \omega) = \frac{1}{M^2} \sum_{m=1}^{M} \sum_{m=1}^{M} \boldsymbol{g}_{fn} \Gamma_{m,n}^{mes}(\omega) \boldsymbol{g}_{fm}^* \tag{8-36}$$

当声源为单位强度时，将其产生的互谱矩阵代入上式中，就是阵列信号处理中的点扩散函数（point spread function，PSF），点扩散函数描述的是阵列对一个点声源的响应（即阵列的波束模式），包含主瓣以及数个旁瓣。从阵列信号处理的角度，旁瓣水平相比主瓣越低，越有利于声源的准确定位和识别。

根据上述波束成型，就可以确定被测声场中声源个数 J 以及每个声源的频谱 $S(f)$。基于上述波束成型获得了测量声场 J 个声源分布和对应的频谱，假定线性

分布的噪声源具有 J 个互不相关的声源 $s_i(t)$，声源之间的互相关函数可以表示为

$$C_{i,j}(\tau) = E[s_i(t)s_j(t+\tau)] = C_i(\tau)\delta_{i,j} \tag{8-37}$$

其中，$\delta_{i,j}$ 是克罗内克 δ 函数。声源 $s_i(t)$ 的频谱就是互相关函数的傅里叶变换 $s_i(f)$。则根据分布声源 $s_i(t)$ 可以构造传声器阵列信号的模拟互谱矩阵。

由分布声源 $s_i(t)$ 辐射到传声器阵列任一个传声器位置的声信号是

$$p_n^{mod}(t) = \sum_{i=1}^{J} \frac{s_i(t - R_{in}/c)}{R_{in}} \tag{8-38}$$

其中，R_{in} 表示声源 i 到传声器 n 的声传播距离，与测量信号的互相关函数类似，可以得到模拟信号互相关函数为

$$C_{m,n}^{mod}(\tau) = E[p_m^{mod}(t)p_n^{mod}(t+\tau)] \tag{8-39}$$

根据公式 $(8-37)$ 和公式 $(8-38)$ 就可以得到模拟信号互相关函数是

$$C_{m,n}^{mod}(\tau) = \sum_{i=1}^{J} \frac{C_i[\tau + (R_{im} - R_{in})/c]}{R_{im}R_{in}} \tag{8-40}$$

对互相关函数做傅里叶变换就得到模拟信号的互谱矩阵是

$$\Gamma_{m,n}^{mod}(f) = \sum_{i=1}^{J} \frac{e^{jk(R_{im}-R_{in})}}{R_{im}R_{in}}S_i(f) \tag{8-41}$$

其中，$k = 2\pi f/c$ 是声波波数。根据 SODIX 方法，进一步假定每一个噪声源的指向性函数为 D_i，则模拟互谱矩阵可以写为

$$\Gamma_{m,n}^{mod}(f) = \sum_{i=1}^{J} G_{m,i}S_i(f)\,D_{m,i}D_{n,i}G_{n,i}^* \tag{8-42}$$

其中，$G_{m,i} = e^{jkR_{im}}/R_{im}$。

其主对角线向量构成了模拟信号在特定指向位置的噪声功率谱矩阵：

$$\Gamma_{m,m}^{mod}(f) = \begin{bmatrix} \Gamma_{1,1}^{mod}(f) \\ \vdots \\ \Gamma_{m,m}^{mod}(f) \end{bmatrix}$$

同样，记 $W_{m,l}^{mod} = \Gamma_{m,m}^{mod}(f_l)$，则有

$$W_{m,l}^{mod} = \begin{bmatrix} W_{1,1}^{mod} & W_{1,2}^{mod} & \cdots & W_{1,L}^{mod} \\ W_{2,1}^{mod} & W_{2,2}^{mod} & \cdots & W_{2,L}^{mod} \\ \vdots & \vdots & \ddots & \vdots \\ W_{M,1}^{mod} & W_{M,2}^{mod} & \cdots & W_{M,L}^{mod} \end{bmatrix} \tag{8-43}$$

　　SODIX‐Bes 方法在通过最小二乘拟合实现对声源强度和指向性的识别之前，首先采用对传声器阵列测量信号的 Beamforming 数据处理，识别和分离出被测声场的噪声源，如图 8‐6 中的三个典型声源。但是，必须注意的是 Beamforming 数据处理的结果仅仅是上述声源在阵列孔径范围的一个平均噪声信号，不能反映测量噪声源的指向性。但是，传声器阵列中的每一个传声器记录的则是气动噪声源与指定传声器方向的噪声。

　　如 3.5.4 节所述，基于 Beamforming 结果的模拟互谱矩阵为

$$\Gamma_{m,n}^{mod}(f) = \sum_{i=1}^{J} G_{m,i} S_i(f) \, D_{m,i} D_{n,i} G_{n,i}^* \tag{8-44}$$

　　在上述公式中，根据对传声器阵列测量信号的 Beamforming 结果，已经获得了每一个声源（$i = 1, \cdots, J$）在规格化传播距离（通常取 1 m）的声压级频谱，假定每一个声源的频谱函数的形状并不随噪声传播方向而变化（这个假设对于气动噪声源大部分情况都是成立的），由于每一个声源相对每一个传声器都具有一个固定的指向角 $\theta_{m,i}$，如图 8‐6 所示。因此，对于传声器阵列中某一个特定位置的传声器 m，SODIX‐Bes 的目标就是确定 J 个声源强度指向性函数 $D_{m,i}$，即其数学表达为

$$\Gamma_{m,m}^{mod}(f) = \sum_{i=1}^{J} G_{m,i} S_i(f) \, D_i(\theta_{m,i}) G_{m,i}^* \tag{8-45}$$

写成声功率谱矩阵形式为

$$\Gamma_{m,m}^{mes}(f) = \Gamma_{m,m}^{mod}(f) \tag{8-46}$$

　　通过最小二乘拟合可以求解上述方程组，以保证模拟声功率谱矩阵与传声器阵列测量信号声功率谱矩阵之间的均方误差 $F(D)$ 最小，对于所有频率 f，则确定声源指向性函数 D_i 的误差公式为

$$F(D) = \sum_{m=1}^{M} \sum_{l}^{L} \left| W_{m,l}^{mes} - \sum_{i=1}^{J} G_{m,i} S_i(f_l) D_i(\theta_{m,i}) G_{m,i}^* \right|^2 \tag{8-47}$$

其中，L 是噪声源频谱中最大噪声频率标志数，使得上述误差达到最小的方程是

$$\frac{\partial F(D)}{\partial D_{i,m}} = -2 \sum_{i=1}^{J} G_{m,i} S_i(f_k) G_{m,i}^* \left[\sum_{m=1}^{M} \sum_{l=1}^{L} \left(W_{m,l}^{mes}(f_l) - \right. \right.$$
$$\left. \left. \sum_{i=1}^{J} G_{m,i} S_i(f_l) D_{i,m}(\theta_{m,i}) G_{m,i}^* \right) \right] = 0 \tag{8-48}$$

　　上述方程组为 $M \times L$ 阶线性方程组，方程组包含 $M \times J$ 个未知数的线性方程组，由于 L 通常远大于 J，因此方程组是良性方程组（即不会出现病态方程组情况），所有 $D_{i,m}$ 求解结果必须为正。

令 $A = \left[W_{m,l}^{mes}(f_l) \right]^2$，$U_i = G_{m,i} S_i(f_l) W_{m,l}^{mes}(f_l) G_{m,i}^*$，$V_i = \left[G_{m,i} S_i(f_l) G_{m,i}^* \right]^2$

则上述误差函数可以表示为

$$F(D) = \sum_{m=1}^{M} \sum_{l=1}^{L} \left(A - 2 \sum_{i=1}^{J} U_i D_i + \sum_{i=1}^{J} D_i^2 V_i \right) \tag{8-49}$$

为了使得上述拟合误差最小,可以得到:

$$\sum_{m=1}^{M} \sum_{l=1}^{L} U_i(f_l) = \sum_{m=1}^{M} \sum_{l=1}^{L} D_i V_i(f_l) \tag{8-50}$$

上式是关于声源频谱线个数 L 与传声器个数 M 乘积的线性代数方程组,应用全选主元高斯消去法求解上述线性代数方程组,就可以到得到各个声源指向性函数 D_i。

8.7.3　基于 SODIX - Bes 算法的航空发动机部件声源分离方法

通过对 SODIX - Bes 反演算法的分析可以看出,通过传声器阵列对发动机噪声进行实验,如果发动机各个部件噪声的频谱特性已经获得,只要传声器个数足够(即 M 足够大),就可以构造关于各个声源强度(即指向性)的声功率谱矩阵,应用 SODIX - Bes 反演算法可以由线性代数方程组求解获得声源强度和指向性。但是,如前所述,在航空发动机整机噪声实验中,发动机燃烧、涡轮、喷流以及风扇出口和外涵喷流等噪声源总是在一个空间位置,应用 SODIX - Bes 传声器阵列技术还是无法分离开这些声源。

仔细分析上述 SODIX - Bes 方法,可以看出,这种方法的关键一步就是要采用传声器阵列的波束成型获得每一个噪声源准确的频谱特性,然后根据所有可能声源的频谱特性对每一个测量传声器噪声频谱的拟合,最终获得各个声源指向性和声源强度。因此,气动噪声源分离的 SODIX - Bes 方法的基本思想与传声器阵列的频谱估计法(spectral estimation method, SEM)[67-72] 相似,而频谱估计法方法有时也称为协方差矩阵拟合(covariance matrix fitting, CMF)方法[73-75]。

如图 8 - 6 所示,采用传声器阵列波束成型仍然是无法获得发动机出口噪声中燃烧、涡轮、喷流噪声的频谱,这是航空发动机整机噪声分离实验的一个难点。为此,可以借鉴长期对航空发动机各个部件噪声的实验研究成果以及理论分析研究成果(如第 7 章介绍的航空发动机部件噪声相似律实验分析技术的研究结果)。基于对航空发动机部件噪声研究,人们已发展了航空发动机部件噪声频谱的半经验理论预测模型,大量的飞机噪声预测应用研究表明,这些模型能够准确预测发动机部件噪声频谱[76-87]。如果应用这些成熟的发动机部件噪声频谱预测模型,对发动机各个部件噪声的频谱做出预测,然后再进一步采用上述 SODIX - Bes 反演算法,通过对实验测量的传声器信号频谱拟合,就可以从发动机整机噪声实验数据中,分离出发动机各个部件噪声指向性和声级强度,这也就是西北工业大学发动机气动声学课题组提出的"基于部件噪声频谱预测与 SODIX – Bes 相结合的发动机整机噪声源分离技术"。

基于部件噪声频谱预测与 SODIX – Bes 相结合的发动机整机噪声源分离技术的另外一个优点就是,这种方法还可以进一步推广到如图 8 – 2 所示的航空发动机整机"几何远场"点声源噪声实验中去,当完成了图 8 – 2 所示发动机远场整机噪声测量之后,就获得了发动机在不同辐射角度的总噪声频谱,然后采用第 7 章所述航空发动机部件噪声相似律预测模型,对发动机每一个部件的噪声频谱进行预测,获得与发动机实验工作状况相匹配的发动机部件噪声的频谱,再根据发动机部件噪声频谱构造测量传声器的模拟矩阵 $\Gamma_{m,m}^{mod}(f)$,并采用 SODIX – Bes 方法对测量传声器信号频谱矩阵的模拟,最终将分离出发动机各个部件噪声指向性和声压级。

显然,上述基于 SODIX – Bes 算法的航空发动机部件声源分离的精度,与发动机部件噪声频谱理论预测模型的精度密切相关。

8.7.4 某型大涵道比涡扇发动机整机噪声实验数据分离实例分析

本节以某型大涵道比涡扇发动机整机噪声实验数据的分解为例,对基于 SODIX – Bes 算法的航空发动机部件声源分离方法进行分析说明。

某型涡扇发动机涵道比为 5 级,采用单级风扇、分开排气的结构设计,该型涡扇发动机地面远场噪声实验示意如图 8 – 2 所示,在发动机噪声辐射角度为 10° ~ 160°范围内每隔 5°布置一个传声器,通过实验测量,获得了发动机在不同工况下、不同辐射角度的发动机噪声级频谱。由于实验测量测到的是该型发动机风扇、燃烧、涡轮和喷流四个部件的总噪声频谱,风扇进出口噪声没有分开,因此,就按照发动机风扇总噪声、燃烧噪声、涡轮噪声、喷流噪声四个噪声分量的频谱,采用基于 SODIX – Bes 算法的航空发动机部件声源分离方法,通过对该发动机整机噪声测量数据进行分解,可以得到发动机风扇噪声、燃烧噪声、涡轮噪声和喷流噪声。最终与发动机部件噪声的实验结果进行的对比表明,基于 SODIX – Bes 算法的航空发动机部件声源分离方法,对发动机部件噪声分离具有良好的精度(该发动机的风扇总噪声、燃烧噪声、喷流噪声等部件噪声有对应实验数据,但没有涡轮部件噪声实验数据,因此对涡轮噪声分解结果未进行对比)。

8.7.4.1 45°指向角发动机噪声实验数据分离结果

图 8 – 65 给出了在 45°指向角,将发动机总噪声分解成风扇噪声、燃烧噪声、喷流噪声和涡轮噪声以及与风扇、燃烧和喷流等部件噪声实验结果的对比。由于没有涡轮噪声实验数据,因此图中没有给出涡轮噪声分解结果。其中图 8 – 65(a)给出实验测量的在 45°位置发动机总噪声级及其与分解后各部件噪声总和的比较,可以看出,分解的发动机各个部件噪声的总和与发动机总噪声吻合良好。而图 8 – 65

（b）、（c）、（d）则给出了分解的发动机风扇、喷流和燃烧噪声与各个部件测量噪声
的对比，可以看出，除风扇噪声频谱中特殊频率处分离结果与实验结果有较大差别
外，发动机地面噪声数据分离结果与各部件噪声的实验结果吻合良好。仔细分析
可以知道，由于风扇噪声频谱半经验预测模型对风扇噪声频谱中特殊离散单音声
级预测的偏差，是造成风扇噪声分离误差较大的原因。

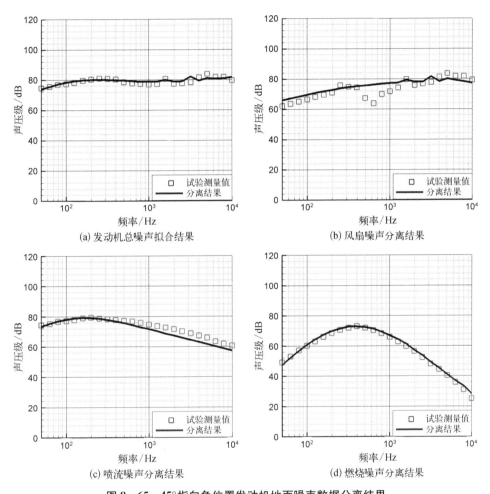

图 8 - 65　45°指向角位置发动机地面噪声数据分离结果

8.7.4.2　90°指向角发动机噪声实验数据分离结果

图 8 - 66 给出了 90°指向角下，风扇噪声、燃烧噪声、喷流噪声以及发动机总噪
声的分解结果及与部件噪声实验结果的对比。从图 8 - 66 可以看出，在 90°指向角
位置，根据发动机总噪声分解的各部件噪声的总和与发动机总噪声吻合良好；对于
各个部件噪声，除风扇噪声频谱中特殊频率（离散单音噪声频率）声压级分解与实
验结果有较大差异，发动机其他部件噪声分解结果与部件噪声实验结果吻合良好。

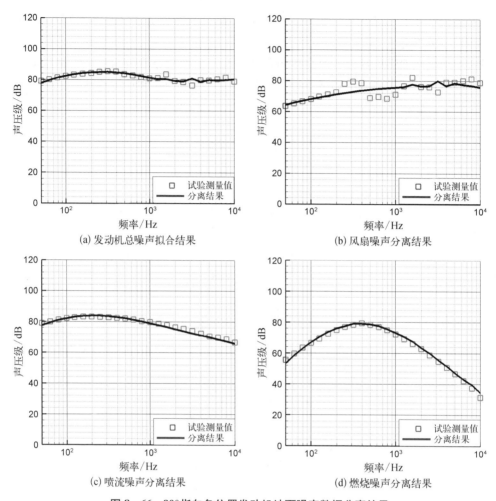

图 8-66 90°指向角位置发动机地面噪声数据分离结果

8.7.4.3 135°指向角发动机噪声实验数据分离结果

图 8-67 给出了 135°指向角时,风扇噪声、燃烧噪声、喷流噪声以及发动机总噪声的分解结果与部件噪声实验结果的对比。从图 8-58 可以看出,在 135°指向角位置,发动机总噪声数据分离结果与发动机部件噪声实验结果吻合良好。但是,在频率 300 Hz~10 kHz 范围内,发动机的喷流噪声分离结果比喷流噪声实验值普遍偏小,最大偏差约为 6 dB;而燃烧噪声在整个频率范围内分解噪声要比实验值普遍偏大约 5 dB。

根据发动机噪声辐射特性可以知道,在 135°指向角位置,喷流噪声和燃烧噪声主导低频范围内(<1 000 Hz)发动机总噪声,因此,尽管喷流和燃烧噪声分解与实际部件噪声差别较大,但是,这两者分解结果正负偏差刚好抵消了对发动机总噪声拟合的结果,而高频噪声范围喷流和燃烧噪声对发动机总噪声贡献很小。进一步

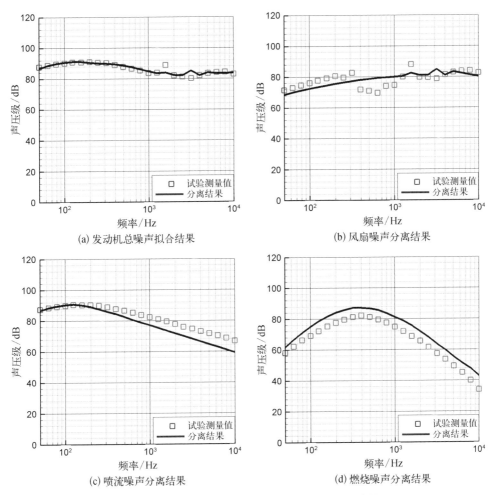

图 8-67 135°指向角位置发动机地面噪声数据分离结果

分析发现,在发动机四个部件噪声的频谱预测模型中,喷流噪声的频谱与辐射角度密切相关。因此,可以判定,在辐射角度 135°发动机整机噪声分解出现较大偏差的原因,是由于发动机喷流噪声频谱预测模型在发动机噪声辐射的后场区(大于90°)的预测误差较大(见第 7 章发动机喷流噪声相似率关系的分析)。这也进一步说明,采用基于 SODIX - Bes 算法的航空发动机部件声源分离方法时,发动机部件噪声测模型必须准确预测部件噪声频谱,频谱预测精度越高,发动机部件噪声分离的精度就越高。

8.8 本 章 小 结

针对航空发动机整机声学实验,本章首先分析了航空发动机"远场"与"近场"

声学实验的基本概念,然后分别介绍了基于线性传声器阵列的航空发动机进/出口噪声分离实验方法、基于"移动线性阵列"发动机进/出口噪声源指向性实验方法以及基于平面传声器阵列的飞机飞越过程发动机噪声实验方法,这些方法说明了在发动机整机噪声实验中传声器阵列技术的重要作用。

　　航空发动机噪声实验对声学环境的严格要求,增加了发动机噪声实验难度、成本,制约发动机噪声实验研究工作,而航空发动机研制过程中大量的实验工作都是在室内试车台架进行,因此,发展能够在普通航空发动机室内试车台进行的特殊声学实验测试方法,对于航空发动机声学实验具有重要的价值。本章详细介绍了在航空发动机室内实验室进行声学实验的主要问题,包括实验室的混响效应、驻波效应,以及背景噪声消除等,并以实际的发动机单音噪声实验为例,说明在发动机室内试车台进行声学实验的方法以及科学价值。

　　本章最后针对航空发动机气动声学实验的特殊要求,介绍了西北工业大学发动机气动声学课题组发展的"基于 SODIX - Bes 算法的航空发动机部件声源分离新方法",并以某型涡扇发动机整机和部件实验声学测量结果为例,说明了发动机整机噪声分解技术的有效性和工程应用价值。

参考文献

[1] CHEN C Y. Calculations of far-field and near-field jet noise[C]. Pasadena: 13th Aerospace Sciences Meeting, 1975.

[2] CHEN C Y, KNOTT P R, BENAZKEIN M J. Analytical near field acoustic model formulations Chap. Ⅲ supersonic jet noise[R]. AFAPL - TR - 72 - 52, 1972.

[3] BENAZKEIN M J, CHEN C Y, KNOTT P R. A computational technique for jet aerodynamic noise[C]. Palo Alto: 4th Fluid and Plasma Dynamics Conference, 1971.

[4] CHAN M KIM, EUGENE A K. A survey of the broadband shock associated noise prediction methods[C]. Reno: 30th Aerospace Sciences Meeting and Exhibit, 1992.

[5] HARPER-BOURNE M, FISHER M J. The noise from shock waves in supersonic jets[C]. Brussels: AGARO Conference on Noise Mechanisms, 1973.

[6] JI L, QIAO W Y, ZHAO L, et al. An investigation of the inlet and exhaust noise sources of turbofan using linear microphone array [C]. Berlin: 19th AIAA/CEAS Aeroacoustics Conference, 2013.

[7] Rolls Royce. The jet engine[M]. Derby: Rolls-Royce plc, 1986.

[8] MICHEL U, QIAO W Y. Directivity of landing-gear noise based on flyover measurements[C]. Bellevue: 5th AIAA/CEAS Aeroacoustics Conference, 1998.

[9] QIAO W Y, MICHEL U. Study on flap side-edge noise based on the fly-over measurements with a planar microphone array[J]. Chinese Journal of Aeronautics, 2000, 13(3): 146 - 151.

[10] 乔渭阳,MICHEL U. 二维传声器阵列测量技术及其对飞机进场着陆过程噪声的实验研究[J]. 声学学报,2001,26(2): 161 - 188.

[11]　QIAO W Y, MICHEL U. Landing noise of aircraft based on the fly-over measurements with a planar microphone array[J]. Chinese Journal of Acoustics, 2002, 21(2): 9 - 22.

[12]　SILLER H A, ARNOLD F, MICHEL U. Investigation of aero-engine core-noise using a phased microphone array[C]. Maastricht: 7th AIAA/CEAS Aeroacoustics Conference and Exhibit, 2001.

[13]　MICHEL U, FUNKE S. Noise source analysis of an aeroengine with a new inverse method SODIX[C]. Vancouver: 14th AIAA/CEAS Aeroacoustics Conference, 2008.

[14]　FUNKE S, SKORPEL A, MICHEL U. An extended formulation of the SODIX method with application to aeroengine broadband noise [C]. Colorado Springs: 18th AIAA/CEAS Aeroacoustics Conference, 2012.

[15]　OERTWIG S, FUNKE S, SILLER A H. Improving source localisation with SODIX for a sparse microphone array[C]. Berlin: 7th Berlin Beamforming Conference, 2018.

[16]　FUNKE S, DOUGHERTY R P, MICHEL U. SODIX in comparison with various deconvolution methods[C]. Berlin: 5th Berlin Beamforming Conference, 2014.

[17]　OERTWIG S, SILLER H A, FUNKE S. Advancements in the source localization method SODIX and application to short cowl engine data[C]. Delft: 25th AIAA/CEAS Aeroacoustics Conference, 2019.

[18]　KING W F, BECHERT D. On the source of wayside noise generated by high-speed trains[J]. Sound and Vibration, 1979, 66(3): 311 - 332.

[19]　BARSIKOW B, KING W F, PFIZENMAIER E. Wheel/rail noise generated by a high-speed train investigated with a line array of microphones[J]. Sound and Vibration, 1988, 118(1): 99 - 122.

[20]　BARSIKOW B, KING W F. On removing the Doppler frequency shift from array measurements of railway noise[J]. Sound and Vibration, 1988, 120(1): 190 - 196.

[21]　BARSIKOW B. Experiences with various configurations of microphone arrays used to locate sound sources on railway trains operated by the DB AG[J]. Sound and Vibration, 1996, 193(1): 283 - 293.

[22]　MICHEL U, BARSIKOW B, HAVERICH B, et al. Investigation of airframe and jet noise in high-speed flight with a microphone array[C]. Atlanta: 3rd AIAA/CEAS Aeroacoustics Conference, 1997.

[23]　MICHEL U, BARSIKOW B, HELBIG J, et al. Fly-over noise measurements on landing aircraft with a microphone array[C]. Toulouse: 4th AIAA/CEAS Aeroacoustics Conference, 1998.

[24]　MICHEL U, KING M. Feasibility study on the use of two-dimensional microphone arrays[R]. DLR - IB92517 - 97/B2, 1998.

[25]　SILLER H A, MICHEL U. Buzz-Saw noise spectra and directivity from flyover tests[C]. Breckenridge: 8th AIAA/CEAS Aeroacoustics Conference, 2002.

[26]　PIET J F, U MICHEL, P BÖHNING. Localization of the acoustic sources of the a340 with a large phased microphone array during flight tests [C]. Breckenridge: 8th AIAA/CEAS Aeroacoustics Conference, 2002.

[27]　PIET J F, DAVY R, ELIAS G, et al. Flight test investigation of add-on treatments to reduce

aircraft airframe noise[C]. Monterey: 11th AIAA/CEAS - Aeroacoustics Conference, 2005.

[28] SILLER H, MICHEL U, ZWIENER C, et al. Reduction of approach noise of the MD - 11 [C]. Cambridge: 12th AIAA/CEAS - Aeroacoustics Conference, 2006.

[29] 乔渭阳,MICHEL U. 民用客机机体噪声源声学特性的实验分析研究[C]. 深圳: 大型飞机关键技术高层论坛暨中国航空学会 2007 学术年会,2007.

[30] GUÉRIN S, MICHEL U, SILLER H, et al. Airbus A319 database from dedicated flyover measurements to investigate noise abatement procedures[C]. Monterey: 11th AIAA/CEAS Aeroacoustics Conference, 2008.

[31] BÖHNING P, SILLER H. Study of a de-convolution method for aircraft flyover measurements [C]. Rome: 13th AIAA/CEAS Aeroacoustics Conference, 2007.

[32] GUÉRIN S, SILLER H. A hybrid time-frequency approach for the noise localization analysis of aircraft fly-overs[C]. Vancouver: 14th AIAA/CEAS Aeroacoustics Conference, 2008.

[33] SILLER H A, GUÉRIN S, MICHEL U. Localisation and analysis of sound sources on aircraft in flight[C]. Bukarest: 13th CEAS - ASC Workshop and 4th Scientific Workshop of X3 - Noise, 2009.

[34] SILLER H A, KOHLER W, MICHEL U, et al. Acoustic interaction between a fan and a spliced casing liner[C]. Stockholm: 16th AIAA/CEAS Aeroacoustics Conference, Stockholm, Sweden, 2010.

[35] SILLER H A. Investigation of engine noise[R]. Xi'an: Northwestern Polytechnical University, 2011.

[36] SILLER H A, DRESCHER M. Investigation of engine tones in flight[C]. Portland: 17th AIAA/CEAS Aeroacoustics Conference, 2011.

[37] THOMAS M. Aeroacoustic measurements[M]. Berlin: Springer, 2002.

[38] BÖHNING P, SILLER H, HOLLAND K, et al. Novel methods for acoustic indoor measurements and applications in aero-engine test cells[C]. Berlin: BeBeC 2006, 2006.

[39] BATTANER - MORO J P, SELF R H, HOLLAND K R. Microphone position and atmospheric effects in open-air engine noise tests[C]. Manchester: 10th AIAA/CEAS Aeroacoustics Conference, 2004.

[40] JAEGER S M, HORNE W C, ALLEN C S. Effect of surface treatment on array microphone self-noise[C]. Lahaina: 6th Aeroacoustics Conference and Exhibit, 2000.

[41] DOUGHERTY R P. Turbulent decorrelation of aeroacoustic phased arrays: lessons from atmospheric science and astronomy[C]. Hilton Head: 9th AIAA/CEAS Aeroacoustics Conference and Exhibit, 2003.

[42] HORNE W, JAMES K. Concepts for reducing the self-noise of inflow sensors and arrays[C]. Bellevue: 5th AIAA/CEAS Aeroacoustics Conference and Exhibit, 1999.

[43] GUIDATI S, GUIDATI G, WAGNER S. A modification of the classical beamforming algorithm for reverberating environments[C]. Garmisch-Partenkirchen: 7th International Congress on Sound and Vibration, 2000.

[44] GUIDATI S, OSTERTAG J, WAGNER S. Phased array measurements of trailing edge noise on a flat plate[C]. Hongkong: 8th ICSV, 2001.

[45] GUIDATI S, GUIDATI G, WAGNER S. Beamforming in a reverberating environment with the

use of measured steering vectors[C]. Maastricht: 7th AIAA/CEAS Aeroacoustics Conference, 2001.

[46] GUIDATI S, BRAUER C, WAGNER S. The reflection canceller — phased array measurements in a reverberating environment[C]. Breckenridge: 8th AIAA/CEAS Aeroacoustics Conference, 2002.

[47] SIJTSMA P, HOLTHUSEN H. Corrections for mirror sources in phased array processing techniques[C]. Hilton Head: 9th AIAA/CEAS Aeroacoustics Conference, 2003.

[48] MOSHER M. Phased arrays for aeroacoustic testing — theoretical development[C]. State College: Aeroacoustics Conference, 1996.

[49] DOUGHERTY R P. Phased array beamforming for aeroacoustics[R]. AIAA Professional Development Short Curse, 1999.

[50] BROOKS T F, HUMPHREYS W M. A deconvolution approach for the mapping of acoustic sources (DAMAS) determined from phased microphone arrays[J]. Journal of Sound and Vibration, 2006(294): 856 – 879.

[51] BROOKS T F, HUMPHREYS J R W M. Flap edge aeroacoustic measurements and predictions [J]. Journal of Sound and Vibration, 2003(261): 31 – 74.

[52] BROOKS T F, HUMPHREYS J R W M. Effect of directional array size on the measurement of airframe noise components[C]. Bellevue: 5th AIAA/CEAS Aeroacoustics Conference, 1999.

[53] HUTCHESON F V, BROOKS T F. Measurement of trailing edge noise using directional array and coherent output power methods[J]. Aeroacoustics, 2002(1): 329 – 353.

[54] KOOP L, EHRENFRIED K. Microphone-array processing for wind-tunnel measurements with strong background noise[C]. Vancouver: 14th AIAA/CEAS Aeroacoustics Conference, 2008.

[55] HUMPHREYS W M, BROOKS T F, HUNTER W W, et al. Design and use of microphone directional arrays for aeroacoustic measurements[C]. Reno: 36th AIAA Aerospace Sciences Meeting and Exhibit, 1998.

[56] 纪良. 叶轮机宽频噪声产生机理和抑制方法的实验及数值研究[D]. 西安: 西北工业大学, 2018.

[57] 纪良, 乔渭阳, 王良峰. 普通室内机翼尾缘噪声降噪的实验研究[J]. 推进技术, 2015(36): 704 – 711.

[58] QIAO W Y, JI L, TONG F, et al. Application of phased array in the study of linear cascade noise reduction on the indoor test Bed[C]. Berlin: Beamforming conference, 2014.

[59] QIAO W Y, JI L, XU K B, et al. An investigation on the near-field turbulence and radiated sound for an airfoil with trailing edge serrations[C]. Berlin: 19th AIAA/CEAS Aeroacoustics Conference, 2013.

[60] OHNING P B, MICHEL U. Vorrichtung und verfahren zur schallquellenlokalisierung in einem schallmessprüfstand[P]. DLR – Zeichen AP82/105.

[61] ALPINE A M C, WRIGHT M C M. Acoustic scattering by a spliced turbofan inlet duct liner at supersonic fan speeds[J]. Journal of Sound and Vibration, 2006, 292(3 – 5): 911 – 934.

[62] TYLER J M, SOFRIN T G. Axial flow compressor noise studies[J]. Transactions of the Society of Automotive Engineers, 1962, 70: 309 – 332.

[63] NEISE W, ENGHARDT L. Technology approach to aero engine noise reduction[J]. Aerospace

Science and Technology, 2003, 7: 352 - 363.

[64] ENGHARDT L, ZHANG Y, NEISE W. Experimental verification of a radial mode analysis technique using wall-flush mounted sensors[C]. Berlin: 137th Meeting of the Acooustical Society of America, 1999.

[65] TAM C K W, HONGBIN J, EUGENE W C. Scattering of acoustic duct modes by axial liner splices[J]. Journal of Sound and Vibration, 2007, 310: 1014 - 1035.

[66] 乔渭阳,王良锋.航空发动机气动声学[M].西安:西北工业大学出版社, 2015.

[67] BLACODON D, ÉLIAS G. Level estimation of extended acoustic sources using a parametric method[J]. Journal of Aircraft, 2004, 41(6): 1360 - 1369.

[68] BLACODON D. Analysis of the airframe noise of an A320/A321 with a parametric method[J]. Journal of Aircraft, 2007, 44(1): 26 - 34.

[69] BLACODON D. Combustion-noise characterization of a turbofan engine with a spectral estimation method[J]. Journal of Propulsion and Power, 2009, 25(2): 374 - 379.

[70] BLACODON D. Spectral estimation noisy data using a reference noise [C]. Berlin: Proceedings on CD of the 3rd Berlin Beamforming Conference, 2010.

[71] BLACODON D. Array processing for noisy data: application for open and closed wind tunnels [J]. AIAA Journal, 2011, 49(1): 55 - 66.

[72] BLACODON D, BULTÉ J. Reverberation cancellation in a closed test section of a wind tunnel using a multi-microphone cepstral method [J]. Journal of Sound and Vibration, 2014, 333(9): 2669 - 2687.

[73] YARDIBI T, LI J, STOICA P, et al. A covariance fitting approach for correlated acoustic source mapping[J]. Journal of the Acoustical Society of America, 2010, 127(5): 2920 - 2931.

[74] YARDIBI T, ZAWODNY N S, BAHR C J, et al. Comparison of microphone array processing techniques for aeroacoustic measurements[J]. International Journal of Aeroacoustics, 2010, 9(6): 733 - 762.

[75] HEROLD G, SARRADJ E, GEYER T. Covariance matrix fitting for aeroacoustic application [J]. Fortschritte der Akustik AIA - DAGA Merano, 2013: 325 - 326.

[76] ZORUMSKI W E. Aircraft noise prediction program, theoretical manual[R]. NASA - TM - 83199, 1986.

[77] KONTOS K B, JANARDAN B A, GLIEBE P R. Improved NASA - ANOPP noise prediction computer code for advanced subsonic propulsion systems volume 1: ANOPP evaluation and fan noise model improvement[R]. NASA - CR - 195480, 1996.

[78] HEIDMANN M F. Interim prediction method for fan and compressor source noise[R]. NASA TMX - 71763, 1979.

[79] KREJSA E A, VALERINO M F. Interim prediction for turbine noise[R]. NASA TMX - 73566, 1976.

[80] MATTA R K, SANDUSKY G T, DOYLE V L. GE core engine noise investigation — low emission engine[R]. FAA - RD - 77 - 4, 1977.

[81] STONE J R, KREJSA E A, CLARK B J. Progress in core/combustion noise prediction[C]. Reno: 43rd AIAA Aerospace Sciences Meeting and Exhibit, 2005.

[82]　STONE J R, MONTEGANI F J. An improved prediction method for the noise generated in flight by circular jets[R]. NASA – TM – 81470, 1980.

[83]　NESBITT E H, GANZ U W, DIAMOND J A, et al. An empirical prediction of inlet radiated broadband noise from full scale engines[C]. Reno: 36th AIAA Aerospace Sciences Meeting and Exhibit, 1998.

[84]　NESBITT E. Towards a quieter low pressure turbine: design characteristics and prediction needs[J]. International Journal of Aeroacoustics, 2011, 10(1): 1 – 16.

[85]　RODRIGO C C, GUIMARÃES, PAULO C G J. Development of fan broadband noise semi-empirical prediction method adjustable from operation point[C]. Colorado Springs: 18th AIAA/CEAS Aeroacoustics Conference, 2012.

[86]　KREJSA E A, STONE J R. Enhanced fan noise modeling for turbofan engines[R]. NASA – CR – 218421, 2011.

[87]　MORIN B, ATASSI O. An empirical model for turbine noise prediction[R]. AARC Turbine Noise Workshop, 2008.